Kauf und Bau eines Fertighauses oder Massivhauses

Das große Praxis-Handbuch zum schlüsselfertigen Haus

Immer aktuell

Wir informieren Sie über wichtige Aktualisierungen zu diesem Ratgeber. Wenn sich zum Beispiel die Rechtslage ändert, neue Gesetze oder Verordnungen in Kraft treten, erfahren Sie das unter

www.ratgeber-verbraucherzentrale.de/aktualisierungsservice

Kauf und Bau eines Fertighauses oder Massivhauses

Das große Praxis-Handbuch zum schlüsselfertigen Haus

Vom Fertighaushersteller, Massivhausanbieter oder Bauträger

PETER BURK

verbraucherzentrale

Inhalt

Vorweg

Dieses Buch behandelt die 4 häufigsten Wege zum eigenen, neuen Haus:

- Hausbau mit dem Fertighausanbieter auf dem eigenem Grundstück
- Hausbau mit dem Fertighausanbieter auf mitgekauftem Grundstück (Bauträgermodell)
- Hausbau mit dem Massivhausanbieter auf eigenem Grundstück
- Hausbau mit dem Massivhausanbieter auf mitgekauftem Grundstück (Bauträgermodell)

Je nachdem, wie man vorgeht, sind die rechtlichen Grundlagen sehr unterschiedlich. Diese rechtlichen Grundlagen sollte man aber sehr genau kennen, bevor man sich auf das Abenteuer Hausbau oder Hauskauf einlässt. In diesem Buch erfahren Sie zu allen unterschiedlichen Wegen alle wichtigen Informationen. Das beginnt mit der Frage, ob Sie sich einen Hausbau überhaupt leisten können, und geht über Fragen des Grundstückskaufs und die Klärung des Vertragsmodells, nach dem Sie bauen, sowie aller wichtiger Vertragsinhalte, wie einem sicheren Zahlungsplan und allen notwendigen Vertragsanlagen, etwa einer umfassenden Baubeschreibung, bis hin zur Baudurchführung, Abnahme und Gewährleistung.

Trotz des Umfangs des Buches kann es dennoch nicht alle Informationen bis ins letzte Detail enthalten, weshalb Sie die Verbraucherzentrale mit weiteren, wichtigen Ratgebern unterstützt. Vor allem folgende Ratgeber können für Sie dabei ergänzend wichtig sein:

- Meine Immobilie finanzieren
- Immobilienfinanzierung – Das Praxis-Set
- Kosten- und Vertragsfallen beim Immobilienkauf
- Kosten- und Vertragsfallen beim Bauen
- Bauen!
- Bauen! Das Praxis-Set
- Die Muster-Baubeschreibung

Im vorliegenden Ratgeber werden jeweils an der betreffenden Stelle Hinweise zu diesen ergänzenden Büchern gegeben.

Wir wünschen Ihnen eine gute und gründliche Vorbereitung Ihres Hausbaus oder Hauskaufs, damit Sie sicher durch Ihr Vorhaben kommen.

1 Finanzierung

Am Anfang aller Überlegungen zu einem Hausbau oder Hauskauf steht die Frage, ob man sich das überhaupt leisten kann. Hier hilft nur eine sehr ehrliche und nüchterne Betrachtungsweise. Alles muss auf den Tisch, und dann kann man sehen, ob es reicht oder nicht.

1.1 Kann ich mir überhaupt ein Haus leisten – und wenn ja, wie viel kann ich bezahlen?

Um herauszufinden, ob man sich ein Haus leisten kann oder nicht, sollte man zunächst einmal alle Einnahmen und Ausgaben auflisten, die man monatlich oder jährlich hat. Dazu ist es notwendig, sich alle Kontoauszüge aller Konten über mindestens ein Jahr hinweg anzusehen und zunächst einmal alle Ausgaben in eine Tabelle einzutragen. Ihre aktuelle Kaltmiete müssen Sie dabei nicht berücksichtigen. Denn diese entfällt ja spätestens mit dem Einzug in Ihr neues Haus. Vor allem im Fall von Bauvorhaben entfällt sie zwar nicht direkt zeitgleich mit den einsetzenden Ratenzahlungen eines Darlehens, sondern beide überschneiden sich meist zumindest für die Dauer der Bauzeit. Diese Zeit der Doppelbelastung muss man sich nötigenfalls separat ansehen und dann gut planen, wie man sie durchsteht. Die Doppelbelastung fällt aber spätestens mit der Kündigung beziehungsweise nach dem Ablauf der Kündigungsfrist der bislang gemieteten Immobilie weg, und verbindliche Bauzeiten in Verbraucherbauverträgen sind seit dem 01.01.2018 gesetzlich zwingend anzugeben.

Für die Einnahmen ist meist keine Tabelle notwendig, da es sich hierbei üblicherweise nur um das regelmäßige Einkommen handelt. Hat man darüber hinaus regelmäßige Einnahmen, etwa aus Sparverträgen, Vermietungen, Verpachtungen oder anderem, kommen diese hinzu. Selbstständige haben das Problem, dass sie kein regelmäßiges Einkommen haben. Selbstständige sollten sich daher einen längeren Zeitraum ansehen und schauen, welche Einnahmen im Jahresdurchschnitt mehrerer Jahre erwirtschaftet werden konnten. Sie werden bei den Gesprächen mit den Banken schnell feststellen, dass es ein großer Unterschied ist, ob Sie selbstständig sind, mit allen Risiken, oder etwa verbeamtet und keine beruflichen Risiken zu erwarten sind. Außerdem spielt Ihr Alter eine Rolle. Mit Mitte 30 ist ein Baukredit bei ausreichendem Eigenkapital und sicherem Einkommen üblicherweise kein Problem, mit Mitte 50 hingegen sind Sie bei vielen Banken schlicht raus. Denn die Wahrscheinlichkeit, dass Sie den Kredit bis Eintritt ins Rentenalter abbezahlt haben werden, sinkt stark und damit eben Ihre Chance auf einen Baukredit. Durch das 2006 eingeführte Allgemeine Gleichbehandlungsgesetz (AGG) ist die Benachteiligung von Personen aufgrund des Lebensalters zwar unzulässig. Viele Banken setzen sich über diesen Grundsatz aber hinweg, indem sie älteren Personen Darlehen im Zweifel grundsätzlich verweigern oder zu deutlich schlechteren Konditionen gewähren als anderen Personen. Denn mit wem Banken überhaupt und zu welchen Konditionen Verträge abschließen oder auch nicht, unterliegt wiederum deren Vertragsfreiheit.

Wenn Sie alle Ihre Ausgaben kennen, können Sie diese nun von Ihren Einnahmen abziehen. Übrig bleibt im besten Fall ein Überschuss. Theoretisch ist das der Betrag, den Sie monatlich in eine Baufinanzierung stecken könnten. Aber: Alle 2 bis 3 Jahre können auch mal außergewöhnliche Ausgaben auftauchen, die Waschmaschine kann kaputtgehen, das Auto eine größere Reparatur benötigen, dann brauchen Sie Rücklagen. Bei einer 4-köpfigen Familie sollten Sie mindestens 200 Euro im Monat zurücklegen, um daraus Rücklagen zu bilden, die nicht für die Baufinanzierung eingesetzt werden. Das sind dann etwa 2.400 Euro im Jahr, was nicht allzuviel ist, wenn Sie ein Auto besitzen und an die letzte Werkstattrechnung Ihres Autos denken.

Der Betrag, der nach Abzug einer solchen Rücklage dann noch übrig bleibt, ist etwa der Betrag, den Sie

Art der Ausgaben	Höhe monatl. Ausgaben in Euro
Mietnebenkosten	
Strom	
Wasser	
Müllgebühren	
Telefon und IT	
Rundfunkbeitrag (vormals GEZ-Gebühr)	
Kabelfernsehen	
Lebensmittel	
Kleidung	
Körperpflege	
Kindergartengebühren	
Schulgebühren	
Öffentliche Verkehrsmittel	
Kfz-Steuer	
Kfz-Benzin	
Kfz-Rücklagen für Inspektionen, Reifenwechsel, Ölwechsel, Reparaturfälle	
Kfz-Versicherung	
Versicherungsbeiträge (Krankenversicherung, Hausrat, Haftpflicht, Rechtschutz, Lebensversicherung usw.)	
Sparbeiträge für Banksparverträge, Fondssparverträge und dergleichen	
Beiträge bestehender anderer Darlehensverträge (etwa für Auto, Elektrogeräte und anderes mehr)	
Vereinsbeiträge	

⇢ *Fortsetzung*

Art der Ausgaben	Höhe monatl. Ausgaben in Euro
Freizeit: Kneipe / Kino / Kultur / Hobbys / Sport	
Urlaub	
Unterhalt (bei Scheidung, pflegebedürftigen Eltern und anderes)	
Außerordentliche Anschaffungen (Waschmaschine, Fahrrad, Handy und so weiter)	
Monatliche Sicherheitsreserve (kalkulieren Sie mit nicht weniger als etwa 200 Euro)	
Summe monatliche Ausgaben	

Art der Einnahme	Höhe monatl. Einnahmen in Euro
Regelmäßiges Gehalt (netto)	
Einkommen aus selbstständiger Tätigkeit (in letzterem Fall der über das Jahr verteilte monatliche Durchschnitt netto)	
Rente / Pension	
Nebeneinkünfte	
Kindergeld	
Laufende Kapitalerträge (soweit deren Kapitalstock nicht bereits dem Eigenkapital zugeschlagen wurde)	
Mieterträge	
Summe monatliche Einnahmen	

monatlich für eine Baufinanzierung aufwenden können.

Zusätzlich zu Ihren monatlichen Mitteln sollten Sie noch etwa 20 Prozent der Bau- und, falls noch nicht in Ihrem Eigentum, auch der Grundstückskosten als Eigenkapital mitbringen (als solide gelten 20 bis 30 Prozent). Mit diesen Kenntnissen können Sie dann in die weitere Überprüfung einsteigen.

Wichtig für Sie ist, zunächst einmal zu wissen, wo eigentlich Ihre persönliche Belastungsgrenze liegt, kurz gesagt, wie viel Haus können Sie sich leisten? Sie können hierbei sehr einfach vorgehen und folgende Formel nutzen:

Aber diese Rechnung ist gefährlich, denn sie ist zwar für die Bank günstig, aber für Sie ungünstig. Die Rechnung geht von einer zu niedrigen Anfangstilgung von 1 Prozent aus. Sie müssen sich das so vorstellen, dass eine baufinanzierende Bank von Ihnen monatlich einen festen Betrag erhält. Am Anfang ist der Zinsanteil darin noch höher als der Tilgungsganteil, erst mit der Zeit, wenn die zu zahlende Restsumme sinkt, wird dann der Tilgungsanteil höher als der Zinsanteil. Je höher Sie von Anfang an tilgen, desto schneller sinkt natürlich auch die Summe, mit der Sie bei der Bank in der Kreide stehen, desto schneller sinkt also auch die Zinsbelastung, die Ihnen die Bank für die verbleibende Restsumme monatlich in Rechnung stellt.

$$\text{Maximale Darlehenssumme} = \frac{\text{monatliche maximale Belastung in Euro x 12 Monate x 100 \%}}{\text{Sollzinssatz in \% + Tilgungssatz in \%}}$$

Nehmen wir folgendes Szenario an: Sie haben bei dem Einnahme-Ausgabe-Abgleich aller Ihrer Konten herausbekommen, dass Sie über einen monatlichen Überschuss von 900 Euro verfügen. Davon ziehen Sie noch eine Rücklage von 200 Euro monatlich ab. Es bleiben Ihnen 700 Euro monatlich für einen Baukredit zur Verfügung. Nehmen wir weiter an, Sie erhalten von einer Bank einen Sollzinssatz von 2 Prozent für eine Laufzeit von 10 Jahren geboten und die Bank schlägt Ihnen eine Anfangstilgung von 1 Prozent vor. Dann ergibt das folgende Rechnung:

$$\text{Maximale Darlehenssumme} = \frac{\text{700 Euro x 12 Monate x 100 \%}}{\text{2 \% + 1 \%}}$$

Maximale Darlehenssumme = 280.000 Euro

Das wäre also der Betrag, den Sie maximal finanzieren könnten. Hinzu käme natürlich noch der Anteil Ihres Eigenkapitals. Nehmen wir an, Sie könnten dafür 40.000 Euro aufbringen, dann wäre die maximale Summe, die Sie finanzieren könnten: 280.000 Euro + 40.000 Euro = 320.000 Euro.

Daher sollten Sie schauen, dass Sie zügig tilgen und nicht unter 3 Prozent Anfangstilgung starten. Wenn Sie eine solchen Tilgungssatz nun in die Beispielrechnung einstellen, passiert folgendes:

$$\text{Maximale Darlehenssumme} = \frac{\text{700 Euro x 12 Monate x 100 \%}}{\text{2 \% + 3 \%}}$$

Maximale Darlehenssumme = 168.000 Euro

Sie sehen, so viel Immobilie wie mit 1 Prozent Anfangstilgung können Sie sich mit 3 Prozent Anfangstilgung nicht leisten. Und das sollten Sie unbedingt berücksichtigen. Wenn Sie also 700 Euro im Monat für Zins und Tilgung zur Verfügung haben und 40.000 Euro Eigenkapital mitbringen, können Sie sich eine Immobilie im Wert von 208.000 Euro (168.000 Euro + 40.000 Euro) inklusive Nebenkosten leisten.

1.2 Finanzierung

Sie kennen nun den Betrag, den Ihr Haus beziehungsweise Haus mit Grundstück maximal kosten darf. Nun stellt sich die Frage, wie ein solches Vorhaben finanziert wird, wie also konkret der Fremdkapitalbedarf finanziert wird. Um das herauszufinden, benötigen Sie eine weitere Formel.

$$\text{Monatliche Belastung} = \frac{\text{Finanzierungsbedarf in Euro x (Sollzinssatz in \% + Tilgungssatz in \%)}}{\text{100 \% x 12 Monate}}$$

Nehmen wir an, Sie hätten ein Haus gefunden, das etwas teurer ist als die 208.000 Euro, die Sie sich eigentlich leisten können, nämlich 250.000 Euro. Ihr Eigenkapital beträgt weiter 40.000 Euro und das benötigte Fremdkapital damit noch 210.000 Euro. Eine Bank wäre bereit, für eine Laufzeit von 10 Jahren dafür einen Zinssatz von 2 Prozent zu gewähren. Sie selbst möchten eine Anfangstilgung von 3 Prozent, dann ergäbe sich folgende Rechnung zu Ihrer monatlichen Belastung:

$$\text{Monatliche Belastung} = \frac{\text{210.000 Euro x (2 \% + 3 \%)}}{\text{100 \% x 12 Monate}}$$

Monatliche Belastung = 875 Euro

Diese 875 Euro sind deutlich über Ihrer monatlichen Belastungsrenze, die im gerechneten Modell ja bei etwa 700 Euro lag. Es stellt sich dann für Sie die Frage, ob das noch beherrschbar ist oder ob Sie nicht doch noch weiteres Eigenkapital benötigen, um zumindest vielleicht auf eine monatliche Belastung von 750 Euro kommen zu können.

Natürlich könnte man hier auch zu einer deutlich niedrigeren monatlichen Belastung kommen, wenn man wiederum die Anfangstilgung von 3 auf 1 Prozent senken würde. Aber das ist eben ganz klar nicht zu empfehlen, so angenehm niedrig die monatliche Belastung dann auch wirken mag. Sollte Ihnen eine Bank also eine Rechnung mit 1 Prozent Anfangstilgung vorlegen, sollten Sie diese zurückweisen und eine Rechnung mit 3 Prozent fordern.

Sie wissen jetzt, welche monatliche Belastung auf Sie zukäme und Sie wissen auch, ob Sie diese tragen können. Das sind die Grundpfeiler Ihrer Baufinanzierung. Zusätzlich gibt es zwar in einigen Fällen noch Förderungen, etwa der KfW, die hilfreich sein können, sie sind aber in der Höhe meist begrenzt und sollten daher eher als zusätzliche Hilfen angesehen werden.

1.3 Förderungen

KfW-Förderungen

Bundesweit gewährt vor allem die Kreditanstalt für Wiederaufbau (KfW) in Frankfurt am Main Förderungen. Das können günstige Darlehen ebenso sein wie Zuschüsse, die nicht zurückgezahlt werden müssen. Einige Förderungen sind auch an energetische Ziele gekoppelt. Dazu hat die KfW sogenannte Effizienzhausklassen entwickelt:

- KfW-Effizienzhaus 55
- KfW-Effizienzhaus 40
- KfW-Effizienzhaus 40 Plus

Was heißt das? Die KfW schreibt hierzu, Zitat:

„Entscheidend für die Einordnung ist die energetische Qualität der Immobilie. Sie wird mit den Referenzgrößen Primärenergiebedarf und Transmissionwärmeverlust gemessen. Für beide Größen definiert die Energieeinsparverordnung (EnEV) Höchstwerte, die ein Referenzgebäude einhalten muss.

- *Ein KfW-Effizienzhaus 100 entspricht zum Beispiel den Vorgaben der EnEV.*
- *Ein KfW-Effizienzhaus 55 benötigt 55 % der Energie des Referenzgebäudes, ein KfW-Effizienzhaus 40 sogar nur 40 %.*
- *Für den Standard KfW-Effizienzhaus 40 Plus benötigen Sie weitere Geräte und Anlagen, etwa zur Stromerzeugung und Lüftung."*

Die weiteren Geräte und Anlagen, die Sie für ein KfW-40-Plus-Haus benötigen, sind folgende:

- Eine stromerzeugende Anlage auf Basis erneuerbarer Energien
- Ein stationäres Batteriespeichersystem (Stromspeicher)
- Eine Lüftungsanlage mit Wärmerückgewinnung
- Eine Visualisierung von Stromerzeugung und Stromverbrauch über ein entsprechendes Benutzerinterface

Die KfW knüpft an ihr Programm allerdings eine Reihe von Voraussetzungen. Die beiden wichtigsten sind, dass mit dem Bau noch nicht begonnen worden sein darf und dass ein qualifizierter Sachverständiger aus der Expertenliste **www.energie-effizienz-experten.de** zu beauftragen ist. Grundlage ist immer eine Energiebedarfsberechnung. Außerdem gelten folgende Vorgaben für den Sachverständigen, Zitat KfW:

„Der Sachverständige ist für das Bauvorhaben wirtschaftlich unabhängig zu beauftragen. Neben einer Beratung, Planung und Baubegleitung für das Vorhaben darf der Sachverständige nicht

- *in einem Inhaber-, Gesellschafts- oder Beschäftigungsverhältnis zu den bauausführenden Unternehmen oder Lieferanten stehen oder*
- *von diesen Unternehmen oder Lieferanten beauftragt werden oder*
- *Lieferungen oder Leistungen vermitteln.*

Nicht unter diese Regelung zur wirtschaftlichen Unabhängigkeit fallen:

- *beim Antragsteller oder Verkäufer (z.B. Bauträger) von neuen Wohneinheiten angestellte Sachverständige*
- *angestellte Sachverständige von Bau- oder Handwerksunternehmen (z.B. Fertighausbauer), deren Produkte und Leistungen nach einer Gütesicherung definiert und überwacht werden."*

Da die KfW ihre Programme immer wieder weiterentwickelt und anpasst, ist es unerlässlich, dass man sich auf der KfW-Internetseite jeweils einen aktuellen Überblick zu den Programmen verschafft: **www.kfw.de**

Und entscheidend ist natürlich immer auch, dass man im Hauskauf- beziehungsweise Hausbauvertrag oder in der dazugehörigen Baubeschreibung klar fixiert, dass man zum Beispiel ein KfW-Effizienzhaus 55 oder 40 kauft oder baut. Sodass später keinerlei Zweifel mehr dazu aufkommen kann, mit welcher energetischen Klassifizierung das Haus geplant und errichtet sein muss.

Baukindergeld

Eine Förderung, auf die – vorläufig bis Jahresende 2020 – jeder Anspruch hat, der Kinder hat und dessen Jahreseinkommen eine gewisse Grenze nicht übersteigt (90.000 Euro Jahreseinkommen plus 15.000 Euro Freibetrag für jedes Kind), hat Anspruch auf das sogenannte Baukindergeld. Die Höhe des Baukindergeldes beträgt 1.200 Euro pro Jahr und Kind für eine Laufzeit von 10 Jahren. Das sind bei 2 Kindern also immerhin 24.000 Euro.

In Bayern haben Sie zusätzlich Anspruch auf das bayerische Baukindergeld Plus. Dieses wird dann gewährt, wenn auch das Baukindergeld der KfW zuerkannt wurde. Das bayerische Baukindergeld packt pro Kind und Jahr noch einmal 500 Euro obendrauf, bei identischer Laufzeit von 10 Jahren.

Landesförderungen

Neben den Bundesförderungen gibt es auch Landesförderungen der Förderbanken der Bundesländer. Diese variieren teilweise aber stark, sind auch nicht in jedem Fall automatisch kombinierbar mit Bundesförderungen der KfW. Da auch die Landesförderungen immer mal wieder überarbeitet werden, ist es das Sinnvollste, Sie sehen sich die Internetseiten der für Ihr Bundesland zuständigen Förderbank aktuell an und prüfen, ob Sie dort Programme sehen, die für Ihr Bauvorhaben infrage kommen und vielleicht mit den Förderprogrammen der KfW kombinierbar sind. Die hier

Bundesland	Landesförder- bzw. Landeskreditbank	Internetadresse
Baden-Württemberg	L-Bank	www.l-bank.de
Bayern	Bayerische Landesbodenkreditanstalt	www.bayernlabo.de, www.wohnen.bayern.de
Berlin	Investitionsbank Berlin	www.investitionsbank.de
Brandenburg	Investitionsbank des Landes Brandenburg	www.ilb.de
Bremen	Bremer Aufbaubank	www.ilb.de
Hamburg	Hamburgische Investitions- und Förderbank	www.ifbhh.de
Hessen	Wirtschafts- und Infrastrukturbank Hessen	www.wibank.de
Mecklenburg-Vorpommern	Landesförderinstitut Mecklenburg-Vorpommern	www.lfi-mv.de
Niedersachsen	Investitions- und Förderbank Niedersachsen	www.nbank.de
Nordrhein-Westfalen	NRW.Bank	www.nrwbank.de
Rheinland-Pfalz	Landestreuhandstelle Rheinland-Pfalz	www.lth-rlp.de, www.fm.rlp.de
Saarland	Saarländische Investitionskreditbank	www.sikb.de
Sachsen	Sächsische Aufbaubank	www.sab.sachsen.de
Sachsen-Anhalt	Investitionsbank Sachsen-Anhalt	www.ib-sachsen-anhalt.de
Schleswig-Holstein	Investitionsbank Schleswig-Holstein	www.ib-sh.de
Thüringen	Thüringer Aufbaubank	www.aufbaubank.de

abgedruckte Tabelle git Ihnen einen Überblick über die Förderbanken aller deutschen Bundesländer, sodass Sie deren Internetseiten schnell und einfach finden.

Neben Bundes- und Landesförderungen gibt es teilweise auch kommunale Förderungen. Es lohnt sich daher, bei der Gemeinde oder Stadt, in der Sie bauen wollen, nachzufragen, ob es spezielle Förderprogramme für Bauherren gibt. Ist das der Fall, sollten Sie sich diese näher ansehen, denn sie können Ihnen natürlich helfen. Auch bei solchen Förderungen ist dann zu prüfen, ob Sie mit Bundes- und Landesförderungen kombinierbar sind. Das ist bei kommunalen Förderungen aber meistens der Fall.

Wenn Sie in das Thema Baufinanzierung intensiver einsteigen wollen, bietet Ihnen die Verbraucherzentrale zusätzlich den Ratgeber „Meine Immobilie finanzieren“. Dort werden auch spezielle Themen wie etwa die Einbeziehung von Bausparverträgen oder Wohn-Riester in die Baufinanzierung behandelt (⟶ **www.ratgeber-verbraucherzentrale.de**).

2 Grundstück

Je nachdem, ob Sie auf eigenem Grundstück bauen oder Haus und Grundstück gemeinsam kaufen, bewegen Sie sich in einem rechtlich völlig unterschiedlichen Rahmen. Im ersten Fall sind Sie Bauherr, im zweiten Fall Immobilienkäufer. Das ist ein großer Unterschied. Und es wird noch komplizierter: Es kann sogar sein, dass Sie glauben, Immobilienkäufer zu sein, in Wahrheit aber Bauherr sind – mit allen Konsequenzen, die Sie vielleicht gar nicht wollten.

2.1 Grundlagen eines Grundstückskaufs

Vor allem in beliebten Ballungsräumen findet man Grundstücke nur noch selten. Daher gibt es immer mehr Hausanbieter, die auch die Grundstücke gleich mit anbieten. Das gibt es entweder für den Einzelhausbereich, wo zum Beispiel Fertighausanbieter auch Grundstücke zum Haus anbieten, oder, ganz klassisch, etwa Reihenhäuser oder Doppelhaushälften samt Grundstück angeboten werden von sogenannten Bauträgern.

Wenn Sie bereits über ein eigenes Grundstück verfügen, das Sie selber bebauen möchten, müssen Sie die Kapitel 2.1 und 2.2 nicht mehr interessieren, dann können Sie direkt weiterlesen unter Kapitel 2.3 „Grundstücksbebaubarkeit rechtlich". Haben Sie hingegen kein Grundstück und soll dieses gemeinsam mit der Immobilie erworben werden, sollten Sie die Kapitel 2.1 und 2.2 sehr aufmerksam durchlesen.

Wenn Sie ein Grundstück kaufen wollen, für das kein Bauzwang mit einem festgelegten Baupartner besteht, stehen Sie vor einem klassichen Grundstückskauf. Dann ist es eigentlich nur notwendig, dass Sie vor dem Kauf die technische und rechtliche Bebaubarkeit des Grundstücks sowie die Angemessenheit des Kaufpreises überprüfen. Siehe dazu die Kapitel 2.3, 2.4 und 2.5.

Wenn Sie ein Grundstück erwerben wollen, für das ein Bauzwang mit einem bestimmten Partner besteht, müssen Sie – zusätzlich zum Grundstückskauf – sehr genau hinsehen, denn dann haben Sie die Situation, dass Sie entweder vor dem Grundstückskauf einen Bauvertrag unterzeichnen sollen oder zeitgleich mit dem Grundstückskauf oder aber zeitgleich mit dem Grundstückskauf eine Bauverpflichtung unterzeichnen und der Bauvertrag dann noch nachgereicht wird. Mit einem solchen Vorgang können Sie Ihren Baupartner also nicht mehr frei wählen, sondern sind von vornherein an ihn gebunden. Damit verlieren Sie Ihr stärkstes Verhandlungsinstrument, nämlich die Entscheidungsgewalt darüber, wer mit Ihnen auf Ihrem Grundstück bauen wird und wer nicht. Daher müssen Sie bei solchen Angeboten sehr früh nicht nur die klassischen Kriterien des Grundstückskaufs prüfen, sondern auch bereits das gesamte Bauangebot mit Bauvertrag, Bauplänen und Bau- und Leistungsbeschreibung. Das überfordert viele Bauherren, und im Idealfall suchen sie sich dann bereits zu diesem frühen Zeitpunkt fachliche Hilfe und lassen diese Angebote unabhängig prüfen. Auch die Verbraucherzentrale bietet solche Prüfungen an. Mehr dazu erfahren Sie auf Seite 151.

Eigentlich ist der Kauf von Grundstück und Haus in einem Vertrag viel einfacher, als wenn man zunächst ein Grundstück erwirbt und sich dann als Bauherr um alles Weitere selber kümmern muss. Denn man ist in letzterem Fall als Bauherr auch voll verantwortlich für alles, was man tut. Hat man etwa kein Bodengutachten anfertigen lassen und der gebaute Keller passt später nicht zu den Boden- und Grundverhältnissen, steht man für dieses Vorgehen und diese Entscheidungen natürlich selber gerade. Auch Insolvenzrisiken von Unternehmen trägt man vollständig selbst und muss sich mit guten Zahlungsplänen eigenverantwortlich absichern.

Kauft man hingegen Grundstück und Haus gemeinsam, ist man kein Bauherr, sondern Käufer. Dann hat der Bauträger (so nennt man Unternehmen, die Grund und Gebäude gemeinsam veräußern) darauf zu achten, dass das von ihm geplante und angebotene Gebäude auch auf dem Grundstück mangelfrei zu errichten ist. Kommt es zu Problemen oder Schäden, haftet ansonsten er. Sie sind nur Käufer und kaufen sozusagen ein Stück fertiges Haus auf einem dazu passenden Grundstück. Sie sind damit weder für den Schnittpunkt Grundstück-Haus verantwortlich noch etwa für den Betrieb der Baustelle. Denn auch diese wird Ihnen ja erst am Ende des Kaufverfahrens überhaupt übergeben und das Grundstück auch erst dann auf Sie im Grundbuch überschrieben. Ein solches Vorhaben wird rechtlich auf Basis der sogenanten Makler- und Bauträgerverordnung (MaBV) abgewickelt. Das ist eine spezielle Rechtsverordnung für den Fall, dass Immobilien samt Grundstück veräußert werden. Hier gelten dann beispielsweise bestimmte Sicherungspflichten für das von Ihnen bezahlte Geld und es gelten sogar vom Gesetzgeber festgelegte Raten, die zu zahlen sind. Im Gegensatz zu einem „freien" Bauvertrag auf Basis des Bürgerlichen Gesetzbuchs (BGB) sind Sie mit einem MaBV-Vertrag also zunächst einmal deutlich besser geschützt. Allerdings enthalten auch die meisten MaBV-Verträge große Risiken, weil die gesetzlichen Vorgaben zahlreiche Lücken haben und bei Weitem nicht jeder, der glaubt, er habe einen MaBV-Vertrag, weil er Grundstück und Haus gemeinsam kaufte, hat auch einen MaBV-Vertrag. Sehr oft nämlich kommt es zum sogenannten verdeckten beziehungsweise versteckten Bauherrenmodell. Das ist dann der Fall, wenn man Ihnen zwar in ein und demselben notariellen Kaufvertrag das Grundstück verkauft und den Bau eines Gebäudes festlegt, das Ganze rechtlich aber so ausgestaltet wird, dass Sie sich zunächst zum Kauf des Grundstücks verpflichten und in einem seperaten Teil des Vertrags dann zur Bebauung dieses Grundstücks durch einen bestimmten Anbieter. Dann haben Sie aber gerade nicht Haus und Grundstück gemeinsam erworben, sondern Sie haben zunächst ein Grundstück gekauft, dass Sie dann in der Rolle des Bauherrn mit einem bestimmten Anbieter bebauen müssen. Die MaBV gilt für Sie dann nicht, sondern es gilt der vereinbarte Bauvertrag.

Soll die Vereinbarung zu einem Grundstückskauf und -verkauf verbindlich geregelt werden, muss diese Vereinbarung in Deutschland notariell beurkundet werden. Sie könnten alternativ mit einem Grundstücksverkäufer auch direkt zum Grundbuchamt fahren und das Grundstück dort direkt umschreiben lassen, dann bräuchten Sie keinen Notar. Die Frage wäre dann aber natürlich, wie der Verkäufer sicherstellen kann, dass er zeitgleich auch sein Geld bekommt? Und wie stellen umgekehrt Sie sicher, dass der Verkäufer sein Wort auch wirklich hält und das Grundstück am Ende auch wirklich Ihnen gibt und es sich im letzten Moment nicht noch anders überlegt? Daher ist der Weg eines Grundstückskaufs über eine notarielle Beurkundung sinnvoll, weil er Sicherheit bietet. Er ist aber keinesfalls zwingend vorgeschrieben, wie vielfach behauptet wird, sondern die notarielle Beurkundung macht nur die Verkaufs- und Kaufabsichtserklärung verbindlich.

Fast immer ist es so, dass man Ihnen einen Entwurf eines Grundstückskaufvertrags vorlegen wird. Nach dem Beurkundungsgesetz muss Ihnen dieser Entwurf direkt seitens des Notars zugehen. Es darf nicht einfach der Bauträger oder gar ein Makler, Vermitter oder Vertriebler Ihnen einen solchen Vertragsentwurf zuleiten. Das ist Hoheit und Pflicht des Notars. Aber schon das wird in der Praxis oft nicht eingehalten. Es gibt in der Praxis des Bodenverkaufs und Bauens leider fast nichts, was es nicht gibt – vieles davon glatt rechtswidrig.

Inhaltliche Vorgaben für einen Vertragsentwurf gibt es nicht. Das Beurkundungsgesetz spricht unter § 17 Absatz 2a nur vom „beabsichtigten Text", was leider alles und nichts heißen kann. Ob also etwa ein unausgefülltes Vertragsmuster (ohne Kaufgegenstand, Kaufpreis und Vertragparteien) reicht, bleibt unklar. Falls Sie etwas Ähnliches erhalten, müssen Sie nötigenfalls beim Notar intervenieren und auf einem vollständigen Vertragsentwurf beharren, der dem entspricht, was im Beurkundungstermin auch tatsächlich unterzeichnet werden soll, und für den Ihnen dann auch mindestens 14 Tage zur Durchsicht gelassen werden. Auch das ist eine Vorgabe aus dem Beurkundungsgesetz, wenn Verträge mit Verbrauchern – und das sind Sie als Privatperson üblicherweise – geschlossen werden. Die meisten Notare beachten das auch.

2.2 Kommentierter Beispielvertrag Grundstückskauf

Damit Sie einmal ein Gefühl dafür bekommen, wie ein **Grundstückskaufvertrag** aussehen kann, finden Sie nachfolgend ein durchgängig kommentiertes Beispiel dazu:

Vor mir, dem Notar Alfons Amtmann, sind heute, am (Datum) erschienen:

Herr Gustav Grund, als Verkäufer, geboren am (Datum), wohnhaft Grundallee 100
10101 Grundhausen
persönlich bekannt

sowie als Käufer

Berta Boden-Los, geborene Los, geboren am (Datum) und
Bernd Boden, geboren am (Datum), beide wohnhaft Bodenweg 100
10202 Bodenhausen

jeweils ausgewiesen durch Lichtbildausweis.

Die Käufer erklären, dass sie den Entwurf zur Urkunde vom heutigen Tage seit mindestens 2 Wochen vorliegen haben und ausreichend Zeit hatten, sich mit dem Gegenstand der heutigen Beurkundung auseinanderzusetzen.

Die Erschienenen erklären zur notariellen Niederschrift folgenden **Grundstückskaufvertrag**:

---

§ 1 Flurstück
Der Verkäufer ist Eigentümer des folgenden Grundstücks (Flurstücknummer) auf der Gemarkung der Gemeinde Grundhausen.

Erläuterung:
Hier finden sich übliche Angaben zum Grundstück, das damit klar identifizierbar wird. Wichtig ist, dass Gemarkung und Flurstücknummer auch korrekt sind.

---

§ 2 Grundbuchstand
Das Grundstück ist im Grundbuchamt des Amstgerichtsbezirks Grundhausen unter folgender Grundbuchblattnummer dokumentiert: (Grundbuchblattnummer).

Das Grundbuch ist nach Angaben des Verkäufers in Abteilung II mit folgender Grunddienstbarkeit belastet: Wegerecht zugunsten des Nachbargrundstücks (Flurstücknummer).

Das Grundbuch ist in Abteilung III nach Angaben des Verkäufers mit folgendem Grundpfandrecht belastet: Grundschuld für die Sparkasse Grundhausen in Höhe von 50.000 Euro.

Erläuterung:
Die Erläuterungen zum Grundbuch beruhen allesamt auf Angaben des Verkäufers. Offensichtlich hat der Notar das Grundbuch nicht selbst eingesehen. Dies bestätigt sich auch weiter unten – unter § 14 – wo der Notar genau darauf und auf die damit einhergehenden Risiken hinweist. Zu diesen Risiken gehört nicht nur die Überprüfung, ob die vom Verkäufer gemachten Angaben überhaupt stimmen, damit beginnend, ob er tatsächlich als Eigentümer eingetragen ist, sondern der Notar sollte aufmerksam auch andere Dinge überprüfen, beispielsweise ob im Grundbuch weitergehende Rechte Dritter eingetragen sind. Das können zum Beispiel Nacherben sein oder auch Nießbrauchnehmer, denen Nutzungsrechte am Grundstück eingeräumt werden. Das kann weitreichende Folgen haben

und die Nutzungsmöglichkeiten, und damit den Wert des Grundstücks, massiv beinträchtigen. Daher sollte der Notar das Grundbuch grundsätzlich und immer einsehen, um sich selber ein Bild vom Sachstand zu machen und darüber aufklären zu können.

§ 3 Vorkaufsrechte

Der Notar hat darauf hingewiesen, dass nach öffentlichem Recht grundsätzlich Vorkaufsrechte der Gemeinde oder auch anderer Behörden bestehen. Im Innenverhältnis zum Käufer behält sich der Verkäufer das Rücktrittsrecht vom Kaufvertrag vor für den Fall, dass ein Vorkaufsrecht ausgebübt wird.

Erläuterung:
Das einfachste Vorgehen bezüglich Vorkaufsrechten ist eigentlich, dass diese im Vorfeld des Vertragentwurfs verbindlich bei der Gemeinde abgefragt werden. Verzichtet die Gemeinde dann schriftlich auf ihr Vorkaufsrecht, kann dieses Verzichtsschreiben zum Beispiel ganz einfach zur Vertragsanlage gemacht werden. Dann benötigt man im Kaufvertrag nur noch einen Verweis darauf, und es herrscht diesbezüglich Rechtssicherheit.

§ 4 Grundstücksgröße / Grundstückszustand / Baulasten

Die Grundstücksgröße beträgt ca. 350 Quadratmeter. Auf dem Grundstück befindet sich noch ein alter Schuppen, der fachgerecht abgerissen und entsorgt werden muss. Der Käufer hat das Grundstück besichtigt und sich vom Zustand überzeugen können. Das Grundstück wird verkauft, wie es steht und liegt.

Nach Angaben des Verkäufers sind im Baulastenverzeichnis keine Baulasten eingetragen.

Erläuterung:
In § 4 werden dem Käufer nur sehr vage Zusicherungen gemacht. Die Grundstücksgröße ist mit einer ca.-Angabe versehen. Es stellt sich natürlich die Frage, ob auch 300 Quadratmeter noch ca. 350 Quadratmeter sind. Da § 6 generell Sachmängel ausschließt, müsste der Käufer dann auch mit 300 Quadratmetern leben.

Der Käufer hat außerdem angeblich das Grundstück gesehen. Es bleibt die Frage: Entspricht das den Tatsachen? Und wenn ja, hat der Käufer auch alles gesehen, was er sehen wollte? Und Sehen allein hilft natürlich nur sehr bedingt. In den Erläuterungen zu § 6 finden Sie, was ein Käufer vor einem Grundstückskauf eigentlich prüfen muss. Dazu gehört auch, ob der vorhandene Schuppen ohne weitere Bedingungen abgerissen werden darf.

Bezüglich Baulasten wird angegeben, dass es keine gebe. Der Notar selber hat sich davon aber nicht überzeugt. Sinnvoll ist daher, einen aktuellen Auszug aus dem Baulastenverzeichnis dem Kaufvertrag beizufügen.

§ 5 Erschließungsbeiträge / Ausbaubeiträge

Mögliche Erschließungs- oder Ausbaubeiträge, die nach dem Datum der Beurkundung dieses Vertrags in Rechnung gestellt werden, trägt der Käufer.

Erläuterung:
Die Regelung in § 5 ist sehr gefährlich. Erschließungsbeiträge und Ausbaubeiträge können sehr hohe Summen auslösen. Im obigen Beispiel kann es sogar sein, dass der Verkäufer darüber schon von der Gemeinde informiert wurde. Geregelt ist hier, dass der Käufer Rechnungen trägt, die nach dem Notartermin gestellt werden. Das heißt konkret: Es kann sein, der Verkäufer ist über einen hohen Ausbaubeitrag sogar schon informiert, hat aber die Rechnung dazu noch nicht erhalten. Kaum ist der Notartermin verstrichen, muss sich der Verkäufer auch keine Gedanken dazu mehr machen; denn ab jetzt trägt diese hohe Rechnung der Käufer. Nur: Hätte er das voher gewusst, hätte er ja sicher um einen ganz anderen, nämlich deutlich niedrigeren Grundstückspreis verhandelt.

§ 6 Sach- und Rechtsmängel

Ansprüche des Käufers wegen Sach- oder Rechtsmängeln des Vertragsobjekts, insbesondere bezüglich Bodenbeschaffenheit und Flächengröße, Baulasten oder Grunddienstbarkeiten, werden ausgeschlossen.

Erläuterung:
Die Regelungen unter § 6 besagen, dass der Verkäufer gegenüber Ihnen nicht für Mängel am Grundstück haftet, weder Sach- noch Rechtsmängel.

Zu den Sachmängeln:
Stimmt etwa die Flächengröße nicht überein mit den angegebeben 350 Quadratmetern, entstehen daraus für Sie keine Ansprüche. Auch bei Problemen mit Grund und Boden haftet der Verkäufer nicht.

Das sind allerdings sehr übliche Vereinbarungen, denn es ist nachvollziehbar, dass der Verkäufer irgendwann auch einmal Ruhe haben will bezüglich des verkauften Grundstücks. Umso wichtiger ist es, dass Sie die wesentlichen Parameter eines Grundstücks vor einem Kauf genau unter die Lupe nehmen:
- Tatsächliche Größe
- Rechtliche Bebaubarkeit
- Technische Bebaubarkeit
- Freiheit des Bodens von Schadstoffen
- Genehmigungsfähigkeit eines eventell notwendigen Abrisses noch bestehender Gebäude
- Genehmigungsfähigkeit von eventuell notwendiger Entsorgung kleinerer oder größerer Vegetation

Zu den Rechtsmängeln:
Rechtsmängel können zum Beispiel eine nur eingeschränkte Bebaubarkeit aufgrund von Baulasten oder anderen rechtlichen Einschränkungen sein wie etwa umfangreichen Wegerechten Dritter über das Gundstück. Genauso können dazu gehören Nutzungseinschränkungen durch Nießbrauchnehmer, die im Grundbuch eingetragen sind.

§ 7 Kaufpreis und Kaufpreisfälligkeit

Der Kaufpreis beträgt 54.000 Euro. Er ist spätestens 14 Tage nach der Beurkundung dieses Vertrags an den Verkäufer zu überweisen, auf dessen Konto bei der Sparkasse Grundhausen (IBAN und BIC). Eine Umschreibung des Flurstücks kann erst erfolgen, wenn der Kaufpreis vollständig und fristgerecht beim Verkäufer eingegangen ist.

Erläuterung:
Die Regelungen unter § 7 sind durchaus üblich. Auch die relativ kurze Überweisungsfrist des Kaufpreises. Das heißt für den Käufer aber, er muss das geforderte Geld zeitnah zur Verfügung haben. Er kann also nicht nach dem Notartermin in Ruhe anfangen, nach einer geeigneten Baufinanzierung zu suchen, sondern die muss bereits stehen. Umgekehrt sollte aber der Vertrag für die Baufinanzierung noch nicht unterzeichnet sein, denn wenn im letzten Moment beim Grundstückskauf doch noch etwas schiefgeht, würde der Käufer sonst in einem Baufinanzierungsvertrag stecken, den er gar nicht nutzen könnte. Daher ist es sinnvoll, die schriftliche Zusage einer Bank zu einer ausverhandelten Finanzierung vor dem Notartermin in der Tasche zu haben, aber den Darlehensvertrag selbst erst nach dem Notartermin zu unterzeichnen.

§ 8 Grundpfandrechte

Der Verkäufer verpflichtet sich, bei der Bestellung von Grundpfandrechten des Käufers mitzuwirken.

Grundpfandrechte dürfen nur zur Finanzierung des Kaufobjektes bestellt werden, und die Gundschuldgläubigerin darf das Grundpfandrecht auch nur insoweit als Sicherheit halten beziehungsweise verwerten, als sie tatsächlich Zahlungen mit Tilgungswirkung auf die Kaufpreisschuld des Käufers geleistet hat. Die Sicherungszweckerklärung darf nur zur Sicherung der Finanzierung des Kaufobjekts ausgestellt werden. Die fortlaufend geleisteten Tilgungen sind bei der Sicherung zu berücksichtigen. Sicherungszweckbestimmungen oder Verwertungsvereinbarungen innerhalb oder außerhalb dieser Urkunde gelten erst ab Eigentumsübergang.

Der Verkäufer übernimmt im Zusammanhang mit der Grundschuldbestellung keine persönlichen Zahlungsverpflichtungen.

Erläuterung:
In § 8 finden sich übliche Formulierungen, mit denen festgelegt wird, dass der Verkäufer hilft, die Baufinanzierung einer Bank des Käufers über das Grundbuch abzusichern. Denn die Bank des Käufers möchte ja eine Sicherheit haben für den Kredit, den Sie ausgibt, üblicherweise eine Hypothek oder Grundschuld, die in Abteilung III des Grundbuchs eingetragen wird. Nicht immer wird schon für den Grundstückskauf ein Kredit gebraucht. Manche Käufer können den Grundstückskauf noch aus Eigenkapital finanzieren und benötigen erst für den Hausbau einen Kredit.

Die in § 8 gewählten Formulierungen bedeuten zusammengefasst, dass sich der Verkäufer einer Grundschuldeintragung der Bank des Käufers im Grundbuch nicht entgegenstellen wird, dass diese Eintragung aber wichtigen Einschränkungen unterliegt: Die Bank darf die Grundschuld nur als Sicherheit verwerten, soweit sie tatsächlich dem Kreditnehmer auch Zahlungen geleistet hat, die dieser mit Zins und Tilgung zurückzalt. Tilgungen sind auf die Sicherheit anzurechnen. Hintergrund: Die Grundschuld bleibt normalerweise in voller Höhe im Grundbuch bestehen. Damit dieser Betrag nicht beliebig in voller Höhe vollstreckt werden kann, wird hier definiert, dass die Sicherheit immer nur den ausstehenden – und über die Zeit ja sinkenden – Tilgungsbetrag sichern kann. Vollstreckungen können außerdem erst nach Eigentumsübergang vollzogen werden.

§ 9 Eigentumsübergang / Auflassung

Der Verkäufer einerseits und die Käufer andererseits erklären, dass sie sich über den Eigentumsübergang am Verkaufsobjekt nach Maßgabe dieser Urkunde einig sind. Der Eigentumsübergang erfolgt mit Eigentumsumschreibung im Grundbuch. Diese erfolgt nach vollständiger Zahlung des Kaufpreises.

Der Notarvertreter, sein Amtsnachfolger und dessen Vertreter im Amt wird von Verkäufer und Käufer unwiderruflich bevollmächtigt und beauftragt, nach vollständiger Bezahlung des Kaufpreises den Vollzug des Eigentumswechsels beim Grundbuchamt zu bewilligen und zu beantragen. Der Verkäufer verpflichtet sich, dem Notar unverzüglich schriftlich den Eintritt dieser Bedingungen mitzuteilen.

Erläuterung:
Mit § 9 werden wichtige Regelungen zum Eigentumsübergang getroffen, sodass die eine Seite sich unwiderruflich verpflichtet, den Kaufpreis zu zahlen und die andere Seite sich unwiderruflich verpflichtet, dann die Grundbuchumschreibung zuzulassen.

§ 10 Notarkosten, Grundbuchkosten, Grunderwerbsteuer

Sämtliche mit dieser Urkunde und ihrer Durchführung verbundenen Kosten trägt der Käufer. Ausgenommen sind nur die Kosten der Lastenfreistellung des Grundstücks aus den nicht übernommenen Grundschulden und / oder Grundpfandrechten. Der Notar hat darüber aufgeklärt, dass Käufer und Verkäufer für die Notarkosten gesamtschuldnerisch haften.

Erläuterung:
Unter § 10 legt der Notar die Kostenaufteilung dar. Das ist in dieser Form üblich. Unschön ist die gesamtschuldnerische Haftung von Käufer und Verkäufer. Das heißt nämlich, der Notar kann sich auch an den Käufer wenden, wenn der Verkäufer seinen Anteil nicht bezahlt, und diesen vom Käufer fordern. Dies ist bedauerlicherweise nicht nur zulässig, sondern vom Gesetzgeber im Interesse der Notare sogar genauso geregelt, und zwar in § 32 des Gerichts- und Notarkostengesetzes, wo es unter Absatz 1 heißt, Zitat: *„Mehrere Kostenschuldner haften als Gesamtschuldner.“* Diese gesetzliche Regelung ist nur sehr schwer nachvollziehbar, aber sie existiert leider tatsächlich und kann daher im Zweifel eben auch angewandt werden.

§ 11 Vollmachten der Käufer
Die Käufer bevollmächtigen sich wechselseitig und unter Befreiung von § 181 BGB zu Abgabe und Empfang von Willenserklärungen, die im Zusammenhang mit diesem Vertrag und seiner Abwicklung stehen.

Erläuterung:
Solche oder ähnliche Regelungen finden sich in vielen Kaufverträgen. Man sollte sich das allerdings sehr gut überlegen. Denn eine solche, wechselseitige Vollmacht ist überhaupt nicht notwendig. Natürlich wird es dann aufwendiger, weil immer beide beteiligte Käufer eingeschaltet und gefragt werden müssen, aber das hat ja auch enorme Schutzwirkungen. Ansonsten kann eine Person auf Käuferseite vollkommen allein die andere auch übergehen, mit allen Konsequenzen.

§ 12 Vollmachten des Notars
Alle Vertragsteile erteilen hiermit unabhängig von der Wirksamkeit des Vertrags den Notariatsangestellten Frau Traute Treu und Susanne Sorg je einzeln unter Ausschluss jeglicher Eigenhaftung und unter Befreiung von § 181 BGB die übertragbare, durch den Tod nicht erlöschende Vollmacht

1. Die Auflassung zu erklären, Eintragungsbewilligungen zum Grundbuch abzugeben, Eintragungsanträge zu stellen und alle Erklärungen abzugeben und entgegenzunehmen, die mit diesem Vertrag in Zusammenhang stehen und die Löschung der für den Käufer bestellten Vormerkung zu beantragen,

2. Rangrücktrittserklärungen zugunsten von noch einzutragenden Rechten abzugeben,

3. Urkundsnachträge aller Art zum Wirksamwerden und Vollzug der Urkunde zu erklären.

Von allen Vollmachten darf nur vor dem Urkundsnotarvertreter oder seinem Vertreter im Amt Gebrauch gemacht werden. Die Vollmacht erlischt mit der Eigentumsumschreibung, vorher abgegebene Erklärungen behalten ihre Wirksamkeit.

Die Vollmachten erlöschen ohne weitere Erklärung mit der Eigentumsumschreibung auf die Käufer. Sämtliche aufgeführten Vollmachten werden im Außenverhältnis unbeschränkt erteilt.

Erläuterung:
Man muss mit Vollmachten, die man erteilt, grundsätzlich sehr vorsichtig sein. Punkt 2 und 3 aus § 12 sind beispielsweise zu hinterfragen. Denn es bleibt bei Punkt 2 offen, um welche Rangrücktrittserklärungen es geht. Das ist deswegen wichtig, weil der Rang einer Eintragung in Abteilung III des Grundbuchs darüber entscheidet, welcher Gläubiger im Fall des Falls zuerst bedient wird. Eine Änderung der Ränge kann für den Käufer positv und negativ sein und seine Bank möchte natürlich immer den bestmöglichen Rang. Wenn also irgendwelche Rangänderungen vorgenommen werden sollen, wäre es gut, man fixierte hier direkt welche.

Das Gleiche gilt für Nachträge im vorliegenden Kaufvertrag. Auch da sollte man mit Vollmachten sehr vorsichtig sein. Soll hieran etwas geändert werden, kann es sinnvoller sein, der Notar wird dazu dann gesondert – und auf die konkrete Änderung eingegrenzt – ermächtigt.

§ 13 Salvatorische Klausel
Sollte eine Bestimmung dieses Vertrages unwirksam sein oder werden, so bleibt die Gültigkeit der übrigen Bestimmungen unberührt. Im Fall der Unwirksamkeit einer Bestimmung sind die Vertragsparteien verpflichtet, die unwirksame Bestimmung durch eine dem wirtschaftlichen Gehalt der unwirksamen Bestimmung weitestgehend entsprechende wirksame Formulierung zu ersetzen. Entsprechendes gilt, wenn sich bei Durchführung des Vertrags eine ergänzungsbedürftige Lücke ergeben sollte.

Erläuterung:
Salvatorische Klauseln kommen in notariellen Kaufverträgen eher selten vor. Sie sind auch nicht unbedingt notwendig. Mit der hier unter § 13 verwendeten Formulierung kommen aber beide Vertragsseiten sicher zurecht. Ist eine Alternativlösung erforderlich, soll sie insbesondere wirtschaftliche Aspekte berücksichtigen, was ja durchaus sinnvoll ist.

---

§ 14 Schlussbestimmungen
Der Notar hat das Grundbuch nicht eingesehen. Die Beteiligten verzichten trotz Risikobelehrung durch den Notar auf weitergehende Grundbucheinsicht durch diesen und bestehen auf sofortiger Beurkundung.

Auf die Bedeutung der Unbedenklichkeitsbescheinigung des Finanzamts wurde hingewiesen, ebenso auf das Baulastenverzeichnis.

Änderungen oder Ergänzungen dieses Vertrags bedürfen der notariellen Beurkundung.

Beantragt wurden:
1. Unbedenklichkeitsbescheinigung des Finanzamts Grundhausen – Grunderwerbssteuerstelle,
2. eine Kopie an den Gutachterausschuss der Gemeinde Grundhausen,
3. eine beglaubigte Abschrift an den Käufer,
4. eine beglaubigte Abschrift an den Verkäufer,
5. Bestätigung der Gemeinde Grundhausen, dass sie ihr Vorkaufsrecht nicht ausübt.

Vorstehende Urkunde wurde den Erschienenen vorgelesen, von ihnen genehmigt und allseits eigenhändig unterschrieben.

____

Ort, Datum, Unterschrift Käufer

____

Ort, Datum, Unterschrift Verkäufer

____

Ort, Datum, Unterschrift Notar

Erläuterung:
Wichtig an den Schlussbemerkungen unter § 14 ist der Hinweis des Notars, dass er weder Grundbuch noch Baulastenverzeichnis eingesehen hat. Und wenn ein Notar schreibt, er habe auf Risiken hingewiesen, dann muss er das natürlich auch tun. Es ist grundsätzlich nicht zu empfehlen, dass der Notar beide vor Kauf nicht einsieht. Er sollte beide vielmehr in jedem Fall einsehen.

Die Unbedenklichkeitsbescheinigung des Finanzamts betrifft den Käufer: Nur wenn das Finanzamt gegen ihn keine Forderungen hat, wird es eine solche Unbedenklichkeitsbescheinigung aushändigen. Ohne eine solche schreibt das Grundbuchamt kein Eigentum um.

Wichtige kaufvertragliche Punkte, auf die Sie im Grundstückskaufvertrag achten sollten:

Altlasten

Sie müssen in jedem Fall sicherstellen, dass auf Ihrem zukünftigen Grundstück keine Altlasten vorhanden sind. Da in letzter Zeit immer häufiger ehemalige Kasernenanlagen oder Fabrikgelände in Bauland umgewandelt werden, sollten Sie sich dies in jedem Falle von der verkaufenden Person beziehungsweise Institution schriftlich zusichern und die Altlastenfreiheit des Grundstücks in den Kaufvertrag aufnehmen lassen.

Altlasten auf dem Grundstück

Auflassungsvormerkung im Grundbuch

Lassen Sie sich unbedingt die sogenannte Auflassungsvormerkung ins Grundbuch eintragen. Vom Zeitpunkt Ihres Erwerbs des Grundstücks bis zur Eintragung des Eigentumswechsels im Grundbuch kann es Wochen, mitunter Monate dauern. In dieser Zeit könnte das Grundstück theoretisch ein weiteres Mal verkauft werden, da nach wie vor nur der ursprüngliche Eigentümer im Grundbuch eingetragen ist und damit rechtlich weiter darüber verfügen kann, auch wenn er sich dadurch schadensersatzpflichtig machte. Dies können Sie durch die Eintragung einer Auflassungsvormerkung im Grundbuch verhindern. Diese kann binnen weniger Tage eingetragen werden. Alle Verfügungen des Verkäufers, die das Recht des Käufers beeintrachtigen würden, sind nach der Eintragung der Auflassungsvormerkung unwirksam.

Freistellungserklärungen von Rechteinhabern von Grunddienstbarkeiten, wie etwa Leitungs- oder Wegerechten

Sofern für das von Ihnen bevorzugte Grundstück irgendwelche Grunddienstbarkeiten zugunsten Dritter existieren, die im Grundbuch eingetragen sind, sollten die Rechteinhaber eine notarielle Freistellungserklärung abgeben, wenn diese Rechte nicht mehr gebraucht werden, bevor Sie das Grundstück kaufen.

Verzichtserklärungen von Vorkaufsberechtigten

Falls es Vorkaufsberechtigte für das von Ihnen gewünschte Grundstück gibt, müssen diese auf dieses Vorkaufsrecht verzichten, und zwar schriftlich und notariell beglaubigt.

Teilungsgenehmigungen bei Mehrfachbebauungen

Insofern Sie überlegen, ein Grundstück zum Beispiel mit einem Doppelhaus zu bebauen, sollten Sie unbedingt sicherstellen, dass Sie auch eine Teilungsgenehmigung des Grundstücks für eine Doppelhausbebauung erhalten können.

Baulasten

Stellen Sie sicher, dass auf Ihrem Wunschgrundstück keine Baulasten liegen. An solche Ihr zukünftiges Grundstück betreffende Einschränkungen sind Sie nämlich ebenfalls gebunden. Baulasten können die Bebauungsmöglichkeiten erheblich einschränken (→ Seite 30). Baulasten werden nicht im Grundbuch, sondern im Baulastenverzeichnis eingetragen. Dieses wird bei den Baurechtsämtern der kreisfreien Städte und der Landkreise geführt.

Baugrunduntersuchung

Fragen Sie den Verkäufer des Grundstücks nach Unterlagen zur Baugrunduntersuchung. Falls diese nicht vorhanden sind, Sie aber unmittelbar vor der Entscheidung für den Kauf des Grundstücks stehen, können Sie entweder einen Kaufvertrag vorbehaltlich der Baugrunduntersuchung aufsetzen oder aber das Ergebnis noch abwarten. Im Zweifelsfall können Sie auch bei Nachbarn anfragen, ob Baugrunduntersuchungen vorgenommen wurden. Die Baugrunduntersuchung dient der Analyse der geophysikalischen Gegebenheiten Ihres Grundstücks, also unter anderem der Tragfähigkeit des Untergrunds, der Bodenart und der Höhe des Grundwasserstands. Eine eventuell notwendig werdende temporäre Grundwasserabsenkung, um den Bau eines Kellers zu ermöglichen, kann durchaus 10.000 Euro bis 15.000 Euro kosten oder unter Umständen gar nicht möglich sein, weil zum Beispiel die Wassermengen zu groß sind, um abgeführt werden zu können.

Ein solcher Umstand, der einen Kellerbau unwirtschaftlich macht, sollte sich auch in einem niedrigeren Kaufpreis für das Grundstück niederschlagen.

Erschließung des Grundstücks

Überprüfen Sie, inwieweit die kommunalen Erschließungsbeiträge für das von Ihnen bevorzugte Grundstück schon abgegolten sind oder noch anfallen. Ob Kanalisationserschließung, Straßenerschließung, Strom- oder Gaserschließung, hier kann noch einiges an Kosten auf Sie zukommen und damit die Gesamtkosten erhöhen.

Ausbaubeiträge / Straßenbaubeiträge

Es kann sein, dass zwar alle Erschließungsbeiträge schon lange an die betreffende Gemeinde abgeführt sind, das Grundstück aber schon lange brachliegt oder es sich um ein Abrissgrundstück handelt. Dann könnte es sein, dass die Gemeinde die Straße vor dem Grundstück erneuern will und dafür Ausbaubeiträge erhebt. Diese können sehr hoch sein, auch mehrere Zehntausend Euro, weshalb man sich genau ansehen muss, ob für das Grundstück aktuell solche Forderungen der Gemeinde vorliegen.

Nießbrauch

Es muss nicht sein, dass Sie über ein Grundstück, welches Sie erwerben, auch frei verfügen können. Und nicht nur Baulasten können Sie rechtlich einschränken, sondern auch Rechte Dritter, die über das Grundbuch gesichert sind. Das Nießbrauchsrecht ist ein solches Recht. Es wird über Abteilung II des Grundbuchs abgesichert und kann dem sogenannten Nießbrauchnehmer fast unbeschränkte Rechte am Nutzen des Grundstücks zusprechen. Das kann zum Beispiel ein Pachtertrag sein oder auch ein Ernteertrag oder andere Nutzungserträge, Stellplatzrechte, Leitungsrechte und vieles mehr. Ist im Grundbuch ein Nießbrauchnehmer eingetragen, gilt allerhöchste Vorsicht, und es muss vor Unterschrift unter einen Grundstückskaufvertrag sorgfältig überprüft werden, welche Konsequenzen das hat.

Nacherben

Manchmal sind im Grundbuch auch Nacherben eingetragen worden. Will dann ein Erbe ein Grundstück verkaufen, kann er dies nicht in allen Fällen tun, ohne den Nacherben zuvor zu fragen und dessen Einverständnis einzuholen. Außerdem muss auch der Nacherbe dann aus dem Grundbuch ausgetragen werden. Das kann aber üblicherweise nur der Nacherbe selbst beantragen.

2.3 Grundstücksbebaubarkeit rechtlich

Neben den vertraglichen Regelungen zu einem Grundstückskauf und den individuellen Rechtsverhältnissen des Grundstücks gibt es zudem natürlich auch allgemeine Bauvorschriften. Grundstücke unterliegen in Deutschland in der Regel einer Bebauungsordnung, die in einem sogenannten Bebauungsplan von den Kommunen als kommunale Satzung festgelegt wird. Allerdings ist das nicht überall der Fall.

Es gibt in Deutschland auch Siedlungsgebiete, für die es keinen Bebauungsplan gibt. Hier findet dann allerdings fast immer § 34 Baugesetzbuch (BauGB) Anwendung. Er umschreibt die *„Zulässigkeit von Vorhaben innerhalb der im Zusammenhang bebauten Ortsteile"*, kurz, er kommt überall dort zum Tragen, wo in zur Bebauung zugelassenen Gebieten, zum Beispiel am Rand einer kleinen Gemeinde oder im Zentrum einer Großstadt oder auch in historischen Ensembles von Dörfern oder Ähnlichem, gebaut wird und wo aus irgendwelchen Gründen kein Bebauungsplan existiert, beispielsweise weil dies zum Zeitpunkt der Erschließung noch nicht üblich war. In § 34 BauGB heißt es wörtlich:

„Innerhalb der im Zusammenhang bebauten Ortsteile ist ein Vorhaben zulässig, wenn es sich nach Art und

Maß der baulichen Nutzung, der Bauweise und der Grundstücksfläche, die überbaut werden soll, in die Eigenart der näheren Umgebung einfügt und die Erschließung gesichert ist.“

Dieser Paragraf wird auch als sogenannter „Gummiparagraf“ bezeichnet, weil er natürlich letztlich alles und nichts zulässt. Und genauso passiert es auch in der Praxis. Es kommt fast vollständig auf die Beurteilung der beteiligten Ämter an, was sich einfügt und was nicht. Unsere Städte und Gemeinden sind voll von Bebauungsbeispielen, bei denen sich überhaupt nichts einfügt, und die Archive der Bauämter sind voll mit abgelehnten Anträgen, die sich vielleicht durchaus gut eingefügt hätten. Im Kapitel Baukultur auf Seite 68 können Sie nachlesen, was Einfügen im baulichen Kontext eigentlich heißt: nämlich im Ergebnis ein einheitliches Siedlungsbild. Mit der fast manischen Fixierung auf Baumaße, wie das die Baugesetzgebung macht, ist aber gerade das überhaupt nicht zu erreichen.

Nun ist vor allem ein Fertighaus nicht ohne Weiteres – und vor allem nicht ohne Aufpreis – beliebig seiner Umgebung anpassbar, es sei denn, man findet von vornherein einen Fertighaustyp, der sich in die spezielle Umgebung hinsichtlich der Baukörper-Proportionen, der Gliederung und Gestaltung insgesamt einfügt. Wichtig ist also, dass Sie sich die für Ihr Grundstück geltenden Rahmenbedingungen früh klarmachen und wissen, welche Baukörpertypen Sie darauf errichten können und welche nicht. Dies erspart Ihnen von vornherein die Beschäftigung mit Häusern, die auf Ihrem Grundstück schlicht nicht realisierbar sind.

Soweit Ihr Grundstück nicht in einem §-34-Gebiet liegt, sondern in einem Gebiet mit Bebauungsplan, gilt dieser. In einem Bebauungsplan ist meist Folgendes geregelt:

- die Geschossflächenzahl (GFZ),
- die Grundflächenzahl (GRZ),
- die Dachneigung (DN),
- die Dachform (zum Beispiel Satteldach: SD),
- die vorgeschriebene Firstrichtung,
- die Zahl der Vollgeschosse sowie

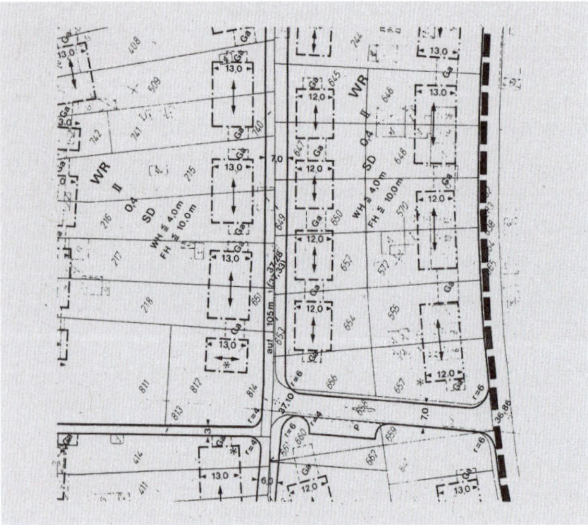

Ausschnitt aus einem Bebauungsplan

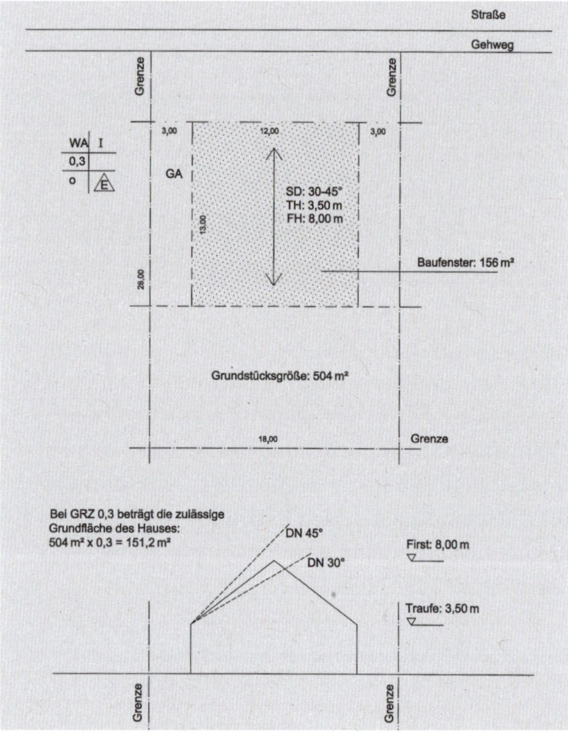

Bebaubarkeit eines Grundstücks

- das Baufenster oder die Baugrenzen, innerhalb dessen beziehungsweise derer gebaut werden darf,
- die Baulinien, an denen gebaut werden muss.

Der Korpus Ihres zukünftigen Hauses wird hauptsächlich über die ersten 6 Kenndaten definiert. Hinsichtlich der Festlegung des Standortes des Hauses auf dem Grundstück sind vor allem die beiden letzten Begriffe wichtig: Bebauungsgrenzen und Bebauungslinien. Was man unter all den Begriffen versteht, finden Sie in dem nachfolgenden Glossar.

Glossar

GFZ

Die Geschossflächenzahl sagt aus, wie groß die Grundfläche aller Geschosse in der Summe im Verhältnis zur Grundstücksfläche sein darf. Beispiel: Die GFZ eines 400 Quadratmeter großen Grundstücks ist mit 1,0 angegeben, das heißt, dass alle Geschosse zusammen eine Fläche von 400 Quadratmeter aufweisen dürfen. Lautet die GFZ 0,5 heißt dies, dass alle Geschosse zusammen eine Fläche von 200 Quadratmeter aufweisen dürfen. Die Geschossflächenzahl kann entweder als Höchstmaß (zum Beispiel GFZ 0,5) oder als Mindest- und Höchstmaß angegeben werden (zum Beispiel GFZ 0,5 bis 0,8).

GRZ

Die Grundflächenzahl sagt aus, wie groß die Grundfläche des überbauten Grundstücksteils im Verhältnis zum Gesamtgrundstück sein darf. Beispiel: Die GRZ eines 1.000 Quadratmeter großen Grundstücks beträgt 0,4, das heißt, dass maximal 400 Quadratmeter des Grundstücks überbaut werden dürfen.

DN

DN ist eine gebräuchliche Abkürzung für Dachneigung. Sie umschreibt die vorgeschriebene Dachneigung entweder exakt in Grad oder aber die Variationsbreite. Beispiel: Sie lesen DN 30, dann heißt dies, dass Ihr Dach eine vorgeschriebene Dachneigung von 30 Grad haben muss. DN 30–45 bedeutet, dass Sie die Dachneigung in einem Bereich zwischen 30 und 45 Grad frei wählen können.

SD

Das ist eine gebräuchliche Abkürzung für die Gestaltdefinition des Dachs. SD bezieht sich auf die Formgebung des Dachs als Satteldach. Auch andere Dachformen wie zum Beispiel Pultdächer oder Flachdächer können im Bebauungsplan vorgeschrieben sein.

Firstrichtung

Der First ist die oberste Dachlinie, die Linie also, wo sich beide Dachflächen treffen. Die Firstrichtung umschreibt die vorgeschriebene Laufrichtung der Hauptfirstlinie Ihres Hauses, das heißt, ob der Dachfirst Ihres Hauses beispielsweise parallel zur Straße verlaufen muss oder auf die Straße zu oder ob das freigestellt ist. Dies wird zunächst oft übersehen, hat aber große Auswirkungen zum Beispiel auf die Belichtung Ihres Dachgeschosses.

Zahl der Vollgeschosse

Diese ist zumeist als römische Zahl direkt auf dem Grundstück im Bebauungsplan eingetragen. Sie gibt Auskunft darüber, wie viele Vollgeschosse Ihr Haus haben darf. Beispiel: Sie sehen eine II. Dies heißt, dass Ihr Haus maximal 2 Vollgeschosse haben darf. Sie können darüber hinaus dann nur noch beispielsweise einen Dachausbau in der Weise vornehmen, dass dieser Dachausbau vom Flächenumfang nicht mehr unter die Definition Vollgeschoss fällt. Diese ist nach den unterschiedlichen Landesbauordnungen in der Bundesrepublik Deutschland unterschiedlich geregelt. Die zulässige Anzahl der Vollgeschosse kann als Höchstmaß, als Mindest- und Höchstmaß oder als zwingendes Maß angegeben werden. Ist eine bestimmte Anzahl an Vollgeschossen zwingend gefordert, steht die römische Ziffer in einem Kreis.

Baugrenzen

Die Baugrenzen geben Auskunft über die maximal mögliche Ausdehnung eines Gebäudes, sie definieren das sogenannte Baufenster, also die Fläche, auf der innerhalb des Grundstücks gebaut werden darf. Eine Gebäudefront kann dann bis zu einer Baugrenze gehen oder dahinter zurückbleiben.

Baulinien

Die Baulinien hingegen schreiben eine verbindliche Platzierung einer Gebäudefront auf einer bestimmten Linie vor, also beispielsweise die zwingende Errichtung einer Hauswand exakt 2 Meter von der Grundstücksgrenze zum Gehweg entfernt.

Neben solchen Vorgaben aus dem jeweiligen, örtlichen Bebauungsplan gibt es zusätzliche Vorschriften, die für alle Bebauungspläne in einem Bundesland gelten und die in den 16 Landesbauordnungen der Bundesländer festgeschrieben sind. Eine der wichtigsten Regelungen dort ist die sogenante **Abstandsfläche**. Sie besagt, wie nah ein Gebäude an eine Grundstücksgrenze herangebaut werden darf. Üblicherweise gibt es einen Mindestabstand von 3 Metern und dann – je nach Wandhöhe des Gebäudes – zusätzliche Forderungen. Nur einfache, niedrige Gebäude wie Garagen dürfen direkt an Grundstücksgrenzen gestellt werden. Oder aber die Grenzbebauung ist sogar zwingend festgelegt über den örtlichen Bebauungsplan, etwa bei Reihenhäusern oder Doppelhaushälften.

Der erste Schritt vor der Suche nach einem Fertighaus oder schlüsselfertigen Massivhaus besteht also darin herauszufinden, was genau auf dem infrage kommenden Grundstück gebaut werden darf. Gibt es keinen Bebauungsplan für das betreffende Gebiet, gilt § 34 des Baugesetzbuchs, gibt es hingegen einen Bebauungsplan, können Sie diesen bei der betreffenden Gemeinde einsehen, spätestens im Baurechtsamt des zuständigen Landratsamts. In kreisfreien Städten können Sie immer im Baurechtsamt der Stadt Einsicht nehmen, denn sie haben eigene Baurechtsämter. Viele Bebauungspläne werden von den Städten und Gemeinden heute auch schon online ins Netz gestellt. Wenn Sie den Bebauungsplan bei einer Gemeinde einsehen, fragen Sie dort unbedingt nach, ob Ihnen der aktuellste Stand mit allen Nachträgen vorliegt.

Trotz der Vorgaben im Bebauungsplan kann es sein, dass Sie Ihr eigenes Grundstück oder das, welches Sie erwerben wollen, nicht in der durch den Bebauungsplan möglichen Weise bebauen können, weil eine sogenannte **Baulast** auf dem Grundstück liegt. Das heißt, dass einer der früheren Eigentümer des Grundstücks dem Nachbarn zum Beispiel gestattet hat, mit seinem Bauvorhaben näher an die Grundstücksgrenze zu gehen als eigentlich erlaubt. Hierfür hat der frühere Eigentumer unter Umständen eine Ausgleichszahlung erhalten. Er musste im Gegenzug aber die vom Baurecht geforderte Abstandsfläche zwischen beiden Häusern komplett auf seinem Grundstück unterbringen. Damit liegt eine sogenannte Baulast auf dem Grundstück. Das bedeutet für Sie, dass Sie nicht mehr völlig frei gemäß Bebauungsplan über das Grundstück verfügen können. Achten Sie daher darauf, dass Sie vor dem Kauf eines Grundstücks alle diesbezüglichen Dokumente einsehen, also das Baulastenverzeichnis und das Grundbuch.

Informieren Sie sich in diesem Zusammenhang unbedingt auch über den vorhandenen Baumbestand auf dem Grundstück und in welcher Weise dieser geschützt ist. Nicht immer darf ein Baum gefällt werden, nur weil er einem Bauvorhaben im Wege steht.

Baugebot

Eine Gemeinde oder Stadt kann für ein Grundstück auch ein sogenanntes Baugebot erlassen, das heißt, Sie kann Eigentümer von Grundstücken zur Bebauung zwingen. Das ist durchaus sinnvoll, denn sonst könnte es passieren, dass eine Gemeinde für viel Geld ein Neubaugebiet entwickelt, dass dann in Teilen unbebaut bleibt, weil die Käufer die Grundstücke lieber als unbebaute Wertanlage behalten wollen.

Gesetzlich verankert ist das Baugebot in § 176 Absatz 1 des Baugesetzbuchs (BauGB) und lautet wie folgt:

„Im Geltungsbereich eines Bebauungsplans kann die Gemeinde den Eigentümer durch Bescheid verpflichten, innerhalb einer zu bestimmenden angemessenen Frist

1. sein Grundstück entsprechend den Festsetzungen des Bebauungsplans zu bebauen oder

(...)“

Falls Sie also nicht die Mittel haben, direkt nach einem Grundstückkauf auch zu bauen, sollten Sie darauf achten, ob für das Grundstück ein Baugebot existiert. Selbst aber wenn es nicht existiert, kann die betreffende Gemeinde oder Stadt ein solches natürlich jederzeit auch erlassen.

2.4 Grundstücksbebaubarkeit technisch

Neben den rechtlichen Vorgaben einer Grundstücksbebauung gibt es aber natürlich auch technische beziehungsweise natürliche Bedingungen, die ein Grundstück erfüllen muss, damit es überhaupt bebaubar ist. Hierbei spielen insbesondere die geologischen und topografischen Eigenschaften eine Rolle, also die Boden- und Geländebeschaffenheit. So kann beispielsweise ein Grundstück mit äußerst sandigem Untergrund in extremer Hanglage kaum bebaubar sein, möglicherweise schon gar nicht mit dem von Ihnen bevorzugten Haustyp. Je nachdem, ob Sie erst noch ein Grundstück kaufen müssen oder ob Sie bereits im Besitz eines Grundstücks sind, müssen Sie entweder Ihre Kaufentscheidung auch an geologischen und topografischen Kriterien festmachen oder aber schlimmstenfalls Ihr ungeeignetes Grundstück zur Finanzierung eines anderen Grundstücks, das geeignet ist, veräußern. Vor einem Grundstückskauf ist es immer sinnvoll, auch einmal bei den Nachbarn, falls es solche schon gibt, nach der Bodenbeschaffenheit auf deren Grundstück zu fragen. Mit welcher Bodenart hat man es zu tun, wie problematisch waren Aushub und Gründung, was ist mit dem Grundwasserstand? Das ist besonders wichtig, wenn ein Keller geplant ist. Außerdem: Liegt das Grundstück eventuell in einem ehemaligen Bergbaugebiet, sodass mit Setzungen oder Ausgasungen zu rechnen ist?

Man unterscheidet zwischen gewachsenem Boden, Fels und geschüttetem Boden. Gewachsene Böden unterteilen sich nochmals in nicht bindige Böden (Kiesböden, Sandböden etc.), bindige Böden (Lehmböden, Tonböden) und organische Böden (Schlammböden, Torfböden). Letztere sind als Baugrund ungeeignet. Felsböden bestehen aus festem Gesteinsuntergrund. Hier ist der Aushub zwar sehr aufwendig und teuer, aber die Gründungsvoraussetzungen sind sehr gut. Geschütteter Boden schließlich ist künstlich aufgeschütteter Boden (zum Beispiel durch das Aufschütten von Geländevertiefungen oder Gruben). Er ist nur bedingt als Baugrund geeignet. Falls Sie sich nicht sicher sind, ob ein Boden sich als Baugrund eignet,

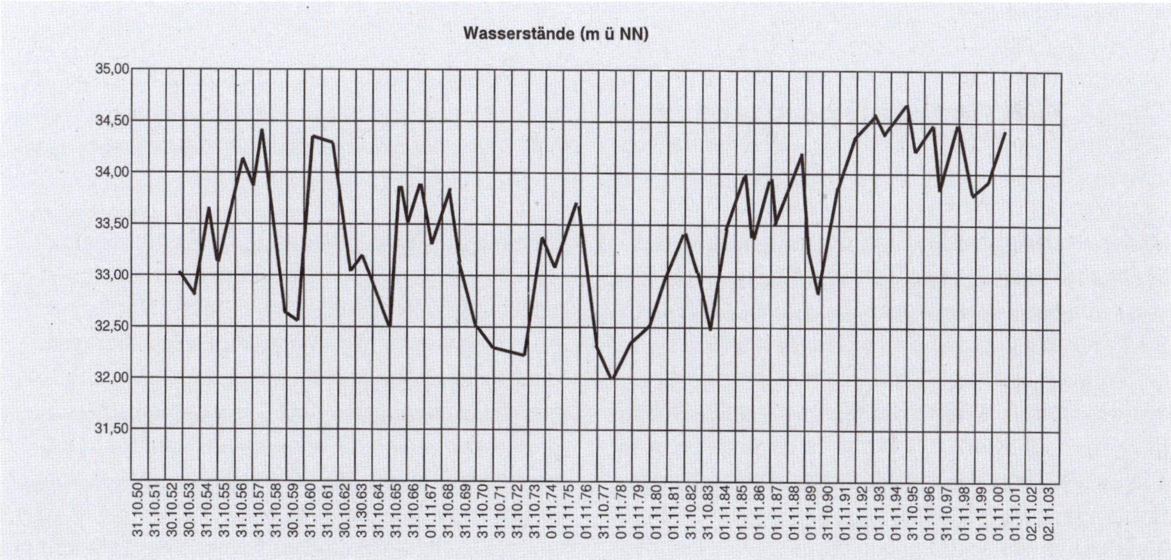

Messung Grundwasserstände im Jahresverlauf

sollten Sie in jedem Fall ein Bodengutachten erstellen lassen. Dies kostet in der Regel zwischen 800 Euro und 2.500 Euro, gibt Ihnen aber Sicherheit, mit welchem Untergrund Sie es zu tun haben und welche Probleme Sie erwarten.

Manche Kommunen haben auch Grundwassermessstellen, die die Grundwasserstände aufzeichnen. Fragen Sie bei der betreffenden Kommune nach. Bezüglich der Topografie eines Grundstücks sollten Sie bedenken, dass die Bebauung eines Hanggrundstücks zwar sehr attraktiv sein kann, dass aber nur sehr wenige Fertighausanbieter spezielle Haustypen hierfür anbieten.

Viele Hersteller benötigen zum Aufstellen des Fertighauses eine ebene Bodenplatte, die bei einem Hanggrundstück beispielsweise durch einen zusätzlichen Kellerbau erstellt werden kann, aber nicht jeder Anbieter bietet auch einen Keller an. Hinzu kommt, dass das Bauen am Hang rein baustellentechnisch und baukonstruktiv teurer ist als das Bauen in der Ebene.

In Extremfällen besteht sogar die Gefahr eines Hangabrutsches. Sofern Spezialverankerungen der Fundamente notwendig werden, kann das Bauen am Hang sehr teuer werden.

Anbieter schlüsselfertiger Massivhäuser können zwar in praktisch jeder Grundstückslage bauen, aber auch hier können Hangbebauungen natürlich mit erheblichen Mehrkosten verbunden sein.

Wenn Sie noch kein Grundstück besitzen, könnten Sie zwar Ihre Grundstückssuche auch mit der Suche nach einem geeigneten Fertighaus- oder schlüsselfertigen Massivhaustyp verbinden und versuchen, beides zusammenzubringen, dies wird jedoch mitunter nur schwer umzusetzen sein. Da schön gelegene und bezahlbare Grundstücke schwerer zu finden sind als Fertighaus- oder Massivhaustypen, die Ihnen gefallen, werden Sie in der Regel der Haussuche eine nachgeordnete Stellung einräumen müssen und mit der Suche nach dem Grundstück beginnen.

Kaufen Sie Haus und Grundstück gemeinsam, müssen Sie sich, wie erwähnt, um alle diese „Passprobleme“ zwischen Haus und Grundstück nicht kümmern. Der Anbieter, der Ihnen ein Haus auf Basis der Makler- und Bauträgerverordnung (MaBV ⟶ Seite 162) anbietet, ist dafür dann verantwortlich.

2.5 Grundstückswert

Kaufen Sie Haus und Grundstück zusammen, wissen Sie nicht immer, welchen Wert anteilig das Grundstück und das Haus am Gesamtpreis haben. Kaufen Sie das Grundstück separat, wissen Sie natürlich sofort, welchen Preis Sie pro Quadratmeter zahlen, wenn Sie auch die Grundstücksgröße kennen. Um die Verhältnismäßigkeit des geforderten Preises abzugleichen, nützt Ihnen die Zahl allein aber natürlich noch nichts. Denn Sie müssen im Idealfall ja vergleichbare Marktpreise aus der Umgebung kennen. Wie kommen Sie aber an solche Vergleichsdaten? Ein relativ einfacher und preiswerter Weg ist der über die sogenanten Gutachterausschüsse. Alle Städte und Gemeinden beziehungsweise Landkreise in Deutschland sind gesetzlich verpflichtet, Marktpreisbeobachtungen von Grundstücken vorzunehmen. Das tun sie üblicherweise über sogenannte Gutachterausschüsse, in die Personen aus dem regionalen Umfeld berufen werden, die mit der Materie vertraut sind. Das können Bankangestellte ebenso sein wie Makler und Gutachter. Praktisch immer sind auch Vertreter der Kommune oder Gemeinde mit im Gutachterausschuss. Dieser

Ausschuss erhält von allen Grundstücksverkäufen in der betreffenden Region eine Kopie des notariellen Kaufvertrags. So sieht er die exakten Preise, die vereinbart wurden. Er hat damit einen sehr genauen Überblick und kann diesen Überblick in einer Dokumentation zusammenfassen. Diese Dokumentationen erhalten Sie bei der örtlichen Gemeinde, dem Landkreis oder der betreffenden kreisfreien Stadt. Oft sind die Gutachterausschüsse bei den kommunalen Liegenschaftsämtern angesiedelt. Am einfachsten finden Sie die Gutachterausschüsse, wenn Sie in eine Internetsuchmaschine den Namen der Gemeinde eingeben, in der das Grundstück liegt, kombiniert mit dem Begriff „Gutachterausschuss". Dann haben Sie oft bereits erste Treffer. Einige Gemeinden, Landkreise oder Städte verlangen Geld für die Dokumente, andere stellen sie kostenfrei zur Verfügung. Bei einigen kann man die Dokumente online erhalten, bei anderen nur als gedruckte Ausgabe.

Sie können natürlich auch überlegen, durch einen Sachverständigen für die Wertermittlung bebauter und unbebauter Grundstücke ein Gutachten anfertigen zu lassen. Das hat für Sie als Käufer aber einen großen Haken. Nehmen wir an, bei der Wertermittlung kommt heraus, dass das Gundstück bei Weitem nicht den Wert hat, der von Ihnen als zu zahlen verlangt wird. Dann wird der Verkäufer ja trotz Ihres Gutachtens nicht automatisch mit dem Preis heruntergehen. Viel wahrscheinlicher ist, dass er einen anderen Käufer sucht. Dann hätten Sie ein teures Gutachten bezahlt, ohne irgendetwas davon zu haben.

Daher kann man sich als Käufer solche Gutachten meist sparen. Hat der Verkäufer hingegen ein solches Gutachten anfertigen lassen, kann man duchaus Einblick nehmen. Man kann dann einen Abgleich vornehmen zwischen den Angaben des örtlichen Gutachterausschusses und den Aussagen des Sachverständigen. Aber auch die Sachverständigen verwenden für ihre Wertermittlungen unter anderem die Daten der regionalen Gutachterausschüsse.

Völlig unabhängig von allen Gutachteraussagen ist ein Grundstück am Ende natürlich immer das wert, was ein Käufer dafür zu zahlen bereit ist. Das führt in manchen Regionen allerdings zu Entwicklungen, bei denen die Frage im Raum steht, ob dieser Wert, den ein Käufer jetzt zahlt, auch später einmal wieder zu erlösen wäre, wenn der Käufer Jahre danach vielleicht selbst zum Verkäufer wird.

Kaufen Sie Haus und Grundstück zusammen in einem Vertrag, auf Basis der Makler- und Bauträgerverordnung (MaBV), können Sie den Grundstückswert oft nicht isoliert erkennen. Bei solchen Käufen ergibt sich ein ganz anderes Vorgehen, um die Angemessenheit des Kaufpreises zu ermitteln. Um zunächst einmal den Anteil des Grundstückskaufpreises am Gesamtkaufpreis zu ermitteln, geht man wiederum über die Daten des örtlichen Gutachterausschusses. Kennt man auch die Grundstücksgröße des zu erwerbenden Hauses, kann man den ungefähren Grundstückspreis ermitteln. Diesen zieht man dann von den Gesamtkosten für Haus und Grundstück ab, damit bleiben die Hauskosten übrig. Kennt man nun die Größe des Hauses (nur die Wohngeschosse, ohne den Keller), kann man den für das Haus verbleibenden Betrag durch die Quadratmeteranzahl teilen. Dann hat man die Kosten, die man pro Quadratmeter bezahlen soll. Bis etwa 2.500 Euro pro Quadratmeter belaufen sich übliche Baukosten im Einfamilienhausbau ohne Grundstücks- und Kellerkosten. Errechnen Sie nun einen Quadratmeterpreis für Ihr Haus von 3.500 oder 4.000 Euro, kennen Sie damit in etwa die Gewinnspanne des Bauträgers, die er mit Ihrem Vorhaben macht. Zahlen Sie pro Quadratmeter beispielsweise etwa 3.500 Euro und hat das Haus etwa 120 Quadratmeter, verdient er mit Ihnen etwa 120.000 Euro.

Und jetzt wissen Sie auch, warum so viele Interessierte in diese Branche drängen. Nicht nur, dass man sehr schnell viel Geld verdienen kann, sondern für die Tätigkeit als Bauträger nach der Makler- und Bauträgerverordung benötigt man keinerlei Ausbildung, nicht einmal einen Schulabschluss, sondern nur einen einfachen Gewerbeschein und ein sauberes polizeiliches Führungszeugnis. Das reicht schon. Mit dieser Qualifikation dürfen Sie in Deutschland allen Ernstes weitreichende Bauverträge mit Verbrauchern schließen. Dass das nicht gutgehen kann, ist klar – und in vielen Fällen geht es eben auch nicht gut. Die Medien sind voll von umfassend dokumentierten, teils dramatischen Fällen.

Schon dieser Sachverhalt allein kann Sie warnen, wie wenig Sie die Politik beim Bauen schützt. Wenn Sie nicht selber aufpassen, was Sie tun, wird es niemand tun. Darin liegt für Sie das Risiko erheblicher Konsequenzen.

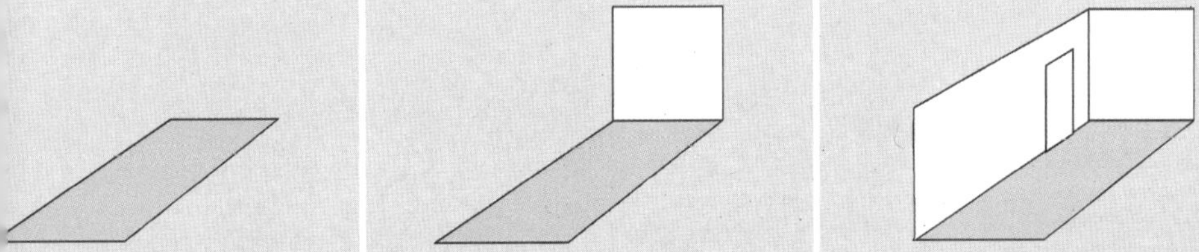

3 Keller

Bei Angeboten von Fertighäusern oder schlüsselfertigen Massivhäusern ist im Hauspreis in keinem Fall automatisch auch der Preis für den Keller inbegriffen. Es gibt sogar eine ganze Reihe vor allem von Fertighausanbietern, die grundsätzlich keinen Kellerbau anbieten. Sie als Käufer müssen den Keller dann in Eigenregie planen und bauen lassen. Aber gerade der Keller gehört zu den kritischen Bauteilen Ihres Hauses, weil er direkte Erdberührung hat. Er muss setzungsfrei gegründet werden und sorgsam gegen Erdfeuchte und eventuelles Grundwasser abgedichtet sein.

3.1 Nutzungsüberlegungen

In Deutschland ist ein Keller ein Stück Kulturgut. In anderen Ländern ist das teils völlig anders, und in manchen Ländern hat kaum ein Haus einen Keller. Ein Keller ist ein relativ teures Bauteil. Daher sollte man ihn eigentlich nur bauen, wenn er einem auch einen Nutzen in ähnlichem Gegenwert bringt. Lange Jahre war vor allem die Heizung im Keller untergebracht, bei Ölheizungen auch ein zumeist großer Öltank. Kaum jemand installiert heute aber noch eine Ölheizung. Und schon Gasheizungen kann man sehr flexibel im gesamten Haus unterbringen. Eine Gasbrennwerttherme etwa kann auch unter dem Dach montiert werden.

Ein Keller, der nur als Lagerraum genutzt wird, ist ein extrem teurer Lagerraum. Und manches – wie etwa Lederkleidung – sollte man im Keller gar nicht lagern. Auch Dokumente und Papier sind im Keller nicht ideal aufgehoben. Erst wenn der Keller auch Hobby- oder Wohnoptionen bietet, kann er eigentlich den Gegenwert erreichen, den er kostet.

Keller oder Bodenplatte?

Auch wenn bei dem von Ihnen bevorzugten Haustyp vom Fertighausanbieter oder schlüsselfertigen Massivhausanbieter kein Keller angeboten wird, sind praktisch alle angebotenen Haustypen unterkellerbar. Die einzige Frage für Sie ist, ob Sie einen Keller wollen oder ob Sie Ihr Haus einfach auf eine Bodenplatte setzen lassen. Ein Keller kostet etwa zwischen 20.000 Euro und 50.000 Euro, je nach Eigenschaft, Ausstattung und Größe. Die schlüsselfertigen Massivhausanbieter bieten größtenteils den Bau eines Kellers optional mit an, nicht zuletzt deswegen, weil für diese Anbieter der Kellerbau als Teil eines Massivhauses vertrautes Terrain ist.

Kellerersatzraum – Alternative zum Keller?

Kellerersatzräume sind oft ebenerdige Verschläge oder Schuppen, seltener tatsächlich komplett geschlossene Räume und ganz selten beheizte Räume. Wenn Sie ausreichend Platz auf Ihrem Grundstück haben, können Sie die Errichtung eines solchen Kellerersatzraumes überdenken. Diese werden allerdings nur selten von klassischen Fertighausherstellern angeboten. Bedenken sollte man bei Kellerersatzräumen auch, dass sie – um wirklichen Ersatz zu bieten – auch die gleiche Raumqualität wie Kellerräume haben sollten, also mindestens trocken und luftdicht sein müssen. Denn wenn sie sonst über den Winter Gartenmöbel aus Metall oder Fahrräder hineinstellen, könnten diese allein schon durch permanent eindringende Luftfeuchtigkeit Schaden nehmen. Von Schäden an hochwertigeren Gegenständen gar nicht zu reden.

3.2 Kellerplanung

Falls Sie nicht vom Bauträger kaufen, sondern auf eigenem Grundstück bauen und einen Keller haben möchten, ist es sehr sinnvoll, diesen nach Möglichkeit ebenfalls vom Fertighaushersteller oder Massivhausanbieter zu beziehen. Das hat für Sie den Vorteil, dass Sie alles aus einer Hand erhalten und zum Beispiel bei späteren Problemen an den Schnittstellen zwischen Keller und Fertighaus nicht plötzlich Haftungsfragen auftauchen, bei denen Sie langwierig die Schuldfrage klären lassen müssen. Wichtig ist aber, dass alle notwendigen Zusatzleistungen, wie etwa die Vermessung des Grundstücks und der Aushub und Abtransport des Erdmaterials inklusive Deponiegebühren sowie die Stellung des Schnurgerüsts, im Preis inbegriffen sind. Auch Fragen der späteren Wiederverfüllung und Geländeanmodellierung ans Haus sollten geklärt sein. Ist dies nicht der Fall, kommen sonst nochmals erhebliche Zusatzkosten auf Sie zu. Der Kellerbau umfasst grundsätzlich folgende Schritte:

- die Baugrunduntersuchung,
- die Grundstücksvermessung und Einmessung des Kellers,
- die Erstellung der Kellerpläne,
- die Berechnung der Statik und Prüfstatik für den Keller,
- die Baueingabe und Beantragung der Hausanschlüsse,
- die Ausschreibung und Vergabe der Bauleistung,
- den Kellerbau mit
  - der Fundamenterstellung und Bodenplatte,
  - der Herstellung der Hausanschlüsse,
  - der Aufmauerung und Deckenbetonierung,
  - der Abdichtung, Drainagelegung und Wiederverfüllung,
- den Kellerausbau mit
  - Fenster- und Türenmontage,
  - Verputz,
  - Einbringung von Estrich- und Bodenbelag,
  - Heizungs-, Sanitär- und Elektromontage,
  - Wärmeschutz zum Beispiel der Kellerdecke,
- die Baukontrolle mit fachgerechter Abnahme und Abrechnung.

Stellen Sie sicher, dass Sie alle oben genannten Punkte bei Ihrer Kellerplanung berücksichtigt haben und damit wissen, welche Gesamtkosten auf Sie zukommen.

Falls Sie den Keller in Eigenregie bauen lassen müssen, können Sie in der Regel zwischen 2 Wegen wählen:

- der Planung und Errichtung eines individuellen Kellers mit einem Architekten oder
- der Errichtung eines Kellers durch einen Fertigkelleranbieter.

In beiden Fällen müssen selbstverständlich alle notwendigen Schnittstellen mit dem später aufzusetzenden Haus exakt abgestimmt sein, also zum Beispiel Hausmontagepunkte, Treppenläufe, Außentreppen, Fensteranordnungen, Kaminführung und dergleichen mehr.

Wenn Sie sich dafür entscheiden, mit einem **Architekten** den Keller zu planen und zu bauen, wird dieser in der Regel nach der Auftragserteilung gemeinsam mit Ihnen den Kellergrundriss entwickeln und die weitere Vorgehensweise gemäß den vorher beschriebenen Arbeitsschritten koordinieren und überwachen. Obwohl es sich „nur" um einen Keller handelt, erbringt der Architekt für diese Aufgabe Leistungen wie beim Bau eines kompletten Hauses. Sie benötigen daher selbst für eine „kleine" Aufgabe wie einen Keller einen Architekten mit Planungs- und Bauleitungserfahrung. Wenn Sie keinen erfahrenen Architekten kennen oder auf eine Empfehlung zurückgreifen können, sollten Sie die Architektensuche gezielt gestalten, indem Sie eine Reihe von Architekten kontaktieren und Ihr Bauvorhaben kurz schildern. Auf Seite 38 finden Sie ein Muster für Ihr Anschreiben an Architekten. Architekten finden Sie im Branchenbuch „Gelbe Seiten" Ihrer Gemeinde oder Region (siehe auch unter **www.gelbeseiten.de**) oder einem anderen Telefonverzeichnis unter „Architekturbüros". Architekten sind eine solche Ansprache durchaus gewohnt und verfahren gleichermaßen bei der Suche von Handwerksunternehmen. Allerdings ist es so, dass Architekten viele Jahre auf Basis einer gesetzlich festgelegten Honorarordnung arbeiteten, der sogenannten Honorarordnung für Architekten und Ingenieure (HOAI), die relativ hohe Honorarsätze vorsah, welche nicht unterschritten werden durften. Dieses faktische, staatlich organisierte Preiskartell zugunsten einer Berufsgruppe, das völlig eindeutig über Jahrzehnte gegen Verbraucherinteressen verstieß, wurde am 4.7.2019 vom Europäischen Gerichtshof gekippt (EuGH AZ C-377/17). Staatlich organisierte Preiskartelle zugunsten von Architekten sind demnach nicht zulässig. Die HOAI und ihre Honorarsätze sind damit vollständig Makulatur. Es ist aber zu vermuten, dass viele Architekten die HOAI weiterhin als Orientierungsrahmen nutzen werden und der Gesetzgeber der HOAI zumindest einen Empfehlungscharakter gibt. Das muss Sie aber alles nicht stören: Denn seit dem 4.7.2019 können Sie die Honorare mit dem Architekten trotzdem frei vereinbaren. Die Funktionsweise der HOAI und eine Beispielrechung finden Sie im Detail im Ratgeber „Kosten- und Vertragsfallen beim Bauen“ der Verbraucherzentrale.

Für einen Überblick über die Vorbereitung und Durchführung eines individuellen Kellerbauvorhabens empfehlen wir Ihnen auch den Ratgeber „Bauen!“ der Verbraucherzentrale. Wenn Sie sich dafür entscheiden, mit einem Fertigkelleranbieter zu bauen, können Sie auch prüfen, ob dieser Mitglied in einer Gütegemeinschaft wie beispielsweise der Gütegemeinschaft Fertigkeller e.V. ist. Die Adresse dieses Verbands von Fertigkelleranbietern finden Sie auf Seite 149. Achten Sie unbedingt darauf, ob alle Schritte des Kellerbaus von dem Fertigkelleranbieter auch mit angeboten werden. Oft ist es so, dass Vermessung, Einmessung, Bodengutachten und Baueingabe als Aufgaben bei Ihnen verbleiben. In einem solchen Fall müssen Sie zusätzlich einen Bauleiter einschalten, der die Aus-

Familie Mustermann
Musterweg 1
12345 Musterstadt

Herrn
Architekten Meier
Meierweg 2
12345 Musterstadt

Musterstadt, den

Betr.: Neubau eines Kellers für ein Fertighaus

Sehr geehrter Herr Meier,

wir, Familie Mustermann aus Musterstadt, planen den Bau eines Kellers, auf den nach Fertigstellung ein Fertighaus gesetzt werden soll. Wir möchten mit der Planung und Bauleitung des Kellers einen Architekten aus unserer näheren Umgebung beauftragen und möchten daher auch bei Ihnen anfragen, ob Sie bereits entsprechende Bauvorhaben durchgeführt haben.

Wenn ja, würden wir uns über die Zusendung von Angaben über Referenzobjekte ähnlicher Größe und Ansprechpartner auf Bauherrenseite freuen, die Sie bei solchen Projekten betreut haben.

Wir würden uns nach Durchsicht der Unterlagen und Besichtigung der Referenzobjekte dann nochmals mit Ihnen in Verbindung setzen.

Mit freundlichen Grüßen
Familie Mustermann

führung koordiniert. Es kann sich dabei zum Beispiel um einen bauleitungserfahrenen Architekten handeln, den Sie wie bereits beschrieben suchen können.

Wenn Sie den Keller ohne fachliche Begleitung errichten lassen wollen, beginnt das Problem schon bei der Angebotseinholung. Denn Ihnen vorgelegte Angebote können Sie als Laie schlecht auf inhaltliche Vollständigkeit und Qualität überprüfen. Sie sollten in einem solchen Fall zumindest stundenweise Beratung und Begleitung eines unabhängigen Fachmanns in Anspruch nehmen, also zum Beispiel Kellerbauangebote, die Sie bei regionalen Bauunternehmen eingeholt haben, dann mit einem Fachmann sorgfältig und auch auf Basis einen Bodengutachtens durchsprechen. Sie sparen am falschen Ende, wenn Sie beim Kellerbau auf Fachleute verzichten. Das Bauteil ist erdberührt und schon dadurch sensibel. Von der Statik über die Abdichtung bis zur Dämmung und den Hausanschlussplanungen muss hier alles stimmen.

Ein erfahrener Planer kann auch viel schneller und sicherer Angebote bei regionalen Bauunternehmen abfragen, deren Arbeitsweise er möglicherweise sogar kennt.

Wenn Sie einen Keller mit einem **Fertigkelleranbieter** bauen wollen, müssen sämtliche technischen Vorgaben des Fertighausherstellers und des Bodengutachters, des Geologen, Grundlage des Vertrags mit dem Fertigkelleranbieter werden. Soweit der Keller bestimmte Voraussetzungen erfüllen muss, etwa weil er als Wohn- oder Hobbykeller genutzt werden soll, muss auch das besprochen werden. Dann benötigt er ausreichende Raumhöhen, ausreichende Belichtungen, ausreichende Dämmmungen und Beheizungen. Außerdem müssen dann gegebenenfalls zweite Fluchtwege durch hinreichend große und erreichbare Fenster für den Brandfall berücksichtigt werden.

Fertigkelleranbieter finden Sie ähnlich wie Architekten im Branchenbuch unter dem Stichwort „Fertigkeller", „Rohbauunternehmen", „Bauunternehmen". Sie können dort dann einfach telefonisch nachfragen, ob die Unternehmen auch separaten Kellerbau anbieten. Wenn das der Fall ist, haben Sie aber natürlich immer noch keine detaillierte Kellerplanung, die Sie als Angebotsgrundlage mit einreichen könnten. Sie können hierbei aber vereinfacht vorgehen und zunächst nur die Außenmaße und das Höhenmaß des Kellers benennen, dazu die statischen Anforderungen, die der Fertighausanbieter benennen kann, sowie die energetischen Anforderungen, die gering sein können, wenn es sich um eine Lagerkeller handelt und das darauf stehende Fertighaus eine ausreichende Dämmung zum Keller hin erhält, oder hoch, wenn es sich um einen Wohnkeller handelt. Außerdem muss klar sein, ob der Keller besondere Gründungs- oder Abdichtungsmaßnahmen benötigt. Beides geht aus dem Bodengutachten hervor. Mit diesen Angaben zusammen kann man bereits belastbar vergleichbare Angebote einholen. Die Kellerbefensterung oder einzelne Zwischenwände machen später nach aller Erfahrung keine großen Preisverschiebungen zwischen den Angeboten mehr aus. Und die Elektro- und Sanitärausstattung müsste später ohnehin separat vergeben werden. Die wesentliche Grundlage eines Kellerangebots sind immer die Kellergröße, die energetische Anforderung und die Bauweise zur Erfüllung der notwendigen Gründungs- und Abdichtungsmaßnahmen. Ein großer KfW-55-Wohnkeller aus WU-Beton ist eben etwas anderes als ein kleiner, gemauerter Lagerkeller.

Wenn Sie ein Kellerangebot vorliegen haben, ist es aber unabdingbar, dass Sie dieses noch sehr sorgfältig mit Ihrem Fertighaushersteller auf Übereinstimmung mit dessen Anforderungen prüfen. Außerdem sollten Sie das Angebot auch Ihrem Bodengutachter noch vorlegen, damit er sich ansehen kann, ob die Bodenvoraussetzungen und das Angebot tatsächlich harmonieren.

Wie Sie den Vertrag mit dem Kellerbauer schließen, erfahren Sie nachfolgend und in Kapitel 7; wie und wo Sie sich eine unabhängige Bauleitung besorgen können, wenn Sie den Kellerbau nicht mit einem Architekten planen möchten, erfahren Sie in Kapitel 7.

3.3 BGB-Bauvertragsrecht und Kellerbauvertrag

Bauen Sie ein Haus oder kaufen sie eines vom Bauträger, können folgende Vertragsfälle auf Sie zukommen:

- Der Bauvertrag nach § 650a
- Der Verbraucherbauvertrag nach § 650i
- Der Bauträgervertrag nach § 650u

Diese Vertragsformen definieren sich wie folgt:

„§ 650a Bauvertrag:
(1) Ein Bauvertrag ist ein Vertrag über die Herstellung, die Wiederherstellung, die Beseitigung oder den Umbau eines Bauwerks, einer Außenanlage oder eines Teils davon.
(...)“

„§ 650i Verbraucherbauvertrag
(1) Verbraucherbauverträge sind Verträge, durch die der Unternehmer von einem Verbraucher zum Bau eines neuen Gebäudes oder zu erheblichen Umbaumaßnahmen an einem bestehenden Gebäude verpflichtet wird.
(...)“

„§ 650u Bauträgervertrag; anwendbare Vorschriften
(1) Ein Bauträgervertrag ist ein Vertrag, der die Errichtung oder den Umbau eines Hauses oder eines vergleichbaren Bauwerks zum Gegenstand hat und der zugleich die Verpflichtung des Unternehmers enthält,dem Besteller das Eigentum an dem Grundstück zu übertragen oder ein Erbbaurecht zu bestellen oder zu übertragen.
(...)“

Das heißt, das Bauvertragsrecht des BGB unterscheidet, ob Sie:

- ein Haus mit einem Unternehmer bauen (Verbraucherbauvertragsrecht, siehe auch Kapitel 7) ,
- oder mit mehreren Unternehmern bauen (Bauvertragsrecht, ⇢ dieses Kapitel)
- und ob sie es auf eigenem Grundstück bauen oder Grundstück und Haus zusammen kaufen (Bauträgervertragsrecht, siehe auch Kapitel 8).

So absurd es für Sie klingen mag, der Gesetzgeber unterscheidet also zwischen dem Bau neuer Gebäude durch einen Unternehmer (die Betonung liegt auf einem – im Gesetz heißt es „DER“ Unternehmer), dem Bau von Teilen neuer Gebäude und dem Bauen von Gebäuden mit dem Bauträger:

Bauen Sie nun auf eigenem Grundstück einen Keller, kommt es darauf an, ob Ihr Keller Teil des Hauskaufs und Hausbaus ist, zum Beispiel eines Fertighausanbieters. Ist er Teil des Hauskaufs und Hausbaus von einem und demselben Anbieter, dann ist er Teil des neuen Gebäudes, das von einem Unternehmer nach dem Verbraucherbauvertragsrecht gebaut wird.

Ist Ihr Keller hingegen separat beauftragt und wird von einem anderen Anbieter als dem des Hauses gebaut, dann ist Ihr Keller ein separater Gebäudeteil und nur Teil eines Gebäudes und unterliegt damit nicht dem Verbraucherbauvertragsrecht, sondern dem Bauvertragsrecht.

Dass Sie – ungeachtet dessen – auch beim Kellerbau Verbraucher sind und bleiben, spielt dabei keine Rolle.

„Absurd!“, sagen Sie? Ja, das kann man tatsächlich absurd nennen. Es bleibt ein Rätsel, wie der Gesetzgeber auf solche Konstruktionen kommt. Es hilft Ihnen aber leider alles nichts, Sie müssen mit dem leben und das anwenden, was Ihnen der Gesetzgeber auf den Tisch packt.

Um für Sie in diesem Buch einen Weg zu finden, Ihnen die 3 Grundlagen möglicher Verträge zu erklären, wird hier in Kapitel 3 auf den Fall eingegangen, dass Sie den Keller separat vom Hausbau erwerben und auf eigenem Grundstück errichten (Bauvertragsrecht nach § 650a BGB). In Kapitel 7 wird davon ausgegangen, dass Sie ein Haus mit Keller auf eigenem Grundstück bauen (Verbraucherbauvertragsrecht nach § 650i BGB). Und in Kapitel 8 wird davon ausgegangen, dass Sie Haus und Grundstück gemeinsam kaufen (Bauträgervertragsrecht nach § 650u BGB). Auf diese Weise haben Sie anschaulich alle Vertragsformen, die auf Sie zukommen können, jeweils einmal kennengelernt.

Das BGB-Werkvertragsrecht

Das BGB-Werkvertragsrecht ist aufgebaut wie ein Zug, an den je nach Fall weitere Waggons angehängt werden:

Das grundlegende Werkvertragsrecht ist der erste Waggon (§ 631 bis § 650). Der zweite Waggon ist das Bauvertragsrecht (§ 650a bis § 650h). Der dritte Waggon ist das Verbraucherbauvertragsrecht (§ 650i bis § 650o). Der vierte Waggon das Architekten- und Ingenieurvertragsrecht (§ 650p bis § 650t) und der fünfte Waggon das Bauträgervertragsrecht (§ 650u bis § 650v).

Je nachdem, was Sie vorhaben, wird Ihr Zug mehrere Waggons haben. Bauen Sie etwa als Verbraucher ein neues Haus auf eigenem Grundstück, dann hat Ihr Zug 3 Waggons: Das Werkvertragsrecht, das Bauvertragsrecht und das Verbraucherbauvertragsrecht. Es gelten für Sie also die Paragrafen 631 bis 650o.

Kaufen Sie vom Bauträger ein neues Haus, hat Ihr Zug 4 Waggons: Das Werkvertragsrecht, das Bauvertragsrecht, das Verbraucherbauvertragsrecht und das Bauträgervertragsrecht. Den Waggon mit dem Architekten- und Ingenieurrecht würde man dabei nicht in diesen Zug aufnehmen, weil man diesen Waggon nicht braucht. Es würden für Sie also gelten: die Paragrafen 631 bis 650o und dann wieder die Paragrafen 650u bis 650v.

Bauen Sie hingegen nur einen Keller, hat Ihr Zug nur 2 Waggons: Das Werkvertragsrecht und das Bauvertragsrecht. Gelten würden die Paragrafen 631 bis 650h.

Jeder Waggon, der an einen vor ihm laufenden Waggon angehängt wird, kann aber Regelungen enthalten, dass in allen vorauslaufenden Waggons Rechte wieder eingeschränkt werden können. Um im Bild zu bleiben: Wenn Sie an den Werkvertragswaggon noch den Bauvertragswaggon und den Verbraucherbauvertragswaggon anhängen, können Sie im Werkvertragswaggon und im Bauvertragswaggon nicht mehr einfach beliebig durch jede Tür ein- und aussteigen, sondern der Verbraucherbauvertragswaggon, als letzter Waggon, bestimmt dann mit, durch welche Türen auch der vorderen Waggons Sie beziehungsweise vor allem Ihr Unternehmer noch gehen kann und durch welche nicht mehr.

Mit diesem Bild können Sie sich die Funktionsweise des aktuellen Baurechts in etwa klar machen.

Bauen Sie nun also einen Keller separat, haben Sie es mit einem Zug mit 2 Waggons zu tun, mit dem Werkvertragsrecht (§ 631 bis § 650) und mit dem Bauvertragsrecht (§ 650a bis 650 h).

Der gravierendste Unterschied zwischen dem Bauvertragsrecht und dem Vebraucherbauvertragsrecht ist, dass das Bauvertragsrecht folgende Punkte nicht enthält:

- Das Widerrufsrecht
- Die geforderte Festlegung der Bauzeit
- Die geforderte Baubeschreibung
- Die 10-Prozent-Sicherung vor der letzten Abschlagszahlung
- Die geforderte Herausgabe von Unterlagen

Da der Gesetzgeber Sie also bei einem vom Haus separaten Kellerbauvertrag vor allem bei diesen 5 Punkten vollständig im Regen stehen lässt, müssen Sie darauf achten, dass Sie genau diese 5 Punkte in Ihrem Vertrag wieder einfangen und genau so regeln, wie das im Verbraucherbauvertragsrecht vorgesehen ist. Siehe dazu auch den kommentierten Kellerbauvertrag in Kapitel 3.4.

Das Werkvertragsrecht des BGB, welches die Basis des Bauvertragsrechts und des Verbraucherbauvertragsrechts ist, regelt wesentliche Rechte und Pflichten für Vorhaben, bei denen keine Dienstleistung, sondern eine sogenannte Werkleistung erbracht wird, also zum Beispiel der Bau eines Hauses. Dazu gehören etwa Regelungen zu Leistung, Zahlung, Einbehalt oder auch Rücktritt vom Vertrag.

Alle Regelungen, die in Bauverträgen getroffen werden und die von den Regelungen des BGB abweichen, sollte man sich sehr gut ansehen, denn erstens ist das nicht in jedem Fall zulässig und zweitens sind BGB-einschränkende oder -relativierende Regelungen in Verträgen fast immer zum Nachteil von Verbrauchern. Die Regelungen des BGB-Werkvertragsrechts mit dem ergänzenden Bauvertragsrecht stehen Ihnen sozusagen grundsätzlich zu, und dieses Recht sollten Sie auch im Vertrag wahren und nicht ohne Not einschränken lassen. Das gilt vor allem für Rechte bei Bauzeiten, Mängeln, Geldeinbehalten und Abnahmen.

Das Werkvertragsrecht des BGB gilt in allen Fällen automatisch als vereinbart, in denen keine weitere Vertragsgrundlage benannt wird. Gegenüber der VOB / B (siehe Spalte rechts) bietet das BGB größere Sicherheit bei der Abnahme. Diese muss nach dem BGB grundsätzlich erfolgen (⇢ Seite 298) und auch die Gewährleistungsfrist des BGB ist im Regelfall um ein Jahr länger, als dies bei der VOB / B der Fall ist (5 statt 4 Jahre). Die Unterbrechung der Gewährleistungszeit im Fall eines Mangels ist allerdings beim BGB etwas schwieriger zu erreichen als bei der VOB. Es ist sinnvoll, wenn Sie sich die Paragrafen des Werkvertragsrechts, des Bauvertragsrechts und des Verbraucherbauvertragsrechts des BGB einmal in Ruhe durchlesen, damit Sie die gesetzliche Grundlage eines Werkvertrags kennen. Vor allem für Vertragsverhandlungen ist es wichtig und hilfreich, das BGB-Werkvertragsrecht zu kennen, denn immer dann, wenn vertragliche Regelungen auftauchen, die vom Werkvertragsrecht des BGB abweichen, muss hinterfragt werden, warum das so ist und ob es für Sie zu einer Verschlechterung führt bis hin zu der Tatsache, ob Regelungen, die getroffen werden sollen, unzulässig und damit unwirksam sind.

Die Vergabe- und Vertragsordnung für Bauleistungen (VOB)

Die Vergabe- und Vertragsordnung für Bauleistungen ist kein Gesetz und somit auch nicht vom Gesetzgeber verabschiedet, sondern ein Regelwerk, das vom Deutschen Vergabe Ausschuss (DVA) herausgegeben wird. In diesem Ausschuss sitzen Vertreter von Auftraggeber- und Auftragnehmerseite, unter anderem von Kommunen und Bauunternehmen, die mit der VOB gemeinsam getragene allgemeine Vertragsbedingungen aushandeln, auf deren Basis sie dann ihre Bauverträge schließen können, zum Beispiel für öffentliche Bauten in Kommunen. Verbraucher sind in diesem Ausschuss nicht vertreten. Die VOB besteht aus 3 Teilen: Teil A, Teil B und Teil C.

- Teil A enthält im Wesentlichen Regelungen und Grundlagen zu öffentlichen Ausschreibungen von Bauleistungen, zum Beispiel für Kommunen,
- Teil B enthält allgemeine Vertragsbedingungen für Bauverträge und
- Teil C enthält technische Vertragsbedingungen, das sind vor allem DIN-Normen.

Anwendung bei Verträgen mit Verbrauchern fand häufig der Teil B der VOB, die sogenannte VOB / B. Diese können Sie sich vorstellen wie eine allgemeine Geschäftsbedingung (AGB) mit 18 Paragrafen für Bauleistungen aller Art. Allerdings enthalten diese „AGBs" eine ganze Reihe von Abweichungen gegenüber den

Regelungen des Bürgerlichen Gesetzbuchs zu AGBs. Viele Jahre genoss die VOB / B eine Ausnahmestellung und ihre Regelungen konnten problemlos auch mit Verbrauchern vereinbart werden, selbst wenn sie dem BGB widersprachen. Dies hat sich nach einem Urteil des BGH aufgrund einer Klage des Verbraucherzentrale Bundesverbandes (VZBV) sowie einer Novellierung des BGB 2009 grundsätzlich geändert. Auch die VOB / B muss sich nun, wenn sie in Verträgen mit Verbrauchern vereinbart werden soll, der sogenannten Inhaltskontrolle nach dem BGB unterwerfen. Das heißt, ihre einzelnen Bestimmungen dürfen den Anforderungen an AGBs, die das BGB festlegt, nicht widersprechen. Eine ganze Reihe von Bauunternehmen vereinbaren ungeachtet dieser Regelung nach wie vor die VOB / B als Vertragsgrundlage. Sie wird sogar nach wie vor auch in Kaufverträgen von Grundstücken, denen Bauverträge direkt als Anlage beigefügt sind, noch von Notaren beurkundet. Das kann ein Notar zwar tun, er müsste dann allerdings die Vertragspartner darauf hinweisen, welche Regelungen der VOB / B in welcher Form überhaupt vereinbart werden können, wenn sie nicht dem BGB widersprechen sollen. Wollte der Notar dies tun, müsste er alle getroffenen VOB / B-Regelungen auf ihre Gültigkeit hinsichtlich der AGB-Anforderungen des BGB überprüfen. Das ist schon deswegen eher illusorisch, weil dies bislang selbst gerichtlich noch nicht abschließend geklärt ist.

Wenn Sie in Ihrem Kaufvertrag eines Grundstücks mit Bauvertrag im Anhang oder in Ihrem Verbraucherbauvertrag oder in der Baubeschreibung als Anhang zum Verbraucherbauvertrag die Buchstaben VOB beziehungsweise VOB / B lesen, sollten Sie vorsichtig sein. Bei einem Vertragsfall, bei dem Sie den Kauf des Grundstücks und den Bau des Hauses in 2 separaten Verträgen vereinbaren sollen, sollten Sie dann dem Notar sehr wohl auch den Bauvertrag zur Einschätzung vorlegen. Denn oft handelt es sich bei solchen Geschäften um sogenannte „verbundene Geschäfte“. Dann ist es zum Beispiel häufig so, dass auch die Finanzämter nicht nur die Grunderwerbssteuer für den Kostenanteil des Grundstückskaufs haben wollen, sondern auch für den Kostenanteil des Hauskaufs. Bei einem solchen „verbundenen Geschäft“ kann auch der Notar einen Bauvertrag nicht einfach außer Acht lassen, wenn dieser Bauvertrag klar in Zusammenhang mit dem Grundstückskauf steht und vielleicht unzulässige Regelungen enthält oder für den Käufer – beziehungsweise in diesem Fall den Bauherrn – stark benachteiligende Regelungen. Das ist auch der Grund, warum Sie bei einem solchen Vorgehen des Bauträgers die 2 separaten Verträge, also den Grundstückskaufvertrag und den Hausbauvertrag, zeitgleich verhandeln sollten und auch den Notar darauf hinweisen sollten, dass Sie eine notarielle Beurkundung des Grundstückskaufvertrags erst vornehmen werden, wenn auch der Bauvertrag ausgewogen und abgestimmt auf den Grundstückskaufvertrag fertig verhandelt ist. Der Notar sollte dafür Verständnis haben und seinerseits darauf hinwirken, dass hier ein ausgewogenes Rechtsgeschäft in allen Teilen zustande kommt. So hat er zum Beispiel auch die Möglichkeit, den Bauvertrag in den Kaufvertrag zu integrieren. Wir raten Ihnen, die VOB / B nicht zu vereinbaren, solange die rechtliche Situation weiter unsicher ist. Der Verbraucherzentrale Bundesverband (VZBV) sieht weiterhin eine ganze Reihe von VOB / B-Regelungen als nicht BGB-konform an. Seine Abmahnung an den Herausgeber der VOB, den Deutschen Vergabe Ausschuss (DVA), war insofern erfolgreich, als der DVA die VOB / B Verbrauchern nicht mehr zur Anwendung empfiehlt. Weitere Klärung zur BGB-Konformität einzelner Regelungen der VOB / B dürften erst zukünftige Gerichtsentscheidungen bringen. Das Werkvertragsrecht mit dem Bauvertragsrecht und dem Verbraucherbauvertragsrecht des BGB ist daher auf absehbare Zeit für Verbraucher die bessere Alternative. Man kann die VOB / B eigentlich nur abschließen, wenn das Bauvorhaben eng von einem Fachananwalt für Bau- und Architektenrecht oder einem Anwalt mit entsprechendem Tätigkeitsschwerpunkt begleitet wird und dieser das im Einzelfall empfiehlt.

Hinsichtlich der Vertragsart können Sie sowohl bei BGB-Verträgen als auch bei VOB / B-Verträgen zwischen 2 Varianten wählen, dem Einheitspreisvertrag und dem Pauschalpreisvertrag.

Der Einheitspreisvertrag

Beim Einheitspreisvertrag wird auf Grundlage des vorliegenden Angebots bei den Vergabeverhandlungen zunächst eine vorläufige Vertragssumme vereinbart. Nach Fertigstellung der Arbeiten werden die Massen der einzelnen Positionen des Angebots aufgemessen. Diese Daten dienen dann als Grundlage zur Ermittlung des endgültigen Betrags. Der Endpreis kann niedriger oder höher sein als die vorläufige Vertragssumme.

Der Pauschalpreisvertrag

Beim Pauschalpreisvertrag wird bei Vertragsabschluss ein Pauschalpreis vereinbart, der alle Nebenleistungen enthält, die zur ordnungsgemäßen Erbringung der Leistungen notwendig sind. Es findet kein Aufmaß der tatsächlich erbrachten Leistung mehr statt. Mehr- oder Minderleistungen in geringem Umfang werden nicht mehr berücksichtigt. Beide Vertragsformen haben Vor- und Nachteile: Während Sie beim Einheitspreisvertrag Glück haben können, zum Beispiel weil sich ganze Positionen als überflüssig herausstellen und wegfallen, kann es auch umgekehrt sein, dass Sie eine ganze Reihe von notwendigen Positionen übersehen haben und nun viele Nachforderungen auf Sie zukommen. Dies passiert Ihnen beim Pauschalpeisvertrag nicht, hier steht vorrangig das Ziel im Vordergrund, also die zu erbringende Leistung, nicht die dafür benötigte Zeit oder Materialmenge, und diese Leistung muss vom Unternehmer erbracht werden, auch wenn das in einem gewissen Rahmen zusätzliche Arbeiten oder zusätzlichen Materialaufwand erfordert. Allerdings hilft Ihnen auch der Pauschalpreisvertrag nicht in jeder Situation. Haben Sie in Ihrer Ausschreibung für Erdarbeiten zum Beispiel den Aushub einer Baugrube vereinbart und das entsprechende Erdreich als Tonerde deklariert, dann wird Ihnen auch der Pauschalpreisvertrag nichts nützen, wenn sich plötzlich herausstellt, dass es sich doch um Felsboden handelt. Beim Bauvertrag zwischen Ihnen und dem Unternehmer müssen Sie auf folgende Punkte in jedem Fall achten:

- Lassen Sie sich unabhängig von einem sachkundigen Anwalt beraten, wenn Sie Zweifel an einzelnen Passagen des Vertrags haben, oder holen Sie weitere Angebote ein.
- Vereinbaren Sie die Vertragsform und die Rechtsgrundlage, also zum Beispiel Pauschalpreisvertrag nach BGB.
- Vereinbaren Sie den Vertrag auf der Grundlage des vom Unternehmer ausgefüllten Leistungsverzeichnisses beziehungsweise Angebots inklusive aller Anlagen, wie Detailzeichnungen.
- Benennen Sie im Vertrag genaue Auftragssummen mit Netto- und Bruttoangaben, zum Beispiel jene aus der Ausschreibung beziehungsweise jene aus den Vergabeverhandlungen. Schreiben Sie fest, wann, wie und in welcher Form der Unternehmer Sie auf eventuelle Kostenüberschreitungen aufmerksam machen muss.
- Vereinbaren Sie klare Regelungen zur Abwicklung der Rechnungszahlungen. Vereinbaren Sie diese aber in jedem Fall nach dem Prinzip der vorherigen Leistungserbringung und dann nachfolgender Zahlung. Für den Fall, dass Sie Ratenzahlungen vereinbaren, heißt dies zum Beispiel, dass Sie erst nach tatsächlich erbrachter Leistung und technischer Überprüfung durch Ihren Architekten Gelder freigeben.
- Vereinbaren Sie nach einer festen Struktur Zwischengespräche zur gemeinsamen Sachstandsfeststellung mit dem Unternehmer über die jeweils erfolgten Leistungen.
- Vereinbaren Sie die verbindliche Einhaltung eines Bauzeitenplans. Der Bauzeitenplan sollte als Anlage in den Bauvertrag genommen werden.
- Vereinbaren Sie einen verbindlichen Fertigstellungstermin, eventuell mit Konventionalstrafe bei Nichterfüllung.
- Vereinbaren Sie für die Dauer der Gewährleistungszeit einen Sicherheitseinbehalt. Sie sind zum Einbehalt eines gewissen Geldbetrags der Auftragssumme berechtigt, wenn Sie dies vereinbart haben. Bei großen Summen (Kellerrohbau) sollten Sie 5 Prozent der Auftragsbruttosumme einbehalten.
- Benennen Sie alle Anlagen des Vertrags, zum Beispiel Leistungsverzeichnisse (LV), besondere und zusätzliche Vertragsbedingungen aus dem Leis-

tunsgverzeichnis, Technische Merkblätter des Fertighausanbieters, Nachweise über Eintragungen bei der Handwerkskammer, Versicherungsnachweise und weitere, falls es weitere gibt.

- Stellen Sie gegebenenfalls eine Rangfolge auf, welche Regelung etwa im Fall von Widersprüchen zwischen Text und Zeichnung Vorrang haben soll. Es ist zu empfehlen, der Baubeschreibung den Vorrang vor den Zeichnungen zu geben.
- Vereinbaren Sie die Herausgabe sämtlicher Dokumente und Unterlagen wie Pläne, Ausführungspläne, Statik, spätestens bei Abnahme des Kellers.
- Vereinbaren Sie eine möglichst eindeutige „salvatorische Klausel", das heißt nicht nur, dass bei Unwirksamkeit eines Paragrafen des Vertrags nicht gleich der ganze Vertrag unwirksam ist, sondern auch, welche Alternativen dann gelten, also etwa die Alternativen, die für beide Seiten gleichermaßen und ausgewogen der Ursprungslösung rechtlich, technisch und ökonomisch am naheliegendsten sind.

3.4 Kommentierter Beispielvertrag Kellerbau

Kellerbauvertrag zwischen
Kellerbau GmbH,
Kellerstraße 2,
20101 Kellerhausen,
im folgenden Auftragnehmer genannt.

und

Bauherr: Familie Schneider,
Schneiderstraße 1,
20202 Schneiderhausen,
im folgenden Auftraggeber genannt.

---

§ 1 Vertragspartner und Vertragsgegenstand
Der Auftragnehmer wird vom Auftraggeber mit der Errichtung eines Kellers gemäß anliegenden Plänen beauftragt.

Erläuterung:
§ 1 beruft sich nur auf eine Planung. Welche Pläne „anliegend" sind, ist unklar. Ob der Fertighausanbieter sie geprüft hat und auch ob sie überhaupt von einem Statiker geprüft wurden und genehmigungsfähig sind, ebenfalls. Da es keine Baubeschreibung gibt, auf die Verbraucher nach dem Bauvertragsrecht auch keinen gesetzlichen Anspruch haben (das gilt nur für das Verbraucherbauvertragsrecht, das aber ja für die Errichtung von Teilen von Gebäuden nicht gilt), ist zugleich völlig unklar, welche technischen Eigenschaften der Keller haben wird. Im Gegenteil wird in § 4 des Vertrags sogar explizit darauf hingewiesen, dass der Bauherr das Baugrundrisiko trägt. Passt der Keller dann nicht zum Untergrund, ist also etwa eine komplexe Gründung notwendig oder ist hochstehendes Grundwasser zu berücksichtigen und müsste dann zum Beispiel statt eines einfachen, gemauerten Kellers ein Keller aus wasserundurchlässigem Beton gebaut werden, explodieren Kosten.

Daher ist die Einholung eines Bodengutachtens als Grundlage für die Kellerplanung sinnvoll. Ein Bodengutachten kann auch zum Vertragsbestandteil des Kellerbauvertrags gemacht werden. Ferner muss festgelegt werden, wer sich um die statische Berechnung des Kellers kümmert. Außerdem sollten die Technischen Merkblätter des Fertighausherstellers für den Keller Vertragsbestandteil des Vertrags mit dem Kellerbauer werden. Und schließlich ist – neben den

Plänen – auch eine Baubeschreibung sinnvoll, in der die zu erbringende Leistung schriftlich klar gefasst wird, sodass somit Details geregelt sind, beispielsweise ob eine kellerumlaufende Drainage mit im Preis enthalten ist, ob eine kellerumlaufende Kiesschüttung mit enthalten ist, ob Kellerlichtschächte enthalten sind oder die Wiederanfüllung des Erdreichs an die Kelleraußenwände. Das sind sonst alles vollkommen ungeklärte Positionen, die der Kellerbauer später nur gegen Aufpreis erbringen wird. Das können viele Tausend Euro sein.

---

§ 2 Erfüllungsort

Der Keller soll auf dem Flurstück Nr. 1234 in 20202 Schneiderhausen errichtet werden. Der Auftraggeber versichert, Eigentümer des Grundstücks zu sein.

Erläuterung:

Eine kurze Überprüfung, ob die Flurstücknummer und die Gemarkung stimmen, wäre hier sinnvoll.

---

§ 3 Baugenehmigung und Baubeginn

Die Baugenehmigung ist Sache des Auftraggebers. Der Baubeginn erfolgt ca. 2 Monate nach Erteilung der Baugenehmigung.

Erläuterung:

§ 3 regelt, dass Sie für die Baugenehmigung zuständig sind. Üblicherweise wird eine Baugenehmigung aber nicht für einen Keller allein erteilt, sondern für das ganze Haus. Die Genehmigung insgesamt läuft dabei oft über den Fertighausanbieter, der entweder selber die Unterlagen zusammenstellt oder damit eine freien Architekten beauftragt. Manchmal ist es auch so, dass er von Ihnen erwartet, dass Sie einen freien Architekten mit der Genehmigung seines Fertighauses beauftragen, oft empfiehlt er dann sogar bestimmte Architekten, mit denen er kooperiert. Wenn das so ist, taucht nun natürlich eine ganze Reihe von Fragen auf: Der Keller wird geplant von einem Fertighausanbieter oder dessen freiem Architekten. Gebaut werden soll er aber von einem Dritten, nämlich einem Kellerbauer. Das setzt voraus, dass der Kellerbauer sich die Planung sehr genau angesehen und sie auf ihre Ausführbarkeit hin überprüft hat. Möglicherweise hat er Einwände. Es kann sein, dass diese Einwände zu einem Zeitpunkt kommen, zu dem aber der Bauantrag schon eingereicht ist. Dann müsste dieser nötigenfalls wieder zurückgezogen, überarbeitet und neu eingereicht werden. Es ist beim Bauen immer problematisch, wenn nicht zu Anfang alle wesentlich Beteiligten an einem Tisch sitzen und erst einmal alle Schnittstellen abklären. Ist das bei Ihnen nicht erfolgt, müssen Sie sich spätestens jetzt intensiv selbst um diese Schnittstellen kümmern. Denn wenn Sie mit einem Kellerbau beginnen, der sich nicht in die eingereichte Genehmigungsplanung fügt, oder die Genehmigung schon vorliegt, Sie sich aber nicht an diese halten, wird es früher oder später zu erheblichen Problemen kommen können, bis hin zu einem amtlich verfügten Baustopp.

§ 3 regelt ferner, dass der Baubeginn „ca." 2 Monate nach Erteilung der Baugenehmigung erfolgt. Das ist natürlich viel zu ungenau. Denn was „ca." heißt, bleibt dabei ja völlig offen. Sind also auch 3 Monate noch „ca." 2 Monate? Daher ist es immer besser, man vereinbart den Termin des Baubeginns exakt, hier also etwa ganz einfach: „(...) spätestens 2 Monate nach Erteilung der Baugenehmigung."

Wobei die Vereinbarung über den Baubeginn weniger wichtig ist als eine Vereinbarung, wann der Kellerbau abgeschlossen ist. Denn davon hängt ja unter anderem auch ab, wann der Fertighausanbieter mit der Aufstellung seines Hauses beginnen kann. Es kann sogar sein, dass er Ihnen dafür verbindliche Vorgaben macht. Dann muss das mit dem Kellerbauer besprochen und auch vertraglich fixiert werden, damit Sie nicht in die Situation kommen, dass Ihnen der Fertighausanbieter Verzögerungen vorwirft, deren Kosten zu Ihren Lasten gehen.

Nach dem Bauvertragsrecht haben Sie keinen gesetzlichen Anspruch auf Festlegung von Bauzeiten (das gilt nur für das Verbraucherbauvertragsrecht, das aber ja für die Errichtung von Teilen von Gebäuden nicht gilt). Das muss Sie aber nicht daran hindern, eine Bauzeitenregelung in Ihren Vertrag für den Kellerbau aufzunehmen. Denn das ist natürlich auch nicht verboten, nur weil es gesetzlich nicht gefordert ist.

---

§ 4 Leistungen des Bauherrn

Zu den Leistungen des Bauherrn gehören:

- Freimachung des Grundstücks
- Einmessungsarbeiten für die Grobabsteckung
- Baugrubenaushub
- Einmessung und Aufstellung der Schnurböcke mit Schnurspannung in der Baugrube
- Höhenfestlegung der Bauwerkssohle

Das Grundstück muss direkt von der Straße mit einem Kran-LKW bis 40 Tonnen Gesamtgewicht anfahrbar sein. Ebener Kranstandplatz und Lagerplatz sind vorzuhalten. Bauwasser und Baustrom werden bauseits gestellt. Das Baugrundrisiko liegt beim Auftraggeber.

Erläuterung:

In § 4 werden die zu erbringenden Leistungen des Bauherrn aufgezählt. Sie erfahren hier, dass Sie umfangreiche Vorleistungen erbringen müssen. Insbesondere haben Sie sich um die Herstellung der Baugrube und die Einmessung derselben zu kümmern. Die Einmessung von Baugruben durch einen Vermessungsingenieur des Bauherrn ist durchaus üblich, und ein erfahrener Vermessungsingenieur kann das auch problemlos erbingen. Allerdings sollte man dann darauf achten, dass dieser Vermesser auch den amtlichen Lagpelan angefertigt hat, der Teil des Bauantrags ist. Vermesser, die diese Pläne anfertigen, müssen öffentlich bestellt sein, damit Sie die Lageplandaten auch in die amtlichen Katasterpläne eintragen können, zu denen nur öffentlich bestellte Vermesser Zugang für Planungsänderungen haben. Hat diesen amtlichen Lageplan ein anderer Vermesser gefertigt, sollten beide Vermesser zumindest wechselseitig in Kenntnis gesetzt werden, damit nicht eine neue Schnittstelle mit neuen, möglichen Missverständnissen auftaucht.

Ein weiteres Problem, welches nach diesem Vertrag auf Sie zukommt, ist das Thema Herstellung der Baugrube. Das heißt, dass Sie ein weiteres Unternehmen benötigen mit entsprechend auch einem weiteren Vertrag (soviel zum Theme F-e-r-t-i-g-Haus), das sich um den Aushub der Baugrube und den Abtransport des Erdreichs kümmert. Da die Erddeponien in einigen Regionen Deutschlands langsam knapp werden, kostet auch die Deponie von Erdreich mittlerweile viele Tausend Euro und ein Angebotsvergleich – inklusive der voraussichtlichen Deponiegebühren – ist in jedem Fall sinnvoll.

Und schließlich wird in § 4 erwähnt, dass das Baugrundrisiko beim Bauherrn liegt. Diese Regelung hält alle Risiken vom Kellerbauer fern und lenkt sie auf den Bauherrn. Das sollten Sie so nicht akzeptieren. Wichtig ist daher, dass Sie vor dem Kellerbau ein Bodengutachten anfertigen lassen und dessen Vorgaben zur Grundlage für die Kellerplanung machen. Das Bodengutachten selbst kann auch, wie zu § 1 schon erläutert, Anlage zum Vertrag mit dem Kellerbauer werden.

---

§ 5 Pauschalpreis und Zahlung

Der Pauschalpreis für den Keller beträgt 42.000 Euro und wird für 12 Monate garantiert. Folgende Ratenzahlungsvereinbarungen werden vereinbart:

10 % bei Vertragsabschluss
20 % bei Beginn der Arbeiten
35 % bei Fertigstellung der Kellerbodenplatte
35 % bei Fertigstellung der Kellerdecke

Die Zahlungen sind binnen 3 Tagen nach Abruf fällig. Eine Aufrechnung ist nur mit unbestrittenen oder rechtskräftig festgestellten Forderungen zulässig. Zahlt der Auftraggeber eine Rate nicht, kommt er ohne weitere Mahnung in Verzug. Der Auftraggeber hat dann auch Anspruch auf Zinsen in Höhe von 5 Prozent p.a. über dem Basiszinssatz nach § 247 BGB. Der Auftragnehmer kann darüber hinaus einen höheren Verzugsschaden nachweisen. Der Auftragnehmer ist berechtigt, die Arbeiten bis zur Zahlung der Rate einzustellen.

Erläuterung:
In § 5 wird zunächst die Festlegung getroffen, dass es sich um einen Pauschalpreis handelt, der für 12 Monate garantiert ist. Es ist aber völlig unklar, wie die Laufzeit bemessen wird. Im ungünstigsten Fall wird sie ab Vertragsabschluss gewertet. Wenn zu diesem Zeitpunkt ein Bauantrag noch gar nicht eingereicht ist und sich dieser verzögert, kann es schnell sein, dass Sie die 12 Monate überschreiten. Daher ist es wichtig, eine Regelung zu treffen, die den Festpreis garantiert, bis der Keller auch wirklich fertig gebaut ist. Will der Kellerbauer sich darauf nicht einlassen, weil er argumentiert, er wisse ja gar nicht, wann die Baugenehmigung erteilt werde, und das könne ja theoretisch auch Jahre dauern, gegebenenfalls sogar mit Prozessen durch mehrere Instanzen, könnten Sie vorschlagen, den Vertrag dann doch ganz einfach erst abzuschließen, wenn die Baugenehmigung vorliegt. Dann könnte es zwar sein, dass der Kellerbauer sagt, er werde dann seine aktuellen Preise nicht mehr halten können, aber dann ist das eben so. Denn wenn Sie sich beim Bauen unter Druck setzen lassen, weil bestimmte Preise angeblich nur bis zu bestimmten Terminen gelten, haben Sie in aller Regel den Kampf um Kostensicherheit schon verloren, weil Sie viel zu überstürzt in ein Vorhaben starten, ohne dass die Vertragsstrukturen, die Vertragsinhalte und damit eben auch die Leistungsinhalte – und so die Gesamtkosten – überhaupt sauber geklärt wurden. Dann haben Sie ganz schnell teure Nachforderungen auf dem Tisch.

Die Ratenzahlungen selbst, die Sie nach dem Vertragsbeispiel überweisen sollen, sind viel zu hoch. Die mit Abstand meisten Verbraucher in Deutschland werden von Bauunternehmern bereits mit dem Satz „Das ist im Baugewerbe so üblich" zur Akzeptanz solcher Ratenzahlungen gebracht. Dazu kann man nur sagen: Im Baugwerbe ist gar nichts üblich, schon gar nicht „so". Wer als Bauherr im Baugewerbe aber nicht von vornherein klar und mit Rückgrat auftritt, der kommt nur eben sehr schnell unter die Räder.

Die Ratenzahlungen, die hier unter § 5 geregelt sind, enthalten vor allem das Risiko der Überzahlung, zum einen aufgrund hoher Vorauszahlungen und zum anderen aufgrund nicht ausreichend exakter Ratendefinitionen. Zunächst einmal sollen Sie 10 Prozent einer Summe zahlen, nur weil Sie einen Vertrag abgeschlossen haben. Rutscht der Kellerbauer kurz nach Vertragsunterzeichnung in die Insolvenz, ist Ihr Geld weg, Das wären immerhin 4.200 Euro. Das Risiko ist vollkommen unnötig. Weitere 20 Prozent sollen Sie zahlen bei „Beginn der Arbeiten". „Beginn der Arbeiten" kann heißen, der Unternehmer fährt raus, stellt einen leeren Eimer ab und fährt wieder nach Hause. Dann bekäme er dafür 8.400 Euro. Zusammen hätten Sie also bereits 12.600 Euro gezahlt, ohne eine einzige, tatsächliche Gegenleistung erhalten zu haben. Folgt dann die Arbeit an der Kellerbodenplatte, sind weitere 35 Prozent zu zahlen, also weitere 14.700 Euro. Das wären dann bereits 27.300 Euro. Es heißt in der Zahlungsvereinbarung aber nicht „nach Fertigstellung" oder ähnlich, sondern „bei Fertigstellung". Während sie also fertiggstellt wird, zahlen Sie. 27.300 Euro für die Herstellung einer üblichen Kellerbodenplatte mit normaler Gründung im Einfamilienhausbereich ist eine massive Überzahlung. Kommt es in diesem Moment zu Problemen und das Unternehmen kann den Keller nicht mehr fertigstellen, haben Sie viel Geld verloren. Viel sinnvoller wäre folgende Vereinbarung:

20 % Prozent nach Fertigstellung der Kellerbodenplatte
20 % Prozent nach Fertigstellung aller Kellerwände
40 % Prozent nach Fertigstellung der Kellerdecke
20 % nach Fertigstellung aller übrigen Arbeiten (etwa Herstellung der kellerumlaufenden Drainage, Anschluss an den Abwasserkanal und Anschüttung des Erdreichs an die Kelleraußenwände)

Auch die 3-Tages-Zahlungsfrist ist viel zu kurz. Sind Arbeiten erledigt, wollen Sie üblicherweise ja erst einmal überprüfen, ob diese auch tatsächlich vollständig fertiggestellt sind, entsprechend der Zahlungsvereinbarung, und vor allem, ob die Arbeiten auch mangelfrei fertiggestellt sind. Erst danach werden Sie vernünftigerweise eine Zahlung veranlassen. Unter 10

Werktagen, besser 14 Werktagen, sollten Zahlungsfristen daher nicht gelegt werden.

---

§ 6 Rücktritt und Abnahme

Der Rücktritt vom Vertrag wegen Baumängeln gemäß § 634 BGB wird ausgeschlossen. Der Auftragnehmer kann eine Abnahme der Leistungen innerhalb von 5 Tagen nach Fertigstellung verlangen. Kommt der Auftraggeber dieser Frist nicht nach oder wird das Bauwerk vorher bezogen, gilt es als abgenommen.

Erläuterung:

Ob Sie sich das Rücktrittsrecht vom Vertrag nehmen lassen wollen, wie es hier im Beispiel unter § 6 erfolgt, das Ihnen das Bauvertragsrecht des BGB ausdrücklich gewährt, müssen Sie sich gut überlegen. Denn es kann natürlich eine Situation eintreten, bei der an eine weitere geordnete Zusammenarbeit mit dem Kellerbauer nicht zu denken ist und Sie vom Vertrag zurücktreten wollen. Damit kann man aber nötigenfalls noch umgehen, da Sie ja auch noch das Kündigungsrecht haben.

Die getroffene Regelung zur Abnahme ist allerdings definitiv problematisch. Denn es ist schon unklar, wie und in welcher Form Ihnen die Abnahme mitgeteilt werden muss. Vor allem auch, mit welchem Vorlauf. Denn oft muss man sich dafür freinehmen, weil eine solche Abnahme werktags und bei Tageslicht durchgeführt wird. Außerdem wollen Sie vor der Abnahme vielleicht auch noch mit dem Fertighausanbieter durch den Kellerbau gehen, um festzustellen, ob auch dessen Anforderungen alle erfüllt wurden.

Gesetzlich kann Ihnen der Unternehmer nach § 640 Absatz 2 BGB eine Frist zur Abnahme setzen. Läuft diese Frist ohne Reaktion von Ihnen aus, kann das Werk tatsächlich als abgenommen gelten. Der Unternehmer muss Sie dazu allerdings auch schriftlich auf die Folgen einer nicht wahrgenommenen oder grundlos verweigerten Abnahme aufmerksam gemacht haben. Sie können aber problemlos vereinbaren, mit welcher Frist die Abnahme angekündigt werden muss und auch auf welchem Weg, also zum Beispiel schriftlich per Brief. Außerdem können Sie vereinbaren, dass der Unternehmer Ihnen einen Ersatztermin zusichern muss, falls sie unverschuldet doch noch verhindert sind. Und schließlich kann vereinbart werden, dass Sie auch beim Fehlschlagen eines Wiederholungstermins einige Werktage in der Folge noch die Möglichkeit haben, den Keller selbst zu begehen und den Unternehmer auf mögliche, noch bestehende Mängel hinzuweisen.

Der Unternehmer hat nach neuer Regelung bei Verweigerung einer Abnahme durch den Auftraggeber außerdem das Recht auf eine sogenannte Zustandsfeststellung nach § 650g des Bauvertragsrechts des BGB. Es ist sinnvoll, dass Sie bei einer solchen Zustandsfeststellung anwesend sind und alle Mängel, die Sie sehen, auch in das Protokoll der Zustandsfeststellung aufnehmen lassen. Bei Meinungsverschiedenheiten zu einzelnen Zuständen müssen dann nötigenfalls diese Meinungsverschiedenheiten in das Protokoll mit aufgenommen werden.

---

§ 7 Nachträgliche Änderung des Leistungsumfangs

Eine nachträgliche Änderung des Leistungsumfangs ist nur mit schriftlicher Zustimmung des Auftragnehmers möglich. Die Leistungserbringung erfolgt dann auf Nachweis.

Erläuterung:

Sie haben zwar nach § 650b des Bauvertragsrechts ein Anordnungsrecht, dieses wird Ihnen hier aber durch die Regelung unter § 7 des Beispielvertrags gerade wieder genommen. Das ist in der Form auch durchaus zulässig. Ob Sie sich dieses wichtige Recht allerdings nehmen lassen wollen, ist fraglich.

Fraglich ist zudem, ob Sie zusätzliche Arbeiten, die Sie wünschen, dann zwingend auf Nachweis ausführen lassen wollen. Auf Nachweis heißt, dass der Unternehmer mit den zusätzlichen Arbeiten beginnt und diese dann nach Zeitaufwand und Stundensatz bezahlt werden. Das lässt üblicherweise Kosten explodieren.

Es ist immer sinnvoller, sich zunächst ein Angebot für zusätzliche Arbeiten erstellen zu lassen. Sind diese dann zu teuer, kann man von vornherein ablehnen. Das soll zwar nach § 650c des Bauvertragsrechts des BGB ohnehin so laufen, und der Unternehmer soll bei der Kalkulation sogar auf eine im Idealfall beim Bauherrn hinterlegte Urkalkulation zurückgreifen, bei einem kleinen Kellerbau für ein Einfamilienhaus wird eine Urkalkulationshinterlegung aber praktisch nie erfolgen. Daher zumindest einfach merken: Bevor Sie zusätzliche Leistungen beauftragen, benötigen Sie dafür zuvor ein schriftliches Angebot.

---

§ 8 Hausrecht
Der Auftraggeber überträgt für die Dauer des Bauvorhabens das Hausrecht an den Auftragnehmer.

Erläuterung:
Die Übertragung eines Hausrechts ist eine sehr weitgehende Rechtseinräumung. Theoretisch könnte der Kellerbauer Ihnen dann sogar den Zutritt zu Ihrem eigenen Grundstück verwehren. Das Hausrecht ist nicht verhandelbar und sollte grundsätzlich immer bei Ihnen verbleiben.

---

§ 9 Kündigung
Soweit der Auftraggeber den Bauvertrag kündigt, steht dem Auftragnehmer eine pauschale Vergütung in Höhe von 40 Prozent der bis zu diesem Zeitpunkt noch nicht erbrachten Bauleistungen zu.

Der Auftragnehmer kann die Arbeit einstellen oder den Vertrag kündigen, wenn der Auftraggeber seinen Mitwirkungspflichten nicht nachkommt oder Ratenzahlungen nicht vollständig und / oder nicht rechtzeitig erfüllt. In diesem Fall steht dem Unternehmen eine pauschale Entschädigung von 20 Prozent der insgesamt vereinbarten Bauleistungen zu.

Erläuterung:
Die in § 9 getroffenen Kündigungsregelungen sollten Sie so nicht akzeptieren. Denn wenn Sie dem Auftragnehmer kündigen, kann das ja sehr berechtigte Gründe haben. Sie werden dann ganz sicher nicht noch zusätzlich 40 Prozent der noch nicht erbrachten Leistungen zahlen wollen. Und ganz sicher wollen Sie dem Unternehmer auch nicht pauschal 20 Prozent der vereinbarten Vertragssumme als Entschädigung zahlen, wenn er sich von der Baustelle zurückzieht. Es kann auch gewichtige Gründe geben, wenn Sie eine Ratenzahlung nicht oder nicht vollständig leisten. Es wird dann nötigenfalls gerichtlich zu klären sein, wer welche Ansprüche gegen wen hat. Aber vorauseilende, pauschale Zahlungsansprüche sind ein unnötiges Risiko für Verbraucher. Am besten streicht man solche Regelungen ersatzlos aus dem Vertrag.

---

§ 10 Schlussbestimmungen
Sollten einzelne Bestimmungen dieses Vertrags unwirksam sein oder werden, so wird die Wirksamkeit der übrigen Bestimmungen dadurch nicht berührt. Die unwirksamen Bestimmungen sind durch solche zu ersetzen, die dem wirtschaftlichen Zweck der ursprünglich getroffenen Bestimmungen am nächsten kommen.

Ort, Datum	Kellerbau GmbH
Ort, Datum	Bauherr

Erläuterung
Die unter § 10 vereinbarten Schlussbestimmungen werden häufig auch unter dem Begriff „salvatorische Klausel" in Verträge aufgenommen. Sie regeln, wie in dem Fall verfahren werden soll, dass der Vertrag Regelungen enthält, die zum Beispiel durch die aktuelle Rechtsprechung für unwirksam erklärt werden. Im hier vereinbarten Fall steht dann der wirtschaftliche

Zweck als Orientierung im Vordergrund. Aber auch der wirtschaftliche Zweck kann natürlich 2 Seiten haben. Nicht immer ist das, was für den Kellerbauer wirtschaftlich zweckmäßig ist, auch für den Bauherrn wirtschaftlich sinnvoll. Und umgekehrt. Zu rechtlicher Befriedung wird diese Klausel im Fall des Falls also nicht zwangsläufig führen, auch wenn sie sehr häufig in Verträgen auftaucht.

Was fehlt im Vertrag?

Um Ihnen vorgelegte Verträge zum Kellerbau einer ersten, stichprobenhaften Überprüfung auf wichtige Punkte zu unterziehen, können Sie einmal testen, ob die folgenden Punkte in Ihnen vorgelegten Verträgen enthalten und klar geregelt sind:

Checkliste zu wichtigen Vertragsinhalten

Regelungspunkte	Detailliert geregelt?	
	ja	**nein**
Regelungen zu einer Grundstücksbegehung und einem Bodengutachten vor Vertragsunterzeichnung, um mögliche Kostenrisiken aus dem Grundstück zu erfassen	☐	☐
Bodengutachten als Vertragsanlage zum Vertrag mit dem Kellerbauer, damit Grundwassersituation, Bodentragfähigkeit und Bodenklasse von Anfang an klar berücksichtigt werden	☐	☐
Technische Merkblätter des Fertighausanbieters zum Keller als Vertragsanlage zum Vertrag mit dem Kellerbauer, damit alle notwendigen Voraussetzungen bezüglich Statik oder Lage und Größe von Deckenöffnungen etc. Vertragsbestandteil mit dem Kellerbauer werden	☐	☐
Regelungen zur Baustelleneinrichtung vor Ort (Baustrom, Bauwasser, Bauzaun, gegebenenfalls Straßensperrungen)	☐	☐
Regelungen zum Erdaushub und zur Abfuhr des Aushubs zu einer Deponie sowie den Deponiekosten	☐	☐
Festlegung des Termins der Fertigstellung inklusive der Regelung von Konsequenzen darüber, was passiert, wenn der Termin nicht gehalten werden kann, aus Gründen, die der Kelleranbieter zu vertreten hat	☐	☐
Klarer und eindeutiger Zahlungsplan ohne Überzahlungsrisiko und unter Berücksichtigung des gesetzlichen Einbehaltrechts von 5 Prozent von Beginn an und weiteren 10 Prozent spätestens vor Auszahlung der letzten Rate (⇢ Seite 142)	☐	☐
Vereinbarung zur Aushändigung eines vollständigen Plansatzes des Baugesuchs (Maßstab 1 : 100) und der Werkplanung (Maßstab 1 : 50); dazu gehört auch ein vermaßter Schnittplan mit eingetragener Roh- und Fertigbauhöhe des Kellers.	☐	☐
Vereinbarung zur Aushändigung eines vollständigen Plansatzes der Kellerstatik mit Berechnung	☐	☐
Berücksichtigung eines Sicherheitseinbehalts für den Bauherrn bis zur Fertigstellung und Abnahme des Gebäudes in Höhe von 5 Prozent des Hauspreises	☐	☐
Berücksichtigung eines Gewährleistungseinbehalts für den Bauherrn von bis zu 5 Prozent für die Dauer der Gewährleistung von 5 Jahren nach BGB	☐	☐
Verzicht auf einseitige Bevorteilung des Kellerbauers im Kündigungsfall, zum Beispiel durch Verzicht auf pauschale Entschädigungszahlungen	☐	☐

Gibt es Musterverträge?

Es gibt Musterverträge für Einzelgewerke und für das schlüsselfertige Errichten von Häusern. Falls Sie einen schlüsselfertigen Keller bauen, unterliegt dieser Vorgang, wie bereits erwähnt, nicht dem Verbraucherbauvertragsrecht. Sie können aber trotzdem einen Musterbauvertrag zur schlüsselfertigen Errichtung von Häusern sinngemäß verwenden. Denn das Bauvertragsrecht verbietet eben auch nicht, deutlich exaktere Regelungen zu treffen. Auf Seite 142 erfahren Sie mehr zu Musterverträgen, die Sie verwenden können.

Tipp

Wenn Sie einen Bauvertrag mit einem Unternehmer zu einem Kellerbau schließen wollen, der separat vom Hausbau umgesetzt werden soll, können Sie abweichend vom Bauvertragsrecht auch ausdrücklich das Verbraucherbauvertragsrecht des BGB vereinbaren. Das ist rechtlich zuässig und hilft Ihnen, auch für einen Teilbau eines neuen Gebäudes dann ausdrücklich das Verbraucherbauvertragsrecht anzuwenden.

3.5 Vertragsanlagen

Wichtige Vertragsanlagen beim Bauen mit dem Kellerbauer können sein:

- Bodengutachten
- Bau- und Leistungsbeschreibung
- Technische Merkblätter des Fertighausherstellers

Später hinzukommen können dann noch:

- Bauantragsplanung (soweit diese nicht durch den Fertighausanbieter mit übernommen wird)
- Statische Berechnung und Statikpläne
- Ausführungspläne
- Energetische Berechnung (soweit diese nicht duch den Fertighaushersteller mit übernommen wird)

Mehr zu wichtigen Vertragsanlagen von Bauverträgen, Verbraucherbauverträgen und Bauträgerverträgen erfahren Sie in Kapitel 9 dieses Buches.

3.6 Kellerbau

Unabhängig davon, ob Sie mit einem Architekten zusammenarbeiten oder mit einem Fertigkellerbauer, während des Bauablaufs sollten Sie das Geschehen wachsam begleiten. Sie sollten regelmäßig auf der Baustelle präsent sein, möglichst aber zu unterschiedlichen Zeiten, sodass sich niemand auf Ihre Anwesenheitszeiten einstellen kann. Es kann hierbei dazu kommen, dass Ihnen offensichtliche Baumängel auffallen. Um eine gute Mängeldokumentation und -beseitigung zu gewährleisten, ist es wichtig, dass Sie sich unabhängig von dem von Ihnen beauftragten Architekten oder Bauleiter selbstständig ein Bild der erbrachten Leistungen machen, am besten täglich. Wichtig hierbei sind

- ein gemeinsames, abgestimmtes Vorgehen mit dem von Ihnen beauftragten Architekten oder Bauleiter und
- eine gute, eigenständige Dokumentation Ihrerseits.

Betonieren der Bodenplatte

Kellerbau

Dazu ist es notwendig, dass Sie unabhängig vom Architekten oder Bauleiter für sich ein Bautagebuch führen. In dem Bautagebuch halten Sie alle Vorkommnisse auf der Baustelle im täglichen Rhythmus fest. Dokumentieren Sie anhand von Gesprächsnotizen, Ablaufbeobachtungen und Fotodokumentationen den Bauablauf und dabei aufgetretene Probleme. Dies kann für Sie von großer Bedeutung sein. Ihre Bautagebucheintragungen sollten mindestens immer folgende Eckwerte enthalten:

- Datum, Uhrzeit und laufende Nummer des Berichts
- Wie ist das Wetter, die Temperatur?
- Welche Firmen sind mit wie viel Personen anwesend?
- Wie ist der Stand der Arbeiten?
- Notizen zu Anordnungen, Besprechungen, Vorkommnissen
- Welche Fotos wurden gemacht?

Tipp

Lassen Sie sich grundsätzlich alle Mängelrügen, die Ihr Bauleiter anderen gegenüber ausspricht, schriftlich geben oder senden. Legen Sie diese gewerke- und datumsweise geordnet ab. So haben Sie eine unabhängige Kontrolle, dass Ihren Beanstandungen auch tatsächlich nachgegangen wird, und Sie behalten einen unabhängigen Überblick über die erforderlichen Nachbesserungen.

Wenn Sie den Eindruck haben, einen Baumangel bemerkt zu haben, halten Sie dies schriftlich genau fest, auch fotodokumentarisch, und informieren Sie hiervon unverzüglich Ihren Architekten oder Bauleiter.

Es ist sinnvoll, sich ein Bautagebuch frühzeitig aus vorgefertigten Formularen zusammenzustellen. Auf Seite 54 finden Sie einen Beispielentwurf. Durch die Vorformulierung laufen Sie weniger Gefahr, wichtige Eintragungen, wie zum Beispiel Datum, Uhrzeit, Temperaturen, Witterungsverhältnisse, An- und Ablieferungen oder anwesende Firmen, zu vergessen. In diesem Tagebuch halten Sie parallel auch Ihre Mängelfeststellungen fest, die Sie dann in Kopie an Ihren Bauleiter weitergeben. Die Mängeldokumentation muss insbesondere Folgendes enthalten:

- Datum, Gewerk und beauftragtes Unternehmen,
- eine genaue Beschreibung des Mangels,
- eventuell eine Fotodokumentation des Mangels,
- bei bereits eingetretenem Schaden eine genaue Beschreibung des Schadens.

Ihr Bauleiter kann sich mit diesen Angaben nun auf der Baustelle nochmals kundig machen und dann eine offizielle Mängelrüge an den Unternehmer aussprechen.

Bautagebuch				Lfd. Nr.	Datum					Uhrzeit von bis		
Sonne	Wolkig	Regen	Schnee	Frost	Mo	Di	Mi	Do	Fr	Sa	So	Temp. ca. °C
Bauvorhaben:												

Anwesende

....	....	....
Firma	Firma	Firma
....	....	....
Anzahl der Mitarbeiter	Anzahl der Mitarbeiter	Anzahl der Mitarbeiter

Feststellungen, Stand der Arbeiten

....

....

....

....

Anordnungen, Besprechungen, Abnahmen

....

....

....

....

Dokumentation, Fotos von

....

....

3.7 Kellerabnahme und Gewährleistung

Nach Fertigstellung der von ihm zu erbringenden Leistungen hat der Kelleranbieter Anspruch auf die Abnahme seiner Leistung. Der Begriff der Abnahme bedeutet, dass Sie die erbrachten Bauleistungen „entgegennehmen" und als vertragsgemäß anerkennen. Mängel stehen der Abnahme nicht zwangsläufiig entgegen. Die Rechte aus bekannten Mängeln gehen Ihnen auch nicht verloren, wenn die Mängel bei der Abnahme vorbehalten werden.

Sie stellen zum Beispiel bei der Abnahme fest, dass ein Kellerfenster klemmt oder kaputt ist, und lassen dies im Abnahmeprotokoll festhalten. Aber es ist natürlich sinnvoll, zum Zeitpunkt der Abnahme keine Mängel mehr rügen zu müssen, sondern ein mangelfreies Gewerk auch übergeben zu bekommen. Etwas anderes ist es mit sogenannten verdeckten Mängeln, die als solche nicht sofort erkennbar sind und deren Wirkungen sich oft erst sehr viel später zeigen. So kann es zum Beispiel passieren, Sie stellen erst nach dem Einzug fest, dass eine Wand feucht ist, weil in ihr ein Rohr gebrochen ist. Ebenso wie bei vorbehaltenen Mängeln haben Sie aber auch hier ein Recht auf Behebung. Die Abnahme hat rechtlich folgende Auswirkungen:

- Der Unternehmer hat dann Anspruch auf Schlusszahlung in der Höhe der Vertragssumme abzüglich möglicherweise einbehaltenener Beträge für Mängel und gegebenenfalls abzüglich eines vertraglich vereinbarten Einbehalts für den Zeitraum der Gewährleistung.
- Die Gefahr für Schäden an der Leistung liegt jetzt beim Auftraggeber, also bei Ihnen.
- Ohne Vorbehalt verliert der Auftraggeber, also Sie, den Anspruch auf fehlende Vertragsleistungen und die Beseitigung bekannter Mängel.
- Der Gewährleistungszeitraum beginnt.
- Umkehr der Beweislast auf den Auftraggeber (Sie müssen ab nun Mängel nachweisen).

Um innerhalb der Gewährleistungsfrist nach Abnahme (nach BGB 5 Jahre) sachlich fundiert und rechtlich sicher gegenüber dem Kelleranbieter auftreten zu können, ist es wichtig, dass Sie bei der Abnahme bestimmte Regeln einhalten. Unabdingbar ist hierbei, eine förmliche Abnahme durchzuführen mit einem schriftlichen Abnahmeprotokoll, das alle Teilnehmer unterschreiben müssen. Das Abnahmeprotokoll muss unbedingt folgende Punkte enthalten:

- Datum, Ort und Uhrzeit der Abnahme,
- die vollständigen Namen und die Funktion aller Anwesenden (Auftraggeber, eventuell Bauleiter oder Architekt, Unternehmer),
- die Übergabe von Unterlagen (Schlüssel, Papiere, Plane etc.) muss dokumentiert sein,
- die strukturelle Vorgehensweise der Abnahme muss dokumentiert sein (zum Beispiel Beginn im Außenbereich, dann Gang in den Keller),
- ebenso die Wetterlage (Bewölkung? Sonnenschein? Schneedecke / schneebedeckte Bauteile? Temperatur? Luftfeuchtigkeit?),
- sichtbare Schäden und Mängel müssen aufgelistet und genau beschrieben, eventuell auch als Fotografie zur Anlage genommen werden,
- die ungefähre Höhe der Kosten für die Beseitigung der bestehenden Mängel muss dokumentiert sein,
- der Termin für Mangelbeseitigung muss vereinbart sein,
- ebenso die Höhe des Einbehalts bis zur Mangelfreiheit (nach BGB § 641 Absatz 3 üblicherweise das Doppelte der zur Mangelbeseitigung notwendigen Kosten – wenn Sie bei der Schätzung der Summe unsicher sind, schätzen Sie lieber zu hoch, denn Sie müssen Ihre Schätzung nicht begründen; erscheint Sie dem Unternehmer zu hoch, muss er darlegen, warum),
- halten Sie exakt fest, welche Bereiche nicht begangen oder eingesehen werden konnten, und behalten Sie deren Abnahme notfalls komplett vor,

Abnahme		Datum	Uhrzeit von bis
Bauvorhaben:			Ort:

Auftraggeber ....

Auftragnehmer ....

Gewerk ....

Teilnehmer ....

Lfd. Nr. Übergabe folgender Unterlagen, Pläne, Schlüssel usw.

....

....

☐ Weiteres siehe Anlage ....

Bei der Abnahme wurden folgende Mängel festgestellt:

Lfd. Nr. Mangel bzw. unvollständige Leistung und einbehaltener Betrag in Euro

....

....

....

....

....

....

....

....

☐ Weitere Mängel siehe Anlage Nr.: ....

Sämtliche Mängel sind unverzüglich, spätestens bis zum: .... zu beseitigen.

Sofern der Auftragnehmer die vorgenannten Mängel nicht bis zum genannten Datum beseitigt, ist der Auftraggeber berechtigt, die Mängel auf Kosten des Auftragnehmers durch Dritte beseitigen zu lassen.

Alle Ansprüche des Auftragnehmers auf Gewährleistung und Schadenersatz bleiben unberührt.

☐ Die Abnahme der Leistung wird wegen vorgenannter Mängel verweigert.

☐ Der Auftraggeber behält sich die Geltendmachung der vereinbarten Vertragsstrafe vor.

☐ Die Leistungen werden abgenommen unter Vorbehalt der aufgeführten Mängel und Einbehalt einer entsprechenden Sicherungssumme.

☐ Frist für die Gewährleistung der abgenommenen Leistung: Beginn: .... Ende: ....

Ort, Datum Unterschrift (Auftraggeber)

Ort, Datum, Unterschrift (Auftragnehmer)

- die Dauer der Abnahme sollte dokumentiert sein, und
- alle Teilnehmer müssen das Protokoll unterschreiben, zumindest beide Vertragsparteien.

Achten Sie darauf, dass es nur ein verbindliches Abnahmeprotokoll gibt, das von allen gegengezeichnet wird und das jeder in Form eines Durchschlags ausgehändigt bekommt. Vermeiden Sie in jedem Fall, dass Parallelprotokolle geschrieben werden und nachher jeder alles gegenzeichnet. Die Gefahr ist groß, dass dies in einer rechtlich völlig wirren und paradoxen Situation endet. Jeder Beteiligte erhält einen Durchschlag des Protokolls. Stellen Sie sicher, dass das Protokoll vollständig ist und dass alle Punkte, die Sie mit ins Protokoll aufgenommen haben wollten, auch

Tipp

Auf keinen Fall sollten Sie eine Kellerabnahme mit einem Fertighaushersteller oder Massivhausanbieter durchführen, wenn dieser Ihnen das Haus inklusive Keller erstellt. Hier sollten Sie mit der Kellerabnahme in jedem Fall unbedingt warten, bis auch die Schlussabnahme des Hauses erfolgen kann, sodass Sie das Gesamtbauwerk einheitlich abnehmen und eine einheitliche Gewährleistungszeit für alle Bauelemente und Gewerke gilt.

Tipp

Entscheidend für eine Kellerabnahme, bei der der Keller nicht vom Fertighaushersteller oder Massivhausanbieter selbst errichtet wurde, ist, dass Sie den Fertighaushersteller oder Massivhausanbieter vor Abnahme des Kellers mit auf die Baustelle nehmen und ihn schriftlich seine Vorbehalte zu dem erstellten Kellerbauwerk fixieren lassen. Diese Vorbehalte müssen vom Kellerbauer unbedingt beseitigt werden und im Abnahmeprotokoll mit ihm Berücksichtigung finden.

tatsächlich mit ins Protokoll aufgenommen wurden. Besteht das Abnahmeprotokoll aus mehreren Seiten, sollte jede Seite von allen Beteiligten unterzeichnet werden. Die Abnahme des Kellers muss gut vorbereitet sein. Das heißt für Sie als Auftraggeber vor allem, dass Sie zum einen gut informiert auf die Baustelle kommen und zum anderen ausreichend Zeit mitbringen.

Weitere informationen rund um das Thema Abnahme und Gewährleistung erhalten Sie auch in Kapitel 12 dieses Buches. Außerdem hilft Ihnen hierbei der Ratgeber „Bauen! Das Praxis-Set“ der Verbraucherzentrale mit zahlreichen Vorlagen, unter anderem für das Führen eines Bautagebuchs und die Erstellung eines Abnahmeprotokolls.

3.8 Anschlüsse an die öffentliche Versorgung

Bevor eine Bodenplatte oder eine Kellerbodenplatte gegossen werden kann, muss meistens noch eine Abwasserausleitung gelegt werden. Denn man möchte den Abwasseraustritt üblicherweise gerne am tiefsten Punkt des Hauses haben. Das verursacht aber zweierlei Probleme:

1. Nicht jeder Kellerbauer ist auch bereit, die zentrale Abwasserausleitung, die sogenannte Grundleitung, unter der Bodenplatte oder Kellerbodenplatte zu legen, sie von dort in einen Kontrollschacht zu führen, der auch gebaut werden muss, und die Leitungen dann von dort an den Straßenkanal anzubinden. Macht Ihr Kellerbauer das nicht, hätten

Sie das Problem, dass sie zusätzlich zum Kellerbauer noch einen Tiefbauer benötigen, der Ihnen genau das umsetzt. Dann aber entsteht natürlich ein unangenehmer Haftungsschnittpunkt zwischen dem Unternehmen, das die Grundleitung verlegt und dem Unternehmen, das darauf eine schwere Bodenplatte oder Kellerbodenplatte baut. Wer ist schuld, wenn sich dann die Leitung verschiebt, das Rohr bricht oder der Anschlusspunkt in der Bodenplatte falsch sitzt? Daher sollten Sie möglichst erreichen, dass der Kellerbauer auch die Grundleitung verlegt.

2. Wenn Sie einen hochwertig abgedichteten Keller benötigen, etwa einen WU-Beton-Keller, ist die Rohrdurchführung durch eine Kellerbodenplatte auch nicht immer eine gute Idee. Denn dann können Sie sich einen vorprogrammierten Schwachpunkt der Kellerbodenplatte einfangen. In einem solchen Fall kann man entweder versuchen mit speziellen Dichtigkeitsanschlüssen zu arbeiten oder es müssen Alternativen mit anderer Höhenlage (etwa durch die Kelleraußenwand) überlegt werden. Das kann dann aber auch Hebeanlagen erforderlich machen, die das Abwasser erst einmal auf die benötigte Austrittshöhe heben müssen (auch → Seite 103).

Für alle anderen Netzanschlüsse, also Trinkwasseranschluss, Stromanschluss, Telefonanschluss, Kabelanschluss, gegebenenfalls Gasanschluss, ist kein Durchbruch durch die Bodenplatte oder Kellerbodenplatte notwendig, weil diese Hausanschlüsse üblicherweise genauso gut durch eine Keller- oder Hausaußenwand hindurchgeführt werden können. Dafür gibt es heute sogenannte Mehrsparten-Hauseinführungen, die als fertiges System in Hauswände eingesetzt werden können und optionale Durchführungen für alle Versorgungsleitungen bieten. Da sie nicht ganz preiswert sind, verwenden viele Schlüsselfertiganbieter sie aber nur ungern.

Um auch bei diesen Leitungsdurchführungen problematische Haftungsschnittpunkte zu vermeiden, ist es sinnvoll, dass entweder eine Mehrsparten-Hauseinführung bereits durch den Hausanbieter gesetzt wird oder er aber zumindest die Wanddurchstoßpunkte herstellt.

Denn der örtliche Stromanbieter oder etwa die Telekom werden einen Wanddurchbruch eher nicht mit der Sorgfalt durchführen, die Sie sich vielleicht vorstellen und wünschen.

Falls Sie keinen Kellerbauer finden, der auch bereit ist, die Grundleitung unter die Kellerbodenplatte zu legen, sondern zusätzlich einen Tiefbauer benötigen, sollten Sie bei einer Abnahme der Grundleitung zunächst den Kellerbauer mit auf die Baustelle bitten, damit er sich die Grundleitung ansieht und Sie diese erst danach vom Tiefbauer abnehmen. Ganz wichtig ist, dabei das Gefälle der Grundleitung zu prüfen. Es ist üblicherweise nicht größer als 0,5 bis 1,5 Prozent. Technischer Hintergrund ist, dass die flüssigen Abwasserbestandteile nicht zu schnell abfließen sollen, um dadurch auch die festen Abwasserbestandteile schwimmend mitzunehmen. Grundsätzlich nicht zulässig ist gar kein Gefälle oder gar ein Gefälle zum Hausanschlusspunkt zurück. Sie können das ganz einfach mit einem Wassertest prüfen, indem Sie am Hausanschlusspunkt Wasser in die Grundleitung einlaufen lassen, dieses müsste dann irgendwann am anderen Rohr-Ende im natürlichen Fluss wieder austreten.

Um dem Abwasser eine möglichst einfachen Fluss zu ermöglichen, sollen auch 90-Grad- Rohr-Kehrungen in Grundleitungen nicht eingebaut werden, sondern, falls nötig, 45-Grad-Kehrungen oder auch zweimal hintereinander 45-Grad-Kehrungen.

Es ist sehr sinnvoll, die Grundleitung mit der gebotenen Sorgfalt zu prüfen, bevor die Bodenplatte oder Kellerbodenplatte betoniert wird, denn nach deren Betonierung kommen Sie an die Grundleitung schlicht nicht mehr heran.

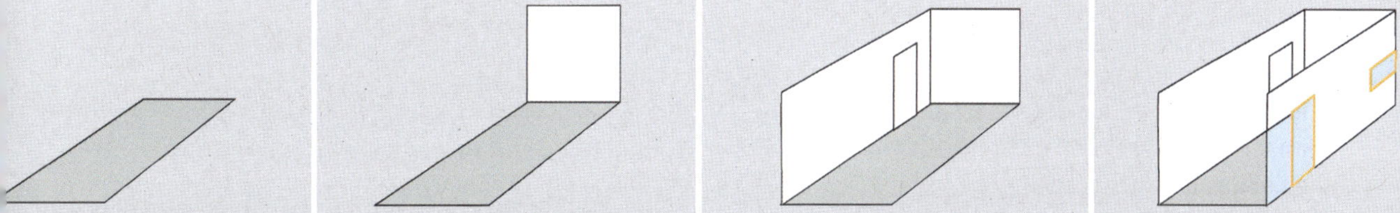

4 Bauweisen: Holz oder massiv

Je nachdem, ob Sie ein Fertighaus aus Holz oder ein schlüsselfertiges Massivhaus bauen, gibt es natürlich Unterschiede in der Konstruktion. Man kann nicht generell sagen, dass die eine oder andere Konstruktionsweise besser ist, vielmehr ist es so, dass sie jeweils Vor- und Nachteile haben. So haben Massivhäuser beispielsweise fast immer einen besseren Schallschutz, weil sie dem Schall mit massiven Bauteilen mehr Masse entgegensetzen können. Dafür haben Holzhäuser oft sehr gute energetische Werte, weil sich der Wandaufbau in verschiedenen Schichten sehr gut auch für Dämmmaßnahmen eignet. Mehr dazu nachfolgend.

4.1 Holz oder Stein

Es kommt nicht selten vor, dass man bei einem bestimmten Hersteller genau den Haustyp findet, dessen Grundriss und Geschossaufteilung man für ideal hält, dessen Hauptbaustoff (Holz oder Stein) man allerdings nicht bevorzugt. So könnte es sein, dass Sie den von der Innenaufteilung her idealen Haustyp nur in Holztafelbauweise, aber nicht in Massivbauweise erhalten oder umgekehrt. Diese grundsätzlichen Konstruktionsmerkmale können Sie als Kunde kaum beeinflussen. Mitunter haben Sie zwar die Möglichkeit, gegen Aufpreis einen anderen Wandaufbau zu wählen (zum Beispiel Klinker statt Außenputz), und auch bei der Steinart an sich kann es Wahlmöglichkeiten geben. Hat sich aber ein Hersteller auf einen hohen Vorfertigungsgrad durch Holztafelbauweise spezialisiert, wird er Ihr Haus natürlich nicht in Stein-auf-Stein-Bauweise anbieten. Die Beschäftigung mit den zur Verwendung kommenden Baumaterialien und Konstruktionsweisen wird Sie bei Ihrer Haussuche mithin die meiste Zeit kosten, soweit Sie sich in der notwendigen Tiefe hiermit befassen. Wichtig für Sie als Käufer sind also nicht die schönen Fassaden auf Fertighausausstellungen, sondern das, was sich dahinter verbirgt. Beim Holz-Fertighaus und schlüsselfertigen Massivhaus in Deutschland kann man in der Regel von 2 bis 3 grundlegenden Varianten ausgehen, die angeboten werden. Im Fertighausbau findet vor allem die Holztafelbauweise Anwendung, im schlüsselfertigen Massivhausbau die Stein- beziehungsweise Plattenbauweise. Bei der Auseinandersetzung mit den Hauptbaustoffen sollten Sie Ihr Augenmerk auf die Langlebigkeit und Qualität sowie die Nachhaltigkeit richten. Es ist aber auch so, dass oft emotionale Gründe bei der Entscheidungsfindung eine Rolle spielen. So ist zum Beispiel die Holzbauweise in den skandinavischen Ländern und in Nordamerika eine der klassischen Bauweisen, die auch kulturell tief verwurzelt ist. Dies ist in Mitteleuropa völlig anders. Hier konnte sich der Holzbau in der jüngeren Zeitgeschichte nie wirklich flächendeckend durchsetzen. Aus diesem Grund ist die klassische Massivbauweise in Deutschland auch wesentlich verbreiteter als die Holzbauweise. Während viele Menschen mit der Massivbauweise sofort etwas verbinden, also das solide Haus, Stein auf Stein gebaut, sieht dies bei der Holzbauweise anders aus: Nur wenige kennen die Vorteile der Holzbauweise. So bietet beispielsweise der Baustoff Holz hervorragende Dämmwerte, darüber hinaus ist er ein nachwachsender Rohstoff und kann in einer nachhaltig betriebenen Forstwirtschaft, wie sie in Deutschland seit über 200 Jahren betrieben wird, Kahlschlag vermeiden und eine gesunde Waldwirtschaft unterstützen. Auch international ändert sich seit der Einführung spezieller Holzsiegel, wie vor allem des FSC-Siegels, langsam etwas (**www.fsc-deutschland.de**). Allerdings gehört zur Wahrheit auch, dass Greenpeace, als Mitbegründer des Siegels, zwischenzeitlich aus dem Trägerkreis ausgestiegen ist, da es die Wirksamkeit des Siegels anzweifelt und weltweit deutlich strengere Gesetze fordert.

Vielen Käufern fällt es schwer, sich mit dem Gedanken anzufreunden, ein Haus aus Holz zu erwerben, weil für sie der Inbegriff für ein Haus der Mauerstein ist. Je länger und je intensiver Sie sich allerdings mit den Baustoffen beschäftigen, umso vorurteilsfreier und differenzierter werden Sie die Dinge sehen. Da sehr viele Fertighausangebote Angebote in Holzbauweise sind, geht es im Kapitel 5 „Der Baustoff Holz“ ausschließlich um den Holzbau und dessen Besonderheiten.

4.2 Konstruktionsarten im Holz-Fertighausbau

Holz-Fertighäuser werden in der Regel schlüsselfertig oder in verschiedenen Ausbaustufen ab Oberkante Bodenplatte angeboten. Das bedeutet, dass ein Keller oder die Bodenplatte, auf die das Haus gestellt wird, häufig nicht im Leistungsumfang enthalten sind. In einem solchen Fall müssen Sie für diese Leistungen separate Verträge mit Bauunternehmen oder Kellerbaufirmen schließen. Im Kapitel 3 finden Sie daher ausführliche Informationen zum Thema Kellerbau.

Beim Holz-Fertigbau gibt es vorrangig 3 Bauweisen beziehungsweise Konstruktionsarten, die sich vor allem in der Art und Weise unterscheiden, wie der Baustoff Holz als Tragelement eingesetzt wird:

- die Tafel- oder Rahmenbauweise,
- die Skelett- oder Holzständerbauweise und
- die Blockbauweise.

Fertighäuser in Holztafel- oder Holzrahmenbauweise

Bei der Holztafel- oder Holzrahmenbauweise werden einzelne Wandelemente aus einer Kombination aus Holztafeln und einem dazwischen montierten Holzbalkenrahmen hergestellt. Diese Wandelemente werden dann nebeneinander montiert und ergeben so Wände beliebiger Länge. In der Höhe werden sie jeweils geschossweise übereinander montiert, wobei die eingesetzte Zwischendecke aus einer Balkenlage zugleich immer auch die Arbeitsplattform für das Stellen der jeweiligen Geschosswände ist. Die Holztafel- oder -rahmenbauweise ist mit Abstand die geläufigste Konstruktionsart im modernen Holzbau von Ein- oder Mehrfamilienhäusern, da sie von der Produktionstechnik und -zeit die einfachste und günstigste ist.

Fertighäuser in Holzskelettbauweise

Bei der Skelett- beziehungsweise Holzständerbauweise werden Holzbalken in waagerechter und senkrechter Stellung zu einem Traggerüst verschraubt im Sinn eines Stützen- und Balkensystems, in das später Wandausfachungen und Bodeneinsätze montiert werden.

Die Skelettbauweise wird dementsprechend vorwiegend dort eingesetzt, wo es um eine hohe Variabilität

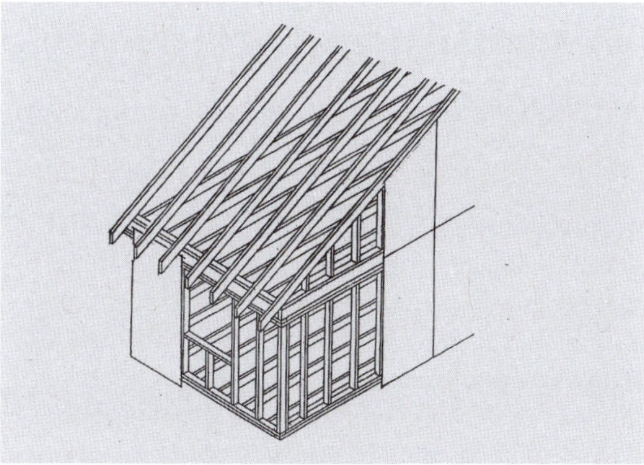

Fertighaus in Holztafel- oder Holzrahmenbauweise

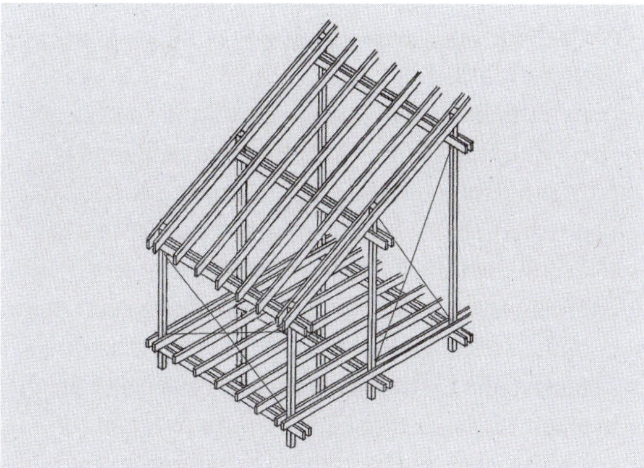

Fertighaus in Holzskelettbauweise

des Wandausbaus geht, beispielsweise bei halb geöffneten Gebäudetypen wie Lagerhallen oder auch ganz geöffneten Gebäudetypen wie zum Beispiel reinen Parkierungsüberdachungen.

Holzskelettbauweisen werden aber auch überall dort eingesetzt, wo zur späteren Ausfachung keine selbsttragenden Bauelemente zur Ausführung kommen. Ähnlich wie bei einem klassischen Dachstuhl ist die Skelettkonstruktion in sich tragfähig und biegesteif, sodass die Ausbauelemente keine Tragwirkung mehr erbringen müssen. Auf diese Weise kann beispielsweise Glas in einem Holzskelettbau großflächig als Ausfachung eingesetzt werden.

Fertighäuser in Holzblockbauweise

Bei der Blockbauweise werden die Wände eines Hauses aus liegenden und an den Ecken ineinander verfachten Balken oder auch Stämmen errichtet. Diese Bauweise ist insbesondere bei historischen Holzbauten, etwa in den Alpen, aber auch in Skandinavien und Nordamerika, angewandt worden. Bis heute gehalten hat sich diese Bauweise für kleine Geräte- oder Schutzhütten. Sie findet aber auch im heutigen modernen Holzbau ihre Anhänger. Die Außenwände von Blockhäusern bestehen aus speziell geformten massiven oder geleimten Rundblockbohlen oder Vierkantblockbohlen, zwischen denen sich zusätzliche Dichtungsbänder befinden. Die Blockwände werden mit zusätzlichen Gewindestangen verspannt. Sie können entweder einschalig ausgeführt sein, oder innenliegend eine zusätzliche Dämmung zwischen einer Ständerwand haben. Manche Hersteller verwenden Kiefernholz aus nordischen Ländern, da dieses aufgrund des raueren Klimas langsamer wächst als heimisches Holz. Es ist dadurch wetterbeständiger und härter und verzieht sich auch weniger.

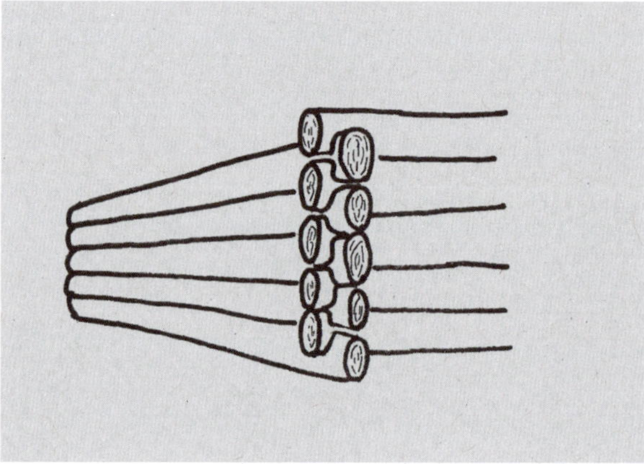

Fertighaus in Holzblockbauweise

4.3 Konstruktionsarten im schlüsselfertigen Massivbau

Schlüsselfertige Massivhäuser

Das schlüsselfertige Massivhaus ist eine Alternative zum klassischen Holz-Fertighaus. Unter der Massivbeziehungsweise Steinbauweise versteht man normalerweise die Stein-auf-Stein-Baumethode, zum Beispiel mit Hochlochziegeln oder Porenbetonsteinen oder Kalksandstein. Die Zwischendecken bestehen bei diesen Haustypen meist aus Halbfertigteil-Betonplatten, die mit einem Aufbeton vor Ort vergossen werden. Verbreitet ist inzwischen auch die Plattenbauweise. Hierbei werden große Wandelemente, beispielsweise aus Porenbeton, vorgefertigt an die Baustelle gebracht und dort direkt montiert. Die Zwischendecken werden hierbei ähnlich gebaut wie bei den Stein-auf-Stein-

Häusern. Schlüsselfertige Massivhäuser werden sowohl von regionalen Bauunternehmungen angeboten wie auch von überregionalen Firmen. Zwischenzeitlich sind sogar einige Baustoffhersteller in diesen Markt eingestiegen. Beim schlüsselfertigen Massivhaus scheint der Zwang aufgehoben, dass man auf dem eigenen Grundstück entweder ein Fertighaus aus Holz schlüsselfertig errichten konnte oder aber dort mit dem Architekten ein Massivhaus baute. Mit dem Modell des schlüsselfertigen Massivhauses kann man auf dem eigenen Grundstück ein Massivhaus schlüsselfertig errichten, ohne einen Architekten und Einzelhandwerker einschalten zu müssen.

Bausatzhäuser

Das Bausatz- oder Selbstbau-Haus ist ein Haustyp, den Sie im Grund selber errichten. Sie erhalten bei diesem Haustyp alle Materialien in regelmäßigen Abständen auf die Baustelle geliefert und errichten dann Stück für Stück Ihr Haus selber. Bei guten Bausatz-Hauslieferanten steht Ihnen ein regionaler Bauleiter zur Verfügung, der regelmäßig oder bei Bedarf Ihre Baustelle aufsucht und Sie mit allen Handgriffen vertraut macht. Er begleitet Sie durch alle Bauphasen, bis Ihr Haus steht. In der Regel sind Bausatzhäuser Massivhäuser, deren Steinverbund aber nicht zwingend vermörtelt wird. Es gibt auch die verschiedensten Stecksysteme, bei denen die einzelnen Steine und Steinlagen ineinander gesteckt werden. Nur für kritische Gewerke, wie bestimmte Betonarbeiten oder die Elektroausstattung, benötigen Sie fachliche Hilfe. Sie können durch Bausatz- beziehungsweise Selbstbau-Häuser zwar sehr viel Geld sparen (Personalkosten machen am Bau längst einen größeren Posten aus als die Materialkosten), andererseits ist die Errichtung eines solchen Hauses nicht immer so einfach wie in den Prospekten beschrieben. Für Bausatz- beziehungsweise Selbstbau-Häuser sollten Sie sich nur dann entscheiden, wenn Sie handwerklich begabt sind und wenn Sie genügend freie Zeit haben, um eine Baustelle einigermaßen zügig voranzubringen. Es kann sehr ermüdend sein, wenn man jeden Feierabend, jedes Wochenende und jeden Ferientag auf dem Bau zubringen muss, bei Wind und Wetter, um den eigenen Hausbau voranzubringen. Auch das Einbinden von Verwandten oder Bekannten will bei einer solchen mehrmonatigen Maßnahme gut überlegt sein. Gerade bei diesem Haustyp ist es ratsam, die Hersteller um Kunden-Referenzadressen zu bitten und mit Leuten zu sprechen, die einen solchen Hausbau hinter sich gebracht haben. Rufen Sie dort aber nicht nur an, sondern fahren Sie vorbei und sehen Sie sich das jeweilige Haus an. Hier wird man Ihnen viele Dinge berichten können, die aus Prospekten so nicht ersichtlich sind. Vielleicht verlegen Sie ein solches Gespräch auf einen Freitagabend, nehmen eine gute Flasche Wein mit und lassen sich Zeit, um in Ruhe nach den Erfahrungen mit einem Bausatz- beziehungsweise Selbstbau-Haus zu fragen.

Wichtige Bauteile und Konstruktionsdetails

Egal mit welchem Anbieter und in welcher Weise Sie bauen, genauso wichtig wie der Hauptbaustoff sind vor allem auch zahlreiche Bauteile und Konstruktionsdetails. In der nachfolgenden Liste finden Sie einige der wichtigsten Bauteile und Angaben, was Sie hierbei beachten sollten.

Gründung und Keller

Die Gründung eines Hauses wie auch der Keller insgesamt werden vor allem von vielen Fertighausanbietern nicht mit angeboten. Darum müssen Sie sich oft selber kümmern. Nur beim Bauen mit einem Anbieter schlüsselfertiger Massivhäuser wird man Ihnen diese Leistung häufig mit anbieten, denn sie ist eine klassische Rohbauleistung. Aushub, Gründung und Keller werden in Kapitel 3 dieses Buches separat behandelt, denn sie sind neben dem Grundstückskauf und dem eigentlichen Hausbau der größte Einzeletat, der auf Sie zukommt. Es kann auch sein, dass Ihnen der Hersteller zwar einen Keller anbietet, dieser Ihnen aber zu teuer ist und Sie einen separaten Kelleranbieter oder Rohbauunternehmer zur Errichtung des Kellers wählen.

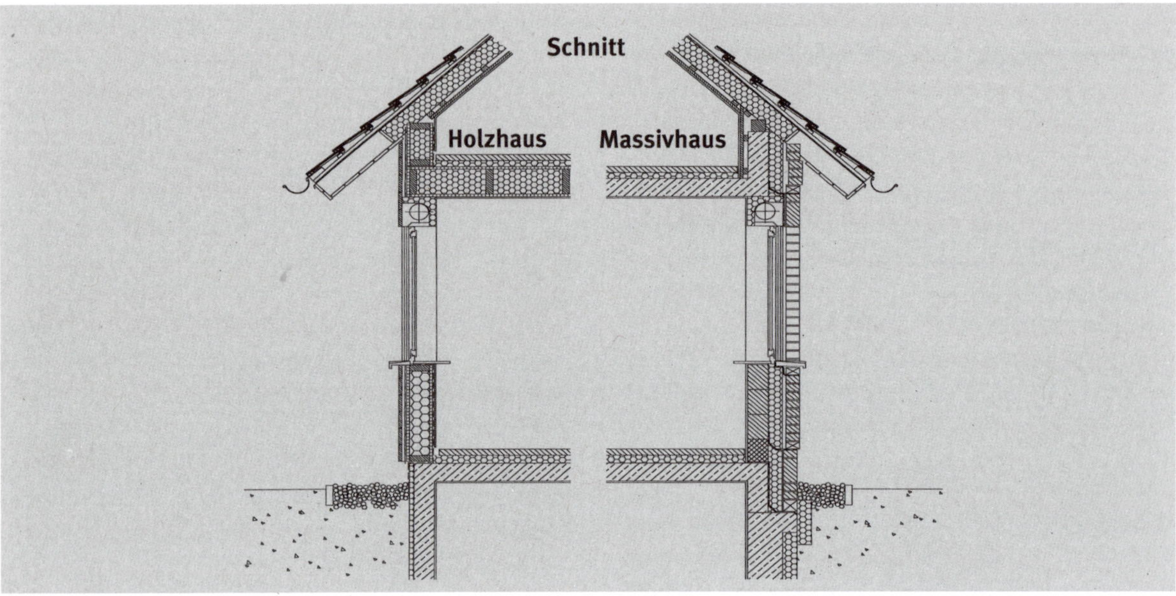

Gegenüberstellung Wand- und Dachaufbauten von Holz- und Massivhäusern

Außenwandaufbau

Der Außenwandaufbau ist je nach Konstruktionsart sehr unterschiedlich: So führt das Konstruktionsmaterial von Holz-Fertighäusern und schlüsselfertigen Massivhäusern zum Beispiel zu unterschiedlichen Wanddicken, um die erforderlichen Dämmwerte zu erreichen. Hier sind Holzkonstruktionen im Vorteil, da die Dämmung zwischen der Tragkonstruktion Platz findet und der Wandquerschnitt dünner ist. Bei Häusern in Massivbauweise sitzt die Dämmung häufig

---

Was ist der Wärmedurchgangskoeffizient?

Um die Wärme in einem Körper zu halten, muss sein beheiztes Volumen gegen die unbeheizte Umgebung möglichst optimal gedämmt werden. Dies gilt für eine Thermoskanne genauso wie für ein Gebäude. Der Wärmedurchgangskoeffizient, der sogenannte U-Wert, heißt vollständig Umkehr-Wert. Er gibt den Wärmedurchgang durch ein Bauteil an, den sogenannten Wärmedurchgangskoeffizienten, das heißt, wie viel Wärme unter bestimmten Bedingungen durch ein Bauteil gelangt. Er ist der Umkehr-Wert (früher k-Wert von Kehrwert) des Wärmedurchlasswiderstands. Der Wärmedurchlasswiderstand wiederum gibt an, wie viel Widerstand ein Bauteil dem Wärmedurchgang entgegensetzt.

Wie setzt sich der U-Wert zusammen?

Der U-Wert wird berechnet, indem man die Zahl 1 dividiert durch die Summe der Wärmeleitfähigkeit der einzelnen Schichten des Bauteils sowie der beiden Wärmeübergangskoeffizienten „α" (Griechisch: „alpha") zu beiden Seiten des Bauteils α_i (innen) und α_a (außen). Die Wärmeleitfähigkeit von Bauteilen wird mit dem Begriff „λ" (kleines Lambda) angegeben. Sie besagt, welche Wärmemenge „Q" (Einheit Ws) pro Sekunde (s) und pro Quadratmeter (m²) durch eine 1 Meter dicke Schicht (m) eines Stoffes hindurchgeht, wenn der Wärmeunterschied zwischen beiden Temperaturflächen, also Innenfläche und Außenfläche, 1 Kelvin (K) beträgt.
Die beiden Wärmeübergangskoeffizienten α_i (innen) und α_i (außen) beschreiben den Wärmeübergang vom beheizten Innenraum in das Außenbauteil und vom Außenbauteil in den kühlen Außenraum. Sie sind festgelegte Konstanten (siehe auch Beispiel einer U-Wert-Berechnung auf Seite 245).

Rohmontage der Wandelemente

Innendämmung

in Form eines Wärmedämmverbundsystems vor der Fassade. Der Außenwandaufbau und die damit erzielte Dämmung Ihres Hauses werden sich direkt in Ihren Heizkosten niederschlagen. Sie sollten sich also intensiv mit dieser Thematik auseinandersetzen. Um vergleichen zu können, benötigen Sie von den einzelnen Anbietern Angaben zum Wandaufbau und zu den verwendeten Materialien, also beispielsweise welche Dämmung mit welchen Materialeigenschaften verwendet wird, wie dick diese ist und welchen Wärmedurchgangskoeffizienten (U-Wert) die Außenwand hat.

Sie brauchen sich die komplizierten Berechnungsmethoden des U-Werts aber nicht zu merken. Es reicht, wenn Sie sich für den U-Wert Richtwerte einprägen. Ein guter U-Wert zum Beispiel für eine Außenwand liegt bei 0,28 bis 0,25, ein sehr guter bei 0,2 bis 0,1. Je kleiner also der U-Wert ist, desto besser.

Zwischendecken

Bei den Zwischendecken lässt sich grundsätzlich zwischen Holz- und Betonzwischendecken unterscheiden. Während Betonzwischendecken mit einem aufgebrachten, sogenannten schwimmenden Estrich unter dem Fußbodenoberbelag sehr gute Schallschutzwerte gewährleisten können, ist die Thematik Schallschutz bei Holzdecken bis heute nicht problemfrei gelöst. Zwar gibt es mittlerweile sogar aufwendige, sandgefüllte Holzkassettendecken, um den Schallschutz zu verbessern, doch der Holzbau leidet generell unter schlechterem Schallschutz als der Massivbau, weil er dem Schall weniger Masse entgegensetzen kann.

Bei Decken zu unbeheizten Kellern müssen diese Zwischendecken eine Dämmung erhalten, die auch den energetischen Anforderungen entspricht, welche mögliche Fördermittelgeber verlangen. Lassen Sie sich im Zweifel den U-Wert der Decke benennen.

Zwischenwände

Zwischenwände, die als nichttragende Wände ausgebildet sind, sind häufig nur 11 bis 12 Zentimeter dick. Der Schallschutz solcher Wände ist entsprechend gering. Interessanterweise haben Massivbauwände dieser Stärke gegenüber Leichtbauwänden einen schlechteren Schallschutz, wenn die Leichtbauwände aus einem Ständerwerk mit darauf montierten biegeweichen Gipskarton-Schalen bestehen und die Zwischenräume noch eine Weichfaserdämmung haben.

Treppen

Treppen werden in der Regel entweder aus Holz, aus Metall oder als Betonfertigteil angeboten. Wichtig bei diesem Bauelement ist, dass es an seinen Auflagern auf dem Rohboden der Geschossdecken schalldämmend gelagert ist. Treppen dürfen auch nicht fest mit parallel laufenden Wänden verbunden sein. Hier muss unbedingt eine schalltechnische Trennung vorgesehen sein.

Fenstereinbau

Maschineller Außenputz

Dach

In der Regel besteht das Dach aus einem Holzdachstuhl mit einer Außendeckung und einer Innenverkleidung. Von innen nach außen ergibt sich häufig folgender Aufbau: Gipskartonplatten, Dampfbremse, Wärmedämmung, Luftraum, Unterspannbahn, Konterlattung, Lattung, Dachziegel. Wichtig ist es, die einzelnen zum Verbau kommenden Elemente genau festzulegen, also zum Beispiel welches Holz mit welchem Feuchtegehalt verbaut wird, welche Gipskartonplatten verbaut werden, welche Wärmedämmung gewählt wird, welche Dampfbremse gewählt wird, welche Dachpappe und welcher Dachziegel eingesetzt werden, damit der Schichtenaufbau dokumentiert ist. Und wichtig ist natürlich auch hier, dass Sie erfahren, welchen U-Wert der zum Einsatz kommende Dachaufbau insgesamt hat.

Kamin

Soweit die Heizanlage Abgase produziert und im Keller stehen wird, benötigen Sie zur Abgasführung einen Kamin.

Bei vielen Anbietern sitzt die Heizzentrale heutzutage als Gasheizung allerdings direkt unter dem Dach, sodass kein Kamin nötig ist. Trotzdem wird auch für diese Häuser mitunter ein Kaminzug angeboten, damit man bei Bedarf – zum Beispiel im Wohnzimmer – einen Kachelofen oder einen offenen Kamin einbauen kann. Der Kaminzug ist dann in der Regel nur gegen Aufpreis zu haben. Die Integration eines Kaminzuges in einen Fertigbau ist mit zusätzlichem Aufwand verbunden, und Sie sollten daher gut überlegen, ob Sie einen solchen wirklich benötigen oder das Geld lieber an anderer Stelle investieren. Es ist allerdings so, dass ein Kaminzug nur sehr aufwendig nachträglich in ein bereits fertiggestelltes Haus eingebaut werden kann, während Sie zum Beispiel einen Balkon immer relativ einfach vor ein bestehendes Haus setzen können.

Fenster

Bei den Fenstern gibt es die unterschiedlichsten Varianten: Kunststoff-, Holz- oder Metallfensterrahmen, 2-fach- oder 3-fach verglast als Isolier- oder Wärmeschutzverglasung. Wichtig ist für Sie zu wissen, dass Holzfenster eher pflegeintensiv sind, auch wenn sie sehr schön aussehen. Kunststofffenster hingegen sind zwar einfach zu pflegen, sehen aber nicht so schön aus und sind oft auch nicht so stabil wie Holzfenster. Sie können über die Jahre auch sehr unschön ausbleichen. Auch Metallfenster kommen manchmal zum Einsatz. Dies allerdings meist nur im Kellerbereich. Auf dem Markt sind aber auch Materialkombinationen erhältlich, also Fenstersysteme, die zum Beispiel außen aus Metall sind, meist Aluminium, und innen aus Holz. Auch dies kann eine Alternative sein. Wichtig ist, immer auf einen kleinen U-Wert des Gesamtele-

Fertige Wandelemente

Fertige Dachelemente

ments (Verglasung und Rahmen) zu achten. Außerdem sollten Rahmen stabil und die Beschläge und Schließmechanismen robust sein. Dies ist umso wichtiger, je größer die Fensterelemente und damit deren Gewicht sind.

Türen

Bei den Türen ist zu unterscheiden zwischen Außentüren und Innentüren. Außentüren können zum Beispiel die Haustür, ein Kellerausgang oder eine Balkon- / Terrassentür sein. Letztere ist wie ein Fenster zu betrachten und daher gemäß den Ausführungen zum Fensterbau zu sehen. Hauseingangstüren können ebenfalls aus Kunststoff, Holz oder auch Metall sein, häufig aus einer Kombination dieser Materialien, manchmal zusätzlich mit Glasflächen. Wichtig bei einer Haustür ist eine robuste Ausführung mit stabilen Beschlägen und einer guten Schließanlage. Auch sollte eine Haustür an mindestens 3 Stellen über stabile Bänder aufgehängt sein, mehrere Falze und einen Wetterschenkel haben. Da eine eventuelle Kelleraußentür die gleichen Bedingungen erfüllen muss wie eine Haustür, sollte sie in der Art der Ausführung identisch sein. Und auch hier gilt: Der U-Wert der Tür sollte möglichst klein sein.

Innentüren werden in vielen verschiedenen Holzarten und Stilrichtungen geliefert. Das Innenleben der Türblätter besteht meist aus Aushöhlungen in Form von Röhren (Röhrenspantür) oder Waben (Wabentür), um Material und Gewicht zu sparen. Für die Türblattoberfläche wird in der Regel ein Furnier verwendet, häufig auch ein einfacher Kunststoffüberzug.

Terrassen und Balkone

Sofern Terrassen keine kellerüberdeckenden Bauteile eines Fertighaustyps sind, sind sie meist nicht im Kaufpreis enthalten. Dann müssen Sie nach der Errichtung des Hauses selber für die Erdaufschüttung und Anlegung einer Terrasse sorgen. Sofern Terrassen im Hausangebot enthalten sind, ist es wichtig, dass sie an keiner Stelle Wärmebrücken zum Hauskorpus bilden, wie das der Fall wäre, wenn zum Beispiel die Terrassen-Bodenplatte direkt in die Kellerabschlussdecke übergeht ohne wärmetechnische Trennung.

Giebelelemente

Falls die Terrasse gleichzeitig eine den Kellerraum überdeckende Abschlussdecke bildet, ist sorgfältig darauf zu achten, dass diese Decke gut wärmegedämmt und absolut wasserdicht mit guten Wasserabführungen ausgebildet ist. Gleiches gilt für das Angebot etwaiger Dachbalkone. Bei den übrigen Systemen gibt es in der Regel entweder angehängte oder vorgestellte Balkone.

Angehängte Balkone sollten wärmetechnisch von den übrigen Hauszwischendecken abgekoppelt sein. Die vorgestellten Balkone bieten den Vorteil, dass sie sozusagen auf „ihren eigenen Füßen stehen", nämlich auf einem Holz-, Stahl- oder Betongerüst, und damit keinen direkten Kontakt zum Hauskorpus haben, jedoch eigene Fundamente benötigen.

4.4 Einige Sätze zur Baukultur

Bis etwa in die Zeit vor dem ersten Weltkrieg gab es in Deutschland noch eine sichtbare regionale Baukultur: Reetdächer an den Küsten, Klinker in Norddeutschland, Fachwerk und Schiefer in den Mittelgebirgslagen, auch kombiniert mit Sandstein oder anderen, regionalen Steinen, und ganz im Süden, im Schwarzwald und in den Voralpenlagen, ganze Geschosse, auch komplette Häuser nur aus Holz. Das alles ist Geschichte. Es galt spätestens nach dem Zweiten Weltkrieg als antiquiert und nicht mehr zeitgemäß. Große Neubaugebiete, die überall in der Republik gleich aussahen beziehungsweise der industrielle Wohnungsbau in der DDR nahmen jede regionale Identität. Schon das Bauhaus fragte nicht nach Regionalität, sondern meldete universellen Anspruch an. Architekten, die das anders sahen, wurden lange als Folkloristen abgetan. Was dabei übersehen wurde, ist jedoch, dass es bei regionaler Architektur nicht um eine folkloristische Jodelarchitektur geht, sondern um die Suche nach nachhaltigem Bauen mit einfachen, regionalen Mitteln. Das vermeidet lange Transportwege, stützt die regionale Wirtschaft und berücksichtigt vor allem regionale Gegebenheiten wie regionale Topografie und lokale Witterungseinflüsse. Über lange Zeiträume war das die Grundlage des Bauens. Man wählte Materialien aus der Umgebung und fügte sie zusammen, und zwar mit den überlieferten Handwerkstechniken der Region. So entstanden ganz automatisch Häuser, vielleicht mit leicht unterschiedlichen Maßen und Kubatur, aber immer mit identischen Baustoffen und Konstruk-tionsweisen, die sich so auch ganz automatisch in die Landschaft fügten, weil sie mit deren Materialien bauten.

Erst in jüngerer Zeit gibt es wieder Architektinnen und Architekten, die sich intensiv mit den hergebrachten Bauweisen der Region, in der sie leben, auseinandersetzen. Das hat teilweise zu verblüffenden Wiederentdeckungen kluger Konstruktions- und Bauweisen geführt. Um solches Bauen zu unterstützen, reicht das klassische Baurecht aus den Landesbauordnungen und den örtlichen Bebauungsplänen aber bei Weitem nicht aus. Denn dieses fördert geradezu das gesichtslose Bauen, weil es ausschließlich Maß- und Kubaturvorgaben macht. Am Ende steht dann das mit Klinkerattrappe verkleidete Fertighaus neben dem bemühten Nachbau einer Toskanavilla im Neubaugebiet in Oberbayern. Niemand in der Toskana käme auf die Idee, sich umgekehrt dort ein oberbayerisches Landhaus hinzustellen.

Erst extrem wenige Gemeinden haben bemerkt, dass das gültige Baurecht überhaupt nicht zu geschlossenen Siedlungsbildern führt, sondern das Gegenteil der Fall ist: Hochgeometrische Siedlungen mit Häusern, aufgereiht wie Soldaten auf dem Kasernenhof, die trotzdem nicht zueinander passen. Die alte Streusiedlung mit Häusern, wie gewürfelt um ein Rathaus oder eine Kirche, ist mit diesem Baurecht ebenso wenig zu machen

Das Prinzip des alten Allgäuer Holzhauses wird aufgegriffen und in eine moderne Formensprache überführt. Das Haus fügt sich dadurch in jede Allgäuer Siedlungslage, ohne dabei mit gedrechselten Balkongeländern oder überfrachteten Holzverzierungen zu arbeiten. Auch dieses Haus überführt die grundlegenden Eigenschaften des regionalen Bautyps in eine zeitlose Gestaltsprache, die den Nutzern dabei jeden Komfort einer modernen Nutzung bietet. (Planer: Noichl & Blüml, Oberstdorf)

wie eine einheitliche Gestaltsprache. Früher waren die Häuser nie exakt gleich hoch oder hatten die exakt gleichen Außenmaße oder die exakt gleiche Dachneigung. Sie variierten bei Maß und Kubatur, manchmal mehr, manchmal weniger. Sie variierten aber nicht in den verwendeten Materialien und Konstruktionsweisen. Das führte zu ruhigen, einheitlichen Siedlungsbildern, die wir heute kaum noch kennen und die wir dann im Urlaub im Ausland begeistert aufsuchen.

Nur ganz wenige Gemeinden und Städte in Deutschland haben sogenannte Gestaltungssatzungen erlassen, um ihr Ortsbild wirksam zu schützen, wenn neu gebaut werden soll. Das sind vorrangig die Gemeinden, deren Ortsbild Teil des Wirtschaftsfaktors ist, also meist des Tourismus. Daher sind es vor allem viele Gemeinden im südlichen Bayern, die das erkannt haben und sich nicht mit Landesbauordnung und örtlichem Bebauungsplan zufriedengaben, sondern über ihre Gestaltungssatzungen mehr fordern. Es gibt Architekten, die diese Vorgaben rückwärtsgewandt und historisierend umsetzen, und solche, die nach vorn schauen. Ein Beispiel aus Bayern soll Ihnen verdeutlichen, wie man mit ganz enfachen Mitteln, modernes regionales Bauen umsetzen kann, das einerseits die regionale Bau-Charakteristik aufgreift, diese aber andererseits nicht historisierend rückwärtsgewandt aufgreift, sondern daraus eine regional erkennbare, aber gleichzeitig auch zukunftsfähige Baukultur macht.

Es gibt längst viele solcher Beispiele aus verschiedenen Regionen Deutschlands. Bei Interesse daran können Sie sich einfach an das Institut Bauen und Wohnen wenden (Adresse ⤏ Anhang Seite 334).

Diese Architekturqualität wäre problemlos auch im Fertigbau erreichbar. Das Haus bei Oberstorf ist von einer Zimmerei fertig vorproduziert worden.

In der Kombination aus einem vorgeschalteten Architektenentwurf mit einer sich daran anschließenden schlüsselfertigen Ausführung liegt eine Variante, die einfache Baustrukturen sowie Kostensicherheit zusammenbringt mit einem Gestaltanspruch an ein Haus (mehr dazu in Kapitel 10.9 / Seite 268).

Wer an regionaler Baukultur Interesse hat, der kann für einen ersten Blick mit einem Besuch in einem der mittlerweile vielen Freilichtmuseen Deutschlands anfangen und so beginnen, der Architektur nachzuspüren, die in seiner Region lange zu Hause war. Man will nicht mehr unbedingt in diesen schweren, dunklen, alten Häusern mit den niedrigen Decken leben, aber darum geht es beim modernen, regionalen Bauen ja auch nicht, sondern darum, wie Hergebrachtes zukunftszugewandt umgesetzt werden kann.

Eine Übersicht über fast alle dieser Freilichtmuseen finden Sie im Internet zum Beispiel unter **www.vl-freilichtmuseen.de**.

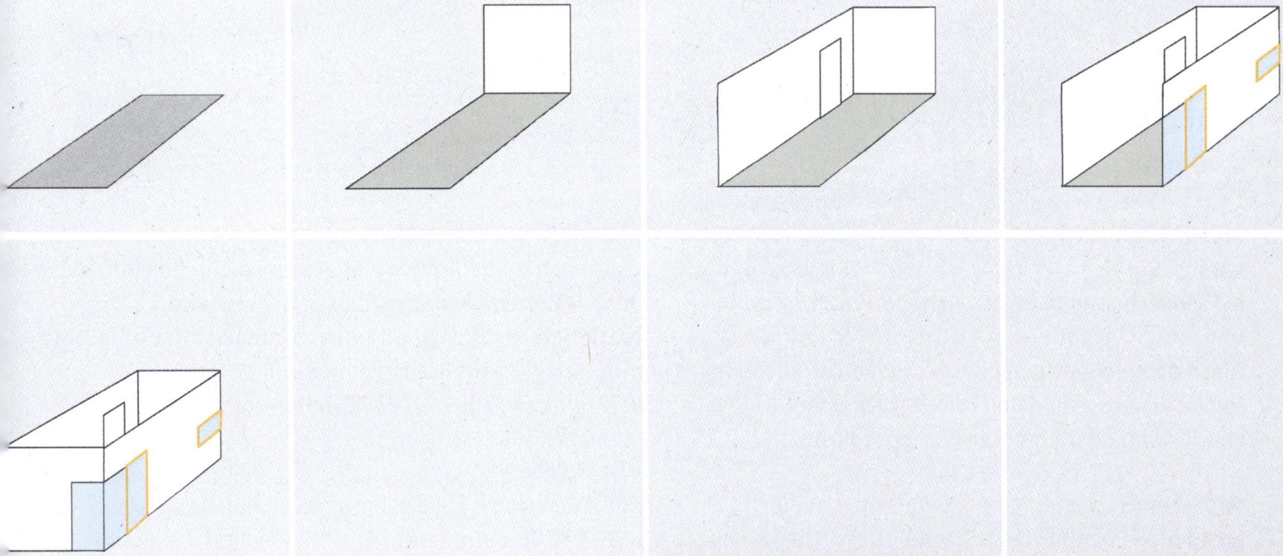

5 Der Baustoff Holz

Vor allem Fertighäuser entstehen meist aus Holz, sehr oft aus Holzplatten auf Holzrahmenträgern. Es gibt aber vereinzelt auch Holzmassivbauten. Wer schon weiß, dass er schlüsselfertig massiv bauen will, für den ist das nachfolgende Kapitel weniger interessant. Wer aber vorhat, ein Fertighaus aus Holz zu bauen, der kann sich nachfolgend einen Überblick über den Baustoff Holz verschaffen.

5.1 Grundlagen

Holzarten und Klassifizierungen

Grundsätzlich kann unterschieden werden in Laub- und Nadelhölzer (LH und NH) sowie in Weich- und Harthölzer. Nachfolgend finden Sie eine Liste der in Deutschland verbreiteten Holzarten und ihrer Härteklassifizierungen:

Nadelhölzer: Fichte, Tanne, Kiefer, Lärche
Laubhölzer: Pappel, Linde, Eiche, Esche, Buche (Rot- und Weißbuche), Ahorn, Birke
Sehr weiches Holz: Pappel
Weiches Holz: Fichte, Tanne, Kiefer, Lärche, Linde
Hartes Holz: Eiche, Esche, Rotbuche, Ahorn, Birke
Sehr hartes Holz: Weißbuche

Neben den natürlichen Eigenschaften, die das Holz mitbringt, kommen weitere Klassifizierungen hinzu, die das Holz durch seine Bearbeitung erfährt. Im Besonderen sind dies die Trocknungs-, Schnitt- und Güteklassen.

Trocknung

Nach dem Fällen muss das Holz getrocknet werden. Zum einen gibt es hier natürliche Trocknungsmethoden, in denen das Holz, geschützt vor Regen und Schnee, über mehrere Jahre gelagert wird und so natürlich austrocknet. Je länger es liegt und je intensiver es austrocknen konnte, umso geringer ist sein Feuchtegehalt. Daneben kann Holz künstlich getrocknet werden, indem es in sogenannten Trockenkammern hohen, künstlichen Temperaturen ausgesetzt wird und dadurch in erheblichem Umfang Feuchtigkeit abgibt. Die künstliche Holztrocknung ist heute Standard, weil mit ihr der Trocknungsgrad des Holzes sehr viel genauer vorauszubestimmen ist. Vor allem aber bedeutet sie eine erhebliche Zeit und Lagerplatzersparnis. Zum Bauen wird für die jeweiligen Einsatzgebiete Holz mit unterschiedlichem Feuchtegehalt benötigt. Der Feuchtegehalt des Holzes wird in Prozent bezogen auf das sogenannte Darrgewicht (Nassgewicht) des Holzes angegeben. Konstruktionsholz im Hausbau sollte nicht mehr als 18 Prozent Holzfeuchte besitzen.

Güteklassen

Unter den Holzgüteklassen versteht man im weitesten Sinn die Holzqualität. Die Holzqualität kann zum Beispiel durch Krümmung, Astansätze, Insekten- oder auch Pilzbefall beeinträchtigt werden. Diese Qualitätsminderung bleibt nicht ohne Auswirkungen auf die Tragfähigkeit des Holzes. Die DIN 4074 unterscheidet dementsprechend 3 Güteklassen der Tragfähigkeit von Holz:

Güteklasse I: Baurundholz mit hoher Tragfähigkeit
Güteklasse II: Baurundholz mit gewöhnlicher Tragfähigkeit
Güteklasse III: Baurundholz mit geringer Tragfähigkeit

Die gewünschte Güteklasse wird dann beispielsweise folgendermaßen festgelegt: NH GK II, also Nadelholz Güteklasse II.

Sortierklassen des Schnittholzes

Nach DIN 68 252 sind alle Hölzer, die durch das Sägen des Rundholzes parallel zur Stammachse (also in der Laufrichtung des Holzstammes) zu Latten, Brettern, Bohlen, Balken oder Kanthölzern verarbeitet werden, sogenannte Schnitthölzer. Die DIN 4074 Teil 1 wiederum führt anhand der Kantenmaße des betreffenden Schnittholzes im Einzelnen auf, wann ein Holz als Latte, Brett, Bohle oder Kantholz zu bezeichnen ist. Entscheidend ist dabei, ob das Element aus dem Kernbereich eines Stamms oder aus seinem Zwischenbereich oder gar aus seinem Randbereich geschnitten wurde. Man spricht hier von Herzbrettern (Stammkern mit stehenden Jahresringen), Seitenbrettern (Zwischenbereich mit liegenden Jahresringen) und Schwarten (Randbereich mit ebenfalls liegenden Jahresringen). Dementsprechend teilt die DIN in Sortierklassen ein, die sich nach der Tragfähigkeit, nach der zulässigen Biegefestigkeit und nach der Güteklasse des Holzes richten. Neben der besonderen Sortierklasse MS 17 (Schnittholz mit besonders hoher Tragfähigkeit) unterscheidet man hier vor allem die 3 Klassen S 7, S 10 und S 13, die den 3 Güteklassen zugeordnet sind:

Sortierklasse S 7: ~ Güteklasse III
Sortierklasse S 10: ~ Güteklasse II
Sortierklasse S 13: ~ Güteklasse I

Je nachdem, für welchen Zweck ein Schnittholz verwendet werden soll, muss auch seine Einschnittart möglichst exakt bestimmt werden. So ist beispielsweise bei hohen Balkenquerschnitten kernfreies Holz unbedingt empfehlenswert. Kerngetrenntes Holz, also Holz, das exakt in der Stammmitte in Längsrichtung zersägt wird, kann sich leicht im Querschnitt verziehen, wenn die Trennung nicht genau im Stammkern erfolgt ist.

Oberflächen-Verarbeitungsqualität

Zusätzlich zu den oben genannten Güteklassen und Schnittklassen gibt es auch definierte Oberflächen-Verarbeitungsqualitäten des Holzes. In der Regel werden die 3 Varianten von grob zu fein verwendet:

gesägt,
gehobelt,
geschliffen.

Je nachdem, wo ein Holz zum Einsatz kommt, wird man entsprechende Oberflächenanforderungen stellen, die auch noch sehr viel weiter ausdifferenziert werden können, zum Beispiel indem ein Hobelmesser-Kreissägeschnitt mit gerundeten Kanten verlangt wird.

Brandschutz

Der Brandschutz ist im Holzbau kein Problem, solange es sich um überschaubare Gebäudetypen handelt. Gebäude sind nach den Landesbauordnungen in sogenannte Gebäudeklassen eingeteilt. Einfamilienhäuser bewegen sich in Gebäudeklasse 3 oder 4 von 5 Klassen. Gebäudeklasse 5 betrifft nach der Musterbauordnung Gebäude über 13 Meter Höhe und mit mehr als 400 Quadratmetern Fläche. Erst ab solchen Höhen und Größen muss man bezüglich des Holzbaus genauer hinsehen, wobei die Landesbauordnungen nicht zwischen unterschiedlichen Baustoffen unterscheiden, sondern baustoffunabhängig Brandschutzanforderungen aufstellen. So werden Sie zum Beispiel bei einer freistehenden, zweigeschossigen Einzel-, Mehrfamilien- oder Reihenhausbauweise maximal mit der Forderung nach F90-Brandschutz für einzelne Bauteile konfrontiert. F90 bedeutet, dass zum Beispiel eine Stütze dem Feuer 90 Minuten standhalten muss, ohne die Tragfähigkeit zu verlieren. Dieser Schutz ist mit den Mitteln der Holzrahmenbauweise erreichbar. Den F30-Schutz (30 Minuten) erreicht bereits eine einfache Holzrahmenbauwand, die mit einer außenliegenden Spanplatte von etwa 13 Millimeter Stärke, einer dahinter sitzenden Mineralfaserdämmmatte von etwa 80 Millimeter und einer innen sitzenden GKF-Platte (Gipskartonfaser) von 12,5 Millimeter aufgebaut ist. In der DIN 4102, Teil 4, Tabelle 49 sind verschiedene Wandaufbau-Varianten und ihre zugehörigen Feuerwiderstandsklassen benannt. Dies verdeutlicht, dass durch geeignete zusätzliche Beplankung aus einer F30-Wand eine F90-Wand entstehen kann. Die Angst vor der Feuergefahr im Holzbau ist weit verbreitet und nur schwer zu entkräften. Während jedoch Stahl unter Hitzeeinwirkung sehr plötzlich nachgibt und sich schlagartig verformt, ist dies bei Holz nicht der Fall. Bei Balken mit entsprechender Stärke bleibt der innere Kern sogar meistens extrem lange erhalten. Hinzu kommt, dass bei Ausbruch eines Feuers nicht nur die Brennbarkeit von Materialien ausschlaggebend ist, sondern vor allem auch die sich entwickelnden Gase, die lebensbedrohlich wirken können. Bricht beispielsweise in einem Massivhaus mit einem

Innenausbau aus Kunststoffböden und Hartschaumdecken ein Feuer aus, dann kann sich aufgrund der Gasentwicklung durch die verbrennenden Kunststoffe viel schneller eine lebensbedrohliche Situation entwickeln, als dies in einem Holzbau ohne Kunststoffelemente der Fall wäre.

Feuchteschutz

Bei einem Haus aus Holz muss der Feuchteschutz unter 2 Aspekten gesehen werden, unter dem Gesichtspunkt des internen Feuchteschutzes und unter dem Gesichtspunkt des externen Feuchteschutzes.

Interner Feuchteschutz

Der interne Feuchteschutz betrifft insbesondere kritische Nassbereiche wie Küchen und Bäder. Hier sind Vorkehrungen gegen Spritz- und Putzwasser zu treffen. Dieser Schutz wird dadurch erreicht, dass auf die Innenwandbeplankungen eine Abdichtungsmasse aufgebracht wird, bevor die Fliesen verklebt werden. Hierbei kommen in der Regel vor allem 2 Abdichtungsvarianten zum Einsatz: die Bitumen-Kautschuk-Emulsion, die mit mindestens 800 Gramm pro Quadratmeter in 3 Arbeitsgängen auf die Wandbeplankung aufgetragen werden muss, und das Aufbringen (in Streifen waagerecht, nie senkrecht) eines elastifizierten, hydraulisch abbindenden Dünnbettmörtels mit abdichtenden Eigenschaften. Für beide Abdichtungsvarianten muss der Untergrund sauber und fettfrei sein. Dann werden die Abdichtungen vollflächig in mehreren Arbeitsgängen aufgebracht. Die Mörteldicke sollte eine Mindeststärke von 2 Millimeter haben. Die Raumecken müssen sorgsam durch Fugenbänder geschützt sein, Wand-Bodenübergänge auch durch spezielle Eck-profile.

Auf Bodenabläufe im Badezimmer sollte weitestgehend verzichtet werden, da die Dichtigkeit dieser Abflüsse nur schwer zu kontrollieren ist.

Externer Feuchteschutz

Der externe Feuchteschutz eines Holzgebäudes besteht aus verschiedenen Vorkehrungen, die getroffen werden sollten. Richtig angewandt garantieren sie eine lange Lebensdauer des Holzes. Zu nennen sind hier vorrangig:

- Regen- und Schlagregenschutz,
- ausreichende Hinterluftüngen überall sowie
- Vermeidung von Warmebrücken und Luftundichtigkeiten der Konstruktion (Gefahr von Tauwasserbildung im Bauteil).

Soweit für die Außenwandbekleidungen eines Holz-Fertighauses Sichtholz als Schalung gewählt wird (zum Beispiel als Stülpschalung oder als Deckbrettschalung), sind diese Holzverschalungen den verschiedensten Witterungsbedingungen ausgesetzt wie Regen, Schlagregen, hoher Luftfeuchte und auch Schnee und Graupel. Holz kann diesen Bedingungen grundsätzlich trotzen, wenn es von der Konstruktionsweise der Bauteile hierbei unterstützt wird. So ist es zum einen wichtig, einen nicht zu geringen Dachüberstand zu wählen, um die Außenhaut dadurch grundsätzlich und schon rein bautechnisch vor allzu heftigem Schlagregen zu schützen. Auch die Sockelausbildung sollte ausreichenden Feuchtigkeitsschutz bieten. Holz darf keinen direkten Bodenkontakt haben und ein hausumlaufender Kiesstreifen hilft, Spritzwasser an der Hausfassade zu unterbinden.

Wichtig ist vor allem aber auch, die Außenwandverkleidung des Holzbaus mit einer ausreichenden Hinterlüftung zu versehen, sodass die Luft von allen Seiten an das Schalungsholz dringen kann, um es nach einem Regen gut auslüften lassen zu können. Dies ist extrem wichtig und wird in der Regel dadurch erreicht, dass die Konstruktionstiefe der Konterlattung und Lattung, auf die die abschließende Holzverschalung aufgebracht wird, den entsprechenden Hinterlüftungsraum freihält. Ebenso wichtig ist es, jedwede eventuelle Warmebrücke im Holzbau zu vermeiden. Als Warmebrücken werden Bauteile bezeichnet, die vom Innern eines Hauses nach außen durchlaufen und aus einem sehr wärmeleitfahigen Material bestehen wie zum Beispiel aus Metall. Ist etwa eine durchgehende Metalltürschwelle an der Eingangstür eines Hauses eingebaut, wird dies früher oder später zu

Feuchteschäden führen, weil sich im Innenbereich des Hauses aufgrund des Differenzklimas Kondenswasser bildet und dann von der Schwelle in angrenzende Bauteile gelangen kann. Für den Holzbau können solche Details verheerende Folgen haben, weil die angrenzenden Bauteile meist nicht über ausreichende Belüftungsmöglichkeiten verfügen, da sie als reine Innenbauteile konzipiert sind. Hier kommt es dann sehr rasch zu Schimmel- und Fäulnisbildung.

Holz muss für einen ausreichenden Schutz vor Feuchtigkeit nicht zwingend mit chemischen Holzschutzmitteln behandelt werden. Eine falsche Behandlung kann die Lebensdauer von Holzkonstruktionen sogar verkürzen. Solange Holz ausreichend be- und hinterlüftet ist, über weite Dachüberstände gegen allzu heftigen Schlagregen geschützt ist und keine riskanten Baudetails Wärmebrücken und zweifelhafte Materialkombinationen erfordern, kann Holz auch unbehandelt verbaut werden. Eine Behandlung mit chemischen Holzschutzmitteln ist dementsprechend vom Gesetzgeber auch nur hinsichtlich des Insekten- beziehungsweise Pilzbefalls für tragende Bauteile vorgeschrieben. Unbehandeltes Holz kann sogar sehr reizvoll sein und eine schöne Patina annehmen, die dem Haus einen ganz eigenen Charakter gibt.

Wärmeschutz

Einen ausreichenden Wärmeschutz zu erreichen ist im Holzbau überhaupt kein Problem.

Es ist hier im Gegenteil sehr viel leichter als bei den meisten anderen Bauweisen und Baustoffen. Hinsichtlich der rechtlichen Verordnungen zum Wärmeschutz gilt seit Anfang 2002 die Energieeinsparverordnung (EnEV), die seither mehrfach verschärft wurde. Sie legt unter anderem Grenzwerte für den maximal zulässigen U-Wert eines Bauteils fest. Der Außenwandaufbau eines Holz-Fertighauses als Holzrahmenkonstruktion besteht in der Regel von außen nach innen aus folgenden Schichten:

- Außenschalung,
- Lattung und Konterlattung,
- dampfdurchlässige Folie,
- Sperrholzplatte / Hartfaserplatte,
- Mineralwolle oder auch andere Dämmstoffe, wie zum Beispiel Zellulosedämmstoffe oder dergleichen, in beliebiger Stärke, abgestimmt auf die Stärke der Holzständer, die den Rahmen zwischen äußerer Sperrholzplatte und innerer Gipskartonplatte bilden und zwischen denen die Dämmung eingebracht wird,
- Polyethylen(PE)-Folie als Dampfbremse,
- Sperrholzplatte,
- Gipskartonplatte als Innenverkleidung.

Eher selten sind Massivholzwände. Je nachdem, welches Dämmmaterial Sie verwenden und in welcher Stärke Sie es einsetzen, können Sie im Holzbau hervorragende Dämmwerte erreichen. Sie sollten sich in dieser Hinsicht unbedingt Zeit nehmen und die verschiedenen Möglichkeiten zum Beispiel auf Fertighausausstellungen, auf Messen oder auch im Gespräch mit Fachleuten genau in Augenschein nehmen. Gebräuchliche Dämmmaterialien sind neben mineralischen und pflanzlichen Faserdämmstoffen auch Zellulosedämmstoffe (in Wandkammern eingeblasenes Recyclingmaterial aus Papier), Holzwolle-Leichtbauplatten und Holzfasern. Polystyrol-Hartschaum-Dämmstoffe (zum Beispiel Styropor) sind im Holzbau eher seltener vertreten. Es ist sinnvoll, von den verschiedensten Holzhausanbietern Unterlagen anzufordern und die Wandaufbauten zu vergleichen. In jedem Fall sollten Sie sich vor dem Kauf eines Hauses den kompletten Energiebedarfsnachweis gemäß EnEV vorlegen lassen, einschließlich sämtlicher Berechnungsgrundlagen sowie der Berechnung selbst.

Windschutz und Luftdichtigkeit

Beim Bauen mit Holz ist dem Windschutz und der Luftdichtigkeit der Gebäudehülle besondere Aufmerksamkeit zu schenken. Dies unterscheidet Holzbauten von den meisten Stein- beziehungsweise Betongebäuden.

Ein ausreichender Windschutz wird im Holzbau vor allem durch 2 Dinge erreicht: eine sorgsame Verarbeitung der Materialien auf der Baustelle und konsequent dicht abschließende Windschutz-Folienlagen im Wandaufbau. Die innere PE-Folie dient vorrangig als Dampfbremse, um Luftfeuchtigkeit aus dem Rauminneren nicht in die Außenwandkonstruktion gelangen zu lassen (unter anderem besteht Gefahr der Durchfeuchtung der Warmedämmlage – es gibt allerdings auch schon moderne Wandaufbauten, die eine solche Folie bauphysikalisch nicht mehr notwendig machen), die eventuelle äußere Folienlage ist ein zusätzlicher Wasser- und Windschutz. Folien müssen an Stoßstellen ausreichend überlappt und insgesamt gut gesichert sein gegen Abrutschen innerhalb der Konstruktion. Im Fußpunkt des Außenwandanschlusses sind Folien bis hinunter auf die Oberkante des Rohfußbodens zu ziehen und dort dicht zu montieren. Bei Tür- und Fensteranschlägen sind die Folien sorgsam um die Aussparungen herumzulegen und bündig und dicht mit diesen zu montieren. Sämtliche Dachanschlüsse oder andere individuelle und kritische Details sind hinsichtlich aller Anschlussdetails auch in Bezug auf die Folienführungen genau zu prüfen.

Viele Bauschäden beispielsweise im Dachbereich entstehen durch Leckagen in der Dampfbremse, durch die feuchte Raumluft in die Dämmung eindringen kann und diese unbrauchbar macht. Durch Leckagen entstehen aber auch unangenehme Zugerscheinungen, was die Wohnqualität mindert. Die Aufheizung der Dachgeschossräume im Sommer wird ebenfalls durch Lecks in der Dampfbremse begünstigt, weil warme Außenluft eindringen kann. Mit bloßem Auge sind Ausführungsfehler kaum zu erkennen. Die Dichtigkeit einer Dampfbremse kann jedoch durch einen Blower-Door-Test überprüft werden. Hierbei wird künstlich ein Über- beziehungsweise Unterdruck im Haus erzeugt. Bei geschlossenen Fenstern und Haustür wird die Luftmenge gemessen, die innerhalb einer Stunde durch ungewollte Öffnungen aus dem Haus entweicht (bei Überdruck) oder ins Haus nachströmt (bei Unterdruck). Ein guter Wert ist bei Einfamilienhäusern das 1- bis 1,5-fache Luftvolumen des Innenraums. Schlechte Werte liegen bei einem 3- bis 4-fachen Luftvolumen, was in der Gesamtheit einem permanent offenen kleinen Fenster entspricht. Selbst kleinste Luftlecks lassen sich mit dem Blower-Door-Test aufspüren. Häufig finden sich Undichtigkeiten an folgenden Stellen:

- die Stöße der Dampfbremse im Dachgeschoss,
- der Anschluss der Dampfbremse an Wandflächen,
- Durchdringungen der Dampfbremse durch Leitungsrohre, Kamin und so weiter,
- der Anschluss der Dampfbremse an Dachflächenfenster,
- die Revisionsklappe der Rollläden,
- Steckdosen und Schalter in der Außenwand,
- unterer Anschluss der Haustür,
- Fensteranschluss an seitliche Laibungen.

Legen Sie bereits im Kaufvertrag fest, dass ein Blower-Door-Test durchgeführt wird (⇢ Seite 211 und 289). Empfehlenswert ist dabei auch die feste Vereinbarung der sogenannten Luftwechselrate. Sie beschreibt in der Einheit 1/h das Wievielfache des Innenraumluftvolumens pro Stunde bei geschlossenen Fenstern und Türen durch Undichtigkeiten in der Gebäudehülle unkontrolliert gewechselt wird. Eine Luftwechselrate von 1 hieße also, dass pro Stunde das gesamte Luftvolumen eines Hauses einmal gewechselt wird. Dichte Häuser sollten aber keine höhere Luftwechselrate als etwa 0,5 haben. Das kann man vertraglich fixieren.

Unabhängig von einem solchen Blower-Door-Test rund um die Hausabnahme kann als Zwischenschritt auch ein einfacherer Luftdichtigkeitstest zeitlich vorher durchgeführt werden, wenn die Gebaudehülle vom Bauablauf her noch nachzubessern ist. Eine luftdichte Gebaudehülle ist im Übrigen seit Jahren Stand der Technik und gehört damit eigentlich ohnehin zum Leistungsumfang des Handwerks.

Schallschutz

Der Schallschutz in Wohngebäuden aus Holz unterscheidet sich hinsichtlich der betreffenden DIN-Nor-

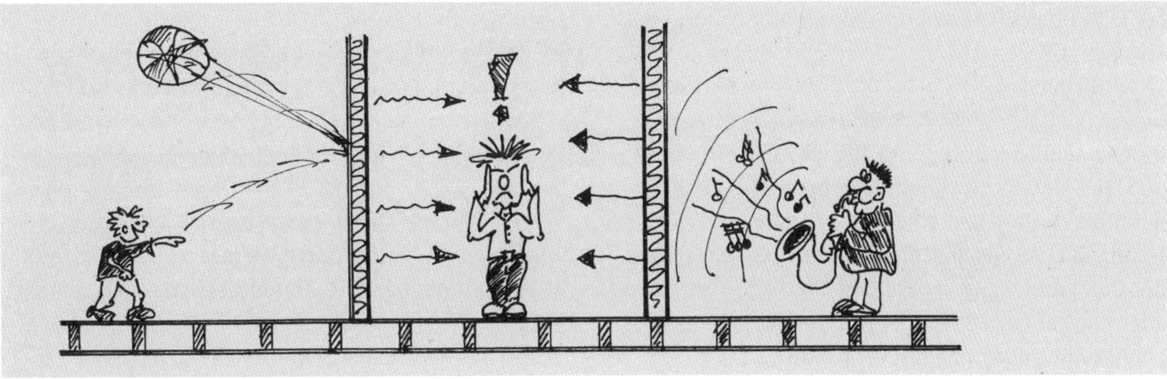

Vergleich Körperschall und Luftschall

men (DIN 4109) nicht vom allgemein üblichen Schallschutz in Wohngebäuden.

Allerdings ist ein guter Schallschutz in Holzbauten nicht immer so einfach zu verwirklichen wie in Massivbauten. Beim Schallschutz ist zwischen internem und externem Schalleintrag zu unterscheiden. Des Weiteren wird unterschieden zwischen Luftschall und Körperschall.

Externer Schall
Externer Schall ist der Schall, der von der Umgebung / Umwelt in das Haus hineingetragen wird, zum Beispiel durch Auto-, Bahn- oder Flugverkehr oder aber durch Fabriken, Großveranstaltungen und anderes.

Interner Schall
Interner Schall ist jener Schall, der im Haus selbst durch die Bewohner beziehungsweise Geräte und Maschinen erzeugt wird.

Luftschall
Als Luftschall wird der Schall bezeichnet, bei dem zwischen der Schallquelle und dem schwingungsaufnehmenden Bauteil ausschließlich Luft als Übertragungsmedium liegt.

Ein typisches Beispiel dafür ist eine sehr laut eingestellte Hi-Fi-Anlage oder ein Musikinstrument, das die Luft zum Schwingen bringt, die ihrerseits wiederum die Wände in Schwingungen versetzt und in anderen Räumen sehr störend wirkt.

Körperschall
Unter Körperschall versteht man denjenigen Schall, bei dem zwischen Schallquelle und dem schwingungsaufnehmenden Bauteil ein direkter Materialkontakt vorliegt. Ein typisches Beispiel wäre hier zum Beispiel das Laufen auf einer Geschossdecke, durch das direkt über den Materialkontakt Schuh-Decke Schwingung in die Decke eingebracht wird. Es kommt immer auf eine sorgsame Schallschutzausführung an, sowohl im Massivbau als auch im Holzbau. Bei Massivbauten kann ein guter Schallschutz von Wänden und auch Decken durch ein hohes Gewicht dieser Wände und Decken erreicht werden. Eine 24 Zentimeter dicke Wand aus Beton hat einen wesentlich besseren Schallschutz als eine 24 Zentimeter dicke Wand aus Hochlochziegeln. Im Holzbau wird ein guter Schallschutz von Wänden durch den Wandaufbau erreicht. Es handelt sich meist um sogenannte zweischalige Wände mit biegeweichen Schalen. Das heißt, die Außenflächen der Wände bestehen aus einer oder mehreren dünnen Platten (Gipskarton, Holzspanplatten), die auf eine Unterkonstruktion (Holz- oder Metallständer) geschraubt werden. Der Hohlraum zwischen den Bekleidungen kann zum Beispiel mit Mineralwolle ausgefüllt sein. Mit zweischaligen Wänden können gute Schalldämmwerte erreicht werden.

Die Geschossdecken im Holzbau werden mitunter als sogenante Brettstapeldecken gebaut, das sind massive Holzdecken.

Nun ist ein komplettes Gebäude eine sehr viel komplexere Einrichtung als nur eine errichtete Wandschale oder Decke, und dementsprechend müssen Schallschutzvorkehrungen an vielen Punkten getroffen werden bei:

- Außenwänden (externer Schalleintrag als Luftschall),
- Haustrennwänden (externer Schalleintrag als Körperschall und Luftschall),
- Installationsführungen (interner Schalleintrag vor allem als Körperschall),
- Sanitäreinrichtungen wie WCs und Badewannenkörper (interner Schalleintrag vor allem als Körperschall),
- Geschossdecken (interner Schalleintrag vor allem als Körperschall),
- Trennwänden (interner Schalleintrag als Luft- und Körperschall),
- Treppen (interner Schalleintrag, vor allem als Körperschall),
- Hauszwischenwänden (interner Schalleintrag als Luft- und Körperschall)

Installationen
Installationen sind grundsätzlich mit Schallschutzklemmen zu versehen und vollständig zu ummanteln, um zum Beispiel im Fall von Heizungsrohren keine Ausdehnungsgeräusche der Rohre und keine Fließgeräusche des Wassers zu übertragen.

Sanitäreinrichtungen
Sanitäreinrichtungen sollten nach Möglichkeit mit schalldämpfenden Befestigungen montiert werden. Wo dies aufgrund von Ein- oder Abdichtungsproblematiken nicht geht, sollten sie nach Möglichkeit nicht über Wohnräumen eingebaut werden.

Geschossdecken
Geschossdecken sollten zwischen Balkenlage und Bodenbrettauflage eine Trittschalldämmung als Zwischenlage haben oder einen schwimmenden Estrich. Holzkastendecken können neben einer vollflächigen Trittschallschutzauflage an der Oberseite zusätzlich auch mit Sandpaketen gefüllt werden. Dies kann allerdings ein erhebliches Mehrgewicht in die Decke bringen und ist auch nicht ganz unproblematisch hinsichtlich eventueller Leitungsführungen in der Decke.

Trennwände
Trennwande sollten im Fall sehr dünnwandiger Ausführungen soweit möglich mit einem schallabsorbierenden Material als Hohlraumdämpfung gefüllt sein (Holzwolle, Sand oder dergleichen). Zusätzlich kann eine Mehrfachbeplankung erfolgen.

Treppen
Treppen sollten nicht fest an seitlichen Wänden montiert sein und an ihren Auflagerpunkten auf den jeweiligen Geschossdecken oder Podesten unbedingt mit einer schalldämmenden Zwischenlage versehen sein.

Hauszwischenwände
Hauszwischenwände sollten zweischalig ausgeführt werden und so wenig gemeinsame Konstruktionsverbindungspunkte wie möglich haben. Sie sollten unabhängig voneinander frei schwingen können.

Außenwände
Außenwände können mit zusätzlichen Schallschutzplatten beplankt werden, um einen höheren Schallschutz zu erreichen. Insgesamt lassen sich mit dem Holzbau durchaus gute Schalldämmwerte erreichen. Bei einem Massivbau sind aufgrund der Konstruktionsweise zwar in der Regel bessere Werte zu erreichen, dies gilt aber auch nur dann, wenn diesem Thema beim Massivbau eine erhöhte Aufmerksamkeit geschenkt wird. Beim modernen Holzbau können auch erhöhte Schalldämmwerte eingehalten werden. Mehr Details zum Schallschutz erfahren Sie auch auf Seite 211.

Insekten- und Pilzschutz

Sofern Holz durch ausreichende Dachüberstände, gute Hinterlüftung, sichere Sockeldetails und ausreichende Kontrollmöglichkeiten und Ähnliches natürlich geschützt ist, besteht kein zwingender Grund, Holz zusätzlich zu schützen in Bezug auf Insekten- oder Pilzbefall. Die überarbeitete DIN 68 800 legt zudem in Teil 1 fest, dass baulicher Holzschutz Vorrang hat vor chemischem Holzschutz. Nur wenn mit baulichem Holzschutz keine ausreichende Schutzwirkung erreicht werden kann, soll chemischer Holzschutz erfolgen. Dies präzisieren die Landesbauordnungen der 16 Bundesländer insoweit, als in allen Landesbauordnungen folgende Regelung so oder in ähnlicher Form enthalten ist:

„Bauliche Anlagen müssen so angeordnet, beschaffen und gebrauchstauglich sein, dass durch Wasser, Feuchtigkeit, pflanzliche und tierische Schädlinge sowie andere chemische, physikalische oder biologische Einflüsse Gefahren oder unzumutbare Belästigungen bei sachgerechtem Gebrauch nicht entstehen.“

Das heißt, wenn diese Anforderungen mit baulichem Holzschutz allein nicht erfüllt werden können, dann muss gegebenenfalls chemischer Holzschutz erfolgen. Es kann auch sein, dass Ihr Fertighausanbieter bei Verzicht auf chemischen Holzschutz von Ihnen eine Haftungsfreistellung haben möchte, weil er für sein Produkt nicht haften will, wenn er keinen chemischen Holzschutz einsetzen soll. Wenn dies der Fall ist, sollte er die Gründe dafür im Detail darlegen, sodass Sie mögliche Risiken besser einschätzen können. Denn ganz grundsätzlich sollte das Hausangebot so beschaffen sein, dass es die Anforderungen der DIN 68 800 und auch der Landesbauordnungen einhält, also guten baulichen Holzschutz bietet, ohne zwingenden Einsatz von chemischen Schutzmitteln.

Statik und Maße

Neben seinen grundsätzlichen bauphysikalischen und bauchemischen Eigenschaften kommt beim Baustoff Holz noch eine ganze Reihe weiterer Bedingungen hinsichtlich Nachbearbeitung und Montage hinzu, die das Planen und Bauen mit Holz wesentlich bestimmen. Hierzu gehören Statik und Vorfertigungsmaße, aber auch grundsätzliche Montagetechniken und Anschlüsse.

Statik

Da es sich bei Fertighäusern um Serienprodukte handelt, ist die Statik eines solchen Gebäudes in der Regel ausgereift. Wände, Decken und Dächer werden beim Bauen allgemein jeweils unterschiedlich beansprucht. Entsprechend unterschiedlich muss hierauf reagiert werden. Während Decken zum Beispiel hauptsächlich Vertikallasten aus der Beanspruchung durch die Bewohner oder durch die gestellten Möbel oder dergleichen tragen, trägt ein Dach neben dem Eigengewicht auch zum Beispiel Schnee- und Windlasten (Druck- und Sogkräfte). Diese unterschiedlichen Lasten erfordern unterschiedliche Tragsysteme zur Lastabfangung. Die einzelnen Tragsysteme müssen untereinander abgestimmt sein. Beim Holzrahmenbau wird in der Regel ein Geschoss auf das nächste gesetzt. Dabei werden die tragenden Wände übereinander montiert und die Geschossdecken meist frei gespannt, von einer tragenden Wand zur nächsten. Eine tragende Wand muss nicht zwangsläufig eine Außenwand sein, sondern kann auch eine Innenwand sein. Sie wird dann zum Beispiel entsprechend direkt über eine andere tragende Wand im Geschoss darunter montiert. Die Standard-Wandkonstruktion im Holzbau besteht aus Kantholz-Ständern mit den Kantenmaßen ca. 6 x 12 Zentimeter, die in einem Abstand von 62,5 Zentimetern (Kantholzmitte zu Kantholzmitte) in Form eines Rahmentragwerks aufgestellt sind und beidseitig mit Spanplatten in einer Stärke von etwa 13 bis 16 Millimeter beplankt sind. Auf diese Standard-Wandkonstruktionen werden dann die Deckenplatten aufgelegt, die genau wie die Wandtafeln einen Balkenabstand von 62,5 Zentimetern (Balkenmitte zu

Balkenmitte) haben. Die Balken haben abhängig von der Spannweite (das heißt: dem Abstand zwischen 2 Auflagerpunkten) einen größeren Querschnitt als die Kanthölzer in den Wandelementen.

Im Gegensatz zu den Wand-Kanthölzern haben die Deckenbalken in der Regel Kantenmaße von mindestens etwa 14 x 24 Zentimetern, womit Spannweiten von etwa 4,5 bis 5,5 Metern gewährleistet sind. Darüber hinausgehende Spannweiten würden entweder unwirtschaftlich große Balkenmaße erfordern oder aber den Rückgriff auf spezielle Konstruktionen, wie zum Beispiel Holzkastendecken, erforderlich machen. Solche Systeme werden mittlerweile vorwiegend in der Schweiz und in Österreich, also Ländern mit langer Holzbautradition, am Markt angeboten. Mit diesen Deckenfertigsystemen sind durchaus Spannweiten von 6 Metern bei einer relativ geringen Aufbauhöhe der Decke zu erreichen. Sollen die Spannweiten noch größer sein, werden sogenannte Unterzüge eingezogen, also eine Unterstützung, zum Beispiel in Form eines quer zu den Deckenbalken laufenden Unterzugbalkens, auf dem die Deckenbalken aufliegen. Bei Geschossdecken ist hinsichtlich der Dimensionierung auch zu berücksichtigen, ob und wo auf diese später die nichttragenden Wände gestellt werden. Zu beachten ist, dass bei ganz oder teilweise freiliegenden Balken die Wahl des Querschnitts nicht nur nach statischen, sondern auch nach brandschutztechnischen Gesichtspunkten zu erfolgen hat, wobei die brandschutztechnischen Anforderungen die bestimmenden sind (dies ist in der DIN 4102, Teil 4 geregelt).

Über der obersten Geschossdecke sitzt schließlich das Dach, entweder als Abschluss über dem bewohnten Dachraum oder als Abschluss über dem Speicher oder Stauraum. Dächer von Holzbauten werden nicht anders behandelt als Dächer von Massivbauten auch, denn bei den meisten Massivbauten wird im Dachbereich ein klassischer Holzdachstuhl gesetzt. Für Bauten aus Holz sind die unterschiedlichsten Dachstuhlkonstruktionen und Dacheindeckungen realisierbar: vom Einsatz herkömmlicher Dachstuhl-Konstruktionen im Sinn von Sparren-Pfetten-Konstruktionen bis hin zur Montage vorgefertigter Dachtafeln, von Ziegeleindeckungen bis hin zu Blecheindeckungen, gibt es eine ungeheure Bandbreite von Möglichkeiten. Entscheidend für die Statik ist, dass die Auflagerpunkte und die Lastabtragung des Dachtragwerks mit dem gesamten Holzunterbau abgestimmt sind.

Dieser Holzunterbau wiederum sitzt in der Regel entweder auf einem Mauerwerks- oder Betonkeller oder aber – sozusagen ebenerdig – direkt auf einer Bodenplatte oder einem Fundament. In dieser Unterkonstruktion sind Verankerungen eingebracht, an die das Holztragwerk montiert wird. Im Fall einer Unterkellerung kann alternativ statt einer Betonkellerdecke auch auf dieser Geschossebene schon eine Holzdecke eingezogen werden. Dadurch werden die Kosten reduziert, da der örtliche Bauaufwand geringer wird, außerdem kann die Decke besser gedämmt werden.

Maße

Die geläufigen Maße im Holzbau, wie das oben erwähnte Abstandsmaß von 62,5 Zentimetern, haben sich in Deutschland nicht aufgrund statischer oder konstruktiver Gesichtspunkte entwickelt, sondern aufgrund der Verfügbarkeit verschiedener Bauelemente am Markt. Für den gesamten Bereich der Wandverkleidungen beziehungsweise Rahmenbeplankungen betrifft dies insbesondere das Maß der Gipswerkstoffplatte, die in Deutschland in der Einheitsbreite von 125 Zentimetern gehandelt wird. Geteilt durch 2 (um diese Platten mittig anschlagen zu können und links und rechts je ein Rahmenfeld überspannen zu können) ergibt dies ein Modulmaß von 62,5 Zentimetern. Handelsübliche Gipswerkstoffplatten haben zumeist auch bereits eine entsprechende mittige Kennzeichnung zur vereinfachten Montage ohne große Messungen. Neben den Platten, die der Beplankung der Rahmen dienen, haben auch die Kanthölzer, aus denen die Rahmen gefertigt werden, zumeist Standardmaße von 6 x 6 Zentimetern über 6 x 12 bis hin zu 6 x 24 Zentimetern. Zu diesen Maßangaben kommen dann noch die individuell (je nach Traglast) benötigten Balkenquerschnitte der Decken sowie des Dachstuhls. Wie erwähnt richtet sich deren Abstand aber nach dem Grundraster des übrigen Hauses, sodass man im Holzbau auf erstaunlich wenigen Grundmodulmaßen die gesamte Hausvermaßung aufbauen kann. Bei Wandöffnungen wie Türen und Fenstern ist man in der Regel sehr frei und setzt hier sogenannte Wechsel ein, welche die Lasten oberhalb der Öffnung auf die seitlich der Öffnung durchlaufenden Kanthölzer umleiten.

5.2 Montagetechniken, Vorfertigung, Anschlüsse, Fundamentierung und Installationen

Montage

Während früher beim Holzbau noch aufwendige Holzverbindungen hergestellt wurden, wie das Schiften oder Zapfen, wird dies heute im Holzbau kaum noch praktiziert. Dies würde Holzbauten entsprechend aufwendig und teuer machen. Die beiden üblichen Montagetechniken sind längst das Schrauben und Nageln. Durch den Einsatz von Elektroschraubern und Druckluftnaglern geht dies problemlos und schnell. Der besondere Vorteil liegt aber in den einfachen Holzverbindungen an sich. So werden die Hölzer an ihren Montagepunkten einfach nur gestoßen und mit Lochstahlplatten und Schrauben verbunden. Da das Stoßen der Hölzer meistens rechtwinklig erfolgt, können der Holzzuschnitt und die Montage sehr unkompliziert erfolgen. Die Lochstahlplatten wiederum gibt es in den verschiedensten Ausführungen und Formen, sodass für die gängigsten Montagepunkte geeignete Verbindungselemente auf dem Markt erhältlich sind. Nur dort, wo spezielle Montagepunkte auftauchen, wie zum Beispiel im Bereich eines schrägen Dachansatzes, müssen an den Stoßpunkten besondere Zuschnitte erfolgen.

Vorfertigung

Grundsätzlich unterschiedlich ist der Grad der Vorfertigung in der Werkstatt, das heißt, in welcher Größe die einzelnen Wand- und Deckentafeln an die Baustelle angeliefert werden. Je nachdem, mit welchem Fertighausanbieter Sie bauen, kann es hier unterschiedliche Planungsansätze geben. Letztlich werden die maximalen Maße einer Vorfertigung von 2 Dingen bestimmt: zum einen von den vorhandenen Werkstattgrößen und zum anderen von den überhaupt möglichen Transportkapazitäten. Je größer beide sind, umso größer können die vorgefertigten Elemente sein. Fertighaushersteller produzieren ihre Häuser nach einem Baukastensystem sozusagen am Fließband. In der Regel halten sie auch eigene Transportkapazitäten vor, mit denen sie alle gängigen Baustellen anfahren können. Beim individuell gefertigten Holzhaus kommt es ganz auf das beauftragte Zimmerei-Unternehmen, nämlich die Frage an, welche Werkstattgröße und Transportlogistik dort vorhanden sind. Erfahrene Zimmereien können dies aber von vornherein einschätzen und eine entsprechende Modulbauweise empfehlen. Darüber hinaus können solche Daten bereits auch bei der Einholung eines Angebots abgefragt werden. Auch kleinere Zimmereien (unter anderem der Qualitätszirkel der Zimmermeister-Häuser) haben, ähnlich wie große Fertighausanbieter, gewisse Erfahrungswerte und ihre Hauskonzepte hierauf abgestimmt. So gibt es rein technisch gesehen eher wenige Anhaltspunkte für einen sinnvollen Grad der Vorfertigung. Je höher die Vorfertigung in der Werkstatt, umso präziser kann aber in der Regel gearbeitet werden. Entscheidend sind eher ökonomische und witterungsbedingte Gründe. Je höher der routinemäßige Vorfertigungsgrad in der Werkstatt, umso geringer wird die individuelle Aufbauzeit, und umso geringer werden damit die Kosten.

Hinsichtlich der Witterung ist zu berücksichtigen, dass Holzbauten auf keinen Fall bei Regen aufgerichtet werden sollten. Im Frühjahr und Herbst, mit den Unwägbarkeiten des Wetters, hat daher ein hoher Vorfertigungsgrad in der Werkstatt viele Vorteile.

Anschlüsse

Die Anschlüsse der Ausbauelemente im Holzbau wie zum Beispiel Fenster und Türen und dergleichen werden ebenfalls vorwiegend über Montageplatten mit der Grundkonstruktion verschraubt. Auch dies geht schnell und einfach. Wichtig ist hierbei, dass der Dichtigkeit der Anschlüsse erhöhte Aufmerksamkeit geschenkt wird durch saubere Anschlussmontage, gute Anarbeitung aller Folien und abschließendes Eindichten. Im Fall der Holztafelbauweise sind die Fenster und Türen bei Anlieferung auf die Baustelle meist schon in den einzelnen Wandelementen montiert. Auch andere Ausbauelemente wie Sanitärgegenstände, Wandverkleidungen und Ähnliches werden über Schraubverbindungen fest mit der Holzrahmenkonstruktion verankert.

Fundamentierung

Nicht zuletzt im Bereich des Fundaments beziehungsweise der Kellerdecke, dort also, wo der Holzbau seinen Fußpunkt hat, wo er also auf der Bodenplatte oder den Fundamenten verankert ist und wo er zumeist mit dem Baustoff Beton verbunden werden muss, wird die gesamte Holzrahmenkonstruktion über entsprechende Stahlanker fest mit dem Unterbau verbunden.

Die Fundamentierung des Holzbaus erfolgt wie bei allen anderen Bauten entweder über eine Unterkellerung mit Betonfundament und gemauerten oder betonierten Kellerwänden oder aber direkt über ein ebenerdiges Fundament, zum Beispiel ein Streifenfundament. Bei einem Kellerunterbau werden die Grundbohlen, also die liegenden Kanthölzer, die den unteren Abschluss eines Rahmens bilden, direkt auf die Kellerdecke montiert, entweder in der Form, dass die Fußbohlen über Stahlwinkel auf die Bodenplatte geschraubt werden, oder über in den Beton eingelassene Gewindestangen, die mit den Grundbohlen verankert werden. Zum Schutz dieses Schwellholzes gegen Feuchtigkeit aus Baustellenwasser oder plötzlichen Regenfällen während der Bauphase wird das Holz von unten meist mit einer besandeten Bitumenpappe unterlegt. Der Ausgleich zwischen dem Schwellholz und der meist etwas unebenen Betondecke wird in der Regel mit Hartholzklötzen und einem Mörtelbett hergestellt. Bei aufgeständerten Holzbauten, deren Fußpunkte ungeschützt im Freien stehen, werden diese über Stahlfußanker montiert, in denen die aufgehenden Holzbalken geschützt vor Feuchtigkeit und gut umlüftet sind. Während die Stahlfüße so mit ihrem oberen, winkelförmigen Ende das Holz später sicher halten, werden sie mit ihrem unteren Ende, einem Rundstahl, noch während des Betoniervorgangs direkt in den Beton eingebracht.

Gebäudetechnische Installationen

Im Gegensatz zu konventionellen Gebäuden in Massivbauweise ist beim Holzbau den Installationen in mehrfacher Hinsicht erhöhte Aufmerksamkeit zu schenken. Dies gilt sowohl für die Elektroinstallation wie auch für die Heizungs- und Sanitärinstallation. Zwar werden im Fertigbau die Installationen vielfach schon in der Fabrik fix und fertig in die Wände eingelassen und montagefertig auf die Baustelle geliefert, trotzdem ist es gut, die technischen Zusammenhänge zu kennen. Die Möglichkeiten einer Einflussnahme auf die Leitungsführung durch den Käufer sind aber eher gering und müssen sehr früh geklärt werden.

Elektroinstallation

Genau wie beim konventionellen Bauen gibt es auch im Holzbau die grundsätzliche Möglichkeit, Elektroleitungen entweder in der Wand oder in einer Installationsebene vor der Wand zu verlegen. Während die „Aufputz"-Variante, also das Verlegen der Elektroleitungen auf der Holzrahmenbeplankung, relativ einfach zu bewerkstelligen ist und nur einzelne Wanddurchbohrungen benötigt, ist die Installation von Inwandleitungen etwas aufwendiger. Hierbei werden Elektroleitungen innerhalb der beiden Wandverschalungen geführt, und zwar längs der Wandachse genau in der Mitte der Wand, um Verletzungen bei späteren Bohrungen oder dergleichen zu vermeiden. Bei dieser Inwandinstallation durchstoßen die Leitungen naturgemäß alle Rahmen-Ständerhölzer der Wandunterkonstruktion. Hierzu werden entsprechende Bohrungen in die Ständerhölzer gesetzt. Werden mehrere Leitungsführungen benötigt, werden entsprechende Bohrungen untereinandergesetzt, sodass das Ständerholz nicht in der Tragfähigkeit seines Querschnitts geschwächt wird. Die Bohrungsdurchmesser müssen hierbei auf die Querschnitte der Ständerholzer abgestimmt werden, was bei der Leitungsführung einzelner Kabel unproblematisch ist, bei der gewünschten Installation von Leerrohren allerdings gewisse Einschränkungen bedeuten kann. Eine Alternative aus beiden Lösungen kann auch die Leitungsführung in einer Installationsebene vor der eigentlichen Wand sein. All dies muss der Hersteller sehr frühzeitig in der Planung berücksichtigen, damit alles auch bei der Wandproduktion von vornherein berücksichtigt werden kann.

Hinsichtlich des Brandschutzes ist für die Installation von Elektroleitungen mindestens die Qualität NYM zu verwenden (⇢ Seite 86). Falls Leitungen auf den Holztafeldecken verlegt werden, zum Beispiel als Lichtanschlusszuleitungen für darunterliegende Räume, müssen sie in jedem Fall gegen Trittbelastung geschützt werden. Eine zentrale Elektroerschließung des ganzen Hauses, die vom Hausanschlussraum über verschiedene Verteilerkanäle sowohl vertikal wie auch horizontal durchs Haus geführt wird, ist zu empfehlen.

Heizung

Grundsätzlich können im Holzbau alle Heizungssysteme verwendet werden, die auch bei konventionellen Bauten in Massivbauweise zum Einsatz kommen. Die Heizzentralen sitzen in der Regel entweder im Keller oder unter dem Dach. Diese Räume sind brandschutz- und lüftungstechnisch entsprechend auszustatten, was aber selbst bei einem Holzdachraum gut zu bewerkstelligen ist. Die Leitungsführung einer Heizungsinstallation in einem Holzbau ist nicht immer ganz so elegant zu verstecken wie die Elektroinstallation. Trotzdem kann der Haushersteller auch hier durch grundlegende und frühe Planung eine Optimierung erzielen.

Im Bereich der Heizungsinstallation ist zu unterscheiden zwischen der vertikalen und der horizontalen Verteilung der Leitungen im Gebäude. Die vertikale Erschließung erfolgt am sinnvollsten durch einen entsprechenden Installationsschacht, der die Leitungen direkt vom Keller beziehungsweise dem Dachboden (je nachdem, wo das Brennergerät oder die Wärmepumpe steht) in die einzelnen Geschossebenen führt. Von dort müssen sie dann jeweils horizontal in die einzelnen Räume geführt werden. Vielfach werden hier Führungen auf den Holztafeldecken gewählt, weil diese am einfachsten planbar und am preiswertesten sind. Dies hat aber den nicht unerheblichen Nachteil, dass die Rohre nach dem vollständigen Innenausbau dann unter dem Estrich liegen, was Reparaturen und Wartungsmaßnahmen (auch die regelmäßige Kontrolle der Dichtigkeit oder ähnlich) behindern kann. Insbesondere für den Bereich der Führung der Heizungsinstallation kann es interessant sein, auf das Prinzip der Bodenleisten-Kanäle zurückzugreifen. Dabei laufen die Heizwasserleitungen gedämmt in speziellen Bodenleisten. Dies bedeutet zwar etwas längere Leitungswege und gewisse Mehrkosten, es sichert aber die einfache Zugänglichkeit der Heizleitungen und ist, wenn es von Anfang an in die konkrete Planung der Heizkörperanordnung und Leitungszuführung mit einbezogen wird, eine sinnvolle Alternative. Wenn Elektro- und Heizleitungen in einem Kanal geführt werden, ist darauf zu achten, dass die Elektroleitungen ausreichend geschützt sind gegen Hitze. Besonders wichtig ist, dass die Heizungsinstallation wärmegedämmt ist und mit schallisolierenden Schellen erfolgt sowie die Heizrohre in ausreichendem Abstand zu umliegenden Konstruktionen verlegt sind. Die Heizkörperinstallation an sich erfolgt dann in Wandbereichen, die für die Aufnahme der Lasten ausreichend vorbereitet sind, zum Beispiel indem eine zusätzliche Schichtholzplatte (etwa 16 Millimeter stark) vor der Montage der Außenbeplankung zwischen 2 Ständerhölzer eines Wandrahmentragwerks eingebaut wird.

Fußbodenheizungen können im Holzbau genauso verlegt werden wie im Massivbau. Denn auch im Holzbau wird meist ein ganz klassischer Estrich eingebracht: entweder ein Anhydritestrich oder ein Zementestrich. Eine Ausführung beider Estriche als Heizestrich ist daher problemlos möglich.

Bei einer Passivhausbauweise kann üblicherweise ganz auf eine Heizungsinstallation verzichtet werden, und eine zentrale Lüftungsanlage mit Wärmerückgewinnung übernimmt diese Aufgabe. Deren Luftleitungen haben jedoch einen deutlich größeren Durchmesser als Heizleitungen. Wenn sie aber von Anfang an mit eingeplant werden, sind sie problemlos unterzubringen. Gut ist dann, wenn es im Haus 1 oder 2 zentrale Installationsschächte gibt, an die möglichst alle Zimmer unkompliziert angebunden sind. Dann kann man sehr einfach und flexibel jedes Zimmer auch mit Luftleitungen mit größerem Durchmesser anfahren.

Sanitär

Sanitärinstallationen bieten im Gegensatz zu Heizungsinstallationen den großen Vorteil, dass sie nicht in alle Räume geführt werden müssen. So gibt es die Möglichkeit, bereits in einer frühen Phase der Planung alle Sanitärräume, Küchen- und Hauswirtschaftsräume in vertikalen Korridoren zusammenzufassen, um eine möglichst einfache Zu- und Abwasserleitungsführung zu erreichen. Ähnlich wie bei der Heizungsinstallation erfolgt auch hier die Leitungsführung von der zentralen Brauchwassererwärmung über vertikale und schließlich horizontale Erschließungen zu den Anschlussräumen. In der vertikalen Erschließung werden nach Möglichkeit zumeist die identischen Installationsschächte genutzt, in denen auch die Heizungsrohre geführt werden. In der horizontalen Erschließung werden allerdings in der Regel vorgestellte Installationswände genutzt, in denen zum einen ausreichend Platz ist für die Zu- und Abwasserführung, an deren Tragwerk zum anderen auch problemlos alle Sanitärgegenstände wie Waschbecken, WCs und dergleichen mehr befestigt werden können. Diese vorgestellten Installationswände können entweder über die gesamte Raumhöhe reichen oder aber nur über etwa 1,20 Meter und dann nach oben hin als Ablage abschließen.

Bei beiden Ausführungen ist es sinnvoll, die angehängten Sanitärelemente schalltechnisch abzukoppeln, indem die Verbindungen beider Bauelemente zum Beispiel über schallschluckende Laschen erfolgt.

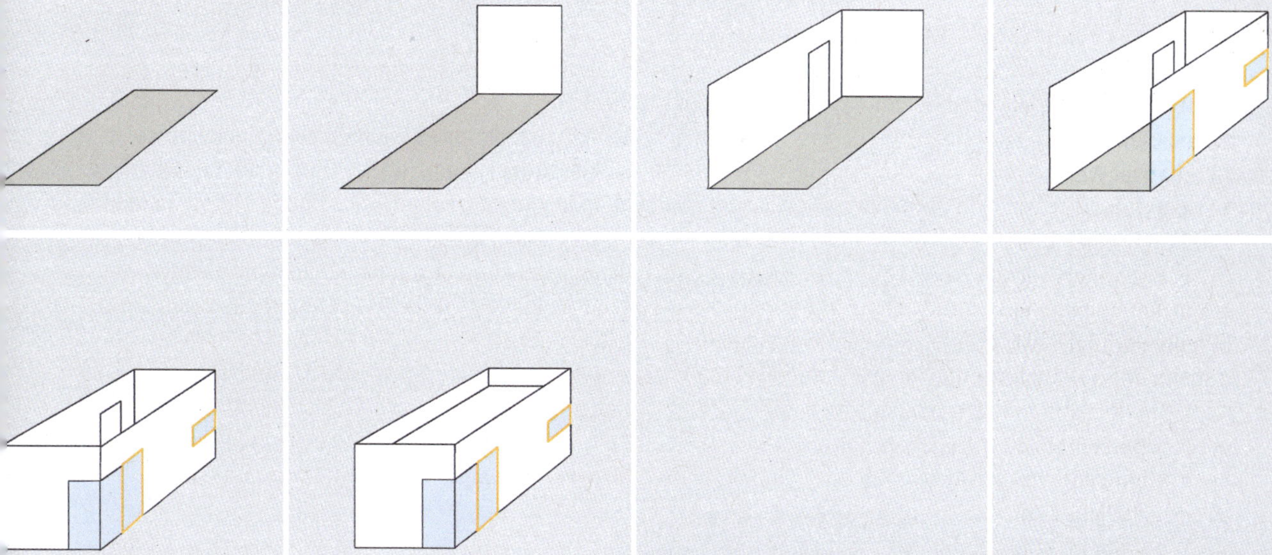

6 Die Haustechnik

Unabhängig davon, aus welchem Baumaterial der Hauskorpus gebaut ist, können sehr unterschiedliche Haustechniken darin zum Einsatz kommen. Was in einem Holzhaus einbaubar ist, ist prinzipiell auch in einem Massivhaus einbaubar – und umgekehrt. Daher kann die Haustechnik weitgehend unabhängig vom Baumaterial des Hauskorpusses betrachtet werden. Wichtiger ist schon, welche Dämmeigenschaften der Hauskorpus erhalten hat, damit die Heizungstechnik darauf gut abgestimmt werden kann.

Bei der Haustechnik unterscheidet man zwischen den 3 großen Feldern

- Elektro
- Heizung und Sanitär
- Lüftung

Entsprechend geordnet finden Sie diese Bereiche der Haustechnik nachfolgend.

Zusätzlich wird ein Sonderthema behandelt: Das Passivhaus. Denn das Passivhaus benötigt keine Heizung im klassischen Sinn. Solche Häuser sind heute in allen Regionen Deutschlands baubar, sie sind auch bereits tausendfach errichtet und funktionieren – richtig umgesetzt – alltagstauglich und problemlos.

6.1 Elektroinstallation

Die Elektroinstallation eines Hauses kann man relativ einfach und überschaubar halten – oder auch komplexer ausstatten. Es gibt aktuell einen gewissen Hype um das Thema „Smart Home". Der Begriff – angelehnt an das Smartphone –, der soviel bedeuten soll wie „intelligentes Haus", ist aber natürlich auch immer ein Marketingbegriff, um neue Produkte in längst völlig übersättigte Märkte zu bringen. Das Smart Home wird sich – anders als das Smartphone – wohl auch nicht in der Weise durchsetzen, wie die Industrie das gerne hätte. Das liegt auch daran, dass die Sicherheit eines ganzen Hauses etwas anderes ist als die Sicherheit eines Smartphones. Hinzu kommt, dass viele Angebote doch extrem bemüht klingen und kaum tatsächlich sinnvolle Alltagsentlastungen bringen: Wer nach der Gartenarbeit mit verdreckten Fingen über die Fingererkenung die Haustür öffnen will, wird länger, als ihm lieb ist, vor der Tür bleiben. Wer selbsteinkaufende Kühlschränke braucht, die dann automatisch Fehlendes auffüllen sollen, wird im Zweifel immer das Gleiche essen, und wer mitten in der Nacht die Wäsche wäscht, wenn der Strom am billigsten ist, wird mit Lärm schlafen müssen und die Wäsche morgens zerknittert aus der Maschine ziehen. Man hat mitunter den Eindruck, die Entwickler leben doch eher sehr weit entfernt von den tatsächlichen Notwendigkeiten der täglichen Hausarbeit. Allzu oft sind es nur sehr teure Spielereien und wenn das Geld knapp ist, ist das der allererste Ansatz, an dem man sehr einfach viel Geld sparen kann, ohne später irgendetwas zu vermissen. Anders sieht es nur dann aus, wenn Haustechnik für wichtige Lebensunterstützungen genutzt wird, etwa als technische Hilfen für Menschen mit Behinderung oder im Alter.

Die Elektroinstallation eines Hauses kommt über den Hausanschluss ins Haus. Üblich ist eine Stromstärke von 63 Ampere und eine 230-Volt-Wechselspannung (auch Wechselstrom genannt) beziehungsweise eine 400-Volt-3-Phasen-Wechselspannung (für Elektroherdanschluss, auch Drehstrom genannt). Bis zum Zähler ist für die Installation das örtliche Energieversorgungsunternehmen (EVU) zuständig. Dieses können Sie üblicherweise nicht beliebig wählen. Sie können nur später den Stromlieferanten flexibel wählen. Wenn der Hausanschluss von der Straße bis zum Zähler im Hausanschlussraum gelegt ist, installiert von dort der Hausanbieter seine Leitungen im Haus.

Die Elektroausstattung eines Hauses muss Steckdosen, Schalter und Lichtauslässe mit Strom versorgen. Immer öfter auch Lüftungsanlagen und Wärmepumpen, in naher Zukunft darüber hinaus auch Elektrofahrzeuge. In vielen Häusern sind auch Rollläden, Raffstoren, Tore, Markisen und Außenbeleuchtungen Teil der Elektroinstallation.

Bei der Versorgung der Wohnbereiche muss zunächst geklärt werden, welche technischen Installationen mit Strom betrieben werden sollen: Das sind in jedem Fall die Steckdosen und Beleuchtungsauslässe. Darüber hinaus sind zahlreiche weitere Nutzungen zu berücksichtigen, zum Beispiel:

- Lüftungsanlage
- Wärmepumpe
- elektrisch betriebene Dachfenster
- elektrisch betriebene Rollläden
- elektrisch betriebene Tore
- elektrisch betriebene Markisen
- Alarmanlage
- Gartenbeleuchtung
- Telefon- / Internetanschlüsse

Die Elektroinstallation kann final erst geplant werden, wenn ihr Umfang feststeht. Zur Planung der Elektroausstattung sollten Sie deshalb eine Kopie der Vorentwurfs- oder Entwurfsplanung des Hauses zur Hand nehmen und alle elektrisch betriebenen Anlagen sowie alle notwendigen Steckdosen und Lichtauslässe handschriftlich eintragen. Die **DIN 18015-2** gibt folgende Werte vor:

	Steckdosen allgemein	Beleuchtungsanschlüsse	Telefon- / Datenanschluss	Steckdosen für Telefon / Daten	Radio- / TV- / Datenanschluss	Steckdosen für Radio / TV / Daten	Kühlgerät, Gefriergerät	Dunstabzug	Anschluss für Lüfter (falls dezentral)	Elektroherd	Mikrowelle	Geschirrspülmaschine	Waschmaschine	Wäschetrockner	Bügelstation	Warmwassergerät (falls erforderlich)	Heizgerät
Küche	5 bis 10	2			1	3	2	1		1	1	1	1	1		1	
Kochnische	3	1					1	1								1	
Bad	2	2							1				1	1		1	1
WC	1	1							1							1	
Hausarbeitsraum	3 bis 6	1											1	1	1		
Wohnzimmer bis 20 m²	4	2	1	1	2	6											
Wohnzimmer über 20 m²	5	3	1	1	2	6											
Esszimmer	3	1	1	1	1	3											
Schlafzimmer, Kinderzimmer, Arbeitszimmer, Büro bis 20 m²	4 bis 6	1	1	1	1	3											
Schlafzimmer, Kinderzimmer, . Arbeitszimmer, Büro über 20 m²	5 bis 7	2	1	1	1	3											
Flur	1	1	1	1													
Flur	1	2	1	1													
Freisitz	1	1															
Abstellraum	1	1															
Hobbyraum	3	1															
Zur Wohnung gehörender Keller- / Bodenraum, Garage	1	1											1	1			
Keller- / Bodengang (je 6 m Ganglänge)	1	1															

Sehr viel besser ist es allerdings, wenn Sie die voraussichtlich notwendigen Steckdosen und Beleuchtungsauslässe nach Ihrem Bedarf Raum für Raum planen. Nehmen Sie als Minimum die von Ihnen bereits jetzt genutzten Geräte und gehen Sie davon aus, dass die Zahl der mit Strom betriebenen Geräte in einem Haushalt weiter deutlich zunehmen wird. Denken Sie auch an künftige Umnutzungen von Räumen.

Beispiele für die Elektroplanung

- **Küche:** Anschlüsse für Dunstabzugshaube, Spülmaschine, Kühlschrank, Beleuchtung der Arbeitsplatte, Elektrogeräte auf der Arbeitsplatte (zum Beispiel Mikrowelle, Kaffeemaschine, Wasserkocher) In Küchen ist zusätzlich ein Drehstromanschluss (380 Volt) für den Herd und Backofen vorzusehen.
- **Wohnzimmer:** schaltbare Steckdosen, Wandleuchten, alternative Anschlüsse für Fernsehen, Musik, Computer, Leerrohre für Lautsprecherkabel oder Nachrüstung von Leitungen
- **Flur:** Steckdosen neben Telefonanschluss für Elektroversorgung von Telefon und Anrufbeantworter
- **Schlafen:** Anschlüsse für Fernsehen, Musik, Computer, Netzfreischaltung gegen Elektrosmog

Im Wohnungsbau werden Lichtschalter und -auslässe üblicherweise einander fest zugeordnet. Bei einer nachträglichen Veränderung müssen dann meist neue Leitungen verlegt werden. Für komplexere Funktionssteuerungen von Lichtsystemen oder Elektrogeräten werden spezielle Elektroinstallationen, sogenannte **BUS-Systeme**, benötigt. Bei dieser Installationsart werden in den Elektroverteilern Steuer- und Eingabegeräte untergebracht, von denen aus die Zuordnung von Schaltern und Steckdosen flexibel und immer wieder neu gesteuert werden kann. Auch Steckdosen können dann einem Schalter zugeordnet werden. So kann beispielsweise eine Stehleuchte, die an einer Steckdose hängt, über einen fest installierten Schalter bedient werden. Für einen üblichen Haushalt ist aber auch ein BUS-System nicht notwendig.

Bei der Elektroinstallation werden Steg- oder Mantelleitungen verwendet. **Stegleitungen** bestehen aus einzelnen Adern, die mit einem Kunststoffsteg zusammengefasst sind. Sie sind flach und werden auf Wänden verlegt, die später verputzt werden. In Feuchträumen werden häufig **Mantelleitungen** verwendet, die einen zusätzlichen Kunststoffmantel als Schutz haben. Sie können unter Putz, im Putz oder – zum Beispiel im Keller – auf Putz verlegt werden. Werden sie unter Putz verlegt, müssen die Wände zur Aufnahme der Leitungen geschlitzt werden, da Mantelleitungen im Gegensatz zu Stegleitungen rund sind und damit einen höheren Aufbau haben. Auch die Leitungsführungen von BUS-Systemen bestehen aus Mantelleitungen.

Die Auswahl der **Schalter und Steckdosenprogramme** bleibt Ihrem Geschmack und dem Angebot Ihres Baupartners überlassen. Ein Vorteil von Markenherstellern ist – neben der Qualität –, dass die Programme meist lange im Angebot bleiben und Sie später bei Reparaturen oder Erweiterungen auf die gleichen Produktreihen zurückgreifen können. Wenn Sie mit einem Architekten bauen, sollte die gesamte Elektroinstallation von einem Fachingenieur geplant und ausgeschrieben werden.

Der **Stromkreisverteiler** ist gemäß DIN 18015-1 im Wohnbereich in der Nähe des Belastungsschwerpunkts zu installieren. Das ist in der Regel im Flur in der Nähe von Bad oder Küche. Bei Einfamilienhäusern wird der Stromkreisverteiler häufig auch zusammen mit dem Stromzähler in einem Schrank im Keller, so vorhanden, untergebracht. Die Anzahl der Stromkreise, die vom Stromverteiler zu den Beleuchtungen und Steckdosen laufen, richtet sich gemäß DIN 18015-2 nach der Wohnfläche. Sie können hier aber natürlich abweichende, sinnvolle Stromkreise festlegen. Die Leitungsführung von Stromleitungen erfolgt vom Hausanschluss in **Installationszonen** entlang der Raumwände. Diese Installationszonen haben eine Breite von 30 Zentimetern und laufen als horizontale Installationszone entweder 15 Zentimeter über dem Fertigboden oder 90 Zentimeter über dem Fertigboden oder aber 15 Zentimeter unter der Decke. In der Senkrechten laufen sie 15 Zentimeter seitlich von

Raumecken entfernt und 10 Zentimeter seitlich von Fenster oder Türlaibungen. Diese Installationszonen müssen Sie zum Beispiel beachten, wenn Sie Löcher in Wände bohren. In Bädern gibt es darüber hinaus 4 Installationsbereiche. Wichtig: Nur in Bereich 3 dürfen Beleuchtungsmittel und Steckdosen gesetzt werden.

- **Bereich 0** bilden die Wasserwannenbereiche (Duschtasse, Badewanne),
- **Bereich 1** bilden die wannenbegrenzenden Wände (Duschwände, Badewannenwände),
- **Bereich 2** ist das nähere Umfeld der wannenbegrenzenden Wände (bis 60 Zentimeter über die wannenbegrenzenden Wände hinaus),
- **Bereich 3** sind die restlichen Bereiche.

Zusätzlich zur Sicherung über die Installationszonen sind in Bädern **Fehlerstrom-Schutzschalter** zwingend vorgeschrieben (FI-Schutzschalter), denn hier besteht besondere Gefahr durch das Aufeinandertreffen von Strom und Wasser, das Strom besonders gut leitet. Fehlerstrom-Schutzschalter unterbrechen den Stromfluss bei Kontakt mit dem Stromnetz und können dadurch einen tödlichen Stromschlag verhindern. Sie werden in den Sicherungskasten eingebaut und müssen nach einem Auslösevorgang per Hand wieder zugeschaltet werden.

Zur Erdung der Installation muss bei allen Neubauten ein **Fundamenterder** installiert werden. Dazu wird Bandstahl in die Fundamente eingelegt, der als Potenzialausgleich dient. Ein Stück dieses Bandstahls wird als Anschlussfahne im **Hausanschlussraum** aus dem Fundament nach oben in den Raum geführt. Alle Heizungs-, Gas- oder Wasserrohre aus Metall, die Blitzschutz-, Fernmelde- und Antennenanlage sowie alle Sanitärgegenstände aus Metall werden mit dieser Anschlussfahne geerdet. Zur Elektroplanung gehören Überlegungen zum Blitz- und Überspannungsschutz der Elektroinstallation und der angeschlossenen Geräte. Der **äußere Blitzschutz** schützt vor mechanischer Zerstörung und Brand durch direkten Blitzschlag. Er besteht aus den Auffangeinrichtungen am Dach, den Ableitungen und der Erdungsanlage. Der **innere Blitzschutz** besteht aus dem Blitzschutz-Potenzialausgleich an allen metallischen Anlagen wie Rohrleitungen, Betonbewehrungen, Elektroleitungen und einem Überspannungsschutz zum Schutz der Elektrogräte. Er schützt vor Schäden aufgrund der hohen Spannungen bei einem direkten oder indirekten Blitzeinschlag.

Tipps für die Praxis:

- Fehlerstrom-Schutzschalter sollten nicht nur für Badezimmer und Außensteckdosen vorgesehen werden. Auch Kinderzimmer sollten mit FI-Schutzschaltern abgesichert werden.
- Eine spätere, komplexe Elektroinstallation können Sie schon bei der Planung berücksichtigen. Dazu reicht es, in jedem Raum ein Leerrohr für eine nachträgliche BUS-Leitung vorzusehen und die Elektroverteiler größer zu dimensionieren, um später die Steuer- und Eingabegeräte einbauen zu können.
- Sie können auch von Anfang an ein paar Steckdosen und Schalter mehr bestellen, als unmittelbar benötigt werden, und sich einen kleinen „Vorrat“ für späteren Bedarf anlegen.
- Wenn die Anordnung des Stromkreisverteilers geplant wird, sollten Sie darauf achten, dass Schaltmittel (zum Beispiel Relais oder Schaltuhren) nicht zu einer Geräuschbelastung für angrenzende Zimmer werden können. Stromkreisverteilerkästen sollten daher schallentkoppelt in die Wand gesetzt oder vor die Wand gehängt werden. In Schlafzimmerwände sollten sie grundsätzlich nicht gesetzt werden.

Kommunikations- und Medientechnik

Zur Kommunikations- und Medientechnik gehören im Wesentlichen 3 Bereiche:

- Klingel- und Haussprechanlage
- Telefon- und Internetanschluss
- Satellitenanlage und / oder Kabelanschluss

Klingel- und Haussprechanlage: Nach DIN 18015-2 ist für jede Wohnung eine Klingelanlage vorzusehen, für

Gebäude mit mehr als 2 Wohnungen zusätzlich eine Gegensprechanlage mit Türöffner. Aber auch für Einfamilienhäuser ist die Installation von Gegensprechanlagen sinnvoll. Hauskommunikations- und Türsprechanlagen werden über einen eigenen Stromkreis versorgt. Es ist sinnvoll, auf allen Geschossebenen eine solche Gegensprechanlage zu installieren, damit man – wenn es an der Haustür klingelt – nicht erst noch eine Treppe hinauf- oder hinunterlaufen muss.

Telefon- und Internetanschluss: Nach DIN 18015-2 ist pro Wohnung ein Telefonanschluss vorzusehen. Doch die Kommunikationstechnologie und deren Nutzung schreiten rapide voran, sodass hier weiter gedacht werden sollte. Telefondosen sollten in alle Wohnräume gelegt werden, mindestens Leerrohre mit bereits eingelegten Kabeln für eine einfache spätere Nachrüstung. Da heutzutage immer mehr Telefone mit Akkus betrieben und auch Faxgeräte und Computer an Telefonanschlüsse angebunden werden, sollte jeweils neben die Telefondosen mindestens eine, besser sollten mehrere Steckdosen gesetzt werden. Man kann bezüglich des Internets natürlich auch mit WLAN (wireless local area network) arbeiten, also Lösungen, die ohne Kabelverlegung im Haus auskommen. Wenn man aber neu baut, ist es sinnvoll, dass jeder Wohnraum auch einen leitungsgebundenen Internetzugang erhält. Zumindest sollte man diese Option mit der Verlegung von Leerrohren vorbereiten, denn eine spätere Verlegung ist ungleich teurer.

Antennenanlage und Kabelanschluss: Bei Antennen- und Kabelanlagen unterscheidet man zwischen Ton- und Bildempfangsanlagen. Antennen können in Form von klassischen Dach- oder Satellitenantennen am Gebäudekörper montiert werden. Kabelanschlüsse werden durch das Erdreich ins Haus geführt. Gemäß DIN 18015-1 ist ein Leerrohr zwischen dem obersten Wohngeschoss und dem Dachgeschoss vorzusehen. Dadurch ist es möglich, den Ton- und Bildempfang sowohl über Antennensysteme auf dem Dach wie auch über einen Kabelanschluss im Keller in das ganze Haus zu leiten. Nach der DIN 18015-2 sind für Wohnungen mit bis zu 3 Aufenthaltsräumen 1, für Wohnungen mit mindestens 4 Aufenthaltsräumen 2 und für größere Wohnungen mindestens 3 Antennensteckdosen vorzusehen. Es kann darüber hinaus aber sehr sinnvoll sein, eine Kabel- oder Antennensteckdose in jeden Wohnraum zu legen. Direkt daneben sollte jeweils mindestens eine Steckdose für die Gerätetechnik installiert werden, besser mehrere.

HEA / RAL RG 678

Es kann sein, dass Sie bei der Elektroplanung auch auf die Richtlinie RAL RG 678 stoßen. Diese Richtlinie geht über die DIN hinaus und sieht 3 Ausstattungsstufen vor, die mit 1, 2 oder 3 Sternen gekennzeichnet sind und gegebenenfalls noch dem Zusatz „plus" (⇢ Tabelle Seite 91 oben).

Aber auch hier sollten Sie sich die Elektroausstattung durch die Elektroplanung detailliert vorlegen lassen und überprüfen, ob der festgelegte Ausstattungsumfang auch Ihrem Bedarf entspricht. Weitere Informationen hierzu erhalten Sie bei der „HEA – Fachgemeinschaft für effiziente Energieanwendung e.V." (**www.hea.de/projekte/ral-rg-678**).

Rauchmelder

Sehr wichtig für die Sicherheit der Bewohner sind Rauchmelder. Diese werden unabhängig von der übrigen Elektroplanung installiert, sie arbeiten üblicherweise mit Batterien. Rauchmelder sind bei Neubauten nach den Landesbauordnungen zwingend vorgeschrieben. Das Innenleben eines Rauchmelders besteht im Wesentlichen aus einer Leuchtdiode und einem Fotoelement. Die Leuchtdiode sendet in regelmäßigen Abständen einen Lichtstrahl aus, der im Normalfall nicht auf eine Fotolinse im Fotoelement trifft. Dringt bei einem Brand jedoch Rauch in das Ge-

Tipp

Auch wenn Ihr Vertragspartner keine Rauchmelder installiert, sollten Sie diese umgehend selbst installieren. Optimalen Schutz bietet ein Gerät in jedem Schlafraum, Wohnraum und in den Fluren, die zum Ausgang führen. Die Installation erfolgt üblicherweise unter der Decke.

Ausstattungswert	Kennzeichnung	Qualität
1	*	Mindestausstattung gemäß DIN 18015-2
2	**	Standardausstattung
3	***	Komfortausstattung
1 *plus*	* *plus*	Mindestausstattung gemäß DIN 18015-2 und Vorbereitung für die Anwendung der Gebäudesystemtechnik gemäß DIN 18015-4
2 *plus*	** *plus*	Standardausstattung und mindestens 1 Funktionsbereich gemäß DIN 18015-4
3 *plus*	*** *plus*	Komfortausstattung und mindestens 2 Funktionsbereiche gemäß DIN 18015-4

häuse des Rauchmelders ein, werden die Lichtstrahlen vom Rauch abgelenkt und treffen auf die Fotolinse: Der Alarm wird ausgelöst. Bei diesen Geräten wird auch ein Warnsignal ausgelöst, bevor die Batterien leer sind. Rauchmelder sind im Fachhandel oder in Baumärkten zu erhalten.

Photovoltaik und Speicher

Solare Technologien haben sich am Markt längst weit verbreitet und sind auch erschwinglich geworden. Im Wesentlichen handelt es sich hierbei um Photovoltaikanlagen zur Stromerzeugung und um Solarkollektoren zur Warmwasserbereitung. Photovoltaikanlagen bestehen häufig aus Siliziumschichten, an deren Grenzflächen sich bei Sonneneinstrahlung ein elektrisches Feld bildet. Dieses elektrische Spannungsfeld kann zur Stromerzeugung genutzt werden. Der erzeugte Gleichstrom muss über einen Wechselrichter in Wechselstrom umgewandelt werden.

Die Nutzung von selbst erzeugtem Solarstrom funktioniert aber nur dann, wenn man den selbst gewonnen Strom auch selbst nutzt. Denn die Einspeisevergütung für selbst produzierten Strom liegt mittlerweile deutlich unter den Stromkosten, die man bezahlt, wenn man Strom aus dem Netz bezieht. Das wiederum heißt, dass man neben der Photovoltaikanlage auch einen Stromspeicher benötigt. Und das ist nach wie vor eine enge Rechnung. Denn Stromspeicher sind nach wie vor relativ teuer und haben nur eine begrenzte Lebensdauer.

Photovoltaik

Bei den Solarzellen unterscheidet man zwischen

- kristallinen und
- amorphen Solarzellen.

Amorphe Solarzellen sind auch als Dünnschichtsolarzellen bekannt. Diese werden für Spezialanwendungen benötigt, zum Beispiel für flexible Untergründe und biegeweiche Elemente, sie spielen bei privaten Wohngebäuden keine große Rolle. Hier sind es fast ausschließlich die **kristallinen Solarzellen**, die Verwendung finden. Bei den kristallinen Solarzellen unterscheidet man nochmals zwischen mono- und multikristallinen Solarzellen, was im etwas unterschiedlichen Herstellungsprozess begründet liegt. **Monokristalline Solarzellen** erreichen höhere Wirkungsgrade als multikristalline. Kristalline Solarzellen sind aus 2 Siliziumschichten aufgebaut. Beide Schichten werden unterschiedlich „dotiert“, das heißt, eine Siliziumschicht wird zum Beispiel mit Bor-Atomen legiert, die andere Schicht mit Phosphor-Atomen. Bei Bestrahlung mit Licht von einer Seite bauen sich dann unterschiedliche Potenzialfelder auf, ähnlich dem Minus- und Pluspol bei einer Batterie. Auf diese Weise wird Strom produziert, allerdings nur 12 oder 24 Volt Gleichstrom, während man im Haushalt beziehungsweise im Netz ja 230 Volt Wechselspannung benötigt. Daher muss der von Solarzellen erzeugte Strom über einen Wechselrichter, auch als **Inverter** bezeichnet, in 230 Volt Wechselspannung umgewandelt werden. Abhängig davon, ob man den Strom direkt für den

Eigenbedarf oder zur Einspeisung ins Netz verwenden will, muss der Inverter den Strom möglichst optimal an die Wechselspannung des Netzstroms anpassen. Aus einzelnen Solarzellen fertigt man dann größere Solarmodule, die häufig von einem Rahmen umfasst sind, der auch der Befestigung am Aufstellort dient.

Die Montage kann sehr unterschiedlich erfolgen: freistehend, auf dem Dach oder auch an Fassaden. Der wesentliche Unterschied besteht darin, ob es sich um eine feste oder bewegliche Montage handelt. Bewegliche Montagen erlauben das Nachführen der Photovoltaikanlagen dem Sonnenverlauf entsprechend. Nachgeführte Photovoltaikanlagen haben eine deutlich höhere Energieausbeute als fest montierte, die nach Möglichkeit eine Südausrichtung aufweisen und in einem Neigungswinkel von 35 bis 45 Grad montiert werden sollten. Erst dann können sie in der Regel ihre maximale Leistung entfalten. Der Neigungswinkel wird aber oft durch die Dachneigung vorgegeben.

Die Leistung von Solarzellen wird nach einem international festgelegten Standard bestimmt. Man misst dabei den **Maximum Power Point (MPP)**, an dem die Solarzellen die maximale Leistung abgeben. Es ist also erstrebenswert, die Solarzelle immer in diesem oder sehr nahe an diesem Punkt zu betreiben. Per Definition ist die Nennleistung von Solarzellen oder Solarmodulen die MPP-Leistung bei einer Bestrahlungsstärke von 1.000 Watt pro Quadratmeter (W/m^2), einer astronomischen Luftmasse AM von 1,5 (zur Festlegung der Bedingung von Streuung und Absorption des Sonnenlichts in der Atmosphäre) und einer Zellentemperatur von 25 Grad Celsius. Diese Leistung im praktischen Betrieb zu erzielen, gestaltet sich äußerst schwierig, da wegen des schlechten Wirkungsgrads der Solarzellen Zellentemperaturen von über 70 Grad Celsius nicht ungewöhnlich sind. Will man Solarzellen nahe am MPP betreiben, benötigt man einen **Impedanzwandler**, der den Verbraucher vom Solargenerator trennt und immer den optimalen Arbeitspunkt des Solargenerators einstellt.

Die **Nennleistung von Solarzellen** wird in Watt Peak (Wp) angegeben und ist eine der entscheidenden Kennzahlen. Solarmodule mit kristallinen Solarzellen erreichen Leistungen von bis zu 140 Watt Peak. Allerdings sind dies unter Laborbedingungen ermittelte Werte, die unter Praxisbedingungen schnell geringer ausfallen können. Die Leistungsangabe findet man üblicherweise bei den Produktangaben beziehungsweise in den Datenblättern. Anhand dieser Kenngröße lassen sich Photovoltaikmodule hinsichtlich ihres Preises und ihrer Leistung vergleichen.

Häufig ist auch der **Wirkungsgrad** (in Prozent) angegeben, der beschreibt, welcher Anteil der auftreffenden Sonnenstrahlung in Strom umgewandelt werden kann. Sehr gute Wirkungsgrade liegen momentan bei etwa 15 bis 16 Prozent. Gerade wenn nur kleine Flächen mit Photovoltaikinstallationen versehen werden können, spielt ein guter Wirkungsgrad natürlich eine wichtige Rolle für die Anlageneffizienz. Bei den Angaben handelt es sich aber trotz allem um theoretische Angaben, die in der Praxis einer installierten Anlage meist niedriger ausfallen.

Bei der Installation von Photovoltaikanlagen ist besonders darauf zu achten, dass sie durch den Wechselrichter optimal abgestimmt ist. Dieser Wechselrichter wandelt den Gleichstrom aus der Anlage in Wechselstrom zur Einspeisung ins Stromnetz um. Die insgesamt anfallende Spannung aus der Photovoltaikanlage darf nicht höher liegen als das Maximum der Eingangsspannung des Wechselrichters, sonst wird es ineffizient. Umgekehrt sollte der Wechselrichter aber auch mit geringen Spannungen aus der Anlage umgehen können, damit die Stromnetzeinspeisung auch bei niedrigen Spannungswerten gegeben ist.

Bei den gegenwärtig auf dem Markt befindlichen Systemen kann bei einer installierten Photovoltaikfläche von einem Quadratmeter mit einer Energieleistung von etwa 1.000 Kilowattstunden im Jahr gerechnet werden. Eine Fläche von 10 Quadratmetern für ein Einfamilienhaus reicht schon aus, um die Stromkosten spürbar zu senken, wenn der Strom nicht ins Netz eingespeist, sondern selbst genutzt wird.

Stromspeicher

Stromspeicher werden im Zusammenhang mit Photovoltaikanlagen immer wichtiger. Denn sie sind es, die die Amortisationsfähigkeit einer Anlage sicherstellen. Stromspeicher speichern den von der Photovoltaikanlage gewonnenen Strom für den Zeitraum, zu dem die Anlage selbst keinen Strom liefern kann. Dann wird mit dem Strom des Stromspeichers der Strombedarf des Hauses gedeckt. Dies geschieht vollautomatisch. Wird hingegen mehr Strom produziert als verbraucht oder gespeichert werden kann, wird er automatisch und gegen Vergütung ins öffentliche Netz gespeist. Es gibt inzwischen einen breiten Markt an Speichern, auf dem Vormarsch sind Systeme mit Lithium-Ionen-Akkus; Blei-Säure-Akkus stellen keine Alternative dar. Sie haben ein deutlich geringeres Entladevolumen und bieten auch deutlich weniger Ladezyklen. Bei Lithium-Ionen-Akkus garantiert die Industrie teilweise bereits bis zu 20 Jahren Lebensdauer.

Wichtig beim Stromspeicher ist, dass seine Dimensionierung nicht zu groß und nicht zu klein ausfällt. Ist er zu klein, müssen Sie Strom am Markt teuer zukaufen. Ist er zu groß, speichern Sie zu viel Strom dauerhaft, anstatt den Strom, den Sie nicht benötigen, am Markt zu verkaufen. Ein Stromspeicher mit einer nutzbaren Speicherkapazität von etwa 5 Kilowattstunden für eine 4-köpfige Familie erfüllt diese Aufgabe üblicherweise. Er kann sehr platzsparend an vielen Stellen im Haus untergebracht werden, zum Beispiel auch im Hausanschlussraum einfach an die Wand geschraubt werden.

Stromspeicher haben aber auch Energieverluste. Man kann davon ausgehen, dass sie mit einem Wirkungsgrad von 70 bis über 90 Prozent arbeiten. Das heißt, dass man den gespeicherten Strom nie in der Menge 1 : 1 einfach wieder abrufen kann. Auch das muss berücksichtigt werden. Die Entwicklung von Stromspeichern dürfte in den nächsten Jahren jedoch erhebliche Fortschritte machen, nicht zuletzt getrieben von der Elektromobilität. Je langlebiger die Systeme sind, je höher ihr Wirkungsgrad und je niedriger ihr Preis, umso interessanter werden sie als Ergänzung zu Photovoltaikanlagen.

Wer aktuell einen Stromspeicher kaufen will, muss mit Kosten von etwa 1.300 bis 1.400 Euro für eine Kilowattstunde Ladeleistung rechnen. Bei 5 Kilowattstunden wären das dann etwa 6.500 bis 7.000 Euro. Zwar gibt es eine KfW-Förderung für Stromspeicher (→ Kapitel 1, Seite 14), trotzdem ist das Ganze nach wie vor noch eine sehr knappe Rechnung für Verbraucher, wenn sich die Anlage in einem angemessenen Zeitraum amortisieren soll.

Elektromobilitätsanschluss

Elektrofahrzeuge können zwar grundsätzlich über das gleiche Stromnetz geladen werden wie das Haus, also mit 230 Volt Wechselstrom. Aber 400-Volt-Drehstrom macht das Laden deutlich schneller. Da auch Elektroherde mit dieser Variante arbeiten, ist diese Infrastruktur bekannt und installierbar.

Die meisten **Wallboxen**, also die Aufladestation für Elektroautos im privaten Bereich, haben eine Leistung von 11 Kilowatt. Aber auch 22 sind möglich, mit Genehmigung des örtlichen Elektroversorgungsunternehmens (EVU). Eine 11-Kilowatt-Wallbox hat einen 3-Phasen-Wechselstromanschluss mit jeweils 230 Volt für jede Phase. Jede Phase ist dabei üblicherweise mit 16 Ampere über eine Sicherung abgesichert. So kommen die 11 Kilowatt Stromleistung zustande.

Es gilt die Formel:

$U \times I = P$

Stromspannung U (in Volt)
Stromstärke I (in Ampere)
Stromleistung P (in Watt)

Also:

Volt x Ampere = Watt

Ergibt in dem oben genannten Fall:

3 x 230 Volt x 16 Ampere = 11.040 Watt = 11 Kilowatt.

Natürlich können Sie den Anschluss aber auch höher absichern und erhalten so mehr Leistung. Übliche Stromkreise in privaten Haushalten sind jedoch mit 16 Ampere abgesichert.

Nutzen Sie keinen 3-Phasen-Anschluss, sondern nur einen üblichen 230-Volt-Anschluss, kann das Laden des Fahrzeugs hingegen deutlich länger dauern.

Bei einer Spannung von 230 Volt und einer Stromstärkenabsicherung von 16 Ampere kommen Sie gerade einmal auf 3.680 Watt.

Elektroautos benötigen zum Laden Gleichstrom. Daher verfügen die Wallboxen über Wechselrichter, auch **Konverter** genannt, die den Wechselstrom in Gleichstrom wandeln.

Machbar ist das private Stromtanken mit den heutigen Hausanschlüssen also durchaus, und stärkere Hausanschlüsse als 63 Ampere kosten nur zusätzliches Geld. Ob die heutige Strominfrastruktur in den Kommunen allerdings insgesamt problemlos stabil bliebe, wenn alle Nachbarn gleichzeitig Strom tanken würden, darf noch hinterfragt werden.

Sinvoll ist es, entweder einen 3-Phasen-Anschluss vorsorglich in die Garage zu legen. Man kann dann zunächst auch einfach nur 1 Phase belegen, für eine übliche Steckdose und später, wenn es in Richtung E-Mobilität geht, alle 3 Phasen an eine Wallbox anschließen. Oder aber man lässt zunächst einfach ein Leerohr mit Zugdraht in die Garage legen, in das man dann später ein entsprechendes Kabel einziehen kann.

Wallboxen können sehr platzsparend an eine Garagenwand oder auch die Hauswand montiert werden. Sie sollten mit Kosten von 500 bis 2.500 Euro rechnen.

Theoretisch möglich ist natürlich auch die umgekehrte Nutzung der Fahrzeugbatterie: Das heißt, das Fahrzeug bezieht nicht nur seinen Strom über das Haus, sondern kann umgekehrt auch Strom an das Haus abgeben. Es wird sich aber noch zeigen müssen, ob das in der Praxis wirklich sinnvoll praktikabel ist, denn die Nutzungsfunktionen von Auto und Haus sind über den Tagesverlauf eigentlich wenig kompatibel. Und am Morgen, nach der Nacht, benötigt man üblicherweise ein aufgeladenes Fahrzeug. Daher wird man auch in Zukunft für das Haus ganz sicher einen vom Auto unabhängigen Sromspeicher benötigen.

6.2 Heizungs- und Sanitärinstallation

Heizungs- und Sanitärtechnik

Sowohl bei der Heizungstechnik als auch bei der Sanitärtechnik geht es im Grund nur um das Aufheizen und den Transport des Mediums Wasser, einmal zur indirekten Nutzung des Wassers als Wärmespeichermedium, zum Beispiel in Heizkörpern, und einmal zur direkten Nutzung als Warmwasser, zum Beispiel zum Duschen. Die eigentliche Heizanlage, der sogenannte Brenner, ist das Gerät, in dem in hergebrachten Heizsystemen Erdöl oder Erdgas, immer öfter aber auch pflanzliche Öle (beispielsweise Rapsöl) oder Holzschnitzel beziehungsweise Holzpellets verbrannt werden, um mit dieser Hitze das Speicher- und Trägermedium (Wasser) zu erwärmen. Interessant für Sie ist neben den peripheren Einrichtungen wie Rohrleitungen und deren Materialien, Heizkörperarten und -formen also insbesondere das „technische Herz" Ihrer Wärmeversorgung im Haus. Bei der Auswahl der technischen Gebäudeausrüstung im Bereich Heizungsbrenner können Sie sich eventuell auch durch Ihre Kommune oder die ortsansässigen Stadtwerke beraten lassen. Bei Ihren Überlegungen sollten Sie in jedem Fall 3 Dinge beachten:

- die ökologische Seite der Anlage (zum Beispiel die Frage, ob Erdöl noch zeitgemäß ist und ob sich später gegebenenfalls regenerative und konventionelle Systeme miteinander verbinden lassen),
- die ökonomische Seite der Anlage (zum Beispiel wie teuer und wie sparsam welche Anlage ist) und
- die lokalen Gegebenheiten (zum Beispiel ob ein Fernwärmeanschluss möglich ist).

Die Berücksichtigung der lokalen Gegebenheiten ist ein entscheidender Faktor. Denn wenn Sie beispielsweise vor Ort keine Gasanbindung haben, werden Sie kaum eine Gasheizung in Erwägung ziehen. Genauso kann es aber auch sein, dass eine Nutzungsart sogar vorgeschrieben ist. Vor allem bei Nah- und Fernwärmeinfrastruktur ist dies oft so. Denn wenn eine Gemeinde mit viel Geld diese Installation verlegt oder verlegen lässt, muss das refinanziert werden. Dem können Sie üblicherweise nur entgehen, wenn Sie ein Haus bauen, das gar keine Heizung mehr benötigt, etwa ein Passivhaus (⇢ Seite 106).

Ein **klassisches Heizsystem**, das aus der Verbrennung von Energieträgern Wärme gewinnt, besteht in der Regel aus mehreren Komponenten, die aufeinander abgestimmt sein müssen:

- Tanklager (bei Ölheizung), sichere Gaszuführung (bei Gasheizung), Lagerraum (bei Holzheizungen),
- Brenneranlage (verbrennt den Heizstoff),
- Kesselanlage (erwärmt das Heizwasser),
- Abgasführung (leitet die Verbrennungsgase an die Außenluft),
- Heizungspumpen (verteilen das Heizwasser in Rohre und Heizkörper),
- Regel- und Steuerungseinrichtungen (regeln die Heizleistung),
- Sicherheitseinrichtungen (wie das Ausdehnungsgefäß zur Aufnahme entstehenden Überdrucks oder auch Sicherheitsventile, durch die bei geschlossenen Systemen Überdruck entweichen kann),
- Heizungsrohre (leiten das Heizwasser zu den Heizflächen und zurück zur Kesselanlage),
- Heizflächen (geben die Wärme des heißen Wassers an den Raum ab).

Die meisten Elemente der Heizungsanlage wie Öltank, Brenneranlage, Heizkessel, Pumpen oder Heizkörper bestehen aus vorgefertigten Bauteilen, die vor Ort montiert werden. Welche Art von **Heizungsanlage** zum Einsatz kommt, hängt ganz wesentlich vom Hauskonzept ab. Grundsätzlich gilt: Je besser die Dämmung, desto weniger leistungsstark muss die Heizungsanlage sein. Neubauten müssen die Anforderungen der Energieeinsparverordnung (EnEV) und des Erneuerbare-Energien-Wärme-Gesetzes (EEWärmeG) einhalten. Beide Gesetze sollen 2020 im Gebäudeenergiegesetz (GEG) zusammengeführt werden, die bisherigen inhaltlichen Regelungen sollen dabei aber erhalten bleiben (⇢ Seite 108). Im EEWärmeG ist festgelegt, dass mindestens 15 bis 50 Prozent des Energiebedarfs eines Neubaus aus erneuerbaren Energien stammen müssen. Der Anteil ist abhängig von der eingesetzten Art der erneuerbaren Energie. Wird zum Beispiel Solarenergie eingesetzt, also beispielsweise Solarkollektoren, gelten 15 Prozent als Größe, wird feste Biomasse eingesetzt, also etwa Holzpellets, müssen 50 Prozent des Energiebedarfs des Neubaus daraus abgedeckt werden.

Bei der Dimensionierung einer Heizungsanlage sind zu berücksichtigen: zu beheizendes Raumvolumen, Verhältnis von Grundfläche zu Höhe, Verhältnis von Raumvolumen zu Außenflächen sowie Häufigkeit der Nutzung der Räume in der kalten Jahreszeit. Wenn die Raumluft indirekt über Heizkörper erwärmt wird, kann der Heizwasserkreislauf durch Öl-, Gas- oder Pelletbrenner beheizt werden, oder aber es gibt eine Option oder sogar die verbindliche Vorgabe, das Haus an ein Fern-

Mindesttemperaturen in beheizten Gebäuden – Raum Norm-Innentemperatur

Die DIN 4701 „Wärmebedarf von Gebäuden" legt die „Norm-Innentemperaturen" für beheizte Gebäude fest, die durch die Beheizungssysteme auch bei sehr kaltem Außenklima erreicht werden müssen:

Wohnraum 20° C
Schlafraum 20° C
Küche 20° C
Bad 24° C
WC 20° C
Geheizter Nebenraum (zum Beispiel Vorraum, Flur) 15° C
Treppenraum 10° C

Beim Warmwasser muss im Vorlauf und im Warmwasserspeicher mindestens regelmäßig temporär eine Temperatur von 70 Grad Celsius erreicht werden können, um die Gefahr von Legionellenbildung auszuschließen.

wärmenetz anzuschließen. In einigen Regionen ist auch die Nutzung von Geothermie möglich. (→ Seite 102).

Für die Planung der Heizungsanlage und Warmwasserversorgung muss man die vor Ort zur Verfügung stehenden Energieträger kennen. Gibt es Anschlussmöglichkeiten an ein Erdgas oder Fernwärmenetz? Wie sind die Bedingungen zur Nutzung von Sonnenenergie und Umweltwärme? Für den Betrieb einer **Heizungsanlage mit Gasbrenner** muss eine Gasleitung in der Nähe des Hauses liegen oder die Möglichkeit bestehen, einen Gastank (Flüssiggas) neben das Haus zu stellen. Moderne Gasheizungen arbeiten mit Brennwertkesseln, die über die Verbrennung von Gas hinaus die Abwärme der Verbrennungsluft nutzen, die sonst durch den Kamin entweichen würde. Das erhöht den Wirkungsgrad der Anlage.

Bei **Ölheizungen** ist man örtlich unabhängig. Das Brennmaterial wird mit dem Tankwagen angeliefert. Im Keller muss Platz für den oft mehrere Tausend Liter fassenden Tank eingeplant werden, der beim Anschluss an andere Versorgungsnetze entfällt. Brennwertkessel sind auch bei Ölheizungen mittlerweile Standard.

Moderne Festbrennstoffheizungen für Holz, auch **Holzpelletheizungen** genannt, haben einen ähnlichen Bedienungskomfort wie Gas- oder Ölheizungen. Sie verfügen ebenfalls über einen Brenner, nur dass in diesem nicht Gas oder Öl verfeuert wird, sondern Holz. Sie werden meist mit kleinen, zylindrischen Presslingen aus naturbelassenem Restholz, sogenannten Holzpellets, betrieben. Die Holzpellets werden in einem Tankwagen geliefert, in einen Lagerraum im Haus eingeblasen und von dort aus über eine Förderschnecke vollautomatisch dem Brenner zugeführt. Beim Betrieb einer Festbrennstoffheizung muss man lediglich ab und zu den Auffangbehälter für die Asche leeren. Holzpelletheizungen sind deswegen interessant, weil keine fossilen Brennstoffe, sondern ein nachwachsender Rohstoff verheizt wird. Dadurch ist die Kohlenstoffbilanz für die Umwelt ausgeglichen: Die Menge CO_2, die ein Baum während seines Wachstums aus der Luft gebunden hat, wird beim Verbrennungsvorgang wieder an diese abgegeben.

Der Betrieb von **Kachelöfen** ist in der Regel nur eine zusätzliche Heizmöglichkeit für einzelne Räume.

Fernwärme ist die Abwärme von Kraftwerken sowie von industriellen oder gewerblichen Fabrikationsabläufen. Der sehr heiße Wasserdampf wird nicht einfach in die Atmosphäre geleitet, sondern in eine Fernwärmeleitung eingespeist, die den Wasserdampf zu den Wohngebieten transportiert. Bei der Nutzung von Fernwärme wird eine Übergabestation im Gebäude eingebaut, ein eingebauter Zähler ermittelt die abgenommene Wärmeenergie. Es wird kein Heizkessel, Heizraum, Kamin oder Lagerraum für den Brennstoff benötigt. Dafür sind Sie aber an die Preisgestaltung eines einzigen Anbieters gebunden.

Die **Wärmepumpe** ist ein System zur Nutzung von Energie aus der Umwelt. In der Regel ist sie als Luft- oder Erdwärmepumpe ausgelegt: Sie entzieht der Außenluft oder dem Erdreich Wärme und führt sie der Heizungsanlage zu. Wärmepumpen arbeiten meist mit strombetriebenen Kompressoren, um die der Umwelt entzogene Wärme auf das benötigte Temperaturniveau zu bringen. Wärmepumpen sind mittlerweile sehr beliebt. Entscheidend ist ihr Wirkungsgrad, die sogenannte Jahresarbeitszahl JAZ beziehungsweise ß (sprich: „beta“). Sie beschreibt das Verhältnis von erzeugter Wärmeleistung zur dafür eingesetzten elektrischen Leistung. An dieser Zahl hängen auch Förderkriterien der KfW für die Förderung von Wärmepumpen.

Lüftungsanlagen, die zugleich auch die Raumheizung übernehmen, werden nur bei hoch gedämmten Gebäuden wie Passivhäusern eingesetzt (→ Seite 106). Wenn der Garten groß genug ist, kann die Luftzuführung über eine Erdleitung verlaufen, durch die im Winter die kalte Außenluft vorerwärmt wird. Moderne Lüftungsanlagen verfügen zudem über einen Wärmetauscher, der die Energie der warmen Abluft an die Zuluft abgibt. Zur Erwärmung des Frischwassers braucht man dann noch ein zusätzliches Heizsystem. Eine Grundüberlegung, die sich auf den Installationsaufwand und die gesamte Bauablaufplanung auswirkt, ist die Frage nach den **Raumheizungsflächen: Sichtbare Wärmeabgabeflächen**, zum Beispiel Heizkörper, sind kostengünstig und haben den Vorteil einer kurzen Reaktions- beziehungsweise Aufheizzeit des Raums. Weil die Austauschflächen klein sind, sind dafür höhere Vorlauftemperaturen im Heizsystem erforderlich. Da Heizkörper und -leitungen frei zugänglich sind, sind sie grundsätzlich reparaturfreundlicher als nicht sichtbare Wärmeabgabeflächen. **Nicht sichtbare Wärmeabgabeflächen** wie Fußboden- und Wandheizungen können aufgrund ihrer großen Fläche mit niedrigeren Wassertemperaturen im Heizsystem betrieben werden, was die Aufwirbelung von Staub reduziert und die Behaglichkeit vergrößert. Dafür brauchen sie erheblich länger als normale Heizkörper, um einen Raum zu temperieren. Fußbodenheizungen bestehen aus aufeinander abgestimmten Komponenten wie Dämmung, Trägerplatte für die Heizschleifen und den wasserführenden Heizschleifen selbst. Die Heizschleifen sind heute fast immer aus Kunststoff. Wichtig für die Planung: Bei einer Verlegung der Heizschläuche im Estrich sollte ein spezieller Heizestrich verwendet werden.

Kommen **Wandheizungen** zum Einsatz, sollten vor beheizten Wandflächen keine Schränke oder geschlossene Regale stehen, um die Wärmeabgabe in den Raum nicht zu behindern. Außerdem sollte die genaue Lage der Heizleitungen bekannt sein, damit man später beim Bohren in diesen Wänden nicht versehentlich Heizleitungen beschädigt.

Die Warmwasserbereitung für Heiz- und Frischwasser kann als zentrale oder dezentrale Warmwasserbereitung erfolgen.

Bei der **zentralen Warmwasserbereitung** werden Heiz- und Warmwasser fast immer über einen gemeinsamen Brenner erwärmt und über Leitungssysteme im Haus verteilt. Zentrale Warmwasserbereitungsanlagen haben immer den Nachteil, dass das Warmwasser über teils lange Leitungsstrecken an den Ort des Bedarfs transportiert werden muss. Ein ausreichend dimensionierter Warmwasserspeicher in Kombination mit einer Zirkulationsleitung, die das warme Wasser in den Leitungsrohren zirkulieren lässt, gleicht diesen Nachteil aus, verbraucht dafür aber mehr Energie für die Umwälzpumpe und die permanente Aufheizung des Wassers auf Solltemperatur. Es kann aber auch eine gesteuerte temporäre Zirkulation installiert werden.

Die **dezentrale Warmwasserbereitung** erfolgt meist über Elektro-Durchlauferhitzer, die an den Verbrauchsstellen montiert sind. Zu den Entnahmestellen müssen nur Kaltwasserleitungen verlegt werden, was den Installationsaufwand verringert. Moderne elektronische Durchlauferhitzer können das Wasser auf einer voreingestellten Temperatur halten, auch wenn zusätzliche Zapfstellen (zum Beispiel an Dusche und Handwaschbecken) geöffnet werden und sich dadurch der Wasserdruck ändert. Manchmal werden auch kleine elektrische Heißwasserspeicher mit 5 oder 10 Liter Volumen eingesetzt, sodass an der Entnahmestelle ohne Verzögerung heißes Wasser zur Verfügung steht.

Für die **Erwärmung von Frischwasser** spielen die regionalen Rahmenbedingungen eine große Rolle.

Warmwasserbereitung mit Strom

Elektrische Warmwasserbereitung ist unter ökologischen Gesichtspunkten sehr bedenklich, da hier normalerweise zunächst unter hohem Energiebedarf Strom im Kraftwerk erzeugt, zum Haus geleitet und dort wiederum unter hohen Energieverlusten heißes Wasser erzeugt wird. Sie kann allerdings dann gerechtfertigt sein, wenn zum Beispiel ansonsten alternativ eine sehr aufwendige Wasserversorgung für ein selten genutztes Handwaschbecken installiert werden müsste. Wenn der Strom aus einer eigenen Photovoltaikanlage stammt, sieht die Ökobilanz des Stroms ohnehin ganz anders aus.

Häufig werden Sonnenkollektoren zur Frischwassererwärmung auf Hausdächern und an Hausfassaden montiert. Hierbei wird, vereinfacht gesagt, Wasser in Glasröhren über sonnenexponierte Flächen geführt, das sich dabei erwärmt und die Wärme über einen Wärmetauscher an das Frischwasser abgibt. In der Regel reicht die Sonneneinstrahlung zur Erwärmung des Frischwassers während des ganzen Jahrs nicht aus. Um den Bedarf einer 4-köpfigen Familie zu decken, muss das Frischwasser meistens auch noch konventionell, das heißt über eine Warmwasserbereitungsanlage, erwärmt werden. Neben der Grundsatzentscheidung, welche Energiequellen genutzt werden sollen – zum Beispiel möglichst nur erneuerbare –, spielen folgende Kriterien eine wichtige Rolle: Anschaffungskosten, Lebenserwartung, Wartungs- und Reparaturfreundlichkeit, Unterhaltskosten der Anlage. Nicht immer werden Sie die Heizungsanlage frei wählen können. In der Regel ist dies nur beim Bauen mit dem Architekten der Fall. Fertighaushersteller bieten meist nur eine begrenzte Auswahl an Systemen an. Bauträger bauen häufig einfach einen Standard ein. Trotzdem liegt in der Gebäudegerätetechnik die Chance, ökologische Aspekte aufzugreifen. Denn auch ein Bauträger wird Ihnen voraussichtlich die Heizungsanlage Ihrer Wahl einbauen, wenn Sie bereit sind, dafür einen Aufpreis zu zahlen – wohingegen er bei den Hausbaustoffen praktisch nicht abweichen kann und wird. Diese Chance sollten Sie nutzen.

Solarthermie

Unter Solarthermie versteht man im weitesten Sinn die Nutzung der Sonnenenergie zur Erwärmung von Brauchwasser und / oder Heizwasser. Im Wesentlichen handelt es sich hierbei um Sonnenkollektoranlagen. Das Grundprinzip von Sonnenkollektoren ist einfach. Im Kern handelt es sich darum, dass eine Trägerflüssigkeit – zum Beispiel Wasser, häufig unter Zugabe von Kälteschutzmitteln – der Sonnenbestrahlung ausgesetzt wird. Dadurch erwärmt sich das Trägermedium und gibt diese Wärme über Wärmetauscher an das Frisch- oder Heizwasser ab. In den allermeisten Fällen wird mithilfe der Solarthermie das Frischwasser erwärmt. Es gibt verschiedene Kollektorarten, wobei zurzeit der Flachkollektor und der Röhrenkollektor am häufigsten eingesetzt werden.

Bei einem **Flachkollektor** wird die Sonneinstrahlung durch eine transparente Fläche, zum Beispiel Glas, auf ein Absorberfeld geleitet. Diese meist schwarze Fläche aus einem gut wärmeleitenden Material, häufig Kupfer, wandelt die Sonnenstrahlung in Wärme. Damit die so gewonnene Wärme nicht allzu schnell wieder in die Umgebung entweichen kann, befindet sich über der Absorberfläche die Glasschicht und unterhalb der Absorberfläche eine Wärmedämmung. Unmittelbar unter dem Absorber befinden sich Wärmeträgerkanäle, in denen sich das Wärmeträgermedium (wie erwähnt meist mit Frostschutzmittel versetztes Wasser) befindet. Dieses nimmt die Wärme vom Absorber auf und trägt sie in einen Wärmespeicher. Beim Wärmespeicher handelt sich häufig um einen sehr gut gedämmten Wassertank, der das Wasser lange warmhalten kann. So steht es auch zur Verfügung, wenn die Sonne gerade nicht scheint – allerdings natürlich nur für einen begrenzten Zeitraum, denn irgendwann kühlt natürlich auch das wärmste Wasser in einem Wärmespeicher ab, wenn es nicht durch neue Sonnenwärme nachgeheizt wird. Hinzu kommt, dass in vielen Gebäuden Warmwasserzirkulationsleitungen installiert werden. Das heißt, das Wasser zirkuliert permanent in den Warmwasserrohren, um bei Warmwasserbedarf sofort an der Zapfstelle zur Verfügung zu stehen. Durch diese Zirkulation kühlt das Wasser natürlich auch schneller ab.

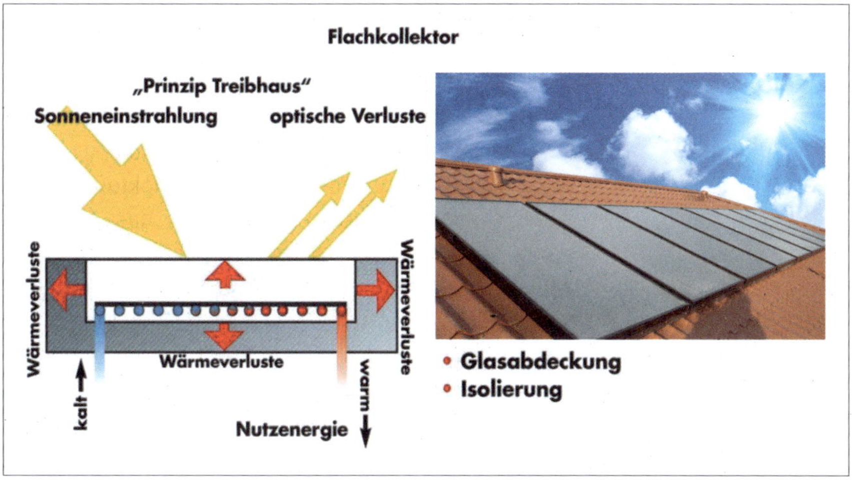

Flachkollektor

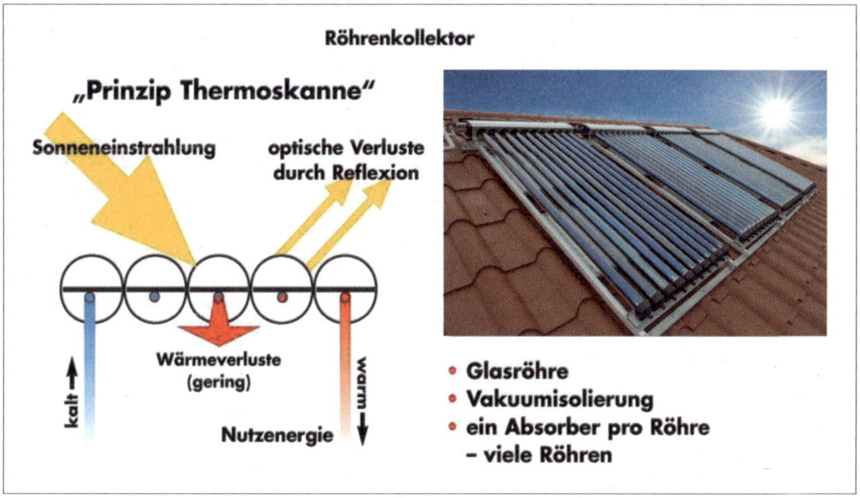

Röhrenkollektor

Beim **Röhrenkollektor** handelt es sich in den meisten Fällen um Vakuum-Glasröhren. Durch das Vakuum können eine optimale Dämmung des Rohrs und damit eine hohe Nutzung der gewandelten Sonnenenergie erfolgen. (Es gibt allerdings auch Flachkollektoren mit dieser Technik). In der Vakuumglasröhre sitzt eine Absorberfläche. In dieser Absorberfläche wiederum liegt ein Rohr-in-Rohr-System. Durch das innere Rohr strömt das kalte Trägermedium ein und nimmt dann beim Rückfluss durch das äußere Rohr die Wärme der Absorberfläche auf und leitet diese weiter, zum Beispiel zu einem Wärmespeicher.

Eine weitere Konstruktionsvariante bietet die **Heatpipe-Technik**. Bei dieser Konstruktion befindet sich im Absorber der Vakuumglasröhre nur ein Rohr, auf dessen Innenflächen ein dünnes Trägermedium liegt, zum Beispiel Wasser oder Alkohol. Erhitzt sich das Rohr nun, verdampft das Trägermedium, und der Dampf strömt zu einer Wärmeabnahmestelle am Rohrkopf. Dort gibt der Dampf die Wärme durch Kondensation ab, erkaltet dadurch wieder und schlägt sich in flüssigem Zustand erneut an den Innenflächen des Rohrs nieder.

Schließlich gibt es noch **Speicherkollektoren**. Bei diesen Systemen ist der Kollektor sozusagen gleichzeitig auch der Wärmespeicher. Diese Systeme sind allerdings eher selten. Häufiger werden Flach- und Röhrenkollektoren eingesetzt, die dann an ein Speichersystem angeschlossen werden.

Auch bei Kollektoranlagen ist der **Norm-Nutzungsgrad** eine entscheidende Größe. Er gibt an, welcher Anteil der erfolgten Einstrahlung in Wärmeleistung gewandelt und über den Absorber dem Trägermedium zugeführt werden kann. Sehr wichtig ist in diesem Zusammenhang die Dämmung des Kollektors. Denn selbst wenn die Absorberfläche viel Strahlung aufnimmt und in Wärme wandeln kann, ist entscheidend, dass diese Wärme nur möglichst langsam aus dem Kollektor entweichen kann, außer – gewollt – über das Trägermedium. Denn selbst an sehr kalten, aber klaren Wintertagen kann in Kollektoren durch Sonneneinstrahlung Wärme produziert werden. An heißen Sommertagen hingegen spielt die Dämmung der Anlagen keine so große Rolle, weil das Entweichen von Wärme in die Umgebungsluft dann weniger relevant ist. Ein guter Wirkungsgrad liegt bei 40 bis 50 Prozent, also deutlich höher als bei heutigen Photovoltaikanlagen. Röhrenvakuumkollektoren haben hier in der Regel bessere Werte als Flachkollektoren, sind meist aber auch teurer.

Für die **benötigte Kollektorflächen** müssen Sie mit 1,0 bis 1,5 Quadratmeter Kollektorfläche je Person rechnen. Hier sind aber auch die Vorgaben aus dem EEWärmeG beziehungsweise zukünftig GEG einzuhalten (⟶ Seite 108). Außerdem benötigen Sie 70 bis 80 Liter Solarspeicherinhalt pro Person. Für einen 4-Personen-Haushalt ergibt das etwa 6 Quadratmeter Kollektorfläche auf dem Dach und etwa einen 300-Liter-Solarspeicher im Haus. Für einen optimalen Wirkungsgrad sollten die Kollektorflächen in einem Winkel von 40 bis 45 Grad montiert sein und nach Süden oder Südwesten ausgerichtet werden.

Kollektoren werden eher selten zur Heizwassererwärmung herangezogen. Meist werden sie für den Bereich der Brauchwassererwärmung genutzt. Hier können sie durchaus relevante Wärmeanteile liefern. Eine 4-köpfige Familie zum Beispiel, die einen auf 400 Liter Fassungsvermögen ausgelegten **Warmwasserspeicher** hat, kann mit einer Kollektorfläche von etwa 6 Quadratmetern den Warmwasserbedarf – über das Jahr gesehen – zu etwa 60 Prozent über Solarenergie decken. Dazu ist es wichtig, beim Einsatz von Solarkollektoren das Speichervolumen für Warmwasser entsprechend voluminös vorzusehen, da die Wärmegewinnung und der Wärmebedarf zeitlich weit auseinander liegen können. So will man natürlich auch dann heiß duschen können, wenn die Sonne gerade nicht scheint, und man will natürlich auch vorsorgen, falls die Sonne ein paar Tage lang nicht scheint. Verzieht sie sich sogar für eine ganze Weile hinter Wolken, ist es wichtig, dass das Brauchwasser weiterhin auch klassisch über die bestehende Heizungsanlage erwärmt werden kann. Daher sind viele Warmwasserspeicher, die in Kombination mit Solarkollektoren eingesetzt werden, so aufgebaut, dass sowohl der Wärmetauscher der Solarkollektoranlage als auch der Wärmetauscher der Heizungsanlage mit dem Wasserspeicher kombiniert ist, um beide Erwärmungsarten nutzen zu können. Der Speicherinhalt wächst dabei auf das Doppelte sonst üblicher Warmwasserspeichervolumen, wenn diese ohne Solarkollektoren arbeiten. 300 bis 400 Liter für eine 4-köpfige Familie sollte man auf alle Fälle rechnen. Es gibt aber auch deutlich größere Speicher. Die bringen aber natürlich ein erhebliches Flächengewicht, was am Aufstellort berücksichtigt werden muss, und sie benötigen natürlich entsprechend Platz. Die Speicherung hat den Nachteil, dass das Wasser im Speicher mit der Zeit abkühlt. Daher muss es immer wieder aufgewärmt werden. In einem klassischen, aufrecht stehenden Speicher ist es in der Regel so, dass unten das frische Wasser eingeführt und oben das warme Wasser entnommen wird. Das frische Wasser unten wird über solare Unterstützungen erwärmt und kann so aufsteigen und später oben als Warmwasser entnommen werden. Das Problem hierbei ist, dass es natürlich eine ganze Weile dauern

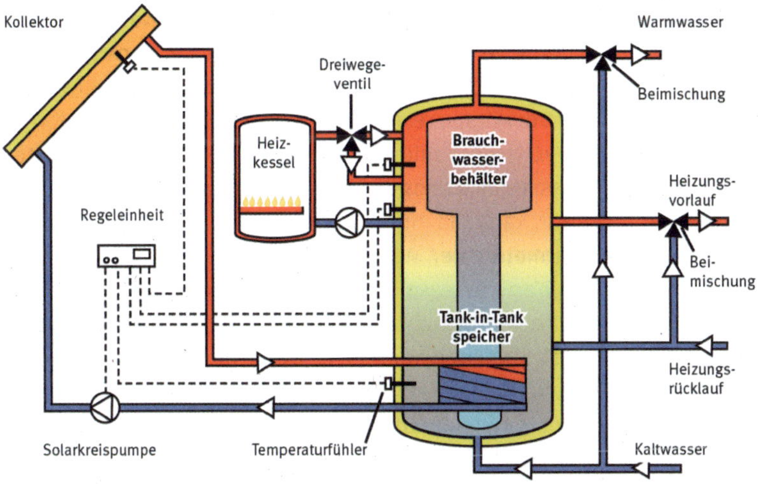

Schema einer Anlage für Brauchwassererwärmung und Heizungsunterstützung mit Pufferspeicher und Frischwasserstation

kann, bis nach der Entnahme von Warmwasser wieder genug neues Warmwasser zur Verfügung steht. Bei einem **Schichtenspeicher** versucht man daher, die Temperaturen der solaren Trinkwassererwärmung und die Temperaturen in den einzelnen Wasserschichten im Speicher möglichst optimal aufeinander abzustimmen. Während bei normalen Speichern das durch die Solarenergie erwärmte Frischwasser einfach unten in den Speicher einfließt und dort mit dem vorhandenen, gegebenenfalls aber kälteren Wasser zusammenfließt, wird das vorgewärmte frische Wasser beim Schichtenspeicher zunächst auf exakt die Wasserschicht geführt, die seiner Temperatur entspricht, was deutlich energieeffizienter für einen jeweils optimal ergänzten Warmwasservorrat sorgt.

Zwischen Speicher- und Kollektoranlage befinden sich die **Steuerungseinheit** sowie die Pumpe, die benötigt wird, um den Kreislauf zwischen Kollektoranlage und Speicher sicherzustellen. Das Zusammenspiel zwischen Kollektoranlage, Steuerung und Speicher ist sehr wichtig für die Gesamteffizienz der Anlage. Das wird an einem einfachen Beispiel schnell anschaulich: Sinkt die Temperatur im Warmwasserspeicher unter die eingestellte Temperaturgrenze, muss das Wasser nachgewärmt werden. Liegt die Temperaturgrenze beispielsweise bei 45 Grad Celsius, aber der Solarkollektor könnte zu diesem Zeitpunkt nur Wasser mit 35 Grad Celsius liefern, wäre es geradezu kontraproduktiv, diese Wärme in diesem Moment einzusetzen, weil es eher zur Abkühlung als zur Erwärmung des Warmwassers im Speicher beitragen würde. In einem solchen Fall muss dann die klassische Erwärmung über die Heizung erfolgen.

Das Problem bei der Nutzung von Solarkollektoranlagen ist, dass sie vorrangig dann Wärme liefern, wenn sie nicht unbedingt benötigt wird, beispielsweise in den Nachmittagsstunden. Im Speicher kann man die Wärme zunächst gut speichern und abends zeitversetzt nutzen. Aber jetzt entsteht das Folgeproblem: In dem Moment nämlich, in dem man das Warmwasser aus dem Speicher abends abruft, strömt kaltes, frisches Wasser in den Speicher nach, das dann erwärmt werden muss. Da die Solarkollektoranlage dies abends oder nachts nicht leisten kann, übernimmt die klassische Heizung diese Aufgabe und erwärmt das frisch nachströmende Brauchwasser auf die gewünschte Temperatur. Auf dieser Temperatur hält die Heizung das Wasser im Tank so lange, bis irgendwann

Tipp

Solare Kombianlagen
Einige Anbieter, die Solarkollektoranlagen für die Frischwassererwärmung offerieren, bieten auch kombinierte Anlagen für Frisch- und Heizungswasser an, allerdings meist zu deutlich höheren Preisen. Wichtig ist bei solchen Anlagen immer, die optimale und störungsfreie Steuerung in Kombination mit einer bestehenden oder neu installierten herkömmlichen Heizungsanlage zur Erwärmung des Heizwassers sicherzustellen.

am Vormittag die Solarkollektoranlage wieder genug Wärme liefern kann, um die Heizung abzulösen und für die Nacherwärmung über den Tag zu sorgen. Das heißt aber, dass die Heizung nicht selten die Hauptlast trägt. Will man dieses Problem umgehen, muss das bei der Planung und Installation der Anlage berücksichtigt werden, zum Beispiel durch eine differenzierte Steuerung, wann die Heizung nacherwärmt und wann nicht.

Immer häufiger werden Solarkollektoren eingesetzt, um neben der Warmwasserproduktion zusätzlich die Heizung zu unterstützen. Diese Anlagen funktionieren vom Prinzip her sehr ähnlich wie die Solarkollektoranlagen für die Frischwassererwärmung, nur dass das erwärmte Wasser aus den Solarkollektoren dann auch das Heizwasser erwärmt. Je nach benötigten Vorlauftemperaturen werden dazu kombinierte Speicher installiert, beispielsweise als Doppelspeicher für Heiz- und Warmwasser. Ähnlich wie die Solarkollektoranlagen für die Brauchwassererwärmung kämpfen die Solarkollektoranlagen für die Heizwassererwärmung mit den gleichen technischen Problemen. Die solarthermische Nutzung für die Raumwärme wird daher meist in Kombination mit einer bestehenden Heizungsanlage genutzt, beispielsweise einer Gasbrenneranlage, um diese in begrenztem Umfang zu unterstützen. Die benötigte Heizleistung kann noch nicht allein über die Solarthermie erbracht werden. Es gibt allerdings interessante Ansätze in diesem Bereich, die versuchen, den Anteil der Solarthermie am Heizenergiebedarf auf über 50 Prozent auszuweiten. Das Konzept hierbei ist, dass ein riesiger Pufferschichtenspeicher in ein Gebäude integriert wird, bis zu 10 Kubikmeter und mehr, um eine sehr hohe Deckung des Heizenergiebedarfs durch Solarthermie zu erreichen. Erste interessante Beispiele dieser „Sonnenhaus“-Bauweise wurden in Bayern bereits realisiert (**www.sonnenhaus-institut.de**).

Geothermie

Bislang noch selten und mit Rückschlägen, aber auch Erfolgen wird die Geothermie für die **Heizungswassererwärmung** eingesetzt. Sie steht im Gegensatz zur Solarenergie zwar wetter- und tageszeitunabhängig zur Verfügung, ist aber in einigen Regionen Deutschlands leichter zu erschließen als in anderen. Die Oberrheinregion zwischen Basel und Karlsruhe eignet sich etwa für geothermische Nutzungen. Hier wurden bereits erste Neubaugebiete komplett zum Einsatz dieses Heizsystems verpflichtet.

Die Geothermik ist die Lehre von der Temperaturverteilung und den Wärmeströmen im Erdinneren. Geothermie ist daher nicht zu verwechseln mit der einfachen Erdwärmenutzung in wenigen Metern Tiefe, zum Beispiel zum Vorerwärmen von Raumluft in Passivhäusern (→ Seite 106). Man kann verallgemeinert sagen, dass sich auf dem Weg von der Erdkruste zum Erdkern die Temperatur alle 33 Meter um etwa 1 Grad Celsius erhöht, bei 100 Metern also um etwa 3 Grad. Dies hängt jedoch wesentlich von der jeweiligen Beschaffenheit des Untergrunds ab. In Vulkangebieten kann die Temperatur bereits alle 5 Meter Richtung Erdtiefe um etwa 1 Grad Celsius ansteigen. In jungen Faltengebieten kann sie alle 20 Meter um etwa 1 Grad steigen. Die Nutzung von Geothermie zur Heizwassererwärmung hängt also ganz wesentlich vom **Standort des Gebäudes** ab. Es gibt zwischenzeitlich in Deutschland erste geothermische Karten, auf denen die geothermischen Eigenschaften verzeichnet sind. Um die Wärme aus dem Erdinneren über Sonden nutzen zu können, wird eine Bohrung tief in das Erdreich bis zu sehr heißen Bereichen geführt. In diese Bohrung wird dann zum Beispiel eine doppelwandige Rohrleitung eingebracht. Im Zwischenwandbereich der Rohre wird kaltes Wasser nach unten geführt, erhitzt sich, steigt im inneren Rohr wieder nach oben und kann zur Beheizung des Gebäudes genutzt werden. Auch erste Geothermiekraftwerke entstehen in Deutschland. Sie haben den Vorteil, dass nur für das Kraftwerk und nicht für jedes Haus eine Bohrung angelegt werden muss. Für diese Kraftwerke sind natürlich ganz andere und tiefere Bohrungen notwendig. Die Gebäude im Umfeld können dann ähnlich wie bei der Fernwärme versorgt werden.

Einen guten Marktüberblick über Heizungssysteme allgemein können Sie sich auf **Fachmessen** verschaffen. Die größte deutsche Fachmesse zur Haus- und Gebäudetechnik ist die ISH in Frankfurt am Main (**www.ish.messefrankfurt.com**). Sie findet alle 2 Jahre im Frühjahr statt und hat an einigen Tagen auch für das allgemeine Publikum geöffnet. Eine weitere Option ist der Besuch der Intersolar in München, die jährlich stattfindet und die größte Solarfachmesse in Deutschland ist (**www.intersolar.de**).

Fertighaushersteller, Massivhausanbieter und Bauträger bieten oft aber ohnehin nur eine bestimmte Hersteller- und Produktbandbreite an, sodass Sie meist nur zwischen diesen wählen können. Die angebotenen Produkte können Sie dann über die Herstellerseiten im Internet genauer nachrecherchieren.

Frischwasserzuführung / Abwasserabführung

Die Frischwasserzuführung ist üblicherweise überhaupt kein Problem. Allerdings erfolgt sie normalerweise nur bis Grundstücksgrenze. Von dort müssen Sie dann die weitere Leitungslegung oft zusätzlich zahlen. Die Arbeiten selber dürfen, wegen der sehr wichtigen Hygienevorschriften auch nur ausgewählte Unternehmen ausführen. Am besten stimmen Sie das Vorgehen mit dem örtlichen Wasserversorgungsunternehmen ab. Die Wasserausleitung und Anbindung an den Straßenkanal ist weniger streng geregelt, allerdigs gibt es hier ein anderes Problem: Es kann sein, dass Ihr Abwasseranschluss, der das Haus verlässt, tiefer liegt als der Straßenkanal. Dann könnte das Wasser nicht mehr im natürlichen Gefälle ablaufen. In solchen Fällen kann man überprüfen, ob man die Abwasserleitung höherlegen kann. Das hängt aber häufig davon ab, ob man etwa auch im Keller eine Wassernutzung benötigt, zum Beispiel für die Waschmaschine oder ein Gästebad. Nötigenfalls muss dann eine sogenannte **Hebeanlage** eingebaut werden, die das Abwasser anhebt, bevor es im natürlichen Gefälle ausgeleitet werden kann. Man benötigt dann unter Umständen auch mehrere Hebeanlagen, denn Fäkalien werden mit anderen Hebeanlagen aus dem Haus befördert als Brauchwasser.

Bei der Abwassereinleitung ist darauf zu achten, ob man es mit einem sogenannten **Trennsystem** oder **Mischsystem** zu tun hat. Bei Trennsystemen werden Regenwasser und das übrige Abwasser getrennt voneinader entsorgt. Bei Mischsystemen fließt beides gemeinsam durch einen Abwasserkanal. Das erkennt man aber eigentlich bereits im Zug der Erstellung des Bauantrags, weil diesem üblicherweise auch ein sogenantes Entwässerungsgesuch beigefügt werden muss, aus dem ersichtlich ist, wie Regen- und Abwasser entwässert werden sollen. Nicht immer kann man übrigens einfach **Regenwasser** in eine Zisterne leiten. Will man das tun, ist auch das mit in das Entwässerungsgesuch aufzunehmen, damit es behördlich überprüft werden kann. Manche Kommunen fördern die natürliche Versickerung des Wassers im Garten, in anderen ist sie gar nicht erlaubt. Im Zug der Abwasserausleitung müssen Sie auf dem eigenen Grundstück auch einen sogenannten **Kontrollschacht** vorsehen, auch den entweder als Trenn- oder Mischsystem. Das ist ein Kanalschacht, über den Sie das private Kanalnetz auf ihrem Grundstück überprüfen und reinigen können.

Sinnvoll ist ein sogenanntes **Rückstauventil** in den Abwasserleitungen, sodass bei Abwasserrückstauungen im Straßenkanal dieses Wasser nicht einfach ins Haus drücken kann.

Hausinterne Wasserinstallation

Bei der hausinternen Wasserinstallation ist ebenfalls zu unterscheiden zwischen der Frischwasserzuführung und der Abwasserausleitung. Die Abwasserausleitung wird zumeist in Kunststoffrohren mit größerem Durchmesser geplant, wohingegen die Zuwasserführung mit kleinen Querschnitten und Materialien wie **Verbundkunststoff**, **Kupfer** oder **Edelstahl** geplant wird. Einfache Stahlrohre sind ungünstig, weil sehr rostanfällig. Aber auch Kupfer kann Lochfraß entwickeln und bei Verbundkunststoffen gibt es Diskussionen zu Weichmachern, die der Kunststoff über die Jahre ans Wasser abgeben könnte. Die beste, aber auch teuerste Lösung sind daher Edelstahlrohre.

Wasserzu- und Waserausleitungen sollten **schallentkoppelt** montiert werden. Dazu werden Sie üblicherweise nicht einfach in die Wände gelegt, sondern in Halteanker montiert, die eine Hartgummieinlage haben. Rohrschächte können zusätzlich mit einer Weichfaserdämmung gefüllt werden, um den Schall etwas zu nehmen. Und auch die Sanitärgegenstände selbst sollten schallentkoppelt montiert werden. Wannen werden meist durch Wannenunterbauten aus Hartschaum schallentkoppelt, WCs und Waschbecken über Schallmatten aus Hartgummi an der Montagefläche. Und auch bei den Armaturen kann man auf Schallschutz achten. Sie erhalten Armaturen in Schallschutzklassen, von I bis III, je niedriger die Ziffernangabe, desto besser ist der Schallschutz.

Und Sie können natürlich schon allein bei der Planung des Zu- und Abwasserrohrlaufs viel für einen sinnvollen Schallschutz tun. Das Kopfende eines Schlafzimmers beispielsweise sollte nicht an einer wasserleitungsführenden Wand liegen. Grundsätzlich sind auch kurze, klare Zu- und und Abwasserwege durchs Haus zu empfehlen.

Warmwasserleitungen können als **Zirkulationsleitungen** ausgestattet werden, sodass warmes Wasser fortlaufend in ihnen zirkuliert und es dadurch sofort am Entnahmepunkt zur Verfügung steht, wenn man es wünscht. Zirkulationsleitungen sind allerdings pumpengetrieben und haben dadurch einen erhöhten Stromverbrauch. Gekoppelt mit Zeituhren kann man sie aber temporär steuern. Alle Ventile der Zuwasserleitungen sollten gut zugänglich und klar beschriftet sein.

Die Dämmung der Warmwasserleitungen im gesamten Haus muss hinsichtlich der Dämmstärke mindestens der Vorgaben der Energieeinsparverordnung (EnEV / Anlage 5 Tabelle 1) genügen (diese Werte sollen so auch ins neue GEG übernommen werden):

	Art der Leitungen / Armaturen	**Mindestdicke der Dämmschicht, bezogen auf eine Wärmeleitfähigkeit von 0,035 W/(m•K)**
1	Innendurchmesser bis 22 mm	20 mm
2	Innendurchmesser über 22 mm bis 35 mm	30 mm
3	Innendurchmesser über 35 mm bis 100 mm	gleich Innendurchmesser
4	Innendurchmesser über 100 mm	100 mm
5	Leitungen und Armaturen nach den Zeilen 1 bis 4 in Wand- und Deckendurchbrüchen, im Kreuzungsbereich von Leitungen, an Leitungsverbindungsstellen, bei zentralen Leitungsnetzverteilern	1/2 der Anforderungen der Zeilen 1 bis 4
6	Wärmeverteilungsleitungen nach den Zeilen 1 bis 4, die nach dem 31. Januar 2002 in Bauteilen zwischen beheizten Räumen verschiedener Nutzer verlegt werden	1/2 der Anforderungen der Zeilen 1 bis 4
7	Leitungen nach Zeile 6 im Fußbodenaufbau	6 mm
8	Kälteverteilungs- und Kaltwasserleitungen sowie Armaturen von Raumlufttechnik- und Klimakältesystemen	6 mm

6.3 Lüftungsanlage

Je dichter die Außenhülle eines Gebäudes ist, desto wichtiger wird die Frage der Lüftung, denn die unkontrollierte „Ritzen“-Lüftung durch Wandanschluss- oder Fenster- und Türfugen entfällt nach einer umfassenden Dämmung meist. Daher muss nicht selten durch ein Belüftungssystem für eine ausreichende Frischluftzufuhr gesorgt werden.

Das Frischluftvolumen, das für eine gute Durchlüftung der Räume benötigt wird, kann entweder für den Bedarf pro Person und Zeiteinheit angegeben werden oder nach Wohnungs- beziehungsweise Gebäudevolumen und dessen komplettem Luftaustausch pro Zeiteinheit. Als Zeiteinheit wird meist eine Stunde angegeben, in Hora (h). Der Luftvolumenwechsel pro Stunde wird in Kubikmeter pro Stunde (m^3/h) angegeben.

Die DIN 1946-6 gibt folgende Luftvolumenströme vor:

Die einfachsten **ungeregelten** dezentralen Lüftungen sind Lüftungselemente im Fensterrahmen zum Luftnachzug, die man öffnen oder schließen kann. Eine etwas weitergehende Stufe sind dezentrale Anlagen, die über Zuluftöffnungen im Fensterrahmen verfügen und die Temperaturdifferenz zwischen innerer und äußerer Luft nutzen, um einen Luftnachstrom sicherzustellen. Die Abluft wird dann über einen einfachen Abluftschacht ohne mechanische Unterstützung, nur mittels der Luftzugwirkung im Schacht abgeführt. Solche Lüftungsanlagen lassen sich allerdings nur schwer regeln und kontrollieren. Ihre Wirkung ist stark abhängig von den Jahreszeiten und Umgebungsbedingungen.

Deutlich weiter gehen die **geregelten Lüftungsanlagen**. Sie arbeiten fast immer mit Ventilatoren zum aktiven Ansaugen von Frischluft und zur Abführung von Abluft. Dadurch kann man das gewünschte Austauschvolumen der Luft steuern und kontrollieren. Bei **dezentraler Installation** können beispielsweise unterhalb der Fensterbank eine Zuluft- und eine Abluftöffnung installiert werden, wobei der Luftstrom beachtet werden muss, den etwa ein Heizkörper im Raum erzeugt. Man spricht hierbei auch von der sogenannten Luftwalze. Kalte Raumluft vor dem Fenster wird durch den Heizkörper erwärmt, sie steigt auf, zieht in hintere Raumbereiche, kühlt ab, sinkt ab und strömt in Bodennähe wieder zurück zum Heizkörper. Daher ist der Zulufteintritt meistens nach unten gerichtet, zum Heizkörper hin, damit die einströmende Luft direkt erwärmt wird und in Form der Luftwalze durch den Raum strömt. Der Abluftaustritt wird hingegen so zum Raum hin orientiert, dass verbrauchte Luft möglichst direkt abgezogen werden kann. Man spricht bei solchen Lüftungsanlagen bisweilen auch von **Schalldämmlüftern**, weil sie ursprünglich aus Schallschutzgründen konstruiert worden sind. Es sollte eine Lüftung ermöglicht werden, ohne dabei ein Fenster öffnen und damit eine erhebliche Lärmbelästigung von draußen ertragen zu müssen.

Neben diesen in die Fenster integrierten Lösungen gibt es auch Systeme, die über eigene **Wandöffnun-**

Wohnungsgröße	**Geplante Belegung**	**Planmäßige Außenluftvolumenströme** *Freie Lüftung*	**Planmäßige Außenluftvolumenströme** *Mechanische Lüftung*
≤ 50 m^2	bis 2 Personen	60 m^3/h	60 m^3/h
50 bis 80 m^2	bis 4 Personen	90 m^3/h	120 m^3/h
› 80 m^2	bis 6 Personen	120 m^3/h	180 m^3/h

gen installiert werden. Diese Werte sollen so auch ins neue GEG übernommen werden. Die Zuluftöffnungen werden dabei beispielsweise an die Außenwände von Wohnräumen gesetzt und die Abluftöffnungen in Räume, die besondere Luftbelastungen tragen, zum Beispiel die Küche oder das Bad. Dies verfolgt auch den Zweck, dass Küchen- oder WC-Gerüche durch eine Lüftungsanlage nicht durch das ganze Haus getragen werden. Bei solchen Systemen ist allerdings zu beachten, dass der Luftstrom ungehindert von einem Zimmer zum nächsten ziehen können muss. Zimmertüren müssen dann beispielsweise Lüftungselemente haben. Das wiederum kann den Schallschutz im Haus beeinträchtigen und unterschiedliche Temperaturregelungen in den einzelnen Räumen erschweren. Ferner wird mit einem einfachen, dezentralen Einzug von Außenluft natürlich auch kalte Luft in einen Raum gezogen.

Die gründlichere und „große“ Lösung ist eine Lüftungsanlage, die die Frischluft über eine **zentrale Außenluftansaugung** anzieht, diese zum Beispiel über einen Wärmetauscher vorerwärmt und die warme, aber frische Luft dann in die Räume verteilt. Zentrale Absaugvorrichtungen in Küche und Bad oder auch dezentrale Absaugvorrichtungen in jedem Raum sorgen für den ungehinderten Luftstrom. Eine optimal ausgelegte Lüftungsanlage mit zentraler Luftansaugung, Luftvorwärmung, zum Beispiel durch Erdwärme, Wärmetauscher und gesteuerter Verteilung kann die Aufgabe einer Heizung mit übernehmen. Vor allem bei sehr gut gedämmten Häusern wie Passivhäusern macht man sich diese Eigenschaft zunutze. Lüftungsanlagen können auch mit Luft-Wärme-Pumpen kombiniert werden, wobei die warme Abluft durch die Wärmepumpe genutzt wird.

Zentrale Lüftungsanlagen benötigen einen größeren Rohrdurchmesser, den man von vornherein bei der Hausplanung berücksichtigen muss. Bei Holzbauten ist das üblicherweise kein Problem, weil die Leitungen in den Wandhohlräumen gut zu führen sind. Soll die Lüftung aber auch eine Heizungsfunktion übernehmen, reicht das nicht aus. Denn es werden etwa 18 bis 25 Zentimeter benötigt. Man kann die Leitungsführung dann in zusätzliche, vorgesetzte Schächte legen, auch im Massivbau. Für Lüftungsleitungen gilt wie für alle Leitungen, sie sollten ihre Ziele auf kurzem und effizientem Weg erreichen. Je länger der Weg, umso ineffizienter die Anlage und umso teurer natürlich auch Material- und Arbeitskosten.

Es ist sinnvoll, beim Einbau komplexerer Lüftungsanlagen einen Haustechnikingenieur einzuschalten, damit er den Bedarf errechnen und eine Abstimmung vorgeben kann. Er sollte auch das Zugluftverhalten analysieren. Lüftungsanlagen sollten auf keinen Fall zu unangenehmem Luftzug innerhalb eines Hauses führen.

Wenn man eine Lüftungsanlage wählt, heißt dies übrigens nicht, dass man nicht mehr lüften kann. Selbstverständlich kann man jederzeit die Fenster öffnen. Wärmeverluste spielen zum Beispiel an warmen Sommertagen überhaupt keine Rolle, sodass man jederzeit selbst entscheiden kann, welche Lüftungsart man bevorzugt, ob kontrolliert über die Lüftungsanlage oder unkontrolliert über die Fenster.

6.4 Passivhausfunktionsweise

Der Stand der Technik ist heute so weit, dass man eigentlich an jedem Standort in Deutschland auf eine klassische Heizungsanlage verzichten kann, wenn man eine moderne Bauweise wie die Passivhausbauweise plant. Bei der Passivhausbauweise ist nur eine **Lüftungsanlage** notwendig, die die Funktion der Heizung mit übernimmt. Klassische Elemente der Heizungsanlage wie zum Beispiel eine Heizwasserführung durchs ganze Haus ist dann nicht mehr notwendig. Bei einem Passivhaus wird im Hautechnikraum ein Lüftungszentralgerät aufgestellt, bei vielen Herstellern schon kombiniert mit einem Wärmetauscher und einer Wärmepumpe. Die Außenluft wird dann angesaugt, durch einen Wärmetauscher geführt und so vorerwärmt, um dann über die Lüftungszentralanlage in alle Zulufträume geführt zu werden, üblicherweise die Wohnräume. Diese werden durch den kontinuierlichen und warmen Luftstrom erwärmt. Über die Ablufträume, üblicherweise Küchen und Bäder, wird die Luft dann wieder ab- und über die Lüftungszentrale zurückgeführt durch den Wärmetauscher, wo sie ihre Restwärme abgibt an die neue Luft, die angesaugt wird.

Das Warmwasser wird bei diesen Systemen mit der elektrischen Wärmepumpe produziert, die – wie erwähnt – oft bereits im Lüftungsgerät integriert ist, und im Trinkwasserspeicher eingelagert, von wo es zu den einzelnen Entnahmestellen gelangen kann. Die Wärmepumpe kann durch eine Solarkollektoranlage bei der Warmwasserbereitung auch unterstützt, ferner kann durch eine Photovoltaikanlage auch der Strombedarf selbst produziert werden, wobei Passivhäuser insgesamt keinen höheren Strombedarf haben als alle anderen Häuser auch. Denn die Lüftungsanlagen laufen mit großen Rohrquerschnitten ohne großen Luftdruckbedarf und mit ganz einfachen Ventilatoren. Die großen Rohrquerschnitte der Lüftungsanlage müssen allerding von vornherein berücksichtigt werden. Sogenannte Wickelfalzrohre, die dafür gut eingesetzt werden können, sind durchaus auch offen unter einer Decke führbar. Eine kluge Grundrissplanung macht aber jeden Raum auch direkt und ganz unauffällig anfahrbar. Der Luftansaugstutzen außen am Haus kann vor jeder Fassade aufgestellt werden. Im Idealfall steht er im Gartenbereich. Er ist zwar sichtbar, aber nicht störend. Die Abluftanlage kann man meist sehr unauffällig auch auf Haussockelhöhe nach außen führen.

Beim Passivhausbau geht die wesentliche Investition in eine hochwärmedämmende Außenhülle. Das ist generell sinnvoller, als eine mäßig gedämmte Außenhülle zu wählen, deren Nachteile dann durch eine konventionelle Heizungsanlage unter teurem Betrieb künstlich wieder ausgeglichen werden müssen. Die Zusatzkosten, die man in die Gebäudehülle investiert, holt man über die entfallenden Betriebskosten meist sehr schnell wieder herein.

Tipp

Die KfW fördert auch Passivhäuser, wobei sie den identischen Energieeffizienzhaus-Klassifizierungen unterliegen wie alle anderen Häuser. Es gibt Passivhäuser, die nach KfW-55-Richtlinie errichtet werden, ebenso wie es Passivhäuser gibt, die die KfW-40-Plus-Kriterien erfüllen.

Das Passivhauskonzept wird seit vielen Jahren deutschlandweit erfolgreich umgesetzt. Trotzdem werden bis heute sehr viele neue Häuser noch immer mit Gas- oder Ölheizungen ausgestattet. Das Passivhaus kämpft bis heute mit zahlreichen Vorurteilen. Das gängigste ist: In einem Passivhaus könne beziehungsweise dürfe man die Fenster nicht öffnen. Das ist natürlich Unsinn. Sie können die Fenster in einem Passivhaus öffnen wie in jedem anderen Haus auch. Und wie jedes andere Haus auch kühlt dann in der kalten Jahreszeit die Innentemperatur herunter, bis Sie das Fenster wieder schließen. Danach steigt sie wieder an. Im Gegensatz zu einem konventionellen Haus müssen Sie im Passivhaus nur das Fenster gar nicht mehr öffnen, um frische Luft zu bekommen, denn diese wird Ihnen über die Lüftungsanlage ja automatisch und ständig geliefert, aber statt kalt eben warm. Viele Bauherren, die skeptisch waren, was die Errichtung eines Passivhauses angeht, sind später überzeugte „Passivhäusler“ geworden. Und das Sinnvollste, was man tun kann, wenn man unentschlossen ist, ein Passivhaus zu bauen, ist, mit Bauherren zu sprechen, die bereits eines gebaut haben. Bietet einem ein Fertighaushersteller oder Massivhausanbieter die Errichtung eines Passivhauses an, hat er üblicherweise immer auch Referenzbauherren, mit denen man sprechen und deren Haus man auch ansehen kann. Das sollten Sie dann auf alle Fälle tun und sich das Konzept im Praxisbetrieb ansehen. Selbst lange Anfahrtwege lohnen.

Die KfW fördert auch Passivhäuser, wobei sie den identischen Energieeffizienzhaus-Klassifizierungen unterliegen wie alle anderen Häuser. Es gibt Passivhäuser, die nach KfW-55-Richtlinie errichtet werden, ebenso wie es Passivhäuser gibt, die die KfW-40-Plus-Kriterien erfüllen.

Das Passivhaus Institut in Darmstadt (**www.passiv.de**), das den Planungsansatz des Passivhauses in Deutschland entscheidend vorangetrieben und in Darmstadt-Kranichstein auch die ersten Passivhäuser in Deutschland errichtet hat, bietet die Zertifizierung von Passivhäusern an. Das kostet allerdings einiges und ist meist gar nicht notwendig. Viele Energieberater können die Energiebedarfsberechnung für Passivhäuser problemlos durchführen, was für die Beantragung der KfW-Fördermittel üblicherweise völlig ausreicht.

Es ist möglich, dass Sie bei der Gebäudeplanung oder Objektsuche mit technischen Begriffen konfrontiert werden, die ein Gebäude energetisch einordnen: zum Beispiel „Niedrigenergiehaus“, „Energiesparhaus“, „Passivhaus“, „EnEV-Haus“, „Plusenergiehaus“. Nicht alle Begriffe sind klar definiert oder gar sinnvoll: So gibt es für die Begriffe „Niedrigenergiehaus“ und „Energiesparhaus“ keine präzise Definition. Ein Neubau muss heute mindestens die Anforderungen der Energieeinsparverordnung erfüllen, die ins neue Gebäudeenergiegesetz überführt werden sollen. Darüber hinaus kann man natürlich freiwillig auch sehr viel mehr machen. Der Begriff des Passivhauses beispielsweise definiert ein Gebäude, dessen Heizwärmebedarf 15 Kilowattstunden (kWh) pro Quadratmeter Wohnfläche und Jahr nicht überschreitet. Das entspricht einem Heizölverbrauch von etwa 1,5 Litern pro Quadratmeter und Jahr zum Heizen des Gebäudes. Immer mehr Fertighaushersteller und Massivhausanbieter bieten mittlerweile die Planung und den Bau von Passivhäusern an. Bei Bauträgern sind Passivhäuser noch eher selten anzutreffen. Das liegt vor allem daran, dass diese – durch die Verkaufsgewalt über das Grundstück – gar keine Veranlassung haben, sich mit technisch innovativen Konzepten zu beschäftigen, um am Markt besser positioniert zu sein. In der Regel können sie sich auf dem Grundstück und dessen Alleinstellungsmerkmal am Markt „ausruhen“. Die anderen Anbieter, die ja um die Grundstücke der Bauherren konkurrieren, können das nicht.

Hinweis

Gesetz zur Vereinheitlichung des Energieeinsparrechts für Gebäude (GEG)

Für die energetischen Anforderungen an Planung und Bau von Gebäuden galten bis 2019 insbesondere 2 Gesetze: Das **Energieeinsparungsgesetz (EnEG)** mit der **Energieeinsparverordnung (EnEV)** und das **Erneuerbare-Energien-Wärmegesetz (EEWärmeG)**. Diese Bestimmungen werden ab 2020 im **Gesetz zur Vereinheitlichung des Energieeinsparrechts für Gebäude (GEG)** zusammengeführt. Dabei sollen die energetischen Anforderungen der bisherigen Bestimmungen unverändert fortgeführt werden.

Beeindruckt von den massiven Protesten der „Fridays for Future“-Bewegung legte die Bundesregierung im Herbst 2019 ein sogenanntes Klimapaket vor, mit dem sie verschärften Klimaschutz anstrebte. Das hatte auch Einfluss auf das GEG. Nach dem aktuell vorliegenden Stand sollen neue Ölheizungen ab 2026 verboten werden. Dies ist aber im Wesentlichen die einzige geplante Verschärfung zu den bislang schon bestehenden energetischen Regelungen für Neubauten. Das heißt, das GEG bringt für Sie nicht wirklich neue Anforderungen, jenseits der schon bestehenden. Und selbst Ölheizungen werden Sie auch nach 2026 noch einbauen können, denn die Bundesregierung hat derart viele Ausnahmeregelungen eingebaut, dass das GEG in Bezug auf den Klimaschutz eine ähnlich durchschlagende Wirkungslosigkeit haben dürfte wie schon seine Vorgängergesetze. Umweltverbände haben das bereits stark kritisiert.

Warum die Bundesregierung überhaupt derart komplizierte Gesetze schafft, mit denen sie überkomplexe, indirekte, nachgelagerte und kaum kontrollierbare Regulierungen versucht, anstatt ganz einfach von vornherein den eingesetzten fossilen Brennstoff höher zu besteuern und damit eine direkte Steuerungswirkung auf den sparsameren Umgang damit zu erreichen – und so auch eine geringere Klimabelastung –, ist vielen Experten seit Jahren ein Rätsel. Diese Frage muss Sie aber nicht weiter beschäftigen, und wenn Sie nicht gerade eine Ölheizung planen, bleibt für Sie auch mit dem neuen Gesetz im Wesentlichen alles beim Alten.

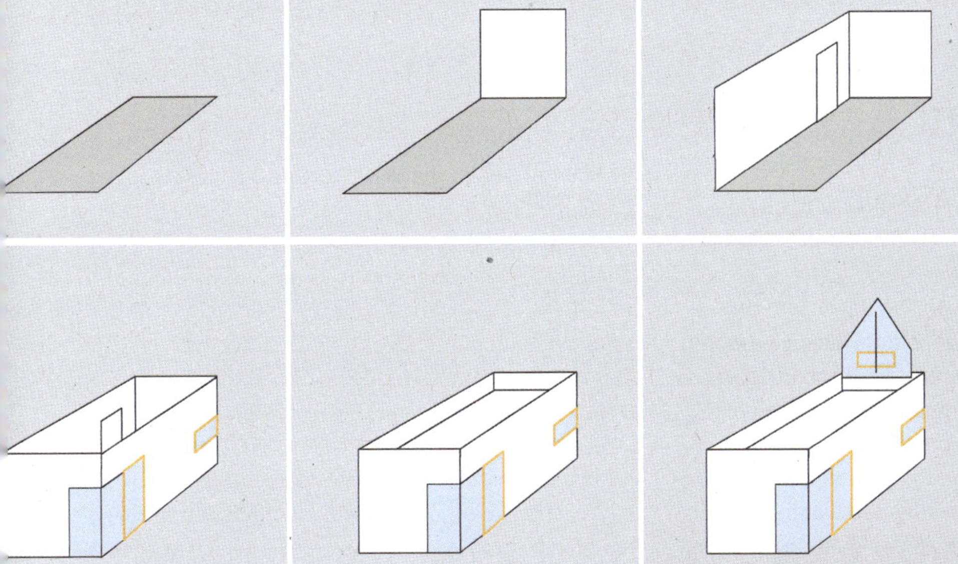

7 Anbietersuche und Vertrag – Fertighaus oder schlüsselfertiges Massivhaus auf eigenem Grundstück

Wenn Sie ein eigenes Grundstück besitzen, können Sie sich den Anbieter eines Fertighauses oder schlüsselfertigen Massivhauses frei aussuchen. Das ist ein großer Vorteil. Sie werden aber schnell feststellen, dass es sehr schwer ist, sich überhaupt einen Marktüberblick zu verschaffen, die Angebote oft nicht preiswert sind und auch die Verträge meist erheblich nachgebessert werden müssen.

7.1 Suche und Auswahl

Herstellersuche

Die Suche nach Angeboten verschiedener Fertighaushersteller oder schlüsselfertiger Massivhäuser gestaltet sich oft unterschiedlich. Denn der Markt schlüsselfertiger Massivhäuser wird oft von kleineren, regionalen Betrieben beherrscht, während der Fertighausmarkt von größeren, überregionalen Herstellern dominiert wird. Sie haben oft auch an mindestens einem Standort ein Musterhaus stehen, oft in einem Musterhauspark, wo zahlreiche Anbieter ihre Musterhäuser ausstellen. Dort stehen in aller Regel aber gar keine oder nur ganz wenige schlüsselfertige Massivhäuser. Dieser sehr praktische und einfache Zugang zu Fertighäusern lässt viele Bauherren auch den Kauf eines Fertighauses leichter erscheinen. Hinzu kommt, dass sich bei Fertighäusern – ähnlich wie beim Automobilmarkt – fast schon ein Markenmarkt herausgebildet hat. Das scheint es einfacher, übersichtlicher und auch vertrauensvoller zu machen. Ein, zwei Samstage auf einer Musterhausausstellung und man hat das passende Haus gefunden und kann auch gleich alle notwendigen Papiere unterzeichnen – das Haus also quasi „to go" kaufen.

Bei schlüsselfertigen Massivhäusern scheint das schon deutlich schwieriger. Einzige Ausnahme: Der Anbieter bietet Grundstück und Haus gemeinsam zum Kauf an. Ist es tatsächlich ein gemeinsamer Kauf in einem einzigen Vertrag für beides, notariell beurkundet, dann handelt es sich um einen Bauträgerkauf. Über diesen erfahren Sie alles in Kapitel 8 und können Kapitel 7 getrost überblättern. Werden Ihnen hingegen ein Kaufvertrag für das Grundstück und ein Bauvertrag für das Haus angeboten, oft sogar enthalten in einer einzigen Urkunde des Notars samt Anlage, sollten Sie im vorliegenden Kapitel 7 weiterlesen. Denn dann kaufen Sie zunächst nur das Grundstück und sind dann auf diesem Grundstück ganz klassischer Bauherr, mit allen Risiken und Herausforderungen. Um die Suche nach einem Anbieter schlüsselfertiger Massivhäuser müssen Sie sich dann allerdings nicht mehr kümmern. Denn zeitgleich mit dem Grundstückskauf haben Sie sich in diesem Fall über den Bauvertrag bereits an einen Anbieter gebunden. Das muss nicht zu Ihrem Vorteil sein – ganz im Gegenteil. Für alle andere Grundstückseigentümer, die ein schlüsselfertiges Massivhaus errichten wollen, gilt, dass damit die mühsame Suche nach einem Anbieter beginnt. Und wenn Sie glauben, die Anbieter suchten händeringend nach Aufträgen, dann werden Sie sich noch wundern über das zum Teil große Desinteresse, das Ihnen entgegengebracht werden wird. Es gibt kaum eine andere Branche, die teils derart desinteressiert mit ihren Kunden umgeht wie der Hausanbietermarkt.

Egal, ob Sie einen Fertighauskauf oder einen Massivhauskauf planen, Sie sollten neben dem überregionalen Markt immer auch den regionalen Markt im Auge behalten. Denn regionale, kleinere Hersteller können eine sehr gute Alternative zu den großen Herstellern sein. Vertragsverhandlungen können dort nämlich oft direkt mit der Geschäftsführung erfolgen, die entscheidungsbefugt ist und unmittelbar Zusagen machen kann, statt zuerst aufwendige Klärungen und Rückversicherungen im Unternehmen einholen zu müssen. Die Hausplanung kann sehr individuell erfolgen, und als Kunde eines Herstellers, der nur 10 oder 20 Häuser im Jahr baut, hat man einen anderen Stellenwert als in einem Unternehmen, das Hunderte Häuser im Jahr produziert. Um auch kleinere Hersteller in der eigenen Region zu finden, gibt es einen hilfreichen Weg. Sie können in einem digitalen Telefonverzeichnis, wie zum Beispiel **www.gelbeseiten.de**, einfach einmal den Begriff „Holzhaus" beziehungsweise „Holzhäuser" oder auch „Massivhaus" beziehungsweise „Massivhäuser" oder „schlüsselfertig Bauen" in Kombination mit der Stadt oder Gemeinde beziehungsweise Nachbarstädten / Nachbargemeinden oder solchen des Landkreises eingeben, in dem Sie wohnen oder wo sich Ihr Grundstück befindet. Sie werden dann Ergebnisse von regionalen Betrieben erhalten. Es kann sich auf alle Fälle lohnen, Kontakt mit einigen dieser Betriebe aufzunehmen.

Das regionale Fertighaus ist eine gute Alternative zum überregionalen Haus. Baukulturell ist es überregionalen Angeboten nicht selten sogar voraus, wenn ein Holzbaubetrieb sich mit diesen Dingen sehr ernsthaft auseinandersetzt. Das tun einige kleine Holzbaubetriebe durchaus.

So vergleichen Sie richtig

Grundsätzlich ist es bei der Suche und dem Vergleich von Fertighaus- und Massivhausangeboten wichtig, dass Sie darauf achten, miteinander zu vergleichen, was auch tatsächlich vergleichbar ist. Bei der Vielzahl der Angebote auf dem Markt ist es fast unmöglich, ein Haus mit einem anderen eins zu eins zu vergleichen. Nachfolgend finden Sie die wichtigsten Punkte, die auf Ihrer Vergleichsliste auf keinen Fall fehlen sollten.

Checkliste für den Vergleich von Haustypen

✓

- [ ] Wird das Haus mit Keller oder mit Bodenplatte angeboten?
- [ ] Wenn das Haus mit Keller angeboten wird, aus welchem Baustoff ist der Keller? Stein? Gefugten Betonplatten? Ortbeton? Wie ist er gegen Erdfeuchte und aufsteigendes Wasser geschützt?
- [ ] Soweit ein Keller mit angeboten wird: Sind der Aushub der Baugrube und das Abfahren des Erdmaterials im Kellerpreis inbegriffen? Sind das anschließende Wiederverfüllen des Geländes und Anmodellieren ans Haus mit im Angebot enthalten?
- [ ] Ist die Baueingabe des zu errichtenden Hauses im Angebotspreis inbegriffen?
- [ ] Aus welchem Hauptbaustoff besteht das angebotene Haus? Holz? Stein? Welchem Holz? Welchem Stein?
- [ ] Welche Dämmwerte (U-Wert) haben Außenwände, Dächer und Fensterflächen?
- [ ] In welcher Ausbaustufe wird das Haus angeboten? Ist es fix und fertig, zum Beispiel mit Hauseingangstreppe und tapezierten Wänden, oder wird es Ihnen zum Beispiel nur tapezierfähig mit provisorischer Hauszugangstreppe übergeben?
- [ ] Wie ist die Ausstattung des Hauses, zum Beispiel hinsichtlich Bodenbelägen, Tür- und Fenstermaterialien, Fliesen und Sanitärgegenständen und dergleichen? Werden hier eindeutige und unzweifelhafte Markenzuordnungen und Baustoffbenennungen gemacht, oder heißt es bloß: „hochwertige deutsche Markenprodukte"?
- [ ] Wie ist die technische Ausstattung? Zwischen welchen Heizsystemen können Sie wählen, welcher Sanitärinstallation (Rohrmaterialien, Armaturen, Schalldämmung, Zirkulationspumpe) und welcher Elektroausstattung (zum Beispiel BUS-System, IT-Verkabelung / KNX-Kabel, TV-Verkabelung und zusätzliche Leerrohre)?
- [ ] Wie lange wird der betreffende Haustyp schon am Markt angeboten, und welche Referenzobjekte gibt es, bei denen man die Kundenzufriedenheit unabhängig abfragen kann?

Welches Fertighaus für wen?

Im Gegensatz zum Bauen mit dem Architekten können Sie beim Bauen mit dem Fertighaus- oder Massivhausanbieter die zur Verwendung kommenden Baumaterialien nicht frei wählen. Sie sind hier in der Regel an die Vorgaben des jeweiligen Hausanbieters gebunden.

Die persönliche Bedarfsermittlung

Wenn Sie für sich grundsätzlich entschieden haben, ob Sie ein Holz-Fertighaus, ein schlüsselfertiges Massivhaus oder gar ein Bausatzhaus kaufen möchten, haben Sie damit automatisch die Anzahl der möglichen Anbieter schon eingegrenzt. Die Konstruktionsweise bei Fertighäusern beeinflusst die äußere Ge-

Hinweis

Neben diesem ersten Vergleich von Hausangeboten erfahren Sie in Kapitel 9.7 ab Seite 206 auch, wie Sie die Ihnen vorgelegten Bau- und Leistungsbeschreibungen genau vergleichen können.

Wenn Sie die mühevolle Arbeit des Angebotsvergleichs nicht nur selbst durchführen wollen, können Sie auch auf eine andere Möglichkeit zurückgreifen: Die Verbraucherzentrale bietet über den Ratgeber „Kosten- und Vertragsfallen beim Bauen“ sehr umfassende Checklisten an, die einem Hausanbieter einfach zum Ausfüllen vorgelegt werden können (eine entsprechende Download-Funktion für die Checkliste finden Sie im benannten Ratgeber). Durch sehr einfache „Ja“- und „Nein“-Antworten kann ein Hausanbieter dann in kürzester Zeit umfangreiche Auskunft geben, was in seinem Hauspreis enthalten ist und was nicht. Auf Basis dieser ausgefüllten Checklisten können Sie dann mittels des Kostenfallen-Ratgebers jede einzelne fehlende Leistung und ihre voraussichtlichen Kosten abgleichen. So erhalten Sie früh ein sehr detailliertes Bild der möglichen Zusatzkosten, die neben den reinen Hauskaufkosten noch auf Sie zukommen. Nähere Informationen zu dem Ratgeber finden Sie im Anhang auf Seite 335.

staltung des Hauses. Ein Fertighaus in Blockbauweise unterscheidet sich erheblich von einem Fertighaus in Holzskelettbauweise.

Durch die Bebauungsmöglichkeiten Ihres Grundstücks können Sie eine weitere Eingrenzung des Angebots vornehmen. Nicht jeder Fertighaustyp kann in der vorgeschriebenen Dachform oder Dachneigung geliefert werden. Bei den dann noch infrage kommenden Herstellern wird Ihnen zwar oft ein umfangreiches Hausprogramm angeboten, gerade aber deshalb ist es wichtig, dass Sie sich mit den einzelnen Angeboten besonders intensiv befassen. Es stellen sich Ihnen 3 wichtige Fragen:

- Welchen Raumbedarf haben Sie?
- Welche Ausbaustufe bevorzugen Sie?
- Welche technische Ausstattung wünschen Sie?

Hinweis

Ein Fertighauskauf im Internet per Mausklick, vielleicht auch noch aus dem Ausland, ist kaum beherrschbar. Das ist er nicht einmal innerhalb der Europäischen Union, soweit ist Europa noch lange nicht. Das Europa der Verbraucher wird noch viele Jahrzehnte des Aufbaus benötigen. Es kommt neben Rechts- und Vollstreckungsproblemen noch etwas ganz anderes hinzu: Der technische Anspruch an den Hausbau. Dieser wird in Deutschland durch die sogenanten Allgemein Anerkannten Regeln der Technik bestimmt. Kein Unternehmen im Ausland, das nicht über ein stehendes Tochterunternehmen in Deutschland verfügt, kann diese hinreichend kennen. Das geht – umgekehrt – deutschen Unternehmen im Ausland genauso. Es gibt 2 Ausnahmen: Häuser aus Österreich und der Schweiz. Und das hat Gründe:

Beide Länder sind ebenfalls deutschsprachig, und der Wissensaustausch über die Grenzen ist einfach und rege. Das wiederum führt dazu, dass auch die Normen- und technischen Regelwerke sowie Richtlinien teils ähnlich sind. Dadurch ist auch der Stand der Allgemein Anerkannten Regeln der Technik in diesen Ländern ähnlich. Wird dann ein Haus in Deutschland nach deutschem Werkvertragsrecht gebaut, mit einem sicheren Zahlungsplan, ist das Risiko mit österreichischen oder schweizerischen Unternehmen zu arbeiten, die kein Tochterunternehmen in Deutschland haben, nicht größer als bei der Zusammenarbeit mit deutschen Unternehmen. In allen anderen Fällen ist ein stehendes Tochterunternehmen in Deutschland letztlich zwingende Voraussetzung.

Bei der Beauftragung von Unternehmen, deren Heimatländer nicht dem Euroraum angehören, sollte darauf geachtet werden, die Zahlungswährung in Euro festzulegen, damit das Wechselkursrisiko von vornherein ausgeschlossen wird.

Diese 3 Themengebiete bestimmen von der haus- und bautechnischen Seite her wesentlich den Haustyp, der für Sie geeignet ist. Wenn Sie zum Beispiel wissen, welche Anzahl an Räumen in welcher Größe und Zuordnung Sie benötigen, ob Sie gegebenenfalls beim Dachgeschossausbau selbst Hand anlegen möchten und ob Sie hinsichtlich der technischen Ausstattung zum Beispiel eine erdgasbetriebene Heizung und Warmwasserbereitung installieren wollen oder aber gerne die Passivhaustechnologie (keine Heizungsanlage, dafür eine Lüftungsanlage mit Warmerückgewinnung) umsetzen würden, haben Sie bereits wesentliche Punkte für eine gezielte Haustypensuche abgesteckt. Dies wird Ihnen eine Menge Zeit ersparen. Trotzdem sollten Sie aber offen bleiben für noch Unentdecktes, Neues, das Ihnen ganz andere Entscheidungsimpulse geben kann. Beginnen Sie zunächst damit, Ihren persönlichen Bedarf zu ermitteln. Anhaltspunkt hierfür ist zunächst immer Ihre gegenwärtige Wohnsituation, aus der heraus Sie sich ja verändern wollen. Prüfen Sie diese eingehend und halten Sie fest, was Ihnen dort fehlt oder was Sie gerne anders hätten. Listen Sie konsequent alle Räume auf, die Sie für unentbehrlich halten, und gehen Sie dabei zum Beispiel geschossweise vor. Bei der Ermittlung der benötigten Quadratmeterzahl der Räume können Sie zum Beispiel ganz einfach Ihre gegenwärtige Wohnung ausmessen und abgleichen, ob deren Raumgrößen für Sie ausreichend sind. Wenn Sie alle Räume geschossweise aufgelistet haben, können Sie anschließend die Gesamtquadratmeterzahlen der einzelnen Geschosse ermitteln und sich sowohl hinsichtlich der benötigten Räume als auch hinsichtlich der benötigten Quadratmeter einen Bedarfsplan erstellen, mit dem Sie auf die Suche nach geeigneten Fertighäusern beziehungsweise schlüsselfertigen Massivhäusern gehen können. In diesen Bedarfsplan können Sie auch Überlegungen miteinbeziehen, wie die einzelnen Zimmer zueinander ausgerichtet sein sollten, also zum Beispiel Küche zu Esszimmer oder Wohnzimmer zu Arbeitszimmer oder Schlafzimmer zu Bad oder ähnlich. Bedenken Sie dabei auch die Frage, ob es wichtig sein könnte, 2 Bäder zu haben, zum Beispiel 1 Kinderbad und 1 Elternbad, oder eine zusätzliche Gästetoilette und Ähnliches. Nicht vergessen sollten Sie bei der Bedarfsermittlung auch, dass Sie ein Haus in unterschiedlichen Lebensphasen unterschiedlich nutzen werden. Auch wenn Sie älter werden, wollen Sie sicher in Ihrem Haus bleiben, oder wenn Sie einmal – vielleicht nur auf Zeit – auf einen Rollstuhl angewiesen sind, wollen Sie sicher nicht umziehen. Es ist dann wichtig, dass Sie zumindest in einem Geschoss ein barrierefreies Wohnumfeld haben, also zum Beispiel auch mit einem Rollstuhl das Bad und WC nutzen können und durch alle Flure und Zimmer kommen. Vielleicht sollte das Haus später auch einmal relativ einfach teilbar sein. Sei es, dass ein Apartement für Kinder oder die Großeltern eingerichtet werden kann, sei es, dass Sie dieses Apartement später selbst nutzen wollen, um den Rest des Hauses vielleicht einem Ihrer Kinder zu überlassen. Je flexibler ein Haus nutzbar ist, desto besser ist es Ihrer jeweiligen Lebenssituation anpassbar. Wenn Sie Zeit haben, können Sie auch in diesem frühen Stadium Ihrer Überlegungen schon einmal eine Fertighausausstellung besuchen und sich von dort ausgestellten Typenhäusern inspirieren lassen. Es ist allerdings so, dass auf vielen Fertighausausstellungen schlüsselfertige Massivhäuser noch nicht angemessen repräsentiert sind. Sie erhalten auf Fertighausausstellungen daher immer nur einen begrenzten Einblick in das Angebot des gesamten Marktes.

Die Ausbaustufen und die Ausstattung

Die überwiegende Zahl der Fertighaustypen und schlüsselfertigen Massivhäuser bietet für identische Haustypen unterschiedliche Ausbaustufen und Ausstattungen an. Der Ausstattungsgrad zwischen den Anbietern schwankt dabei sehr stark. So gibt es beispielsweise Häuser mit grundsätzlich ausgebauten Dachgeschossen und solche mit nicht ausgebauten Dachgeschossen, es gibt bezugsfertige Angebote, also Angebote, bei denen bis einschließlich fertig angebrachter Tapezierung alles inbegriffen ist, und es gibt Angebote, bei denen nicht einmal das Verlegen der Fliesen inbegriffen ist. Daher ist es beim Vergleich von Angeboten auch erforderlich, immer nur identische Ausbaustufen miteinander zu vergleichen. Schriftlich festgehalten werden diese in der Baubeschreibung, die Teil des Kaufvertrags ist. Es ist daher überaus wichtig, dass Sie die sogenannte Bemusterung, also die Festlegung, welche Hausausstattung des von Ihnen bevorzugten Haustyps Sie wünschen, vor der Unterzeichnung des Kaufvertrags abgeschlossen haben. Normalerweise können Sie die unterschiedlichen Ausbaustufen und Ausstattungsqualitäten in einer Bemusterungsausstellung des Fertighausherstellers sehen und vergleichen. Bei Massivhausanbietern ist das nicht immer so. Vor allem kleine Anbieter können nicht dauerhaft solche Ausstellungen vorhalten. Sie haben aber mitunter Referenzkunden, bei denen man sich die Ausstattung ansehen kann.

Ausbaustufen

Sehr wichtig für die zukünftige Nutzung Ihres Hauses sind die verschiedenen Ausbaustufen, die angeboten werden. Hier geht es insbesondere um Sonderwünsche wie Keller oder ausbaufähiges Dachgeschoss und anderes. Verzichten Sie beispielsweise auf einen angebotenen Keller oder auf einen – durch einen Kniestock – leicht erhöhten Dachstuhl, ist dies später nicht mehr revidierbar. Durch die Entscheidung für solche Maßnahmen halten Sie sich spätere Nutzungsoptionen offen. Sie steigern darüber hinaus auch den Wiederverkaufswert Ihres Hauses, haben aber natürlich zunächst auch Mehrkosten. Es kann jedoch sinnvoll sein, stattdessen bei einigen Ausstattungsdetails der Oberflächengewerke zu sparen, die später durch andere ersetzt werden können, um bei grundlegenden Dingen die richtigen Investitionsentscheidungen treffen zu können. Kleinere Zusatzausbauten wie Gauben, Erker oder Balkone sind auch später noch relativ einfach umsetzbar. Hinsichtlich Balkonen kann es aber zum Beispiel günstig sein, bereits von vornherein in bestimmten Räumen Fenstertüren vorzusehen, die direkt bis auf den Boden laufen und bis zur Brüstungshöhe von außen mit einem Schutzgeländer versehen sind. Dann müssen Sie später bei Montage eines Balkons vor dem Haus nur die Schutzgeländer der Fenster demontieren, um von den Zimmern Durchgänge zum Balkon zu haben. Beim nachträglichen Einbau eines offenen Kamins oder eines Kachelofens, als weiteres Beispiel, sollte mindestens bereits ein Kaminschacht vorhanden sein.

Ausstattung

Während viele Kunden sich für die Bemusterung der Oberflächengewerke viel Zeit nehmen (zum Beispiel Bodenbeläge oder Sanitärgegenstände), fällt eine ganze Reihe wichtiger hauskonstruktiver Entscheidungen, die später nicht mehr revidierbar sind, fast nebenbei. Hierzu gehören vor allem Überlegungen zum Außenwandaufbau, zur Wärmedämmung, zum Schallschutz (Trittschall und Luftschall), zum Feuchteschutz (unter anderem im Kellerbereich), zur Heizungs-, Wasser- und Elektroinstallation. Dies sind jedoch Entscheidungen, über die Sie gründlich nachdenken sollten. Sie haben dazu in den vorhergehenden Kapiteln bereits wichtige Informationen erhalten, die Ihnen helfen können, Ihre Entscheidungsprozesse strukturiert anzugehen.

7.2 Herstellerüberprüfung und Vertragsgestaltung

Außer technischen Fragen stehen auch rechtliche Fragen an, die im Rahmen des Kaufs eines Fertighauses oder schlüsselfertigen Massivhauses von Anfang an beachtet werden müssen. Da Kapitel 7 von der Voraussetzung ausgeht, dass Sie auf eigenem Grundstück bauen, gelten hier für Sie andere rechtliche Grundlagen, als wenn Sie Haus und Grundstück gemeinsam erwerben. Diesen Fall behandelt Kapitel 8.

Beim Bauen auf dem eigenen Grundstück greift das Verbraucherbauvertragsrecht des BGB, das seit 2018 gilt. Es gibt immer noch Unternehmen, die das nicht mitbekommen haben, und es gibt weiterhin Unternehmen, die wichtige Regelungen wie ein korrektes Widerrufsrecht eines Bauvertrags nicht ordnungsgemäß behandeln.

Unabhängige Überprüfung des Hausanbieters

Wichtig für Sie ist vor allem, die Seriosität des Anbieters zu überprüfen. Hierzu gibt es mehrere sinnvolle Schritte: Zum einen können Sie das Handelsregister bei dem entsprechenden Amtsgericht einsehen, in dessen Amtssitz Ihr Hausanbieter ansässig ist. Sie können sich seitens dieses Amtsgerichts auch eine Kopie der Eintragung zukommen lassen. Aus diesen Eintragungen erfahren Sie verschiedene Basisdaten über das Unternehmen, so zum Beispiel das Gründungsjahr (wie viel Erfahrung hat das Unternehmen?), die Namen der Gesellschafter (wer leitet das Unternehmen? Fachleute?), den Hauptsitz und die Rechtsform des Unternehmens (etwa e.K., GbR, GmbH, OHG, AG). Beim Amtsgericht können Sie, bei eingetragenen Rechtsformen wie einer GmbH, auch die Protokolle der Gesellschafterversammlungen einsehen und sich damit zum Beispiel über den laufenden Geschäftsbetrieb informieren. Darüber hinaus können Sie bei sogenannten Wirtschaftsauskunfteien Informationen über die wirtschaftliche Situation und über Auffälligkeiten eines Unternehmens einholen. Dies kann besonders dann sinnvoll sein, wenn das Unternehmen einen unseriösen Eindruck macht oder man sichergehen will, dass nicht eine Insolvenz unmittelbar bevorsteht.

Allerdings sind Wirtschaftsauskunfteien in jüngster Zeit zunehmend ins Gerede gekommen aufgrund der teilweise zu geringen Erhebungsbasis für ihre Auskünfte. Und auch eine Bonitätsauskunft der Bank des Hausanbieters ist mit Vorsicht zu genießen. Denn dazu müsste der Hausanbieter seine Bank schon von umfangreichen Schweigepflichten entbinden. Und ob sich seine Bank selbst in einem solchen Fall wirklich neutral äußern wird, bleibt fraglich. Die mit Abstand größte Sicherheit haben Sie ohnehin, wenn Sie ganz einfach immer nur die Leistungen bezahlen, die Sie auch erhalten haben. Einen Muster-Zahlungsplan finden Sie ab Seite 145. Denn Sie können sehr zeitaufwendig so viele Bonitätsinformationen über das Unternehmen einholen, wie Sie wollen: Wenn Sie am Ende den falschen Zahlungsplan haben, nützt Ihnen das gar nichts. Dann richten Sie lieber die volle Konzentration auf den richtigen Zahlungsplan.

Und schließlich sollten Sie vom Hersteller eine Referenzliste bereits erstellter und im Bau befindlicher Häuser verlangen. Fahren Sie auf die Baustellen, sprechen Sie mit den Erwerbern, die gegenwärtig mit Ihrem zukünftigen Vertragspartner bauen. Hier können Sie sozusagen „live“ miterleben, in welcher Weise Ihr zukünftiger Vertragspartner eine Baustelle abwickelt und wie die Zusammenarbeit mit den Kunden klappt. Besuchen Sie auch die Fertigungsstätte des Hausanbieters, wenn es sich um einen Fertighaushersteller handelt. Hier sehen Sie, auf welche Weise die Häuser hergestellt werden und welchen Eindruck die Fabrikationsstätte auf Sie macht. Ist diese zum Beispiel gut strukturiert, hell, sauber und sicher? Wird ruhig und konzentriert gearbeitet, oder ist es laut und hektisch? Tragen die Mitarbeiter Gehörschutz und bei Überkopfarbeit Helme? Sie können gerade auch durch solche vorbeugenden Visiten bei Referenzobjekten anderer Erwerber, auf aktuellen Baustellen und auch in den Fabrikationsanlagen, sehr viel selbst tun, um einen Eindruck von Ihrem potenziellen Vertragspartner zu gewinnen. Nehmen Sie sich diese Zeit, ihn gründlich kennenzulernen.

Vorbereitung der Kontaktaufnahme zum Hersteller

Eine Kontaktaufnahme zu einem Hersteller sollte gut vorbereitet sein. Wenn Sie eine der großen Fertighausausstellungen besuchen, findet der erste Kontakt häufig im Musterhaus selber mit dem Verkaufsteam des Herstellers statt. Da stoßen Laien auf Verkaufsprofis. Es ist kein Problem, wenn Sie zunächst einmal einfach nur durch ein Musterhaus schlendern und sich einen ersten Eindruck verschaffen. Auch ein erster Basispreis, den man Ihnen nennt, oder Unterlagen, die man Ihnen mitgibt, stellen fürs Erste kein Problem dar. Wenig sinnvoll ist es, gleich großes Interesse zu bekunden und die eigene Adresse vormerken zu lassen, ohne dass Sie sich überhaupt ausreichend mit dem Objekt beschäftigt haben. Wenn Sie auf einer Fertighausausstellung mehrere interessante Objekte gesehen haben, können Sie immer noch im Nachgang mit den Unternehmen Kontakt aufnehmen.

Um über konkrete Inhalte mit Fertighausanbietern sprechen zu können, benötigen diese praktisch immer einen Bebauungsplanauszug, damit sie sehen können, in welcher Weise das Grundstück überhaupt bebaut werden darf (→ Kapitel 2.4 ab Seite 27). Es ist also sinnvoll, einen solchen Bebauungsplanauszug in Kopie bereits vorbereitet zu haben, wenn man später gezielter auf einen Hersteller zugeht. Große Hersteller, die fertige Musterhäuser im Angebot haben, können dann sehr schnell überprüfen, welche Musterhäuser gegebenenfalls sogar ohne Anpassungen dort errichtet werden können. Kleine Hersteller können daran erkennen, was auf der Basis möglich ist. Nicht alle kleinen Hersteller haben eigene Architekten, einige kooperieren aber mit regionalen Architekten, was im Fall eines guten Architekten eine gute Lösung sein kann. Diese Planer können ebenfalls Aussagen treffen, was auf dem betreffenden Grundstück möglich ist und was nicht. Bevor Sie aber mit der Kontaktaufnahme beginnen, sollten Sie sich Folgendes klarmachen: Ein Hersteller will seine Häuser verkaufen. Sie erhalten also keine neutralen Bauberatungen, sondern Sie erhalten Verkaufsgespräche. Wenn Sie zu einem Autohändler fahren, erhalten Sie auch keine Mobilitätsberatung, sondern dort will man Ihnen natürlich ein Auto einer bestimmten Marke verkaufen. Sie können also gar nicht erwarten, dass ein Fertighausanbieter Fragen des Bauens oder Wohnens für Sie neutral klärt, sondern das müssen Sie im Vorfeld schon selber tun. Ob Sie also in Stein oder Holz bauen, welches Heizungssystem Sie wählen oder ob Sie nicht vielleicht sogar ganz darauf verzichten und die Passivhausbauweise wählen, dazu werden Sie neutrale Auskünfte nicht erhalten, sondern diese müssen Sie sich selber erarbeiten. Der Verkäufer wird Ihnen nur das als gut verkaufen, was sein Unternehmen anbieten kann. Bietet es zum Beispiel keine Passivhaustechnik an, wird er dieser Technik eher wenig aufgeschlossen gegenüberstehen. Sie können mit 5 grundlegenden Fragen Ihre Überlegungen zum Hausbau bereits stark eingrenzen:

1. Maximaler Preis?
2. Keller oder kein Keller?
3. Grundrissflexibilität oder keine Grundrissflexibilität?
4. Welcher energetische Standard?
5. Holzbau oder Massivbau?

Wenn Sie diese 5 Fragen für sich beantwortet haben, kommen Sie viel zielorientierter und schneller voran:

1. Maximaler Preis

Wenn Sie sich diese Frage stellen, kommt sofort die Überlegung: Was macht überhaupt den Preis aus? Und das heißt: Was ist im Angebot enthalten und was nicht? Üblicherweise haben Sie es bei Preisangeboten zunächst einmal mit absoluten Standardversionen von Fertighäusern zu tun. So kann es zum Beisiel heißen: „Basisversion ab OK Bodenplatte.“ Und dann steht da mitunter ein fantastisch niedriger Preis. Der Preis ist freilich bei Weitem nicht das, was Sie am Ende zahlen. Denn die „Basisversion“ beinhaltet zunächst einmal natürlich nicht alle Ihre Sonderwünsche. Es kann zum Beispiel sein, dass bei der „Basisversion“ das Dachgeschoss nicht oder nur teilweise ausgebaut ist. Sie werden auch nur die einfachste Heizungsvariante und den niedrigsten Energiestandard vorfinden. Eine Terrasse ist ebenso wenig dabei wie der Hauszugang, der Keller oder eine Garage. Aber selbst die Hausanschlüsse mit Wasserzu- und -ableitungen, Strom, Telefon, gegebenenfalls Gas- oder Fernwärmeanschluss sind im Preis nicht enthalten. Das kommt alles noch dazu. Da kann der Kaufpreis, der sich zuvor mit 128.000 Euro so prima las, ganz schnell auf das Doppelte klettern. Denn die Kosten für wichtige Ausstattungselemente, die in der Basisversion nicht enthalten sind, können sehr hoch sein.

Die Preisunehrlichkeit ist einer der ärgerlichsten Gesichtspunkte beim Fertighauskauf beziehungsweise Kauf eines schlüsselfertigen Massivhauses. Besonders störend ist dabei vor allem die Tatsache, dass dem Kunden vor der Vertragsunterzeichnung nur sehr selten reiner Wein eingeschenkt wird, was die wirklichen Kosten angeht. Selbst die Gebäudebemusterung wird vor allem bei Fertighausanbietern fast immer erst nach Vertragsunterzeichnung gemacht. Das wäre so, als würden Sie zunächst den Kaufvertrag für ein neues Fahrzeug unterzeichnen, und erst dann würde der Händler mit Ihnen durch die Ausstattungsliste gehen. Üblicherweise ist es aber umgekehrt: Sie gehen zunächst mit dem Händler durch die Ausstattungsliste – ganz einfach auch, um vor dem Kauf zu sehen, was Sie sich noch leisten können und was nicht mehr. Die Verbraucherzentrale hat diesbezüglich reagiert und 2 wichtige Hilfsmittel entwickelt: Zum einen die sogenannte Muster-Baubeschreibung, die aufzeigt, was in einer guten Baubeschreibung eigentlich fixiert werden müsste, und zum anderen spezielle Ratgeber zu den Kostenfallen bei Hausbau und Hauskauf. Bauen Sie auf eigenem Grundstück, ist der Ratgeber „Kosten- und Vertragsfallen beim Bauen“ für Sie der richtige ergänzende Ratgeber. Bauen Sie mit dem Bauträger ist der Ratgeber „Kosten- und Vertragsfallen beim Immobilienkauf“ richtig (⇢ Seite 335).

Als Faustformel können Sie sich merken, dass Sie für Baugrunduntersuchungen, Baugenehmigung, Einmessung, Geländefreimachung, Erdarbeiten, Kanäle und Hausanschlusskosten zusammen nicht unter 15.000 bis 20.000 Euro rechnen sollten. Dazu kommt noch die Bodenplatte, die rasch mit 6.000 bis 12.000 Euro zu Buche schlägt. Und ebenfalls dazu kommen noch Sonderwünsche, die Sie zusätzlich zu einem Standardhaus eventuell haben. Auch das sind noch einmal ganz schnell 15.000 bis 20.000 Euro. Wollen Sie außerdem einen Keller haben, können Sie – je nach Untergrund und Kellergröße – dafür einen Zuschlag zwischen 35.000 und 50.000 Euro rechnen. 100.000 Euro Mehrkosten sind also tatsächlich vollkommen problemlos zu erreichen. Mindestens 20.000 bis 30.000 Euro Mehrkosten müssen Sie zwingend einkalkulieren, denn das kommt auf alle Fälle noch auf Sie zu, wenn beim Hausangebot etwa eines Fertighausherstellers die Bodenplatte nicht dabei ist und die Standardausstattung des Hauses eher spartanisch ausgelegt ist – und umfassend mit Sonderwünschen nachgebessert werden muss.

☐ Maximaler Preis netto
________________ Euro

☐ Maximaler Preis brutto (plus 19 % Mwst.)
________________ Euro

2. Keller oder kein Keller?

Die nächste, große Entscheidung ist, ob Sie einen Keller wollen oder nicht. Hier geht es allerdings nicht mehr nur um Bauchgefühl, sondern hier geht es um Kostenaspekte, zum einen bezüglich der Baukosten und zum anderen bezüglich des Wiederverkaufswerts des Hauses. Haben Sie schwierige Bodenverhältnisse auf Ihrem Grundstück und zum Beispiel einen hohen Grundwasserstand, werden Sie einen aufwendigen Keller bauen müssen, wenn Sie einen solchen wollen. Haben Sie einfache Bodenverhältnisse, ganz frei von Grundwasserrisiken, können Sie auch eine einfachere Variante wählen. Da nicht alle Fertighaushersteller Keller anbieten, erfahren Sie mehr zum Thema Keller in Kapitel 3. Was Ihnen aber jetzt schon klar wird, ist die Tatsache, dass Sie für die grundlegende Entscheidung, ob Sie einen Keller wollen oder nicht, Informationen zu den Bodenverhältnissen brauchen. Ohne ein sogenanntes Bodengutachten können Sie kaum eine sinnvolle Entscheidung zum Thema Keller treffen. Außerdem müssen Sie sich klar sein, welche Kellerausstattung Sie wünschen. Auch dazu erfahren Sie mehr in Kapitel 3. Denn nur, wenn auch die Kellerausstattung klar ist, kann der Kellerpreis genauer kalkuliert werden. Und der Preis wird für Sie ja ein ganz wesentliches Entscheidungskriterium für oder gegen einen Keller sein.

☐ Keller ☐ Kein Keller

3. Grundrissflexibilität

Die meisten Menschen können ihr Auto flexibler nutzen als ihr eigenes Haus: Rücksitze können umgeklappt werden, ganz oder in Teilen, einige Sitzelemente können auch ganz entfernt werden, Dächer können geöffnet werden, ganz oder teilweise, und dergleichen mehr.

Viele Häuser lassen sich hingegen oft nur nach einem sehr festgelegten Muster nutzen. Es gibt verschiedene Zimmer, doch darunter ein klar definiertes Wohnzimmer, ebenso klar definierte Kinderzimmer und ein eindeutig als solches definiertes Elternschlafzimmer. Dass eine Familie auch lebt, dass sie mal enger, mal weniger eng zusammenlebt, wird in praktisch keiner Planung berücksichtigt. Offene Hauszugänge, offene Teppen im Wohnzimmer – da fragt es sich, ob Eltern und Kinder das als besonders günstig empfinden werden, wenn die Nächte der Jugendlichen länger und die Eltern gleichzeitig gereizter werden. Ein separierter Treppenhauszugang mit Zugang auf eine Wohnebene, auf der nur die Kinder untergebracht sind, wo es für sie ein eigenes Bad gibt, könnte große Entspannung in den Alltag bringen und ist selbst auf sehr kleinen Flächen umsetzbar. Aber auch die mögliche spätere Übernahme des Hauses durch eines der Kinder und der Rückzug der Eltern in einen Teil eines Hauses sind fast nie berücksichtigt. Man muss das alles nicht mitdenken, wenn man es nicht will. Wenn man es aber berücksichtigen will, dann hat man es bei den meisten Grundrissangeboten, die auf dem Markt offeriert werden, sehr schwer. Das Gleiche gilt für das Thema Barrierefreiheit. Will man hier zumindest so weit vorsorgen, dass das Haus gegebenenfalls auch temporär mit dem Rollstuhl nutzbar ist, bieten die meisten Grundrisse samt Zimmer- und Bäderausstattungen heute wenig bis gar keine Möglichkeiten. Wer nicht das Modell der Idealfamilie aus der Werbung lebt, stößt ganz schnell an Grenzen. Wenn Sie Grundrissflexibilitat wollen, gibt es 2 Grundfragen:

1. Ist das Haus gleich oder später sinnvoll unterteilbar in verschiedene Wohnbereiche – vor allem für Eltern und Kinder, gegebenenfalls geschossweise?

2. Ist das Haus auch barrierefrei nutzbar beziehungsweise sind Vorkehrungen getroffen, die das später möglich machen – vor allem Schwellenfreiheit in den Geschossen, Montageplatz und Montagemöglichkeit für Geschosswechselhilfen, Bäder mit Rollstuhlnutzbarkeit, ausreichende Tür- und Flurbreiten?

Wie gesagt: Sie müssen diese Fragen nicht berücksichtigen. Vielleicht wollen Sie es aber, und dann dürfen Sie diese Fragen dem Hausanbieter auch stellen. Alte Häuser, 100 Jahre und älter, mit separaten Treppenhäusern und mit mehreren in Größe und Ausstattung gleichwertigen Räumen in abgeschlossenen Wohneinheiten sind oft viel flexibler nutzbar als das, was heute massenhaft und oft sehr unüberlegt in Neubaugebieten entsteht.

☐ Grundrissflexibilität ☐ Keine Grundrissflexibilität

4. Energetischer Standard?

Die Mindestanforderungen an den energetischen Standard sind gesetzlich festgelegt.

Ein neu zu errichtendes Gebäude muss heute mindestens die Anforderungen der sogenannten Energieeinsparverordnung (EnEV) erfüllen (die, wie erwähnt, noch 2019 im „Gesetz zur Vereinheitlichung des Energieeinsparrechts für Gebäude“, GEG, aufgehen soll, → Seite 108, inhaltlich soll sich aber nichts ändern). Es kann aber natürlich sein, dass Sie einen höheren energetischen Standard möchten. Geläufig sind vor allem die KfW-Effizienzhaus-Standards, so zum Beispiel KfW 55 oder KfW 40 (→ Seite 14). Es kann aber auch sein, dass Sie noch weit darüber hinausgehen und zum Beispiel ein Passivhaus errichten wollen. Passivhäuser sind aber etwa 10 bis 20 Prozent teurer als vergleichbare Gebäude. Zwar entfällt der Einbau einer Heizung, aber eine hochwertige Dämmung muss ebenso verbaut werden wie sehr gut gedämmte Fenster und eine zentrale Lüftungsanlage mit Vorerwärmung und Wärmetauscher. Ein Haus ohne Heizung ist dafür aber natürlich eine sehr nachhaltige Zukunftslösung.

☐ EnEV-Standard ☐ KfW 55 ☐ KfW 40 Plus
☐ KfW 40 ☐ Passivhaus

5. Holzbau oder Massivbau

Es gibt Gründe für und gegen die jeweilige Bauweise, beide Bauweisen haben Vor- und Nachteile. Keine ist insgesamt schlechter als die andere. Bei vielen Menschen ist es nicht zuletzt das Bauchgefühl, welches entscheidet. Das ist gerade bei dieser grundlegenden Entscheidung nicht ungewöhnlich und auch kein Problem. Denn wenn Sie partout nicht in einem Holzhaus leben wollen, hat es keinen Sinn, sich von allen möglichen Experten die Vorteile des Holzbaus darlegen zu lassen. Umgekehrt ist es wenig sinnvoll, auf ein Holzhaus zu verzichten, das man sich eigentlich gewünscht hat, nur weil einem zahlreiche Experten zu einem Massivhaus raten. Die wesentlichen Unterschiede der Bauweisen konnten Sie in Kapitel 4 erfahren. Wenn Ihr Bauchgefühl Sie in die eine oder andere Richtung bringt, ist das in Ordnung, und Sie sollten sich nicht verrückt machen lassen.

☐ Holzbau ☐ Massivbau

Welche Unterlagen wurden Ihnen vorgelegt?

Hausprospekte

Wenn Sie sich nach Hausangeboten umsehen, werden Sie schnell feststellen, dass man Sie entweder mit buntem Prospektmaterial zuschüttet oder aber nur sehr wenig herausgibt.

Beides hilft Ihnen nicht besonders weiter. Die bunten Prospekte mit den glücklichen Familien in den erstaunlich schnell angelegten Gärten vor den nagelneuen Häusern geben Ihnen fast nie substanzielle Informationen über die Häuser. Und auch die extrem mageren Informationen wieder anderer Hersteller bringen Sie nicht weiter. Das ist aber das, womit Sie zumeist zunächst konfrontiert sind. Die Hausprospekte enthalten mitunter viele schöne Sätze wie „Unsere langjährige Erfahrung garantiert Ihnen den sicheren Weg zum Traumhaus!“ oder „Wir stehen für Qualität!“ und Ähnliches. Große, bundesweit tätige Hersteller haben mitunter Prospekte, in denen gleich mehrere Typenhäuser enthalten sind oder die verschiedenen Ausstattungsvarianten mit einem Punkte- oder Ankreuzsystem offerieren. Diese Prospekte dienen dann später manchmal sogar direkt als Bau- und Leistungsbeschreibungsanlage zum Kaufvertrag.

Erste Pläne

In den Prospekten sind zumeist erste Pläne enthalten, häufig Grundrisspläne, unvermaßt, manchmal kombiniert mit 3-D-Visualisierungen der Häuser. Auch diese Pläne werden später zuweilen automatisch zum Vertragsbestandteil. Manchmal erhält man Pläne später separat, auch diese aber oft unvermaßt und meist nur mit sehr einfachen Außenansichten der Häuser versehen.

Kauf- beziehungsweise Bauvertragsmuster mit unverbindlichem Preisangebot

Fast immer nur separat erhält man auf Nachfrage ein Kauf- beziehungsweise Bauvertragsmuster. Manche Hersteller zieren sich damit, andere geben es relativ problemlos heraus, am liebsten aber erst dann, wenn sie ein ernsthafteres Kundeninteresse feststellen. Die Vertragsmuster sind unterschiedlich lang, je nach Größe des Herstellers und dessen Erfahrungen rechtlich gut geprüft und fortlaufend aktualisiert oder aber mehr oder weniger selbst zusammengeschustert und rechtlich kaum überprüft. Das ist der Sachstand, durch den Sie sich üblicherweise durcharbeiten müssen. Nun fragt sich aber, was Sie tatsächlich benötigen, um ein Hausangebot substanziell prüfen zu können.

Die Bemusterung

Wenn Sie einen Hersteller und einen Haustyp in die engere Wahl gezogen haben, steht sinnvollerweise vor (und nicht nach) dem Vertragsabschluss die sogenannte Bemusterung an. Als Bemusterung bezeichnet man den Vorgang, bei dem Sie gemeinsam mit Ihrem Fertighausanbieter alle Ausstattungsvarianten festlegen, die Sie für Ihr Fertighaus wünschen. Dies betrifft unter anderem:

- Außenverkleidungen (zum Beispiel Putz, Verklinkerung, Art der Holzverschalung und Ähnliches),
- Dachdeckung,
- Form und Materialien der Außenbauteile wie Gauben, Balkone, Terrassen, Hauseingangstreppe,
- Außentüren und Innentüren,
- Fenster,
- Bodenbeläge,
- Wandausstattungen,
- Sanitärgegenstände,
- Armaturen,
- Heizkörper,
- Heizsystem sowie
- Elektroausstattung.

Bei größeren Fertighausanbietern können Sie hierzu üblicherweise in einer entsprechenden Ausstellung alle Varianten sehen und auswählen, ob es nun Waschbecken oder Heizkörper oder Türen oder auch Fliesen und Dachdeckungen sind. Das Problem ist nur: Kaum ein Fertighaushersteller ist bereit, eine solche Bemusterung durchzuführen, bevor Sie nicht den Kaufvertrag für ein Haus unterzeichnet haben.

Die Bemusterung sollten Sie aber in jedem Fall vor Vertragsabschluss auch mit dem Fertighausanbieter durchführen. Nur dann haben Sie ja die Möglichkeit, am Ende zu wissen, was das Angbot insgesamt wirklich kostet, und über Preisnachlässe zu verhandeln oder bei erheblichen Mehrkosten gegenüber Ihren Preisvorstellungen von einem Vertragsabschluss abzusehen. Auch Unklarheiten über Ausstattungsstandards können während der Bemusterung endgültig ausgeräumt werden, also etwa, welcher Fliesenbelag in welchen Räumen Standard ist und welcher eine Zusatzausstattung darstellt. Weiterhin wichtig ist auch, dass Sie Ihre bei der Bemusterung geäußerten Wünsche schriftlich festhalten und diese zum Vertragsbestandteil des Kaufvertrags machen. Nehmen Sie sich für die Bemusterung Zeit, und scheuen Sie sich auch nicht davor, nach anderen als den angebotenen Ausstattungsvarianten und deren Kosten zu fragen. Wichtig ist, dass alles umfassend geklärt ist. Ferner ist wichtig, dass Sie alle Materialien nicht nur auf kleiner Fläche sehen (also zum Beispiel nur eine Fliese in der Hand haben), sondern auch auf großer Fläche (also viele Fliesen ausgelegt). Außerdem ist es wichtig, dass Sie die Bemusterung bei Tageslicht und unter Tageslichtbedingungen vornehmen, um Farben und Oberflächenbeschaffenheiten gut sehen zu können.

Tipp

Ist der Hausanbieter nicht bereit, eine Bemusterung vor Vertragsabschluss durchzuführen, zum Beispiel wegen des damit für ihn entstehenden Aufwands, ohne dass er weiß, ob Sie das Haus letztlich kaufen, bieten Sie einfach an, die Personalkosten der Bemusterung zu übernehmen (zum Beispiel 1-Mann /Tag = maximal 80 Euro Stundensatz brutto x 8-Stunden = 640 Euro brutto). Kaufen Sie das Haus später, sollte der Betrag dann aber natürlich mit der Kaufsumme verrechnet werden.

Kauf- beziehungsweise Bauvertrag

Der Kauf- beziehungsweise Bauvertrag für ein Fertighaus oder schlüsselfertiges Massivhaus, das Sie auf eigenem Grundstück bauen, muss nicht von einem Notar beurkundet werden, weil Sie mit dem Fertighaus oder schlüsselfertigen Massivhaus nur ein Produkt erwerben, nicht aber gleichzeitig ein Grundstück oder eine Liegenschaft. Wäre dies der Fall, würden Sie also von einem Fertighaushersteller nicht nur ein Fertighaus, sondern auch ein dazugehöriges Grundstück kaufen, dann müsste der Kaufvertrag vom Notar beurkundet werden. Alles Weitere zu diesem Fall erfahren Sie in Kapitel 8.

Allgemein unterscheidet man zwischen dem Kaufvertragsrecht und dem Werkvertragsrecht, zu welchem als Untergruppe dann der Bauvertrag und der Verbraucherbauvertrag zu zählen sind. Der Aufbau dieser Struktur wurde ja schon in Kapitel 3 eingehend dargestellt. Würden Sie nur ein Haus kaufen, es liefern lassen und dann selbst aufbauen, könnte dies im Rahmen eines reinen Kaufvertrags für Bauprodukte oder für einen Bausatz geschehen. Da Fertighäuser aber fast immer geliefert und aufgebaut werden und auch schlüsselfertige Massivhäuser üblicherweise ebenfalls Materialanlieferung und Aufbau vor Ort umfassen, schuldet Ihnen der Fertighausanbieter oder der Anbieter schlüsselfertiger Massivhäuser ein Werk – und auch einen Werkerfolg, nämlich die Errichtung eines mangelfreien Bauwerks gemäß Plänen und Baubeschreibung. Damit wird diese Leistung im Rahmen des sogenannten Bauvertragsrechts oder Verbraucherbauvertragsrechts erbracht. Auch wenn auf manchen Verträgen „Kaufvertrag" steht, handelt es sich in den weitaus meisten Fällen um einen Bauvertrag oder Verbraucherbauvertrag. Es wird Ihnen also nicht nur eine Dienstleistung geschuldet, sondern eben auch die Ablieferung eines erfolgreichen Werks. Lassen Sie sich durch falschen Begrifflichkeiten nicht irritieren.

Der Vertrag eines Fertighauses oder schlüsselfertigen Massivhauses setzt sich im Wesentlichen aus 6 Bestandteilen zusammen:

Hinweis

Hinsichtlich des Verbraucherbauvertrags eines Fertighauses oder schlüsselfertigen Massivhauses gibt es seit Jüngstem ein gesetzliches Widerrufsrecht für 14 Tage nach Unterzeichnung des Kauf- beziehungsweise Bauvertrags, es gibt aber kein generelles, unbefristetes Widerrufsrecht oder gar Rücktrittsrecht. Das heißt, wenn Sie den Vertrag unterzeichnet haben und nach mehreren Wochen aus bestimmten Gründen hiervon wieder zurücktreten wollen, kann das mit großen Problemen und hohen Kosten verbunden sein. Beispielsweise kann Ihnen der Hausanbieter Rücktrittsgebühren in Rechnung stellen oder Schadensersatzansprüche geltend machen. Klären Sie deshalb immer zunächst die Bebauungsmöglichkeiten des Grundstücks sorgfältig, bevor Sie sich für ein Fertighaus oder schlüsselfertiges Massivhaus entscheiden, und lassen Sie auch den Hausanbieter gründlich prüfen, ob sein Gebäude auf Ihrem Grundstück errichtet werden kann. Nehmen Sie in den Kaufvertrag auf, dass der Hausanbieter mindestens die rechtliche Zulässigkeit der Bebauung geprüft und bestätigt hat.

- der Herstellungs-, Liefer- und Aufbauvereinbarung mit Zahlungsplan / bei schlüsselfertigen Massivhäusern dem Bauvertrag mit Zahlungsplan,
- gegebenenfalls den Allgemeinen Geschäftsbedingungen (AGB) des Hausanbieters,
- der Bau- und Leistungsbeschreibung inklusive den Sonderwunsch- und Bemusterungsvereinbarungen,
- den Technischen Merkblättern unter anderem für Schnittstellengewerke wie den Kellerbau oder das Legen der Hausanschlüsse und dergleichen,
- sämtlichen Plan- und Detailanlagen sowie
- gegebenenfalls Garantieerklärungen und Wartungsvereinbarungen, zum Beispiel für die Heizung.

Die Herstellungs-, Liefer- und Aufbauvereinbarung

Diese Vereinbarung umfasst insbesondere die Lieferbedingungen, die Leistungsbeschreibung, die einzuhaltenden Termine und die anfallenden Kosten. Bei den Lieferbedingungen ist exakt festzulegen, was in welchem Rahmen wann und wie geliefert wird, also zum Beispiel das komplette Anliefern des gesamten Fertighauses an die Baustelle. Auch das Abladen, das Stellen und Lagern bis zum Verbau auf der Baustelle müssen klar geregelt sein. Neben der Lieferung des reinen Produkts müssen auch die Lieferung und Vorhaltung der zum Verbau benötigten Baustelleneinrichtung geklärt sein, also zum Beispiel das Anliefern und Stellen der Baustelleneinrichtung inklusive Baustrom und Bauwasser, inklusive Bauzaun und Baustellen-WC, inklusive aller Spezialwerkzeuge und Geräte und anderem mehr. Manchmal wird die Baustelleneinrichtung auch vom Keller-Rohbauunternehmen mit übernommen und bleibt dann stehen, bis auch der Fertighausanbieter das Haus erstellt hat. Bei schlüsselfertigen Massivhäusern stellt sie meist der Anbieter direkt. Achten Sie darauf, dass dies vertraglich klar geregelt ist. In den Lieferbedingungen ist unter anderem auch auf Dinge wie die Baustellenzugänglichkeit (zum Beispiel erschwerte Baustellenzugänglichkeit mit schweren Lkw) oder den Einsatz von Kranfahrzeugen und Ähnliches einzugehen. Außerdem müssen notwendig werdende Zwischenlagerungen von Material oder Straßenverkehrssicherung der Baustellenzufahrt und anderes erwähnt werden. All dies sollte im Preis enthalten sein. Des Weiteren muss die Herstellungs-, Liefer- und Aufbauvereinbarung exakte Termine und Kostenangaben beinhalten. Zu nennen sind hier vor allem die Liefer- und Fertigstellungstermine, sinnvollerweise auch Zwischentermine. Es ist hierbei allerdings auch Flexibilität geboten. Wenn Sie den Liefertermin auf einen bestimmten Tag festlegen, die Baugenehmigung zu diesem Zeitpunkt jedoch noch nicht vorliegt, wird es Probleme geben, weil das Haus dann noch nicht errichtet werden darf. Sinnvoller sind hier Festlegungen wie *„Spätestens ... Werktage nach Erteilung der Baugenehmigung muss begonnen werden mit ... beziehungsweise muss folgende Leistung erbracht sein bis ...“.* Die Festlegung von Bauzeiten in Leistungsbeschreibungen fordert zwischenzeitlich auch das Verbraucherbauvertragsrecht. (§ 650k Absatz 3). Der Hausanbieter kann solchen Regelungen also nicht einfach ausweichen.

Lassen Sie sich innerhalb des vertraglichen Terminrahmens auch Urlaubszeiten des Unternehmens beziehungsweise seiner Handwerker benennen. Es ist generell sinnvoll, einen sogenannten Bauzeitenplan mit Zwischenterminen, vor allem bezüglich Fertigstellung des geschlossenen Rohbaus, als Vertragsbestandteil mit aufzunehmen. Bei den zu vereinbarenden Kosten ist es wichtig, dass Sie zum einen eine eindeutige Kostenregelung vertraglich festschreiben, also was exakt für welche Leistung in welcher Währung netto und brutto zu entrichten ist, und zum anderen muss unzweifelhaft festgelegt sein, in welchen Raten Sie welche Summen zahlen müssen. Hier spricht man vom sogenannten Zahlungsplan, der in vielen Verträgen extrem gefährlich geregelt ist, oft mit hohen Überzahlungsrisiken für Kunden: Viel Geld wird also vorab überwiesen, ohne dass dem überhaupt eine angemessene Leistung gegenübersteht. Gesetzlich zugesichert ist Ihnen ein Sicherheitseinbehalt von 5 Prozent von Anfang an (§ 650 m Absatz 2). Aber auch ein Sicherheitseinbehalt in Höhe von 5 Prozent während der fünfjährigen Gewährleistungszeit (BGB) kann und sollte festgelegt werden. Ein solcher ist zwar keine gesetzliche Pflicht des Hausanbieters, aber rechtlich zulässig und sinnvoll. Ebenso wichtig sind Dinge wie die Festpreisgarantie und gegebenenfalls der generelle Verzicht der Forderung einer durch Sie zu stellenden Bankbürgschaft zugunsten des Hausanbieters. Nach § 650 m Absatz 4 BGB darf ein Unternehmer von Ihnen aber ohnehin keine Sicherheit verlangen, die 20 Prozent der Vertragssumme überschreitet. Die Sicherheit darf zwar die nächste zu zahlende Ratenhöhe betragen, liegt diese aber über 20 Prozent, ist die Sicherheit auch dann auf die 20 Prozent zu beschränken. Andere, umfangreiche Unternehmenssicherungen, die früher zulässig waren, sind es bei Werkvertragsverhältnissen mit Verbrauchern seit 2018 nicht mehr, was § 650 f, Absatz 6, Satz 2 BGB klar regelt.

Nicht zu vergessen sind klare Regelungen der Beteiligung an Versicherungskosten seitens des Hausanbieters im Rahmen der üblichen Bauversicherungen. Das gilt vor allem für die Bauleistungsversicherung, die gegen Schäden, zum Beispiel durch Vandalismus, auf der Baustelle schützt. Da davon vor allem die ausführenden Beteiligten profitieren, wird sie üblicherweise auch vom Fertighausanbieter oder Massivhausanbieter übernommen.

Ausgeschlossen werden sollten pauschale Mehrkostenregelungen, zum Beispiel aufgrund erschwerter Montagebedingungen. Gründe, die zu Mehrkostenansprüchen berechtigen, sollten detailliert benannt sein. Vereinbaren Sie außerdem, dass bei Fertighäusern grundsätzlich keine Aufstellung bei Regen erfolgt, da das Holz dabei Schaden nehmen kann. Im Idealfall würden Sie bei Verbraucherbauverträgen immer ein absolut kostenfreies Sonderkündigungsrecht vereinbaren. Dieses würde mindestens so lange möglich sein, wie nicht klar ist, ob die Baugenehmigung von den zuständigen Behörden auch erteilt wird oder plötzliche Nachbareinsprüche das Bauvorhaben stark verzögern oder behindern oder ähnlich. Der Unternehmer sollte im Idealfall aufgrund eines solchen ausdrücklichen Sonderkündigungsrechts auch keine Ansprüche auf entgangenen Gewinn haben. Darauf werden sich die meisten Unternehmen aber nicht einlassen. Es gibt dann 2 Alternativen: Es wird ein Vorbehalt in den Verbraucherbauvertrag gesetzt, dass dieser nur gültig wird, wenn auch die Baugenehmigung erteilt wird. Oder Sie teilen die Leistungen von vornherein in Planungs- und Bauleistungen auf. Dann könnten Sie zunächst auch nur einen gering dotierten Planungsvertrag (maximal 1.500 bis 2.500 Euro netto) mit dem Fertighaushersteller oder Massivhausanbieter abschließen, sodass bei der Kommune zunächst zum Beispiel eine Bauvoranfrage gestellt werden könnte, um Klarheit zu bekommen, ob Sie Ihr Vorhaben wie gewünscht realisieren dürfen. Wäre dies nicht der Fall und könnten Sie das Haus nicht bauen, könnte das Geld beim Fertighaushersteller oder Massivhausanbieter verbleiben, für seine erbrachten Planungsleistungen. Wäre das Haus baubar, könnte das Geld einfach mit dem Hauspreis verrechnet werden. Oder aber Sie legen den Planungsvertrag so aus, dass für einen Betrag von 5.000 bis 8.000 Euro zunächst der vollständige Bauantrag eingereicht und dessen Genehmigung abgewartet wird, bevor danach dann in einem Folgeschritt ein Bauvertrag unterzeichnet wird.

Differenzieren Sie Planung und Bau nicht, sondern packen alles in einen Vertrag, müssen Sie daran denken, Ihren Vertragspartner für ausreichend lange Zeit an seinen Hausangebotspreis zu binden. Bedenken Sie, dass das Einholen einer Baugenehmigung allein schon oft deutlich mehr als 3 Monate braucht. Das Sinnvollste ist grundsätzlich eine Festpreisbindung des Herstellers bis zum Abschluss der Baumaßnahmen.

AGB, VOB und BGB

Die Allgemeinen Geschäftsbedingungen des Hausanbieters sind die seiner Arbeit zugrunde liegenden und von ihm aufgestellten allgemeinen Regeln seiner Geschäftstätigkeit. Er kann hierfür allerdings nicht beliebige Regelungen wählen, sondern muss sich innerhalb eines gesetzlichen Rahmens bewegen und zwar innerhalb der §§ 305 ff. des BGB. Mit diesen Paragrafen wurde im Januar 2002 das Gesetz zur Regelung der Allgemeinen Geschäftsbedingungen (AGBG) in das BGB integriert. Sofern der Hausanbieter Allgemeine Geschäftsbedingungen nutzt, dürfen diese den Regelungen der §§ 305 ff. des BGB nicht widersprechen. Hierzu müssen sie allerdings wirksam als Anlage in den Vertrag mit eingebunden werden. Sind sie es nicht, gilt nur das als vereinbart, was wirklich Aufnahme in den Vertrag gefunden hat. Im Zweifel gelten sonst die AGB-Regelungen des BGB. Wenn Ihnen seitens des Fertighausherstellers oder Massivhausanbieters nicht genügend Zeit für eine ruhige Durchsicht seiner AGB gelassen wurde beziehungsweise wenn diese nicht zulässige Abweichungen vom BGB oder Lücken aufweisen, kommt ebenfalls das AGB-Recht des BGB zum Tragen.

Bauvertragsrecht des BGB

Grundlage von Bauverträgen in Deutschland ist das Werkvertragsrecht des BGB, wie Sie in Kapitel 3 bereits ausführlich erfahren haben. Dies umfasst die §§ 631 bis 650. Neu seit 2018 ist das sogenannte Bauvertragsrecht, das die §§ 651a bis 650h umfasst und das Verbraucherbauvertragsrecht, was in den §§ 650i bis 650n geregelt ist. Es schützt Verbraucher nun deutlich besser als das bisherige Werkvertragsrecht des BGB, hat aber weiterhin teils gravierende Lücken. Den gesamten Gesetzestext finden Sie im Internet, im Gesetzesportal der Bundesregierung unter **www.gesetze-im-internet.de**.

Ein zentrales Problem ist: Das Verbrauchervertragsrecht gilt bei Weitem nicht für jede Baumaßnahme von Verbrauchern. Oft gilt nur das Bauvertragsrecht.

Wann gilt das Bauvertragsrecht?

Der einleitende Paragraf des Bauvertragsrechts regelt exakt Folgendes, Zitat § 650a, Absatz 1:

„Ein Bauvertrag ist ein Vertrag über die Herstellung, die Wiederherstellung, die Beseitigung oder den Umbau eines Bauwerks, einer Außenanlage oder eines Teils davon. (...)“

Das heißt, wie schon in Kapitel 3 dargelegt, gilt für den Bau von Teilen eines Gebäudes, also etwa Keller oder Dächer, nur das Bauvertragsrecht, nicht das Verbraucherbauvertragsrecht. Man könnte demgemäß argumentieren, dass ein Fertighaushersteller, der den Keller oder die Bodenplatte nicht mitliefert, auch nur einen Teil eines Gebäudes baut und damit nie dem Verbraucherbauvertragsrecht unterliegt, sondern immer nur dem Bauvertragsrecht. Diese Gesetzeslücke ist ganz klar fehlender Praxiskenntnis des Gesetzgebers und geringer Sorgfalt bei der Erarbeitung des Gesetzes geschuldet. Es ist nicht auszuschließen, dass insbesondere Fertighaushersteller zukünftig so argumentieren werden, wenn sie den Keller nicht mitliefern. Ob Gerichte Fertighausherstellern das durchgehen lassen werden, bleibt aber offen. Denn dann wäre das gesamte Gesetz für große Teile des Markts weitgehend wirkungslos.

Wann gilt das Verbraucherbauvertragsrecht?
Der einleitende Paragraf des Verbraucherbauvertragsrechts regelt exakt folgendes, Zitat § 650i Absatz1:

„Verbraucherbauverträge sind Verträge, durch die der Unternehmer von einem Verbraucher zum Bau eines neuen Gebäudes oder zu erheblichen Umbaumaßnahmen an einem bestehenden Gebäude verpflichtet wird. (...)“

Das heißt im Klartext: Das Verbraucherbauvertragsrecht gilt nur dann, wenn ein Verbraucher einen Unternehmer zum Bau eines neuen Gebäudes verpflichtet. Ob dazu auch Keller oder Bodenplatte gehören, ob es auch ausgebaut sein muss oder nicht, ist alles unklar. Auch hier zeigt sich die viel zu geringe Praxiskenntnis des Gesetzgebers, und auch hierzu werden sich erst in den nächsten Jahren Gerichte genauer äußern.

Für Sie bleibt damit das Risiko, dass Sie nicht einmal wissen, auf welcher Vertragsbasis Sie sich überhaupt sicher bewegen können. Das Gesetz wäre natürlich viel klarer und praxisnäher zu gestalten gewesen. Der Gesetzgeber hat im Zug der Gesetzgebung aber praktisch keinen erweiterten Sachverstand, etwa aus der Arbeitsgemeinschaft Baurecht des Deutschen Anwaltvereins oder vom Deutschen Baugerichtstag oder von ausgewiesenen Baustellenpraktikern eingeholt. Das hat dem Gesetz nicht gutgetan. Nun ist es beim Bauen mit dem Fertighaushersteller oder Massivhausanbieter aber so, dass fast immer der Unternehmer Ihnen einen Vertrag vorlegt. Sie können sich den Vertrag dann vornehmen und schauen, ob grundlegende Punkte des Verbraucherbauvertragsrechts enthalten sind oder nicht. Dann wissen Sie zumindest, welches Recht der Anbieter anwenden will. Die wesentlichen Unterschiede zwischen dem Bauvertragsrecht und dem Verbraucherbauvertragsrecht liegen darin, dass das Verbraucherbauvertragsrecht folgende wichtige und zusätzliche Regelungen enthält:

- Das Widerrufsrecht
- Die Festlegung der Bauzeit
- Die Baubeschreibung
- Den 10-Prozent-Einbehalt der Vertragssumme vor der letzten Abschlagszahlung
- Die Herausgabe der Plan-Unterlagen

Enthält der Ihnen vorgelegte Vertrag einen dieser Punkte nicht, sollten Sie nachfragen, warum das nicht der Fall ist. Gibt man Ihnen zur Antwort, dass das Widerrufsrecht bei Bauverträgen nicht erforderlich sei, sondern nur bei Verbraucherbauverträgen, dann wissen Sie, dass man mit Ihnen einen Vertrag nach dem Bauvertragsrecht schließen will. Sie haben dann 2 Möglichkeiten: Sie können entweder darauf eingehen und den Bauvertrag und die oben benannten Punkte nachbessern, oder Sie bestehen einfach darauf, einen Vertrag ausdrücklich nach dem Verbraucherbauvertragsrecht zu schließen. Letzteres empfehlen wir dringend.

Die weiteren Vertragsbestandteile

- Bau- und Leistungsbeschreibung inklusive der Sonderwunsch- und Bemusterungsvereinbarungen,
- Technische Merkblätter unter anderem für Schnittstellengewerke wie den Kellerbau oder das Legen der Hausanschlüsse und Ähnliches,
- sämtliche Plan- und Detailanlagen sowie
- gegebenenfalls Garantieerklärungen und Wartungsvereinbarungen, zum Beispiel für die Heizung.

Alle diese werden üblicherweise als Vertragsanlagen dem Vertrag beigefügt. Weitere Ausführungen zu diesen Punkten erhalten Sie in Kapitel 9, wo es um alle wichtigen Vertragsanlagen zu Bauverträgen geht.

Der konkrete Vergleich von Bauverträgen ist für Laien nicht einfach. Viele Verbraucher haben solche Verträge noch nie zuvor gesehen und können sie daher kaum einschätzen. Man kann aber grundsätzlich sagen, dass die weit überwiegende Anzahl der Verträge teilweise erhebliche Benachteiligungen für Verbraucher enthalten. Einige dieser Regelungen sind sogar rechtlich unzulässige Benachteiligungen. Man sollte einen Bauvertrag daher nicht unterzeichnen, ohne dass er zuvor von einem darauf spezialisierten Juristen geprüft wurde, zum Beipiel einem Juristen mit Tätigkeitsschwerpunkt Baurecht oder einem Fachanwalt für Bau- und Architektenrecht. Nähere Informationen dazu, wie und wo Sie einen solchen Juristen finden, erfahren Sie auf Seite 151.

Wer einen Bauvertrag über eine sechsstellige Summe ungeprüft unterzeichnet, muss im Zweifel mit schweren Rechtsnachteilen leben. Das kann bis hin zum kompletten Vermögensausfall gehen. Wer glaubt, an der Prüfung sparen zu müssen, spart an der exakt falschen Stelle.

Damit Sie einmal ein Gefühl dafür bekommen, wie Verträge vonFertighausherstellern und Massivhausanbietern aussehen, finden Sie nachfolgend 2 kommentierte Vertragsbeispiele, einmal für ein Fertighaus und einmal für ein schlüsselfertiges Massivhaus zur Errichtung auf dem eigenen Grundstück.

7.3 Kommentierter Beispielvertrag Fertighaus

Hauskaufvertrag zwischen
Holzhaus-Traum GmbH,
Fertigstrase 1,
11111 Fertighausen

und

Bauherr: Familie Schmidt,
Traumstrase 2,
22222 Traumhausen

---

§ 1 Vertragsgegenstand und Vertragsbestandteile
Vertragsgegenstand ist der in diesem Vertrag benannte Lieferumfang unter Berücksichtigung der Grundrisspläne sowie der Bau- und Leistungsbeschreibung. Es handelt sich um das Haus Paradies der Holzhaus-Traum GmbH in der Standardvariante. Keller oder Bodenplatte bauseits. Vertragsbestandteil sind außerdem die technischen Bau- und Lieferbedingungen.

Erläuterung:
Noch vor § 1 zeigt sich, dass der als „Hauskaufvertrag" bezeichnete Vertrag eigentlich ein Werkvertrag nach dem BGB ist. Besser als der Begriff „Hauskaufvertrag" wäre hier der klare Begriff „Verbraucherbauvertrag". In § 1 wird dargelegt, was Vertragsgegenstand und Vertragsbestandteil ist. Vereinbart ist ein Haustyp, genannt „Paradies" als Standardvariante. Das heißt, dass exakt dieser Typ gekauft wird und kein anderer, auch nicht der Typ „Paradies S" oder „Paradies Family" oder was auch immer, sondern gekauft wird der Haustyp „Paradies" in der absoluten Standardversion. Die Bau- und Leistungsbeschreibung und die Grundrisspläne definieren den Haustyp im Zweifel, wobei sich allerdings die Frage stellt, wie umfangreich die Pläne sind? Sind sie zum Beispiel zumindest vermaßt? Gibt es einen Schnittplan, also einen Querschnittplan durch das Haus, sodass man zumindest auch einmal Raumhöhen beurteilen kann? Und wenn Sie eine Fußbodenheizung einbauen wollten, in der Standardausführung aber eine klassische Heizkörperheizung festgehalten ist, entfällt Ihr Anspruch auf die

Fußbodenheizung. Keller- und Bodenplatte müssen „bauseits" erbracht werden. „Bauseits" ist ein sehr unklares Wort. Denn was heißt „bauseits? „Bauseits" heißt eigentlich „bauherrenseitig" oder „käuferseitig". Das heißt: Sie müssen die Bodenplatte oder den Keller durch einen Dritten errichten lassen und auch zusätzlich bezahlen. Beides ist nicht im Leistungsumfang enthalten. Vertragsbestandteil sind auch technische Bau- und Lieferbedingungen. Darin kann vieles geregelt sein, was einzuhalten ist, wenn der Preis bleiben soll wie vereinbart. Es kann zum Beispiel geregelt sein, dass es sich bei Ihrem Grundstück nicht um ein Hanggrundstück handeln darf, dass es mit schweren Fahrzeugen problemlos anfahrbar sein muss oder wie der Keller oder die Bodenplatte beschaffen sein müssen für die Aufnahme des darauf zu errichtenden Hauses. Halten Sie diese Punkte nicht ein, kann der vereinbarte Preis sehr schnell erheblich steigen. Wie und in welcher Höhe er steigt, hat man dann sehr schnell nicht mehr im Griff, weil es in keiner Weise geregelt ist.

§ 2 Vertragssumme und Festpreisgarantie

Der Preis für das unter § 1 bezeichnete Haus beträgt 250.000 Euro zuzüglich Mehrwertsteuer. Ändert sich die gesetzliche Mehrwertsteuer während der Durchführung des Bauvorhabens, so erfolgt eine entsprechende Anpassung des Preises. Die Preisgarantie gilt bis ein Jahr nach Vertragsunterzeichnung.

Erläuterung:

Hier werden Regelungen darüber getroffen, welcher Preis zu zahlen ist. Unklar ist, ob das nur der Herstellungs- oder auch der Aufstellungspreis ist. Das sind vor allem bei Fertighäusern 2 Schritte. Bei Massivhäusern gibt es die vorlaufende Herstellung in dem Umfang meist nicht. Zur Sicherung könnte man in den Vertrag aber natürlich auch setzen: „Pauschalpreis zur Herstellung, Lieferung und Errichtung des Hauses". Auch die Preisbindung ist problematisch. Sie gilt nur für maximal ein Jahr nach Vertragsunterzeichnung. Von der Vertragsunterzeichnung bis zur Hausübergabe vergeht aber schnell mehr Zeit als ein Jahr. Was ist dann? Wird dann das Haus teurer? Oder ist hier gemeint, dass die Preisgarantie gilt, wenn der Baubeginn spätestens ein Jahr nach Vertragsunterzeichnung erfolgt? Das steht aber nicht im Vertrag. Im Vertrag steht, dass die Preisgarantie ein Jahr nach Vertragsunterzeichnung ausläuft. Es bleibt hier auch offen, ob nur Kostensteigerungen weiter gegeben werden können oder auch die Gewinnspanne angehoben werden kann. Ein Festpreis sollte grundsätzlich für den gesamten Erstellungszeitraum eines Hauses gelten. Im vorliegenden Vertrag ist aber auch das Fertigstellungsdatum des Hauses überhaupt nicht vereinbart. Die Mehrwertsteuerregelung ist ebenfalls unklar. Es sollte geregelt sein, ab wann im Fall einer Erhöhung eine Mehrwertsteuererhöhung gezahlt werden muss. Auch die Mehrwertsteuer kann aber nicht beliebig angehoben werden, da sie Preisbestanteil im Sinne des § 309 BGB ist. Übrigens: 19 Prozent Mehrwertsteuer von 250.000 Euro (als Hauspreisbeispiel) sind 47.500 Euro!

§ 3 Bemusterung

Die Hausbemusterung erfolgt nach Eingang des unterzeichneten Kaufvertrags und der ersten Zahlungsrate bei der Holzhaus-Traum GmbH

Erläuterung:

Ein in sehr vielen Verträgen enthaltenes Risiko! Erst soll gekauft werden, dann bespricht man die Ausstattung (Hausbemusterung). Das ist, wie schon erwähnt, so, als wenn Sie zunächst ein neues Fahrzeug kaufen und sich dann über die Ausstattung unterhalten. Grundsätzlich gilt: Erst unterhält man sich über die Ausstattung, legt diese fest und unterzeichnet dann auf dieser Basis und den damit einhergehenden Kosten einen Vertrag. Das beliebteste Gegenargument der Hausanbieterbranche ist: *„Ja, wenn wir das mit jedem machen würden! Und dann der Kunde das Haus am Ende doch nicht kauft! Das könnten wir schon vom Aufwand her gar nicht."* Das sind natürlich alles vorgeschobene Argumente. Beratung vor dem Verkauf gehört zum Geschäft und ist geschäftliches Risiko. Erfolgt die Beratung nicht, verlagert man das

Risiko allzu bequem auf den Kunden. Denn er wird damit praktisch genötigt, vorschnell einen Vertrag zu unterzeichnen, obwohl er zu diesem Zeitpunkt noch überhaupt nicht weiß, wo er am Ende mit welcher Ausstattung preislich landet. Solchen Regelungen tritt man am besten mit dem auf Seite 120 im Tipp dargelegten Vorgehen entschlossen entgegen. Absurd ist hier auch, dass zunächst einmal eine prozentuale Zahlung zu leisten ist, bevor man überhaupt den – aufgrund der Bemusterung – tatsächlichen, endgültigen Preis kennt.

---

§ 4 Zahlungsweise

Die Auftragssumme wird wie folgt fällig:

Bei Bauvorhaben ohne Kellerbau:

5 % bei Vertragsabschluss
10 % bei Übergabe Bauantragsunterlagen
10 % nach Fertigstellung Bodenplatte
70 % am ersten Aufbautag des Hauses
5 % am Tag der Abnahme

Bei Bauvorhaben mit Kellerbau:

5 % bei Vertragsabschluss
10 % bei Übergabe Bauantragsunterlagen
25 % nach Fertigstellung Kellerdecke
55 % am ersten Aufbautag des Hauses
5 % am Tag der Abnahme

Die Zahlungen müssen zu den genannten Fälligkeitsterminen auf dem Konto der Holzhaus-Traum GmbH gutgeschrieben sein. Bei Zahlungsverzug werden Verzugszinsen von 8 Prozent berechnet. Der Holzhaus-Traum GmbH ist vorbehalten, einen höheren Verzugsschaden geltend zu machen.

Erläuterung:

Die unter § 4 getroffenen Regelungen betreffen den Zahlungsplan. Auf diesen muss man ganz besonderen Wert legen. In Kapitel 7.5 ab Seite 142 erfahren Sie deshalb, wie ein sicherer Zahlungsplan aussehen kann. Die hier im Vertragsbeispiel genannten Regelungen sind für Sie nachteilig. Nicht nur, dass Sie hohe Vorauszahlungen zu leisten haben, sondern die Zahlungen müssen auch noch zu den genannten Fälligkeitsterminen auf dem Konto des Unternehmens verbucht sein. Bei der ersten Rate zum Beispiel sollen Sie 5 Prozent nur für den Vertragsabschluss zahlen. Gemäß Vertrag kostet das Haus 250.000 Euro netto, was bedeutet, dass Sie 12.500 Euro netto überweisen sollen, nur weil Sie einen Vertrag unterzeichnet haben. Das Geld muss zudem am Tag des Vertragsabschlusses auf dem Konto des Unternehmens gutgeschrieben sein. Das hieße, dass die Rechnung schon vor Vertragsabschluss, also vor der eigentlichen Fälligkeit, losgeschickt sein müsste und Sie die Überweisung eigentlich auch schon vornehmen müssten, wenn Ihre Unterschrift noch gar nicht unter dem Vertrag steht. Das ist völlig abwegig. Es ist aber ohnehin in keinem Fall gerechtfertigt, auch nur einen Cent von Ihnen zu verlangen, nur weil Sie einen Vertrag unterzeichnen. Bezahlt wird grundsätzlich nur gegen Leistung. Die erste Leistung bei einem vernünftigen Zahlungsplan wäre die Übergabe der Bauantragsunterlagen. Auch dafür will das Unternehmen sofort 10 Prozent der Vertragssumme kassieren. Das wären bei einem Haus mit Kosten von 250.0000 Euro dann satte 25.0000 Euro. Zusammen mit den bereits in Rechnung gestellten 12.500 Euro schon 37.500 Euro netto. Nehmen wir an, Sie würden diesen Zahlungsplan so hinnehmen, die Zahlungen leisten und die Bauantragsunterlagen einreichen und einige Wochen später seitens der Baurechtsbehörde erfahren, dass die Bauantragsunterlagen unzureichend seien. Sie würden sich dann an den Hausanbieter wenden und erfahren, dass er leider insolvent geworden sei. Dann wäre Ihr Geld weg, und Sie hätten schlicht gar keine verwertbare Gegenleistung erhalten. Das ist der Grund, warum man solche Zahlungspläne nicht akzeptieren sollte. Die Risiken sind einfach viel zu hoch. Es gilt: Erst nachprüfbare Leistung, dann fließt Geld. Das heißt, statt der ersten beiden Raten über satte 15 Prozent würde man gegebenenfalls die Zahlung von 1,5 Prozent für den Fall vereinbaren, dass der Bauantrag erfolgreich genehmigt wird (→ siehe dazu auch Kapitel 7.5 ab Seite 142).

Bei einer Vertragssumme von 250.000 Euro sind das immerhin 3.750 Euro. Das ist auskömmlich.

Und auch die weiteren Zahlungsraten funktionieren so natürlich nicht. Bei einem Haus ohne Keller hätten Sie zum Zeitpunkt der Fertigstellung der Bodenplatte schon 25 Prozent der gesamten Hauskosten bezahlt, und auf Ihrem Grundstück würde gerade einmal eine nackte Betonplatte liegen. Im Fall eines Hauses mit Keller wären zum Zeitpunkt der Rohbau-Kellerfertigstellung bereits 40 Prozent der gesamten Hauskosten bezahlt. Die gesamte Restsumme bis auf 5 Prozent soll dann am ersten Aufbautag des Hauses bereits auf dem Konto des Hausanbieters sein. Das heißt, das Geld müssten Sie theoretisch bereits vor Aufbau des Hauses überweisen. Zu dem Zeitpunkt wissen Sie aber natürlich noch gar nicht, ob das Haus letztlich auch wirklich aufgestellt wird, schon gar nicht, ob es zu dem festgelegten Datum aufgestellt wird. Um dieses Datum zu gefährden, reicht schon ein einfacher Motorschaden bei einem der LKWs des Hausanbieters, auf den Ihr Haus verladen werden soll. Vor allem aber wissen Sie noch gar nicht, ob das Haus mangelfrei aufgestellt wird. Es ist nachvollziehbar, dass der Hausanbieter möglichst rasch nach der Haus-Aufstellung sein Geld haben möchte; denn er geht ja in hohe finanzielle Vorleistung. Das ist aber sein unternehmerisches Risiko. Sie dagegen müssen zunächst schon die Möglichkeit haben, festzustellen, ob das Haus auch mangelfrei aufgestellt wird, bevor Sie Zahlungen leisten. Bei dem Zahlungsplan in unserem Beispiel beansprucht der Hersteller den Gesamtpreis bis auf 5 Prozent zum Zeitpunkt der Aufstellung des Holzbaus. Den Innenausbau lässt er sich damit faktisch gleich mitbezahlen, obwohl dieser nur schrittweise nach Aufstellung des Holzbaus erfolgt. Der Hausanbieter hätte hier bereits fast den gesamten Betrag für das Haus erhalten, obwohl wesentliche Leistungen wie Einbau von Sanitäreinrichtung, Heizung, Estriche, Böden und dergleichen noch ausstehen. Denn diese werden auch bei fast allen Fertighäusern ganz klassisch gewerkeweise später eingebaut. Daher muss man die hohe Rate von 70 beziehungsweise 55 Prozent aufteilen in kleinere Beträge, die dem Baufortschritt entsprechen (⟶ Kapitel 7.5 ab Seite 142).

So wie hier vorgelegt ist die Ratenzahlungsvereinbarung für Sie unnötig riskant. Völlig unbeachtet bleibt auch § 650 m Absatz 1 des BGB. Dieser regelt, dass Abschlagszahlungen von Unternehmen insgesamt maximal 90 Prozent der vertraglich vereinbarten Kosten betragen dürfen. Zusammen mit dem Sicherheitseinbehalt von 5 Prozent, den Sie von Anfang an einbehalten dürfen, sind das 15 Prozent. Hinzu kommt, dass der Unternehmer ja die letzte Rechnung auch einfach als Schlussrechnung titulieren könnte und damit gar keine Abschlagsrechnung mehr stellen würde. Dann könnten Sie allerdings dagegenhalten, denn für eine Schlussrechnung muss auch die Leistung vollständig erbracht und abgenommen sein.

---

§ 5 Leistungen des Bauherrn

Die Beschaffung des Grundstücks, dessen Bebaubarkeit, die Beschaffung der Baugenehmigung sowie der Finanzierungsmittel ist Sache des Bauherrn, ebenso die Bereitstellung von Bauwasser, Baustrom, Kranstandplatz und Lagerplatz. Eventuelle Auflagen der Baugenehmigung, die zur Änderung der Ausführung führen, werden gesondert berechnet. Der Bauherr trägt das Baugrundrisiko. Das Leistungsangebot gilt nur für ebene, vollständig geräumte Grundstücke. Der Bauherr hat für das Bauvorhaben vor Erstellung eine Bauwesenversicherung, eine Bauherrenhaftpflichtversicherung und eine Rohbaufeuerversicherung abzuschließen und der Holzhaus-Traum GmbH auf Verlangen nachzuweisen.

Erläuterung:

Unter § 5 werden Leistungen des Bauherrn beschrieben. Das heißt aber noch lange nicht, dass die hier beschriebenen Leistungen alle Leistungen des Bauherrn sind. Denn was das Unternehmen unter welchen Voraussetzungen liefert, wird auch in der Bau- und Leistungsbeschreibung festgehalten. Was dort nicht enthalten ist, wird auch nicht geliefert, und darauf hat der Bauherr auch keinen Anspruch. Sogar Vorbehalte beim Preis, die an technische Voraussetzungen gekoppelt sind, können in der Baubeschreibung geregelt sein. Oft werden sie aber auch direkt in den Verträgen geregelt, zum Beispiel durch Formulierungen wie: *„Der Festpreis gilt für geräumtes, ebenes Gelände, das die notwendigen Bodenvoraussetzungen zur Aufstellung des Haustyps Paradies bietet."* Dann fragt sich natürlich, was denn wohl die Voraussetzungen sind? Zumindest Bodentragfähigkeit, Bodenklasse und Grundwasserstand sollte man kennen und den Hausanbieter prüfen lassen, ob er damit zurechtkommt, oder sie explizit in den Vertrag mit aufnehmen als gegebene Voraussetzung vor Ort. Diese 3 Hauptaspekte werden üblicherweise über sogenannte Bodengutachten geklärt, die fast nie Vertragsbestandteil der Firmen sind. So kommt es, dass Käufer Hausverträge unterzeichnen, ohne überhaupt zu wissen, ob das Wunschhaus auf dem eigenen Grundstück ohne größere Gründungsprobleme errichtet werden kann. Das ist ein Fehler, der sehr schnell sehr teuer werden kann. Momentan geregelt ist in unserem Vertragsbeispiel, dass Sie das Baugrundrisiko tragen. Das heißt, wenn das Grundstück nicht zur Aufnahme des Hauses geeignet ist, ist das Ihr Problem. Diese Regelungen sind sehr häufig in Verträgen zu finden, daher ist es sinnvoll, mit dem Hausanbieter darüber zu reden, wie dieses Risiko vernünftigerweise ausgeschaltet werden kann. Entweder der Hausanbieter übernimmt das Risiko, dann wird er sich auch rechtzeitig um alle notwendigen Klärungen kümmern, oder Sie lassen vorab den Baugrund untersuchen und stellen dem Anbieter die Ergebnisse zur Verfügung, damit er eine klare vertragliche Zusage treffen kann, das Haus ohne Mehrkosten auf dem untersuchten Grundstück zu errichten. Welche sonstigen Leistungen üblicherweise an Ihnen hängenbleiben, können Sie der Checkliste ab Seite 252 entnehmen. Wenn Sie sich um einige der Leistungen nicht kümmern können oder wollen, benötigen Sie klare vertragliche Vereinbarungen mit dem Hausanbieter darüber, was er übernimmt und was Sie übernehmen. Manche Verträge enthalten auch Regelungen, was passiert, wenn sich die Bauherren nicht um Ihre Aufgaben im vorgesehenen Zeitrahmen kümmern. Das geht bis hin zu Kündigungsoptionen des Hausanbieters mit festgeschriebenen Entschädigungssummen. Auch das kann sehr ärgerlich und sehr teuer werden.

---

§ 6 Sicherheiten

Der Bauherr weist der Holzhaus-Traum GmbH spätestens 4 Wochen nach Vertragsabschluss die Finanzierung nach und tritt seine Auszahlungsansprüche aus dem Bankdarlehen an die Holzhaus-Traum GmbH ab. Soweit der Bauherr eine Teilsumme der Finanzierung durch Eigenmittel erbringt, verpflichtet sich der Bauherr, diesen Teilbetrag auf ein Konto einer inländischen Bank seiner Wahl zu verbringen und auch für diesen Teil einen Auszahlungsanspruch für die Holzhaus-Traum GmbH einzurichten.
Alternativ kann der Bauherr bis spätestens 4 Wochen nach Vertragsunterzeichnung auch eine unbefristete, unbedingte und selbstschuldnerische Bürgschaft in Höhe der Gesamtvergütung bei einem deutschen Kreditinstitut zur Absicherung aller Zahlungsverpflichtungen an die Holzhaus-Traum GmbH übergeben.

Erläuterung:

Die Sicherheiten, die sich das Unternehmen unter § 6 stellen lässt, sind sehr gefährlich für Verbraucher. Im Grunde soll hier ein Blankoscheck ausgestellt werden, mithilfe dessen das Unternehmen in jedem Fall an Ihr Geld kommt. Aber genau das sollten Sie keinesfalls zulassen. Denn das wichtigste Steuerungsinstrument im Rahmen von Bauvorhaben ist schlicht und einfach das Geld. Sie haben schon aus dem BGB heraus das Recht, für Mängel üblicherweise den doppelten Betrag der zur Beseitigung eines Mangels notwendigen Summe einzubehalten (§ 641 Absatz 3). Das können sehr schnell erhebliche Beträge sein. Sehr wichtig ist daher, dass grundsätzlich Sie es sind, der beziehungsweise die entscheidet, ob Auszahlungen erfolgen und wenn sie erfolgen, in welcher Höhe sie fließen. In unserem Beispiel könnte es Ihnen passieren, dass der Hausanbieter ganz einfach die nächste Zahlungsrate direkt bei Ihrer Bank anfordert. Ob eine Auszahlung gerechtfertigt ist und wenn in welcher Höhe – natürlich abhängig davon, was und wie vor Ort gebaut wurde –, wird Ihre Bank nicht überprüfen. Es gibt keine Banker, die Gummistiefel und Bauhelm unter dem Schreibtisch haben und auf einer Baustelle nachkontrollieren, inwieweit

Zahlungsvoraussetzungen auch wirklich erfüllt sind. Wenn Sie das nicht selbst tun, wird es niemand tun. Also sollten Sie es tun, und deswegen sollten alle Zahlungsanweisungen ausschließlich über Sie laufen. Die Abtretung von Auszahlungsansprüchen sollte man tunlichst unterlassen.

Auch die Regelung im zweiten Absatz ist nachteilig für Sie. Denn dann würden Sie auch für Ihre Eigenmittel Auszahlungsansprüche erteilen. Als Alternative bietet das Unternehmen die Einrichtung einer Bürgschaft durch Sie an. Und zwar eine unbefristete, unbedingte und selbstschuldnerische in der Höhe der Gesamtvergütung des Hauses. Zwar kann sich das Unternehmen nach § 650e BGB eine Sicherheit von Ihnen stellen lassen in Form einer Sicherungshypothek auf das Grundstück. Sicherungsbürgschaften hingegen sind nach dem neuen Verbraucherbauvertragsrecht als Sicherheitsverlangen des Unternehmers auch für größere Häuser als Einfamilienhäuser nicht mehr zulässig (§ 650f Absatz 2 BGB wird für wird für Verbraucherbauverträge aufgehoben durch Absatz 6 Satz 2 desselben Paragrafen). Umgekehrt können Sie aber sehr wohl vom Unternehmen Sicherheiten verlangen, und zwar dafür, dass das Haus rechtzeitig und mangelfrei fertiggestellt wird. Das ist dann eine sogenannte Fertigstellungssicherheit nach § 650m Absatz 3 des BGB von zumindest 5 Prozent der Vertragssumme. Das BGB regelt allerdings nicht den Inhalt der Sicherung, also etwa einer Bürgschaft. Damit Sie im Fall des Falls Ihr Geld auch bekommen, muss eine Bürgschaft daher sehr sorgfältig gearbeitet sein. Es muss etwa sehr genau geklärt werden, welche Art von Bürgschaft das Unternehmen stellt, eine Bürgschaft in Höhe der Gesamtkosten des Hauses etwa und damit in der vollen Höhe des Risikos als unbedingte und unbefristete, selbstschuldnerische Bürgschaft unter Verzicht auf die Einrede der Vorausklage. Dann wäre es eine Bürschaft ohne zeitliche Befristung, es wären keine Bedingungen an sie geknüpft, die Bank würde selbst als direkter Schuldner auftreten und darauf verzichten, dass Sie zunächst vergeblich beim Unternehmen versucht haben müssten, das Geld zu bekommen. Dann wären die Chancen groß, dass Sie möglicherweise benötigtes Geld tatsächlich auch auf erstes Anfordern ziehen können, sodass ein Schreiben an die Bank des Unternehmens ausreicht und das Geld überwiesen wird. Die Voraussetzungen, unter denen gebürgt wird, müssen dazu aber tatsächlich detailliert geklärt werden (⇢ Seite 144).

Die beste Sicherheit ist im Übrigen immer, einen klaren und ausreichend detaillierten Zahlungsplan zu vereinbaren, in dem festgeschrieben ist, dass grundsätzlich zunächst die Leistung erfolgt und erst in deren Folge dann die Zahlung (⇢ Kapitel 7.5 Seite 252) und im Idealfall die Sicherung von 5 Prozent der Vertragssumme auch von Anfang an tatsächlich durch Sie einbehalten werden, also auch tatsächlich bei Ihnen verbleiben.

---

§ 7 Hausrecht

Der Bauherr übergibt während der Bauzeit das Hausrecht am Grundstück an die Holzhaus-Traum GmbH.

Erläuterung:

Was hier in § 7 geregelt ist, nimmt Ihnen sehr wichtige Rechte auf Ihrem Grund und Boden. Sie sind damit nicht mehr Herr über Ihr eigenes Grundstück. Das Hausrecht an Ihrem Grundstück sollten Sie daher auf gar keinen Fall abtreten. Ein großes Problem wäre dann vor allem, dass Sie ungefragt Ihr eigenes Grundstück nicht mehr betreten könnten, um zum Beispiel den Leistungsstand der Baumaßnahmen zu kontrollieren.

---

§ 8 Abnahme / Gewährleistung

Die Holzhaus-Traum GmbH teilt dem Bauherrn rechtzeitig den Abnahmetermin für die erbrachten Leistungen mit. Auch Teilabnahmen sind zulässig. Falls eine Abnahme entfällt, aus Gründen, die der Bauherr zu vertreten hat, gelten die Leistungen mit Ablauf von 12 Werktagen nach schriftlicher Mitteilung der Fertigstellung des Hauses als mangelfrei abgenommen. Der Bezug des Hauses ist erst nach Abnahme möglich. Wird es vorher bezogen, gilt es als abgenommen.

Erläuterung:
Die Abnahme ist ein sehr wichtiger rechtlicher Vorgang beim Bauen. Mit der Abnahme erkennen Sie die Bauleistung als vertragsgemäß erbracht an. Bei einer Abnahme geht man gemeinsam mit dem Vertragspartner durch das Haus und fertigt ein Protokoll über Mängel und noch ausstehende Arbeiten an (⇢ Kapitel 12.1 Seite 298). Für sichtbare Baumängel, also Baumängel, die nicht durch andere Bauteile verdeckt sind und die Sie erkennen können, die Sie im Abnahmeprotokoll aber nicht vorbehalten, entfällt üblicherweise Ihr Nachbesserungsanspruch. Daher muss eine Abnahme sehr sorgfältig und gründlich durchgeführt werden. Was hier unter § 8 geregelt ist, ist allerdings sehr riskant für Verbraucher. Das fängt schon damit an, dass nicht genau geregelt ist, wie Sie über den Abnahmetermin informiert werden. Es steht nur *„rechtzeitig“* im Vertrag. Was heißt rechtzeitig? Montags eine Ankündigung für die Abnahme am folgenden Dienstag? Können Sie sich so kurzfristig überhaupt Zeit nehmen? Auch wie Sie informiert werden, ist nicht geregelt. Per E-Mail? Und Sie haben Ihren E-Mail-Account 2 Tage nicht kontrolliert und erfahren dann, dass Sie gerade die Abnahme verpasst haben und das Haus damit als mangelfrei abgenommen gilt? Vernünftige Abnahmeregelungen in Verträgen müssen klar festlegen, dass Sie schriftlich über den Abnahmetermin informiert werden, und zwar zumindest 14 Tage im Voraus. Soweit Sie einen Urlaub planen, der über diesen Zeitraum hinausgeht, muss auch das geregelt werden, also zum Beispiel dass während der Urlaubszeit im Sommer mindestens 4 Wochen im Voraus informiert werden muss. Ferner sollten Regelungen für Ersatztermine getroffen werden, falls Sie zu einem anvisierten Termin doch noch kurzfristig verhindert sind. Bereits ein gerissener Keilriemen kann dazu führen, dass Sie nicht rechtzeitig zur Abnahme erscheinen können. Zumindest 2 Ersatztermine sollten möglich sein. Können beide nicht eingehalten werden, sollte darüber hinaus die Möglichkeit geschaffen sein, dass Sie das Haus dann unabhängig selbst betreten können und zum Beispiel zumindest innerhalb kurzer Frist und noch vor einem Einzug die Möglichkeit haben, alle noch sichtbaren Mängel zu melden.

Sehr ungünstig ist auch die Regelung, dass Teilabnahmen zulässig sind. Das heißt nämlich, dass theoretisch jede Baufortschrittstufe einzeln abgenommen werden könnte. Dann hätte Ihre Bodenplatte ebenso eine eigene Abnahme wie auch Ihr Dach. Das ist nicht sinnvoll. Denn mit der (Teil-) Abnahme beginnt auch die Gewährleistungszeit zu laufen. Sie hätten dann für unterschiedliche Bauteile unterschiedliche Gewährleistungsfristen. Teilabnahmen sollten Sie nicht zustimmen. Es hat schon seinen Grund, dass das Gesetz Teilabnahmen nicht vorsieht. Man sollte beim Bauen mit dem Fertighaus- oder Massivhausanbieter nur eine Abnahme für das ganze Haus am Ende des Bauvorhabens durchführen.

---

§ 9 Kündigung
Die Holzhaus-Traum GmbH kann den Vertrag kündigen, wenn der Bauherr seinen Mitwirkungspflichten nicht nachkommt. Im Fall der Kündigung des Vertrags hat die Holzhaus-Traum GmbH Anspruch auf eine pauschale Entschädigung in Höhe von 10 Prozent der Auftragssumme. Die Holzhaus-Traum GmbH behält sich die Geltendmachung eines höheren Schadens vor.

Erläuterung:
Die unter § 9 getroffenen Regelungen sind ausschließlich zugunsten des Hausanbieters getroffen. 10 Prozent als pauschale Entschädigung bedeuten immerhin 25.000 Euro netto bei einem Hauspreis von 250.000 Euro netto. Hinzu kommen die vorbehaltenen Schadensersatzforderungen. Das ist viel zu hoch und eine Pauschalentschädigung ist generell hoch fragwürdig. Das BGB-Werkvertragsrecht regelt die Möglichkeiten von Vertragskündigungen (§ 648 und § 648a). Wenn darüber hinaus Regelungen getroffen werden sollen, müssen sie ausgewogen sein und sollten keine einseitigen Benachteiligungen für Sie enthalten, schon gar keine pauschalen Entschädigungsleistungen.

§ 10 Schadensersatz und Haftung

Schadensersatzansprüche jedweder Art sind sowohl gegen das Unternehmen als auch gegen die Organe, Mitarbeiter und Erfüllungsgehilfen der Holzhaus-Traum GmbH ausgeschlossen, soweit das Unternehmen, seine Organe, Mitarbeiter oder Erfüllungsgehilfen nicht grob fahrlässig gehandelt haben. Mehrere Bauherren haften als Gesamtschuldner. Sie erteilen sich hiermit gegenseitig unwiderruflich Vollmacht zu allen rechtsgeschäftlichen Handlungen.

Erläuterung:

In § 10 erfahren Sie prompt, dass Schadensersatzansprüche gegen den Hausanbieter ausgeschlossen sind. Während sich das Unternehmen unter § 9 dieses Recht für sich selber sichert, ist es nicht bereit, dieses Recht auch dem Kunden zuzugestehen. Das ist natürlich mehr als zweifelhaft und kann so sicher keinen Bestand haben. Man kann Schadensersatzansprüche wechselseitig auch ausschließen, wobei die höhere Wahrscheinlichkeit der Anmeldung von Schadensersatzansprüchen in der Regel bei den Bauherren liegt, also bei Ihnen. Ob Sie sich dieses Recht nehmen lassen wollen, ist die Frage. Es geht aber natürlich nicht, dass der Hausanbieter Schadensersatzansprüche geltend machen können will, das Gleiche aber dem Bauherrn verwehrt.

Ferner wird hier geregelt, dass die Bauherren als Gesamtschuldner haften. Das heißt, alle Personen, die den Bauvertrag unterzeichnen, haften gegenüber dem Hausanbieter auch jeweils einzeln. Wenn man diese Regelung so nicht treffen will, dann sollte man es auch nicht tun. Das müssen die Bauherren untereinander klären. Üblicherweise tritt man gemeinsam auf, finanziert gemeinsam und haftet auch gemeinsam. Sehr riskant wird es dann, wenn das Haus nur einer bezahlt, aber zum Beispiel beide Partner jeweils einzeln in Haftung genommen werden können. Unterzeichnet man einen solchen Vertrag, ohne dass einem gleichzeitig Anteile an Haus oder Grundstück gehören, trägt man erhebliche Risiken, ohne irgendeine Absicherung zu haben.

§ 11 Abtretung

Die Rechte und Pflichten aus diesem Vertrag können nur mit vorheriger schriftlicher Zustimmung der Holzhaus-Traum GmbH abgetreten werden.

Erläuterung:

Es kann sein, dass es schon während des Baus des Hauses zu einer Entwicklung kommt, die die weitere Projektverfolgung eigentlich nicht sinnvoll erscheinen lasst. Das können familiäre Entwicklungen sein, das kann aber auch einfach ein neuer Arbeitsplatz an einem anderen Ort sein. Möglicherweise will man in einer solchen Situation möglichst schnell das Grundstück samt dem geplanten Fertighaus weiterverkaufen. Dann müsste man sozusagen den Kaufvertrag des Fertighauses mit verkaufen. Diese Möglichkeit wird durch § 11 unterbunden. In einem solchen Fall müsste der Hausanbieter Ihrem Vorgehen zustimmen. Täte er es nicht, müssten Sie dann zunächst das Haus mit dem Hausanbieter fertigstellen und es abnehmen, um es dann anschließend zu verkaufen.

§ 12 Sonstige Bestimmungen

Mit der Unterzeichnung dieses Vertrags trägt der Bauherr der Holzhaus-Traum GmbH den Abschluss des Vertrags an. Die Holzhaus-Traum GmbH kann diesen Antrag innerhalb eines Monats nach Unterzeichnung des Vertrags durch den Bauherrn annehmen.

Änderungen oder Ergänzungen des Vertrags bedürfen der Schriftform. Verkaufsberater, Kundenberater, Vertreter oder sonstige Mitarbeiter der Holzhaus-Traum GmbH sind nicht berechtigt, das Unternehmen rechtsgeschäftlich zu vertreten.

Ort, Datum	Bauherr
Ort, Datum	Kundenberater
Ort, Datum	Holzhaus-Traum GmbH

Erläuterung:
Möglicherweise hatten Sie vor Vertragsunterzeichnung immer wieder längere Gespräche mit einem Verkäufer des Hausanbieters. In § 12 wird festgestellt, dass dieser Verkäufer das Unternehmen nicht rechtsgeschäftlich vertreten darf. Das heißt, was immer er Ihnen zugesichert oder versichert hat, ist Makulatur, soweit es nicht in den Vertrag oder in die Vertragsanlagen schriftlich aufgenommen ist.

Festgehalten wird hier auch, dass mit Ihrer Unterzeichnung und gegebenenfalls auch der des Verkäufers beziehungsweise Kundenberaters der Vertrag noch keinesfalls zustande kommt. Der Hausanbieter behält sich vor, das von Ihnen unterzeichnete Exemplar als Antrag zu behandeln und innerhalb eines Monats zuzustimmen oder nicht. Da aber auch Sie Planungssicherheit benötigen, sollte man solchen Regelungen nicht zustimmen. Wenn Sie sich entschließen, einen Vertrag zu unterzeichnen, können Sie erwarten, dass die Gegenseite das entweder auch unmittelbar tut – oder es eben sein lässt. Dazu muss man Sie aber nicht einen Monat lang im luftleeren Raum hängenlassen. Dann ist es wesentlich besser, Sie erfahren schnell, dass die Gegenseite einen ausgehandelten Vertrag gegebenenfalls nicht unterzeichnen will, und Sie können sich zügig nach anderen Optionen umsehen.

7.4 Kommentierter Beispielvertrag schlüsselfertiges Massivhaus

Hauskaufvertrag zwischen
Massivhaus-Traum GmbH,
Baustraße 3,
33333 Bauhausen,
im folgenden Auftragnehmer genannt.

und

Bauherr: Familie Müller,
Wunschstraße 4,
44444 Wunschhausen,
im folgenden Auftraggeber genannt.

---

§ 1 Vertragsgegenstand und Vertragsbestandteile
Der Auftragnehmer wird vom Auftraggeber mit der Errichtung eines Einfamilienhauses gemäß Baubeschreibung beauftragt.

Erläuterung:
Manchmal ist es so, dass im Vorfeld eines Bauvorhabens mehrere Varianten von Baubeschreibungen existieren, weil man diese zum Beispiel ergänzt oder nachbessert. Daher ist es sinnvoll, genau festzulegen, um welche Baubeschreibung es sich handelt und dass eben genau diese zum Vertragsbestandteil wird. Beides ist hier unter § 1 nicht exakt geregelt.

---

§ 2 Ausführungsort
Das Einfamilienhaus soll auf dem Flurstück Nr. 1234 in 44444 Wunschhausen errichtet werden. Der Auftraggeber versichert, Eigentümer des Grundstücks zu sein.

Erläuterung:
Die Regelung in § 2 muss daraufhin überprüft werden, ob die Flurstücknummer auch wirklich diejenige des Grundstücks des Auftraggebers ist.

§ 3 Baugenehmigung und Baubeginn
Der Auftragnehmer stellt die Baugenehmigungsunterlagen zusammen und übergibt sie dem Auftraggeber zur Durchsicht und Einreichung bei den zuständigen Behörden. Der Baubeginn erfolgt ca. 2 Monate nach Erteilung der Baugenehmigung. Der Auftragnehmer teilt dem Auftraggeber den Baubeginn rechtzeitig mit.

Erläuterung:
§ 3 regelt unter anderem, dass der Baubeginn *„ca."* 2 Monate nach Erteilung der Baugenehmigung erfolgt. Bei solchen Formulierungen muss man immer auf der Hut sein. Denn die Frage taucht ja sofort auf: Was heißt *„ca."*? Sind auch 3 Monate noch *„ca."* 2 Monate? Dann könnte das Unternehmen sich viel Zeit lassen mit dem Baubeginn. Daher ist es immer besser, man vereinbart den Termin des Baubeginns exakt, hier also etwa ganz einfach: *„(...) spätestens 2 Monate nach Erteilung der Baugenehmigung."*.

Wobei die Vereinbarung über den Baubeginn noch relativ ist. Entscheidend ist vielmehr eine Vereinbarung darüber, wann das Bauvorhaben abgeschlossen sein muss, also eine Vereinbarung über die Baufertigstellung. Dazu wird im gesamten Vertrag nichts geregelt. Das heißt aber, es ist völlig offen, bis wann die Leistung erbracht sein muss. Das geht auf gar keinen Fall, sondern natürlich muss bestimmt werden, wann das Gebäude fertiggestellt sein wird. Nicht selten stößt man dabei auf die Gegenargumentation von Hausanbietern, sie könnten das nicht sagen, da die Baufertigstellung ja davon abhänge, wann überhaupt die Baugenehmigung erteilt werde. Die Erteilung einer Baugenehmigung muss nach den meisten Landesbauordnungen allerspätestens in einem Zeitraum von 3 Monaten bearbeitet werden. Man kann sich aber ganz unabhängig davon vertraglich sehr einfach darauf verständigen, die Bauzeit an die Baugenehmigung zu koppeln. Demgemäß könnte man also zum Beispiel einfach vereinbaren, dass das Gebäude spatestes 12 oder 15 Monate nach Erteilung der Baugenehmigung vollständig errichtet sein muss.

Gemäß § 650k Absatz 3 des BGB müssen Bauzeitenvereinbarungen – also entweder über den tatsächliche Fertigstellungszeitpunkt oder über die Dauer der Bauzeit – in Verbraucherbauverträgen vertraglich fixiert werden. Geschieht dies nicht, werden diejenigen Bauzeiten Vertragsbestandteil, die gemäß Artikel 249 § 2 Absatz 2 des Einführungsgesetzes zum BGB (EGBGB) in der Bauleistungsbeschreibung benannt sein müssen. Sie werden in der Praxis aber feststellen, dass Bauzeitenangaben in Bauleistungsbeschreibungen praktisch nie enthalten sind. Das dürfte sich auch kaum ändern. Denn im stark fragmentierten Baukleingewerbe kommen Gesetzesneuerungen manchmal erst mit Jahren der Verspätung in der Praxis an. Daher müssen Sie – trotz aller gesetzlicher Regelungen – darauf achten, dass in Ihrem Vertrag tatsächlich verbindliche Bauzeitenangaben gemacht werden, sonst nützt Ihnen auch das Gesetz wenig.

§ 4 Mitwirkungspflicht des Bauherrn
Die Freimachung des Grundstücks sowie die Einmessungsarbeiten und die Schnurgerüststellung obliegen dem Auftraggeber. Das Grundstück muss mit einem LKW bis 40 Tonnen Gesamtgewicht anfahrbar sein. Ebener Kranstandplatz und Lagerplatz sind vorzuhalten. Bauwasser und Baustrom werden bauseits gestellt. Das Baugrundrisiko liegt beim Auftraggeber.

Erläuterung:
Ähnlich wie beim Vertrag zum Kauf des Fertighauses wird auch in diesem Vertrag zur Errichtung eines schlüsselfertigen Massivhauses festgehalten, dass das Baugrundrisiko beim Auftraggeber, also bei Ihnen liegt. Ferner hat der Auftraggeber das Grundstück freizuräumen und ein Schnurgerüst zu stellen. Außerdem muss er sich darum kümmern, dass das Grundstück von schweren LKWs problemlos anfahrbar ist und einen Kran- und einen Lagerplatz aufweist. Auch Bauwasser und Baustrom sind zu stellen. Wie schon beim letzten Vertragsbeispiel empfiehlt sich bei diesem Vertrag ebenfalls eine Besichtigung des Grundstücks gemeinsam mit dem potenziellen Auftragnehmer. Er kann dann prüfen, inwieweit Anfahrbarkeit und

Lagerplätze gegeben sind. Ist das aus seiner Sicht noch nicht ausreichend der Fall, sollte er konkret feststellen, welche Maßnahmen noch getroffen werden müssen. Das sollte man in einem Protokoll, zumindest aber in einem Aktenvermerk, festhalten. Wenn alle Maßnahmen noch vor Vertragsabschluss getroffen sind, kann die ganze Regelung schließlich aus dem Vertrag genommen werden. Denn die Voraussetzungen sind dann ja bereits gegeben und müssen nicht mehr als Vorbehalt in den Vertrag aufgenommen werden.

Das Baugrundrisiko sollte von vornherein durch ein Bodengutachten mit Angaben zu Bodentragfähigkeit, Bodenklasse und Grundwasserstand näher untersucht werden. Dieses Bodengutachten kann Vertragsbestandteil werden, und der Auftragnehmer kann verpflichtet werden, es bei seinen Planungen in vollem Umfang zu berücksichtigen. Noch besser wäre es, das Bodengutachten läge vor, bevor mit Planungen überhaupt begonnen wird, da eine schwierige Bodensituation zu ganz anderen Gründungsmaßnahmen führen kann. Das kann so weit gehen, dass man sich bei sehr problematischen Grundwasserverhältnissen zum Beispiel grundsätzlich gegen den Bau eines Kellers entscheidet. Hat man zu diesem Zeitpunkt allerdings bereits einen Kaufvertrag über ein Haus mit Keller unterzeichnet, wird es natürlich schwierig, diese Leistung wieder herauszuverhandeln.

---

§ 5 Festpreis und Zahlung

Der Festpreis für das Haus beträgt 280.000 Euro und wird für 12 Monate garantiert. Folgende Ratenzahlungsvereinbarungen werden vereinbart:

5 % bei Vertragsabschluss
5 % bei Übergabe Bauantragsunterlagen
10 % bei Erdarbeiten und Betonierung Bodenplatte
14 % nach Rohbau Keller
20 % nach Rohbau Obergeschoss und Dachgeschoss
10 % nach Dachstuhlstellung und Dachdeckung
14 % nach Fenstereinbau
10 % nach Rohinstallation Sanitär, Elektro, Heizung
5 % nach Innenputz- und Estricharbeiten
5 % nach Maler- und Fliesenarbeiten
2 % bei Übergabe

Die Zahlungen sind binnen 5 Tagen nach Abruf fällig. Eine Aufrechnung ist nur mit unbestrittenen oder rechtskräftig festgestellten Forderungen zulässig. Zahlt der Auftraggeber eine Rate nicht, kommt er ohne weitere Mahnung in Verzug. Der Auftraggeber hat dann auch Anspruch auf Zinsen in Höhe von 5 Prozent p.a. über dem Basiszinssatz nach § 247 BGB. Der Auftragnehmer kann darüber hinaus einen höheren Verzugsschaden nachweisen. Ferner ist der Auftragnehmer berechtigt, die Arbeiten bis zur Zahlung der Rate einzustellen.

Erläuterung:
Der Zahlungsplan, der hier unter § 5 geregelt wird, enthält vor allem das Risiko der Überzahlung, zum einen aufgrund hoher Vorauszahlungen und zum anderen aufgrund nicht ausreichend exakter Ratendefinitionen. Dieses Problem haben fast alle Zahlungspläne, und fast alle sind zum erheblichen Nachteil von Verbrauchern gestaltet. Bei dem Zahlungsplan, der hier vereinbart werden soll, würden 5 Prozent der Kaufsumme fließen, nur weil ein Vertrag geschlossen wurde. Bei einer Kaufvertragssumme von 280.000 Euro wären das 14.000 Euro. Offen ist dabei auch, ob es sich dabei um einen Brutto- oder Nettobetrag handelt.
Die nächsten 5 Prozent der Gesamtsumme sollen gezahlt werden, wenn Sie die Bauantragsunterlagen bekommen. Das wären in unserem Beispiel weitere 14.000 Euro. Ob der Bauantrag genehmigt wird, ist dabei jedoch noch völlig offen. Die nächsten 10 Prozent sollen fällig werden „bei Erdarbeiten und Betonierung der Bodenplatte". Was heißt nun aber „bei"? Am ehesten ja „während". Es ist aber nicht sinnvoll, Arbeiten zu bezahlen, während sie ausgeführt werden. Sie zahlen den Konditor auch nicht, während er die Torte backt, sondern danach. Denn Sie müssen natürlich auch das Ergebnis des vereinbarten Werks sehen und beurteilen, bevor Sie zahlen. Bis zum Zeitpunkt, zu dem Sie einen geschlossenen Rohbau

haben (also inklusive Dachstuhl, Dachdeckung und Fenstern), sollen Sie bei dem hier vereinbarten Zahlungsplan bereits 78 Prozent der Gesamtbausumme überweisen. Bei 280.000 Euro Vertragssumme (hier vorausgesetzt brutto) wären das also bereits 218.400 Euro. Für alle restlichen Arbeiten zusammen (also Sanitär, Heizung, Elektro, Putz, Estrich, Fliesen, Bäder, Maler, Bodenbeläge, Innentüren, Treppe und dergleichen) blieben Ihnen dann gerade noch 61.600 Euro übrig. Sollte jedoch der Massivhausanbieter in diesem Moment, also unmittelbar nach Fertigstellung des Rohbaus, insolvent werden, würden Sie Probleme bekommen, mit den verbleibenden 61.600 Euro das Haus in Zusammenarbeit mit anderen Unternehmen noch fertigzustellen. Eine Faustregel ist, dass mit der Fertigstellung des geschlossenen Rohbaus (also inklusive gedecktem Dach und eingebauten Fenstern) möglichst nicht mehr als 50 Prozent der Gesamtsumme überwiesen sein sollten. Denn auch der Innenausbau eines Hauses ist sehr teuer.

Die vorgesehene Schlussrate von 2 Prozent ist viel zu gering. Denn es kann schnell passieren, dass Sie auch im Rahmen der Schlussrate noch Zahlungseinbehalte nach dem BGB vornehmen wollen, die leicht einen Betrag von 5.600 Euro übertreffen können. Das wäre dann aber gar nicht mehr möglich, weil ja gerade noch 5.600 Euro an Zahlungen ausstünden. Wenn Sie solchen Risiken aus dem Weg gehen wollen, müssen Sie einen deutlich detaillierteren Zahlungsplan mit anderen Zahlungsraten vereinbaren. Wie Sie einen sichereren Zahlungsplan gestalten können, erfahren Sie in Kapitel 7.5 ab Seite 142.

---

§ 6 Baumängel und Bauabnahme

Der Rücktritt vom Vertrag wegen Baumängeln gemäß § 634 BGB wird ausgeschlossen. Der Auftragnehmer kann eine Abnahme der Leistungen innerhalb von 5 Tagen nach Fertigstellung verlangen. Kommt der Auftraggeber dieser Frist nicht nach oder wird das Bauwerk vorher bezogen, gilt es als abgenommen.

Erläuterung:

Ob Sie sich Rechte nehmen lassen wollen, die Ihnen das Werkvertragsrecht des Bürgerlichen Gesetzbuchs (BGB) ausdrücklich gewährt, wie dies hier durch § 6 des Vertragsbeispiels erfolgt, müssen Sie sich gut überlegen. Denn es kann natürlich eine Situation eintreten, bei der an eine weitere geordnete Zusammenarbeit mit einem Hausanbieter nicht zu denken ist. Anders als beim Fertighausbau ist beim schlüsselfertigen Massivhausbau ein Weiterbau ohne den ursprünglichen Anbieter sehr viel eher machbar, da hier die klassischen Gewerke greifen und von anderer Seite relativ problemlos übernommen und fertiggestellt werden können. Das Problem steckt dabei eher in den Themen Beweissicherung, Kündigung des bisherigen Anbieters und Zusatzkosten bei Beauftragung eines neuen Auftragnehmers. Trotz solcher möglicher Probleme sollte man sich aber zumindest die Option auf eine Bauvertragskündigung nicht von vornherein nehmen lassen.

Auch die in § 6 getroffene Regelung zur Abnahme ist für Verbraucher sehr ungünstig. Denn es ist zum Beispiel nicht vereinbart, dass die Fertigstellung des Hauses überhaupt verkündet werden muss. Innerhalb von 5 Tagen nach der Fertigstellung soll aber die Abnahme stattfinden. Wie lange im Voraus sie auf welchem Wege anzukündigen ist, wird ebenfalls nicht geregelt. Folgt der Auftraggeber, also Sie, der 5-Tage-Frist nicht, gilt das Gebäude als abgenommen. Solche Regelungen sind zum erheblichen Nachteil von Verbrauchern und gehören nicht in Bau- oder Kaufverträge von Häusern.

Auch das neue Verbraucherbauvertragsrecht schützt Sie hier kaum, denn es ergänzt das Werkvertragsrecht nur und § 640 Absatz 2 BGB des bisherigen Werkvertragsrechts bleibt bestehen: Danach kann der Unternehmer Ihnen eine Frist zur Abnahme setzen. Läuft diese Frist ohne Reaktion von Ihnen aus, kann das Werk tatsächlich als abgenommen gelten. Der Unternehmer muss Sie dazu allerdings auch schriftlich auf die Folgen einer nicht wahrgenommenen oder grundlos verweigerten Abnahme aufmerksam gemacht haben.

Der Unternehmer hat neu, im Fall einer Verweigerung einer Abnahme durch den Auftraggeber, außerdem das Recht auf eine sogenannte Zustandsfeststellung nach § 650g des BGB. Es ist sinnvoll, dass Sie bei einer solchen Zustandsfeststellung anwesend sind und alle Mängel, die Sie sehen, auch in das Protokoll der Zustandsfeststellung schreiben lassen. Bei Meinungsverschiedenheiten zu einzelnen Zuständen müssen dann nötigenfalls die Positionen dieser Meinungsveschiedenheiten in das Protokoll mit aufgenommen werden.

§ 7 Änderung des Leistungsumfangs nach Auftragsannahme

Eine nachträgliche Änderung des Leistungsumfangs ist nur mit schriftlicher Zustimmung des Auftragnehmers möglich. Die Leistungserbringung erfolgt dann auf Nachweis.

Erläuterung:

§ 7 beschreibt sehr klar, dass nach Vertragsabschluss alle dann noch notwendigen Änderungen nur vorbehaltlich der schriftlichen Zustimmung des Hausanbieters erfolgen können. Das heißt aber zugleich, dass das Unternehmen jede Änderung auch ablehnen könnte. Schon aus diesem Grund ist es sinnvoll, alle Details vor Vertragsabschluss zu regeln. Wenn dem Unternehmen das zu aufwendig ist, kann man es anhand solcher Paragrafen daran erinnern, dass es ja das Unternehmen selbst ist, welches Änderungen nach Vertragsabschluss unter Vorbehalt stellt, weshalb man dann eben vor diesem Vertragsabschluss eine detailliert ausgehandelte Leistungsdefinition haben will. Das hilft darüber hinaus erheblich dabei, Kostensicherheit in ein Bauvorhaben zu bringen. Hinzu kommt, dass es inzwischen ein sogenanntes Anordnungsrecht des Bestellers nach § 650b des BGB gibt. Nötigenfalls können Sie gegen den Willen des Unternehmens eine Ausführungsänderung anordnen, wenn nicht binnen 30 Tagen Einigkeit darüber erzielt werden konnte, wenn das in Ihrem Vertrag nicht ausgeschlossen wurde. Das zeigt natürlich auch, wie weltfremd das Gesetz ist: In 30 Tagen diskutiert niemand mehr beispielsweise über das Verlegen zusätzlicher Heizschleifen einer Fußbodenheizung auf einer Rohdecke. Denn bis dahin ist der Estrich längst darüber gegossen. Das Gesetz ist letztlich viel zu praxisfremd, um Ihnen wirklich wirksam und schnell zu helfen. Daher sind eindeutige vertragliche Regelungen von vornherein immer wesentlich besser.

Im Beispielvertrag zusätzlich gefährlich ist die Regelung, dass Leistungserbringungen, die über das vereinbarte Maß hinausgehen, auf Nachweis abgerechnet werden sollen. Auch darauf sollten Sie sich nicht einlassen. Es sollte vorab festgelegt werden, welchen zusätzlichen Preis eine zusätzliche Leistung hat, sodass Sie mögliche Zusatzkosten zum Zeitpunkt der Entscheidung für oder gegen eine solche Leistung kennen. Das soll gemäß § 650c des BGB ohnehin so erfolgen. Das ist aber reine Theorie, die Ihnen im Alltag des Bauens wenig hilft, das werden Sie sehr schnell feststellen, zumal die Bestimmungen des § 650 c teils „kann"-Bestimmungen sind und teils auch aus Verbraucherbauverträgen ganz herausgehalten werden können und dürfen. Deswegen wird es dabei bleiben, dass Ihnen der Unternehmer auch weiterhin mehr oder minder begründete Fantasiepreise benennen kann. Auch hier gilt also: So früh und detailliert wie möglich alle Leistungen vertraglich regeln.

§ 8 Eigenleistung des Bauherrn

Eigenleistungen des Bauherrn sind nur mit schriftlicher Zustimmung des Auftragnehmers möglich. Sie dürfen den Bauablauf nicht stören. Der Auftragnehmer übernimmt keine Haftung für Eigenleistung des Bauherrn. Der Bauherr hat sämtliche Versicherungspflichten zu beachten.

Erläuterung:

Auch für die Eigenleistungen gilt nach § 8 des Beispielvertrags, dass diese unter dem Vorbehalt der Zustimmung des Hausanbieters stehen. Dies ist allerdings gesetzlich auch so zulässig. Wenn Sie also Eigenleistungen erbringen wollen, dann sollte dies bereits zum Zeitpunkt des Vertragsabschlusses detailliert ausgehandelt sein. Denn sonst gilt hier ebenso, dass Sie abhängig sind von der Entscheidung des Hausanbieters. Bei Eigenleistungen kommt hinzu, dass damit üblicherweise eine Reduzierung des Hauspreises einhergeht. Die Höhe dieser Reduzierung sollte man kennen, um entscheiden zu können, ob sich die geplanten Eigenleistungen lohnen. Manchmal überschätzt man sich beim Thema Eigenleistung, oder aber es kommt einem etwas dazwischen, sodass man seine Eigenleistungen zeitlich oder körperlich nicht wie geplant umsetzen kann. Für solche Fälle empfiehlt sich eine Vertragsklausel, mit der Sie Eigenleistungen, die Sie eigentlich selbst erbringen wollen, optional gegebenenfalls doch beim Hausanbieter abrufen können, wobei der Preis dafür von vornherein vertraglich mit fixiert ist. Das hat den großen Vorteil, dass Sie später nicht auf das Wohlwollen des Hausanbieters angewiesen sind und um einen einigermaßen vertretbaren Preis für die zusätzlichen Leistungen feilschen müssen, wenn Sie merken, dass Sie das Erbringen der Eigenleistungen doch nicht selbst schaffen.

Es ist immer sinnvoll, Eigenleistungen nach einem klaren Schnittpunkt, beispielsweise nach dem Abschluss grundlegender anderer Bauschritte, zu erbringen. Wenn es sich also etwa um das Tapezieren und Streichen von Wänden und das Verlegen von Oberböden handelt, dann kann man solche Arbeiten bevorzugt nach einer zuvor erfolgten Abnahme des Hauses vornehmen. Das hat den Vorteil, dass weder der Hausanbieter Sie bei Ihren Arbeiten stört, noch umgekehrt Sie ihn stören. Auch wenn vor Ihrer Tätigkeit im Haus ein Schaden auftaucht (zum Beispiel ein Glasschaden), dann steht fest, dass Sie diesen nicht verursacht haben können. Arbeiten beide Parteien hingegen gleichzeitig am oder im Haus, also der Anbieter und Sie selbst, kann selbst eine solche Angelegenheit zu Streit führen. Liegt Ihre Eigenleistung gar als „Sandwich-Leistung" zwischen 2 Leistungen des Hausanbieters, kann es sehr komplex werden. Wollen Sie beispielsweise die Heizleitungen einer Fußbodenheizung selbst verlegen, auf die der Anbieter später den Estrich aufbringen soll, und es kommt dann zu Schäden im Estrich oder zum Bruch einer Heizleitung, wird sehr schnell die Frage auftauchen: Wer ist schuld? Aus solchen Gründen sind klar abgrenzbare Eigenleistungen häufig schon aus Gewährleistungsgründen sinnvoll. Eigenleistungen sollten außerdem immer sehr exakt definiert werden. So stellt sich zum Beispiel nicht selten die Frage, ob derjenige, der später tapeziert, auch den Wandputz schleift und grundiert, falls nötig, oder ob dieser mit Abschluss der Leistung auch wirklich fertig zur Aufnahme der Tapete ist.

---

§ 9 Vollmachten und Hausrecht

Der Auftraggeber bevollmächtigt den Auftragnehmer, alle öffentlich-rechtlichen Maßnahmen, die für die Bauausführung erforderlich sind, zu treffen, zu veranlassen und zu beauftragen und während der Durchführung des Bauvorhabens das Hausrecht auf der Baustelle auszuüben, wozu er es an ihn überträgt.

Erläuterung:
Mit Vollmachten sollte man in Verträgen äußerst sparsam umgehen. Im Rahmen üblicher Bauverträge von Fertighäusern oder schlüsselfertigen Massivhäusern gibt es eigentlich überhaupt keinen Grund für irgendeine Vollmacht. Die Regelung, die hier in § 9 getroffen wird, ist viel zu weitgehend. Denn das heißt ja, dass das Bauunternehmen alles Mögliche veranlassen kann – und zwar auf Ihre Kosten. Beispielsweise könnte das Unternehmen einen Gasanschluss auf Ihr Grundstück legen lassen, auch wenn ursprünglich vielleicht eine Wärmepumpe besprochen war. Denn wenn in der Bau- und Leistungsbeschreibung ein Ausführungsvorbehalt der Heizung festgeschrieben ist, heißt das im Klartext, dass Sie letzten Endes nicht unbedingt die Heizung bekommen, die Sie auch zu bekommen glauben.

Man kann mit einem Hausbauunternehmen vereinbaren, dass es die Beantragung, zum Beispiel von Baustrom und Bauwasser, übernimmt – oder auch die Abstimmung der Verlegung von Zu- und Abwasser. Das heißt aber, dass Sie darüber fortlaufend informiert werden und die Antragsformulare unterzeichnen. Dadurch behalten Sie den Überblick, was beantragt wird und welche Kosten dabei entstehen. Eine Vollmacht wie die unter § 9 vereinbarte ist nicht notwendig.

Auch die Vereinbarung zur Übertragung des Hausrechts auf dem Grundstück ist unnötig und viel zu weitgehend. Das Hausrecht sollte grundsätzlich immer bei Ihnen verbleiben. Sonst kann es Ihnen unter anderem passieren, dass ihnen der Hausanbieter den Zutritt zu Ihrem eigenen Grundstück verwehrt.

---

§ 10 Kündigung

Soweit der Auftraggeber den Bauvertrag kündigt, steht dem Auftragnehmer eine pauschale Vergütung in Höhe von 40 Prozent der bis zu diesem Zeitpunkt noch nicht erbrachten Bauleistungen zu. Der Auftragnehmer kann die Arbeit einstellen oder den Vertrag kündigen, wenn der Auftraggeber seinen Mitwirkungspflichten nicht nachkommt oder Ratenzahlungen nicht vollständig und / oder nicht rechtzeitig erfüllt. In diesem Fall steht dem Unternehmen eine pauschale Entschädigung von 20 Prozent der insgesamt vereinbarten Bauleistungen zu.

Erläuterung:

Die in § 10 getroffenen Kündigungsregelungen sind zum erheblichen Nachteil von Verbrauchern. Gemäß Vertrag kostet das Haus 280.000 Euro. Unklar ist, ob netto oder brutto. Gehen wir vom günstigeren Fall einer Bruttosumme aus. Während des Rohbaus kommt es zu nicht mehr überbrückbaren Verwerfungen zwischen Ihnen und dem Hausanbieter, Sie kündigen daraufhin dem Unternehmen. Dann stehen diesem nach dem vereinbarten Zahlungsplan noch die Raten Dachstuhlstellung / Dachdeckung, Fenstereinbau, Rohinstallation Sanitär / Elektro / Heizung, Innenputz- und Estricharbeiten, Maler- und Fliesenarbeiten und Übergabe zu, alles in allem noch 46 Prozent der Hauskosten. Das sind in Summe 128.800 Euro. Auf 40 Prozent dieser 128.800 Euro hat das Unternehmen jetzt im Kündigungsfall einen pauschalen Anspruch. Das sind 51.520 Euro. Solche vollkommen unangemessenen Regelungen sollte man in jedem Fall vermeiden. Zwar könnte das Unternehmen auch auf entgangenen Gewinn klagen, müsste das aber erst einmal tun und einen solchen Prozess auch gewinnen. Das ist ein langer Weg mit vielen Unwägbarkeiten, denn auch der Kündigungsgrund wird dann natürlich gewichtet. Wenn das Unternehmen aber in jedem Fall von Ihnen eine so hohe Summe im Kündigungsfall bekommt, kann es für das Unternehmen unter Umständen sogar lukrativer sein, eine Kündigung zu provozieren, als das Bauvorhaben überhaupt abzuschließen. Auch die Kündigungsberechtigungen seitens des Unternehmens sind sehr fraglich. Es kann eine sehr diffizile Auslegungsfrage sein, ob Sie Ihren Mitwirkungspflichten nachgekommen sind oder nicht beziehungsweise ob Sie daran überhaupt ein Verschulden trifft. Ob Sie Ihren Mitwirkungspflichten nachgekommen sind, wird aber im Zweifel allein das Unternehmen entscheiden und hat dann – im Kündigungsfall – einen Anspruch auf Entschädigung.

Das Zurückhalten von Ratenzahlungen oder Teilen davon kann ebenso eine Einstellung der Arbeiten oder Kündigung seitens des Unternehmens auslösen. Nun kann es aber sein, dass Sie aus gutem Grund einen Einbehalt vornehmen, der Ihnen nach dem BGB ja auch zusteht. Wenn das Unternehmen daraufhin kündigt und seine Forderungen von 20 Prozent Pauschalentschädigung vorlegt, ist der Streit vorprogrammiert. 20 Prozent hört sich zwar zunächst auch noch niedriger an als 40 Prozent, aber 20 Prozent einer Gesamtsumme von 280.000 Euro sind ganz schnell mehr als 40 Prozent einer noch zu zahlenden Restsumme. Man kann Kündigungsregelungen vereinbaren, wenn man dies über die gesetzlich bestehenden Kündigungsregelungen hinaus überhaupt tun will. Aber man sollte dann keine Pauschalvergütungen vereinbaren, die in ihrer Höhe nicht gerechtfertigt sind und ganz falsche Anreize setzen. Sehr problematisch ist darüber hinaus die Regelung,dass das Unternehmen berechtigt ist, seine Arbeiten einzustellen, wenn Sie Ihren Mitwirkungspflichten nicht nachkommen oder Ratenzahlungen nicht vollständig oder nicht rechtzeitig erfüllen. Das kann dazu führen, dass es monatelangen Streit darüber gibt, was Ihre Mitwirkungspflichten überhaupt sind, oder auch darüber, ob ein Einbehalt auch nur eines Teils einer Rate berechtigt war oder nicht. Dann kann es passieren, dass das Unternehmen in dieser Zeit einfach die Bautätigkeit einstellt. Das wird mitunter durchaus so gemacht, um Bauherren massiv unter Druck zu setzen. Denn je länger die Baustelle stillsteht, umso teurer wird das Ganze für Sie. Daher sollten Regelungen über Möglichkeiten der Einstellung von Bauarbeiten überhaupt nicht in Verträgen auftauchen. Wenn man sich auf einer Baustelle wechselseitig unwiderruflich überworfen hat, sollten klare, wechselseitige und belastungsfreie Kündigungsoptionen greifen und nicht die einseitige Möglichkeit eines Vertragspartners, eine Baustelle gegebenenfalls monatelang stillzulegen, ohne dass die andere Seite dann ohne extreme finanzielle Belastungen kündigen kann.

---

§ 11 Werbung

Der Auftragnehmer darf während der Bauzeit und bis zu 6 Monate nach Fertigstellung Bauschilder und Werbetafeln auf dem Grundstück errichten beziehungsweise am Gebäude anbringen. Der Auftraggeber ist damit einverstanden, dass das Gebäude während der Bauzeit und bis zur Fertigstellung von Interessenten und Geschäftspartnern des Auftragnehmers zur Besichtigung zur Verfügung steht und danach in Bildform verwendet werden darf.

Erläuterung:

Werbetafeln während der Bauzeit sind eventuell denkbar, wenn der Hausanbieter die umfassende Sicherung und Versicherung übernimmt. Denn Sie sind der Bauherr und wenn bei Sturm dieses Schild durch die Gegend fliegt, wird man sich zunächst an Sie halten. Ob Sie noch 6 Monate lang nach der Bauphase ein Werbeschild in Ihrem Garten stehen haben wollen, ist schon fraglicher. Und noch fraglicher ist, ob Sie Ihr Haus unbefristet als Bild im Internet und in Katalogen wiederfinden wollen, und zwar auch dann, wenn sie während des Baus möglicherweise gewaltigen Ärger mit dem Hausanbieter hatten. Während des Baus ist unter Umständen gegen Rohbaubesichtigungen nichts einzuwenden. Ob Sie Besichtigungstouren durch das fertiggestellte Haus schließlich noch zulassen wollen, müssen Sie sich gut überlegen. Gerade wenn Boden, Treppe und Wände ganz neu sind, will man vielleicht nicht täglich noch Besuchergruppen im Haus haben.

---

§ 12 Schlussbestimmungen

Sollten einzelne Bestimmungen dieses Vertrags unwirksam sein oder werden, so wird die Wirksamkeit der übrigen Bestimmungen dadurch nicht berührt. Die unwirksamen Bestimmungen sind durch solche zu ersetzen, die dem wirtschaftlichen Zweck der ursprünglich getroffenen Bestimmungen am nächsten kommen.

Erläuterung:

Die unter § 12 vereinbarten Schlussbestimmungen werden häufig auch unter dem Begriff „salvatorische Klausel“ in Verträge aufgenommen. Sie regeln, wie in dem Fall verfahren werden soll, dass der Vertrag Regelungen enthält, die zum Beispiel durch die aktuelle Rechtsprechung für unwirksam erklärt werden. Im hier vereinbarten Fall steht dann der wirtschaftliche Zweck als Orientierung im Vordergrund. Aber auch der wirtschaftliche Zweck kann natürlich 2 Seiten haben. Nicht immer ist das, was für den Hausbauer wirtschaftlich zweckmäßig ist, auch für den Käufer wirtschaftlich sinnvoll. Und umgekehrt. Zu rechtlicher Befriedung wird diese Klausel im Fall des Falls also nicht zwangsläufig führen, auch wenn Sie sehr häufig in Vertragen auftaucht.

---

§ 13 Auftragsannahme

Der Auftraggeber hält sich 4 Wochen an diesen Auftragsantrag gebunden. Der Auftrag kann innerhalb dieser Frist vom Auftragnehmer angenommen werden. Der Auftrag wird gültig durch rechtsgültige, schriftliche Annahme einer vertretungsberechtigten Person des Auftragnehmers.

______________	______________
Ort, Datum	Bauherr
______________	______________
Ort, Datum	Massivhaus-Traum GmbH

Erläuterung:
Wenn Sie diesen Vertrag unterzeichnet haben, hat gemäß den Regelungen in § 13 der Auftragnehmer, also der Hausanbieter, 4 Wochen Zeit, zu unterzeichnen oder es zu lassen. Das ist eine völlig unnötige Vertragsregelung, mit der Sie auch einseitig benachteiligt werden. Das sollten Sie nicht akzeptieren. Entweder unterzeichnen 2 Seiten einen gemeinsam ausgehandelten Vertrag auch gemeinsam und zeitgleich, oder aber man lässt es, wenn es nicht zu einer Einigung kommt.

Was fehlt im Vertrag?

Um Ihnen vorgelegte Verträge einer ersten, stichprobenhaften Überprüfung auf 10 wichtige Punkte zu unterziehen, können Sie einmal testen, ob die folgenden Punkte in Ihnen vorgelegten Verträgen enthalten und klar geregelt sind:

Inhaltliche Regelung	Detailliert geregelt?	
	ja	**nein**
Regelungen zu einer Grundstücksbegehung und einem Bodengutachten vor Vertragsunterzeichnung, um mögliche Kostenrisiken aus dem Grundstück zu erfassen.	☐	☐
Option, die Bemusterung vor Vertragsunterzeichnung durchführen zu können (gegebenenfalls gegen Vergütung), damit vor Vertragsunterzeichnung der tatsächliche Hauspreis feststeht.	☐	☐
Festlegung des Termins der Fertigstellung inklusive der Regelung von Konsequenzen darüber, was passiert, wenn der Termin nicht gehalten werden kann aus Gründen, die der Hausanbieter zu vertreten hat.	☐	☐
Klarer und eindeutiger Zahlungsplan ohne Überzahlungsrisiko und unter Berücksichtigung des gesetzlichen Einbehaltrechts von 5 Prozent von Beginn an und weiteren 10 Prozent spätestens vor Auszahlung der letzten Rate (→ Kapitel 7.5 Seite 142).	☐	☐
Benennung aller Vertragsanlagen mit vollständiger Baubeschreibung inklusive vereinbarter Sonderwünsche und Bemusterungsfestlegungen.	☐	☐
Vereinbarung zur Aushändigung eines vollständigen Plansatzes des Baugesuchs (Maßstab 1 : 100) und der Werkplanung (Maßstab 1 : 50); dazu gehört auch ein vermaßter Schnittplan mit eingetragener Roh- und Fertigbauhöhe aller Geschosse.	☐	☐
Vereinbarung zur Aushändigung eines vollständigen Plansatzes der Hausstatik mit Berechnung.	☐	☐
Vereinbarung zur Aushändigung des Energiebedarfsausweises inklusive der energetischen Berechnungen.	☐	☐
Berücksichtigung eines Sicherheitseinbehalts für den Bauherrn bis zur Fertigstellung und Abnahme des Gebäudes in Höhe von 5 Prozent des Hauspreises.	☐	☐
Berücksichtigung eines Gewährleistungseinbehalts für den Bauherrn von bis zu 5 Prozent für die Dauer der Gewährleistung von 5 Jahren nach BGB.	☐	☐
Verzicht auf einseitige Bevorteilung des Hausanbieters im Kündigungsfall, zum Beispiel durch Verzicht auf pauschale Entschädigungszahlungen.	☐	☐

Gibt es Musterverträge?

Es gibt zurzeit einen interessanten Mustervertrag, der je nach Hausanbieter allerdings nicht ganz einfach durchzusetzen sein wird. Trotzdem kann man sich an einem solchen Vertragsbeispiel orientieren. Dieser Mustervertrag ist entwickelt worden vom Zentralverband Deutsches Baugewerbe e.V. (ZDB) und der Eigentümervereinigung Haus & Grund e.V. und wird fortlaufend durch Juristen beider Seiten gepflegt. Der Mustervertrag ist deswegen interessant, weil ihn einerseits die Vertreter von Bauunternehmen (ZDB) und anderseits die Vertreter von Haus- und Grundbesitzern (Haus & Grund) erarbeitet haben, also die Vertreter privater Auftragnehmer und privater Auftraggeber, die dabei sehr unterschiedliche Interessen vertraten. Herausgekommen ist ein durchaus als ausgewogen zu bezeichnender Vertrag, der auch für Verbraucher wesentlich besser geeignet ist als fast alles andere, was an Verträgen von Fertighaus- oder Massivhausanbietern sonst vorgelegt wird. Aufgrund der Tatsache, dass dieser Vertrag auch vom Zentralverband des Deutschen Baugewerbes vertreten wird, haben Bauunternehmen eigentlich keinen Grund, diesen Mustervertrag abzulehnen. Tun sie es dennoch, fragt sich natürlich, warum sie das tun? Denn der Vertrag benachteiligt Bauunternehmen nicht einseitig, sondern sucht nach einer ausgewogenen Lösung zwischen Bauunternehmen und Auftraggebern auf der Grundlage der geltenden Gesetze und der fortlaufenden Rechtsprechung. Dieser Mustervertrag wird durch den ZDB kostenfrei im Internet zur Verfügung gestellt:

www.zdb.de/zdb-cms.nsf/id/bau-vertraege-de

Sie können dort auf der rechten Bildseite den Link „Einfamilienhaus Bauvertrag“ anklicken, dann öffnet sich das PDF-Dokument. Der direkte Link zum Vertrag ist:

www.zdb.de/zdb-cms.nsf/res/3AR_EH-SF_V12-1E.PDF/$file/3AR_EH-SF_V12-1E.PDF

Neben den Verträgen fügen Fertighaushersteller und Massivhausanbieter gern auch sogenannte technische Vertragsbedingungen oder technische Bau- und Lieferbedingungen als Anlage hinzu. Da auch diese dann Vertragsbestandteil werden, sollten Sie diese aufmerksam durchlesen. In Kapitel 9 finden Sie umfassende Erläuterungen dazu, um auch für solche Vertragsbestandteile ein Gefühl zu entwickeln und sie gezielt hinterfragen zu können.

7.5 Zahlungsplan

Zahlungspläne sind meist in die Bauverträge integriert. Als einen Paragrafen unter vielen überliest man deren sehr wichtige Regelungen dann schnell. Das kann böse Folgen haben. Zumal die Zahlungssicherheit bei der Gesetzgebung des neuen Verbraucherbauvertragsrechts praktisch vollkommen ausgenommen wurde. Nach wie vor lässt die Politik hier schier abenteuerliche Vertragsregelungen zu. In den Vertragsbeispielen dieses Buches haben Sie solche kennengelernt.

Der Grundsatz bei allen Zahlungen lautet: Erst Leistung, dann Zahlung. Schon dieser Grundsatz wird von vielen Anbietern nicht eingehalten, und schon das erkennen viele Verbraucher gar nicht. Hinzu kommt, dass Verbraucher die Angemessenheit einer Leistung und ihrer Bezahlung im Bauwesen in der Regel überhaupt nicht einschätzen können. Wann also habe ich für welche Leistung überhaupt zu viel gezahlt? Um das aber sachlich einschätzen zu können, benötigt man einen Zahlungsplan, der das auch zulässt. Die meisten Zahlungspläne sind inhaltlich derart oberflächlich, dass man überhaupt nicht weiß, welche Gegenleistung man für welche Zahlungsrate bekommt. Da stehen dann so schöne Begriffe wie *„bei Baubeginn“*

oder *„bei Fertigstellung Rohbau"*, und kein Mensch weiß, was überhaupt gemeint ist: *„Bei Baubeginn"* kann heißen, Ihr Hausanbieter fährt aufs Grundstück, versenkt einen Spaten in der Erde, fährt nach Hause und schreibt eine erste, hohe Rechnung. Denn er hat durch den Spatenstich ja schließlich mit dem Bauen begonnen, Bei der Rate *„Fertigstellung Rohbau"* ist offen, ob es ein offener oder geschlossener Rohbau ist, ob also gedecktes Dach und Fenster sitzen, ob zumindest ein Dachstuhl sitzt oder ob einfach nur der nackte steinerne Rohbau steht. Dann ist es ein Unterschied, ob Sie zu diesem Zeitpunkt 40, 50 oder gar 60 Prozent der Bausumme zahlen sollen. Bei einem nackten Rohbau und 60 Prozent Zahlungsleistung, wären Sie bereits etwa 20 Prozent in der Überzahlung. Bei einem Hauspreis von 280.000 oder 320.000 Euro lägen die Zahlungen also bereits zwischen 56.000 oder 64.000 Euro über der Gegenleistung.

Das Einzige, was die Politik durch die Schaffung des Verbraucherbauvertragsrechts 2018 im Hinblick auf zu leistende Zahlungen neu geregelt hat, ist die Neuheit, dass Sie nicht nur – wie bislang schon – 5 Prozent der Bausumme von vornherein als Sicherheit für die rechtzeitige und mangelfreie Herstellung des Werks einbehalten dürfen (BGB § 650m Absatz 2), sondern dass für alle Abschlagsrechnungen zusammen nicht mehr als 90 Prozent der vereinbarten Vertragssume gezahlt sein dürfen (BGB § 650m Absatz 1). Insgesamt bleiben also 15 Prozent der Vertragssumme bis zur Fertigstellung bei Ihnen.

Bau- und Leistungsbeschreibung als Grundlage auch des Zahlungsplans

Wenn Sie ein Fertighaus oder schlüsselfertiges Massivhaus erwerben, gehört auch eine Bau- und Leistungsbeschreibung dazu. Ein Zahlungsplan sollte immer mit einer solchen Bau- und Leistungsbeschreibung eng verzahnt werden, damit Sie genau wissen, wann Sie welche Leistung bezahlen – bis hin zu Details wie den Innentüren, Badarmaturen, Fußbodenleisten oder anderen Dingen. Daher ist es sinnvoll, Sie machen Ihre Bau- und Leistungsbeschreibung zur Grundlage für den Zahlungsplan; denn in den Bau- und Leistungsbeschreibungen der Hausanbieter sind die angebotenen Leistungen üblicherweise zumindest erfasst, in den Zahlungsplänen der Verträge derselben Hausanbieter hingegen fast nie. Baubeschreibungen sind sehr unterschiedlich aufgebaut, und sie folgen in ihrem Aufbau auch nicht immer exakt der Reihenfolge der Baumaßnahmen. Aber das macht nichts. Denn trotzdem kann jede Bau- und Leistungsbeschreibung als Grundlage zur Definition der Ratenzahlungen dienen.

Wenn die einzelnen Bauleistungen Ihrer Bau- und Leistungsbeschreibung durchnummeriert sind, dann können Sie daraus Zahlungsraten definieren. Nehmen wir an, Ihre Baubeschreibung hat 30 durchnummerierte Bauleistungsabschnitte. Dann übertragen Sie diese 30 Bauleistungsabschnitte in eine Tabelle und legen daneben fest, was für jede dieser Bauleistungen prozentual und in Euro an Zahlung fällig wird, wenn die Teilleistung rechtzeitig, vollständig und mangelfrei erbracht ist. Hat Ihre Baubeschreibung keine Nummerierung, können Sie entweder in einer Tabelle für jede zu zahlende Rate den dazugehörigen Baubeschreibungstext aufnehmen, oder Sie nummerieren die einzelnen Bauleistungen in Ihrer Baubeschreibung einfach nachträglich durch. 15 bis 20 Zahlungsraten sind gut überschau- und gut steuerbar. Hat der Hausanbieter in seinem ursprünglichen Vertrag nur 5 oder 7 Zahlungsraten, kann man theoretisch auch darauf eingehen und die Leistungen aus der Baubeschreibung auf 5 oder 7 Zahlungsraten aufteilen. Wichtig dabei ist immer nur, dass die zu erbringende Leistung für jede Rate exakt definiert ist und dass bei jeder Rate auch nur jeweils das gezahlt wird, was zuvor auf der Baustelle auch bereits erbracht wurde.

Überzahlungen vermeiden

Wichtig ist ferner, dass für die einzelnen Schritte nicht zu viel gezahlt wird. Eine Faustregel ist, dass bis zum geschlossenen Rohbau (also dem Rohbau samt gedecktem Dach und eingebauten Fenstern) nicht mehr als 50 Prozent der Bausumme gezahlt sein sollten. Denn zu diesem Zeitpunkt ist weder die Heizung im Haus installiert noch Sanitärleitungen und Elektrik, ferner sind der Estrich und die gesamten Oberflächengewerke wie Boden- und Wandbeläge nicht verlegt beziehungsweise geleistet. Auch die Sanitärgegenstände und Armaturen müssen noch angeschlossen, Türen gesetzt, der gesamte Außenputz erledigt werden. Selbst wenn das Haus einen hohen Vorfertigungsgrad hat, bleiben auch nach Aufstellen des Hauses auf der Baustelle noch viele Leistungen offen.

Schlussrate nicht zu niedrig regeln – Sicherheitseinbehalt lange genug einbehalten

Ein weiterer wichtiger Punkt ist, dass die Schlussrate noch mindestens 5 Prozent – besser deutlich mehr – betragen sollte, damit für Sie bis zum Schluss ausreichende Sicherheiten bestehen bleiben. Denn gemäß § 632a Absatz 1 in Verbindung mit § 641 Absatz 3 BGB haben Sie das Recht, für Baumängel, die Sie erkennen, das Doppelte der zur Beseitigung des Mangels notwendigen Kosten einzubehalten. Das können schnell Summen sein, die sich im Bereich von 5 Prozent und mehr der Bausumme bewegen. Ist dann kein ausreichender Betrag mehr da, können Sie einen gegebenenfalls berechtigten Einbehalt gar nicht mehr umsetzen. Zumindest 10 Prozent als Schlussrate sind daher angemessen- und vom Gesetzgeber inzwischen auch als Mindestsicherheit festgelegt (BGB § 650m Absatz 1). Problem des Gesetzgebers: Er hat in der Formulierung des § 650m Absatz 2 des BGB nicht definiert, dass der Sicherungsbetrag ausdrücklich bis nach Abnahme einbehalten werden darf, sondern als Sicherheit dient zur rechtzeitigen Herstellung des Werks ohne wesentliche Mängel. Dieser Zeitpunkt tritt faktisch aber bereits vor der Abnahme ein. Steht dann die Abnahme vor der Tür, möchte der Unternehmer möglicherweise auch die restlichen 10 Prozent – und zwar vor der Abnahme – auf sein Konto überwiesen haben. Dann fangen die nächsten Probleme an, denn Sie haben ja noch gar nicht beurteilen können, ob Mängel vorliegen oder nicht. Zu welch absurden Situationen das in der Praxis führen kann, erfahren Sie im Kapitel 12. Grundsätzlich ist es sinnvoll, mindestens den gesetzlichen Einbehalt im Kauf- und Bauvertrag ausdrücklich auch bis nach Abnahme einbehalten zu können – und das auch ausdrücklich so im Bauvertrag zu formulieren und zu fixieren.

Gewährleistungseinbehalt regeln

Nach geltender Rechtsprechung haben Sie die Möglichkeit, einen Gewährleistungseinbehalt in Höhe von bis zu 5 Prozent der Bausumme über den Zeitraum der gesamten Gewährleistung (nach BGB 5 Jahre ab Abnahme des Bauwerks) einzubehalten. Der Gewährleistungseinbehalt ist jedoch nicht gesetzlich geregelt, sondern muss vertraglich vereinbart sein, wenn er wirksam werden soll. Dieser Gewährleistungseinbehalt dient dazu, bei möglichen Gewährleistungsproblemen handlungsfähig zu bleiben. So kann es zum Beispiel sein, dass ein Fertighaushersteller oder Massivhausanbieter kein Interesse an einer Mangelbehebung hat, oder aber er kann den Mangel gar nicht mehr beheben, weil das Unternehmen während der Gewährleistungszeit insolvent wurde..

Bürgschaft als Option

Viele Hausanbieter schlagen alternativ zu den Sicherheitseinbehalten Bankbürgschaftsregelungen vor. Das ist – eng begrenzt auf die Anwendungsfälle und auf den Sicherheitseinbehalt von maximal 5 Prozent – auch gegenüber Verbrauchern zulässig (BGB § 650m Absatz 3). Interessant ist, dass diese Regelung früher für alle Werkverträge bindend galt. Heute kann man diese Regelung in Verbraucherbauverträge aufnehmen, kann sie aber auch ausschließen. Hier hat sich also für Verbraucher eine erhebliche Verschlechterung ihres Schutzes ergeben. Das Problem ist nur, dass das BGB in keiner Weise regelt, wie die Sicherheit, die gegenüber einem Verbraucher gegeben wird, wenn dieser vorab zahlt, inhaltlich konkret aussieht. Und Bürgschaft ist nicht gleich Bürgschaft. Es gibt vollkommen wertlose Bürgschaften. Daher ist große Vorsicht geboten: Jede solche Bürgschaft sollte immer und grundsätzlich **unwiderruflich, unbefristet, unbedingt** und **selbstschuldnerisch** unter **Verzicht auf die Einrede der Vorausklage** und **auf erstes Anfordern** sein. Das heißt: Die Bürgschaft kann nicht einfach widerrufen werden, sie ist nicht befristet und läuft damit nicht irgendwann einfach aus, sie ist bedingungslos, also an keine Bedingungen geknüpft, und die Bank tritt direkt als Schuldner Ihnen gegenüber auf, das heißt, Sie müssen nicht zuerst vergeblich versucht haben, das Geld vom eigentlichen Schuldner zu bekommen, sondern können sich sofort und direkt an dessen Bank wenden. Die Bank verzichtet auch darauf, dass Sie zunächst den Schuldner verklagen müssen, und muss Ihnen ferner auf erstes Anfordern direkt den Bürgschaftsbetrag auszahlen. Die Kosten der Bürgschaft sollte dann, wenn der Fertighaushersteller oder Massivhausanbieter eine Bürgschaftsregelung verlangt, entsprechend der Fertighaushersteller oder Massivhausanbieter tragen.

Auch für den Fall von Gewährleistungseinbehalten kann man mit Bürgschaften arbeiten, etwa wenn der Hausanbieter sich partout gegen den Gewährleistungseinbehalt wehrt, der gesetzlich ja nicht vorgeschrieben ist, sondern eine freiwillige, vertragliche Übereinkunft voraussetzt. Sie könnten dem Unternehmer dann alternativ anbieten, den Einbehalt über eine Bürgschaft zu regeln. Das heißt, Sie zahlen zwar auch die 5 Prozent des Gewährleistungseinbehalts an ihn aus, die Bank des Hausanbieters bürgt über diesen Betrag aber für den Hausanbieter, sodass sichergestellt ist, dass allen Gewährleistungsfällen bis 5 Jahre nach Abnahme des Bauwerks vom Hausanbieter auch nachgegangen wird.

Abtretungserklärungen

Immer wieder findet man in Verträgen von Fertighausherstellern und vor allem Massivhausanbietern auch Regelungen zu sogenannten Abtretungserklärungen. Das Problem haben Sie in einem der Vertragsbeispiele bereits kennengelernt. Diese Abtretungserklärungen sind brandgefährlich und sollten auf gar keinen Fall eingegangen werden.

Mit einer Abtretungserklärung treten Sie die in Ihrem Darlehensvertrag mit einer Bank festgelegten Auszahlungsansprüche Ihres Darlehens an den Unternehmer ab. Dadurch erhält der Fertighaushersteller oder Massivhausanbieter einen direkten Auszahlungsanspruch gegenüber Ihrer Bank, zwar üblicherweise nur dann, wenn er die entsprechenden Leistungen vor Ort auf der Baustelle auch erbracht hat, aber hier liegt das zentrale Problem: Damit das wirklich sicher funktionieren könnte, müsste Ihre Bank erstens einen sehr exakten Ratenzahlungsplan haben und exakt wissen, wann was gezahlt wird. Sie müsste also wissen: Wann wird der Kellerrohbau gezahlt? Was ist der Kellerrohbau? Gehören zum Beispiel dazu auch der Hausanschluss und die Kellerfensterlichtschächte sowie die Kellerabdichtung? Und anderes mehr. Außerdem müsste Ihre Bank die Einhaltung dieser Sachverhalte vor Ort fachmännisch und exakt überprüfen. Da Banken das aber weder fachlich noch personell können, ist eine solche Abtretungserklärung überhaupt nicht beherrschbar und birgt für Sie enorme Risiken der Überzahlung. Sie sollten von Abtretungen generell die Finger lassen. Sie sind sonst nicht mehr Herr darüber, welcher Betrag wann und für welche Leistung überhaupt überwiesen wird.

Beispiel Zahlungsplan Fertighaus

Ein Beispiel für einen Zahlungsplan, der mit einer Bau- und Leistungsbeschreibung und deren Inhalten gekoppelt ist, könnte für ein Fertighaus etwa wie folgt aussehen.

Für die Bausumme von 280.000 Euro inklusive Mehrwertsteuer gilt nachfolgender Zahlungsplan, wobei 5 Prozent der Bausumme gemäß § 650m Absatz 2 des BGB als Sicherheitseinbehalt bis zur rechtzeitigen Herstellung des Bauwerks ohne wesentliche Mängel von Anfang an zurückbehalten werden – und zwar bis nach Abnahme des Gebäudes –, und 5 Prozent als Gewährleistungseinbehalt bis zum Ablauf der Gewährleistungszeit (5 Jahre nach Abnahme gemäß BGB) ebenfalls von Anfang an zurückbehalten werden. Es werden bis zur Abnahme also nur 90 Prozent gezahlt (das ist ohnehin gesetzliche Vorschrift / BGB § 650m Absatz1), und nach der Abnahme bleiben weitere 5 Prozent bis zum Ablauf der Gewährleistungszeit einbehalten. Es werden also folgende Raten fällig:

1. Rate: 1,5 % (4.200 Euro). Fällig nach vollständiger Erbringung der Leistungen Punkt 1 bis 2 gemäß Bau- und Leistungsbeschreibung (das könnte zum Beispiel nach Erstellung und erfolgreich genehmigtem Bauantrag sein).

2. Rate: 2,5 % (7.000 Euro). Fällig nach vollständiger Erbringung der Leistungen Punkt 3 bis 5 gemäß Bau- und Leistungsbeschreibung (das könnte zum Beispiel den Erdaushub für einen Keller und Abtransport auf die Deponie umfassen sowie Anbindung an die öffentlichen Versorgungsleitungen).

3. Rate: 10 % (28.000 Euro). Fällig nach vollständiger Erbringung der Leistungen Punkt 5 bis 8 gemäß Bau- und Leistungsbeschreibung (das könnte zum Beispiel den Kellerrohbau umfassen inklusive Fenster und Lichtschächte).

4. Rate: 40 % (112.000 Euro). Fällig nach vollständiger Erbringung der Leistungen Punkt 9 bis 15 gemäß Bau- und Leistungsbeschreibung (das könnte zum Beispiel die Aufstellung des Hauses auf dem Keller umfassen inklusive Außenputz, fertig gedecktem Dach, Fenster, Rollläden, Innentreppe und verlegter Hausinstallation – Elektro und Sanitär – in den Wänden).

5. Rate: 6 % (16.800 Euro). Fällig nach vollständiger Erbringung der Leistungen Punkt 16 bis 17 gemäß Bau- und Leistungsbeschreibung (das könnte zum Beispiel die Installation der Heizungsanlage umfassen inklusive Speicher- und Warmwassertechnik sowie die Installation von Heiz- und Sanitärleitungen).

6. Rate: 5 % (14.000 Euro). Fällig nach vollständiger Erbringung der Leistungen Punkt 18 bis 20 gemäß Bau- und Leistungsbeschreibung (das könnte zum Beispiel den Estrich und alle gegebenenfalls zu erledigenden Innenputzarbeiten umfassen).

7. Rate: 5 % (14.000 Euro). Fällig nach vollständiger Erbringung der Leistungen Punkt 21 bis 23 gemäß Bau- und Leistungsbeschreibung (das könnte zum Beispiel sämtliche Boden- und Wandbeläge umfassen inklusive Montage der Innentüren).

8. Rate: 5 % (14.000 Euro). Fällig nach vollständiger Erbringung der Leistungen Punkt 24 bis 26 gemäß Bau- und Leistungsbeschreibung (das könnte zum Beispiel die Fertigmontage der Elektroinstallation, der Sanitärgegenstände und Armaturen umfassen).

9. Rate: 5 % (14.000 Euro). Fällig nach vollständiger Erbringung der Leistungen Punkt 27 bis 29 (das könnte zum Beispiel Sockelputz, Außentreppe, Vordach, Außenbeleuchtung, gegebenenfalls Kiesstreifen ums Haus, Terrasse und eventuell Briefkasten und Hausnummer betreffen).

10. Rate: 10 % (28.000 Euro). Fällig nach vollständiger Erbringung der Leistung Punkt 30 und nach Abnahme des Hauses (das könnte zum Beispiel nach Endreinigung, Abnahme, Übergabe und Beseitigung letzter Mängel sein).

Beispiel Zahlungsplan schlüsselfertiges Massivhaus

Ein Beispiel für einen Zahlungsplan, der mit einer Bau- und Leistungsbeschreibung und deren Inhalten gekoppelt ist, könnte für ein schlüsselfertiges Massivhaus etwa wie folgt aussehen.

Für die Bausumme von 280.000 Euro inklusive Mehrwertsteuer gilt nachfolgender Zahlungsplan, wobei 5 Prozent der Bausumme gemäß § 650m Absatz 2 des BGB als Sicherheitseinbehalt bis zur rechtzeitigen Herstellung des Bauwerks ohne wesentliche Mängel von Anfang an zurückbehalten werden – und zwar bis nach Abnahme des Gebäudes – und 5 Prozent als Gewährleistungseinbehalt bis zum Ablauf der Gewährleistungszeit (5 Jahre nach Abnahme gemäß BGB). Es werden also folgende Raten fällig:

1. Rate: 1,5 % (4.200 Euro). Fällig nach vollständiger Erbringung der Leistungen Punkt 1 bis 2 gemäß Bau- und Leistungsbeschreibung (das könnte zum Beispiel nach Erstellung und erfolgreich genehmigtem Bauantrag sein).

2. Rate: 2,5 % (7.000 Euro). Fällig nach vollständiger Erbringung der Leistungen Punkt 3 bis 5 gemäß Bau- und Leistungsbeschreibung (das könnte zum Beispiel den Erdaushub für einen Keller und Abtransport auf die Deponie umfassen sowie Anbindung an die öffentlichen Versorgungsleitungen).

3. Rate: 40 % (112.000 Euro). Fällig nach vollständiger Erbringung der Leistung Punkt 9 bis 12 gemäß Leistungsbeschreibung (das könnten zum Beispiel der Rohbau mit Keller, der Dachstuhl mit Dachdeckung sowie die Fenster sein).

4. Rate: 5 % (14.000 Euro). Fällig nach vollständiger Erbringung der Leistungen Punkt 13 bis 15 gemäß Bau- und Leistungsbeschreibung (das könnte zum Beispiel die Verlegung der Hausinstallation – Elektro und Sanitär, gegebenenfalls auch zentrale Lüftung – betreffen).

5. Rate: 6 % (16.800 Euro). Fällig nach vollständiger Erbringung der Leistungen Punkt 16 bis 17 gemäß Bau- und Leistungsbeschreibung (das könnte zum Beispiel die Installation der Heizungszentrale umfassen, inklusive Speicher- und Warmwassertechnik sowie die Installation von Heiz- und Sanitärleitungen).

6. Rate: 5 % (14.000 Euro). Fällig nach vollständiger Erbringung der Leistungen Punkt 18 bis 20 gemäß Bau- und Leistungsbeschreibung (das könnte zum Beispiel den Estrich und alle gegebenenfalls zu erledigenden Innenputzarbeiten umfassen).

7. Rate: 10 % (28.000 Euro). Fällig nach vollständiger Erbringung der Leistungen Punkt 21 bis 24 gemäß Bau- und Leistungsbeschreibung (das könnten zum Beispiel sämtliche Boden- und Wandbeläge sein, inklusive Fliesen in allen Bädern sowie Fliesen, Parkett oder Teppich in Wohnräumen, Montage der finalen Holztreppe oder Holztreppenstufen, Montage der Fensterbänke, Montage der Innentüren).

8. Rate: 5 % (14.000 Euro). Fällig nach vollständiger Erbringung der Leistungen Punkt 25 bis 26 gemäß Bau- und Leistungsbeschreibung (das könnte zum Beispiel die Fertigmontage der Elektroinstallation, der Sanitärgegenstände und Armaturen umfassen).

9. Rate: 10 % (28.000 Euro). Fällig nach vollständiger Erbringung der Leistungen Punkt 27 bis 29 (das könnte zum Beispiel Außenputz mit Sockelputz, Außentreppe, Vordach, Außenbeleuchtung, gegebenenfalls Kiesstreifen ums Haus, Terrasse und eventuell Briefkasten und Hausnummer betreffen).

10. Rate: 5 % (14.000 Euro). Fällig nach vollständiger Erbringung der Leistung Punkt 30 und nach Abnahme des Hauses (das könnte zum Beispiel nach Endreinigung und Beseitigung letzter Mängel sein).

Hinweis

Wenn Sie ein Gebäude auf eigenem Grundstück bauen, sind Sie in der Gestaltung der Zahlungsraten letztlich frei. Würden Sie hingegen ein Haus zusammen mit einem Grundstück kaufen, müssten Sie sich an die Zahlungsraten-Vorgaben der sogenannten Makler- und Bauträgerverordnung (MaBV) halten. Mehr dazu in Kapitel 8.

Wenn der Bau rechtzeitig und mangelfrei erstellt ist, können nach einer erfolgten und erfolgreichen Abnahme des Gebäudes die letzte Rate von 10 Prozent und auch der Sicherheitseinbehalt von 5 Prozent an den Hausanbieter überwiesen werden. Damit sind schließlich insgesamt 95 Prozent an das Unternehmen ausbezahlt. Einbehalten bis zum Schluss der Gewährleistungszeit, also 5 Jahre lang, bleiben dann noch 5 Prozent. Oder aber diese werden – wie beschrieben – über eine Bürgschaftsregelung abgesichert.

7.6 Gütegemeinschaften und Zertifizierungen von Fertighäusern und schlüsselfertigen Massivhäusern

Gütegemeinschaften

Neben den gesetzlichen Rahmenbedingungen wie etwa dem Eintrag des Unternehmens im Handelsregister des zuständigen Amtsgerichts oder der Pflichtmitgliedschaft bei der Industrie- und Handelskammer gibt es auch freiwillige, vorwiegend technisch ausgerichtete Qualitätszirkel, die vorrangig die Fertighaushersteller von sich aus gegründet haben und pflegen. Die Anbieter schlüsselfertiger Massivhäuser haben vereinzelt auch Gütegemeinschaften, aber die Mitgliedschaftsrate ist wesentlich niedriger als im Fertighausbau, der Markt der Anbieter auch deutlich kleinteiliger und regionaler ausgerichtet. Die wichtigsten Gütegemeinschaften sind:

- die Gütegemeinschaft Blockhausbau e.V.,
- die Gütegemeinschaft Holzbau – Ausbau – Dachbau e.V.,
- die Qualitätsgemeinschaft Deutscher Fertigbau e.V. (QDF),
- die Bundes-Gütegemeinschaft Montagebau und Fertighäuser e.V. (BMF),
- die Vereinigung ZimmerMeisterHaus,
- die Gütegemeinschaft Fertigkeller e.V. (GUF).

(→ Übersicht Seite 149)

Gütegemeinschaft Blockhausbau e.V.

Der Deutsche Massivholz- und Blockhausverband e.V. (DMBV) hat zur Gütesicherung die RAL-Gütegemeinschaft Blockhausbau e.V. ins Leben gerufen. Beim DMBV handelt es sich um einen Zusammenschluss deutscher Hersteller von Blockhäusern und Massivholzhäusern. Der Güteschutz für die Herstellung von Massivholz- und Blockhäusern umfasst 2 Gütezeichen:

1. Gütezeichen für die Herstellung von Blockhäusern: In den Güte- und Prüfbestimmungen wird festgelegt, welche Holzarten zum Blockhausbau verwendet werden dürfen. Der maximale Feuchtegehalt ist eine weitere wichtige Anforderung an das Holz. Die Ausbildung der Eckverbindungen der Außenwände sowie der Dach-, Wand- und Fensteranschlüsse wird ebenfalls festgelegt. Auch für den Holzschutz werden Anforderungen formuliert.

2. Gütezeichen für die Montage von Blockhäusern: Nur Firmen, die das Gütezeichen für die Herstellung von Blockhäusern führen, dürfen auch das Gütezeichen für die Montage von Blockhäusern führen, da die Regeln für die Güteüberwachung der Montage auf denen der Herstellung aufbauen. Die Montage darf beispielsweise nur von qualifizierten Mitarbeitern durchgeführt werden. Weitere wichtige Punkte sind die Montage der Fenster und Türen sowie die Dichtigkeit und Dämmung von Fassade und Dach.

Gütegemeinschaft Holzbau – Ausbau – Dachbau e.V.

Die Gütegemeinschaft Holzbau – Ausbau – Dachbau e.V. vergibt gemeinsam mit der Bundes-Gütegemeinschaft Montagebau und Fertighäuser e.V. (BMF) und der Gütegemeinschaft Deutscher Fertigbau e.V. (GDF) das Holzbau-Gütezeichen RAL GZ 422.

Qualitätsgemeinschaft Deutscher Fertigbau e.V. (QDF)

Die Qualitätsgemeinschaft Deutscher Fertigbau (QDF) besteht aus dem Zusammenschluss der Mitgliedsfirmen des Bundesverbands Deutscher Fertigbau (BDF). Sie haben sich verpflichtet, über die gesetzlichen Bestimmungen hinausgehende Anforderungen an Bauweise, Fertigung und verwendete Materialien zu erfüllen.

Bundes-Gütegemeinschaft Montagebau und Fertighäuser e.V. (BMF)

Die Bundes-Gütegemeinschaft Montagebau und Fertighäuser e.V. (BMF) ist eine RAL-Gütegemeinschaft für Holz-Fertighaushersteller in Holztafelbauweise. Die Produkte der Mitglieder werden hinsichtlich Übereinstimmung mit bauaufsichtlichen Anforderungen wie zum Beispiel Standsicherheit, Brandschutz, Hygiene, Gesundheitsschutz und Umweltschutz, Nutzungssicherheit, Schallschutz, Energieeinsparung und Wärmeschutz geprüft. Dies erfolgt sowohl durch eigene Produktionskontrolle der Mitglieder als auch durch unangemeldete Fremdüberwachung zweimal im Jahr. Als Nachweis der Übereinstimmung mit den technischen Regeln müssen sämtliche Holztafeln gekennzeichnet werden. Außerdem erhalten alle Holzbauteile, deren Güte gemäß den gültigen Prüfbestimmungen gesichert ist, das Gütezeichen „Holzbauteile für Montagebau und Fertighäuser“ RAL GZ-422-1 und 422-2. Hierzu wird zum Beispiel geprüft, ob für die zum Zeitpunkt der Prüfung hergestellten Bauteile Standsicherheitsnachweise, Wärme- und Feuchteschutznachweise, Schall- und Brandschutznachweise vorliegen und die U-Werte der Außenbauteile eingehalten werden. Außerdem wird das eingesetzte Holz hinsichtlich Holzfeuchte kontrolliert sowie das Luftdichtigkeitskonzept der Gebäudehülle.

Vereinigung ZimmerMeisterHaus

Die Vereinigung ZimmerMeisterHaus ist ein Zusammenschluss selbstständiger Unternehmer des Zimmererhandwerks. Der Schwerpunkt liegt hierbei auf dem individuellen und qualitätsbewussten Holzhausbau.

Gütegemeinschaft Fertigkeller e.V. (GÜF)

Die Gütegemeinschaft Fertigkeller e.V. ist ein kleiner Verein mit wenigen Mitgliedsunternehmen. Ziel ist die Qualitätssicherung bei der Herstellung von Fertigkellern und der Dienstleistung bei der Montage vor Ort. Die Gütegemeinschaft verfügt über ein eigenes RAL-Zeichen. Das Nutzungsrecht besteht für die Mitglieder bei Einhaltung der Güte- und Prüfbestimmungen. Diese Überwachung erfolgt durch unabhängige Sachverständige sowohl im Werk als auch vor Ort auf der Baustelle.

Gütegemeinschaft Blockhausbau e.V.:
www.blockhausverband.de

Gütegemeinschaft Holzbau – Ausbau – Dachbau e.V.:
www.ghad.de

Qualitätsgemeinschaft Deutscher Fertigbau e.V. (QDF):
www.bdf-ev.de

Bundes-Gütegemeinschaft Montagebau und Fertighäuser e.V. (BMF):
www.guetesicherung-bau.de

Vereinigung ZimmerMeisterHaus:
www.zmh.com

Gütegemeinschaft Fertigkeller e.V.:
www.kellerbau.info

Bei der Überprüfung Ihres zukünftigen Vertragspartners können Sie Informationen darüber einholen, ob er Mitglied in einer der genannten Gütegemeinschaften ist. Diese Gütegemeinschaften und ihre Richtlinien allein sagen über die konkret erbrachte Leistung bei einzelnen Bauvorhaben zwar noch nicht viel aus, sie sind jedoch ein Indiz dafür, dass Ihr Hausanbieter zumindest bereit ist, sich der unabhängigen Überprüfung eines Fachausschusses zu stellen. Außer den Gütegemeinschaften gibt es die Dachorganisationen im Bereich des Fertigbaus. Dies sind bei den Holz-Fertighausanbietern in Deutschland gleich 2: zum einen der Bundesverband Deutscher Fertigbau (BDF), zum anderen der Deutsche Fertigbauverband e.V. (DFV). Alle Adressen und Anschriften der Verbände finden Sie im Anhang. Die Dachorganisationen sind aber nur Interessenvertreter der Fertighausanbieter und daher für Sie als unabhängiger Verbraucher oder unabhängige Verbraucherin eher von nachgeordnetem Interesse.

Einige der Gütegemeinschaften des Fertigbaus vergeben sogenannte RAL-Zertifizierungen. Diese RAL-Zertifizierungen sollen einen Anhaltspunkt für die Qualität eines Produktes liefern.

Was ist ein RAL-Zertifikat?

RAL ist eine alte Buchstabenkombination und stand zu Zeiten der Weimarer Republik für „Reichsausschuss für Lieferbedingungen". Dieser wurde 1925 ins Leben gerufen. Auch nach dem Zweiten Weltkrieg blieb man dieser Buchstabenkombination treu. Daher führt die heutige Nachfolgeinstitution den vollständigen Namen: „RAL – Deutsches Institut für Gütesicherung und Kennzeichnung e.V.". Diese Einrichtung ist ein Spitzenverband von über 100 Mitgliedsverbänden des Handwerks, der Industrie und auch des Verbraucherschutzes sowie staatlicher Einrichtungen der Bundesrepublik Deutschland, der die Qualität von Produkten überwacht und gegen Nichteinhaltung auch vorgeht. Diese Institution vergibt unter anderem sogenannte Zertifikate. Die RAL-Zertifizierung im Fertighausbau bedeutet im Grunde, dass sowohl die Produktion wie auch das zu produzierende Produkt einer regelmäßigen Qualitätskontrolle unterzogen werden. Bei dieser unabhängigen Kontrolle der Haushersteller werden verschiedene Aspekte des laufenden Hausbaus überprüft. Hinsichtlich der Produktion werden zum Beispiel bei Holz-Fertighausherstellern, wie teilweise schon erwähnt, die Holzfeuchte und der Holzschutz des verarbeiteten Materials überprüft, hinsichtlich des zu erstellenden Produkts zum Beispiel die Statik, der Wärmeschutz oder auch der Schall- und Brandschutz. Diese Zertifizierungen sind u.a.:

- beim Blockhausbau das RAL GZ 402-1 und 402-2,
- beim Niedrigenergiehausbau das RAL GZ 965,
- beim Fertigkellerbau das RAL GZ 518.

Garantieerklärungen

Manchmal enthalten Verträge Garantieerklärungen. Garantien gehen über übliche Gewährleistungen hinaus. Der Hersteller räumt hier also freiwillig zusätzliche Garantieversprechen ein. Manchmal wird das im Vertrag geregelt, und manchmal gibt es ein zusätzliches Dokument, in dem festgehalten ist, welche Garantien bestehen. Wenn etwas Derartiges Vertragsbestandteil werden soll, muss das Dokument auch im Kaufvertrag als Vertragsbestandteil benannt sein. Nur dann kann man sicher sein, dass es wirksam vereinbart ist. In der Garantievereinbarung selber sollte man auf folgende Punkte achten:

- Umfang und Art der Garantie,
- Dauer der Garantie und
- Wege der Einlösung der Garantie.

Das heißt im Einzelnen:

- Es werden in den Garantieerklärungen nicht nur Einzelteile benannt, sondern auch Bauteilkombinationen (also nicht nur der Heizungsbrenner, sondern das gesamte Heizungssystem).
- Es werden klare Zeiträume benannt oder mindestens Betriebsstunden der Geräte, die definieren, wie lange welche Garantie gilt.

- Es werden klare Zielvereinbarungen getroffen, auf welchem Weg die Garantien eingelöst, also Probleme im Bedarfsfalle behoben werden (wer kommt zum Beispiel wann vorbei, wenn im ersten Winter plötzlich die Heizung ausfällt?).

Die hohe Dichte der Gütegemeinschaften im Fertigbau ist historisch bedingt. Das Vertrauen in Holzbauten war zu Anfang eher gering und ist teilweise bis heute mit vielen Vorurteilen behaftet. Die Gütegemeinschaften sollten auch dazu beitragen, Vertrauen in diese Bauweise zu gewinnen. Das ist bis heute auch einer der wesentlichen Gründe, warum umgekehrt im Massivbau kaum ein Betrieb Mitglied in irgendeinem Qualitätsverband ist. Das Vertrauen in Massivhäuser ist bis heute verbreitet höher.

Hilfestellung bei der Vertragsprüfung

Wenn Sie bei einer Vertragsprüfung allein nicht weiterkommen, können Sie auch externen Rat hinzuziehen. Es gibt unterschiedliche Organisationen, die eine Bauberatung anbieten, bei der Kauf- oder Bauvertrag und Baubeschreibung überprüft werden. Baubeschreibung und Bauvertrag können Sie bei folgenden Verbraucherzentralen überprüfen lassen (Stand: 31.05.2019):

- In **Baden-Württemberg** gibt es an mehreren Beratungsstandorten eine persönliche Bauberatung. Bei dieser können Bauleistungsbeschreibungen und Bauverträge durch Ingenieure und Anwälte überprüft werden. Die Beratung wird aktuell an den Standorten Karlsruhe, Ulm und Freiburg angeboten – wobei an allen Standorten eine Ingenieurberatung möglich ist, aber nicht überall auch eine anwaltliche. Diese kann aber im Nachgang zur Ingenieurberatung sehr einfach und gut auch individuell hizugezogen werden.
- In **Berlin** gibt es eine Bauberatung zu Bauverträgen.
- **Brandenburg** bietet ein Beratungsangebot zu den Themen Grundstückskauf und Bauvertrag an.
- In **Bremen** gibt es ein umfassendes Beratungsangebot für Bauleistungsbeschreibungs- und Bauvertragsprüfungen sowie auch eine Vor-Ort-Begleitung auf der Baustelle.
- In **Hamburg** wird eine telefonische Bauberatung angeboten.
- In **Niedersachsen** gibt es das Angebot von Baubeschreibungs- und Bauvertragsprüfung.
- In **Nordrhein-Westfalen** gibt es das Angebot der schriftlichen Prüfung von Bauträgerverträgen.
- In **Rheinland-Pfalz** gibt es eine telefonische, eine persönliche und eine schriftliche Beratung zu den Themen Bauen und Baurecht. Die persönliche Beratung findet am Standort Mainz statt.
- In **Sachsen** gibt es an den Standorten Chemnitz, Leipzig und Dresden eine Baurechtsberatung.
- In **Thüringen** gibt es eine Baurechtsberatung.

Die exakten Rahmendaten und Kosten zu den Beratungsangeboten finden Sie im Internet unter www.verbraucherzentrale.de. Dort gehen Sie auf das jeweilige Bundesland und sehen unter dem Menüpunkt „Service“ und dann „Beratungsangebote“ nach.

Viele Verbraucherzentralen bieten darüber hinaus auch eine Baufinanzierungsberatung an, bei der man die geplante Baufinanzierung überprüfen lassen kann. Auch das ist meist sehr sinnvoll und kann viel Geld sparen.

Neben den Verbraucherzentralen bieten auch der Bauherrenschutzbund (**www.bsb-ev.de**) und der Verband privater Bauherren (**www.vpb.de**) Bauberatungsangebote an. Bei beiden muss man in der Regel aber zunächst Mitglied werden. Außerdem bietet das Institut Bauen und Wohnen (**www.institut-bauen-und-wohnen.de**) eine flexible und bundesweite telefonische Prüfung von Bau- und Leistungsbeschreibungen zum Festpreis an. Dort muss man nicht Mitglied werden. Die aktuellen Preise können sehr einfach vorab per E-Mail oder telefonisch angefragt werden. Eine weitere Möglichkeit, zumindest den Bauvertrag unabhängig überprüfen zu lassen, ist die Einschaltung eines freien Anwalts. Da das Baurecht ein äußerst komplexes Rechtsgebiet ist, sollte er unbedingt Erfahrung auf diesem Fachgebiet haben. Dies haben zum Beispiel Fachanwälte für Bau- und Architektenrecht oder Rechtsanwälte mit entsprechendem Tätigkeitsschwerpunkt. Anwälte in der eigenen Region kann man gut über Interneportale finden. Ein solches Portal ist zum Beispiel **www.justico.de**. Wenn Sie in der dortigen Suchmaske den Begriff „Baurecht" und die Region eingeben, erhalten Sie einen guten Überblick. Es gibt aber auch viele weitere Portale.

Sehr wichtig ist, bei der Einschaltung eines Anwalts vorab zu klären, nach welchem Muster er abrechnet. Stundensätze bis 250 Euro netto und mehr sind weit verbreitet. Dann muss man nötigenfalls von vornherein festlegen, wie lange maximal geprüft werden soll. Denn hat ein Vertrag 20 Seiten und ein Anwalt benötigt pro Seite etwa eine Stunde, können Kosten von 5.000 Euro netto für eine einzige Vertragsprüfung entstehen. Und das ist ganz eindeutig zu viel. Die Verbraucherzentralen beispielsweise verlangen für eine Prüfung von Bauvertrag plus Baubeschreibung etwa 400 Euro. Ein versierter Anwalt wird einen marktüblichen Bauvertrag in 2 bis 3 Stunden so prüfen können, dass er Ihnen dazu belastbare Aussagen machen kann, wo auf alle Fälle nachgebessert werden sollte.

Sinnvollerweise kann man den Rechtsanwalt danach fragen, ob er alternativ anbieten kann, nach dem Rechtsanwaltsvergütungsgesetz (RVG) zu arbeiten. Falls er das anbietet, ist es sinnvoll, er macht zunächst eine alternative Kostenkalkulation auf dieser Basis. Das RVG ist bei zeitaufwendigeren Verfahren fast immer deutlich günstiger als eine Stundensatzvereinbarung.

Und wenn Sie zunächst einmal ganz preiswert selber überprüfen wollen, welche Kosten- und Vertragsfallen möglicherweise in dem Ihnen vorgelegten Kauf- und Bauvertrag stecken, können Sie auch den Ratgeber „Kosten- und Vertragsfallen beim Bauen" der Verbraucherzentrale nutzen (→ Seite 335). Denn dieser enthält über 160 Checkblätter zur Prüfung der häufigsten Kosten- und Vertragsfallen in Bauverträgen. Und bevor man zu einem Anwalt geht, ist es ohnehin sinnvoll, sich zunächst einmal selbst einen guten Überblick zu verschaffen, weil dann auch eventuelle spätere Gespräche mit einem Anwalt deutlich einfacher, schneller und fundierter ablaufen können.

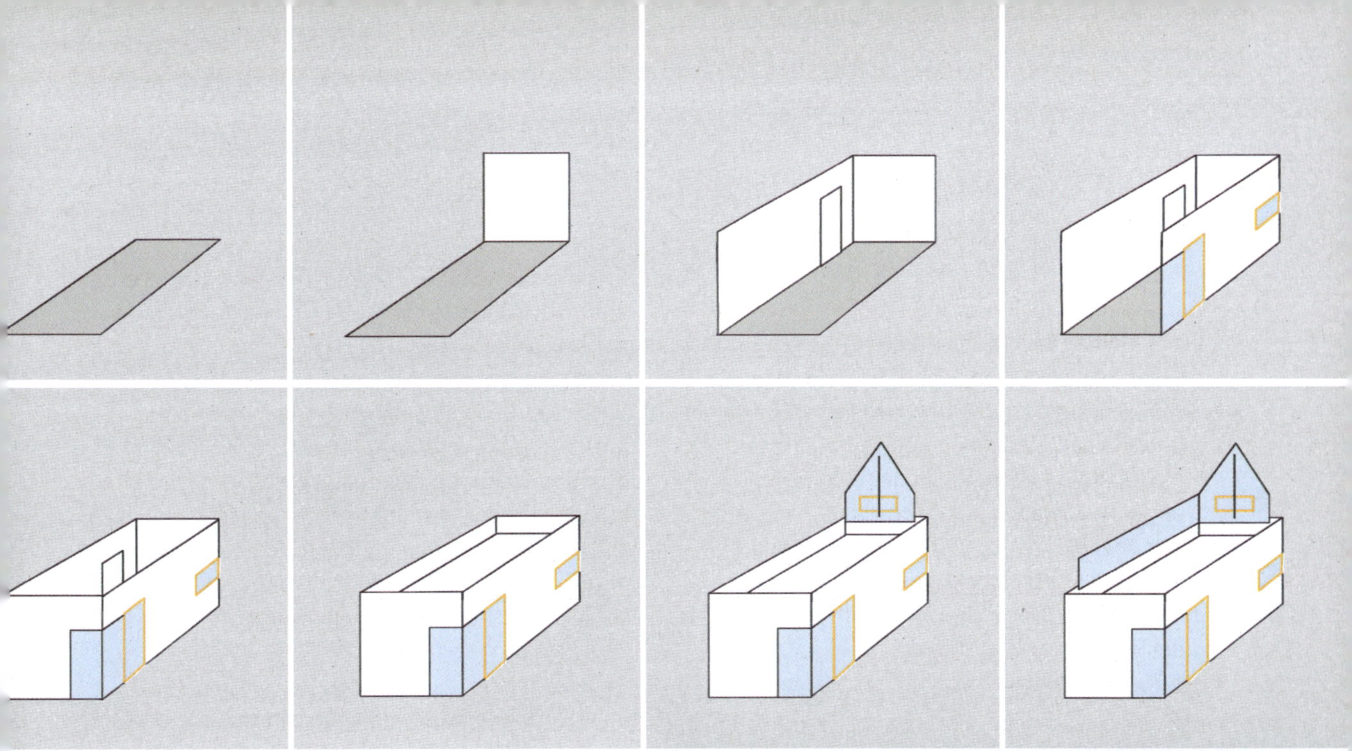

8 Anbietersuche und Vertrag – Fertighaus oder schlüsselfertiges Massivhaus auf mitgekauftem Grundstück (Bauträgerkauf)

Wenn Sie nicht auf eigenem Grundstück bauen, sondern Haus und Grundstück gemeinsam kaufen, sind Sie kein Bauherr, sondern Käufer eines sogenannten Bauträgerobjekts. Das ist rechtlich etwas völlig anderes und läuft in wichtigen Punkten unter ganz anderen rechtlichen Rahmenbedingungen ab.

8.1 Suche

Anders als beim Bauen auf dem eigenen Grundstück ist es beim Kauf eines Hauses samt Grundstück, einem Kauf vom sogenannten Bauträger, oft so, dass man den Projektstart nicht in der Hand hat. Das gilt vor allem für Reihenhäuser oder Doppelhaushälften. Es kann dann durchaus sein, dass man auf das Projekt erst aufmerksam wird, wenn es bereits im Bau ist. Immer wieder gibt es aber auch von Massivhausherstellern – und selbst von Fertighausherstellern – Grundstücksangebote, die sie denjenigen machen, die auf diesen Grundstücken dann auch ein Fertighaus des betreffenden Fertighausherstellers oder Massivhausanbieters bauen. Bei solchen Angeboten kann es sich aber auch um das sogenannte verdeckte beziehungsweise versteckte Bauherrenmodell handeln, das Sie schon kennengelernt haben: Dann werden Sie zunächst zum Käufer des Grundstücks und anschließend zum Bauherrn des Hauses, aber nicht zum Käufer von Grundstück und Haus gemeinsam. Bei einer solchen Vertragskonstellation wäre für Sie dann wieder Kapitel 7 das zutreffende Kapitel.

Viele Hausangebote, bei denen Haus und Grundstück zusammen angeboten werden, sind Reihenhaussiedlungen und Doppelhaushälften, meist in suburbanen Gebieten, in und um größere Einzugsregionen. Denn auf dem flachen Land ist das eine Bauform, die dort schon über die Bebauungspläne oft gar nicht zugelassen ist. Dort dominiert nach wie vor das Einzelhaus.

Je nachdem, wo Sie suchen, werden Sie entweder auf einen Markt stoßen, wo Grundstücke kaum noch bezahlbar und auch kaum im Angebot sind, wie in vielen urbanen und suburbanen Regionen in oder rund um deutsche Groß- und / oder Universitätsstädte, oder Sie finden noch Grundstücke, die aber dann meist weiter außerhalb liegen.

Das grundsätzliche Problem für Sie dabei ist: Wenn Sie in einer urbanen oder suburbanen Region nach einer neuen Immobilie suchen und Ihnen Angebote für den Kauf von Grundstück und Haus gemeinsam vorliegen, ist der Vorteil gleichzeitig auch der Nachteil: Der anbietende Bauträger hat in diesem Fall üblicherweise die Hand auf dem Grundstück. Das heißt, wenn Sie an das Grundstück wollen, müssen Sie zwangsweise auch das angebotene Haus abnehmen. Dadurch wird in umkämpften Immobilienmärkten Ihre Verhandlungsposition viel schwächer, denn der Bauträger kann dadurch nicht nur sehr hohe Kaufpreise ansetzen, sondern er kann auch die Baugestaltung und Bauqualität weitgehend allein bestimmen. Hat er genug Käufer, muss er keine Zugeständnisse machen. Und auf genau diese Situation werden Sie häufig treffen. Da ist nicht der Kunde König, sondern der Bauträger – und gebietet förmlich über die, die etwas von ihm wollen.

Die Verhandlungen mit Bauträgern verlaufen also völlig anders als die Verhandlungen zur Bebauung des eigenen Grundstücks. Entsprechend muss man sich beim Abbruch von Verhandlungen darüber klar sein, dass man damit auch den Zugang zum Grundstück verliert. Das sollte einen aber trotzdem nicht davon abhalten, klar zu verhandeln, denn es gibt Grenzen dessen, was man noch mitmachen sollte und was man nicht mehr mitmachen sollte – und zwar finanziell, technisch und rechtlich.

Hinzu kommt, dass die Preise vieler dieser Angebote in urbanen und suburbanen Regionen mitlerweile relativ hoch sind. Der Ansturm auf die Angebote hat dadurch aber nicht unbedingt nachgelassen.

Durch die Situation, dass der Bauträger immer am längeren Hebel sitzt, weil er die Hand auf dem Grundstück hat, sollte man sich aber auch nicht erpressbar machen. Wenn Sie das Haus nicht kaufen, ist deswegen ja Ihr Leben nicht zu Ende. Die förmliche Panik, ein Eigenheim finden zu müssen, die manche

Menschen bekommen, unter anderem, wenn sich die Kinder in Richtung Einschulung entwickeln, sollte man sich ganz schnell abgewöhnen und mit sehr großer Ruhe und Gelassenheit an ein solches Projekt gehen.

Die Suche nach geeigneten Bauträgerangeboten in Ihrer Umgebung ist meist einfacher als die Suche nach dem richtigen Fertighaushersteller oder Massivhausanbieter, weil diese Angebote fast immer regional aktiv beworben werden, sei es im Immobilienteil der Regionalzeitung oder auf einem Immobilienportal im Internet. Wer beides aufmerksam verfolgt, wird diesen Angeboten früher oder später begegnen.

8.2 An welchem Punkt steigen Sie in das Projekt ein?

Wenn Sie ein klassisches Bauträgerobjekt, also ein Reihenhaus oder eine Doppelhaushälfte, kaufen wollen, werden Sie schnell feststellen, dass die Angebote am Markt in sehr unterschiedlichen Projektstadien sind. Üblicherweise werden Sie auf folgende Projektstadien treffen:

- Der Bauträger hat ein Grundstück avisiert, auf dem er Häuser errichten möchte, es ist aber noch nicht in seinem Eigentum.
- Das avisierte Grundstück ist möglicherweise noch bebaut, und die Bebauung muss erst abgerissen werden.
- Eine erste Planung ist erstellt.
- Die Baugenehmigung ist erteilt.
- Mit dem Bau der Häuser ist bereits begonnen worden.
- Der Bau der Häuser ist bereits abgeschlossen.

Den letzteren Fall werden Sie aber eher selten antreffen, aus einem ganz einfachen Grund: Dann nämlich müsste der Bauträger das Vorhaben komplett vorfinanzieren und würde erst nach Abschluss der Maßnahmen Einnahmen erzielen. Das ist für seine Finanzierung ausgesprochen ungünstig, daher versuchen Bauträger üblicherweise, so früh wie möglich zu verkaufen. Im Idealfall haben sie alle Wohneinheiten veräußert, bevor sie mit dem Bauvorhaben überhaupt beginnen. Dann sinkt das Risiko des Bauträgers gegen null. Viele notarielle Kaufverträge zum Beispiel werden noch vor der vorliegenden Baugenehmigung abgeschlossen. Oder: Nicht immer kauft der Bauträger ein Grundstück und verkauft es dann weiter an Sie. Häufig vermittelt er es nur, sodass Sie dann ein Grundstück direkt vom Voreigentümer kaufen, sich aber zum Beispiel gleichzeitig vertraglich verpflichten, dieses in Zusammenarbeit mit dem Bauträger zu bebauen. Je nachdem, in welchem Stadium Sie in ein Projekt einsteigen, ergeben sich daraus schwerwiegende und nachhaltige Konsequenzen, die Sie kennen sollten.

Situation 1:

Der Bauträger hat ein Grundstück anvisiert, auf dem er Häuser errichten möchte, es ist aber noch nicht in seinem Eigentum.

In diesem Fall muss geklärt werden, wie der Grundstückskauf erfolgen soll: Kaufen Sie also das Grundstück vom Bauträger, der es zunächst erwirbt, oder kaufen Sie das Grundstück direkt vom gegenwärtigen Eigentümer? Wenn Sie das Grundstück oder einen Grundstücksanteil nicht vom Bauträger kaufen, dann werden Sie vom Hauskäufer zum Bauherrn. Denn dann errichten Sie auf Ihrem eigenen Grundstück ein Haus. Das ist etwas anderes, als wenn Sie Haus und Grundstück in einem Zug kaufen. Rechtlich sind Sie dann verantwortlich für die Baustelle auf Ihrem Grundstück (zum Beispiel die Baustellensicherheit), außerdem müssen Sie die Voraussetzungen für die Bebaubarkeit des Grundstücks prüfen (lassen). Ist auf dem Grundstück zum Beispiel ein hoher Grundwasserstand zu befürchten und ist der vom Bauträger (der in diesem Fall dann ja kein Bauträger, sondern Generalunternehmer wäre) angebotene Keller dafür nicht geeignet, liegt es an Ihnen, das Bauträgerunternehmen darauf hinzuweisen, denn Sie sind Eigentümer des Grundstücks. Der getrennte Kauf von Grundstück und Haus ist daher ein eher riskanter Weg. Denn meist verpflichtet man sich bereits beim Grundstückskauf vertraglich auch zum späteren Bauen mit dem betreffenden Generalunternehmer. Das heißt: Man besitzt ein Grundstück und verpflichtet sich, mit einem bestimmten Unternehmen zu bauen. Das vereint 2 Nachteile: Man wird vom Hauskäufer eines fertigen Hauses zum Bauherrn und muss sich um vieles selber kümmern, und man legt sich sehr früh fest, mit wem man auf seinem eigenen Grundstück baut. Für Generalunternehmer wiederum ist diese Lösung sehr interessant. Sie wälzen zahlreiche Pflichten und Risiken auf den Hauskäufer ab und machen ihn zum Bauherrn. Ferner müssen sie die Zwischenfinanzierung des Grundstücks erst gar nicht übernehmen (→ hierzu auch Kapitel 8.3).

Situation 2:

Das anvisierte Grundstück ist möglicherweise noch bebaut und die Bebauung muss erst abgerissen werden.
Immer wieder werden – gerade in Ballungsräumen – auch Projekte angeboten, bei denen auf dem zu bebauenden Grundstück noch ein Bestandsgebäude steht. Dann muss zunächst einmal ein Abriss erfolgen. Hier sollten vor allem 2 Dinge vorab geklärt werden: Liegt eine behördliche Genehmigung zum Abriss vor? Und sind Altlasten aus einem Altbau beziehungsweise dessen Abriss zu befürchten? Wird zum Beispiel eine Tankstelle abgerissen, um Reihenhäusern Platz zu machen, können Sie davon ausgehen, dass im Boden erhebliche Altlasten zu finden sein werden und das Abrissverfahren sehr aufwendig wird. Aber auch bei intensiv genutzten landwirtschaftlichen Einrichtungen wie einer Gärtnerei können hohe Bodenbelastungen auftreten. Problematisch wird es, wenn Sie als Käufer eines noch bebauten Grundstücks auftreten sollen. Im schlimmsten Fall kann dies heißen, dass die Kosten des Abrisses nicht im Bauträgerkaufvertrag enthalten sind oder Sie sich – bei separatem Grundstückskauf – um den Abriss des Bestandsgebäudes selbst kümmern müssen und sich vertraglich verpflichten, dem Generalunternehmer ein freigeräumtes Grundstück zur Bebauung zur Verfügung zu stellen.

Situation 3:

Eine Entwurfsplanung ist erstellt.
Dies ist einer der häufigsten Fälle, die man bei Projekteinstieg antrifft. Es liegt eine Entwurfsplanung vor, aber noch kein Baugesuch. Oder das Baugesuch ist zwar schon eingereicht, aber noch nicht genehmigt. Der Bauträger sucht nun mit den Entwurfsplänen nach Kunden, um seine Finanzierung so früh wie möglich abzusichern. In diesem Stadium werden die Kaufverträge mit den Kunden häufig auch schon notariell geschlossen, mit sehr ungenauen Baubeschreibungen und teilweise auch noch ungenauen Plänen. Der Bauträger lässt sich dann häufig viele Vorbehalte in den Vertrag setzen, um bei baulichen Änderungen ohne Rücksprache mit dem Käufer handeln zu können.

Situation 4:

Die Baugenehmigung ist erteilt.
Wenn Sie in das Projekt einsteigen und die Baugenehmigung ist bereits erteilt, dann hat das für Sie einige Vorteile. Denn das heißt, dass der Bau, so wie er geplant ist, auch wirklich errichtet werden darf. Es liegen Ihnen also nicht nur unverbindliche Entwürfe vor, sondern genehmigte Planungen, die ohne behördliche Genehmigung auch nicht einfach wieder beliebig geändert werden dürfen. Mit dem Baugesuch liegen Ihnen ferner vermaßte Pläne vor, die Sie ohne Weiteres auch zum Vertragsbestandteil machen können, um neben dem Baubeschreibungstext auch zeichnerisch möglichst klar die zu erbringende Leistung des Bauträgers festzuhalten.

Situation 5:

Mit dem Bau der Häuser ist bereits begonnen worden.
Wenn mit dem Bau der Häuser bereits begonnen

wurde, heißt dies, dass bestimmte Punkte, wie zum Beispiel die Art der Kellerausführung (gemauert, betoniert oder auch als wasserundurchlässige Ausführung), gar nicht mehr verhandelbar sind, weil auf der Baustelle bereits Fakten geschaffen worden sind, die Sie nicht mehr revidieren können. Steigen Sie zu einem solchen Zeitpunkt in ein Projekt ein, ist es wichtig zu wissen, wie weit die Baustelle schon vorangeschritten ist. Verhandlungen über Dinge, die längst Fakt sind, können Sie sich dann sparen. Besser ist es, die Zeit dann in die Klärung zu investieren, ob die geschaffenen Fakten (zum Beispiel gemauerter Keller) möglichen Problemen vor Ort (zum Beispiel hoher Grundwasserstand) gerecht werden, und mit einem Fachmann zu überprüfen, ob die bisherigen Bauleistungen sach- und fachgerecht ausgeführt wurden. Wurde mit dem Bau der Häuser bereits begonnen und Sie steigen zum Beispiel zum Zeitpunkt der Fertigstellung des Rohbaus ein, heißt dies in aller Regel auch, dass sofort größere Zahlungen auf Sie zukommen (mehr dazu ⇢ in Kapitel 8.5 ab Seite 167).

Situation 6:

Der Bau der Häuser ist bereits abgeschlossen.
Dieser Fall ist sehr selten, kommt hin und wieder aber vor. Er deutet allerdings meist darauf hin, dass der Abverkauf der Häuser nicht optimal verlief. Denn für den Bauträger ist dies die teuerste Variante des Hausverkaufs. Die Vorteile für Sie: Sie kaufen ein fertiges Haus, quasi als „Nachzügler", können es besichtigen und sehen, ob es Ihren Wünschen tatsächlich entspricht. Ein weiterer großer Vorteil ist: Wenn Sie den Kaufpreis bezahlen, erhalten Sie unmittelbar einen Gegenwert. Eine längere Bauphase mit dem Risiko der Bauträgerinsolvenz entfällt für Sie. Der Nachteil kann sein: Sie können eigene Wünsche nicht mehr einbringen. Viele Bauträger stellen daher solche Objekte noch nicht ganz fertig, sondern warten zumindest mit dem Innenausbau, bis sich ein Käufer gefunden hat. Das erhöht für den Bauträger meist die Chancen, das Objekt absetzen zu können, und reduziert seine Vorfinanzierungskosten.

8.3 Welche vertragliche Grundlage soll vereinbart werden?

Neben dem Projektstand, den Sie vorfinden, wenn Sie in das Projekt einsteigen, ist ein zweiter, ganz wesentlicher Aspekt, auf welcher vertraglichen Grundlage Sie in das Projekt einsteigen (sollen). Folgende typische Fälle gibt es:

Fall 1:

Grundstück und zu bauendes Haus werden vom Bauträger nicht gemeinsam veräußert, sondern Sie sollen zunächst das Grundstück von einem Dritten erwerben, also nicht vom Bauträger selbst, sondern direkt vom bisherigen Eigentümer. Das kann eine Privatperson sein, eine Kommune oder auch ein Unternehmen oder ähnlich. Das zu bauende Haus wird in einem separaten Bauvertrag vereinbart.
Dieser Fall kann zu erheblichen Rechtsnachteilen für Sie führen. Denn Sie werden dadurch vom Hauskäufer zum Bauherrn. Sie kaufen zunächst ein Grundstück und müssen sich dann um dessen Bebauung kümmern. Die Probleme beginnen meist schon damit, dass gar nicht klar ist, ob das Ihnen vom Bauträger angebotene Haus auf Ihrem Grundstück dann überhaupt gebaut werden kann. Dies zu prüfen und sicherzustellen ist dann auch Ihre Aufgabe. Der Bauträger wird durch einen solchen Vertrag vom Bauträger zum Generalunternehmer. Das heißt vor allem: Probleme mit dem Grundstück sind nicht mehr seine Probleme, sondern Ihre. Er wird sich auch durch

entsprechende Vorbehalte im Bauvertrag absichern. Hat Ihr Grundstück also zum Beispiel einen hohen Grundwasserstand und passt der ursprünglich geplante Keller nicht mehr, ist das nicht das Problem des Generalunternehmers, sondern das ist dann Ihr Problem; das bedeutet: Mehrkosten für einen aufwendigeren Keller. Problematisch sind solche Verträge vor allem dann, wenn der Notar in den Grundstückskaufvertrag aufnimmt, dass eine Bauverpflichtung mit dem betreffenden Bauträger beziehungsweise Generalunternehmer besteht. Denn dann sind Sie an diesen gebunden. Ist eine solche Bauverpflichtung nicht im Grundstückskaufvertrag enthalten, können Sie das Grundstück auch mit einem anderen Unternehmen bebauen und gewinnen dadurch zumindest Verhandlungsspielraum. Für einen solchen Fall lassen sich die Bauträger beziehungsweise Generalunternehmer, die das Grundstück vermittelt haben, nicht selten aber vom Notar eine saftige Entschädigungsgebühr in den Grundstückskaufvertrag setzen. Eine andere Möglichkeit ist, dass sich der Generalunternehmer seinen Bauvertrag zeitlich vor dem notariellen Grundstückskaufvertrag unterzeichnen lässt. Auch so kann er Sie ganz einfach an sich binden.

Fall 2:

Grundstück und zu bauendes Haus werden zwar beide direkt vom Bauträger veräußert, aber nicht in einem Vertrag, sondern in 2 Verträgen: Zunächst sollen Sie das Grundstück kaufen und dann das zu bauende Haus.
Auch diese Regelung hat für Sie eigentlich nur Nachteile. Wenn der Bauträger bereits Eigentümer des betreffenden Grundstücks ist, besteht keinerlei Grund, Grundstück und Haus separat zu verkaufen. Das führt nur dazu, dass aus Ihnen als Käufer ein Bauherr wird mit wachsenden Risiken für Sie und aus dem Bauträger ein Generalunternehmer mit sinkenden Risiken für ihn.

Fall 3:

Grundstück und zu bauendes Haus werden von Ihnen in einem notariellen Kaufvertrag gemeinsam erworben. Dies ist der klassische Fall des Bauträgerkaufvertrags.
Dieser Fall ist der eigentlich klassische Fall des Kaufs vom Bauträger. Bei diesem Vertragsmodell kaufen Sie vor dem Notar sozusagen „ein Grundstück samt einem fertigen Haus". Sie bleiben Käufer und werden nicht zum Bauherrn. Sie übernehmen erst nach der Fertigstellung Grundstück und Haus. Ist das Ihnen angebotene Haus auf dem Grundstück nicht zu bauen, ist das zunächst einmal das Problem des Bauträgers. Sie haben Anspruch auf eine vollständige Leistung nach dem Werkvertragsrecht, also auf ein fertiges, mangelfreies Haus nach der vorgelegten Baubeschreibung, wie immer der Bauträger dies bewältigt.

Fall 4:

Sie erwerben kein Grundstück für sich allein, sondern nur sogenanntes „Miteigentum" an einem größeren Grundstück. Das kann zum Beispiel dann der Fall sein, wenn 10 Reihenhäuser auf ein gemeinsames Grundstück gebaut werden sollen, ohne dass dieses noch einmal in einzelne Grundstücke aufgeteilt wird, nach der sogenannten „Realteilung".
In diesem Fall verfügen Sie nicht über ein eigenes Grundstück nach der Realteilung, sondern haben ein gemeinsames Grundstück mit den anderen Miteigentümern. In einem solchen Fall ist es für Sie wichtig zu wissen, welche Gründe diese Form des Verkaufs hat. Dahinter können handfeste Gründe stehen, zum Beispiel eine gemeinsame Tiefgarage unter den Häusern, sodass eine Realteilung der Grundstücke gar nicht möglich wäre. Dahinter können aber auch schlicht Kosteneinsparungen stehen, um eine aufwendige Grundstücksvermessung und -aufteilung zu sparen. Dahinter kann weiter stehen, dass die Häuser eher orientiert am Wohnungsbau denn am Häuserbau errichtet werden, zum Beispiel mit einer gemeinsamen Heizungsanlage, hausdurchlaufenden Decken und Dachstühlen oder dergleichen. Rechtlich kaufen Sie in einem solchen Fall Wohneigentum nach dem Wohnungseigentumsgesetz. Das heißt, rechtlich kaufen Sie eigentlich kein eigenständiges Haus, sondern eher eine mehrgeschossige Wohnung in Hausform. Konkrete Auswirkungen können sein, dass die Anlage gemeinsam verwaltet werden muss, durch einen sogenannten Wohnungseigentumsverwalter, und Sie zum Beispiel keinen wirklichen eigenen Garten haben, sondern nur ein „Sondernutzungsrecht" an

der Grünfläche vor, neben oder hinter dem Haus. Wenn Sie bei „Miteigentums"-Projekten Grundstück und Haus separat voneinander erwerben sollen, ist allerhöchste Vorsicht geboten. Denn dann werden Sie mit Ihren anderen Miteigentümern zunächst zu gemeinschaftlichen Grundstückseigentümern und dann zu einer Bauherrengemeinschaft. Das sollten Sie sich gut überlegen, denn das kann sehr hohen Aufwand und Abstimmungsbedarf mit Ihren Mitbauherren erfordern. Im Insolvenzfall des Bauträgers, der in diesem Fall ja Generalunternehmer ist, kann das in einer völlig unübersichtlichen Situation enden. Wer kann dann was und mit wessen Zustimmung zu Ende bauen oder nicht?

Fall 5:

Der Erwerb von „Miteigentum" an einem Grundstück und einem zu bauenden Haus wird in einem Vertrag geregelt.

In diesem Fall bleiben Sie Käufer. Sie kaufen ein Haus beziehungsweise Wohneigentum nach dem Wohnungseigentumsrecht, aber fertig errichtet. Gerade bei „Miteigentums"-Projekten ist dies sehr wichtig. Aufpassen muss man bei diesen Verträgen unter anderem darauf, wie der Baubeginn geregelt ist. Es gibt Verträge, die zum Beispiel den Baubeginn von 10 Reihenhäusern daran koppeln, dass vor Baubeginn mindestens 8 Häuser verkauft sein müssen. Wenn Sie dann einer der ersten Käufer sind und Pech haben, kann es sein, dass Sie sehr lange warten müssen, bis überhaupt begonnen wird zu bauen. Theoretisch ist das sogar mit dem aktuellen Bauvertragsrecht vereinbar, das Bauzeitenregelungen in Bauverträgen fordert, weil der Bauträger im hier vorliegenden Fall Bauzeit ja so definieren könnte, dass er festlegt: „Ab Abverkauf von 8 Häusern beträgt die Bauzeit 24 Monate."

Fall 6:

Das Grundstück wird gar nicht veräußert, sondern Ihnen im Rahmen des sogenannten Erbbaurechts zur Verfügung gestellt.

Im Fall des Erbbaurechts wird das Grundstück nicht an Sie verkauft. Sie werden also nicht Eigentümer des Grundstücks, sondern entrichten einen sogenannten Erbbauzins (eine Art Grundstücksmiete), meist jährlich, an den Grundstückseigentümer, der Ihnen das Grundstück verpachtet. In der Regel für einen relativ langen Zeitraum, früher häufig 99 Jahre, heute meist deutlich kürzer, manchmal sogar nur noch um die 30 Jahre. Sie erlangen mit dem Vertrag das Recht, das Grundstück bebauen zu dürfen. Das Gebäude selbst ist dann auch Ihr Eigentum. Je nachdem, wie der Erbbaurechtsvertrag geregelt ist, fällt das auf dem Grundstück stehende Gebäude nach Ablauf des Vertrags entweder an den Grundstückseigentümer oder er erwirbt es für einen festgelegten Betrag.

Erbbaurechtsverträge zahlen sich langfristig aber nur sehr selten aus. Der große Vorteil scheint zunächst darin zu liegen, dass man das Grundstück nicht erwerben muss und einen hohen Betrag einsparen kann. Der jährlich zu entrichtende Erbbauzins übersteigt aber meist bereits nach relativ kurzen Zeiträumen den zunächst gesparten Betrag. Soweit Sie einen Erbbauvertrag mit einem Dritten schließen – häufig sind das zum Beispiel Einrichtungen mit kommunalem oder kirchlichem Hintergrund (zum Beispiel Stiftungen) – und dann darauf mit dem Bauträger bauen, werden Sie zum Grundstückspächter und Bauherrn, der Bauträger ist in diesem Fall Generalunternehmer. Sie haben dann die gleichen Probleme wie bereits unter Fall 1 beschrieben.

Fall 7:

Der Bauträger ist Eigentümer des Grundstücks und verkauft es Ihnen nicht, sondern bietet es nur über einen Erbbauvertrag an.

Sie entrichten den Erbbauzins nicht an einen Dritten, sondern an den Bauträger. Sie haben hier die gleichen Kostennachteile wie unter Fall 6 beschrieben. Und auch in diesem Fall werden Sie Bauherr, während der Bauträger Grundstücksverpächter und Generalunternehmer wird. Auch diese Konstellation ist für Sie nicht sehr günstig. Bei Erbbauverträgen muss zwingend auf die langfristigen Kosten geschaut werden. Was zunächst wie ein Schnäppchen aussieht, entpuppt sich langfristig fast immer als teurer als ein Grundstückskauf. Sie können Ihr Erbbaurecht zwar weiter veräußern, aber beim Wiederverkauf sind Erbbaurechte sehr unbeliebt.

Fall 8:

Sie haben bereits ein Grundstück unabhängig erworben, und darauf soll ein Bauträger bauen.
In diesem Fall liegt kein Bauträgerkauf vor, sondern Sie beauftragen einen Generalunternehmer mit der Errichtung eines Hauses. Dann sind Sie ganz klassischer Bauherr, und Kapitel 7 ist dann das Kapitel, das Ihren Fall behandelt.

Fazit

In der Praxis kommen vor allem die Fälle 1, 2 und 3 sehr häufig vor. Wenn Sie ein Grundstück erwerben, werden Sie damit Eigentümer eines Grundstücks, das Sie bebauen wollen. Sie kaufen kein Haus mehr und sind rechtlich auch kein Hauskäufer mehr, sondern werden zum Bauherrn (⇢ Kapitel 7). Was auf Ihrem Grundstück passiert, liegt in Ihrer Verantwortung. Damit obliegen Ihnen schlagartig viele Verpflichtungen und Risiken, die normalerweise der Bauträger trägt, wenn Sie von ihm Haus und Grundstück zusammen kaufen – zum Beispiel die Absicherung des Grundstücks und die Sicherheit auf der Baustelle. Von Tragweite ist aber vor allem die zulässige und mögliche Bebaubarkeit des Grundstücks. Wenn Ihnen ein Bauträger einen Entwurf vorlegt, der auf einem Grundstück, das Sie von einem Dritten erwerben, realisiert werden soll, ist das faktisch nicht mehr als ein vages Versprechen. Denn als Grundstückseigentümer müssen letztlich Sie dafür sorgen, die Voraussetzungen der Bebaubarkeit zu klären. Das sind vor allem die rechtlichen Voraussetzungen (zum Beispiel die Vorgaben aus einem Bebauungsplan) sowie die technischen Voraussetzungen (zum Beispiel die Bodenverhältnisse auf dem Grundstück). Viele Bauträger ziehen sich an diesem Punkt elegant aus der Affäre, indem sie in ihre Bauverträge, die sie mit in die Grundstückskaufverträge nehmen, ganz einfach Voraussetzungen setzen lassen, die gegeben sein müssen, damit nach einem vorgelegten Entwurfsplan überhaupt gebaut werden kann. Sind diese Voraussetzungen nicht gegeben (zum Beispiel Genehmigungsfähigkeit, bestimmte Bodenklassen, Bodenpressungen und Grundwasserstand), hat dies in der Regel Umplanungen und Mehrkosten für Sie als Bauherrn zur Folge bis hin zur möglichen Nicht-Umsetzbarkeit des Entwurfs.

Hinweis

Bauträger werben beim separaten Verkauf von Grund und Haus häufig mit dem Argument, dass so ein wesentlicher Teil der Grunderwerbssteuer eingespart werden kann, denn die Grunderwerbssteuer falle dann nur auf die Grundstückskosten an, nicht auch auf die Hauskosten. Das kann ein Finanzamt aber auch ganz anders sehen. Beurteilt es den Vorgang des Grundstückskaufs und des parallelen Hauskaufs nämlich als sogenanntes „verbundenes Geschäft“, sind Sie – je nach Sachlage – gegebenenfalls sehr wohl verpflichtet, die Grunderwerbssteuer auch auf die Hauskosten zu zahlen. Nehmen wir an, ein Grundstück soll 100.000 Euro kosten und ein Haus nochmals 300.000 Euro. Dann wären das bei einer Grunderwerbssteuer von 3,5 Prozent 3.500 Euro Steuern für das Grundstück und nochmals 10.500 Euro Steuern für das Haus. 10.500 Euro hören sich zunächst viel an. Für diese vermeintliche Steuerersparnis gehen Sie aber extrem hohe Risiken ein und werden vom reinen Hauskäufer mit vielen Schutzwirkungen aus der MaBV zum selbstständig und auf eigenes Risiko handelnden Bauherrn. Ob Sie das wirklich wollen, müssen Sie sich schon gut überlegen.

Dies ist der Grund, warum man beim separaten Kauf von Grundstück und Haus unbedingt klären muss, ob das Grundstück überhaupt die rechtlichen und technischen Voraussetzungen erfüllt, die es zur Realisierung des Bauträgerentwurfs erfüllen muss. Der Bauträger sollte im notariellen Kaufvertrag des Grundstücks schriftlich bestätigen, dass das Grundstück alle rechtlichen und technischen Voraussetzungen für die Realisierung des von ihm vorgelegten Entwurfs erfüllt. Für den Fall, dass diese Fakten nicht gegeben sind, sollte Ihnen ein ausdrückliches Rücktrittsrecht vom Kaufvertrag des Grundstücks und vom Bauvertrag zugestanden werden. Ist dies nicht möglich, müssen Grundstückskaufvertrag und Bauvertrag zunächst zeitgleich ausverhandelt werden, damit sie aufeinander abgestimmt sind (⇢ Kapitel 2 und Kapitel 7).

Soweit Haus und Grundstück gemeinsam gekauft werden, erwerben Sie im Grund ein „Stück Haus auf einem Grundstück". Dann muss sich der Bauträger darum kümmern, dass Hausplanung und Grundstück aufeinander abgestimmt sind. Sie haben dann in jedem Fall Anspruch auf die in Baubeschreibung und Plänen als Vertragsbestandteil festgehaltene Leistung. Aber auch dabei muss – wie Sie noch lesen werden – sehr viel beachtet werden.

8.4 Die rechtlichen Grundlagen

Die wesentliche rechtliche Grundlage für das klassische Bauen mit dem Bauträger (gemeinsamer Erwerb von Grund und Haus) sind das Bauträgervertragsrecht des BGB und die Makler- und Bauträgerverordnung (MaBV).

Bevor Sie in Verhandlungen mit einem Bauträger einsteigen, sollten Sie beide Grundlagen zumindest einigermaßen kennen, sonst wissen Sie schlicht nicht, was Sie tun. Und es ist Ihnen kein Trost, dass wahrscheinlich 99 Prozent aller Bauträgerkunden nicht wissen, was Sie tun, wenn Sie Verhandlungen mit einem Bauträger aufnehmen.

Das Bauträgervertragsrecht des BGB

Das BGB-Bauvertragsrecht konnten Sie bereits in Kapitel 3 kennenlernen. Das Verbraucherbauvertragsrecht in Kapitel 7. Nun folgt noch das Bauträgervertragsrecht. Da hat es sich der Gesetzgeber ganz einfach gemacht und besagt im Bauträgervertragsrecht im Wesentlichen nur, dass für Bauträgerverträge das Werkvertragsrecht des BGB gilt, das Bauvertragsrecht des BGB und das Verbraucherbauvertragsrecht des BGB aber bei gleichzeitig erfolgender weitgehender Einschränkung, denn: § 650u Absatz 2 des BGB besagt, dass folgende Regelungen des Werkvertragsrechts, des Bauvertragsrechts und des Verbraucherbauvertragsrechts beim Bauträgervertragsrecht ausdrücklich nicht gelten, Zitat:

„Keine Anwendung finden die §§ 648, 648a, 650b bis 650e, 650k Absatz 1 sowie die §§ 650l und 650m Absatz 1."

Es gilt damit nicht:

§ 648 Kündigungsrecht des Bestellers

§ 648a Kündigung aus wichtigem Grund

§ 650b Änderung des Vertrags; Anordnungsrecht des Bestellers

§ 650c Vergütungsanpassung bei Anordnungen nach § 650b Absatz 2

§ 650d Einstweilige Verfügung

§ 650e Sicherungshypothek des Bauunternehmers

§ 650k Inhalt des Vertrags
(1) Die Angaben der vorvertraglich zur Verfügung gestellten Baubeschreibung in Bezug auf die Bauausführung werden Inhalt des Vertrags, es sei denn, die Vertragsparteien haben ausdrücklich etwas anderes vereinbart.

§ 650l Widerrufsrecht

§ 650m Abschlagszahlungen; Absicherung des Vergütungsanspruchs
(1) Verlangt der Unternehmer Abschlagszahlungen

nach § 632a, darf der Gesamtbetrag der Abschlagszahlungen 90 Prozent der vereinbarten Gesamtvergütung einschließlich der Vergütung für Nachtragsleistungen nach § 650c nicht übersteigen.

In § 650v ist außerdem geregelt, dass sich die Abschlagszahlungen nach der MaBV richten.

Das heißt, das Bauträgervertagsrecht ist im Wesentlichen eine Negativliste nicht gültiger gesetzlicher Bestimmungen. Das ist natürlich an Absurdität kaum zu übertreffen, aber auch das hilft Ihnen nichts, es ist gesetzliche Realität in der Bundesrepublik Deutschland. Sie können sich das Werkvertragsrecht, das Bauvertragsrecht und das Verbraucherbauvertragsrecht ausdrucken und alle oben aufgelisteten Paragrafen streichen. Was dann übrig bleibt, ist das Bauträgervertragsrecht.

Zu diesen Regelungen des Bauträgervertragsrechts kommt beim Abschluss von Verträgen mit einem Bauträger nun noch die Makler- und Bauträgerverordnung. Dazu finden Sie nachfolgend wichtige Informationen.

Die Makler- und Bauträgerverordnung (MaBV)

Mit der Makler- und Bauträgerverordnung (MaBV) hat der Gesetzgeber ein Rechtswerkzeug geschaffen, mit dem er Verbraucher vor allem bei der Zahlungsabwicklung mit Maklern und Bauträgern schützen will. Dies gelingt mit der Verordnung allerdings nur sehr eingeschränkt, und leider bleiben sehr große Risiken für Verbraucher an der Tagesordnung. Die Makler- und Bauträgerverordnung besteht aus 22 Paragrafen. Sie finden sie im vollständigen Wortlaut im Internet unter **www.gesetze-im-internet.de**. Das ist das offizielle Online-Gesetzesportal der Bundesregierung mit allen deutschen Gesetzen.

Die MaBV gilt gemäß § 1 für *„Gewerbetreibende, die Tätigkeiten nach § 34 c Absatz 1 der Gewerbeordnung ausüben"*. Wer ist damit gemeint? Nach dem Wortlaut der Gewerbeordnung sind dies unter anderen:

- *„Wer gewerbsmäßig den Abschluss von Verträgen über Grundstücke, grundstücksgleiche Rechte, gewerbliche Räume oder Wohnräume vermitteln oder die Gelegenheit zum Abschluss solcher Verträge nachweisen will (also Makler),*
- *oder wer Bauvorhaben als Bauherr im eigenen Namen für eigene oder fremde Rechnung vorbereiten oder durchführen will und dazu Vermögenswerte von Erwerbern, Mietern, Pächtern oder sonstigen Nutzungsberechtigten oder von Bewerbern um Erwerbs- oder Nutzungsrechte verwenden will (also Bauträger),*
- *oder wer als Baubetreuer im fremden Namen für fremde Rechnung wirtschaftlich vorbereiten oder durchführen will (also zum Beispiel Baubetreuer)."*

Das heißt, dass die MaBV nur für solche Unternehmen gilt,

- die Ihnen entweder einen Grundstückskaufvertrag vermitteln, um darauf dann mit Ihnen zu bauen,
- oder die selbst als Bauherr auftreten, ein Gebäude bauen und dieses an Sie verkaufen, auch ratenweise nach Baufortschritt,
- oder die als Baubetreuer Ihr Bauvorhaben in Ihrem Namen und auf Ihre Rechnung betreuen, also zum Beispiel eine Vollmacht über Ihr Baukonto haben.

Das heißt: Ein Fertighausanbieter, der gewerbsmäßig Fertighäuser herstellt und auf Grundstücken von Bauherren baut, unterliegt nicht der MaBV, ebenso wenig ein Hersteller von schlüsselfertigen Massivhäusern, wenn er im Auftrag eines Bauherrn auf dessen Grundstück ein Haus errichtet. Für beide würde die MaBV nur dann gelten, wenn sie selbst Grundstücke kaufen würden, um diese dann samt Haus an Kunden zu verkaufen. In dem Moment würden beide, also Fertighaushersteller und Massivhausanbieter, Kaufverträge zu Grundstücken vermitteln beziehungsweise Grundstücke an sich vermitteln und damit würden beide Bauvorhaben als Bauherr für eigene oder fremde Rechnung umsetzen. Beide Anbieter würden auch der MaBV unterliegen, wenn sie komplette Kontovollmacht über das Bauherrenkonto hätten. In beiden Fällen greift die MaBV. Es ist wichtig, dies zu unterscheiden, weil nicht immer, wenn jemand behauptet, er unterliege der MaBV, dies auch zutrifft. Die wichtigste Regelung aus der MaBV ist für Sie der *„§ 3 Besondere Sicherungspflichten für Bauträger"*. In diesem Paragrafen werden die Zahlungsraten, die für den Baufortschritt vom Kunden an den Bauträger zu entrichten sind, geregelt; ferner die Voraussetzungen, bevor Ratenzahlungen durch den Bauträger angenommen werden dürfen. In diesem sehr wichtigen Punkt, der Sie im günstigsten Fall vor schweren Vermögensschäden schützen soll, hat die MaBV deutliche Schwächen, was darin begründet liegt, dass die MaBV-Ratendefinitionen viel zu ungenau, oberflächlich und lückenhaft formuliert sind. Die exakte Definition, was mit welcher Rate gezahlt wird, ist bei Bauvorhaben aber entscheidend. Aus diesem Grund finden Sie in dem vorliegenden Kapitel auch ein Unterkapitel, das sich nur mit den Ratendefinitionen auseinandersetzt (→ Kapitel 8.5 ab Seite 167).

Der richtige Kauf- beziehungsweise Bauvertrag, die richtige Baubeschreibung, die richtigen Pläne und der richtige Zahlungsplan sind die 4 wesentlichen Voraussetzungen für eine gute und sichere Bauabwicklung.

Die MaBV sieht gemäß § 3 folgende Ratenzahlungen vor, mit denen Ihr Bauvorhaben schrittweise nach Baufortschritt abbezahlt wird:

„30 vom Hundert der Vertragssumme in den Fällen, in denen Eigentum an einem Grundstück übertragen werden soll, oder 20 vom Hundert der Vertragssumme in den Fällen, in denen ein Erbbaurecht bestellt oder übertragen werden soll, nach Beginn der Erdarbeiten, von der restlichen Vertragssumme

- *40 vom Hundert nach Rohbaufertigstellung, einschließlich Zimmererarbeiten,*
- *8 vom Hundert für die Herstellung der Dachflächen und Dachrinnen,*
- *3 vom Hundert für die Rohinstallation der Heizungsanlagen,*
- *3 vom Hundert für die Rohinstallation der Sanitäranlagen,*
- *3 vom Hundert für die Rohinstallation der Elektroanlagen,*
- *10 vom Hundert für den Fenstereinbau, einschließlich der Verglasung,*
- *6 vom Hundert für den Innenputz, ausgenommen Beiputzarbeiten,*
- *3 vom Hundert für den Estrich,*
- *4 vom Hundert für die Fliesenarbeiten im Sanitärbereich,*
- *12 vom Hundert nach Bezugsfertigkeit und Zug um Zug gegen Besitzübergabe,*
- *3 vom Hundert für die Fassadenarbeiten,*
- *5 vom Hundert nach vollständiger Fertigstellung."*

Bereits diese Prozent-Definition ist unglücklich gewählt, weil sie der Praxis selten entspricht. Nur wenige Bauträger setzen zunächst die Gesamtvertragssumme als 100 Prozent an, ziehen davon dann 30 Prozent ab (für den Grundstückserwerb) und setzen dann die verbleibenden 70 Prozent nochmals neu als 100 Prozent an. Das ist unübersichtlich und überflüssige Rechnerei. Üblicherweise wird die Gesamtvertragssumme als 100 Prozent angesetzt und dann direkt umgerechnet auf die einzelnen zu zahlenden prozentualen Anteile. Das ergibt folgende Ratenzahlungsaufteilung, die Sie in der Praxis häufig antreffen werden:

- 30 vom Hundert nach Beginn der Erdarbeiten,
- 28 vom Hundert nach Rohbaufertigstellung, einschließlich Zimmererarbeiten,
- 5,6 vom Hundert für die Herstellung der Dachflächen und Dachrinnen,
- 2,1 vom Hundert für die Rohinstallation der Heizungsanlagen,
- 2,1 vom Hundert für die Rohinstallation der Sanitäranlagen,
- 2,1 vom Hundert für die Rohinstallation der Elektroanlagen,
- 7,0 vom Hundert für den Fenstereinbau, einschließlich der Verglasung,
- 4,2 vom Hundert für den Innenputz, ausgenommen Beiputzarbeiten,

- 2,1 vom Hundert für den Estrich,
- 2,8 vom Hundert für die Fliesenarbeiten im Sanitärbereich,
- 8,4 vom Hundert nach Bezugsfertigkeit und Zug um Zug gegen Besitzübergabe,
- 2,1 vom Hundert für die Fassadenarbeiten,
- 3,5 vom Hundert nach vollständiger Fertigstellung.

Die 13 definierten Zahlungsraten der MaBV dürfen jedoch nicht in 13 einzelnen Raten in Rechnung gestellt werden, sondern maximal in 7 Raten. Das heißt, die 13 Raten müssen in der Praxis zu 7 Raten zusammengefasst werden. Das kann dann wie in der Übersicht „Beispiel für die Aufteilung der Raten" in der Spalte rechts dargestellt aussehen.

In seltenen Fällen kann es zum Hausbau im Rahmen des Erbbaurechts kommen. Dann pachten Sie das Grundstück nur und erwerben es nicht käuflich. In diesem Fall reduziert sich die erste Rate gemäß MaBV auf 20 Prozent und es ergibt sich folgendes Ratenzahlungsbild:

- 20 vom Hundert nach Beginn der Erdarbeiten,
- 32 vom Hundert nach Rohbaufertigstellung, einschließlich Zimmererarbeiten,
- 6,4 vom Hundert für die Herstellung der Dachflächen und Dachrinnen,
- 2,4 vom Hundert für die Rohinstallation der Heizungsanlagen,
- 2,4 vom Hundert für die Rohinstallation der Sanitäranlagen,
- 2,4 vom Hundert für die Rohinstallation der Elektroanlagen,
- 8,0 vom Hundert für den Fenstereinbau, einschließlich der Verglasung,
- 4,8 vom Hundert für den Innenputz, ausgenommen Beiputzarbeiten,
- 2,4 vom Hundert für den Estrich,
- 3,2 vom Hundert für die Fliesenarbeiten im Sanitärbereich,
- 9,6 vom Hundert nach Bezugsfertigkeit und Zug um Zug gegen Besitzübergabe,
- 2,4 vom Hundert für die Fassadenarbeiten,
- 4,0 vom Hundert nach vollständiger Fertigstellung.

Beispiel für die Aufteilung der Raten bei einer Kaufsumme von 280.000 Euro, wenn ein Grundstück von einem Bauträger mit übertragen werden soll

1. Rate: 30,0 % nach Beginn der Erdarbeiten (84.000 Euro)

2. Rate: 28,0 % nach Rohbaufertigstellung inklusive Zimmererarbeiten (78.400 Euro)

3. Rate: 11,9 % – diese Gesamtrate in Höhe von 33.320 Euro würde sich aus folgenden Einzelraten zusammensetzen:
5,6 % nach Herstellung der Dachflächen und Dachrinnen
2,1 % nach Rohinstallation der Heizungsanlage
2,1 % nach Rohinstallation der Sanitäranlage
2,1 % nach Rohinstallation der Elektroanlage

4. Rate: 11,2 % – diese Gesamtrate in Höhe von 31.360 Euro würde sich aus folgenden Einzelraten zusammensetzen:
7,0 % nach Fenstereinbau einschließlich Verglasung
4,2 % nach Innenputz außer Beiputzarbeiten

5. Rate: 4,9 % – diese Gesamtrate in Höhe von 13.720 Euro würde sich aus folgenden Einzelraten zusammensetzen:
2,1 % nach Estrichverlegung
2,8 % nach Fliesenarbeiten im Sanitärbereich

6. Rate: 8,4 % nach Bezugsfertigkeit gegen Besitzübergabe (23.520 Euro)

7. Rate: 5,6 % – diese Gesamtrate in Höhe von 15.680 Euro würde sich aus folgenden Einzelraten zusammensetzen:
2,1 % nach Fertigstellung der Fassadenarbeiten
3,5 % nach vollständiger Fertigstellung

100,0 % (280.000 Euro)

Nehmen wir nun an, in Ihr Haus sollen eine Holztreppe und eine Holzhaustür eingebaut werden, beide machen Kosten von etlichen Tausend Euro aus. Wann zahlen Sie diese dann? Mit der zweiten Rate bei den Zimmererarbeiten? Zu diesem Zeitpunkt wird die Treppe aber noch nicht in Ihrem Haus eingebaut sein, wenn es eine Holztreppe oder Stahl-Holztreppe und keine Betontreppe ist. Und auch Ihre Haustür wird zu diesem Zeitpunkt ganz sicher noch nicht eingebaut werden. Meist hat man eine provisorische Bautür und setzt eine Haustür erst ganz zum Schluss ein. Für beides müssen Sie aber viel Geld bezahlen. Also wollen Sie natürlich wissen, ob dem Geld, das Sie für eine Rate überweisen, auch eine angemessene Leistung auf der Baustelle gegenübersteht. Mit den in der MaBV aufgeführten Ratendefinitionen können Sie das aber nicht. Nehmen Sie andere Aspekte: Wann zahlen Sie Fensterbänke? Wann Tapezier- und Malerarbeiten? Wann bezahlen Sie Parkett oder Teppiche? Wann bezahlen Sie Rollläden oder eine geregelte Lüftungsanlage, die Sie vielleicht wollen?

Nun könnte man sagen, es ist doch egal, wann man welche Summe zahlt, am Ende muss man sowieso alles zahlen. Es ist aber aus einem ganz einfachen Grund nicht egal. Sie können sonst sehr schnell in die Situation der Überzahlung geraten. Schon die erste Rate der MaBV-Definition birgt dieses Risiko. Hier heißt es, dass 30 Prozent der Vertragssumme nach Beginn der Erdarbeiten zu zahlen sind. Was heißt „nach Beginn der Erdarbeiten“? Nach Beginn der Erdarbeiten heißt im ungünstigen Fall, der Bauträger packt einen Spaten ein, fährt zu Ihrem Grundstück, schaufelt eine Schippe Erdreich aus, fährt wieder ins Büro und stellt Ihnen eine Rechnung über 30 Prozent der Vertragssumme. Dies kann er und dies darf er. Wird er nun – aus welchen Gründen auch immer – am nächsten Tag insolvent, sind 30 Prozent Ihres Geldes weg. Bei einer Kaufsumme von 300.000 Euro sind das 90.000 Euro. Sie werden in einem solchen Fall in Ihrem Leben sehr wahrscheinlich kein Haus mehr bauen, sondern Mieter bleiben. Um Ihnen für solche Fälle eine gewisse Sicherheit zu bieten, trifft die MaBV unter § 3 Absatz 1 zusätzlich folgende Voraussetzungen, die eingehalten werden müssen, bevor der Bauträger von Ihnen Geld annehmen darf:

- Der Vertrag zwischen dem Bauträger und dem Käufer muss rechtswirksam sein, und alle für seinen Vollzug erforderlichen Genehmigungen müssen vorliegen. Der Notar muss dies bestätigt haben, und es dürfen keine Rücktrittsrechte des Bauträgers bestehen.
- Zur Absicherung des Anspruchs des Käufers auf Eigentumsübertragung muss eine Vormerkung im Grundbuch eingetragen werden.
- Das Vertragsobjekt muss freigestellt werden von allen Grundpfandrechten, die dieser Vormerkung im Rang vorstehen und nicht übernommen werden sollen.
- Die Baugenehmigung muss vorliegen oder als erteilt gelten.

Was heißt das?

- Der Kaufvertrag über ein Grundstück samt Haus vom Bauträger darf keine Klauseln enthalten, die seine Rechtswirksamkeit gefährden könnten, und es müssen auch alle für den Vollzug des Vertrags erforderlichen Genehmigungen vorliegen, also etwa der Verzicht der Gemeinde auf ihr Vorkaufsrecht am Grundstück oder Ähnliches. Der Notar muss dies schriftlich bestätigt haben, und dem Bauträger dürfen keine Rücktrittsrechte eingeräumt sein, außer den gesetzlichen, die durch die MaBV nicht aufgehoben werden konnten.
- Eine Vormerkung im Grundbuch ist ein Eintrag im Grundbuch des betreffenden Grundstücks, dass Sie das Grundstück erworben haben und es in Ihr Eigentum übergehen soll. Damit ist es noch lange nicht in Ihrem Eigentum (das ist es erst mit der Eigentumsumschreibung im Grundbuch), aber das Grundstück kann nicht mehr ohne Weiteres anderweitig veräußert werden. Jedes Grundstück in Deutschland hat ein eigenes Grundbuchblatt, das bei den Amtsgerichten beziehungsweise den Kommunen oder bei regionalen Grundbuchämtern an

ausgewählten Amtsgerichten (in Baden-Württemberg) geführt wird. In diesen Verzeichnissen wird exakt Buch geführt über die Eigentumsverhältnisse an Grundstücken und deren Belastungen, zum Beispiel mit Grundschulden oder Hypotheken oder auch mit Wege- oder Leitungsrechten.

- Die Freistellung des Vertragsobjekts von allen Grundpfandrechten, die dieser Vormerkungseintragung im Rang vorgehen und nicht übernommen werden sollen, heißt, dass Ihr Anspruch auf den Erwerb des Eigentums nicht einfach durch vorrangige Grundpfandrechte anderer, die höher gewichtet werden, ausgehebelt werden kann. Dazu sollte man Folgendes wissen: Ein Grundbuch ist in 3 sogenannte Abteilungen gegliedert, die nichts anderes sind als Blätter mit einer Art Tabelle, in der die notwendigen Daten erfasst werden:
  - In Abteilung I sind die bisherigen und der aktuelle Eigentümer eingetragen.
  - In Abteilung II sind Lasten und Beschränkungen eingetragen, also zum Beispiel Wegerechte Dritter über Ihr Grundstück (zum Beispiel für Häuser in zweiter Reihe) oder Leitungsrechte einer Kommune (zum Beispiel für eine Gasleitung oder ähnlich). Auch die Vormerkung Ihres Anspruchs auf Eigentumsübertragung wird dort eingetragen.
  - Und in Abteilung III sind Grundpfandrechte wie zum Beispiel Hypotheken oder Grundschulden eingetragen. In Abteilung III ist es besonders wichtig, an welcher Rangstelle Grundpfandrechte eingetragen sind. Denn die erste Rangstelle bedeutet, dass die dort gesicherten Grundpfandrechte im Fall des Falls (also zum Beispiel der Zwangsversteigerung) auch als Erstes bedient werden. Über den Verkaufs- oder Zwangsversteigerungserlös des Grundstücks werden die Ansprüche einer Bank ausgezahlt, wenn es zu Problemen bei Kreditrückzahlungen durch den Bauträger kommt. Wenn Sie ein Haus finanzieren, werden auch Sie dies über ein Darlehen tun. Und auch Ihre Bank wird eine Absicherung im Grundbuch haben wollen. Das heißt konkret: Sie will in Abteilung III eingetragen werden, und zwar vorrangig. Sprechen Sie das Thema der Eintragung Ihrer Bank im Grundbuch also nicht nur mit dem Notar durch, sondern auch mit Ihrer Bank. Normalerweise rückt ihre Bank dann vor, wenn die Bank des Bauträgers nach Eigentumsumschreibung aus dem Grundbuch weicht. Das wird sie aber erst nach Abschluss der Baumaßnahme tun. So lange ist die Bank des Bauträgers üblicherweise im ersten Rang abgesichert. Ihre Sicherheit besteht aber darin, dass Sie mit einer Vormerkung in Abteilung I des Grundbuchs eingetragen sind. Will die Bank des Bauträgers Sie aus dem Grundbuch haben, müsste sie Sie auch auszahlen. Aber vielleicht wollen Sie das gar nicht, sondern wollen lieber Eigentümer bleiben und tragen zum Beispiel eine verzögerte Fertigstellung mit. Die Wahl, was Sie machen, haben Sie aber meist nicht, denn: Oft wird in Bauträgerkaufverträgen geregelt, dass im Fall des Untergangs des Bauträgers die Bank des Bauträgers entweder das Recht hat, das Bauvorhaben fertigzustellen, oder sie stellt es ein und Sie beziehungsweise Ihre Bank erhalten alle bislang geleisteten Zahlungen zurück (im Gegenzug gehen Sie aus Abteilung I des Grundbuchs und Ihre Bank aus Abteilung III). Oder aber die Bank des Bauträgers gewährt Ihnen die vorzeitige Eigentumsübertragung im Grundbuch, und Sie können das Bauvorhaben dann selbst fertigstellen. Das ist bei Reihenhäusern mit mehreren Käufern aber natürlich immer etwas schwierig. Trotzdem sollte das Wahlrecht, wie Sie in einem solchen Fall vorgehen möchten, bei Ihnen liegen.
- Die Baugenehmigung muss erteilt sein, das heißt, dass die zuständige Kommune das bislang nur geplante Vorhaben baurechtlich auch genehmigt hat.

Bevor diese 4 Bedingungen nicht erfüllt sind, darf der Bauträger von Ihnen keine Zahlungen annehmen. Er darf allerdings einen Kaufvertrag mit Ihnen abschließen. In diesem darf er sich – außer den gesetzlichen Regelungen – aber kein Rücktrittsrecht vorbehalten, das nicht bis zur ersten Zahlung von Ihnen ersatzlos entfällt. Diese Festlegungen der MaBV zur Absicherung reichen aber bei Weitem nicht aus. Denn die Tatsache, dass Sie zu einem bestimmten Zeitpunkt eine hohe Rate an den Bauträger überweisen und unklar ist, was dafür auf der Baustelle konkret erbracht sein muss, führt – zum Beispiel im Fall einer Insolvenz des Bauträgers – unweigerlich zu dem Risiko, dass Sie ihn überzahlt haben, also für eine zu geringe Leistung auf der Baustelle zu viel Geld gezahlt worden ist. Dieser Unsicherheit der MaBV kann man mit einem exakten Zahlungsplan entgegentreten. Denn die MaBV verbietet nicht, die durch sie festgelegten Zahlungsbeiträge noch deutlich exakter mit den dafür zu erbringenden Leistungen zu hinterlegen. Es wäre nur verboten, höhere Zahlungsbeträge für einzelne Leistungen oder mehr als die vorgegebenen 7 Raten zu wählen. Und: Bei den Ratenzahlungsbeträgen der MaBV handelt es sich um Höchstbeträge, die auch unterschritten werden dürfen. Das ist aber eher juristische Theorie als gelebter Rechtsalltag. Denn die 7 Teilraten müssen ja am Ende 100 Prozent ergeben, und die einzelne Rate darf nicht erhöht werden. Das heißt: Freiheit besteht nur bei der grundsätzlichen Aufteilung des Gesamtpreises in Grundstückskostenanteil und Gebäudekostenanteil. Aber selbst wenn der Grundstückskostenanteil im Verhältnis zum Gesamtkostenanteil sinkt, steigt dadurch letztlich nur der Gebäudekostenanteil. Die MaBV setzt 30 Prozent Gesamtkostenanteil für das Grundstück an. Weniger als 25 Prozent sind es in den meisten Regionen Deutschlands ohnehin nicht. In Hochpreisregionen kann der Grundstückskostenanteil an den Gesamtkosten sogar höher liegen als in der MaBV geregelt.

8.5 Was ist ein exakter MaBV-Zahlungsplan, und warum ist er so wichtig?

Wenn Sie Grundstück und Haus zusammen kaufen, wird ein Ratenzahlungsplan vom Notar mit in den Kaufvertrag aufgenommen. Wie unzureichend diese Ratenzahlungspläne sein können, wurde bereits dargelegt. Sie konnten bereits lesen, dass die in der Makler- und Bauträgerverordnung (MaBV) festgelegten Ratendefinitionen in keiner Weise ausreichend sind für einen sorgfältigen Zahlungsplan, auch wenn ein Makler, Bauträger oder Notar das behaupten mag. Die Grundidee eines Zahlungsplans ist es, dass immer nur exakt das, was auf der Baustelle auch an Leistung erbracht wurde, vergütet wird und nicht mehr. Überzahlungen sollen vermieden werden, weil sie gefährlich sind. Gibt es Probleme auf der Baustelle oder gerät der Bauträger gar in finanzielle Schieflage und Insolvenz, haben Sie zumindest nur das Geld investiert, für das Sie auf der Baustelle auch einen Gegenwert erhalten haben. Wichtig ist, dass auch für den Insolvenzfall Regelungen getroffen werden, die es Ihnen ermöglichen, dass Ihr Haus entweder durch den Insolvenzverwalter des Bauträgers zu Ende gebaut wird, Sie es selbst zu Ende bauen können oder Sie vom Kaufvertrag zurücktreten können und alle bislang geleisteten Zahlungen zurückerhalten. Die Auswahl aus einer dieser 3 Varianten sollte bei Ihnen liegen und nicht bei der Bank des Bauträgers oder dem Insolvenzverwalter. Solche vertraglichen Regelungen in Kombination mit einem sorgfältigen und guten Zahlungsplan sind ganz wesentliche Sicherungselemente in einem Bauträgerkaufvertrag. Sie sind aber leider nur sehr selten sorgfältig geregelt. Gesonderte Zahlungspläne mit sorgfältig formulierten Zahlungsraten sind praktisch überhaupt nicht zu finden. Dass Bauträger darauf keinen gesteigerten Wert legen, ist klar, dass aber Notare das Thema nicht deutlich substanzieller angehen, ist nicht nachvollziehbar. Umso wichtiger ist, dass Sie sich um eine substanzielle Behandlung kümmern. Es gibt grundsätzlich 2 Wege, um einen sorgfältigen

Zahlungsplan auszuarbeiten. Entweder man hält sich relativ exakt an die vorliegende und nachgebesserte Baubeschreibung und schlüsselt anhand dieser die Ratendefinitionen auf, oder man formuliert die Inhalte für die zu zahlenden Raten getrennt davon. Soweit Sie ein Bauträgerobjekt nach der MaBV erwerben, können Ihnen maximal 7 Teilraten in Rechnung gestellt werden. Da Baubeschreibungen häufig bauchronologisch aufgebaut sind, können Sie – entsprechend den Inhalten der von der MaBV festgelegten Ratendefinitionen – 6 Striche jeweils quer in Ihre Baubeschreibung ziehen. Dadurch wird die Baubeschreibung in 7 Abschnitte unterteilt. Jeden Abschnitt können Sie nun nummerieren (oder anderweitig klar bezeichnen) und festlegen, dass jeweils die komplette darin beschriebene Leistung erbracht sein muss, bevor die dazugehörige Rate gezahlt wird. Dies ist ein relativ einfacher Weg, um zu einem möglichst exakten Zahlungsplan zu kommen, denn Sie greifen dazu nur auf die bereits existierende Baubeschreibung zurück und ziehen darin 6 Querstriche. Das geht allerdings nicht immer, vor allem dann nicht, wenn die Baubeschreibung nicht chronologisch aufgebaut ist, denn die Ratenzahlungen richten sich ja nach dem Baufortschritt. In einem solchen Fall kann man sich aber auch relativ einfach behelfen und ohne größere Probleme deutlich exaktere Raten formulieren, als dies in der MaBV der Fall ist.

Bei den einzelnen Raten, die im nachfolgenden Beispiel zu 7 typischen Raten zusammengefasst sind, sollten Sie auf bestimmte Punkte achten:

1. Rate nach Beginn der Erdarbeiten

Die erste Rate sollten Sie nicht schon zahlen, nachdem ein Bagger auf das Grundstück gestellt wurde. Die Mindestvoraussetzung ist das Abtragen des Mutterbodens. Da der Aushub meistens nur etwa 2 bis 3 Tage dauert, sollten Sie als Fälligkeitsvoraussetzung den kompletten Aushub der Baugrube sowie den Abtransport des überschüssigen Aushubmaterials auf die Deponie vereinbaren. Damit verhindern Sie, dass nur der Mutterboden ausgehoben wird, um die erste Rate in Rechnung stellen zu können, und danach die Arbeiten erst einmal stillstehen.

2. Rate nach Rohbaufertigstellung einschließlich Zimmererarbeiten

Vereinbaren Sie hier als Fälligkeitsvoraussetzung die behördliche Rohbauabnahme. Dazu gehört auch die Umsetzung von Auflagen, die die Behörde gemacht hat. Damit ist sichergestellt, dass alle tragenden Wände, der Kamin, Brandwände, Betontreppen und die Dachkonstruktion errichtet worden sind.

3. Rate für die Herstellung der Dachflächen und Dachrinnen, Rohinstallation der Heizungsanlage, Rohinstallation der Sanitäranlage, Rohinstallation der Elektroanlage

Die Fälligkeitsvoraussetzung dieser Rate sollte folgende Leistungen beinhalten: Die Dacheindeckung sollte nach Möglichkeit auch die Dampfbremse, die Dachdämmung, die Dachbahnen (zum Beispiel Dachpappe), die Lattung und Konterlattung und die Dachziegeldeckung umfassen, dazu die Montage aller Rinnen, Fallrohre und sämtlicher Blechverwahrungen auf dem Dach. Die Rohinstallation der Heizungsanlage sollte die gesamte Heizungsinstallation bis auf die Fertigmontage der Heizkörper und Thermostate umfassen. Zur Rohinstallation der Sanitäranlage gehört die gesamte Sanitärinstallation außer der Fertigmontage von Sanitärgegenständen und Armaturen. Bei der Rohinstallation der Elektroanlage sollte die gesamte Elektroinstallation bis auf die Fertigmontage von Steckdosen und Schaltern sowie die Zählermontage im Verteilerkasten erledigt sein.

4. Rate für Fenstereinbau einschließlich Verglasung und Innenputz außer Beiputzarbeiten

Diese Rate sollte so vereinbart werden, dass der Fenstereinbau einschließlich Verglasung sowie sämtliche Innenputzarbeiten außer Beiputzarbeiten abgeschlossen sind.

5. Rate Estrich und Fliesenarbeiten im Sanitärbereich

Der abgeschlossene Estricheinbau (inklusive Trocknung – das ist wichtig, denn während des Trocknungsprozesses, der bei Anhydrit- und Zementestrich Wochen dauern kann, kann es zu Mängeln kommen, die dann gegebenenfalls bei der Zahlung berücksichtigt werden müssen) und sämtliche fertigen Fliesenarbeiten an Wänden und Böden im Sanitärbereich sollten Fälligkeitsvoraussetzung für diese Rate sein.

6. Rate nach Bezugsfertigkeit und Zug um Zug gegen Besitzübergabe und für die Fassadenarbeiten

Die Fälligkeitsvoraussetzung dieser Rate sollte beinhalten:

- Fertigstellung der Elektroarbeiten einschließlich der Inbetriebnahme
- Fertigstellung der Heizungs- und Sanitärarbeiten einschließlich Inbetriebnahme
- Einbau der Innentüren
- Sämtliche Bodenbeläge
- Auswechselung der Bautür gegen die Haustür
- Fertigstellung der Fassadenarbeiten (Dämmung, Außenputz, gegebenenfalls Anstrich)
- Montage der Fensterbänke
- Schlosserarbeiten für Geländer und Brüstungen
- Alle Maler- und Tapezierarbeiten bis auf kleine Nachbesserungen

Vereinbaren Sie hier auch gleich die Herstellung des Zugangs, damit Sie beim Einzug nicht unnötig Schmutz ins Haus bringen.

7. Rate nach vollständiger Fertigstellung

Die Fälligkeitsvoraussetzung dieser Rate sollte den Abschluss aller vereinbarten Leistungen umfassen. Wichtig ist dabei die vollständige Betriebsfertigkeit des Gebäudes (Gas / Fernwärme, Wasser, Abwasser, Regenwasser, Strom, Medien / Telekommunikation / TV / IT). Ferner gehören dazu auch, falls vereinbart, die Außenanlage und Garage. Wurden bei der Abnahme Mängel festgestellt, sollten diese beseitigt worden sein. Solange noch Restarbeiten ausgeführt werden müssen, sollte auch deren Erledigung vertraglich als Voraussetzung für die Fälligkeit dieser Rate festgelegt werden.

Nachfolgend finden Sie **Beispielformulierungen** zur Fälligkeit der einzelnen Raten, die sich zwar an die MaBV anlehnen, aber deutlich exakter formuliert sind. Solche Ratendefinitionen geben Ihnen eine erheblich höhere Sicherheit als die MaBV-Definitionen.

1. Rate: Nach Beginn der Erdarbeiten
Fälligkeitsvoraussetzung dieser Rate: Der gesamte Aushub der Baugrube und die Verbringung des Erdmaterials auf die Deponie sind vollständig abgeschlossen.

2. Rate: Nach Rohbaufertigstellung einschließlich Zimmererarbeiten
Fälligkeitsvoraussetzung dieser Rate: Die behördliche Rohbauabnahme inklusive der Umsetzung eventueller Auflagen der Behörden ist erfolgt. Es müssen also alle tragenden Wände, der Kamin, Brandwände, Beton-treppen und die Dachkonstruktion (der zimmermannsmäßige Dachstuhl) errichtet worden sein.

3. Rate: Nach Herstellung von Dachflächen und Dachrinnen, Rohinstallation von Heizung, Sanitär und Elektrik
Fälligkeitsvoraussetzung dieser Rate: Die Dacheindeckung (Dachziegel, Lattung, Konterlattung, Dachpappe, Wärmedämmung, Dampfdiffusionsbremsfolie), die Klempnerarbeiten (Dachrinnen, Regenfallrohre, Blecharbeiten an der Dachfläche und den Ortgängen und dergleichen) sowie die Rohinstallation von Heizung, Sanitär und Elektrik sind vollständig abgeschlossen. Dazu gehört auch der vollständige Anschluss des Hauses an alle öffentlichen Leitungen. Unter Rohinstallation ist zu verstehen, dass alle Leitungen, die unter Putz verlegt werden, fertig installiert wurden.

Eventualfälle:

- Die Verlegung einer Fußbodenheizung sollte nach den Putzarbeiten kurz vor der Estrichverlegung erfolgen, um die Rohre zu schützen, obwohl diese Leistung eigentlich zur Rohinstallation gehört.

- Soweit eine Holztreppe eingebaut werden soll, muss zumindest deren Tragkonstruktion (gegebenenfalls noch mit Baustufen) erbracht sein.

4. Rate: Nach Fenstereinbau einschließlich Verglasung und Innenputz außer Beiputzarbeiten
Fälligkeitsvoraussetzung dieser Rate: Der Fenstereinbau einschließlich der Verglasung und luftdichter Einpassung in den Rohbau sowie sämtliche Innenputzarbeiten außer Beiputzarbeiten, aber einschließlich aller Trockenausbauarbeiten (zum Beispiel Gipskartonverkleidungen) auch im Dachstuhl sind vollständig abgeschlossen.

Eventualfall:
- Die Holztreppe muss fertiggestellt sein.

5. Rate: Nach Fertigstellung des Estrichs und aller Fliesenarbeiten
Fälligkeitsvoraussetzung dieser Rate: Der Estricheinbau im gesamten Haus und sämtliche Fliesenarbeiten im gesamten Haus und auf Terrassen und Balkonen sind vollständig abgeschlossen. Alle Außengeländer müssen montiert sein.

6. Rate: Nach Bezugsfertigkeit, Zug um Zug gegen Besitzübergabe und Fertigstellung der Fassadenarbeiten
Fälligkeitsvoraussetzung dieser Rate: Die Fertigstellung der Elektroarbeiten einschließlich der Inbetriebnahme und die Fertigstellung der Heizungs- und Sanitärarbeiten einschließlich Inbetriebnahme sind komplett erfolgt. Ferner der Einbau aller Innentüren, sämtlicher Bodenbeläge, der Haustür, gegebenenfalls der Kelleraußentür, die Montage der Fensterbänke innen und außen, des Vollwärmeschutzes inklusive fertiger Verputzung, Schlosserarbeiten für Geländer, Brüstungen sowie alle Maler- und Tapezierarbeiten. Auch der Hauszugang im Außenbereich von der Straße bis zur Haustür ist vollständig fertiggestellt.

7. Rate: Nach vollständiger Fertigstellung einschließlich der Beseitigung aller bei der Abnahme festgestellten Mängel und Erledigung der Restarbeiten
Fälligkeitsvoraussetzung dieser Rate: Alle vereinbarten Leistungen inklusive eventuell vereinbarter Außenanlagen oder der Garage sowie der Beseitigung aller bei der Abnahme festgestellten Mängel und Erledigung aller Restarbeiten sind vollständig abgeschlossen.

Der Zahlungsplan

Wenn Sie aus diesen Ratendefinitionen nun einen Zahlungsplan machen wollen, dann fügen Sie die Ratendefinitionen nur noch in eine Tabelle ein, in der weitere Daten festgehalten werden, vor allem auch die tatsächlich zu zahlenden Beträge in Euro und die voraussichtlichen Zahlungstermine. Eine solche Tabelle könnte aussehen wie auf Seite 171 abgebildet.

Mit diesem einfachen Vorgehen des Aufstellens eines möglichst detaillierten Zahlungsplans haben Sie bereits viel für Ihre Zahlungssicherheit getan. Ein solcher Zahlungsplan in Form einer einfachen Tabelle kann dann entweder direkt in den notariellen Kaufvertrag eingefügt werden oder in diesem Vertrag als Anlage für die Zahlungsbedingungen benannt, dem Vertrag beigefügt und mit beurkundet werden. Auch das können Sie mit dem Notar durchsprechen. Es gibt keinen Grund, warum ein Notar einen detaillierten Zahlungsplan ablehnen sollte. Ein solcher Zahlungsplan ist transparent, fair und ausgewogen für beide Seiten. Mit einem exakten und fundierten Zahlungsplan haben Sie neben dem Kaufvertrag, der Baubeschreibung und den Plänen den vierten wichtigen Teil des Vertrags im Griff.

Mängel in der Ausführung berechtigen nach der MaBV nicht zur Einbehaltung der kompletten Rate.
(→ hierzu Kapitel 11.3 ab Seite 290)

Beispiel Tabelle Zahlungsplan

Ratennummerierung	Fälligkeitsvoraussetzung der Raten [1]	Prozentualer Anteil an der Gesamtsumme	Tatsächlicher Betrag in Euro	Voraussichtlicher Zahlungstermin (nicht fälligkeitsauslösend) [2]
1. Rate [3]				
2. Rate				
3. Rate				
4. Rate				
5. Rate				
6. Rate				
7. Rate [4]				

1 Hier sind überall einzutragen die exakten Definitionen der Fälligkeitsvoraussetzungen für die Raten – ⇢ Beispiele weiter oben.

2 Nicht maßgeblich für die Zahlungsverpflichtung – diese bestimmt sich ausschließlich nach der Fälligkeitsvoraussetzung.

3 Minus 5 Prozent der Kaufgesamtsumme als Sicherheitseinbehalt bis zur termingerechten und mangelfreien Fertigstellung gemäß § 650m Absatz 2 BGB.

4 Minus 5 Prozent der Kaufgesamtsumme als Gewährleistungseinbehalt für die Dauer der Gewährleistungszeit gemäß der dazu erfolgten Rechtsprechung – da für diesen Betrag die 7. Rate allein häufig nicht reicht, muss ein Teil gegebenenfalls schon von der 6. Rate dafür herangezogen, also einbehalten werden. Dies kann mit dem Notar besprochen und vertraglich geregelt werden.

8.6 Notarieller Kaufvertragsentwurf und Vertragsinhalte

Viele Bauträger lassen sehr früh Vertragsentwürfe von einem Notar ausarbeiten, auf deren Basis sie die betreffenden Objekte oder das betreffende Objekt verkaufen möchten. Falls zum Zeitpunkt des Kaufinteresses noch kein Vertragsentwurf vorliegt, kann man problemlos nachfragen, auf welcher vertraglichen Basis denn bislang verkauft wurde oder verkauft werden soll. Das ist deswegen sinnvoll, weil man sich möglichst früh sehr konkret mit den vertraglichen Vorstellungen des Bauträgers auseinandersetzen sollte. Denn sind dort sehr problematische Regelungen enthalten und kommt man in Gesprächen dazu nicht weiter, kann man sich üblicherweise die weiteren technischen Abklärungen sparen. Informationen dazu finden Sie ab Seite 178 im kommentierten Vertragsbeispiel aus der Praxis. Ein Bauträgerkaufvertrag enthält unter anderem Regelungen zu folgenden Punkten:

- Kaufobjekt (Grundstück und Haus) und Belastungen
- Bautenstand / Projektstand
- Fertigstellungseinbehalt oder Fertigstellungsbürgschaft
- Bezugsfertigkeit, Abnahme, Übergabe
- Gewährleistung

- Kaufpreis
- Kaufpreiszahlung
- Auflassungsvormerkung
- Benennung der Anlagen (zusätzliche Unterlagen, die zum Vertrag gehören: Zahlungsplan – falls dieser nicht integrierter Bestandteil des Kaufvertrags ist – , Baubeschreibung, vermaßte Baupläne, darunter nach Möglichkeit die Bauantragspläne des Baugenehmigungsgesuchs und die Ausführungspläne, Wohnflächenberechnung nach der Wohnflächenverordnung, Energieausweis)
- gegebenenfalls Regelungen zu Eigenleistungen

Kaufobjekt (Grundstück und Haus) und seine Belastungen

Das Kaufobjekt sollte beschrieben werden (für das Grundstück Kopien des Grundbuchs und des Baulastenverzeichnisses, für das Objekt die Bau- und Leistungsbeschreibung und die vermaßten Planunterlagen, mindestens im Maßstab 1 : 100). Das Grundbuch sollte durch den Notar eingesehen worden sein, und es sollten in Abteilung II keine Belastungen eingetragen sein. Wenn doch, müssen diese detailliert geklärt werden. Gleiches gilt für Grundpfandlasten in Abteilung III. Auch das Baulastenverzeichnis sollte eingesehen worden sein. Letzteres gehört nicht zu den Standardaufgaben des Notars, Sie können ihn aber damit beauftragen oder den Bauträger auffordern, eine aktuelle und beglaubigte Kopie beizubringen. Sollten im Baulastenverzeichnis doch Baulasten eingetragen sein, müssen diese im Kaufvertrag erwähnt werden. Achten Sie dann darauf, ob Ihnen diese Eintragungen Nachteile bringen können (auch → Seite 30). Waren Ihnen diese Dinge nicht bekannt, sollten Sie überdenken, ob der Kaufpreis noch angemessen ist. Bezüglich des Objekts, also des zu bauenden Hauses, sollten auch Sonderwünsche, die nicht in der Baubeschreibung enthalten sind, oder vereinbarte Abweichungen von der Baubeschreibung (zum Beispiel eine hochwertigere Sanitärausstattung oder ein zusätzlicher Kamin) unbedingt mit in den Vertrag aufgenommen werden. Was bei der Prüfung der Baubeschreibung zu beachten ist, wird im Kapitel 9 ausführlich erläutert (→ Seite 193).

Die **Bauantragspläne** sind zwar keine optimale Rechtsgrundlage für den Kaufvertrag, da es oft Abweichungen bei der Ausarbeitung der Ausführungsplanung gibt. Aber sie sind bereits deutlich besser als meist nicht einmal vermaßte Pläne aus einem Verkaufsprospekt. Wurde die **Ausführungsplanung** bereits erstellt, sollte sie Vertragsbestandteil sein. Existiert noch keine Ausführungsplanung, sind die Bauantragspläne eine hilfreiche Alternative. Vor allem die Maßangaben in den Planunterlagen sollten vollständig sein, also exakte Maßangaben aller Gebäudemaße, inklusive Wand-, Fenster- und Türmaße, sodass Sie später überprüfen können, ob die Ihnen zugesicherten Raumgrößen und der Sitz von Fenstern und Türen korrekt sind. Dazu gehört auch eine Schnittzeichnung durch das Gebäude, die insbesondere auch die Raumhöhen der fertig ausgebauten Räume zeigt. Besonders wichtig ist hierbei die sogenannte „lichte Raumhöhe“. Das ist die Höhe des Raums zwischen Oberkante Fertigfußboden und Unterkante Fertigdecke, also das Maß, das Ihnen später zum Wohnen bleibt. Sehr häufig werden nur „Geschosshöhen“, „Rohbauhöhen“ oder Ähnliches angegeben. Das nützt Ihnen wenig. Denn Dämmungen, Estriche und Bodenbeläge machen ganz schnell 15 und mehr Zentimeter Höhenunterschied aus. Ein Wohnraum darf grundsätzlich nicht unter 2,40 Meter Höhe haben, in Berlin darf er nicht unter 2,50 Meter Höhe haben. Nur in Baden-Württemberg sind auch 2,30 Meter zugelassen, das ist aber eine unangenehme, weil niedrige Raumhöhe.

Wenn eine **Teilungserklärung** Bestandteil des Kaufvertrags ist, muss darauf Bezug genommen werden. Das ist zum Beispiel der Fall, wenn Reihenhäuser auf einem gemeinsamen Grundstück mit gemeinsamer Tiefgarage verkauft werden.

Bautenstand / Projektstand

Wie weit ist die Planung bei Vertragsabschluss fortgeschritten? Welchen Bautenstand hat das Kaufobjekt bei Vertragsabschluss erreicht? Ist der Bauantrag schon eingereicht worden, oder liegt die Baugenehmigung bereits vor? Wenn mit dem Bau bereits begonnen wurde, sollte hier der genaue Stand der Arbeiten definiert werden.

Bezugsfertigkeit, Fertigstellung, Abnahme

Wichtig ist ein genauer Zeitpunkt, wann das Objekt bezugsfertig ist und was genau unter **Bezugsfertigkeit** zu verstehen ist. Welche Arbeiten müssen abgeschlossen sein, welche Arbeiten können noch nach Bezugsfertigkeit ausgeführt werden? Ferner sollte grundsätzlich ein **fester Fertigstellungstermin** vereinbart werden, zu dem sämtliche Arbeiten vollständig fertiggestellt sind. Außerdem sollte die Art der Abnahme festgelegt werden – am besten ist hier eine **förmliche Abnahme** (→ Seite 298 ff.).

Gewährleistung

Wie auch in Kapitel 7 erwähnt existiert der Begriff „Gewährleistung" seit 2003 im BGB-Werkvertragsrecht eigentlich nicht mehr. Streng genommen geht es um Ansprüche aufgrund von Mängeln. Der einfachen Verständlichkeit halber und auch, weil er in manchen Verträgen noch auftaucht, wird er auch hier aber genutzt. Der **Gewährleistungszeitraum**, die entsprechende Rechtsgrundlage (zum Beispiel 5 Jahre nach BGB) und der Beginn der Gewährleistungszeit (zum Beispiel nach förmlicher Abnahme) müssen im Kaufvertrag genannt werden. Falls vom Bauträger **Gewährleistungsausschlüsse** gewünscht werden und diese auch zulässig sind, sind diese hier durch den Notar genau zu beschreiben. Generelle Gewährleistungsausschlüsse, wie zum Beispiel generelle Gewährleistungsausschlüsse für Rissbildungen an Bauteilen, sind nicht zulässig (BGB § 309, Absatz 8b aa). Gerne packen Bauträger solche generellen Gewährleistungsausschlüsse ans Ende der Baubeschreibung. Notare überprüfen den Inhalt der Baubeschreibungstexte praktisch nie, sondern nehmen sie fast immer völlig unbesehen zur Vertragsanlage. Manchmal werden dadurch aber sogar vertragliche Widersprüche beziehungsweise unwirksame Regelungen mit beurkundet. Dass die Regelungen unwirksam sein können, wissen Verbraucher aber häufig gar nicht. Haben Sie bezüglich genereller Gewährleistungsausschlüsse des Notars oder Bauträgers Zweifel, bitten Sie den Notar um detaillierte rechtliche Erläuterung dazu.

Kaufpreis

Bei der Nennung des Kaufpreises sollte genau beschrieben sein, was dieser enthält und was nicht (zum Beispiel Erschließungskosten, Hausanschlusskosten). Berücksichtigen Sie dabei auch Kosten eventueller Sonderwünsche und die Währung, in welcher der Kaufpreis beglichen wird.

Kaufpreiszahlung

Die **Zahlungsweise** muss detailliert festgelegt werden. Bei **Ratenzahlungen** betrifft das jede einzelne Rate, außerdem die **Fälligkeitsvoraussetzung** für die Freigabe der Gelder.
Sie sollten freien Objektzutritt für Baustellenbegehungen vereinbaren, außerdem die Möglichkeit, bei festgestellten Mängeln einen Teil der Rate bis zur Behebung der Mängel zurückzubehalten (ein Recht, das Ihnen nach § 632a Absatz 1 in Verbindung mit § 641 BGB Absatz 3 ohnehin zusteht – Sie dürfen üblicherweise das Zweifache des zur Mangelbeseitigung notwendigen Betrags zurückbehalten). Wichtig ist auch, genau festzulegen, welche Leistungen als Fälligkeitsvoraussetzung für die einzelnen Raten erbracht werden müssen. Vereinbaren Sie gegebenenfalls Zwischentermine für die Fertigstellung der Leistungen und die entsprechenden Zahlungsraten (siehe auch Seite 169 ff.).

Bürgschaften

Bei Bankbürgschaften ist allergrößte Vorsicht geboten, sowohl bei Bürgschaften, die Sie – beziehungsweise Ihre Bank für Sie – abgeben, wie auch umgekehrt bei Bürgschaften, die Ihnen der Bauträger beziehungsweise dessen Bank stellt. Nur in wenigen Fällen ist es auch zulässig, überhaupt Bürgschaften zu verlangen. Das betrifft nach dem BGB Verbraucherbauvertragsrecht nur den Fall von § 650m Absatz 2, bei dem es um den Einbehalt der Sicherungsleistung von 5 Prozent für die rechtzeitige und mangelfreie Herstellung des Werks geht. Leider hat der Gesetzgeber es versäumt, exakt zu definieren, mit welcher Art der Bürgschaft ein Verbraucher dann abzusichern ist. Denn Bürgschaft ist nicht gleich Bürgschaft. Siehe hierzu die Darlegungen auf Seite 144. Gemäß MaBV darf der Bauträger sogar bis zu 30 Prozent von Ihnen direkt nach Vertragsabschluss einkassieren (§ 3 Absatz 3 der MaBV). Er muss im Gegenzug zwar zuvor die auf Seite 165 dargelegten Sicherheiten erbracht haben, aber die nützen Ihnen wenig, wenn er in die Insolvenz fällt. Dann sind 30 Prozent der Kaufsumme im Zweifel erst einmal für einen längeren Zeitrum blockiert, und auf der Baustelle geht es im Zweifel auch nicht weiter, während Ihr Darlehen und Ihre Mietzahlungen parallel natürlich weiterlaufen. Das heißt: Die MaBV, die Sie eigentlich schützen soll, schützt Sie nur bedingt. Und das wiederum heißt: Auch bei Zahlungsvereinbarungen auf Gundlage der MaBV können Sie sich nicht einfach auf deren Regelungen verlassen, sondern müssen den Notar auffordern, deutlich exaktere Zahlungsmodalitäten zu formulieren. Das wird den Notar möglicherweise überraschen, weil er es vielleicht selbst in 40 Berufsjahren nie anders geregelt hat, als einfach nach der MaBV. Das muss Sie aber nicht interessieren. Erstens kann man auch 40 Jahre lang etwas für Verbraucher Ungünstiges formulieren, und zweitens geht es nicht um möglichst standardisierte Arbeit für den Notar, sondern um Ihre Sicherheit, die gewährleistet sein muss, auch wenn der Insolvenzfall eintritt. Und um diese Sicherheit bei Bauträgerverträgen zu erreichen, benötigen Sie vor allem 5 Dinge:

1. Einen sehr detaillierten und sicheren Zahlungsplan über die MaBV hinaus.

2. Das vorsorgliche Sonderkündigungsrecht oder Teilkündigungsrecht im Insolvenzfall des Bauträgers.

3. Das Wahlrecht darüber, ob im Kündigungsfall die bislang von Ihnen gezahlten Beträge von der Gläubigerbank des Bauträgers an Sie zurückgezahlt werden und Sie umgekehrt dafür wieder aus dem Grundbuch gehen (Löschung der Auflassungsvormerkung) oder ob die geleisteten Beträge bei der Bank verbleiben und umgekehrt die Bank aus dem Grundbuch geht.

4. Eine sehr exakte und vollständige Baubeschreibung.

5. Sehr exakte Pläne, im Idealfall mindestens die Baueingabeplanung.

Sind diese 5 Punkte klar geregelt, können Sie schon wesentlich ruhiger schlafen, weil dann unter anderem auch der Insolvenzverwalter und die Gläubigerbank des Bauträgers Ihre Entscheidungen nicht mehr einseitig blockieren können.

Sie können auch Ihrerseits vom Bauträger eine **Fertigstellungsbürgschaft** in voller Höhe des Bauauftrages verlangen. Das Bestehen einer Fertigstellungsbürgschaft sollte dann grundsätzlich durch eine schriftliche Bestätigung der ausstellenden Versicherung oder Bank, die direkt an Sie gesendet wird, dokumentiert werden. Eine solche Sicherheitsbürgschaft kann Ihnen zum Beispiel im Insolvenzfall helfen, den Schaden zu begrenzen. Sprechen Sie dieses Thema ruhig bei Ihren Kaufverhandlungen an und nehmen Sie es in den Vertrag auf. Manche Bauträger haben mittlerweile auch Versicherungen gegen Insolvenz in der Gewährleistungszeit abgeschlossen. Damit wird sichergestellt, dass Mängel auch im Gewährleistunsgzeitraum nach Fertigstellung des Gebäudes kostenfrei beseitigt werden können.

Stellt der Bauträger beziehungsweise dessen Bank Ihnen eine Bürgschaft, sollte diese grundsätzlich unwiderruflich, unbefristet, unbedingt und selbstschuldnerisch sein (→ Seite 141). Außerdem ist bei Bankbürgschaften zu beachten, dass die Kosten hierfür nicht unerheblich sind. Sinnvoll ist es daher, auch die Kostenfrage zu klären. Die Bankbürgschaftskosten sollte der Bauträger tragen, wenn er von Ihnen Geld gegen Stellung einer Bürgschaft haben will.

An dieser Stelle wird auch der Bauträger Wünsche einbringen, häufig zum Beispiel die Finanzierungszusage Ihrer finanzierenden Bank Ihnen gegenüber und eine Verpflichtungserklärung Ihrer Bank, die Auszahlung nach Baufortschritt direkt an den Bauträger zu leisten oder aber sogar eine sogenannte **Abtretungsgerklärung** des Darlehensauszahlungsanspruchs verlangen. Durch die Ausstellung einer solchen Abtretungserklärung kann der Bauträger einen direkten Auszahlungsanspruch gegen die Bank geltend machen. Das ist sehr gefährlich (⇢ Seite 145).

Auflassungsvormerkung

Um den Anspruch auf Eigentumsübertragung zu sichern, muss eine Auflassungsvormerkung im Grundbuch beantragt werden. Damit verhindern Sie, dass der Verkäufer das Objekt zeitgleich mehrfach veräußern könnte.

Sonstiges

Neben der üblichen salvatorischen Klausel (teilweise Nichtigkeit des Vertrags führt nicht zur Nichtigkeit den ganzen Vertrags) und der Beauftragung des Notars, die Urkunde zu vollziehen, sollte unbedingt auch Folgendes vereinbart werden: Der Bauträger muss zusichern, dass das **Grundstück frei von Altlasten** ist, und Ihnen den Nachweis hierfür vorlegen (zum Beispiel eine Baugrunduntersuchung). Dennoch auftretende Altlasten muss er auf seine Kosten beseitigen. Vereinbaren Sie, dass Ihnen neben einer **Kopie des kompletten, genehmigten Bauantrags** mit Stempel der Genehmigungsbehörde stets der **aktualisierte Stand der Ausführungsplanung** (Werkplanung des Architekten und der Fachingenieure für Heizung, Sanitär und Elektro) zur Verfügung gestellt wird. Vor allem bei Planänderungen bleiben Sie so auf dem neuesten Stand. Außerdem sollten Sie folgende Unterlagen erhalten:

- sämtliche statischen Berechnungen und Planunterlagen (Positionspläne, Bewehrungspläne),
- die vollständige Energiebedarfsberechnung und den Energiebedarfsausweis für das Gebäude inklusive der Berechnungsgrundlagen,
- den Schallschutznachweis,
- die Baugrunduntersuchung, die unter anderem Auskunft über die Tragfähigkeit des Untergrunds und den Grundwasserstand gibt.

Diese Unterlagen enthalten äußerst wichtige Informationen, wenn Sie später einmal umbauen möchten. Aber auch wenn Sie zum Beispiel eine Finanzierung haben, die über ein bestimmtes KfW-Darlehen läuft, mit festgelegten energetischen Grenzwerten, ist es sehr wichtig, dass Sie die energetischen Nachweise in Form eines von einem Ingenieur unterzeichneten Energiebedarfsausweises in der Hand haben (⇢ Seite 296).

Darüber hinaus sollte die Durchführung eines Blower-Door-Tests vereinbart werden, um die Winddichtigkeit der Gebäudehülle sicherzustellen (⇢ Seite 289 f.). Dabei sollte auch ein Höchstwert für die Luftwechselrate vereinbart werden, der nicht überschritten werden darf (ein guter Wert ist kleiner als 1,5 / h, bei einer Lüftungsanlage mit Wärmerückgewinnung sollte er unter 1,0 / h liegen – siehe hierzu Seite 289 f.) und eine Konsequenzregelung, falls der vereinbarte Wert nicht erreicht wird.

Am Schluss des Vertrags stehen die Unterschriften der Vertragsparteien und vom Notar, der als Letzter unterschreibt.

Eigenleistungen

Wenn Sie Eigenleistungen erbringen möchten, sollten diese im Vertrag genau benannt und ihre Durchführung geregelt werden. Am besten beginnen Sie mit den Eigenleistungen erst, wenn alle Arbeiten fertiggestellt und abgenommen wurden. So können Sie sicherstellen, dass Ihnen bei der Abnahme keine Schäden, zum Beispiel an Fliesen, Sanitärgegenständen oder der Verglasung, angelastet werden können. Das kann schnell geschehen, wenn Sie Arbeiten im Haus vor der Abnahme durchgeführt haben und man nun nicht weiß, ob die Schäden durch Sie oder durch die Handwerker verursacht wurden. Eigenleistungen sind meist nur in begrenztem Umfang möglich und betreffen häufig die Malerarbeiten und die Verlegung der Oberböden. Wenn Eigenleistungen optional vereinbart werden, sollte außerdem die genaue Höhe des Preisnachlasses festgelegt werden, für den Fall, dass Sie sich doch für die Durchführung der Arbeiten durch den

Bauträger entscheiden (damit Sie die dann eintretenden Mehrkosten kennen).

Zu dem Vertrag hinzu kommen dann noch die sogenannten **Vertragsanlagen** (⇢ Kapitel 9 Seite 193), die mit beurkundet werden. Das sind vor allem die Baubeschreibung und die Bauantragspläne.

Wie sehen Kaufverträge aus, und was muss man dabei beachten?

Wie bereits dargelegt, gibt es die unterschiedlichsten vertraglichen Regelungen. Je nachdem, welchen Kaufvertrag man hat, müssen unterschiedliche Dinge beachtet werden. Denn einmal sind Sie in der Rolle des Käufers, ein anderes Mal in der Rolle des Bauherrn. Grundsätzlich aber gilt: Was im Kaufvertrag und Bauvertrag nicht ausreichend oder schlecht geregelt ist, werden Sie später nur noch schwer revidieren können.

Das zentrale Problem bei Vertragsverhandlungen mit dem Bauträger ist, dass er – wenn es sich um sein Grundstück handelt und er es Ihnen mitverkauft – am längeren Hebel sitzt. Denn an wen er das Grundstück veräußert, bestimmt er. Vor allem in beliebten Ballungsräumen sind Vertragsverhandlungen mit dem Bauträger fast immer ein großes Problem. Trotzdem gibt es in einem gewissen Rahmen durchaus Möglichkeiten.

Nur wenige Verbraucher sind in ihrem Alltag mit dem Thema Vertragsverhandlungen befasst, die meisten sind eher selten damit konfrontiert. Das heißt, strategisches Vorgehen und sinnvolle Taktiken bei Verhandlungen sind vielen nicht bekannt und geläufig. Der Bauträger wiederum macht dies täglich und kennt in der Regel viele Finessen. Er spürt meist auch sehr schnell, wie er einem Kunden begegnen muss, um zu seinem Ziel zu gelangen. Zunächst sollen aber die rechtlichen und technischen Grundlagen beim Kauf eines Hauses vom Bauträger geklärt werden, bevor dann wichtige Hinweise für die Verhandlungspraxis gegeben werden (⇢ Kapitel 10). Es ist leider nicht möglich, beim Vertragsbeispiel alle denkbaren Vertragskonstellationen zu berücksichtigen, weshalb sich die nachfolgenden Darlegungen auf den klassischen Fall eines Bauträgerkaufvertrags (Fall 3 Seite 158) konzentrieren, also auf den Fall, bei dem Grundstück und Haus in einem Kaufvertrag vor dem Notar vom Bauträger gegen Ratenzahlung erworben werden. Für den Fall, dass bei Ihnen nicht der klassische Bauträgerkaufvertrag umgesetzt werden soll, sondern Sie zunächst das Grundstück kaufen sollen, um es dann zu bebauen, Sie also Bauherr werden, ist es für Sie sinnvoll, Kapitel 7 aufmerksam durchzulesen, in dem diese Konstellation (Sie als Bauherr) behandelt wird.

Lesen des Vertragsentwurfs

Nun zum konkreten Vertragsbeispiel für einen klassischen Bauträgervertrag: Nehmen wir an, Sie waren zu einem ersten Gespräch bei einem Bauträger und haben ihn gebeten, Ihnen einen Vertragsvorschlag zum Objektkauf zukommen zu lassen. Üblicherweise haben Bauträger kein Problem damit, Ihnen einen Vertragsentwurf vorzulegen. Nehmen wir weiter an, der Bauträger hat Ihnen seinen vom Notar gefertigten Vertragsentwurf zusenden lassen (nach dem Beurkundungsgesetz muss der Kaufvertrag direkt vom Notar gesandt werden, weder Makler noch Bauträger dürfen diesen einfach durchreichen), und Sie müssen diesen nun durcharbeiten. Wie gehen Sie vor?

Zunächst einmal lesen Sie sich den Vertragsentwurf in Ruhe und sehr aufmerksam durch, damit Sie einen ersten Eindruck und Überblick haben. Dann nehmen Sie sich den Vertrag vor und gehen ihn im Detail durch. Dafür bietet es sich an, eine Kopie des Vertrags anzufertigen und dann alles anzustreichen, was Sie entweder nicht verstehen oder für fragwürdig halten. Diese Punkte müssen dann vor einer notariellen Unterzeichnung besprochen und erklärt beziehungsweise geklärt werden. Da der Vertragsentwurf für den Kaufvertrag eines zu bebauenden Grundstücks grundsätzlich von einem Notar entworfen sein sollte, kann der Notar auch Ihr erster Ansprechpartner für die Klärung offener Fragen des Vertragstextes sein – und nicht der Bauträger. Denn wenn Sie rechtliche Fragen mit dem Bauträger erörtern, kann dies schnell dazu führen, dass der Bauträger komplett abwinkt und sich einen anderen Käufer sucht. Außerdem sind natürlich nur die wenigsten Bauträger Juristen, und es ist wenig hilfreich, mit einem Nicht-Juristen juristische Inhalte und vor allem Konsequenzen daraus für Sie zu diskutieren. Hinzu kommt auch, dass der Notar als neutrale Amtsperson zwischen Ihnen und dem Bauträger steht. Er kann Emotionalitäten herausnehmen und für eine sachgerechte Auseinandersetzung sorgen. Das kann ein großer Vorteil sein. Schalten Sie den Notar zur Klärung dieser Fragen ein, ist dies Ihr gutes Recht, und der Notar muss Ihnen zuhören. Notare sind gemäß § 17 Abs. 1 des Beurkundungsgesetzes dazu verpflichtet, den Willen der Vertragsbeteiligten zu „erforschen". Das heißt, der Notar sollte vor Vertragserstellung eigentlich ohnehin mit Ihnen gesprochen haben. Er sollte Ihnen zumindest aber den Entwurf direkt und persönlich mit Begleitschreiben und Hinweisen, auch zu Ihren Rechten im Zuge eines solchen Kaufs, zusenden und den Vertragsentwurf auf dem Deckblatt deutlich als Entwurf kennzeichnen. In der Praxis erhalten Sie aber meist einen Vertragstext, ohne dass der Notar sich zuvor auch nur einmal nach Ihren Vorstellungen erkundigt hat. Sie erhalten den Vertragstext oft ohne jedes Begleitschreiben des Notars und häufig auch, ohne dass der Entwurf deutlich sichtbar auf dem Titelblatt als solcher gekennzeichnet ist. Das führt dazu, dass Verbraucher ihre Rechte im Zuge eines Bauträgerkaufs gar nicht erfahren, neben anderen Rechten sehr häufig zum Beispiel das Recht auf einen Gewährleistungseinbehalt, etwa gesichert durch eine Gewährleistungsbürgschaft, die in der weit überwiegenden Zahl der Notarvertragsentwürfe vollständig fehlt. Verbraucher können daher ihre Rechte oft nicht angemessen wahrnehmen. Da die gesetzlichen Regelungen den Notar aber als neutrale Amtsperson sehen, können Sie auch eine angemessene Beachtung der gesetzlichen Rechte sowie der Rechte aus der laufenden Rechtsprechung einfordern. Viele Verbraucher wissen zum Beispiel gar nicht, dass ihnen das Recht zusteht, mit dem Notar über Probleme, die sie im Vertrag sehen, zu sprechen. Der Notar kann ein solches Vorgespräch nicht in Rechnung stellen, denn es gehört zu seinen Beratungspflichten im Zuge einer Beurkundung. Wird die Beurkundung vorzeitig abgebrochen, kann der Notar nicht den ganzen Gebührensatz geltend machen. Es kommt auf den Zeitpunkt des Abbruchs an. Gemäß Gerichts- und Notarkostengesetz (GNotKG), Tabelle B, Teil 2, Abschnitt 3, Nr. 21300 fallen pauschal nur 20 Euro Gebühr an, wenn das Beurkundungsverfahren an folgenden Punkten abgebrochen wurde, Zitat:

„*1. vor Ablauf des Tages, an dem ein vom Notar gefertigter Entwurf an einen Beteiligten durch Aufgabe zur Post versandt worden ist,*

2. vor der Übermittlung eines vom Notar gefertigten Entwurfs per Telefax, vor der elektronischen Übermittlung als Datei oder vor Aushändigung oder

3. bevor der Notar mit allen Beteiligten in einem zum Zweck der Beurkundung vereinbarten Termin auf der Grundlage eines von ihm gefertigten Entwurfs verhandelt hat (...)"

Brechen Sie also eine Beurkundung ab, kommt es auf den Zeitpunkt an. Brechen Sie später ab als oben benannt, kann der Notar eine ermäßigte Gebühr ansetzen. Er muss bei seiner Abrechnung die Nummer der Gebühr aber immer angeben. Sie können dann im Internet überprüfen, ob die Abrechnung korrekt ist. Sie finden das Gerichts- und Notarkostengesetz (GNotGK) samt Tabellenanhang und allen Gebührentatbeständen unter **www.gesetze-im-internet.de**. Aber erschrecken Sie nicht über die unnötig komplexen Gebührentabellen und ihre Regelungen.

Vertragsentwürfe, die Ihnen vorgelegt werden, können sehr unterschiedlich aussehen. Manche sind sehr umfangreich, andere weniger. Die Aspekte, um die es geht, sind aber immer die gleichen. Anhand des nachfolgenden Vertragsbeispiels, das durchgängig erläutert wird, bekommen Sie einen Eindruck von den zu regelnden Aspekten und Fragen, die dazu auftauchen. Sie werden schnell erkennen, dass das nachfolgende Vertragsbeispiel an vielen Stellen einseitig zugunsten des Bauträgers formuliert ist und eine ganze Reihe von Dingen auch gar nicht geregelt ist (→ Erläuterungen). Dieses Beispiel ist bewusst gewählt, um Ihnen anhand solcher Defizite aus der Praxis aufzeigen zu können, auf was Sie bei der Durchsicht eines Vertragsentwurfs achten müssen. An vielen Stellen müsste der Notar noch erhebliche Überarbeitungen vornehmen, wenn er Ihnen in einem Folgeentwurf ein ausgewogenes Vertragswerk vorlegen wollte.

8.7 Kommentierter Beispielvertrag Bauträger

Das nachfolgende Beispiel ist das eines klassischen Bauträgervertrags, also eines Kaufvertrags von Grundstück und Haus gemeinsam. Ein davon abweichender Vertrag, bei dem zunächst nur das Grundstück verkauft würde mit einer Verpflichtung für den Grundstückskäufer, mit einem bestimmten Unternehmen darauf dann das Haus zu bauen, wäre wieder der Rechtssachverhalt, den Sie bereits aus Kapitel 7 kennen, wo es um klassische Bauverträge beim Bauen auf dem eigenen Grundstück geht. Dann müssten Sie den Bauvertrag, der Ihnen mit dem Grundstückskaufvertrag vorgelegt wurde, anhand des dortigen Beispiels kritisch durchsehen. Nun aber zum klassischen Bauträgervertrag:

Kaufvertragsbeispiel

Herr Bernd Baumann, als Verkäufer persönlich bekannt, handelt nicht im eigenen Namen, sondern für die

Musterwohnbau GmbH
Baustraße 1
10101 Musterhausen

mit vorgelegter Vollmacht vom (Datum)

sowie als Käufer

Karla Kaufmann, geborene Mietheimer, geboren am (Datum) und Karsten Kaufmann, geboren am (Datum), beide wohnhaft

Mieterallee 100
10101 Musterhausen

jeweils ausgewiesen durch Lichtbildausweis.
Die Käufer erklären, dass sie den Entwurf zur Urkunde vom heutigen Tage seit mindestens 2 Wochen vorliegen haben und ausreichend Zeit hatten, sich mit dem Gegenstand der heutigen Beurkundung auseinanderzusetzen.

Die Erschienenen erklären zur notariellen Niederschrift folgenden **Bauträgerkaufvertrag**:

Erläuterung:
Dies sind übliche Eingangsformulierungen, um zu wissen, wer mit wem einen Vertrag schließt und dass die Personen sich vor dem Notar ausgewiesen haben. Der Passus, dass Sie 2 Wochen Zeit hatten, sich mit dem Vertrag zu beschäftigen, ist hier aufgenommen worden, weil diese Bedenkzeit (beim Kauf von gewerblichen Anbietern) nach dem Beurkundungsgesetz zwingend vorgeschrieben ist. Beachtet der Notar diese nicht, kann eine Amtspflichtverletzung durch ihn vorliegen. Er schreibt hier auch nicht, dass er dies überwacht hat, sondern er lässt sich dies von Ihnen bestätigen. Damit schützt er zunächst einmal vor allem sich selbst. Wollte er Sie schützen, könnte er Ihnen seinen

Vertragsentwurf ja ganz einfach direkt zusenden, um Eingangsbestätigung bitten und die Zeitabläufe seinerseits überwachen.

---

§ 1 Gegenstand des Vertrags
Gegenstand des Vertrags ist ein Reihenhaus samt Grundstück. Als Grundstückseigentümer im Grundbuchblatt Nr.: 12345 für das Flurstück Nr. 678910, Musterweg 1, 101010 Musterhausen ist eingetragen die Musterwohnbau GmbH. Das Grundstück ist wie folgt belastet:

In Abteilung II Dienstbarkeit Nr. 1: Grunddienstbarkeit für den Eigentümer des Grundstücks Flurstück-Nr.: 678910, Duldung eines Sichtschutzelements im Erdgeschoss und im Obergeschoss. Dienstbarkeit Nr. 2: Grunddienstbarkeit für den Eigentümer des Grundstücks Flurstück-Nr.: 678910, Duldung von Stützen und Trennwand für eine Carportanlage.

In Abteilung III 200.000 Euro Grundschuld zugunsten der Musterkreditbank, 10101 Musterhausen.

Erläuterung:
Hier wird der Gegenstand des Vertrags mit seiner exakten Grundbucheintragung benannt. Das ist natürlich wichtig, um unzweifelhaft klarzustellen, welches Grundstück veräußert wird. Ferner werden die Belastungen aus Abteilung II und III des Grundbuchs benannt. Auch dies zu erfahren ist für Sie wichtig, denn es könnte ja sein, dass Ihnen aus den Belastungen erhebliche Nachteile erwachsen. Im vorliegenden Fall sind die Belastungen allerdings eher relativ. Es sind in Abteilung II 2 Grunddienstbarkeiten, die man bei dichten Reihenhausbebauungen häufig vorfindet. Auch die Belastung in Abteilung III ist durchaus üblich. Sie dient der Absicherung der Bank des Bauträgers, die üblicherweise das Vorhaben des Bauträgers finanziert. Allerdings wird hier nicht klar benannt, welche Eintragungen Sie übernehmen und welche nicht. Das ist im vorliegenden Fall aber vor allem bezüglich Abteilung III des Grundbuchs sehr wichtig. In der Praxis ist es meist nur schwer möglich, dass Ihre Bank unter Abteilung III eine Grundschuld eintragen kann, die der Grundschuld der Bank des Bauträgers im Rang voransteht. Wenn die Bank des Bauträgers vorrangig abgesichert bleibt, muss gemäß Makler- und Bauträgerverordnung (§ 3 Abs. 1 Ziffer 3 MaBV) geregelt werden, dass eine sogenannte Freistellung von allen Grundpfandrechten, die Ihrer Vormerkung im Rang vorgehen und die von Ihnen nicht übernommen werden sollen, sichergestellt ist, und zwar auch für den Fall, dass das Bauvorhaben nicht vollendet wird. Das heißt, dass die Bank des Bauträgers zwar vorrangig abgesichert bleibt, aber Sie als Käufer freigestellt werden von der Übernahme dieser Grundschulden, wenn Sie diese nicht übernehmen wollen. Und nur in den seltensten Fällen sollen diese übernommen werden. Daher sollte das ausdrücklich im Vertrag festgestellt sein. Die Grundschuld der Bank des Bauträgers wird dann gelöscht, wenn Sie den Kaufpreis gezahlt haben und Eigentumsumschreibung im Grundbuch erfolgt. Einziges Kriterium für den Nachweis Ihrer Kaufpreiszahlung sollte die Bestätigung Ihrer Bank über den Zahlungsausgang sein und nicht die Bestätigung des Bauträgers, ob der Kaufpreis gezahlt ist oder nicht. Kommt es nicht zur Fertigstellung des Gebäudes (zum Beispiel aufgrund von Insolvenz des Bauträgers), muss für diesen Fall geregelt sein, dass dann Sie das Wahlrecht haben, ob entweder der Kaufpreisanteil, der dem Bautenstand entspricht, von Ihnen zu zahlen ist und im Gegenzug Eigentumsumschreibung auf Sie im Grundbuch erfolgt. Dann gehört das in Teilen errichtete Gebäude samt Grundstück Ihnen, und Sie können das Gebäude fertigbauen. Oder aber ob Sie entscheiden können, dass die Bank des Bauträgers Ihnen unverzüglich Ihre bereits gezahlten Raten zurückzahlt und Sie im Gegenzug Ihre Auflassungsvormerkung im Grundbuch löschen lassen. Wenn es hierzu gar keine Regelungen gibt, bestimmt im ungünstigsten Fall die Bank oder der Insolvenzverwalter des Bauträgers das weitere Vorgehen in einer solchen Situation.

Dann kann es Ihnen passieren, dass Sie sehr lange Ungewissheit haben, wie es überhaupt weitergeht und womöglich gleichzeitig Miete zahlen und das Baufinanzierungsdarlehen an Ihre Bank bedienen müssen.

Daher sollte diese Situation mit dem Notar besprochen werden, um auch eine für Sie günstige Lösung zu finden. Diese bestände zum Beispiel darin, dass Sie in einem solchen Fall das weitere Vorgehen frei wählen können, also entweder die Rückabwicklung des Vertrags und Rückvergütung an Sie oder aber den Erwerb des unfertigen Gebäudes und Fertigstellung durch Sie. Bei Reihenhausanlagen mit vielen Eigentümern muss man sich immer überlegen, ob ein Weiterbau auf eigene Rechnung überhaupt erfolgversprechend umgesetzt werden kann. Denn dazu benötigt man meist ein abgestimmtes Vorgehen mit den Nachbarn. Bei einer Doppelhaushälfte sieht das schon etwas besser aus, da man dann nur einen direkten Nachbarn hat und der Abstimmungsbedarf sinkt. Dann kann der Weiterbau in Eigenregie gelingen. Es ist grundsätzlich sinnvoll, wenn auch die Sie finanzierende Bank Einblick in die vertraglichen Regelungen vor notarieller Beurkundung erhält, sodass sie diese zumindest gesehen und ihnen zugestimmt hat. Denn würden in den vertraglichen Regelungen größere Gefahren für Ihre Bank stecken, könnte das unter Umständen sogar zu neuen Bewertungen für Ihre Darlehen führen.

---

§ 2 Kauf

Der Verkäufer verkauft hiermit an Frau Karla Kaufmann und Herrn Karsten Kaufmann zu gleichen Teilen das unter § 1 benannte Grundstück mit einem darauf zu errichtenden Reihenhaus gemäß der Baubeschreibung mit einer Wohnfläche von etwa 130 Quadratmetern in schlüsselfertigem Zustand inklusive eines Carports.

Erläuterung:

Dies ist einfach nur die Kaufvorgangsbeschreibung: Das beschriebene Objekt soll also von A an B verkauft werden.

---

§ 3 Kaufpreis und Finanzierung

1. Der Kaufpreis beträgt 315.000 Euro (in Worten: Dreihundertfünfzehntausend Euro). Der Kaufpreis ist ein Festpreis. Im Festpreis enthalten sind die anteiligen Grundstückskosten und die schlüsselfertige Erstellung des Reihenhauses sowie des Carports. Anlieger- und Erschließungskosten, die erst nach grundbuchmäßiger Umschreibung des Eigentums auf den Käufer von der Gemeinde Musterhausen angefordert werden, trägt der Käufer.

Ebenso Erschließungsbeiträge, die über den heute bekannten und benannten Umfang hinausgehen.

2. Der Kaufpreis ist wie folgt zur Zahlung fällig:

1. Rate: 30 % des Kaufpreises nach Beginn der Erdarbeiten,

2. Rate: 33,6 % nach Rohbaufertigstellung einschließlich Dachflächen und Dachrinnen,

3. Rate: 13,3 % nach Rohinstallation der Heizungs-, Sanitär- und Elektroanlagen und Fenstereinbau,

4. Rate: 6,3 % nach Innenputz und Estrich,

5. Rate: 11,2 % nach Fertigstellung der Fliesenarbeiten und aller Arbeiten, die vom Verkäufer geschuldet werden, um die Bezugsfertigkeit herzustellen, und Zug um Zug gegen Besitzübergabe,

6. Rate: 2,1 % nach Fertigstellung der Fassadenarbeiten,

7. Rate: 3,5 % nach vollständiger Fertigstellung.

3. Die einzelnen Raten werden vom Verkäufer innerhalb von 7 Tagen nach Bekanntgabe durch den Verkäufer fällig (Eingangsdatum Konto Verkäufer). Ist in dieser Zeit kein Zahlungseingang zu verzeichnen, gerät der Käufer ohne weitere Mahnung in Verzug. In diesem Fall sind die Zahlungsraten des Käufers mit 5 Prozentpunkten über dem Basiszinssatz zu verzinsen.

4. Die Fälligkeitsvoraussetzungen überwachen die Beteiligten selbst.

5. Der Verkäufer hat seine Ansprüche an die Musterkreditbank AG Musterhausen abgetreten. Alle Zahlungen sind daher unmittelbar und direkt auf deren Konto zu überweisen: Kto.-Nr.: (...) BLZ: (...)

6. Der Käufer tritt schon jetzt seine Auszahlungsansprüche gegen seinen Grundschuldgläubiger bis zur Höhe des Kaufpreises an den dies annehmenden Verkäufer ab und weist schon jetzt den Grundschuldgläubiger an, diese Beträge bis zur Höhe des Kaufpreises ausschließlich auf das in dieser Urkunde genannte Konto des Verkäufers zu überweisen. Derartige Grundpfandrechte dürfen bis zur vollständigen Kaufpreiszahlung, längstens aber bis zur Umschreibung des Pfandbesitzes auf die Käufer, nur zur Sicherung des tatsächlich an den Verkäufer ausbezahlten und von den Gläubigern finanzierten Kaufpreises verwendet werden. Anderweitige Zweckbestimmungserklärungen – auch soweit sie sich aus den allgemeinen Geschäftsbedingungen des Gläubigers ergeben sollten – werden entsprechend eingeschränkt. Dem Verkäufer steht für den Fall, dass er wegen Zahlungsverzugs des Käufers von diesem Vertrag zurücktritt, ein Anspruch gegen die Gläubiger auf Löschung dieser Grundpfandrechte zu, Zug um Zug gegen Rückzahlung der an den Verkäufer von den Gläubigern tatsächlich ausbezahlten und finanzierten Beträge.

Erläuterung:
In diesem Paragrafen finden sich sehr wichtige Regelungen zu Finanzierung, Erschließungskosten, Kaufpreisraten, Auszahlungsansprüchen und Grundpfandrechten.

Zunächst einmal wird die Höhe des Kaufpreises festgestellt und erläutert, dass dies ein Festpreis ist. Die zentrale Frage ist dabei immer: Ein Festpreis wofür? Festpreise sind keinesfalls Festpreise für ein schlüsselfertiges und betriebsfertiges Haus. Festpreise sind immer nur Preise für die beschriebene Leistung. Die Leistung wird üblicherweise in der Baubeschreibung festgelegt. Diese sind leider sehr häufig ausgesprochen dürftig in ihren Festlegungen. Was man also letztlich für sein Geld wirklich bekommt, ist häufig nur sehr lückenhaft geklärt. Notare sind Juristen, keine Ingenieure. Sie entwerfen daher immer nur den Kaufvertrag und lassen sich dessen Anlagen, in diesem Fall die Baubeschreibung, vom Bauträger oder Makler geben. Dies ist für den Käufer schwierig. In zahlreichen Notarverträgen werden auf diese Weise zum Beispiel technisch gar nicht mehr zulässige Standards vereinbart. Dass Notare überhaupt solche Vertragsanlagen ungeprüft ihren Vertragsentwürfen hinzufügen dürfen, ist ein Problem an sich. Eigentlich sollten Notare die Käufer zumindest auf die Gefahren aus ungeprüften Baubeschreibungen aufmerksam machen. Die Verbraucherzentrale hat eine Muster-Baubeschreibung entwickelt, die als Empfehlungshinweis eigentlich in jeden Notarvertrag gehört. Wie Sie eine Baubeschreibung richtig lesen und prüfen, erfahren Sie in Kapitel 9.

Der nächste Punkt, der angesprochen wird, ist die Frage der **Erschließungsbeiträge der Gemeinde** für das Grundstück. Hier heißt es lapidar, dass der Käufer alle Erschließungsbeiträge zu entrichten habe, „die über den heute bekannten und benannten Umfang hinausgehen“: Damit ist klar, dass man sich unbedingt erkundigen muss, welche Beiträge das sind. Man kann mit der zuständigen Baubehörde auch gleich abklären, welche Kosten darüber hinaus noch zu erwarten sind. Erschließungsbeiträge können ganz schnell fünfstellige Summen erreichen. Daher ist deren Klärung im Vorfeld wichtig, um nicht eine Baufinanzierung zu gefährden. Als Nächstes folgen Regelungen zu den **Zahlungsraten**.

Die hier gewählte Aufteilung ist sehr typisch, und sie entspricht der MaBV. Fachlich-inhaltlich ist sie nicht ausreichend. Auch hierauf weisen Notare viel zu selten hin. Es empfiehlt sich daher in jedem Fall, hier eine gesonderte Zahlungsvereinbarung zu treffen, die ebenfalls als Vertragsbestandteil mit in den notariellen Kaufvertrag aufgenommen wird. Wie das geht, hatten Sie bereits in Unterkapitel 8.3 erfahren.

Es folgen Detailregelungen zur **Zahlungsweise**. So soll jede der Raten binnen 7 Tagen gezahlt werden. Es ist nicht von Werktagen die Rede, sondern von „Tagen". Auch der Sonntag ist ein Tag, damit reduziert sich die Frist faktisch auf 6 Werktage. Binnen dieser 6 Werktage muss das Geld auf dem Konto des Verkäufers eingegangen sein. Völlig ungeklärt ist hier zunächst einmal, wie Sie über den Baufortschritt unterrichtet werden. Mündlich? Schriftlich? Wenn schriftlich, wie? Erhalten Sie eine SMS vom Bauträger: „Rate 3 fällig!"? Und wann beginnt die Frist? Mit dem Datum eines Briefs des Bauträgers oder mit dem Telefondatum, zu dem er Ihnen auf den Anrufbeantworter sprach? Seien Sie sich immer dessen bewusst, dass es bei diesen Raten um sehr viel Geld geht. Das dürften die mit Abstand größten Summen sein, die Sie jemals in Ihrem Leben überweisen werden. Grundsätzlich gilt: Hier sind sehr exakte Regelungen zu treffen. Zunächst einmal sollte Sie Ihr Bauträger über den Baufortschritt zwingend schriftlich informieren müssen, gegebenenfalls sogar per Einwurf-Einschreiben. Als Nächstes sollte die Zahlungsfrist klar definiert und deutlich verlängert werden. Entweder ist das Startdatum das Datum des Poststempels oder besser das Eingangsdatum bei Ihnen. Dann sollten Sie mindestens 14 Werktage Zeit haben zur Zahlung. Das BGB gesteht Ihnen gemäß § 286 ohne weitere Vereinbarungen übrigens längstens 30 Tage zu. Diese werden durch den Notar in unserem Beispielvertrag auf 7 Tage zusammengestrichen, dazu sollte er sich erklären. Selbst 14 Werktage können sehr knapp sein. Nehmen wir an, Sie sind im Urlaub und kommen zurück, wenn das Schreiben bereits eine Woche in Ihrem Briefkasten liegt. Auch bei 14 Werktagen Zahlungsfrist bleiben Ihnen dann nur wenige Tage, um zur Baustelle zu fahren, sich zu überzeugen, dass der behauptete Baufortschritt auch tatsächlich und mangelfrei erreicht ist, und die Rate anzuweisen. Gleiches kann Ihnen aber auch passieren, wenn Sie zu Hause sind und nur einfach Zweifel an einer Ausführung haben. Sie glauben, einen Mangel zu erkennen, und wollen das vor Zahlung zunächst einen Sachverständigen begutachten lassen, den sie aber erst einmal finden und beauftragen müssen. 14 Werktage sind dafür nicht viel Zeit.

Es ist nachvollziehbar, dass der Bauträger seine Vorfinanzierungszeit so kurz wie möglich halten will, aber sinnvolle Grundsätze des BGB sollten dabei nicht vollkommen über den Haufen geworfen werden.

Hinzu kommt hier ein weiteres Problem. Gemäß Vertrag gilt das Eingangsdatum des Betrags auf dem Verkäuferkonto als in der Frist erbrachte Zahlung. Auch diese Regelung ist ungünstig, denn darauf haben Sie keinen Einfluss. Grundsätzlich sollte das Ausgangsdatum von Ihrem Konto maßgeblich sein. Nur das können Sie wirklich kontrollieren. Halten Sie sich nicht an die Vorgaben, kommen Sie gemäß dem vorliegenden Vertrag automatisch in Verzug. Eine Zahlungserinnerung oder Mahnung ist nicht mehr notwendig. Auch das sollte mit dem Notar besprochen werden. Bei Zahlungsfristen sollten immer „Werktage" vereinbart werden, nicht „Tage". Denn selbst am Samstag, der als Werktag gilt, können Sie wenig ausrichten (Sie erreichen weder Banken noch den Bauleiter oder gegebenenfalls notwendige Sachverständige) und die Zahlungsfrist läuft dennoch.

Weiter wird geregelt, dass nicht der Notar, sondern die Beteiligten die **Fälligkeit der Raten** selbst überwachen. Ein Notar kann eine solche Fälligkeit üblicherweise auch nicht überwachen. Dafür fehlt ihm – vor allem bei dieser unklaren Ratendefinition – jede Möglichkeit und das technische Fachwissen. Wollte er eine Fälligkeit mit der gebotenen Sorgfalt überwachen, müsste er schon deutlich exaktere Raten definieren und einen bautechnischen Sachverständigen mit der Fälligkeitsfeststellung beauftragen.

Der Notar lässt mit der hier getroffenen Regelung den Käufer leider völlig allein. Dieser ist in aller Regel bautechnischer Laie und kann den Bautenstand nicht ohne Weiteres beurteilen, vor allem dann nicht, wenn die Ratendefinition derart allgemein ist. Das heißt, am Ende überwachen nicht die Beteiligten die Fälligkeit, sondern der Bauträger diktiert sie mehr oder minder. Dies können Sie durch deutlich exaktere Ratendefinitionen und eine externe Baukontrolle aber verhindern. Mehr dazu in Unterkapitel 8.3 (→ Seite 157).

Unter § 3, Punkt 5 wird weiter festgelegt, dass nicht nur der Verkäufer seine finanziellen Ansprüche gegenüber Ihnen abgetreten hat an seine Bank, sondern auch, dass Sie Ihrerseits Ihre Auszahlungsansprüche, die Sie aus dem Kreditvertrag mit Ihrer Bank erworben haben, abtreten an den Verkäufer. Beim **Abtreten von Ansprüchen** ist immer allergrößte Vorsicht geboten. Grundsätzlich sollte der Vertrag ohnehin mit der Sie finanzierenden Bank durchgesprochen werden. Hinzu kommt ferner, dass alle Rechnungen und deren Freigabe grundsätzlich und zwingend über Ihren Tisch laufen sollten. Denn ein Banker wird sich, wie bereits erwähnt, niemals Gummistiefel anziehen und auf einer Baustelle nachsehen, ob geforderte Raten tatsächlich zur Zahlung fällig sind und ob die Arbeiten mangelfrei ausgeführt wurden, was er fachlich ja auch gar nicht könnte. Er wird einen geforderten Betrag einfach anweisen. Daher gilt: Vorsicht mit der Abtretung von Auszahlungsansprüchen.

Die Regelungen zu den **Grundpfandrechten und deren Zweckbestimmung** unter Punkt 6 dienen der Absicherung des Verkäufers, der zu diesem Zeitpunkt noch Eigentümer des Grundstücks ist. Die Regelungen verhindern, dass der Käufer hohe Hypotheken ins Grundbuch eintragen lässt, die dem Gegenwert, den der Verkäufer von der finanzierenden Bank des Käufers erhalten hat, gar nicht entsprechen und die gegebenenfalls auch zur Absicherung anderer oder zusätzlicher Geschäfte des Käufers dienen. Was fehlt, ist die ausdrückliche Formulierung einer Vollmacht, die Ihnen der Verkäufer gewährt, mit der Sie als Käufer das Grundstück mit Grundpfandrechten für Ihre Bank belasten können.

Bereits jetzt beantragen und bewilligen die Käufer die Löschung dieser Vormerkung bei Eigentumsumschreibung im Grundbuch, vorausgesetzt, dass keine nachrangigen Zwischeneinträge im Grundbuch beantragt oder erfolgt sind.

Erläuterung:

Hier wird die wichtige Auflassungsvormerkung geregelt. Diese Absicherung des Anspruchs auf Eigentumsübertragung ist jedoch noch nicht die Eigentumsübertragung selbst. Allerdings wird mit der Eintragung dieser Vormerkung ins Grundbuch sozusagen auch grundbuchöffentlich Ihr Anspruch auf Eigentumsübertragung dokumentiert. Und: Dieser Anspruch geht den Belastungen in Abteilung II des Grundbuchs und den Grundpfandrechten in Abteilung III vor, soweit sie in diesem Vertrag erwähnt sind. Wenn Ihre Vormerkung nachrangig eingetragen wird, liegt Ihre Sicherung darin, dass gemäß § 3 Abs. 1 der MaBV vor der ersten Ratenzahlung eine Freistellung des Grundstücks von solchen Belastungen gesichert sein muss, wenn Sie diese nicht übernehmen wollen. Dann sollte der Notar diesen Sachverhalt auch in den Kaufvertrag aufnehmen. Gleichzeitig wird bereits hier die Löschung dieser Vormerkung beantragt und bewilligt, durch Sie und den Verkäufer, nämlich dann, wenn die Eigentumsumschreibung auf Sie erfolgt. Allerdings wird hier vorausgesetzt, dass keine „nachrangigen Zwischeneinträge im Grundbuch beantragt oder erfolgt sind".
Es fragt sich hier allerdings, warum der Notar nur „nachrangige Zwischeneinträge" benennt. Die Regelung sollte für alle Zwischeneinträge gelten, die Sie nicht übernehmen wollen.

---

§ 4 Auflassungsvormerkung

Zur Sicherung des Anspruchs der Käufer auf Eigentumsübertragung aus diesem Vertrag beantragen die Käufer und bewilligt der Verkäufer die Eintragung einer Auflassungsvormerkung ins Grundbuch. Die Vormerkung darf in Abteilung II des Grundbuchs den nach diesem Vertrag zu übernehmenden Belastungen im Range vorstehen, ebenso in Abteilung III den in diesem Vertrag benannten Grundpfandrechten.

---

§ 5 Bauverpflichtung

Auf dem unter § 1 benannten Grundstück wird der Verkäufer gemäß der dieser Urkunde als Anlage beigefügten Baubeschreibung ein Reihenhaus errichten. Auf die genannte Baubeschreibung wird verwiesen. Dort sind auch Lageplan, Grundrisszeichnungen, Ansichtszeichnungen und Schnittzeichnungen enthalten. Die Beteiligten erklären, dass ihnen der Inhalt der Anlage bekannt ist und sie auf das Vorlesen in der heutigen Beurkundung verzichten. Bei Zweifeln über den Leistungsumfang geht die Baubeschreibung den Bauplänen vor. In den Plänen eingezeichnete Möblierungen sind lediglich unverbindliche Vorschläge und nicht Leistungsbestandteil des Verkäufers. Garantien werden nicht abgegeben. Der Verkäufer hat die Leistungen nach den anerkannten Regeln der Technik unter Beachtung der einschlägigen DIN-Vorschriften und unter Verwendung normgerechter Baustoffe zu erbringen. Abweichungen sind zulässig, wenn sie rechtlich oder behördlich geboten sind oder wenn sie sich als technisch oder wirtschaftlich notwendig erweisen und dem Käufer zumutbar sind. Die DIN 4109 zum Schallschutz gilt als vereinbart. Darüber hinausgehende Ansprüche sind ausdrücklich nicht vereinbart. Risse aufgrund von Kriechen oder Schwinden von Baustoffen stellen keinen Mangel dar. Dies gilt auch für die sichtbare Holzkonstruktion. Solche Risse beeinträchtigen in keiner Weise die Tragfähigkeit beziehungsweise statische Konstruktion. Auch Verfugungsrisse, zum Beispiel aufgrund des Setzens von Estrich unter dem Badboden, stellen keinen Mangel dar. Auffüllungen, unter anderem im Arbeitsraumbereich, können sich im Lauf der Jahre ebenfalls setzen, ebenso Zuwegungen und Terrassen. Dies stellt keinen Mangel dar. Die laufende Wartung solcher Risse und Fugen ist Aufgabe des Eigentümers.

Witterungsbedingte Verschleißerscheinungen fallen nicht unter die Gewährleistung.

Gewährleistung für mechanische Anlagen wie die Heizungsanlage kann nur übernommen werden, wenn für diese ein Wartungsvertrag mit einer Fachfirma abgeschlossen wird.

Der Verkäufer haftet nicht für Mängel an Sonderwünschen, deren Ausführung vom Käufer selbst beauftragt oder ausgeführt wurde.

Das Gebäude ist bezugsfertig, wenn dem Käufer der Bezug zugemutet werden kann.

Das Betreten des Grundstücks während der Bauphase ist nur nach vorheriger ausdrücklicher Zustimmung durch den Bauträger möglich und erfolgt auf eigenes Risiko. Der Käufer ist nicht weisungsbefugt.

Mit Schreiben vom (...) hat das Bauordnungsamt der Gemeinde Musterhausen mitgeteilt, dass das Bauvorhaben im Kenntnisgabeverfahren gemäß LBO durchgeführt werden kann.

Erläuterung:
Der § 5 des Vertrags geht auf das zentrale Anlagedokument fast aller Bauträgerkaufverträge, die **Baubeschreibung**, ein. Der Notar beschreibt einige Inhalte der Baubeschreibung und setzt voraus, dass diese bekannt ist und auf deren Vorlesung verzichtet werden soll. Dies wird deshalb vermerkt, da der Notar gemäß § 13 Beurkundungsgesetz dazu verpflichtet ist, den vollständigen Vertragstext im Beurkundungstermin vorzulesen. Auf das Vorlesen der Baubeschreibung kann der Notar verzichten, wenn diese bereits notariell beurkundet wurde. Der Notar verweist darauf, dass die Baubeschreibung den Bauplänen vorgeht. Dies kann zum Beispiel dann der Fall sein, wenn in den Bauplänen ein Doppelwaschbecken eingezeichnet ist, in der Baubeschreibung aber nur von einem Einzelwaschbecken die Rede ist. Dann haben Sie auch nur Anspruch auf ein Einzelwaschbecken. Der Notar weist darauf hin, dass der Bauträger das Bauwerk nach den anerkannten Regeln der Technik (der Notar meint hier eigentlich die Allgemein Anerkannten Regeln der Technik) und den einschlägigen DIN-Normen zu errichten habe. Das hört sich schön an, hilft Ihnen aber nur sehr bedingt. Im Vertragsbeispiel soll die DIN 4109 vereinbart werden, eine Norm zum Schallschutz. Sie ist bereits relativ alt und die in ihr festgelegten Grenzwerte gelten schon lange nicht mehr als ausreichend. Das ist inzwischen auch vielfach gerichtlich bestätigt worden. Trotzdem wird sie bis heute in zahlreichen Kaufverträgen oder auch Bauträgerbaubeschreibungen als vereinbart aufgeführt. Das große Problem ist: Wenn Sie überhaupt keine Regelungen zum Schallschutz im Kaufvertrag haben, gestehen viele Gerichte Anspruch auf höheren Schallschutz zu, als den nach DIN 4109. Haben Sie hingegen die DIN 4109 ausdrücklich vereinbart, sehen viele Gerichte diesen schlechten Schall-

schutz als ausdrücklich vereinbart, also als offensichtlich ausdrücklich gewollt an. Viele Notare kennen das Problem gar nicht. Bei einem Reihenhaus sollten mindestens die Empfehlungen für erhöhten Schallschutz nach dem Beiblatt 2 der DIN 4109 vereinbart werden oder aber Schallschutz nach der VDI-Richtlinie 4100 des Vereins Deutscher Ingenieure (→ Seite 211 ff.). Praktisch kein Notar weist darauf hin. Oder aber es passiert Folgendes: Der Notar setzt die DIN 4109 in den Kaufvertrag. In der Baubeschreibung im Anhang ist aber Beiblatt 2 der DIN fixiert. Dann wählt der Notar in seinem Kaufvertragsentwurf Formulierungen, die bereits durch die von ihm selbst beigefügte Vertragsanlage, nämlich die Baubeschreibung des Bauträgers, in Widerspruch gesetzt werden. Notare verweisen mitunter darauf, dass technische Vereinbarungen Sache der Vertragsparteien seien. Dies mag sein. Wenn allerdings technische Regelungen durch Gerichte längst als nicht ausreichend beurteilt wurden, steht selbstverständlich die Frage im Raum, ob ein Notar auf diese Rechtssachverhalte nicht hinweisen muss. Das führt sonst dazu, dass in notariell beurkundeten Baubeschreibungen Regelungen enthalten sind, die nach aktueller Rechtsprechung technisch gar nicht ausreichend sind. Das kann im Endeffekt zu Nachteilen für beide Vertragsparteien führen. Der Verkäufer müsste Schadensersatzklagen fürchten, und der Käufer müsste Prozesse führen, um zu seinem Recht zu kommen.

Der Notar geht im vorliegenden Fall noch weiter und schreibt: „Abweichungen (von der Baubeschreibung) sind zulässig, wenn sie rechtlich oder behördlich geboten sind oder wenn sie sich als technisch oder wirtschaftlich notwendig erweisen und dem Käufer zumutbar sind.“ Mit diesem einen Satz ist im Grunde die gesamte Vertragsanlage Baubeschreibung Makulatur. Denn mit dem sehr dehnbaren Begriff **„wirtschaftlich notwendig“** lässt sich allzu viel allzu leicht begründen und rechtfertigen. Das sind leider sehr typische Formulierungen in Kaufverträgen von Bauträgerobjekten. Sie haben dort aber nichts verloren. Selbstverständlich kann jederzeit das Problem auftauchen, dass man wirtschaftlich notwendige Entscheidungen treffen muss. Aber was ist wirtschaftlich notwendig? Für den Bauträger mit Sicherheit etwas ganz anderes als für Sie. Weder der Notar noch Sie kennen die Gewinnspanne des Bauträgers beim vorliegenden Objekt. Wer soll wirtschaftliche Notwendigkeit beurteilen? Das wird ausschließlich der Bauträger tun. Entweder wird eine solche Formulierung ganz einfach ersatzlos gestrichen, oder es wird formuliert, dass Abweichungen von der Baubeschreibung nach Ihrer schriftlichen Zustimmung möglich sind. Auch **die technischen Notwendigkeiten** sind allzu dehnbar formuliert. Auf dem Bau kann es immer zu notwendigen technischen Änderungen kommen, zum Beispiel weil ein Bauproduktehersteller insolvent wird und das betreffende Produkt – etwa eine bestimmte Fliese oder einen Sanitärgegenstand – nicht mehr liefern kann. Dann wird man eine Alternative suchen müssen. Mit der vorliegenden Regelung sucht diese Alternative allein der Bauträger. Grundsätzlich sollten Sie aber eingeschaltet werden und der Alternative auch zustimmen müssen. Denn eine technische Notwendigkeit könnte letztlich auch sein, dass in der Woche, in der die Fliesen verlegt werden sollten, die vereinbarten Fliesen statt in Weiß nur noch in Grün lieferbar waren, sodass hier zugunsten des technischen Bauablaufs für die grünen Fliesen entschieden werden „musste“.

Weiter werden weitreichende und **pauschale Mangelausschlüsse** vereinbart. Der Notar legt unter anderem fest: „Risse aufgrund von Kriechen oder Schwinden von Baustoffen stellen keinen Mangel dar.“ Solche generellen Ausschlüsse sind mitunter sogar unwirksam und können so nicht ohne Weiteres vereinbart werden. Der Notar schreibt weiter: „Dies gilt auch für die sichtbare Holzkonstruktion. Solche Risse beeinträchtigen in keiner Weise die Tragfähigkeit beziehungsweise statische Konstruktion.“ Hier lehnt sich der Notar weiter aus dem Fenster, als es jeder Statiker tun würde. Denn inwieweit ein Riss ungefährlich ist oder nicht und inwieweit er die Tragfähigkeit beeinträchtigt oder nicht, ist üblicherweise eine Frage der Einzelfallprüfung. Das kann der Notar gar nicht wissen. Weiter legt der Notar Ausschlüsse fest: „Auch Verfugungsrisse, zum Beispiel aufgrund des Setzens von Estrich unter dem Badboden, stellen keinen Mangel dar." Auch dies ist fragwürdig. Denn es ist technisch bekannt, dass sich ein Bad-Estrich eines Neubaus, wenn er sich mit der Zeit auf der Trittschallschutzdämmung leicht setzt, Abrisse im Bereich der Bodenfliesen-Wandfliesen-Anschlüsse hervorrufen kann. Abgesehen davon, dass es dafür mit Bewegungsschienen längst technische Lösungen gibt, kann man aber auch ganz einfach das zeitversetzte Nachverfugen von Silikonfugen vereinbaren. § 309 Abs. 8 BGB zieht für Mangelausschlüsse enge Grenzen. Es ist fraglich, ob der Notar dies hier beachtet hat.

Der Notar legt weiter fest: „**Gewährleistung** für mechanische Anlagen wie die Heizungsanlage kann nur übernommen werden, wenn für diese ein Wartungsvertrag mit einer Fachfirma abgeschlossen wird." Auch das funktioniert so nicht ohne Weiteres. Denn selbstverständlich muss Gewährleistung übernommen werden. So kann zum Beispiel ja bereits in der Zeit bis zu einem ersten Wartungsintervall an der Heizung ein Defekt auftreten, den der Käufer nicht zu vertreten hat. Weiter geht es mit der Regelung: „Der Verkäufer haftet nicht für Mängel an Sonderwünschen, deren Ausführung vom Käufer selbst beauftragt oder ausgeführt wurde." Hierzu ist festzuhalten, dass entscheidend ist, ob die Ausführung der Sonderwünsche über den Bauträger beauftragt wurde oder nicht. Nach diesem Vertrag will sich der Bauträger diesem Verfahren generell entziehen (⇢ § 7), was für Sie aber haftungstechnisch sehr ungünstig wäre (⇢ Erläuterung zu § 7).

Auch die Regelung „Das Gebäude ist **bezugsfertig**, wenn dem Käufer der Bezug zugemutet werden kann." ist nicht besonders ausgewogen. Denn das heißt, dass vieles im Zweifel dann noch nicht erledigt ist, zum Beispiel der Außenputz oder die Zuwege zum Haus, soweit sie überhaupt Vertragsbestandteil sind. Auch hier sollte mit dem Notar besprochen werden, warum er solche Formulierungen wählt.

Ferner ist die Regelung zur **Zustimmung des Bauträgers bei Baustellenbesichtigungen**, die Sie durchführen wollen, wenig hilfreich und kann für Sie zu ernsten Problemen des Überwachens nur schon allein des Baufortschritts führen, ganz abgesehen von möglichen Mängeldokumentationen. Grundsätzlich sollten Sie die Baustelle betreten dürfen, wann und mit wem immer Sie wollen. Schließlich finanzieren Sie das Vorhaben und werden absehbar Eigentümer, da benötigen Sie schon die Freiheit, das Bauobjekt ohne Zustimmungsveto eines Dritten betreten und prüfen zu können.

§ 6 Rechts- und Sachmängel sowie Baulasten

Alle Ansprüche und Rechte des Käufers wegen Rechts- oder Sachmängeln am Grundstück werden hiermit ausgeschlossen, es sei denn, das Gebäude kann auf dem Grundstück nicht errichtet oder bestimmungsgemäß genutzt werden. Der Verkäufer schuldet weder ein bestimmtes Flächenmaß des Grundstücks noch die Eignung des Kaufgegenstands zur Erreichung steuerlicher Ziele der Käufer.

Die Käufer übernehmen alle Baulasten. Ausgeschlossen werden alle Rechte und Ansprüche der Käufer wegen etwaiger altrechtlicher Dienstbarkeiten und Baulasten.

Erläuterung:
Hier wird die Haftung des Verkäufers für Rechts- und Sachmängel des Grundstücks geregelt. **Rechtsmängel** können rechtliche Einschränkungen sein, die den Wert eines Grundstücks beeinträchtigen können, zum Beispiel schwerwiegende Baulasten oder ungeklärte Vorkaufsrechte Dritter. **Sachmängel** können geografische oder physische Mängel sein, eine abweichende Grundstücksgröße oder Altlasten auf dem Grundstück. Die Haftung für solche Mängel am Grundstück wird mit der im Vertragsentwurf gewählten Formulierung weitestgehend ausgeschlossen. Es ist zwar hoch fraglich, ob diese Regelungen einer gerichtlichen Überprüfung standhalten würden, da Verstöße gegen das AGB-Recht vorliegen könnten. Aber auch das müssten Sie zunächst ja einmal juristisch ausfechten. Und wer das nicht will, der sollte von vornherein so weitgehende Regelungen gar nicht in Verträge aufnehmen. Es ist

zwar durchaus üblich, dass die Haftung des Verkäufers für Rechts- und Sachmängel am Grundstück ausgeschlossen wird. Was bei einem bereits seit langen Jahren bebauten Grundstück, das von Privat an Privat verkauft wird, in Ordnung sein mag, ist hier aber etwas anderes. Hier handelt es sich um den Grundstückskauf für einen Neubau, und es wäre sehr ärgerlich, wenn sich nach dem Grundstückskauf zum Beispiel eine Bodenbelastung herausstellen würde. Dieses Problem wäre dann nicht das Problem des Bauträgers, sondern Ihres. Sein Problem beginnt erst dort, wo eine Bebaubarkeit nicht gegeben ist (zum Beispiel aufgrund eines Bebauungsplans, der das geplante Gebäude nicht zulässt, oder aufgrund von Bodengegebenheiten, die die geplante Bebauung nicht zulassen). Diese Fälle sind allerdings recht selten, denn die prüft der Bauträger zuvor meist ab.

Häufiger ist schon der Fall, dass das Grundstück zum Beispiel später viel kleiner ist als ursprünglich gedacht. Ansprüche gegen den Bauträger hat man mit dieser Formulierung dann keine mehr. Auch dies wäre ein Fall, den Notar danach zu fragen, wieso er kein **exaktes Flächenmaß** festlegt. Selbst wenn die Grundstücke noch nicht eingemessen sind, kann man das trotzdem tun. Auch Mindervergütungen im Fall von Abweichungen nach unten können vereinbart werden.

Der Notar regelt hier auch, dass die Käufer alle Baulasten übernehmen. Da der Notar nirgendwo erwähnt, ob er das **Baulastenverzeichnis** eingesehen hat oder nicht, sollte dies bei solchen Regelungen in jedem Fall eingesehen werden. Der Notar ist dazu nicht verpflichtet, sondern müsste gesondert beauftragt werden. Dies ist aber sinnvoll. Alternativ können Sie auch den Bauträger auffordern, einen beglaubigten Auszug aus dem Baulastenverzeichnis dem Notar vorzulegen. Natürlich können Sie auch selbst einen Blick in das Baulastenverzeichnis nehmen. Wenn Sie allerdings bestimmte Eintragungen nicht verstehen, sollten Sie den Notar fragen, was diese bedeuten und welche Konsequenzen sie haben. Denn nach den hier getroffenen Regelungen würden Sie sämtliche Baulasten übernehmen.

Das Gleiche gilt für die **Dienstbarkeiten**. Diese sind im Grundbuch eingetragen. Gemäß dem Beurkundungsgesetz soll der Notar das Grundbuch bei Grundstücksgeschäften einsehen. Immer mehr Notare verzichten allerdings darauf und setzen entsprechende Klauseln in die Kaufverträge. Auch bei dem hier vorliegenden Vertrag weist der Notar in § 12 darauf hin, dass er auf Grundbucheinsicht verzichtet hat (⇢ Erläuterung zu § 12 Seite 191).

---

§ 7 Sonderwünsche

Sonderwünsche können nur berücksichtigt werden, wenn sie die Gesamtplanungen und den Gesamtablauf nicht stören. Sie müssen spätestens 8 Wochen vor Baubeginn angezeigt werden. Der Verkäufer muss ihnen schriftlich zustimmen. Die Ausführung von Sonderwünschen übernehmen im Auftrag und für Rechnung des Käufers die beteiligten Handwerksunternehmen direkt.

Erläuterung:

Sonderwünsche sind beim vorliegenden Vertrag alle Wünsche, die von der Baubeschreibung abweichen. Auch die Baubeschreibung, die Vertragsbestandteil werden soll, wird noch ausführlich kommentiert (⇢ Kapitel 9). Dort wird auch schnell ersichtlich werden, dass es für Laien gar nicht einfach ist, alle Sonderwünsche bereits sehr früh zu äußern. Viele Sonderwünsche betreffen Oberflächengewerke, also Wandoberflächen, Deckenoberflächen, Böden, Sanitäreinrichtungen oder auch Treppen und Türen. Mehrere Probleme tauchen bei der oben getroffenen Regelung auf: Sie wissen gar nicht, wann Baubeginn ist, wann also letztes Anmeldedatum für Ihre Sonderwünsche ist. Aber auch wenn Sie dieses Datum einhalten würden, entscheidet grundsätzlich allein der Bauträger darüber, ob die Sonderwünsche umgesetzt werden oder nicht. Gleichzeitig übernimmt er für diese aber keine Verantwortung. Denn Sie müssen alle Sonderwünsche direkt mit den beteiligten Handwerkern vereinbaren. Nehmen wir also zum Beispiel an, Sie wollen eine andere Treppe, andere Türen und andere Fliesen und Sanitärgegenstände. Dann müssen Sie für diese Dinge direkte Vereinbarungen mit den Handwerkern treffen, sprich auch Handwerkerverträge abschließen. Sie werden aber nicht irgendwelche Handwerker oder Handwerker Ihrer Wahl nehmen können, sondern nur die Handwerker, die für den Bauträger ohnehin vor Ort sind. Ob das die mit dem fairsten Angebot sind, ist offen. Sie werden dann separate Verträge mit diesen Handwerkern haben. Je nachdem, wie Sie beauftragen, haben Sie dann mündliche oder schriftliche Verträge. Sie werden eigene Abnahmen der Sonderleistungen mit den betreffenden Handwerkern durchführen müssen, und die Sonderleistungen haben eigene Gewährleistungsfristen. Ferner entstehen Haftungsschnittpunkte: Reißen Fliesen oder Fugen, weil sich ein Estrich senkt, ist die Frage, liegt es wirklich am Estrich oder doch an der Fliese beziehungsweise der Fuge, und wer haftet für die Fliese und wer für den Estrich oder gar für beides? Wenn man schlüsselfertig baut, will man meist gerade solchen Fragen und Folgen aus dem Weg gehen. Man möchte nur einen Ansprechpartner, auch im Haftungsfall. Daher ist auch hier die Frage, warum Sonderwünsche nicht vor Vertragsabschluss verhandelt werden können, dann mit in die Baubeschreibung aufgenommen werden und auch im Festpreis berücksichtigt sind, damit nicht nachher Kostensteigerungen auftauchen, bei denen Sie wenig Verhandlungsspielraum haben. Damit wären die Sonderwünsche auch mit im Vertragspaket des Bauträgers und nicht bei einem weiteren Handwerker. Auch in diesem Punkt müssten also mit dem Notar Lösungen gesucht werden, die Ihre Interessen berücksichtigen und nicht nur die des Bauträgers.

---

§ 8 Abnahme

Die Abnahme erfolgt durch gemeinsame Begehung des Vertragsobjekts von Käufer und Verkäufer. Hierbei wird ein Protokoll angefertigt, das von beiden unterzeichnet wird. Der Verkäufer wird dem Käufer 7 Tage vorher den Abnahmetermin mitteilen. Erscheint der Käufer zu dem Termin nicht, gilt das Objekt als abgenommen. Gleiches gilt, wenn der Käufer das Objekt vor dem Abnahmetermin bezieht oder auch in Teilen – auch einzelnen Räumen – bezieht.

Erläuterung:

Zunächst einmal wird hier eine sogenannte **förmliche Abnahme** vereinbart. Das heißt, Sie treffen sich vor Ort am Bauobjekt mit dem Bauträger, gehen gemeinsam durch das Gebäude und nehmen es ab. Was heißt „abnehmen“? Das heißt, dass Sie das Gebäude ansehen und die Arbeiten beurteilen. Haben Sie an den sichtbaren Elementen, Flächen, Ein- und Anbauten nichts auszusetzen und lassen Sie dazu nichts ins Protokoll aufnehmen, heißt dies, Sie erkennen die Arbeiten des Bauträgers als mangelfrei erbracht an. Entdecken Sie später einen Mangel, den Sie bereits bei der Abnahme hätten sehen können, haben Sie möglicheweise keinen Anspruch mehr auf Nachbesserung. Mit dem Abnahmetermin beginnt auch die **Gewährleistungsfrist** zu laufen. Nach dem BGB sind dies 5 Jahre. Außerdem kehrt sich mit dem Abnahmetermin die Beweislast um. Musste vor der Abnahme der Bauträger Ihnen nachweisen, dass ein von Ihnen behaupteter Baumangel kein Baumangel ist, müssen nach der Abnahme umgekehrt Sie dem Bauträger nachweisen, dass ein von Ihnen behaupteter Baumangel tatsächlich ein Baumangel ist. Die Abnahme ist also ein außerordentlich wichtiger Termin. Die Regelungen, die der Notar für diesen Termin trifft, berücksichtigen in diesem Beispiel Ihre Interessenlage aber praktisch gar nicht. Zunächst einmal sind 7 Tage für eine Vorinformation, wann der Termin stattfindet, viel zu knapp. Denn üblicherweise müssen Sie sich für einen solchen Termin einen Tag Urlaub nehmen. Ferner dürfen Sie zu diesem Termin nicht gerade zufällig abwesend sein, damit nicht die Gefahr besteht, dass Sie die Information zur Abnahme gar nicht erreicht und Sie die Abnahme verpassen. Der Notar regelt vorliegend auch nicht, wie Sie informiert werden sollen. Das muss exakter geregelt werden. Also zum Beispiel dass Sie schriftlich per Brief informiert werden und dass beispielsweise das Datum des Poststempels beziehungsweise der Briefeingang bei Ihnen zur Wahrung der Frist ausschlaggebend ist. Problematisch ist ferner die Regelung zum Bezug auch einzelner Räume. Hier fragt sich, was unter Bezug zu verstehen ist. Ist Bezug bereits, dass in einem einzelnen Raum Möbel eingestellt werden? Dies wäre problematisch für Sie. Denn nur schon mit diesem Bezug eines Raumes würde das gesamte Gebäude dann als abgenommen gelten. Daher sollte dieser Punkt mit dem Notar genauestens durchgesprochen werden. Generell empfiehlt sich, das Gebäude keinesfalls vor Abnahme zu beziehen. Die rechtlichen Risiken dabei sind viel zu hoch.

§ 9 Auflassung

Der Verkäufer einerseits und die Käufer andererseits erklären, dass sie sich über den Eigentumsübergang am Vertragsobjekt nach Maßgabe dieser Urkunde einig sind. Diese Auflassung beinhaltet aber keine Bewilligung der Eigentumsumschreibung im Grundbuch und keine Einwilligung zur Weiterverfügung der Käufer. Der Notarvertreter, sein Amtsnachfolger und sein Vertreter im Amt werden allseits unwiderruflich bevollmächtigt und beauftragt, nach vollständiger Bezahlung des Kaufpreises den Vollzug des Eigentumswechsels beim Grundbuchamt zu bewilligen und zu beantragen. Der Verkäufer verpflichtet sich, dem Notar unverzüglich schriftlich den Eintritt dieser Bedingungen mitzuteilen.

Erläuterung:
§ 9 beinhaltet die **Auflassung**, also die Erklärung, dass sich Verkäufer und Käufer über den Eigentumsübergang am Vertragsobjekt einig sind. Ausdrücklich hält der Notar aber fest, dass diese Auflassungserklärung keine Bewilligung der Eigentumsumschreibung im Grundbuch ist. Diese Umschreibung erfolgt erst, wenn der vollständige Kaufpreis gezahlt ist. Der Verkäufer, also der Bauträger, muss die vollständige Kaufpreiszahlung dann dem Notar umgehend mitteilen, damit der Notar die Umschreibung im Grundbuch veranlassen kann. Dazu ist er unwiderruflich bevollmächtigt. Das Problem ist jetzt nur: Was ist, wenn Sie den Kaufpreis nicht vollständig zahlen? Das kann mehrere Gründe haben:

Zum Beispiel können Mängel vorliegen, die Ihnen das Recht geben, einen **Geldeinbehalt** zu machen. Nach dem BGB (§ 632a Absatz 1 in Verbindung mit § 641 Absatz 3) macht das in der Regel das Doppelte des für die Beseitigung des Mangels notwendigen Geldbetrags aus. Da vor der Abnahme der Bauträger Ihnen nachweisen muss, dass ein von Ihnen behaupteter Baumangel keiner ist, können Sie einen entsprechenden Betrag auch tatsächlich zurückbehalten. Der Notar müsste die Eigentumsumschreibung dann trotzdem veranlassen. Die Frage ist nur, ob der Bauträger dem Notar in diesem Fall die vollständige Kaufpreiszahlung mitteilt.

Ein weiteres, erhebliches Problem ist, dass der Notar im vorliegenden Vertrag die Möglichkeit eines **Gewährleistungseinbehalts** von 5 Prozent der Vertragssumme über die gesamte Dauer der Gewährleistungszeit (also nach BGB 5 Jahre) gar nicht erwähnt. Eine solche Vereinbarung sollte üblicherweise in jedem sorgfältigen Kaufvertrag enthalten sein. Diese Vereinbarung gibt Ihnen die Möglichkeit, dem Bauträger die restlichen 5 Prozent der Bausumme erst nach 5 Jahren, wenn die Gewährleistungszeit wirklich vorbei ist, auszuzahlen.
Nehmen wir an, Sie erwerben ein Haus mit Grundstück für 300.000 Euro, dann sind das immerhin 15.000 Euro, die zunächst einmal bei Ihnen verbleiben. Diese Sicherheit soll dazu dienen, dem Bauträger auch einen Anreiz zu verleihen, Mangelbeseitigungsaufforderungen während der Gewährleistungszeit nachzukommen beziehungsweise Ihnen die Möglichkeit zu geben, diese nötigenfalls auch mit anderen Handwerkern auf Rechnung des Bauträgers durchführen zu können. Und schließlich soll die Summe auch eine Absicherung sein für den Fall, dass der Bauträger während der Gewährleistungszeit Insolvenz anmelden muss. Bauträger können solche Sicherheiten auch über Bankbürgschaften stellen. Dann ist allerdings wichtig, dass die auf Seite 144 und 173 beschriebenen Bürgschaftsinhalte auch klar definiert sind. Da im vorliegenden Vertrag der Notar zu einem Gewährleistungseinbehalt aber gar nichts regelt, könnten Sie einen solchen Einbehalt auch nicht vornehmen. Sie müssen zahlen, sonst erfolgt keine Eigentumsumschreibung. Auch dieser Punkt muss also mit dem Notar sehr sorgfältig besprochen werden.

In diesem Zusammenhang sollte mit ihm auch geklärt werden, warum er das Ihnen sogar gesetzlich zustehende **Recht des Einbehalts** von 5 Prozent der Bausumme bis zur Baufertigstellung (§ 650m Absatz 2 BGB) nicht erwähnt. Dieser Einbehalt sollte ausdrücklich erwähnt werden und bei den Ratenzahlungen Eingang finden (siehe hierzu auch Unterkapitel 8.3). Soweit der Bauträger hier Regelungen über Bankbürgschaften wünscht (das heißt, dass Sie ihm die 5 Prozent komplett auszahlen, seine Bank aber dafür bürgt, Ihnen diese Summe zu erstatten, falls er mit dem Bauvorhaben nicht rechtzeitig und nicht mangelfrei fertig wird), müssen auch solche Bürgschaften die auf Seite 144 und 173 dargelegten Bürgschaftsinhalte aufweisen.

§ 10 Vollmacht

Alle Vertragsteile erteilen hiermit unabhängig von der Wirksamkeit des Vertrags den Notariatsangestellten Frau Traute Treu und Susanne Sorg je einzeln unter Ausschluss jeglicher Eigenhaftung und unter Befreiung von § 181 BGB die übertragbare, durch den Tod nicht erlöschende Vollmacht

1. Die Auflassung zu erklären, Eintragungsbewilligungen zum Grundbuch abzugeben, Eintragungsanträge zu stellen und alle Erklärungen abzugeben und entgegenzunehmen, die mit diesem Vertrag in Zusammenhang stehen und die Löschung der für den Käufer bestellten Vormerkung zu beantragen,

2. Rangrücktrittserklärungen zugunsten von noch einzutragenden Rechten betreffend der Erwerbsvormerkung abzugeben,

3. Urkundsnachträge aller Art zum Wirksamwerden und Vollzug der Urkunde zu erklären.

Von allen Vollmachten darf nur vor dem Urkundsnotarvertreter oder seinem Vertreter im Amt Gebrauch gemacht werden. Die Vollmacht erlischt mit der Eigentumsumschreibung, vorher abgegebene Erklärungen behalten ihre Wirksamkeit. Die Käufer erteilen dem Verkäufer folgende Vollmachten:

A. Für die Durchführung aller Geschäfte und Aufgaben des Verkäufers als Bauherrn insbesondere zur Abgabe sämtlicher zur Durchführung dieses Vertrags erforderlichen Erklärungen gegenüber Behörden und Privatpersonen.

B. Zur Änderung des Kaufvertrags hinsichtlich der Grundstücksgrößen und zur Abgabe aller hierzu erforderlichen Erklärungen und Anträge, sofern dies durch Einmessung des Gebäudes veranlasst ist.

Die Vollmachten erlöschen ohne weitere Erklärung mit der Eigentumsumschreibung auf die Käufer. Sämtliche aufgeführten Vollmachten werden im Außenverhältnis unbeschränkt erteilt.

Erläuterung:

Es ist üblich, dass sich der Notar bereits im Kaufvertrag bestimmte **Vollmachten**, die zur Umsetzung des Vertrags notwendig sind, erteilen lässt. Man muss nur darauf schauen, welche Vollmachten er sich erteilen lässt. So kommt es zum Beispiel im Fall von Eigentum nach dem Wohnungseigentumsrecht häufig vor, dass sich der Notar noch im Kaufvertrag zu umfangreiche Vollmachten für Änderungen von Eigentumsrechten geben lässt. Das heißt, der Notar kann zum Beispiel auch im Nachhinein noch Rechte zum Sondereigentum, gemeinschaftlichen Eigentum oder Teileigentum umgestalten. Solche Vollmachten sind kritisch zu sehen. Auch Vollmachten, mit denen er beliebige Erklärungen im Namen der Eigentümer etwa gegenüber der Stadt oder Gemeinde, in der gebaut wird, abgeben kann, sind kritisch zu sehen, und man sollte genauer hinsehen, um welche Vollmachten es sich handelt.

Problematisch beim vorliegenden Beispiel ist die Vollmacht zur Löschung der für den Käufer bestellten Vormerkung. Das kann zwar sinnvoll sein im Zuge der angestrebten Eigentumsumschreibung. Dann sollte das aber exakter – und nur für diesen Fall – formuliert werden. Denn wird eine solche Löschung isoliert vorgenommen, ist das ein großes Problem. In diesem Fall könnte es Ihnen nämlich passieren, dass Sie keinen gekennzeichneten Anspruch auf Eigentumsumschreibung mehr haben, aber den Kaufpreis bereits gezahlt haben. Das muss mit dem Notar geklärt werden. Kritisch ist im vorliegenden Vertrag auch, dass der Verkäufer sich unter Punkt B die Vollmacht geben lässt zur Änderung des Kaufvertrags hinsichtlich der Grundstücksgröße. Die Grundstücksgröße ist im Vertrag gar nicht definiert. Mit der hier vereinbarten Vollmacht hat der Verkäufer freie Bahn, eine wie groß auch immer bleibende Grundstücksfläche dann auch im Grundbuch eintragen zu lassen. Das sind Vollmachten, die man nicht akzeptieren sollte, sondern in einem solchen Fall oder im Fall, dass ein Grundstück noch nicht eingemessen ist, muss mit dem Notar besprochen werden, wie Sie als Käufer zumindest eine angemessene Sicherheit über eine Grundstücksmindestgröße erlangen können oder bei Verringerung dieser Größe die Möglichkeit einer entsprechenden Preisreduktion.

Zu hinterfragen ist auch die Regelung, dass die Vollmachten auch dann als erteilt gelten, wenn die Wirksamkeit des Vertrags nicht vorliegt.

---

§ 11 Salvatorische Klausel

Sollte eine Bestimmung dieses Vertrags unwirksam sein oder werden, so bleibt die Gültigkeit der übrigen Bestimmungen unberührt. Im Fall der Unwirksamkeit einer Bestimmung sind die Vertragsparteien verpflichtet, die unwirksame Bestimmung durch eine dem wirtschaftlichen Gehalt der unwirksamen Bestimmung weitestgehend entsprechende wirksame Formulierung zu ersetzen. Entsprechendes gilt, wenn sich bei Durchführung des Vertrags eine ergänzungsbedürftige Lücke ergeben sollte.

Erläuterung:

Salvatorische Klauseln sind in Kaufverträgen üblich. Die hier gewählte Formulierung lässt zumindest keine einseitigen Bevorteilungen des Bauträgers erkennen.

---

§ 12 Schlussbestimmungen

Der Notar hat die Grundbücher nicht eingesehen. Die Beteiligten verzichten trotz Risikobelehrung durch den Notar auf weitergehende Grundbucheinsicht durch diesen und bestehen auf sofortiger Beurkundung.

Auf die Bedeutung der Unbedenklichkeitsbescheinigung des Finanzamts wurde hingewiesen, ebenso auf das Baulastenbuch.

Änderungen oder Ergänzungen dieses Vertrags bedürfen der notariellen Beurkundung. Beantragt wurden:

1. Unbedenklichkeitsbescheinigung des Finanzamts Musterhausen – Grunderwerbssteuerstelle,
2. eine Kopie an den Gutachterausschuss der Gemeinde Musterhausen,
3. eine beglaubigte Abschrift an den Käufer,
4. eine beglaubigte Abschrift an den Verkäufer,
5. Bestätigung der Gemeinde Musterhausen, dass sie ihr Vorkaufsrecht nicht ausübt.

Vorstehende Urkunde wurde den Erschienenen vorgelesen, von ihnen genehmigt und allseits eigenhändig unterschrieben.

____

Ort, Datum, Unterschrift Käufer

____

Ort, Datum, Unterschrift Verkäufer

Erläuterung:

Die Schlussbestimmungen sind durchaus üblich. Auch die Kopie des Kaufvertrags an den Gutachterausschuss ist nicht unüblich, da dieser den gesetzlichen Auftrag hat, die regionale Grundstücks- und Gebäudewertentwicklung zu beobachten. Ein Problem taucht hier allerdings gleich im ersten Satz auf. Der Notar weist deutlich darauf hin, dass er das Grundbuch nicht eingesehen hat. Gemäß § 21 des Beurkundungsgesetzes soll er dies aber tun. Die Vergütung dafür ist allerdings sehr gering, sodass immer mehr Notare darauf verzichten und solche Formeln in ihre Verträge aufnehmen. Das sollten Sie klar ablehnen. Selbstverständlich sollte der Notar aktuell das Grundbuch einsehen und Sie zu den dortigen Eintragungen und eventuellen Risiken informieren.

Fazit

Sie haben gesehen, dass der vorgelegte Vertragsentwurf des Notars keinesfalls so unterzeichnet werden kann, sondern zu erheblichem Gesprächsbedarf führt. Es ist als zweifelhaft anzusehen, wenn Notare beim Vertragsentwurf zunächst nur eine Seite hören. Das ist fast immer nur die Bauträgerseite, teils auch aus jahrelanger Zusammenarbeit, und führt dazu, dass bereits der Vertragsentwurf fast immer und teils erhebliche „Schlagseite“ zu Ungunsten von Verbrauchern hat. Genau das zeigt auch die lange Beratungserfahrung der Verbraucherzentralen. Für Verbraucher, die vertraglich meist viel weniger versiert sind als Bauträger, schon weil sie einen Bauträgervertrag in der Regel nur einmal in ihrem Leben abschließen, entsteht dadurch das Problem, dass sie die Defizite selbstständig erkennen müssen. Das ist sehr schwierig und ohne Rechtsberatung fast nicht möglich.

Der Notar hat sehr wichtige Dinge gar nicht in den Vertrag aufgenommen:

- So fehlen zum Beispiel Regelungen, dass Sie die Grundpfandrechte aus Abteilung III des Grundbuchs nicht übernehmen, und es fehlt die Festlegung Ihrer Freistellung von diesen Grundpfandrechten.
- Es fehlen Vereinbarungen darüber, was passiert, wenn das Gebäude nicht fertiggebaut wird (Ihr Wahlrecht zur Art und Weise Ihres Ausstiegs oder Verbleibs im Projekt).
- Es kann überlegt werden, vetraglich zu regeln, dass der gesetzlich gewährte Einbehalt von 5 Prozent bis zur Fertigstellung (nach § 650m Absatz 2 BGB) bei Ihnen verbleibt und ausdrücklich auch nicht gegen Übergabe einer Bürgschaftsurkunde an den Unternehmer ausgezahlt wird.
- Auf die Möglichkeit einer Gewährleistungsbürgschaft nach Baufertigstellung wird gar nicht hingewiesen, und es fehlen Regelungen hierzu.
- Es fehlt im Vertrag ein Fertigstellungstermin für das Bauvorhaben (das ist mittlerweile gesetzliche Vorgabe nach § 650k Absatz 3 BGB) und Regelungen, was passiert, wenn der Termin nicht gehalten wird (unter anderem Kostenersatz). Denn Sie haben dann das Problem, dass Sie Ihre Miete und Ihre Baufinanzierung parallel tragen müssen. Passiert dies über mehrere Monate hinweg, kann das im schlimmsten Fall das Aus Ihrer finanziellen Möglichkeiten bedeuten.
- Es fehlen Regelungen zur Grundstücksgröße.

Das sind alles sehr wichtige Punkte, die in einem sorgfältigen Vertrag nicht fehlen sollten. Viele Verträge, die Kunden vorgelegt werden, sind leider nicht immer sorgfältig ausgearbeitet und berücksichtigen sehr häufig allzu einseitig die Interessen des Verkäufers, also des Bauträgers. Ein großes Problem dabei ist, dass der Notar seine Kunden vom Bauträger zugeführt bekommt. Verkauft ein Bauträger 10 Reihenhäuser und lässt diese alle beim selben Notar beurkunden, ist das für den Notar ein interessantes Geschäft.

Sie können also am besten in Ihrem Sinne handeln, wenn Sie Ihre Rechte kennen und diese auch deutlich gegenüber dem Notar vertreten, damit sie im Vertrag berücksichtigt werden.

Unabhängige Hilfe bei der Vertragsprüfung

Soweit Sie unabhängige Hilfe bei der Überprüfung Ihnen vorgelegter Kaufvertragsunterlagen samt Anlagen benötigen, finden Sie hierzu auf Seite 151 zahlreiche Informationen, wer Ihnen helfen kann.

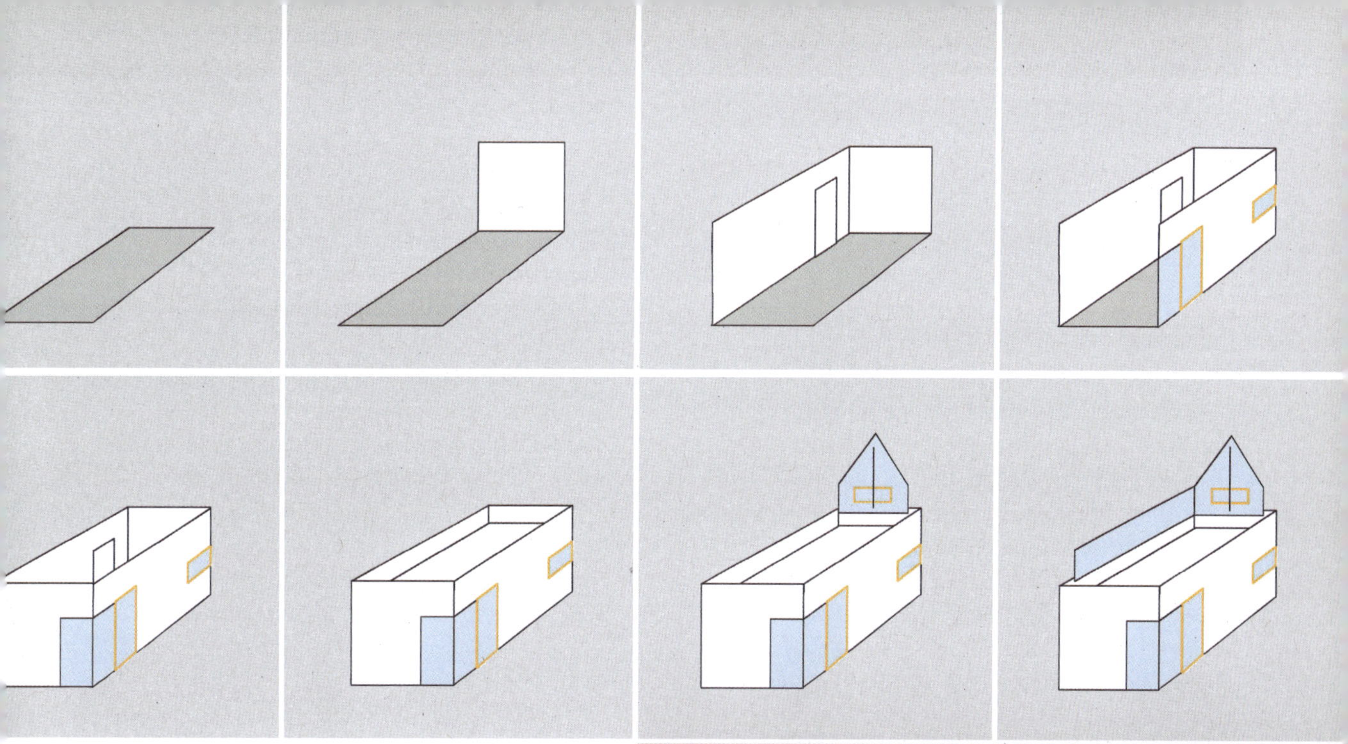

9 Wichtige Vertragsanlagen

Vertragsanlagen sind das ungeliebte Stiefkind von Verträgen. Allzuoft werden sie im eigentlichen Vertrag nicht explizit als Vertragsanlage benannt – und sind damit keine – oder sie werden falsch benannt. Und oft genug sind sie schlicht nicht ausreichend, um belastbare Ansprüche von Bauherren oder Käufern rechtssicher zu fixieren. Dann geht später im Zweifel sehr schnell der Streit los, was überhaupt vereinbart ist. Die wichtigsten Vertragsanlagen sind dabei die Baubeschreibung und die Pläne. Egal ob Sie ein Haus vom Fertighaushersteller, Massivhausanbieter oder Bauträger kaufen, die nachfolgenden Vertragsanlagen sind in allen 3 Fällen wichtig.

Vertragsanlagen von Bau- oder Kaufverträgen können sein:

- Teilungserklärung und Gemeinschaftsordnung,
- Teilungspläne,
- Bauvertrag – als Vertragsanlage zum Grundstückskaufvertrag (verdecktes beziehungsweise verstecktes Bauherrenmodell) –, Bodengutachten,
- Entwurfspläne / Bauantragspläne / Ausführungspläne,
- Statik (Berechnung und Bewehrungspläne),
- die Bau- und Leistungsbeschreibung inklusive aller Sonderwunsch- und Bemusterungsvereinbarungen,
- Wohnflächenberechnung,
- Energiebedarfsausweis,
- Sonderwunschvereinbarungen,
- Technische Lieferbedingungen / Technische Merkblätter.

Zum Zeitpunkt des Kauf- beziehungsweise Bauvertrags liegen manche Dokumente noch nicht vor. Diese müssen dann gegebenenfalls nachgereicht werden, wenn sie vorliegen, meist sind das die folgenden:

- Vollständiger Bauantrag mit Plänen,
- Statik (Berechnung und Bewehrungspläne),
- Ausführungsplanung und Detailplanung.

Aber der Reihe nach:

9.1 Teilungserklärung und Gemeinschaftsordnung

Mit einer Teilungserklärung und Gemeinschaftsordnung können Sie konfrontiert werden, wenn Sie ein Haus kaufen, zum Beispiel ein Reihenhaus, das nicht auf einem eigenen Grundstück (Realteilung) steht, sondern sich ein gemeinsames Grundstück mit mehreren Häusern teilt. Kaufen Sie also ein Reihenhaus, das gemeinsam mit den Nachbarreihenhäusern rechtlich nach dem sogenannten Wohnungseigentumsgesetz (WEG) organisiert ist, dann wird auch die Teilungserklärung Vertragsbestandteil. Das kann zum Beispiel die gemeinsame Nutzung einer Tiefgarage oder Gartenfläche betreffen. Es kann auch sein, dass zum Beispiel alle Reihenhäuser über eine gemeinsame Heizbrenneranlage verfügen, deren Wartungs- und Reparaturkosten alle Hausbesitzer auch anteilig bezahlen müssen. Auch das muss dann gemeinsam verwaltet und unterhalten werden.

Begriffsbestimmungen nach § 1 Wohnungseigentumsgesetz

Wohnungseigentum: Sondereigentum an einem Haus oder einer Wohnung in Verbindung mit dem Miteigentumsanteil am gemeinschaftlichen Eigentum.

Teileigentum: Sondereigentum an nicht zu Wohnzwecken dienenden Räumen eines Gebäudes in Verbindung mit dem Miteigentumsanteil am gemeinschaftlichen Eigentum (zum Beispiel ein Kellerabteil oder ein Tiefgaragenstellplatz).

Gemeinschaftliches Eigentum: Grundstück sowie die Teile, Anlagen und Einrichtungen des Gebäudes, die nicht im Sondereigentum oder Eigentum Dritter stehen (zum Beispiel gemeinsame Grünflächen).

In solchen Fällen muss eine Teilungserklärung erstellt werden. Die Teilungserklärung ist eine Urkunde, die der Notar zur Beurkundung entwirft und mit der durch den Notar die grundbuchrechtliche Aufteilung eines Gebäudes oder einer Gebäudeanlage beantragt wird. In der Teilungserklärung wird die rechtliche Aufteilung des Gebäudes oder der Gebäudeanlage in Sondereigentum und gemeinschaftliches Eigentum getroffen. Sehr oft werden zusätzlich Gebrauchs- und Verwaltungsregelungen mit aufgenommen. Das betrifft zum Beispiel Gebrauchsregelungen, Instandhaltungsregelungen, Versicherungsregelungen oder Regelungen zur Eigentümerversammlung. Teilungserklärungen können beispielsweise Regelungen zu folgenden Punkten enthalten:

A) Regelungen zur Teilung (Teilungserklärung)

Die Teilung
In der Erklärung zur Teilung selber werden die Grundflächen des Wohngebäudes üblicherweise in 1 / 1.000er-Anteile (Miteigentumsanteile) – mitunter auch 1 / 10.000er Anteile – aufgeteilt und den verschiedenen Wohneigentumsparteien zugeordnet und beschrieben.

Begriffsbestimmungen
Oft werden in der Teilungserklärung auch die Begriffe Wohnungseigentum, Teileigentum, Gemeinschaftliches Eigentum, Sondereigentum klar definiert (⇢ Kasten Seite 194), um Missverständnisse auszuschließen.

B) Regelungen zu Gebrauch und Verwaltung (Gemeinschaftsordnung)

Gebrauchsregelung
Weiter können Sonderregelungen, zum Beispiel Sondernutzungsrechte einzelner Eigentümer, festgelegt, Nutzungen ausgeschlossen oder zugelassen werden.

Eigentümerversammlung
Es sollten alle Regelungen zur Eigentümerversammlung exakt formuliert werden (beispielsweise zur Stimmenverteilung und Beschlussfähigkeit).

Wirtschaftsplan und Abrechnung
Es sollte geregelt werden, dass ein Wirtschaftsplan aufgestellt wird und eine jährliche Abrechnung erfolgt, über die die Eigentümergemeinschaft beschließt.

Zahlungsverpflichtung der Eigentümer
Die Verpflichtung der Eigentümer, Vorauszahlungen zur Instandhaltungsrücklage zu leisten, ist gesetzlich verankert, sollte aber möglichst detaillierter als im Gesetz geregelt werden.

Mehrheit von Berechtigten an einem Eigentum
Wenn Wohnungs- oder Teileigentum an mehrere Personen übergeht, sollte geregelt sein, dass ein Bevollmächtigter zu bestellen ist.

Versicherungen
Es sollte möglichst detailliert festgelegt werden, welche Versicherungen abzuschließen sind, zum Beispiel mindestens die verbundene Wohngebäudeversicherung und die Grundstücks- und Gebäudehaftpflichtversicherung.

Sorgfaltspflicht der Eigentümer
Die Haftung des jeweiligen Eigentümers gegenüber den übrigen Eigentümern für Schäden, die aus einer Verletzung seiner Sorgfaltspflicht entstehen, sollte geregelt werden.

Instandhaltung des gemeinschaftlichen Eigentums
Es sollte festgelegt werden, dass alle Eigentümer zur pfleglichen Behandlung des Grundbesitzes und der Gebäude verpflichtet sind sowie dazu, Schäden unverzüglich anzuzeigen.

Instandhaltung und Veränderung des Sondereigentums
Die Kostenverteilung von Instandhaltungsmaßnahmen sollte detaillierter als im Gesetz geregelt werden, soweit das gewünscht. Das gilt auch für die Rechte des Einzelnen zur baulichen Gestaltungsfreiheit des Sondereigentums beziehungsweise gemeinschaftlichen Eigentums. Es gibt im Wohnungseigentumsgesetz

gesetzliche Regelungen dazu, aber möglicherweise sollen detailliertere Regelungen getroffen werden.

Durchführung von Instandhaltungsarbeiten
Es sollte festgelegt werden, dass die Eigentümer den Zutritt in ihr Eigentum für Instandhaltungsmaßnahmen gestatten oder dass zum Beispiel eine einfache Mehrheit der Eigentümerversammlung für die Beschlussfähigkeit von Instandhaltungsmaßnahmen genügt. Außerdem sollte geklärt sein, wie die Kosten für Instandhaltungsmaßnahmen verteilt werden.

Vermietung / Verkauf / Übertragung
Es sollte festgelegt sein, dass Eigentümer ihr Sondereigentum frei vermieten, verkaufen oder übertragen können. Auch Teileigentum (zum Beispiel 1 Tiefgaragenstellplatz) sollte frei übertragbar und die Aufteilung in kleinere Einheiten (beispielsweise in 2 Motorradstellplätze) ohne Zustimmung der übrigen Eigentümer möglich sein.

Entziehung des Sondernutzungsrechts
Es sollte die Möglichkeit bestehen, unter bestimmten Voraussetzungen einem Eigentümer das Sondereigentumsrecht zu entziehen. Das Gesetz sagt nur „aus wichtigem Grund". Hier könnten auch genauere Regelungen aufgenommen werden.

Wiederaufbau bei Zerstörung
Es kann zum Beispiel geregelt werden, dass bei Zerstörung ein Wiederaufbau für den Fall vereinbart ist, dass der Schaden von dritter Seite gedeckt ist oder eine Aufhebung der Gemeinschaft verlangt werden kann, wenn keine Wiederaufbaupflicht besteht.

Sonstige Bestimmungen
Unter die sonstigen Bestimmungen fallen unter anderem die vom Notar abschließend getroffenen Regelungen zum Grundbucheintrag sowie gegebenenfalls eine salvatorische Klausel.

Benannter Wohnungseigentumsverwalter
Für die Verwaltung des gemeinschaftlichen Wohneigentums kann ein Verwalter eingesetzt werden. Er kümmert sich unter anderem um

- die Abhaltung und Protokollierung der Wohnungseigentümerversammlungen,
- die Abrechnung sämtlicher Verbrauchskosten gegenüber den Eigentümern,
- die gesamte Instandhaltung und Mängelbeseitigung,
- die Aufstellung eines Wirtschaftsplans,
- die Einziehung der Hausgeldzahlungen der Wohnungseigentümer,
- die Bewirtschaftung der Instandhaltungsrücklagen,
- die Vertretung der Wohnungseigentümergemeinschaft nach außen.

Kaufen Sie ein Bauträgerobjekt mit Eigentumsanteilen, so kann es sein, dass der Wohnungseigentumsverwalter bereits vom Bauträger eingesetzt wurde. Beachten Sie in diesem Fall, dass der Verwalter durchaus in einem Interessenkonflikt stehen kann. Einerseits besteht ein Geschäftsverhältnis zum Bauträger, der ihm in der Regel auch weitere Verwaltertätigkeiten vermittelt, andererseits muss der Verwalter bei Mängeln in der Gewährleistungszeit die Interessen der Eigentümergemeinschaft gegenüber dem Bauträger vertreten. Es besteht also die Möglichkeit, dass der Verwalter Mängelbeseitigungen verschleppt oder die Wichtigkeit herunterspielt, um nicht weitere Verwalteraufträge des Bauträgers zu verlieren. Es hat daher einen Grund, warum der Gesetzgeber den Zeitraum der Erstbestellung eines Verwalters auf einen Zeitraum von 3 Jahren beschränkt hat, während Folgebestellungen auf bis zu 5 Jahre ausgesprochen werden können (§ 26 WEG). Die Arbeit des Verwalters innerhalb der Gewährleistungszeit sollte daher genau beobachtet und im Zweifel extern überprüft werden, wenn sich Schwierigkeiten abzeichnen. Je nachdem, ob es um rechtliche oder technische Belange geht, kann die Eigentümergemeinschaft einen Juristen oder Bausachverständigen hiermit beauftragen.

Das komplette Wohnungseigentumsgesetz finden Sie im Internet unter **www.gesetze-im-internet.de**.

Es gibt auch Reihenhausanlagen, die zwar nach dem Wohnungseigentumsgesetz aufgebaut sind, die aber für den laufenden Betrieb ohne Verwalter auskommen, weil zum Beispiel alle Betriebskosten oder Instandhaltungspflichten hausweise geregelt sind. Falls eine Verwaltung für eine Reihenhausanlage notwendig ist, wird auch dafür oft ein Wohnungseigentumsverwalter eingesetzt. Manchmal ist dieser bereits im Kaufvertrag namentlich benannt und vertraglich eingesetzt, manchmal können ihn die zukünftigen Eigentümer noch selber wählen. Wenn die Wohnungseigentümergemeinschaft ihn selber wählen kann, hat dies den Vorteil, dass sie sich einen Verwalter suchen kann, der möglichst gut zu ihr passt. Da der Verwalter gerade in den ersten 5 Jahren der Gewährleistung nötigenfalls auch klar und konsequent gegen den Bauträger vorgehen muss, ist die Unabhängigkeit des Verwalters vom Bauträger hilfreich.

9.2 Teilungspläne

Die Teilungspläne, in denen die jeweiligen Eigentumsanteile zeichnerisch dargestellt sind, fehlen mitunter bei der Teilungserklärung, die Verbrauchern ausgehändigt wird. Gemäß § 7 Abs. 4 Satz 1 des Wohnungseigentumsgesetzes müssen zur Eintragung ins Grundbuch auch behördlich genehmigte Bauzeichnungen vorgelegt werden, in denen alle zum selben Wohneigentum gehörenden Räume mit derselben Ziffer gekennzeichnet sind. Kaufen Sie ein Reihenhaus oder eine Doppelhaushälfte nach dem Wohnungseigentumsgesetz, sollten Sie darauf achten, dass die Pläne Bestandteil des Kaufvertrags sind. Teilungspläne sind meist Grundrisspläne eines Gebäudes oder einer Gebäudeanlage (inklusive etwa Tiefgaragenplänen mit den zugewiesenen Stellplätzen und Kellerabteilen) und auch den Außenanlagen. Ergänzend zu den gesetzlichen Forderungen der Zahlenkennzeichnung werden in die Teilungspläne manchmal auch farblich die Eigentumsflächen eingetragen, also Sondereigentum, gemeinschaftliches Eigentum, Teileigentum und sinnvollerweise auch Sondernutzungsrechte, wie die Nutzung von Grünflächen vor oder hinter dem Haus, zum Beispiel als Terrasse oder Garten. Statt unterschiedlicher Farben werden manchmal auch einfach verschiedene Schraffuren verwendet. Nicht selten werden auch nur die Grenzverläufe der unterschiedlichen Eigentumsflächen eingetragen oder aber tatsächlich nur die gesetzlich geforderten Zahlen.

9.3 Bauvertrag – als Vertragsanlage zum Grundstückskaufvertrag (verdecktes beziehungsweise verstecktes Bauherrenmodell)

Soweit Sie schlüsselfertig auf Ihrem eigenen Grundstück bauen und nicht auf dem Grundstück eines Bauträgers, kommen keine notariellen Kaufverträge, sondern Bauverträge zum Einsatz. Solche Verträge können allerdings auch zum Tragen kommen, wenn Sie – wie bereits geschildert – Grundstück und Haus getrennt kaufen. Dann kann es sein, dass Sie beim Notar einen Kaufvertrag für das Grundstück unterzeichnen und in diesem Vertrag auch ein Bauvertrag gleich mit eingearbeitet oder als zweiter Vertrag hinzugefügt wird.

Dann liegt ein Fall vor, der dem aus Kapitel 7 entspricht. Das heißt, dann müssen Sie Kapitel 7 dieses Buches sehr sorgfältig durchlesen, denn dann sind Sie Bauherr und kein Käufer, und müssen den separaten Bauvertrag entsprechend intensiv prüfen.

Ein solcher Bauvertrag wird üblicherweise nicht von einem Notar entworfen. Dass der Notar aber einfach einen beliebigen Bauvertrag zur Anlage nimmt, ohne ihn weiter anzusehen, und meint, sich dazu auch nicht weiter äußern zu müssen, insbesondere zu dem Sachverhalt, dass auf diese Weise ein sogenanntes verdecktes beziehungsweise verstecktes Bauherrenmodell Vertragsgrundlage wird, dass Sie also kein Haus mehr kaufen, sondern zunächst ein Grundstück und dann ein Haus mit einem festgeschriebenen Anbieter, mit allen Gefahren und Risiken, die damit zusätzlich einhergehen, sollte von Ihnen nicht einfach hingenommen werden. Sie können den Notar auffordern, zumindest Stellung zu nehmen zu den Inhalten des Bauvertrags, insbesondere zu Bauzeitenregelungen, Kündigungsregelungen und Zahlungsplanmodalitäten.

Da Notare aber keine Baurechtsspezialisten sind und zu wenig Praxis-Erfahrung im Baurecht haben, werden Sie inhaltlich mit einem Notar bei einem klassischen Bauvertrag nicht weiterkommen. Das müssen Sie selbst in die Hand nehmen und den Bauvertrag, den der Notar ungeprüft zur Anlage nehmen will, sorgfältig prüfen. Kapitel 7 dieses Buchs und der Ratgeber „Kosten und Vertragsfallen beim Bauen" der Verbraucherzentrale helfen Ihnen dabei (→ Seite 335).

9.4 Bodengutachten

Das Bodengutachten ist vor allem dann wichtig, wenn Sie auf eigenem Grund und Boden bauen. Kaufen Sie ein Haus samt Grundstück vom Bauträger ist dieser im Wesentlichen dafür verantwortlich, dass auf dem mitverkauften Grund und Boden das Haus auch errichtet werden kann. Diese Verantwortung findet aber bereits dann ihre Grenze, wenn das sogenannte versteckte oder verdeckte Bauherrenmodell Vertragsgrundlage ist, Sie also nur glauben ein Bauträgerobjekt zu kaufen, in Wahrheit aber nur ein Grundstück kaufen und sich verpflichten, dieses später mit einem bestimmten Anbieter zu bebauen. Auch dann ist es wichtig, dass ein Bodengutachten vorliegt und der Hausanbieter an dessen Beachtung vertraglich gebunden wird.

Ein Bodengutachten sollte mindestens Angaben zum aktuellen Grundwasserstand und möglichst auch zum durchschnittlichen Grundwasserstand der zurückliegenden mindestens 20, besser 30 Jahre enthalten, zur Bodenpressung, also der Tragfähigkeit des Bodens und zur Bodenklasse. Nur so haben Sie überhaupt Kenntnis, auf welchem Grund und Boden Sie bauen. Das kann erhebliche Auswirkungen auf die Art der Gündung des Hauses haben und auf die Frage, ob ein Keller überhaupt mit ökonomisch vertretbarem Aufwand zu bauen ist oder nicht. Bei praktisch keinem Hausanbieter ist ein Bodengutachten Teil des Angebots. Darum müssen Sie sich fast immer selbst kümmern. Bodengutachten werden von freien Ingenieurbüros für Geologie erstellt. Sie finden solche in Ihrer Nähe zum Beispiel über das Branchentelefonbuch „Gelbe Seiten" oder unter **www.gelbeseiten.de**. Man sollte mehrere Angebote, einholen, denn es gibt durchaus Preisunterschiede. Rechnen Sie mit 1.200 bis 2.500 Euro netto für ein Bodengutachten. Das Geld ist aber gut investiert, denn, egal welchen Hausanbieter oder Kelleranbieter in Kombination mit einem Hausanbieter Sie später auswählen, das Bodengutachten wird ein wichtiger Teil der Vereinbarung mit diesen Anbietern werden.

Bodengutachten bestehen meist aus einem textlichen und einem zeichnerischen Teil. Im textlichen Teil werden die Erkundungsergebnisse dokumentiert, im zeichnerischen Teil wird meist ein Geländeschnitt dargelegt, anhand dessen die Erkundungen auch noch einmal dargestellt werden. Die Erkundungen erfolgen – je nach Auftragsumfang – meist in Form von sogenannten Sondierungsbohrungen an verschiedenen Stellen des Grundstücks bis in eine gewisse Tiefe, sodass die Untersuchung des Bohrkerns hineichende Auskunft zur Boden- und damit zur Gründungssituation gibt.

9.5 Entwurfspläne / Bauantragspläne / Ausführungspläne

Pläne, zusätzlich zur rein textlichen Baubeschreibung, bieten den großen Vorteil, dass sie nur sehr geringe Interpretationsspielräume zulassen. Darin kann sowohl die gesamte Grundkonstruktion des Hauses wie auch jedes Detail unzweideutig zeichnerisch mit den diesbezüglichen Symbolen wie auch mit kompletter Beschriftung und Vermaßung festgehalten werden.

Auch die Elektro- und Heizungsplanung sollte als Plananlage dem Vertrag beigefügt sein. Dies ist für Fertighäuser beziehungsweise schlüsselfertige Massivhäuser meist kein Problem, da die Grundplanungen der Typenhäuser ja schon vor dem ersten Kundengespräch stehen und nur noch individuell angepasst werden müssen. Im Gegensatz zum Bauen mit einem Architekten können Sie dies beim Fertighaus oder schlüsselfertigen Massivhaus also durchaus bei Vertragsabschluss erwarten.

Alle Planunterlagen, die als Anlage zum Kauf- oder Bauvertrag genommen werden, müssen sorgfältig überprüft werden. Fast immer sind diese Pläne nicht die Pläne, die für das Baugesuch eingereicht werden. Pläne, die für ein Baugesuch eingereicht werden, müssen bestimmte Mindeststandards einhalten.

Grundsätzlich sollte eine Ausführungs- und Werkplanung im Maßstab eins zu fünfzig (M 1 : 50 / 1 Meter in der Realität = 2 Zentimeter im Plan) eine klare Struktur aufweisen, also zum Beispiel alle Grundrisse vom Keller über das Erdgeschoss, die Obergeschosse und das Dachgeschoss abbilden, sie sollte mindestens einen Schnitt in Haus-Längs- und Haus-Querrichtung beinhalten. Denn natürlich müssen Sie auch sehen können, wie hoch Ihre Räume sind, und zwar im fertigen Zustand, von Oberkante fertiger Fußboden bis Unterkante fertige Decke (die sogenannte lichte Raumhöhe). Es ist ein gewaltiger Unterschied, ob ein Raum – besonders ein großer Raum – eine lichte Raumhöhe von 2,40 Metern oder eine lichte Raumhöhe von 2,60 Metern hat. Wenn man dergleichen von Anfang an mit einplant, ist es häufig kein Problem. Später nachrüsten kann man das nicht mehr. In der Regel wird einer der Schnitte auch durch das Treppenhaus geführt. Und schließlich sollten alle Hausansichten dargestellt sein sowie auch eine Dachaufsicht. Zusätzlich zu diesen großen, zentralen Plänen sollten Detailpläne für alle wichtigen Details wie Fundamentierungen, Abdichtungen, Bodenaufbauten, Treppen, Wandöffnungen, Anschlüsse von Dach, Balkon, Durchstoßpunkte für die Hausanschlüsse wie Strom, Gas, Wasser, Abwasser im Maßstab 1 : 20 bis 1 : 5 erstellt

sein. Eine normale Einfamilienhausplanung hat einen Umfang von 15 bis 25 Plänen allein für die Ausführungsplanung.

Früher war es ein großes Problem, an Pläne zu kommen. Das hat sich geändert, seit im BGB unter § 650n eine Herausgabepflicht verankert wurde. Hier heißt es unter Absatz 2, Zitat:

„Spätestens mit der Fertigstellung des Werks hat der Unternehmer diejenigen Unterlagen zu erstellen und dem Verbraucher herauszugeben, die dieser benötigt, um gegenüber Behörden den Nachweis führen zu können, dass die Leistung unter Einhaltung der einschlägigen öffentlich-rechtlichen Vorschriften ausgeführt worden ist."

Das reicht natürlich hinten und vorne nicht. Denn wenn Sie später beispielsweise einen Mangel am Haus entdecken und diesen gerichtlich nachweisen müssen, kann es sein, dass Sie weit mehr Unterlagen benötigen als gesetzlich festgelegt, zum Beispiel die Ausführungsplanung mit den technischen Details. Das Gesetz spricht auch von *„benötigt"*. Das hieße, Unterlagen müssten Ihnen nur herausgegeben werden, wenn Sie nachweisen, dass Sie diese tatsächlich konkret benötigen, um gegenüber einer Behörde irgendeinen Nachweis zu führen. Hätte man gesetzlich formuliert *„benötigen könnte"*, wäre dieses Problem nicht da. Komplett absurd wird es, wenn man Pläne Jahre nach dem Bauvorhaben benötigt, dann das Hausbauunternehmen aber vielleicht gar nicht mehr existiert. Da alle Bauunterlagen ja ohnehin beim Hausbauunternehmen vorhanden sind, ist überhaupt nicht nachvollziehbar, warum der Gesetzgeber nicht einfache und klare Herausgabepflichten festgelegt hat. Er macht es Verbrauchern damit unnötig schwer und erschwert zudem vollkommen unnötig eine sinnvolle Gebäudedokumentation bei den Gebäudeeigentümern oder Eigentümergemeinschaften. Daher gilt beim Bauen: Sämtliche Pläne und Dokumente zum Bauwerk sind zu übergeben. Und das sollte so klar auch vertraglich geregelt werden. Pläne sollten immer übergeben werden, sobald sie fertiggestellt sind. Sonst besteht im Fall einer Insolvenz das Risiko, dass man doch nicht mehr an Pläne kommt, trotz vertraglicher Regelungen dazu.

Beim Kauf eines Hauses samt Grundstück – vom Bauträger – kommt es bei den Plänen aber auch darauf an, wann Sie Ihr Haus kaufen. Wenn der Bauträger zum Zeitpunkt Ihrer Kaufentscheidung bereits einen **Bauantrag** gestellt hat, dann können Sie den Notar ganz einfach darum bitten, dass die Bauantragsunterlagen auch zur Anlage des Kaufvertrags gemacht werden. Es gibt keinen vernünftigen Grund für den Notar, dies abzulehnen, denn erstens liegen die Pläne ja dann bereits ohnehin vor, zweitens hat auch der Bauträger diesen Planungen mit Einreichung beim Baurechtsamt zugestimmt, und drittens kommt der Notar damit Sorgfaltspflichten nach, die man erwarten darf. Soweit zum Zeitpunkt Ihres Kaufs **Baugesuchspläne**, also diejenigen Pläne, die zum Erhalt der Baugenehmigung bei der örtlichen Kommune eingereicht und von dieser genehmigt werden müssen, noch nicht vorhanden sind, können sie natürlich auch noch nicht zur Kaufvertragsanlage gemacht werden. Sie können aber bereits im Kaufvertrag vereinbaren, dass Ihnen diese Pläne, wenn sie fertiggestellt sind, ausgehändigt und dann auch Vertragsbestandteil werden. Das Gleiche gilt für die **Ausführungspläne im Maßstab 1 : 50**. Das sind diejenigen Pläne, die üblicherweise später auf der Baustelle verwendet werden. Auch diese sollten

Sie zwingend erhalten, wenn sie fertiggezeichnet sind, und zu Ihren Unterlagen nehmen. Das Problem bei Vertragsplänen ist sehr häufig, dass sie von sehr mangelhafter Qualität sind. Darauf müsste Sie eigentlich der Notar hinweisen. Das tut er aber im Zweifel leider nicht, weil er nur ein Rechtsgeschäft beurkundet und nicht die Qualität des Objekts des Rechtsgeschäfts. Das muss Ihnen immer klar sein.

Sehr viele Pläne zum Beispiel, die notariell beurkundet werden, haben nicht einmal Maßangaben. Nicht selten sind es Exposé-Abbildungen aus Prospekten. Das hat mit Plänen nichts zu tun. Grundsätzlich gilt: Ein Plan hat immer **Maßangaben** aller wichtigen Maße (also mindestens aller Außen- und Innenmaße). Ein Plan hat ferner grundsätzlich einen Plankopf, in dem **Planverfasser, Plandatum, Maßstab, Grundstücksadresse** und gegebenenfalls Änderungsdaten vermerkt sind. Ein Plan ist auch grundsätzlich „genordet", das heißt, wenn Sie den Plan vor sich halten, muss oben immer Norden sein, unten Süden, links Westen, rechts Osten. Dazu muss in einen Plan ein sogenannter **Nordpfeil** eingetragen werden. Diesen müssen Sie beim Blick auf den Plan üblicherweise sofort erkennen können, damit Sie sicher wissen, wo Norden ist. Solche Details sind für Sie deswegen von Interesse, weil Sie wissen wollen, ob Ihre Terrasse oder Ihr Balkon Süd- oder Westsonne, also Nachmittags- oder Abendsonne, abbekommt. In einem Plan sind auch **Wandstärken** und **Lage von Fenstern und Türen** exakt vermaßt, ebenso Öffnungsrichtungen von Fenstern und Türen. Ein anderes sehr wichtiges Detail sind die **Raumhöhen**. Mindestraumhöhen sind durch die Landesbauordnungen vorgeschrieben. In Baden-Württemberg beträgt sie mindestens 2,30 Meter, in Berlin mindestens 2,50 Meter, in allen anderen Bundesländern mindestens 2,40 Meter. Die Raumhöhe nach der Landesbauordnung ist das „lichte" Maß zwischen Oberkante Fertigfußboden und Unterkante Fertigdecke, das ist der Luftraum zwischen dem fertigen Fußboden und der fertigen Decke, den Sie auch als reale Höhe des Raumes empfinden. In Bauträgerplänen sucht man dieses Maß leider häufig vergeblich. Sie haben es dort oft mit sogenannten Rohbauhöhen oder Geschosshöhen zu tun. Das ist für Sie aber uninteressant. Die Rohbauhöhe zum Beispiel besagt nur, welches Maß von der Oberkante des Betonrohbodens bis zur Unterkante der Betonrohdecke geplant ist. Was dabei aber noch unberücksichtigt ist, sind zum Beispiel Trittschalldämmung, eventuell Ausgleichsschüttung, Estrich und Oberboden wie Fliesen, Parkett, Teppichboden. Trittschalldämmung und Estrich machen allein schon jeweils etwa 6 Zentimeter aus. Dazu kommt dann der Oberboden. Wenn Sie also eine Rohbauhöhe von 2,52 Metern haben, kann diese ganz schnell auf nur noch 2,39 Meter späterer, wirklicher Raumhöhe zusammenschmelzen. Auch bei dem Begriff Geschosshöhe sollten Sie vorsichtig sein. Geschosshöhe bezeichnet üblicherweise die Höhe von der Oberkante des Betonrohbodens bis zur Oberkante des Betondeckenbodens, das heißt, das Höhenmaß beziehungsweise die „Dicke" der Betondecke ist dort mit eingerechnet. Eine Geschosshöhe von 2,70 Metern heißt, dass davon noch 18 bis 20 Zentimeter der Betondecke abgezogen werden müssen, somit bleiben in diesem Beispiel etwa 2,50 Meter, und davon müssen noch einmal Trittschalldämmung, Estrich und Oberboden abgezogen werden. Dann lesen sich die 2,70 Meter schön, aber Sie werden später keine 2,40 Meter reale Raumhöhe haben. Daher: Lassen Sie sich grundsätzlich die „lichte Raumhöhe" durch den Bauträger benennen. Nachfolgend finden Sie eine Checkliste zu allen Eintragungen, die in Ausführungsplänen enthalten sein sollten. Sie sind sortiert nach den einzelnen Plantypen.

Neben den reinen Haus-Werkplänen gibt es auch noch die Fachplanungen für Statik, Heizung und Lüftung, Sanitär und Elektro. Lassen Sie sich auch diese Planunterlagen vor Beginn der Bauausführung komplett aushändigen!

Checkliste für Grundrisspläne

✓

- [ ] Plankopf mit allen Angaben zu Verfasser / Planer, Bauherr, Lage und Ort, Maßstab, Änderungsvermerken mit Datum und Namenszeichen sowie laufender Plannummerierung und klarer Planangabe (Grundriss EG)
- [ ] Nordpfeil
- [ ] Im Erdgeschossgrundriss die Erschließung (Außentreppen, Terrassen, Gartenwege, Zufahrten und anderes mehr)
- [ ] Gesamtmaße über die volle Hausbreite und Tiefe
- [ ] Sämtliche Teilmaße (zum Beispiel von Hauskante zu Fenster, von Fenster zu Fenster und dergleichen)
- [ ] Alle Öffnungsmaße in Höhe und Breite des Rohbaumaßes (Türen, Fenster und Ähnliches)
- [ ] Alle Wandstärken mit Materialsymbolik
- [ ] Alle Vor- und Rücksprungmaße
- [ ] Soweit vorhanden, alle Achsmaße und Dehnungsfugen
- [ ] Öffnungsviertelkreise mit Öffnungsrichtung sämtlicher Türen und Fenstertüren
- [ ] Treppenlauf mit ordnungsgemäßer Grundrisskonstruktion der Treppe bei Wendelungen sowie Steigungsangaben, Stufenzahl und Gehlinie
- [ ] In gestrichelter Linie alle auskragenden Bauteile oberer oder unterer Geschosse (Balkone, Dach und dergleichen)
- [ ] Lage von Stürzen, Kanälen, Unterzügen, Durchlässen als gestrichelte Linie mit Bezug auf die lichten Raumhöhen etc.
- [ ] Lage von Rollläden oder Raffstoren und Gurtbändern oder Kurbelstangen
- [ ] Alle Raumgrößen in Quadratmetern mit Bezeichnung
- [ ] Oberkante Rohfußboden und Oberkante Fertigfußboden in allen Räumen
- [ ] Lage und Art von Bodeneinläufen
- [ ] Verlegepläne für Boden- und Wandfliesen
- [ ] In den Bädern: Lage, Form und Art sämtlicher sanitärer Einrichtungsgegenstände
- [ ] In Dachgeschossgrundrissen: Kniestocklinie (Stoßlinie von aufgehender Wand und Dachschräge), Dachspitzbodenlinie (Stoßlinie von aufgehender Dachschräge mit Zimmerdecke Dachgeschoss), Dachgaubenlinien, Lage und Anordnung von Bodeneinschubtreppen, Lage der 2-Meter-Linie (Lauflinie, die zeigt, wo das Schrägdach eine Raumhöhe von 2 Metern erreicht)
- [ ] Lage und Durchmesser der Kaminzüge
- [ ] Lage und Durchmesser der Lüftungskanäle inklusive Reinigungs- beziehungsweise Austrittsöffnungen
- [ ] Lage von Kellerlichtschächten
- [ ] Fundamentlage
- [ ] Bei Heiztechnikräumen: Stellung, Lage, Installation und Anschlüsse der Heizzentrale sowie eventuell benötigter Tanklager- oder Gaszuführungen
- [ ] Angaben über Be- und Entlüftung im Heizraum
- [ ] Aufteilung / Strukturierung des Hausanschlussraums / der Hausanschlussstelle

✓

- [ ] Eventuell Revisionsschacht
- [ ] Hinweis auf jeweils zugeordnete Detailpläne (zum Beispiel durch Einkreisung eines Details mit zugeordneter Plannummer, wo dieses im größerem Maßstab zu finden ist) sowie Pläne der Fachingenieure, wie Elektro-, Sanitär- und Heizungsplanung (wichtig zum Beispiel für Lage und Anzahl der Steckdosen, Lichtschalter und Lichtauslässe (Kabelauslässe für Lampen in Wänden und Decken) beziehungsweise Heizkörper oder aber auch sämtlicher Wasser- und Abwasseranschlüsse und so weiter)
- [ ] Bezeichnung und Lage von Schnittlinien, die aussagen, wo der Vertikalschnitt des Schnittplans durchs Haus gelegt wurde

Checkliste für Schnittpläne

✓

- [ ] Plankopf mit allen Angaben zu Verfasser / Planer, Bauherr, Lage und Ort, Maßstab, Änderungsvermerken mit Datum und Namenszeichen sowie laufender Plannummerierung und klarer Planangabe (zum Beispiel Schnitt A-A)
- [ ] Höhenlage des Gebäudes über N.N. bezogen auf die Oberkante des Fertigfußbodens des Erdgeschosses
- [ ] Bezeichnung der Geschosse
- [ ] Alle Höhenmaße über die komplette Haushöhe inklusive lichte Raummaße
- [ ] Alle lichten Raummaße (Rohbaumaße)
- [ ] Durchgangshöhen von Türen, Fenstertüren oder Treppenunterläufen
- [ ] Alle Deckenstärken mit Maßangaben des gesamten Bodenaufbaus (Rohdecke, Trittschalldämmung, Estrich, Bodenbelag)
- [ ] Brüstungs- und Sturzhöhen inklusive ihrer konstruktiven Ausbildung
- [ ] Stärken, Aufbau und konstruktive Ausbildung von Wänden
- [ ] Lage und Ausbildung von Ringankern (umlaufender Betonring auf der Außenwandoberkante zur statischen Sicherung der Außenwände)
- [ ] Wo notwendig, Wandabwicklungen (Wandansichten zum Beispiel bei Fliesenverlegung)
- [ ] Lage, Anordnung, konstruktive Ausbildung und Höhenverlauf von Treppen inklusive sämtlicher Zwischenpodeste mit Art und Ausbildung aller Anschlusspunkte der Treppe an bestehende Bauteile wie Wände oder Geschosszwischendecken
- [ ] Anschlüsse von Lichtschächten, Außentreppen, Terrassen, Balkonen und so weiter
- [ ] Verankerungen, Verlauf und Maße der Dachbinder sowie des Dachtragwerks
- [ ] Dachneigung
- [ ] Aufbau, Montagepunkte und Ausbildung des gesamten Dachhautaufbaus inklusive Lattenlage und Ziegeleindeckung sowie Traufanschlusspunkt mit Ausladung und Ausbildung des Sparrenfußes, Montage der Dachrinne sowie Firstanschluss mit Firstlinie
- [ ] Konstruktive Ausbildung von Gauben oder Dachausstiegen inklusive sämtlicher Anschlusspunkte an die Dachhaut

✓

- [ ] Hinweis auf jeweils zugeordnete Detailpläne (zum Beispiel durch Einkreisung eines Details mit zugeordneter Plannummer, wo dieses im größeren Maßstab zu finden ist) sowie Pläne der Fachingenieure wie Elektro-, Sanitär- und Heizungsplanung (wichtig zum Beispiel für Lage und Anzahl der Steckdosen, Lichtschalter und Lichtauslässe sowie Kabelauslässe für Lampen in Wänden und Decken, ferner Heizkörper oder aber auch sämtlicher Wasser- und Abwasseranschlüsse)
- [ ] Höhenlage und Anschlüsse der Hauszuleitungen für Gas, Wasser, Strom, Kommunikation
- [ ] Lage und Verlauf der Grundleitung
- [ ] Fundamentschnitte mit eindeutiger Darstellung und Bezeichnung der Materialien und Konstruktionsweisen der Fundamentierungen, der aufgehenden Kellerwände, der vorgesehenen Dichtungen für die Kellerwand (Sperrschichtenaufbau), der Lage und Stärke des Drainagerohrs, der Kiesverfüllung sowie des maximal gemessenen Grundwasserstands
- [ ] Lage und Ausbildung von waagerechten Sperrschichten (unterhalb der Grundplatte, in den aufgehenden Wänden)

Checkliste für Ansichtspläne

✓

- [ ] Plankopf mit allen Angaben zu Verfasser / Planer, Bauherr, Lage und Ort, Maßstab, Änderungsvermerken mit Datum und Namenszeichen sowie laufender Plannummerierung und klarer Planangabe (zum Beispiel Ansicht Südwest)
- [ ] Gestrichelt die Höhenlinien der Ober- und Unterkanten der einzelnen Geschossdecken und des Kellers mit seinen Außenwänden und der Bodenplatte
- [ ] Lage und Anordnung von Fenstern und Türen inklusive eingestrichelter Öffnungssystematik
- [ ] Lage und Anordnung von Rollläden, Raffstoren (Außenjalousien), Schiebeläden und dergleichen
- [ ] Lage und Anordnung von Außentreppen und Terrassen
- [ ] Lage und Anordnung von Regenfallrohren
- [ ] Trauf-, Kehl-, Grat- und Firstlinien
- [ ] Kniestocklinie gestrichelt
- [ ] Schornsteine, Gauben, Dachausstiege
- [ ] Gesimse, Balkone, Geländer
- [ ] Sockelverlauf
- [ ] Besondere Fassadenbekleidungen wie zum Beispiel Verputzungen, Verklinkerungen oder Holzverkleidungen
- [ ] Hinweis auf jeweils zugeordnete Detailpläne (zum Beispiel durch Einkreisung eines Details mit zugeordneter Plannummer, wo dieses im größeren Maßstab zu finden ist)
- [ ] Gründungstiefe der Fundamente gestrichelt
- [ ] Erdreichverlauf
- [ ] Höhenlinie des Straßenverlaufs der Erschließungsstraße

Die ersten Exposé-Pläne, die man erhält, sind häufig nicht vermaßt und entweder ganz ohne Maßstab oder im Maßstab 1 : 100 gehalten. Um Hausangebote bewerten und vergleichen zu können, benötigen Sie aber zumindest vermaßte Pläne und zusätzlich Flächenangaben.

Damit Sie die Flächenangaben von Hausangeboten untereinander vergleichen können, müssen diese nach den gleichen Vorgaben berechnet worden sein. Hierzu ist die Wohnflächenverordnung das geeignete Instrument. Sie ist vom Gesetzgeber zwar vorrangig für den geförderten Wohnungsbau geschaffen worden, eignet sich aber grundsätzlich generell fur Flächenermittlungen nach einheitlichen Vorgaben. Aber auch sie hat Unschärfen. So gibt sie zum Beispiel vor, dass Terrassen und Balkone im Regelfall zu einem Viertel anzurechnen sind, eine Anrechnung bis zur Hälfte ist jedoch zulässig. Wenn Sie eine 20-Quadratmeter-Terrasse haben, sind die Hälfte 10 Quadratmeter und ein Viertel 5 Quadratmeter. Hat ein Haus 5 Quadratmeter mehr als das andere (das ist bereits die Größe eines Bades), kann dies bereits an einem solchen Berechnungsunterschied liegen. Bei einem Quadratmeterverkaufspreis von 3.000 bis 3.500 Euro können das schon satte 15.000 bis 17.500 Euro gerechnete Kostendifferenz sein, die es in Wahrheit aber gar nicht gibt, weil einfach nur 2 unterschiedliche Berechnungswege zugrunde liegen. Mehr zur Wohnflächenberechnung erfahren Sie in Kapitel 9.9 ab Seite 237.

Nach aller Erfahrung führen nur sorgfältige Detailpläne auch zu einer sorgfältigen Ausführung der Details auf der Baustelle. Mindestens zu folgenden Details sollten Pläne vorliegen:

Notwendige Details in Detailplänen

Detail 1 Dämmung Bodenplatte, aufsteigendes Mauerwerk

Detail 2 Thermische Trennung der Innenwand von der Bodenplatte

Detail 3 Thermische Trennung der untersten Treppenstufe

Detail 4 Ausbildung von Kellertüren zwischen beheizten und unbeheizten Räumen im Keller

Detail 5 Dämmung der Innenwand zwischen beheizten und unbeheizten Räumen im Keller

Detail 6 Thermische Trennung des Eingangspodests

Detail 7 Fensteranschlüsse an das Mauerwerk

Detail 8 Fensterbank

Detail 9 Rollladenkästen

Detail 10 Thermische Trennung von auskragenden Bauteilen

Detail 11 Außenwandschnitt mit Dämmung der Geschossdeckenköpfe

Detail 12 Übergang des senkrechten Drempels in die Dachschräge, Traufdetail mit Dachüberstand

Detail 13 Ausführung der Einschubtreppe in den ungedämmten Spitzboden

Detail 14 Anschluss der Dachflächenfenster an das Dach

Detail 15 Dachdurchdringungen wie Kamin oder Lüftungsrohre

Detail 16 Dämmung des Giebelmauerwerks und der Innenwände

9.6 Statik (Berechnung und Pläne)

Eine Statik besteht üblicherweise aus 2 Teilen: Dem Berechnungsteil mit den Rechenwegen und Ergebnissen sowie dem Planungsteil mit den statischen Plänen. Denn die Berechnungen müssen natürlich auf der Baustelle auch umgesetzt werden. Im Massivbau handelt es sich dabei meist um Pläne mit Angaben zu Bauelementstärken (also etwa der Dicke einer Bodenplatte, Wand oder Decke) oder Baustoffangaben (etwa der zu verwendenden Steinsorten und Klassifizierungen oder des zu verwendenden Betons) sowie den Angaben zu den Bewehrungen, das sind die Vorgaben, in welche Betonbauteile welche Rundeisen oder Eisenmatten als Bewehrung einzulegen sind. Diese Angaben sind sehr wichtig. Die gelegten Eisen müssen vor einer Betonierung auch nachgemessen werden. Es muss sichergestellt sein, dass sie 1 : 1 mit der Planung übereinstimmen.

Im Holzbau ist es etwas anders, denn im Holzbau wird ohne Bewehrungseisen gearbeitet, mitunter allerdings in Kombination von Holz- und Stahlbau, etwa indem ein Holzbau einen Stahlträger erhält, als Unterzug, um eine Deckenlast abzufangen. Da Holz ein natürlich gewachsenes Material ist, hat es nicht die durchgängig identischen Eigenschaften wie künstlich hergestelllte Materialien. Daher ist Holzbaustatik eine sehr anspruchsvolle Disziplin. Im Einfamilienhausbau ist das aber überschauber, und hier sind es vorrangig die Fragen der Holzart, der eingesetzten Platten oder Trägerstärken sowie der Befestigungsmaterialien oder einzusetzenden Leime, die wichtig sind. Eine Massivholzwand in einer gewissen Stärke aus einem Hartholz wie etwa Weißbuche kann größere Lasten abfangen als eine Holzwand gleicher Stärke aus weichem Holz wie etwa Fichte. Diese wiederum kann andere Kräfte abfangen als Holzpresselemente wie etwa OSB-Platten, die eigentlich nur der Verkleidung dienen.

Auch eine Holzstatik besteht aus einem rechnerischen und einem zeichnerischen Teil, in den die geforderten Holzarten und Holzstärken eingetragen werden.

Das heißt, bei den Dokumenten zur Statik müssen Sie darauf achten, dass man Ihnen immer den Rechenweg, die Rechenergebnisse und auch die Pläne aushändigt.

Je nach Bauvorhaben kann es sein, dass Sie auch eine Prüfstatik benötigen. Das ist etwa in erdbebengefährdeten Regionen der Fall. Eine Prüfstatik ist bei fast allen Fertighaus- und Massivhausanbietern nicht Teil des Leistungsumfangs und muss extra in Auftrag gegeben und bezahlt werden. Beauftragen Sie diese selber, sichern Sie sich auch gegenüber dem Prüfingenieur die Herausgabe der Prüfunterlagen. Beauftragt die Prüfstatik der Hausanbieter, sollten Sie darauf achten, dass Sie später diese Dokumente vollständig erhalten.

Eine Prüfstatik besteht üblicherweise nur aus der Rechenüberprüfung und keinen Plänen.

9.7 Bau- und Leistungsbeschreibung

Neben den Plänen ist es vor allem die Bau- und Leistungsbeschreibung, die Auskunft über die Hausqualität gibt. Wenn Sie ein Hausangebot substanziell prüfen wollen, dann ist die Bau- und Leistungsbeschreibung ein ganz wesentliches Dokument. Denn in ihr wird beschrieben, was Sie überhaupt bekommen. Wenn Sie bei einem Konditor, den Sie nicht kennen, eine „Schwarzwälder Kirschtorte“ bestellen, dann kann es sein, dass er darunter etwas anderes versteht als Sie. Da die Schwarzwälder Kirschtorte nicht genormt ist, kann er sie so anfertigen, wie er das für richtig erachtet. Nehmen wir an, er verzichtet auf die schmückenden Kirschen und den Kirschlikör, kreiert dafür alternativ einen flachen Tortenboden, belegt mit Kirschen und darauf einer Sahneschicht, dann wären Sie möglicherweise enttäuscht. Wenn es jedoch keine Vereinbarung zur Ausführungsart gäbe, müssten Sie gegebenenfalls trotzdem zahlen. Aber selbst eine Beschreibung des Konditors wie zum Beispiel „schöne Torte mit Kirschen und Sahne" würde Ihnen relativ wenig helfen. Wenn Sie es genau wissen wollten, bräuchten Sie schon so etwas wie das Rezept zur Herstellung der Torte. Hätten Sie ein solches exaktes Rezept mit dem Konditor vereinbart, läge der Fall anders. Dann hätten Sie eine relativ klare Grundlage dessen vereinbart, was er Ihnen liefern muss. Genauso verhält es sich beim Hausbau. Je unklarer die Bau- und Leistungsbeschreibung ist, desto unklarer ist, was Sie am Ende eigentlich bekommen.

Mit vielen Baubeschreibungen verhält es sich leider wie mit Urlaubsprospekten. Wenn zum Beispiel ein Hotel als verkehrsgünstig gelegen beschrieben wird, ist es gut möglich, dass es dort laut ist, und der Blick aufs Meer kann auch bedeuten, dass das Hotel meilenweit vom Strand entfernt ist. Entsprechend gibt es auch bei Baubeschreibungen typische Formulierungen, die einen Sachverhalt schönen und ihm eine Bedeutung geben, die gar nicht vorhanden ist. Würde man die Qualität von Baubeschreibungen und Angeboten mancher Fertighausanbieter und vieler Generalunternehmer und Bauträger auf die Autobranche übertragen, würde sich ein Angebot für ein Auto so lesen:

„Sie erhalten zum Preis von 35.000 Euro ein formschönes Fahrzeug in einer hellen Farbe mit einem Fahrgestell, einem Motor und einer Karosserie. Das Fahrgestell wird mit 4 Rädern geliefert, der Motor ist ein Diesel oder Benziner und hat mehrere Zylinder. Das Fahrzeug verfügt über eine Lenkung und moderne Türen zum Einsteigen. Es hat außerdem eine Beleuchtung für Nachtfahrten und einen Kofferraum für Gepäck. Die Innenausstattung ist freundlich, Personensicherheit nach gültigen Normen. Änderungen in Farbe, Form, Ausstattung, Motorisierung und Zubehör aus wirtschaftlichen Gründen sind möglich und berechtigen nicht zu einer Minderung des Kaufpreises. Bezahlt werden muss das Fahrzeug während des Baus, die letzte Rate ist bei Übergabe des Fahrzeugs fällig. Die Fertigstellung des Fahrzeugs wird Ihnen kurz vor Übergabe mitgeteilt. Sind Sie zur Übergabe des Fahrzeugs verhindert, gilt das Fahrzeug als wunschgemäß abgenommen."

Dieses Beispiel ist leider nicht übertrieben. Es spiegelt tatsächlich die mangelnde Qualität vieler Baubeschreibungen wider. Kaufinteressenten haben es auch schwer, einzelne Baubeschreibungen miteinander zu vergleichen und Angebote zu beurteilen, da es hierfür keinen einheitlichen Aufbau und keine einheitliche Gliederung gibt. Leistungen, die nicht in einer Baubeschreibung aufgeführt sind, sind in der Regel auch nicht Bestandteil des Angebots und führen zu Mehrkosten – auch wenn diese Leistungen für ein funktionsfähiges Haus notwendig sind (zum Beispiel Hausanschlüsse). Für Kaufinteressenten ist es schwierig zu erkennen, ob ein Angebot vollständig ist und welche Leistungen fehlen könnten und so zu Mehrkosten führen. Außerdem lässt sich häufig kaum beurteilen, welche Qualität der Leistung angeboten wird (Handelt es sich bei der Duschtasse um ein Markenprodukt, oder könnte es auch das billigste Stück aus dem Baumarkt sein?).

Während es für notarielle Kaufverträge und die darin enthaltenen Zahlungsmodalitäten zumindest einige Vorgaben gibt, vor allem aus der Makler- und Bauträgerverordnung (MaBV), war dies bei der Bau- und Leistungsbeschreibung sowie bei den Plananlagen lange anders. Der Verbraucherrat des Deutschen Instituts für Normung (DIN) hat zwar schon 2005 einen ersten Normungsantrag für Baubeschreibungen gestellt, konnte sich damit aber leider nicht durchsetzen. Nur eines stand fest: Gemäß einem Urteil des Bundesgerichtshofs (BGH) waren Bauträgerkaufverträge ohne beurkundete Baubeschreibung unwirksam (AZ: VII ZR 184/04 vom 10.2.2005). Umfang und Qualität der Baubeschreibungen und Pläne wurden allerdings auch dabei nicht vorgegeben. Das änderte sich erst 2018, als erstmals gesetzliche Festlegungen zum Inhalt von Baubeschreibungen gesetzlich geregelt wurden in den Paragrafen 650j und 650k des BGB sowie in Artikel 249 § 1 und § 2 des Einführungsgesetzes zum BGB (EGBGB). Diese Regelungen lauten wie folgt, Zitat:

„§ 650j Baubeschreibung

Der Unternehmer hat den Verbraucher über die sich aus Artikel 249 des Einführungsgesetzes zum Bürgerlichen Gesetzbuch ergebenden Einzelheiten in der dort vorgesehenen Form zu unterrichten, es sei denn, der Verbraucher oder ein von ihm Beauftragter macht die wesentlichen Planungsvorgaben.

§ 650k Inhalt des Vertrags

(1) Die Angaben der vorvertraglich zur Verfügung gestellten Baubeschreibung in Bezug auf die Bauausführung werden Inhalt des Vertrags, es sei denn, die Vertragsparteien haben ausdrücklich etwas anderes vereinbart.

(2) Soweit die Baubeschreibung unvollständig oder unklar ist, ist der Vertrag unter Berücksichtigung sämtlicher vertragsbegleitender Umstände, insbesondere des Komfort- und Qualitätsstandards nach der übrigen Leistungsbeschreibung, auszulegen. Zweifel bei der Auslegung des Vertrags bezüglich der vom Unternehmergeschuldeten Leistung gehen zu dessen Lasten.

(3) Der Bauvertrag muss verbindliche Angaben zum Zeitpunkt der Fertigstellung des Werks oder, wenn dieser Zeitpunkt zum Zeitpunkt des Abschlusses des Bauvertrags nicht angegeben werden kann, zur Dauer der Bauausführung enthalten. Enthält der Vertrag diese Angaben nicht, werden die vorvertraglich in der Baubeschreibung übermittelten Angaben zum Zeitpunkt der Fertigstellung des Werks oder zur Dauer der Bauausführung Inhalt des Vertrags."

„Art 249 Informationspflichten bei Verbraucherbauverträgen

§ 1 Informationspflichten bei Verbraucherbauverträgen

Der Unternehmer ist nach § 650j des Bürgerlichen Gesetzbuchs verpflichtet, dem Verbraucher rechtzeitig vor Abgabe von dessen Vertragserklärung eine Baubeschreibung in Textform zur Verfügung zu stellen.

§ 2 Inhalt der Baubeschreibung

(1) In der Baubeschreibung sind die wesentlichen Eigenschaften des angebotenen Werks in klarer Weise darzustellen. Sie muss mindestens folgende Informationen enthalten:

1. allgemeine Beschreibung des herzustellenden Gebäudes oder der vorzunehmenden Umbauten, gegebenenfalls Haustyp und Bauweise,

2. Art und Umfang der angebotenen Leistungen, gegebenenfalls der Planung und der Bauleitung, der Arbeiten am Grundstück und der Baustelleneinrichtung sowie der Ausbaustufe,

3. Gebäudedaten, Pläne mit Raum- und Flächenangaben sowie Ansichten, Grundrisse und Schnitte,

4. gegebenenfalls Angaben zum Energie-, zum Brandschutz- und zum Schallschutzstandard sowie zur Bauphysik,

5. Angaben zur Beschreibung der Baukonstruktionen aller wesentlichen Gewerke,

6. gegebenenfalls Beschreibung des Innenausbaus,

7. gegebenenfalls Beschreibung der gebäudetechnischen Anlagen,

8. Angaben zu Qualitätsmerkmalen, denen das Gebäude oder der Umbau genügen muss,

9. gegebenenfalls Beschreibung der Sanitärobjekte, der Armaturen, der Elektroanlage, der Installationen, der Informationstechnologie und der Außenanlagen.

(2) Die Baubeschreibung hat verbindliche Angaben zum Zeitpunkt der Fertigstellung des Werks zu enthalten.Steht der Beginn der Baumaßnahme noch nicht fest, ist ihre Dauer anzugeben

(...)"

Sie merken es beim Durchlesen selbst: Das war ein nicht wirklich ernstzunehmender Versuch des Gesetzgebers, Inhalte von Baubeschreibungen zu definieren. Sage und schreibe sechs Mal setzt der Gesetzgeber ein *„gegebenenfalls"* in den Gesetzestext. Im rechtlichen Sinne bedeutet *„gegebenenfalls"* zwar „falls geschuldet", falls also ein Innenausbau vereinbart ist, falls eine gebäudetechnische Anlage vereinbart ist, falls Sanitärobjekte oder anderes vereinbart sind, müssen sie auch beschrieben werden. Es bleibt aber völlig offen, wie sie zu beschreiben sind. Reicht: „Zentralheizung mit Gasbrenner" aus? Wenn Ihnen ein Autoverkäufer sagt, das Fahrzeug erhalte einen Motor mit Benzinbetrieb, reicht Ihnen das aus? Vergessen Sie diesen vollkommen hilflosen Versuch des Gesetzgebers besser ganz schnell und kümmern Sie sich selbst um eine klare und vollständige Bau- und Leistungsbeschreibung.

Unverständlich ist auch, dass der Gesetzgeber vom Anbieter nicht einmal eine Negativliste verlangt, also eine Auflistung derjenigen Leistungen aus der gesetzlichen Liste, die nicht Vertragsbestandteil sind. Denn nur dann wüssten Verbraucher ja auch sicher, was sie erhalten und was eben auch nicht – und hätten damit die notwendige Information, wann die Formulierung *„gegebenenfalls"* für eine vereinbarte Leistung eben auch greifen würde.

Die Baubeschreibung umfasst sämtliche zur Verwendung kommenden Materialien, ihre Verbauart und Konstruktionsweise. Gerade die Baubeschreibung ist in den meisten Verträgen viel zu ungenau und lässt zahlreiche Interpretationsspielräume zu. Nicht wenige Anbieter von Fertighäusern und schlüsselfertigen Massivhäusern nutzen hier die baufachliche Unkenntnis von Verbrauchern aus.

Nicht nur die Leistungsbeschreibung muss klar gefasst, auch die Qualität der zu erbringenden Leistung muss eindeutig beschrieben sein. Der große Vorteil des Kaufs eines Fertighauses oder schlüsselfertigen Massivhauses ist es, dass Sie die Werkplanung und Konstruktionsweisen des Hauses sowie die exakten Baumaterialien und Mengen bereits zum Zeitpunkt des Vertragsabschlusses sehr genau kennen können. Ein weiterer Vorteil ist, dass Sie aufgrund Ihres Bemusterungsdurchgangs alle zum Einsatz kommenden Materialien und Bauweisen, vom Außenwandaufbau bis zur Sanitärinstallation, bereits gesehen haben und wissen, was Sie für Ihr Geld bekommen. Wichtig ist jetzt nur noch, dass die zum Einsatz kommende Bauausführung exakt in Worte gefasst und in den Vertrag aufgenommen wird.

Bei der Baubeschreibung sollten Sie sich keinesfalls ablenken lassen von schwammigen Begriffen wie „hochwertige Materialien" oder „deutsche Markenqualität". Eine Baubeschreibung muss zweifelsfrei und klar darlegen, welche Materialien in welcher Konstruktionsweise wie verarbeitet und verbaut werden. Die Baubeschreibung sollte – wie im Folgenden dargestellt – nach Bauelementen oder Gewerken und zusätzlich nach gewerkeübergreifend zu erbringenden Leistungen gegliedert sein.

Tipp

Wenn Sie ein schlüsselfertiges Massivhaus bauen, kann die „Muster-Baubeschreibung" der Verbraucherzentrale sehr hilfreich sein. (www.ratgeber-verbraucherzentrale.de)

Bauelemente – Beschreibungen und Festlegungen

Kellergeschoss

- Fundamente mit Konstruktionsweise und Materialeinsatz
- Bodenplatte mit Konstruktionsweise, Unterbau, Materialeinsatz und Stärke
- Drainage inklusive Drainagerohrführung und Kiesschüttung sowie Sickergrube
- Kelleraußenwände inklusive U-Wert und Schallschutzwert
- Kelleraußenwandabdichtung
- Kelleraußentüren inklusive U-Wert
- Kelleraußentreppen
- Kellerfenster inklusive Fensterbänken, Rollladenkästen, Rollläden, Raffstoren, Raffstorenkästen und Lichtschachtkästen sowie U-Wert
- Kellerinnenwände inklusive Schallschutzwert
- Kellerinnenausbau inklusive Trittschallschutzart und -wert, Estrich, Bodenbelag, Sockelleisten, Putz, eventuell Tapete, Innentüren mit Zarge, Türblatt und Schallschutzwert, Wasserinstallationen inklusive sämtlicher Sanitärgegenstände und Armaturen (⇢ Seite 214 und 228) und so fort, Heizungsinstallationen inklusive Kaminabzug und Reinigungsöffnung, Brenner, Kessel, Heizkörpern und Rohrinstallation mit schalltechnischer Entkopplung, Elektroinstallation inklusive Anzahl und Art aller Schalter und Dosen
- Hausanschlussraum
- Kellerinnentreppe inklusive Belag, Geländer und schalltechnischer Entkopplung
- Kellerdecke inklusive U-Wert und Schallschutzwert

Erdgeschoss

- Erdgeschossaußenwände inklusive U-Wert und Schallschutzwert
- Außentüren inklusive U-Wert und Schallschutzwert
- Fenster inklusive Fensterbänken, Rollladenkästen, Rollläden, Raffstorenkästen, Raffstoren, U-Wert, Schallschutzwert
- Außentreppen inklusive Belag und Geländer
- Innentreppen inklusive Belag und Geländer sowie schalltechnischer Entkopplung
- Innenwände inklusive Schallschutzwert
- Innenausbau inklusive Trittschallschutzart und -wert, Estrich, Bodenbelag, Sockelleisten, Putz, eventuell Tapete, Innentüren mit Zargen, Türblatt und Schallschutzwert, Wasserinstallationen inklusive sämtlicher Sanitärgegenstände und Armaturen (⇢ Seite 214 und 228), Heizungsinstallationen inklusive Kamin oder Ofen, Heizkörpern und Rohrinstallation mit schalltechnischer Entkopplung, Elektroinstallation inklusive Anzahl und Art aller Anschlüsse und Dosen
- Terrasse inklusive eventueller Aufschüttung oder Unterbau sowie Belag, Treppen und Geländern

Obergeschoss / Dachgeschoss

- Obergeschoss / Dachgeschossaußenwände inklusive U-Wert und Schallschutz
- Dachflächenaufbau inklusive U-Wert und Schallschutz
- Dachaußenmontagen inklusive Regenrinnen, Ortgangblechen, Verwahrungen, Durchstoßpunkten, Kaminköpfen, Antennen- und Photovoltaikinstallationen, Ausstiegsöffnungen und Gehstufen für Schornsteinfeger, Schneefanggitter
- Außentüren inklusive U-Wert und Schallschutzwert
- Fenster / Dachflächenfenster inklusive Fensterbänken, Rollládenkasten, Rollläden, Raffstorenkästen, Raffstoren sowie U-Wert und Schallschutzwert
- Innentreppen inklusive Belag und Geländer sowie schalltechnischer Entkopplung
- Innenwände inklusive Schallschutzwert
- Innenausbau inklusive Trittschallschutzart und -wert, Estrich, Bodenbelag, Sockelleisten, Putz, eventuell Tapete, Innentüren mit Zarge, Türblatt und Schallschutzwert, Wasserinstallationen inklusive sämtlicher Sanitärgegenstände und Armaturen (⇢ Seite 214 und 228), Heizungsinstallationen inklusive Heizkörpern und Rohrinstallation mit schalltechnischer Entkopplung, Elektroinstallation inklusive Anzahl und Art aller Anschlüsse und Dosen
- Balkone / Dachterrassen inklusive kompletten Unterbaus sowie Belag und Geländern

Zusätzliche Beschreibungen und Festlegungen Passivhausbauweise

Bei technisch komplexen Bauweisen wie zum Beispiel bei Passivhäusern sollte im Einzelnen unter anderem der U-Wert von Kellerdecken, Außenwänden, Außentüren und Außenfenstern sowie Dächern aufgeführt sein. Es sollte ferner genau erläutert sein, was der Hersteller unter einem Passivhaus versteht, zum Beispiel dass der Jahresheizwärmebedarf unter 15 Kilowattstunden pro Quadratmeter Wohnfläche liegt. Hierzu sollte neben einer Energiebedarfsberechnung und dem Energiebedarfsausweis auch deren Berechnungsgrundlagen Vertragsbestandteil sein. Wichtige Informationen zum Qualitätsstandard von Passivhäusern erhalten Sie beim Passivhausinstitut in Darmstadt (**www.passiv.de**).

Blower-Door-Test

Sie sollten zusätzlich den sogenannten Blower-Door-Test, eine Luftdichtigkeitsüberprüfung des fertigen Hauses, vertraglich fixieren. Vereinbaren Sie für den Fall, dass die festgelegten Werte nicht eingehalten werden, dass der Hausanbieter vorliegende Undichtigkeiten suchen und geeignet abdichten muss. Fixieren Sie im Vertrag auch eine entsprechende Nachmessung. (⇢ Seite 289)

Schallschutzvereinbarungen

Hinsichtlich des Schallschutzes sollten Sie auf klare Vereinbarungen hinwirken. Allgemeine Richtlinien zum Schallschutz sind zwar in einer betreffenden DIN-Norm festgeschrieben (DIN 4109), diese gelten aber nur sehr eingeschränkt beziehungsweise gar nicht für den Bau freistehender Einfamilienhäuser. Erst im Bereich von Doppel- oder Reihenhäusern kommen hier Mindestanforderungen zum Tragen. Wollen Sie mehr, müssen Sie das ausdrücklich vereinbaren. Das Beiblatt 2 der DIN 4109 etwa enthält *„Vorschläge für einen erhöhten Schallschutz und Empfehlungen für den Schallschutz im eigenen Wohn- und Arbeitsbereich"*. Sie sollten die vollständige Berücksichtigung der dort vorgeschlagenen Schalldämm-Maßnahmen, auch für Innenwände und Innendecken Ihres Hauses, zum Bestandteil des Vertrags mit Ihrem Hausanbieter machen. Wenn Sie die betreffende DIN samt

Beiblatt 2 vereinbaren, haben Sie zumindest einen Basisstandard vereinbart, dessen Einhaltung dann auch gutachterlich überprüft werden kann. Eine Formulierung wie „hochwertiger Schallschutz“ nützt Ihnen hingegen wenig. Neben dem persönlichen Testen des Schallschutzes in entsprechenden Referenzhäusern sollten Sie klare, rechtliche Vereinbarungen treffen. So sollte das bewertete Schalldämm-Maß R'w' und das bewertete Trittschalldämm-Maß L'n,w' (für Decken), die die schalldämmende Wirkung eines Bauteils in eingebautem Zustand wiedergeben, in den Vertrag mit aufgenommen werden. Achten Sie darauf, dass das bewertete und nicht nur das normale Schalldämm-Maß R' angegeben ist. Das normale Schalldämm-Maß R' nützt Ihnen nicht viel, weil hier die Bauteile einzeln auf ihre schalldämmende Wirkung getestet werden. Nur das bewertete Schalldämm-Maß gibt Ihnen Auskunft über die Schalldämmung eines Bauteils im eingebauten Zustand.

Dieses Schalldämm-Maß sollte Ihnen mindestens für alle Außenwände und Dächer vorliegen, für alle Außentüren, Fenster und Rollläden – beziehungsweise Raffstorenkästen, für alle Innenwände und Zwischendecken (hier vor allem das bewertete Trittschalldämm-Maß) sowie für alle Innentüren. Wichtig ist außerdem der Nachweis einer schallisolierenden Rohrinstallation. Denn diese 3 wesentlichen Schallquellen gibt es, vor denen man im eigenen Haus oder in der eigenen Wohnung üblicherweise geschützt sein will:

› Außenschalleintrag,
› Innenschalleintrag und
› Installationsschalleintrag.

Außenschalleintrag
Hier muss man darauf achten, ob im Bebauungsplan sogenannte Lärmpegelbereiche, manchmal auch abgekürzt als LPGs, eingetragen sind. Mitunter sind sie sogar farblich markiert. Ist das der Fall, muss man nachsehen, in welchem Bereich das eigene Grundstück liegt. Meist gibt es dann auch Vorschriften aus dem Bebauungsplan zum Schallschutz. Kauft man nun zum Beispiel ein Fertighaus, ist es für den Fertighaushersteller wichtig zu wissen, dass das zu bebauende Grundstück in einem besonderen Lärmpegelbereich liegt, denn dann muss er unter Umständen besondere Maßnahmen ergreifen, beispielsweise besondere Fenster einbauen. Solche sind fast nie Bestandteil der Standardausführung und müssen also auch gesondert gezahlt werden. Es kann aber auch sein, dass das Luftschalldämm-Maß der gesamten Außenwand entsprechend angepasst werden muss. Dazu gibt es Vorgaben. Sie finden diese im Detail in der „Muster-Baubeschreibung“ der Verbraucherzentrale (**www.ratgeber-verbraucherzentrale.de**).

Sind im Bebauungsplan keine besonderen Bereiche eingezeichnet, kann es aber natürlich trotzdem sein, dass in der Nähe eventuell störende Schallquellen existieren, wegen derer Sie gerne einen erhöhten Schallschutz hätten. Ist das der Fall, müssen Sie darüber rechtzeitig mit Ihrem Hausanbieter reden. Denn dann muss er mit dem Schalldämm-Maß entsprechend reagieren. Detaillierte Ausführungen hierzu und auch die konkreten Schallschutz-Anforderungen der einzelnen Lärmpegelbereiche finden Sie in der „Muster-Baubeschreibung“ der Verbraucherzentrale (**www.ratgeber-verbraucherzentrale.de**).

Ein typischer Außenlärmeintrag ist auch der Lärmeintrag von direkt angrenzender Nachbarbebauung. Vor allem, wenn Sie eine Doppelhaushälfte oder ein Reihenhaus kaufen und Wand-an-Wand ans Nachbarhaus anschließen, trifft Sie das.

Für den Schallschutz in Aufenthaltsräumen eines Hauses oder einer Eigentumswohnung können Sie neben den Empfehlungen aus Beiblatt 2 der DIN 4109 (Empfehlungen für erhöhten Schallschutz) auch einen Schallschutz nach der VDI-Richtlinie 4100 vom Verband Deutscher Ingenieure vereinbaren. In dieser Richtlinie sind 3 Schallschutzstufen definiert, von I bis III. Schallschutzstufe I entspricht in etwa den Anforderungen der DIN 4109, bietet also keinen herausgehobenen Schallschutz. Schallschutzstufe II liegt etwa auf dem Niveau der Empfehlungen aus Beiblatt 2 der DIN 4109. Schallschutzstufe III ist die höchste Stufe und bietet etwas höheren Schallschutz als die

Empfehlungen aus Beiblatt 2 der DIN 4109. Wenn Sie Schallschutzstufe III nach VDI 4100 vereinbaren, haben Sie einen relativ guten Schallschutz. Wollen Sie diesen Schallschutz auch für Küchen oder Bäder, muss dies aber explizit vereinbart werden, denn die Schallschutzstufen beziehen sich zunächst nur auf Aufenthaltsräume, auch wenn immer mehr Küchen als offene Küchen geplant werden.

Seit mehreren Jahren gibt es den Versuch, die Inhalte des Beiblatts 2 zur DIN 4109 und die Inhalte der VDI 4100 zu harmonisieren und durch ein Normblatt zu ersetzen. Hierzu wurde der Entwurf E DIN 4109 Teil 10 (Empfehlungen für erhöhten Schallschutz) vorgelegt. Er wurde 2005 aber zurückgezogen. Ob es noch zu einer entsprechenden Norm kommen wird, ist gegenwärtig offen. So lange können Sie sich aber an die VDI Richtlinie 4100 halten.

Wenn Sie eine Bau- und Leistungsbeschreibung eines Hausanbieters akzeptieren, in der steht „Schallschutz nach DIN“, dann haben Sie das Problem, dass Sie einen minderwertigen Schallschutz vertraglich ausdrücklich vereinbart haben. Stünde zum Schallschutz überhaupt nichts in der Bau- und Leistungsbeschreibung, wäre das in diesem Fall sogar günstiger, weil Sie dann zumindest auf einen angemessenen Schallschutz klagen könnten. Und den sehen Richter heute oft deutlich höher als einfach nur nach DIN 4109. Wenn Sie also Vereinbarungen zum Schallschutz in der Bau- und Leistungsbeschreibung treffen, dann sollten diese immer erhöhten Schallschutz zur Grundlage haben.

Innenschalleintrag

Der Innenschalleintrag erfolgt vor allem durch die Bewohner des Gebäudes. Wohnt man ohne direkt angrenzende Nachbarbebauung mit der eigenen Familie in einem Haus, kann man natürlich gut eingreifen, wenn es zu laut wird. Bei einer Doppelhaushälfte ist das schon schwieriger.

Aber auch innerhalb der eigenen 4 Wände kann fehlender Schallschutz zum Problem werden. Wenn Kinderzimmer und Arbeitszimmer direkt nebeneinander liegen, dann birgt das Konfliktpotenzial. Es gibt die Möglichkeit, erhöhten Schallschutz auch innerhalb des Hauses zu vereinbaren (beispielsweise nach E DIN 4109-10 EW), aber dieser Schutz ist noch unterhalb der Schallschutzklassen I aus der VDI-Richtlinie 4100 angesiedelt und hilft nur bedingt. Eine neue Möglichkeit sind die Schallschutzstufen SSt EB I und SSt EB II nach der VDI. Mit diesen kann man auch raumdifferenziert Schallschutz vereinbaren. Das kann dann sehr wichtig und sinnvoll sein, wenn zum Beispiel ein Musiker in der Familie ist. In solchen Fällen ist es wichtig, mit dem Hausanbieter auch über mögliche Schutzmaßnahmen innerhalb des Hauses zu sprechen. Neben dem Installationsschalleintrag (→ Seite 214) geht es dabei vor allem um den Trittschallschutz und den Luftschallschutz. Vor Trittschallschutz schützt Sie vor allem sogenannter „schwimmender Estrich“, der weder Kontakt zur darunterliegenden Geschossdecke noch zu den angrenzenden Wänden hat, er „schwimmt“ sozusagen frei auf einer Dämmlage. Schwimmender Estrich ist heute eigentlich Standard. Nicht Standard ist aber Estrich, der von Zimmer zu Zimmer einzeln eingebracht und schalltechnisch entkoppelt wird. Auch das kann man machen, wenn man dies will. Wichtiger indes sind wirksame Maßnahmen gegen den Luftschallschutz. Sehr viele Hausangebote haben heute einen mehr als einfachen Innenausbau. Immer größere Verbreitung finden zum Beispiel sogenannte Gipskartonständerwände. Dabei werden zunächst Metallstreben senkrecht zwischen Geschossboden und Geschossdecke verschraubt, die dann von beiden Seiten mit einer 12,5 Millimeter starken Gipskartonplatte verkleidet werden. Eine solche Konstruktion ist weniger eine Wand, sondern eher die Fortentwicklung eines Vorhangs. Wände dieser Bauart lassen praktisch jeden Schall durch. Solche Wände kann man manchmal ersetzen durch eine zumindest 24 Zentimeter starke Massivwand (denn auch dünne Massivwände in der Stärke von 11,5 Zentimetern haben nur eine schlechte Schalldämpfungswirkung). Eine 24 Zentimeter starke Wand führt aber nicht nur zu Mehrkosten, gegebenenfalls sogar zu statischen Problemen, wenn sie frei auf eine Zwischendecke gesetzt wird, sie führt natürlich auch zu Raumverlust.

Denn übliche Trockenbauwände sind gerade einmal 10 Zentimeter stark. Ein Kompromiss wäre, dass man die Trockenbauwand innen mit Weichfaserdämmstoff füllt und sie auf beiden Seiten statt nur mit einer Gipskartonplatte mit zwei Gipskartonplatten übereinander verkleidet – die sogenannte Doppelbeplankung. Schon dieses einfache Vorgehen hilft erheblich, die Schalldämpfungswirkung der Wand zu erhöhen.

Alles das hilft aber wenig, wenn nicht gleichzeitig auch die Zimmertüren einen erhöhten Schalldämpfungsgrad erhalten. Die in normalen Hausangeboten weit verbreiteten einfachen Türen haben Türblätter mit einfachen Röhrenspanplatten und einfachen Dichtungen, unten, zum Boden hin, meist gar keine. Wählt man andere Türblätter, mit höherer Dichte und Masse, gegebenenfalls einen Doppelfalzrahmen mit umlaufender Doppelfalzdichtung und eine sogenannten Schall-Ex an der Unterkante des Türblatts (das ist eine Schiene, die sich beim Schließen der Tür automatisch auf den Boden absenkt), erreicht man schon einen deutlich verbesserten Schallschutz. Solche Türsysteme kann man aber oft dann nicht verwenden, wenn das Haus über eine zentrale Lüftungsanlage verfügt, bei der Zuluft über die Wohnräume eingespeist wird und die Abluft über Küchen und Bäder abgesaugt wird. Denn diese Lüftungen benötigen Türen mit einem sogenannten Unterschnitt (ein größerer Spalt zwischen Türblattunterkante und Fußboden) oder eine Durchströmungsöffnung für die Luft. Auch Passivhaussysteme benötigen dies. Dann bleiben die Türen aber ein Schallschutzproblem, denn sie schließen natürlich nicht wirklich dicht.

Installationsschalleintrag

Der Installationsschalleintrag rührt von den Hausinstallationen. Das ist üblicherweise vor allem der Schalleintrag aus Wasser- und Abwasserleitungen. Welche Rohre man auch wählt, wichtig ist, dass die Rohrleitungen schallentkoppelt durchs Haus geführt werden. Das heißt, dass sie nicht einfach in Wandschlitze gelegt und zugemörtelt werden, wie dies jahrzehntelang Praxis war, sondern dass sie in Schellen gelegt werden, die ihrerseits noch einmal eine Kunststoffeinlage haben, in der das Rohr liegt, sodass die Rohrerschütterungen bei Wasserdurchfluss durch diese Einlage gedämpft werden. Man spricht daher auch von Schalldämpfern. Sie können zum Installationsschallschutz klare Werte zum sogenannten Installationspegelgeräusch vereinbaren, zum Beispiel nach Schallschutzstufe II der VDI-Richtlinie 4100 auf 25 db(A) oder auch Schallschutzstufe III der VDI Richtlinie 4100 auf 22 db(A). Die Angabe dB bedeutet Dezibel, Sie können sich das als eine Art Lautstärken- beziehungsweise Schalldämpfungsangabe vorstellen. Eine Änderung von 3 dB bedeutet eine Verdopplung beziehungsweise Halbierung der Lautstärke. Die in Bau- und Leistungsbeschreibungen häufig zu findende Formulierung „Schallschutz nach DIN" ist auch beim Installationsschallschutz weitgehend unbrauchbar, da die DIN 4109 nur absolute Mindestwerte zum Lärmschutz vorhält. Hier sollte für das Gebäude mindestens DIN 4109 Beiblatt 2 vereinbart werden oder Schallschutz nach Schallschutzstufe III der VDI-Richtlinie 4100.

Auch Armaturen, also vor allem Wasserhähne und Brausen, gibt es in unterschiedlicher Schallschutzqualität. Man unterscheidet die Armaturengruppe I und II. Wobei I die besseren Schallschutzwerte bietet.

Gibt es ein Referenzhaus, ist es sehr sinnvoll, dass Sie sich darin sehr genau den mit dem vorhandenen Schallschutz, vor allem zwischen kritischen Bereichen wie Schlafzimmer und Kinderzimmer auseinandersetzen (Laufgeräusche, Radiogeräusche – zum Beispiel durch Handy –, Wasserfließgeräusche). Insbesondere wenn Sie den Einbau einer Einliegerwohnung in das Haus planen oder eine spätere Umrüstung in dieser Hinsicht beabsichtigen, ist erhöhter Schallschutz sehr wichtig.

Bauchemikalien

Es ist sinnvoll, eine Auflistung aller im betreffenden Haustyp zum Einsatz kommenden chemischen Baustoffe wie zum Beispiel Holzschutzmittel, Parkettlacke, Baukleber und andere mehr zu erhalten. Genauso wichtig ist, dass Sie für bestimmte Problembaustoffe einen definitiven Verbau-Ausschluss erhalten. Denken

Das fordert der Naturschutzbund

Der Naturschutzbund Deutschland NABU (**www.nabu.de**) fordert bei der Auswahl von Baustoffen generell den Verzicht auf:

- asbesthaltige Produkte,
- formaldehydhaltige Produkte,
- chlorhaltige Produkte,
- schwermetallhaltige Produkte,
- lindanhaltige Schutzmittel,
- FCKW-haltige Materialien,
- stark lösungsmittelhaltige Baustoffe und Farben,
- Aluminium und Kunststoff, wenn gleichwertige Materialien zur Verfügung stehen,
- nicht FSC-zertifizierte Hölzer.

Sie in diesem Zusammenhang auch daran, dass es eine ganze Reihe von Baustoffen gibt, die zwar nicht unmittelbar gesundheitsgefährdend sind, deren Herstellung oder deren Abbau und Verarbeitung aber große Umweltschäden verursachen können. Möglicherweise sind einige dieser Materialien im Außenbereich schwer ersetzbar, weil sie hervorragende Materialeigenschaften zum Beispiel gegen Korrosion oder Verwitterung mitbringen, aber im Innenbereich gibt es für die allermeisten von ihnen Alternativen. Als kritisch zu nennen sind hier vor allem Bodenbeläge aus PVC, PVC-Sockelleisten, aufwendige Verzinkungen oder Aluminiummetalle im Innenbereich (wo sie nicht nötig sind), geschäumte Tapeten und Decken oder Hölzer aus nicht nachhaltig bewirtschafteten Wäldern, zum Beispiel Tropenhölzer.

Typische Formulierungen in Baubeschreibungen – Was Sie lesen und was es bedeuten kann:

Ausführung nach DIN
Mindestanforderungen, die ohnehin nicht unterschritten werden dürfen.

Ausführung nach Statik
Unter den möglichen Ausführungen wird die billigste gewählt.

Schallschutz nach DIN
Absolut nichtssagend, denn die DIN 4109 gilt als nicht ausreichend für Reihen- oder Doppelhäuser.

Abweichungen von der Baubeschreibung durch behördliche Auflagen aus wirtschaftlichen, technischen oder architektonischen Gründen werden vorbehalten und stellen keine Wertminderung dar.
Damit sagt Ihnen der Hausanbieter: Diese Baubeschreibung ist als Anregung zu verstehen. Was wir letztendlich bauen, ist unsere Sache.

Erfüllt die aktuelle Energieeinsparverordnung
Mindestanforderungen, die ohnehin nicht unterschritten werden dürfen.

Deutsche Markenprodukte
Das billigste deutsche Angebot kann verwendet werden.

Hersteller „...“ oder gleichwertig
Das billigste Produkt kann zur Ausführung kommen.

Energiesparend, hochwertig, erstklassige Bauweise
Vollkommen nichtssagend.

9.8 Aufbau und Beispiel einer Bau- und Leistungsbeschreibung

Aufbau einer Bau- und Leistungsbeschreibung

Da es für Baubeschreibungen bislang keine ausreichenden Regelungen zum Inhalt und Aufbau gibt und jeder Bauträger nach wie vor zu frei ist, was seine Baubeschreibung beinhaltet und was nicht, müssen Sie beim Lesen einer Baubeschreibung deshalb auf 2 Dinge achten: zum einen darauf, was beschrieben wird, das heißt, was in welcher Qualität ausgeführt werden soll, zum anderen darauf, was nicht beschrieben wird, also auf das, was fehlt und nicht im Leistungsumfang enthalten ist und in der Regel zu Mehrkosten führt. Die nachfolgenden Erläuterungen sollen Sie dafür sensibilisieren. Baubeschreibungen haben häufig folgende Bestandteile:

- Vorbemerkungen
- Beschreibung der auszuführenden Leistungen
- Schlussbemerkungen

Vorbemerkungen

Fast alle Baubeschreibungen haben meist entweder Vorbemerkungen oder Schlussbemerkungen. In ihnen werden in der Regel vor allem rechtliche Vorbehalte des Bauträgers aufgeführt. Manchmal sind diese gar nicht zulässig oder stehen im glatten Widerspruch zum notariellen Kaufvertragsentwurf. Obwohl es sich um rechtliche Regelungen handelt, die nicht in die Baubeschreibung, sondern in den Kaufvertrag gehören, werden sie fast nie vom beurkundenden Notar geprüft. Genau das sollten Sie aber veranlassen mit der klaren Vorgabe: rechtliche Regelungen in den Vertrag, technische Regelungen in die Baubeschreibung. Die meisten Bauträger ziehen Schlussbemerkungen Vorbemerkungen vor, weil sie am Schluss eines Textes eher unauffällig platziert werden können. Was Sie häufig in Vor- oder Schlussbemerkungen lesen, finden Sie deshalb zusammengefasst ab Seite 235.

Beschreibung der auszuführenden Leistungen (Baugewerke)

Üblicherweise orientiert sich die Reihenfolge der beschriebenen Leistungen am Bauablauf, beginnend mit den Erdarbeiten. Nachfolgend finden Sie Beispiele typischer Leistungsbeschreibungen. Jeweils anschließend erfahren Sie, was fehlt und was eigentlich beschrieben sein sollte. Mit den Checklisten können Sie überprüfen, ob in der Baubeschreibung alle wichtigen Punkte berücksichtigt wurden.

Schlussbemerkungen

Die Schlussbemerkungen haben es oft in sich. Mehr dazu erfahren Sie ab Seite 235 ausführlich.

Beispiel einer Bau- und Leistungsbeschreibung

Erdarbeiten

Abtragen des Mutterbodens im Bereich des Baukörpers, Lagerung auf dem Grundstück und Einplanierung nach Beendigung der Arbeiten. Erdaushub für den Keller.

Erläuterung: Bei vielen Baubeschreibungen fehlt diese Position ganz. Auch das hier genannte Beispiel ist nicht vollständig, denn es bleibt unter anderem offen, ob der Abtransport des überschüssigen Aushubs zur Deponie und vor allem auch die Deponiegebühren im Preis enthalten sind. Diese steigen weiter an und können einige Tausend Euro betragen.

Check Erdarbeiten:

✓	**(überprüft)**
☐	Steht der Keller des Gebäudes im Grundwasser?
☐	Wenn ja, wer trägt die Kosten der Grundwasserabsenkung während der Bauzeit?
☐	Reicht die Grundstücksgröße, um Mutterboden zu lagern?
☐	Ist die Abfuhr und Entsorgung von überschüssigem Aushub im Preis enthalten?
☐	Wer bezahlt die Entsorgung eventueller Altlasten?
☐	Wer bezahlt den Mehraufwand bei felsigem Baugrund?
☐	Wer bezahlt den Mehraufwand, wenn der Baugrund nicht tragfähig genug ist?
☐	Ist das Wiederverfüllen der Arbeitsräume im Preis enthalten?
☐	Kann der gesamte Mutterboden auf dem Grundstück verteilt werden? Ist das Verteilen und Einplanieren von Mutterboden im Preis enthalten?

- [ ] Ist eine Zufuhr von Erde im Preis enthalten?
- [ ] Müssen angrenzende Gebäude abgesichert werden? Sind die Kosten hierfür im Preis enthalten?

Gründung
Fundamente nach statischer Erfordernis.

Erläuterung: Diese Standardformulierung werden Sie häufig in Baubeschreibungen lesen. „Nach statischer Erfordernis" bedeutet, dass sich die Ausführung nach den Vorgaben des Statikers richtet. Es kann bedeuten, dass bislang noch keine Klarheit über die Bodenbeschaffenheit und / oder die Statik besteht. Diese Dinge sind jedoch entscheidend für die richtige Planung und sollten daher auf der Basis einer Baugrunduntersuchung klar formuliert sein. Das betrifft unter anderem die Bodenpressung. Aber auch der Grundwasserstand spielt eine Rolle. Steht das Gebäude beispielsweise im Grundwasser, müssen Bodenplatte und Kellerwände druckwasserdicht sein und als sogenannte „weiße Wanne" in Stahlbeton gefertigt werden.

Falls Aufenthaltsräume im Keller geplant sind, muss auch der Boden wärmegedämmt werden – entweder unter der Bodenplatte oder durch Dämmung unter dem Estrich. Beides sind Anforderungen, die über die statische Erfordernis hinausgehen.

Check Gründung:

✓ **(überprüft)**

- [ ] Liegt eine Baugrunduntersuchung bereits vor?
- [ ] Wie sind die Bodenverhältnisse?
- [ ] Wie hoch liegt der Grundwasserstand?

Außenwände Keller
Ausführung nach Statik in Beton oder Mauerwerk, bei Mauerwerk zusätzlich äußere Feuchtigkeitsabdichtung.

Erläuterung: Statt der Standsicherheit des Kellermauerwerks, die ohnehin Vorschrift ist, sollte der genaue Außenwandaufbau inklusive der Art der Abdichtung gegen Feuchtigkeit beschrieben werden, der vom vorhandenen Baugrund und der Höhe des Grundwasserspiegels abhängt. Ist der Baugrund nicht versickerungsfähig, wie zum Beispiel bei Lehmböden, muss für die Verfüllung geeignetes Material verwendet werden. Außerdem ist die Verlegung einer Drainageleitung im Fundamentbereich notwendig. Bei Aufenthaltsräumen im Keller muss die Außenwand gedämmt werden. Kellerfenster und Kellerlichtschächte sollten hier genau beschrieben werden – es sei denn, dies geschieht beim Gewerk Fenster.

Check Außenwände Keller:

✓ **(überprüft)**

- [ ] Wie wird die Abdichtung gegen Feuchtigkeit ausgeführt?
- [ ] Bei Kellerfenstern: Sind Hersteller, Typ, Größe und Öffnungsarten genannt?
- [ ] Bei Lichtschächten: Sind Hersteller, Typ und Einbruchsicherung genannt?
- [ ] Wenn das Gebäude im Grundwasser steht: Ist die Grundwasserabsenkung während der Bauzeit im Preis enthalten?
- [ ] Bei Aufenthaltsräumen im Keller: Wird die Außenwand gedämmt?
- [ ] Wie dick ist die Wärmedämmung der Außenwand beheizter Aufenthaltsräume?

Außenwände allgemein / Variante 1
Zweischaliges Mauerwerk, tragende Wandschale massiv, KS-Stein oder gleichwertig, Druckfestigkeit nach Statik. Äußere Mauerschale in Verblender, 10 Zentimeter Isolierung (Kerndämmung) zwischen Mauerwerk und Klinker.

Außenwände allgemein / Variante 2
Mauerwerk sowie Betonwände nach statischen Erfordernissen; Innenseite geputzt beziehungsweise gespachtelt, außenseitig Wärmedämmverbundsystem (Thermohaut) mit hellem Mineralputz.

Außenwände allgemein / Variante 3
Leichtziegelmauerwerk, zum Beispiel Gisoton, etwa 36,5 Zentimeter stark oder gleichwertig, hochwertig dämmende Mauersteine 36,5 Zentimeter stark.

Erläuterung: Bei sorgfältiger Ausführung sind viele Wandaufbauten geeignet und erfüllen ihre Funktion. Worauf es hauptsächlich ankommt, ist die Dämmwirkung der Wand beim Schall- und Wärmeschutz. Deshalb sollten sowohl der Schallschutzwert der Außenwand als auch der U-Wert, der die Dämmeigenschaften der Außenwand kennzeichnet, aufgeführt werden (→ Seite 244 f.).

Check Außenwände:

✓ **(überprüft)**

☐ Wie ist die Wand aufgebaut (einzelne Schichten)?

☐ Wie dick ist die Dämmung, welches Material wird verwendet?

☐ Welchen U-Wert hat die Außenwand?

☐ Gibt es Auflagen für einen geforderten Mindestschallschutz, zum Beispiel wegen erhöhten Außenlärms?

☐ Bei Verblendungen: Gibt es Mustersteine?

☐ Bei Außenputz: Welche Putzstruktur wird ausgeführt?

☐ Aus welchem Material ist die Fensterbank außen?

☐ Bei Außenputz: Wird der Putz anschließend gestrichen oder ist er durchgefärbt?

☐ Aus welchem Material ist der Sockel?

Decken
Stahlbetondecken, unterseitig malerfertige Ausführung.

Erläuterung: Betondecken werden komplett vor Ort betoniert oder als Fertigteile auf der Baustelle zusammengesetzt. Da Fertigteildecken unterseitig eine glatte Oberfläche haben, werden sie in der Regel nicht verputzt. Lediglich die Fugen zwischen den Platten werden gespachtelt. Da man trotz Spachteln in fast allen Fällen die Stöße sieht, werden die Decken mit Raufasertapete tapeziert und anschließend gestrichen. Wenn Sie keine Tapete an der Decke haben möchten, sollten die Untersichten mit Gipsputz versehen werden.

Check Decken:

✓ **(überprüft)**

☐ Welches Material (Beton, Holz, Ziegel) wird verwendet und welche Ausführungsart (Halbfertigteil, Fertigteil) kommt zum Einsatz?

☐ Ausführung der Deckenuntersicht: Fugen gespachtelt oder komplett verputzt?

☐ Welche Decken werden nicht verputzt?

Treppen / Variante 1
Jedes Geschoss vom Keller bis zum Dachgeschoss erhält eine Treppe als lackierte Stahlkonstruktion mit Stufen und Handlauf aus Holz (Buchenfurnier).

Treppen / Variante 2
Stahlbetontreppe mit glatter Setz- und Trittstufe, zur Aufnahme von Textilbelag oder Keramikplatten im Dünnbettverfahren.

Treppen / Variante 3
Geschlossene Wangentreppe mit Tritt- und Setzstufen aus Nadelholz mit weißem Grundanstrich sowie Geländer und einseitigem Handlauf. Die Endlackierung erfolgt in Eigenleistung des Käufers.

Erläuterung: Bei beengten Platzverhältnissen werden Treppen gerne als gewendelte Treppen geplant, das heißt, eine Treppe verläuft nicht geradlinig, sondern mit Wendungen (man könnte auch sagen „Kurven"). Gewendelte Treppen lassen sich nicht so gut begehen wie nicht gewendelte oder solche mit einem Zwischenpodest. Da bei gewendelten Treppen die Stufen oft stark verzogen werden müssen, ist es wichtig, darauf zu achten, dass in einer mittigen Lauflinie immer die gleiche Auftrittstiefe garantiert wird. Auch das Steigungsverhältnis einer Treppe ist wichtig. Es beschreibt die Relation zwischen dem Höhenabstand von einer Stufe zur nächsten und der Auftrittstiefe einer Stufe. Schnell kann eine Treppe zu steil werden. Ein angenehmes Steigungsverhältnis ist zum Beispiel 17 / 29: Der Höhenversatz der Stufen beträgt dann jeweils 17 Zentimeter, die Auftrittstiefe jeweils 29 Zentimeter.

Bei Holztreppen wird manchmal Furnier eingesetzt, weil es billiger ist. Je dicker das Furnier (1 bis 2,5 Millimeter), desto höher die Qualität. Für Treppen wesentlich geeigneter ist Massivholz. Teppichbelag auf der Treppe sollte hochwertig und für Treppen geeignet sein, weil die Abnutzung gerade an den Kanten besonders stark ist. Fliesenbelag sieht bei geraden Treppen gut aus, bei gewendelten Treppen entsteht meist ein unschönes Fugenbild.

Die Endlackierung in Eigenleistung ist gerade bei einer Treppe viel Arbeit und muss fachmännisch ausgeführt werden, damit das Ergebnis gut wird. Lassen Sie sich den Mehrpreis für die Endlackierung nennen.

Check Treppen:

✓	**(überprüft)**
☐	Wird Massivholz oder Furnier eingesetzt? Wie dick ist das Furnier?
☐	Welches Holz kommt zur Ausführung?
☐	Bei Holztreppen: Sind diese FSC-zertifiziert (→ Seite 223)?
☐	Bei Teppich: Ist das Material für Treppen geeignet?
☐	Gibt es ein Muster der Treppe zu besichtigen?
☐	Gibt es Fotos oder Detailzeichnungen?
☐	Wird die Treppe schallentkoppelt montiert?
☐	Wie ist das Steigungsverhältnis der Treppe?
☐	Welches Geländer ist vorgesehen (Material, Gestaltung)?

Dach
Holz-Pfettendach nach Statik dimensioniert. Das Holz wird gegen Schädlingsbefall imprägniert. Dachüberstand Kiefer oder Braun.

Erläuterung: Hier erfahren Sie über das Dach so gut wie nichts. Es fehlen Angaben zur Qualität, Art und Dicke der Wärmedämmung, Farbe und Material der Dacheindeckung sowie Material der Blecharbeiten für Rinnen und Fallrohre. Es wird nicht erwähnt, wie groß der Dachüberstand ist. Offen bleibt, aus welchem Material die unterseitige Verkleidung des Dachüberstands und die seitliche Verkleidung der giebelseitigen Überstände sind. Ebenso unklar ist, ob die Sparren sichtbar bleiben. Weder Dachform noch Dachneigung werden beschrieben und es fehlen Aussagen zur Gestaltung von Dachgauben. Häufig fehlt auch eine Information darüber, um welches Holz es sich beim Dachstuhl überhaupt handelt. Weit verbreitet ist Fichte, das preiswerteste Holz.

Check Dach:

✓	(überprüft)
☐	Gibt es eine genaue Beschreibung der Dachform und Dachneigung?
☐	Wie dick ist die Wärmedämmung?
☐	Aus welchem Material besteht die Dämmung?
☐	Wie groß ist der Dachüberstand an der Traufe (parallel zur Regenrinne)?
☐	Wie groß ist der Dachüberstand am Giebel?
☐	Aus welchem Material sind Rinnen und Fallrohre (Zink oder Kupfer)?
☐	Wird der Dachüberstand unterseitig verkleidet? Wie wird er verkleidet?
☐	Wird das Dach mit Ziegel-, Betondachsteinen oder anderem Material eingedeckt?
☐	Werden Angaben gemacht zu Fabrikat, Typ und Farbe der Dacheindeckung?
☐	Mit welchem Material werden die sichtbaren, giebelseitigen Sparren (Ortgangsparren) als Wetterschutz verkleidet?
☐	Gibt es Auflagen an den Schallschutz, die beim Dach berücksichtigt werden müssen?
☐	Bei Dachflächenfenstern: Sind Fabrikat, Typ, Verglasung und Größe genannt?
☐	Gibt es ein Verschattungssystem für die Dachflächenfenster?
☐	Ist Dachzubehör im Preis enthalten (Schneefanggitter, Tritte für Schornsteinfeger, Blitzableiter)?

Balkon

Stahlbetonmassivplatte, Brüstung als Geländer mit Brüstungsverkleidung, Belag mit Waschbetonplatten.

Erläuterung: Bei Balkonen kann man grundsätzlich zwischen 4 Varianten unterscheiden:

- Dachbalkon
- Vorgestellter Balkon
- Balkon als Kragplatte
- Eingezogener Balkon (Loggia)

Bei Balkonen, die nicht frei vor das Haus gestellt, sondern über eine Kragplatte mit einer Geschossdecke direkt verbunden sind, ist besonders auf mögliche Wärmebrücken (⇢ Seite 241 ff.) am Übergang zwischen Balkon- und Geschossboden zu achten. Zusätzlich müssen Wasserabführung und Dichtungen bei Dachbalkonen genau beschrieben werden. Bei vielen Neubauten sieht man heute transparente Balkongeländer, zum Beispiel aus Glas. Wenn Sie sich jedoch vor Blicken schützen möchten, sollte die Brüstung mit entsprechendem Sichtschutz geplant und gestaltet werden. Wichtig sind daher Angaben zu den verwendeten Geländermaterialien. Auch die Befestigung des Geländers am Balkon sollte beschrieben werden. Fliesenbeläge auf Balkonen müssen bei einer Sanierung komplett erneuert werden. Bei Holz- oder Plattenbelägen, die mit offenen Fugen verlegt werden, können die Holz- und Plattenbeläge entfernt und nach der Reparatur der Abdichtung wieder verlegt werden.

Check Balkon:

✓	(überprüft)
☐	Aus welchem Material sind Geländer und Handlauf (verzinkter Stahl, Edelstahl, Kunststoffplatten, Lochblech, Glasplatten)?
☐	Aus welchem Material ist der Bodenbelag (Fliesen, Betonplatten, Holz)?
☐	Bei Fliesen und Betonplatten: Sind Hersteller, Typ und Farbe aufgeführt?
☐	Bei Holz: Sind Holzart und Art der Imprägnierung genannt?
☐	Welche Verlegeart wird gewählt?
☐	Ist die Brüstung geschlossen oder durchsichtig?

- [ ] Wie wird der Balkon entwässert (Wasserspeier, Fallrohre)?
- [ ] Ist die Balkonplatte von der Geschossdecke thermisch getrennt?

Innenwände
Beton, Hochlochziegel, Kalksandsteine, Bims- und Gipsplatten nach statischen Erfordernissen.

Erläuterung: Hier bleiben alle Optionen offen, das billigste Material zu verwenden. Es ist nicht einmal klar formuliert, ob unter Gipsplatten massive Gipsbausteine / Gipsdielen zu verstehen sind oder Gipskartonplatten, die auf Ständerwerk geschraubt werden. Jedes Material hat Vorzüge und Nachteile. Kalksandsteine zum Beispiel bieten aufgrund ihres Gewichts einen guten Schallschutz. Bimswände oder Gipsdielen haben einen schlechten Schallschutz, lassen sich dafür relativ einfach entfernen, wenn zum Beispiel später einmal zwei Räume zusammengelegt werden sollen. Hierfür bieten sich auch Wände als Ständerwerk mit Gipskartonplatten an. Für einen guten Schallschutz sollten diese auf beiden Seiten doppelt beplankt und die Hohlräume mit Weichfaserdämmung gefüllt werden. Am besten legen Sie bei Vertragsabschluss für jede Innenwand das Material fest. Küchenwände sollten so hergestellt werden, dass auch schwere Oberschränke problemlos befestigt werden können. Küchenwände in Trockenbauweise, an die später Hängeschränke montiert werden sollen, erhalten daher auf einer normierten Höhe eine Horizontalstrebe, in die später die Verankerungen für die Küchenschränke geschraubt werden können.

Check Innenwände:

✓ **(überprüft)**

- [ ] Soll ein erhöhter Schallschutz für bestimmte Räume vorgesehen werden?
- [ ] Kann der Baustoff der Wände raumweise festgelegt werden?

Innenputz, Trockenwand / Variante 1
Alle gemauerten Wandflächen sowie die Betondeckenflächen in den Wohngeschossen und im Kellerflur erhalten einen einlagigen Gipsputz. Die inneren Wand- und Deckenflächen in Erd- und Obergeschossen sowie Dachgeschosswände erhalten einlagigen Putz. Das Mauerwerk des Vorratskellers erhält Fugenglattstrich. Der Hobbyraum-Ausbau erfolgt durch den Käufer.

Innenputz, Trockenwand / Variante 2
Alle Innenwände im Erd- und Obergeschoss werden tapezierfertig verspachtelt. Decken im Erd- und Obergeschoss werden verspachtelt, sofern Fertigteile verwendet werden, Untersicht sonst in Sichtbeton. Sonderwünsche: Wand- und Deckenputz aus Gipsputz.

Erläuterung: In den meisten Baubeschreibungen ist der Keller das Stiefkind beim Verputzen der Decken und Wände. Im ersten Beispiel wird der Kellerflur noch verputzt, die restlichen Wandflächen bleiben unverputzt. Es fehlt auch eine Aussage darüber, ob das sichtbare Mauerwerk Fugenglattstrich erhält, was einen besseren optischen Eindruck vermittelt.
Da im ersten Beispiel der Käufer den Hobbyraum-Ausbau übernimmt, muss geklärt werden, ob auch andere Leistungen wie zum Beispiel Estrich und Elektroinstallation fehlen.

Im zweiten Beispiel ist das Verputzen von Decken und Wänden ein Sonderwunsch, der Mehrkosten verursacht. Beim Preisvergleich von Angeboten sind diese Unterschiede wichtig. In Räumen mit höherer Feuchtigkeit ist der Einsatz eines Kalk-Zementputzes anstelle des üblichen Gipsputzes sinnvoll. Der Kalk-Zementputz ist beständiger gegen Feuchtigkeit und wird zum Beispiel hinter Fliesen im Duschbereich eingesetzt. Klären Sie das im Vorfeld mit dem Unternehmen ab. Dachgeschosse werden häufig in Trockenbauweise ausgebaut. Hierbei handelt es sich in der Regel um Gipskartonplatten, die auf eine Unterkonstruktion aufgeschraubt werden. Bei großer Außenlärmbelastung – zum Beispiel in Flughafennähe – ist ein entsprechender Schallschutz des Dachs notwendig. Eine einfache Beplankung der Dachschrägen mit nur einer Gipskartonplatte reicht dann nicht aus.

Check Innenputz, Trockenbau:

✓	**(überprüft)**
☐	Gibt es Wand- und Deckenflächen, die nicht verputzt werden?
☐	Werden die unverputzten Wandflächen mit Fugenglattstrich ausgeführt?
☐	Aus welchem Material besteht der Putz (Gips, Kalkzement)?
☐	Welche Putzstruktur wird ausgeführt (glatt, strukturiert)?
☐	Werden Wände in Trockenbauweise erstellt?
☐	Gibt es besondere Anforderungen an den Schallschutz (Außenlärm)?

Fenster / Variante 1
Fenster und Fenstertüren aus weißem Kunststoff mit Isolierverglasung. Je nach Erfordernissen werden die Fenster mit Drehbeschlag beziehungsweise Drehkippbeschlag ausgeführt.

Fenster / Variante 2
Isolierverglaste Fenster aus tropischem Plantagenholz (Dark-Red-Meranti oder Ähnliches), außen dunkel, innen auf Wunsch weiß lackiert, mit Falz und Dichtung, Qualitätsstandard entsprechend dem Institut für Fenstertechnik in Rosenheim.

Erläuterung: Hier fehlen wichtige Angaben zum Wärme- und Schallschutz der Verglasung. Zwischen Kunststofffenstern und Holzfenstern gibt es keinen großen Preisunterschied, zwischen Fensterelementen mit oder ohne zusätzlichem Schall-, Wärme- und Einbruchschutz aber schon. Daher sollten klare Angaben zu diesen 3 Eigenschaften für jedes Fenster vorliegen. Beim Schallschutz sind das die Schalldämmeigenschaften (→ Seite 212 f.), beim Wärmeschutz ist das der U-Wert (→ Seite 244 f.) und beim Einbruchschutz sind das die sogenannten Resistance Classes (RC-Klassen, früher: WK-Klassen für Widerstandsklassen). Diese gehen von 1 bis 6, je höher desto besser, bis hin zu durchschusshemmend, wobei die Kriminalpolizei RC 2 für ausreichend hält (siehe auch unter **www.k-einbruch.de**).

Die Fensteröffnungsfunktionen sind im Beispiel nur unzureichend beschrieben. Es gibt keinen Grund, warum ein Fenster nicht zu kippen sein soll. Bei Vertragsabschluss sollten die Aufschlagsrichtungen aller Fenster in den Ansichtsplänen eingezeichnet und Vertragsbestandteil sein. Überlegen Sie kritisch, ob Sie wirklich Tropenholz einsetzen wollen (vor allem unter ökologischen Gesichtspunkten), auch wenn es sogenanntes Plantagenholz ist. Die Herkunftsüberprüfung ist oft schwierig.

Check Fenster:

✓	**(überprüft)**
☐	Welchen U-Wert hat die Verglasung (→ Seite 244 f.)?
☐	Welchen Schallschutz hat die Verglasung?
☐	Gibt es Vorgaben für den Schallschutz der Verglasung?
☐	Gibt es Vorgaben für den Einbruchschutz der Verglasung (RC-2)?
☐	Sind abschließbare Fenstergriffe vorgesehen?
☐	Aus welchem Fabrikat, Typ und welcher Farbe besteht der Fenstergriff?
☐	Sind die Beschläge einbruchhemmend (RC-2)?
☐	Bei Festverglasung einzelner Fenster: Lässt sich das Fenster von außen sicher zum Putzen erreichen?
☐	Sind die Fenstergrößen in den Plänen angegeben?
☐	Aus welchem Material sind die Fensterrahmen?

- [ ] Bei Fenstertüren: Ist der Zugang auf den Balkon oder die Terrasse barrierefrei gestaltet?
- [ ] Wie hoch ist die Türschwelle?
- [ ] Bei Dachflächenfenstern: Sind diese Fenster beim Dachgewerk (⇢ Seite 219 f.) beschrieben?
- [ ] Sind Holzfenster FSC-zertifiziert?

Tipp

Der FSC (Forest Stewardship Council) setzt sich als nichtstaatliche gemeinnützige Organisation für eine ökologische und sozial verantwortliche Nutzung der Wälder ein. Registrierte Anbieter von FSC-zertifizierten Produkten finden Sie unter **www.fsc-deutschland.de.**
Allerdings: Greenpeace, als Gründungsmitglied des FSC, hat diesen mittlerweile verlassen und hält ihn nicht mehr für ausreichend wirksam und schützend.

Fensterbänke innen/ Variante 1
Innenfensterbänke aus marmorierter Kunstharzplatte.

Fensterbänke innen/ Variante 2
Innenfensterbänke aus Naturstein.

Erläuterung: Ob die Innenfensterbänke Marmordekor haben oder aus Marmor bestehen, ist ein erheblicher Qualitätsunterschied. Die Formulierung „Fensterbank aus Naturstein" ist zu ungenau formuliert. Auch hier gibt es neben einer großen Farbvielfalt erhebliche Qualitäts- und Preisunterschiede. Bei Vertragsschluss sollte das Material oder zumindest der Materialwert festgelegt werden, nach dem Sie das Material aussuchen können.

Check Fensterbänke innen:

✓ **(überprüft)**

- [ ] Aus welchem Material sind die Fensterbänke?
- [ ] Sind die Fensterbänke innen tief genug, um zum Beispiel Blumentöpfe darauf abstellen zu können?

Rollläden / Raffstoren / Variante 1
Alle Fenster werden für Rollläden (Rollladenkasten, Führungsleisten) vorbereitet.

Rollläden / Raffstoren / Variante 2
Rollläden in Kunststoff an allen senkrechten, rechteckigen Fenstern im Erdgeschoss.

Erläuterung: Im ersten Beispiel werden keine Rollläden eingebaut, im zweiten Beispiel nur im Erdgeschoss. Aber gerade in den Schlafräumen, die meist im Dachgeschoss sind, schützen Rollläden vor Licht oder Aufheizung im Sommer. Bei großen Fensterbreiten kann ein elektrischer Antrieb eine große Hilfe sein. Für eine Nachrüstung mit elektrischen Rollladenantrieben sollte eine Elektroleitung oder zumindest ein Leerrohr zum Rollladenkasten führen. Für Raffstoren ist ein elektrischer Antrieb eigentlich Standard.
Auch der Einbruchschutz mit einer Aufhebelsicherung

Hinweis

Soweit Sie Wert darauf legen, dass Natursteine, die in Ihrem Haus oder Garten eingesetzt werden, nicht aus Kinderarbeit stammen, sollten Sie auf das Xertifix-Label achten:

Es stammt von der Organisation Xertifix, die sich zum Ziel gesetzt hat, die Natursteinproduktion ohne Kinderarbeit unabhängig zu zertifizieren **www.xertifix.de**

des Rollladens von außen kann eine Option sein (**www.k-einbruch.de**).

Check Rollläden / Raffstoren:

✓	(überprüft)
☐	Haben die Rollläden eine Sicherung gegen Hochschieben?
☐	Auf welche Weise werden die Rollläden oder Raffstoren bedient (Gurt, Kurbel, elektrisch)?
☐	Sind die Rollläden beziehungsweise Raffstoren von außen montiert oder in einem Rollladen- / Raffstorenkasten über dem Fenster?
☐	Handelt es sich um Rollläden mit kleinen Lamellen (diese klappern bei Wind mehr als normale Profile)?
☐	Haben die Raffstoren eine Wind- und Sturmautomatik (automatisches Hochfahren bei starkem Wind oder Sturm)?
☐	Haben die Raffstoren eine Sonnenautomatik (automatisches Herunterfahren bei Sonneneinstrahlung)?
☐	Aus welchem Material sind die Rollladen- beziehungsweise Raffstorenlamellen (Kunststoff, Aluminium, Holz)?
☐	Sind die Rollladen- beziehungsweise Raffstorenkästen wärmegedämmt (U-Wert ⇝ Seite 244 f.)?

Estrich

Zur Ausführung kommt schwimmender Estrich in den Wohngeschossen, Verbundestrich im Kellergeschoss.

Erläuterung: Häufig ist in den Kellerplänen ein beheizter Raum (zum Beispiel Hobbyraum oder Büro) vorgesehen, während in der Baubeschreibung der schwimmende Estrich mit entsprechender Wärmedämmung für diesen Bereich fehlt. Die Räume sind dann im Zweifel „fußkalt". In allen beheizten Kellerräumen sollte daher mindestens ein schwimmender Estrich mit Wärmedämmung verlegt werden. Das gilt auch für den Flur. Für die restlichen Räume genügt ein Estrich auf Trennlage. Der Nachteil bei unterschiedlichen Estrichen: Es kann ein Höhenunterschied am Materialübergang beider Estriche entstehen. Beheizte Räume im Keller müssen ausreichend gedämmt werden. Das gilt für Außenwand- und Fußbodenflächen ebenso wie für Wände zwischen beheizten und unbeheizten Räumen. Eine gute Alternative ist auch die komplette Dämmung unterhalb der Bodenplatte.

Hinweis

Zementstriche sind feuchteresistent. Sie kommen daher häufig in Bädern zum Einsatz.

Anhydritestriche sind nicht feuchteresistent und kommen daher häufig in Wohnbereichen zum Einsatz. Fertigestriche werden in Form größerer Platten verlegt, harmonieren aber mit Fliesenbelägen nicht gut, da die Fliesen an den Estrichplattenkanten brechen können – besser mit Teppich.

Check Estrich:

✓	(überprüft)
☐	Aus welchem Material ist der Estrich (Zementestrich, Anhydritestrich, Fertigestrich)?
☐	Aus welchem Material ist die Dämmschicht?
☐	Welche Materialhöhen haben die einzelnen Schichten (Dämmschicht und Estrich)?
☐	Bei Räumen über unbeheiztem Keller: Wie dick ist die Dämmschicht? Wurde dabei die Energieeinsparverordnung beziehungsweise das neue Gebäudeenergiegesetz berücksichtigt? (⇝ Seite 108)

Elektro, Internet, TV, Telefon

Die Leitungen werden nach geltenden VDE-Vorschriften verlegt. In allen Räumen befinden sich Deckenauslässe für Beleuchtung, in den Bädern und im Gäste-WC über den Spiegeln. In der Küche sind 8, im Wohnzimmer 7, im Schlafzimmer 5, in den Kinderzimmern 4 und in Dielen / Fluren und im Gäste-WC je 1 Steckdose vorgesehen. In der Küche ist außerdem ein Anschluss für Elektroherd und Geschirrspülmaschine installiert. Die Terrasse erhält 1 von innen schaltbare Steckdose.

Im Keller wird 1 Anschluss für Waschmaschine und Trockner verlegt. Der Hauseingang und die Terrasse erhalten je 1 von innen schaltbaren Beleuchtungsauslass. Im Wohnzimmer, im Schlaf- und in den Kinderzimmern ist ein Leerrohr für Rundfunk und Fernsehen vorgesehen. Zusätzlich werden 2 Anschlüsse für Telefonleerrohre verlegt. Jeder Kellerraum erhält 1 Deckenbrennstelle und 1 Steckdose. Außerdem wird eine Klingelanlage installiert.

Erläuterung: Die **Elektroinstallation** ist eine der umfangreicheren Positionen in der Baubeschreibung, weil in der Regel jeder einzelne Raum mit seiner Ausstattung beschrieben wird. Um zu beurteilen, ob genügend **Steckdosen** geplant sind (meistens sind zu wenige vorgesehen), sollten Sie die Steckdosen in Ihren gegenwärtigen Wohnräumen zählen und überlegen, ob die Anzahl ausreicht. Wie auch in diesem Beispiel fehlen in Baubeschreibungen oft Angaben zu Fabrikat, Typ und Farbe der Schalter und Steckdosen. Auch diese sollten Sie zumindest einmal gesehen haben.

Bei den **Elektroleitungen** kommen Steg- oder Mantelleitungen zum Einsatz. Stegleitungen sind preiswerter und können auf der Wand verlegt werden. Sie müssen auf jeden Fall eingeputzt werden. Mantelleitungen sind hochwertiger und teurer, können jedoch aufgrund des Durchmessers nicht durch eine Putzschicht überdeckt werden. Die Wände müssen daher vorab geschlitzt und die Leitungen in die Wände verlegt werden. Für besondere Ansprüche kann die Elektroinstallation als „BUS-System“ verlegt werden. Bei dieser Installation ist die Zuordnung von Schaltern und Lichtauslässen nicht mehr festgelegt. So können Sie zum Beispiel einem Schalter auch nachträglich eine Steckdose zuordnen, wenn Sie eine Stehlampe gekauft haben und diese von der Tür aus ein- und ausschalten möchten.

Wenn nur **„Leerrohre“** genannt werden, werden keine Kabel dafür verlegt. Hier kommen nachträglich zusätzliche Kosten auf Sie zu. Nicht selten werden Leerrohre beim Bau des Hauses beschädigt und sind später unbrauchbar, was erst nach der Abnahme festgestellt wird – beim Versuch, Kabel einzuziehen – und dann zusätzlichen Ärger verursacht. Daher sollten Leerrohre immer mit einem sogenannten Zugdraht ausgestattet sein.

Die Telefon- und Internetverkabelung spielt eine zunehmende Rolle. Wer sein Internet nicht fortlaufend über WLAN betreiben will, der sollte darauf achten, dass alle Räume über Datenleitungen für Telefon, Internet und gegebenenfalls auch Kabel-TV verfügen, soweit dieses am Bauort verfügbar und im Haus gewünscht ist.

Nicht immer ist eine **Klingel- oder Wechselsprechanlage** in der Baubeschreibung enthalten. Im Beispiel hier fehlen Fabrikat, Typ und Farbe. Häufig fehlt auch die Wechselsprechstation für das Ober- und Dachgeschoss. Nur im Erdgeschoss nutzt sie Ihnen nicht allzu viel.

Check Elektro, Internet, TV, Telefon:

✓	**(überprüft)**
☐	Sind ausreichend Steckdosen und Schalter vorgesehen?
☐	Werden Fabrikat, Typ und Farbe der Schalter und Steckdosen genannt?
☐	Welche Kabel werden verlegt?
☐	Sind Außensteckdosen und Außenbeleuchtung vorgesehen und von innen schaltbar?
☐	Sind die Steckdosen mit integrierter Kindersicherung ausgestattet?
☐	Ist ein FI-Schutzschalter in Feuchträumen, Kinderzimmern und bei Außensteckdosen vorgesehen?
☐	Ist ein Anschluss für E-Mobilität im Carport, in der Garage oder an einem sonstigen PKW-Stellplatz berücksichtigt?
☐	Sind Fabrikat, Typ und Farbe der Klingel- oder Sprechanlage benannt?

- [ ] Werden Leitungen für Internet, Kabel-TV und Telefon verlegt?
- [ ] Kommen Dimmer zum Einsatz?

Heizungsanlage / Variante 1
Im Untergeschoss wird eine umweltfreundliche, energiesparende, mit hohem Wirkungsgrad arbeitende, gasbefeuerte Heizungsanlage eingebaut.

Heizungsanlage / Variante 2
Die Heizung wird als erdgasbetriebene Anlage mit Warmwasserbereitung ausgeführt. Die Leitungen werden gemäß DIN in Kunststoff ausgeführt.

Erläuterung: In den beiden Beispielen fehlen fast alle Angaben zum Heizsystem. Ein klassisches Heizsystem besteht in der Regel aus mehreren Bausteinen, die alle aufeinander abgestimmt sein müssen (⇢ Kapitel 6.2 ab Seite 94):
Bei Heizungsanlagen gibt es Preisunterschiede von mehreren Tausend Euro. Damit Sie Anlagen vergleichen können, brauchen Sie den Namen des Herstellers und den Typ der Heizungsanlage. Sie können sich dann beim Hersteller der Anlage genauer über das Produkt informieren. Legen Sie sich bei Vertragsabschluss auf ein Fabrikat fest.

Gar nicht vorhanden sind im Beispiel Angaben zum Einsatz erneuerbarer Energien. Je nachdem, welche Art erneuerbarer Energie eingesetzt wird, muss diese einen festgelegten Anteil am Gesamtenergiebedarf decken. Solarkollektoren zur Brauchwassererwärmung zum Beispiel müssen mindestens 15 Prozent des Gesamtwärmebedarfs decken. Das Gesetz setzt aber nicht eindeutig auf erneuerbare Energien und ist für Verbraucher auch wenig verständlich. Daher können Verbraucher bis heute auch nicht einmal überblicken, ob eine angebotene Heizung überhaupt den gesetzlichen Vorgaben entspricht. Das einzige, was Verbraucher trösten kann: Würde eine angebotene Anlage nicht gesetzlichen Anforderungen genügen, beständen Schadensersatzansprüche. Wie schwierig solche aber in der Praxis durchzusetzen sind und wie schnell sich die für die Gesetzgebung verantwortliche Politik dann in die Büsche schlägt, konnten Sie beim VW-Dieselskandal beobachten.

Check Heizungsanlage:

✓ **(überprüft)**

- [ ] Welcher Energieträger wird genutzt (Gas, Öl, Fernwärme, Strom, Holzpellets)?
- [ ] Bei Öl: Wo ist der Tankraum, wie groß ist der Tank?
- [ ] Bei Holzpellets: Wo ist der Lagerraum, wie groß ist er?
- [ ] Bei Gasanschluss: Wo ist die Hauseinführung?
- [ ] Bei Nah- / Fernwärme: Wo ist die Hauseinführung? Ist die Übergabestation Eigentum des Hauskäufers oder gemietet?
- [ ] Bei Wärmepumpe: Wo ist der Aufstellort drinnen beziehungsweise draußen? Welche Art der Wärmepumpe wird eingesetzt (Luftwärmepumpe, Erdwärmepumpe, Grundwasserwärmepumpe?)
- [ ] Gibt es zusätzliche Heizquellen (Kachelofen)?
- [ ] Gibt es eine genaue Beschreibung der Anlage mit Brenner, Kessel und weiteren Komponenten sowie Fabrikat und Typ?
- [ ] Handelt es sich um eine Anlage mit moderner Brennwerttechnik?
- [ ] Wie groß ist die Leistung der Anlage (kW-Zahl)?
- [ ] Welche Rohrmaterialien werden verwendet (bei Wasser als Heizmedium)?
- [ ] Welche Wärmeabgabeflächen kommen zum Einsatz (Heizkörper, Fußbodenheizung, Wandheizung)?
- [ ] Gibt es eine genaue Beschreibung der Wärmeabgabeflächen (Hersteller, Typ und so weiter)?

- [ ] Auf welche Weise werden die Heizungsrohre schallentkoppelt?
- [ ] Wie erfolgt die Heizungsregelung?

Tipp

Die Energieberatung der Verbraucherzentralen bietet eine persönliche Beratung an, die für eine Bewertung des baulichen Wärmestandards ebenso genutzt werden kann wie für Fragen rund um die Anlagenauswahl (Adressen → Seite 334).

Warmwasserbereitung / Variante 1
Bad: Elektro-Durchlauferhitzer 21 Kilowatt. Küche: 5-Liter-Untertischgerät (ohne Montage). Gäste-WC: Kaltwasseranschluss.

Warmwasserbereitung / Variante 2
Zentrale Warmwasserversorgung für Gäste-WC, Bad und Küche mit indirektem Gas-Warmwasserboiler, 80 Liter Inhalt.

Erläuterung: Die Warmwasserbereitung für einen 4-Personen-Haushalt mit Strom ist – im Vergleich zu anderen Energieträgern – am teuersten und verursacht den höchsten Ausstoß von Kohlendioxid. Besser ist die zentrale Warmwasserversorgung, bei der alle Zapfstellen über einen Warmwasserspeicher versorgt werden, der an die Heizungsanlage angeschlossen ist.

Zwischen einem einfachen Durchlauferhitzer und einer zentralen Warmwasserbereitung besteht auch ein Komfortunterschied. Wenn Sie allein leben, haben Sie mit einem Durchlauferhitzer keine Probleme. Aber wenn Sie gerade duschen und Ihr Partner den Wasserhahn am Waschbecken öffnet, wird das Wasser zum Rinnsal, dann erst kalt und dann sehr heiß, wenn der Hahn am Waschbecken wieder geschlossen wird. Elektrische Durchlauferhitzer mit Temperaturregelung funktionieren wesentlich besser, haben aber trotzdem nicht den Komfort einer zentralen Warmwasserversorgung. Außerdem lässt sich die Warmwasserbereitung mit dezentralen Durchlauferhitzern nicht mit einer umweltfreundlichen Warmwassererwärmung durch Solarkollektoren kombinieren.

Bei der zentralen Warmwasserversorgung muss der Speicher ausreichend dimensioniert sein. Die im Beispiel genannten 80 Liter Fassungsvermögen sind für eine 4-köpfige Familie zu wenig. Hier werden 160 bis 200 Liter benötigt. Für einen 2-Personen-Haushalt reichen 80 bis 100 Liter. Die Heizungsanlage muss so ausgelegt sein, dass der Speicher bei Wasserverbrauch schnell aufgeheizt wird. Außerdem kann eine Zirkulationsleitung (am sinnvollsten eine zeitgesteuerte) installiert werden, damit zum Beispiel morgens und abends warmes Wasser sofort zur Verfügung steht und Sie nicht erst ein paar Sekunden lang Wasser laufen lassen müssen, bevor es warm wird.

Wenn Solarkollektoren für die Brauchwassererwärmung zum Einsatz kommen, sind üblicherweise Warmwasserspeicher mit etwa 300 Litern Inhalt notwendig, um mittags und nachmittags, wenn die Sonne scheint, ausreichend gewärmtes Wasser „einzulagern", das dann morgens und abends, wenn die Sonne nicht mehr scheint, abgerufen werden kann.

Check Warmwasserbereitung:

✓ **(überprüft)**

- [ ] Wie wird Warmwasser erzeugt (zentrale Warmwasserbereitung oder Durchlauferhitzer)?
- [ ] Bei Speichern: Sind Größe, Fabrikat und Typ des Speichers genannt?
- [ ] Ist eine Solarkollektoranlage Teil der Planung oder kann sie unkompliziert nachgerüstet werden? (Reicht die Speichergröße hierfür aus?)
- [ ] Bei Durchlauferhitzern: Werden elektronische Durchlauferhitzer mit automatischer Temperaturregelung installiert?
- [ ] Ist eine Zirkulationsleitung vorgesehen?

- [ ] Aus welchem Material sind die Leitungen (Kunststoff, Metall)?

Sanitärausstattung

Zur kompletten sanitären Ausstattung gehören ein wandhängendes Tiefspül-WC mit eingebautem, geräuscharmem Spülkasten, Kunststoffsitz, Deckel und Papierrollenhalter. Stahl-Einbauwanne mit verchromter Einhebel-Wand- und Brausebatterie, Handbrause und Überlaufgarnitur. Brausetasse mit Ablaufgarnitur, verchromter AP-Einhebel-Brausebatterie, Unica-Stange und Handbrause mit flexiblem Schlauch. Ein Porzellan-Waschtisch, etwa 65 Zentimeter breit, Einhebelmischer und Excenter Ablaufgarnitur, Kristallspiegel 50 / 60 Zentimeter und Handtuchhalter.

Erläuterung: Im Beispiel sind zwar die einzelnen Objekte aufgeführt, über die Qualität erfahren Sie jedoch nichts. Gerade im Badbereich gibt es erhebliche Preisunterschiede von vielen Hundert Euro.

Achten Sie darauf, dass spätestens bei Vertragsschluss genau aufgeführt wird, welches Fabrikat in welcher Serie und in welcher Farbe bei den einzelnen Gegenständen zum Einsatz kommt. Ein Spiegel in einer Größe von 50 / 60 Zentimetern ist in Bädern nicht mehr zeitgemäß und höchstens im Gäste-WC denkbar. Heute werden Spiegel oft großflächig in die Wände mit eingefliest. Brausetassen können komfortabel und flach oder mit einem allzu hohen Einstieg versehen sein. Änderungswünsche bei der Badausstattung verursachen oft Mehrkosten von einigen Tausend Euro. Die Sanitärausstattung sollten Sie vor Vertragsabschluss gesehen haben und deren Kosten kennen, um beides vertraglich festlegen zu können.

Auch die Armaturen spielen eine Rolle. Also vor allem Wasserhähne und Brausen und deren Gestalt und Qualität. Insbesondere deren Schallschutzeigenschaften können für Sie wichtig sein (dazu auch → Seite 214).

Check Sanitärausstattung:

✓ **(überprüft)**

- [ ] Sind alle Sanitärgegenstände genau beschrieben (Fabrikat, Typ, Farbe, Preis)?
- [ ] Wo ist der Waschmaschinenanschluss vorgesehen?
- [ ] Gibt es Außenzapfstellen im Garten?
- [ ] Gibt es Bodeneinläufe im Keller?
- [ ] Welcher Armaturengruppe sind die Armaturen zugeordnet (Schallschutz)?
- [ ] Werden die Sanitärgegenstände schallentkoppelt montiert?

Sehr wichtig kann in WC und Bad das Thema Barrierefreiheit sein. Der Begriff Barrierefreiheit ist aber nicht definiert. Ist man auf Barrierefreiheit angewiesen oder will diese für die Zukunft vorsorglich mit einplanen, kann man sehr einfach folgende Formulierung wählen: „Barrierefreiheit nach DIN 18040 Teil 2 ist zugesichert." Dann haben Sie die DIN-Norm für Barrierefreiheit mit allen Details auf einen Schlag mit vereinbart und müssen nicht jedes Detail einzeln vereinbaren. Wenn das Unternehmen nicht alle Details erbingen kann oder will, kann es sagen, welche es nicht erbingen kann oder will. Man kann sich diese dann Punkt für Punkt ansehen. Ist man im Einzelfall zu Verzicht bereit, kann man ebenfalls schriftlich niederlegen, welche Ausnahmen von der DIN 18040-2 zugelassen werden.

Innentüren / Variante 1

Sämtliche Innentüren sind als Holztüren mit Holzzargen in glatt abgesperrter Ausführung mit weiß beschichteter Oberfläche vorgesehen.

Innentüren / Variante 2

Türblätter in Buche oder gleichwertig, naturholzfurniert oder weiß lackiert mit weiß lackierten Stahlzargen. Beschläge nach Bemusterung.

Innentüren / Variante 3

Holzumfassungszargen einschließlich Türblätter in etwa 2 Metern Höhe. Zarge und Türblatt in fertiger, beschichteter Oberfläche in „Esche weiß" (Melaminharzfolie), kantenfoliert.

Erläuterung: Formulierungen wie „weiß beschichtete Oberfläche" besagen nicht eindeutig, dass es sich um eine lackierte Holzoberfläche handelt. Es könnte auch eine weiße Kunststofffolie sein. Bei Formulierungen wie „Buche oder gleichwertig" empfiehlt es sich, das Material vor Vertragsabschluss festzulegen, damit Sie keine Überraschungen erleben. Lichte Durchgangshöhen von etwa 2 Metern sind immer noch Standard, die Tendenz geht aber zu Durchgangshöhen von etwa 2,10 Metern, da die Menschen heute im Durchschnitt größer sind als noch vor 30 Jahren. Für barrierefreies Wohnen sollten die Türöffnungen mindestens 85 Zentimeter breit sein und die Türen von Bad und WC nach außen aufschlagen. Die Qualität des Türblatts muss ebenfalls beschrieben werden, da es hier erhebliche Preisunterschiede gibt. Türblätter mit Steg- oder Wabeneinlage sind zum Beispiel die einfachste Ausführung, eine Röhrenspaneinlage ist heute guter Standard. Einen besseren Schallschutz bietet ein Türblatt mit Vollspaneinlage, falls Sie für bestimmte Räume einen besseren Schallschutz möchten. Eine Gummidichtung zwischen Zarge und Türblatt muss vorhanden sein.

Auch die Beschläge (also Türklinke, Schloss, Schlüssel) sollten beschrieben sein. Außerdem ist es sinnvoll, wenn Sie diese zumindest einmal gesehen haben. Für Bad- und WC-Türen sind im Alltag Drehschließer zum Abschließen sinnvoller als Schlüssel. Dreht man sie von innen um, zeigen sie nach außen zum Beispiel ein rotes Feld für „Besetzt!".

Check Innentüren:

- ✓ **(überprüft)**
- ☐ Wie ist das Türblatt aufgebaut?
- ☐ Welchen Schalldämmwert hat das Türblatt?
- ☐ Welche Oberfläche hat das Türblatt (Holz, Kunststoff)?
- ☐ Aus welchem Material besteht die Zarge?
- ☐ Welcher Beschlag wird verwendet (Fabrikat, Typ, Material, Farbe)?
- ☐ Wie hoch ist der Mehrpreis bei Glasausschnitten?
- ☐ Werden bei Glasausschnitten auch Größe und Glasart beschrieben?
- ☐ Welche Bänder werden verwendet, um die Tür am Rahmen einzuhängen?
- ☐ Welche Schließmechanismen kommen zum Einsatz?
- ☐ Sind die Hölzer FSC-zertifiziert?

Fliesen / Variante 1

Die Wandflächen im Bad und WC werden umlaufend raumhoch gefliest. Bodenfliesen in Bad und WC. Wand- und Bodenfliesen nach Mustervorlage, Materialpreis Bodenfliese 12 Euro pro Quadratmeter, Materialpreis Wandfliese 12 Euro pro Quadratmeter.

Fliesen / Variante 2

Bad und WC keramische Fliesen, bis auf 1,80 Meter Höhe, Format 15 / 20 beziehungsweise 20 / 20 Zentimeter, weiß, nach Mustervorlage, Materialverrechnungspreis = Bruttolistenpreis 20 Euro pro Quadratmeter.

Erläuterung: Auch bei den Fliesenarbeiten kommt es oft zu Mehrkosten, weil die Erwerber mit der Fliesenausstattung nicht zufrieden sind. Begriffe wie „Materialverrechnungspreis" oder „Bruttolistenpreis" sind unverständlich und erklärungsbedürftig. Sie können alle Diskussionen vermeiden, wenn Sie sich mit Ihrem Vertragspartner darauf einigen, dass Sie die Fliesen im Fachhandel frei aussuchen können und der Fertighaushersteller, Massivhausanbieter oder Bauträger einen festgelegten Betrag beisteuert. Wichtig ist, dass Sie nicht auf einen Fliesenaussteller festgelegt sind. Eine gute Fliese kostet schnell 30 bis 35 Euro pro Quadratmeter. Der Fertighaushersteller, Massivhausanbieter oder Bauträger sollte sich klar äußern, welchen Materialpreis netto und brutto er Ihnen vergütet. Der Materialpreis sollte gesondert ausgewiesen sein und nicht in einem Preis zusammen als „Material- und Verlegepreis". Denn dann haben Sie das Problem, dass Sie nicht wissen, was davon Material- und was Verlegepreis ist. Und der Verlegepreis spielt für Sie bei der Fliesenauswahl eigentlich keine Rolle, denn verlegen muss der Fertighaushersteller, Massivhausanbieter oder Bauträger die Fliesen sowieso, ob nun seine eigenen oder die von Ihnen ausgewählten. Nur bei Spezialverlegungen (zum Beispiel von sehr kleinen Mosaikfliesen, von Bordüren oder bei Diagonalverlegung) kann es hier eigentlich zu Mehrkosten kommen. Bei vielen Fertighausherstellern, Massivhausanbietern und Bauträgern erhält man als Standard zunächst nur wenige Fliesen aus dem eigenen Bemusterungsprogramm angeboten.

Achten Sie bei den Bodenfliesen auch auf Rutsch- und Abriebfestigkeit. Es lohnt sich, vor den Verhandlungen eine Ausstellung zu besuchen, damit Sie sich ein Bild darüber machen können, was Fliesen kosten, die Ihrem Geschmack entsprechen.

Check Fliesen:

✓ **(überprüft)**

☐ Wie hoch ist der Materialpreis der Fliesen?

☐ Müssen die Fliesen aus einem bestimmten Bemusterungsprogramm oder in einem bestimmten Geschäft ausgesucht werden?

☐ Ist die Fliesengröße frei wählbar?

☐ Wenn Sie die Fliesen nicht frei aussuchen können: Sind Hersteller, Typ, Material, Farbe und Größe genau beschrieben?

☐ Gibt es einen Mehrpreis für die Verlegung eines Fliesenmusters (zum Beispiel diagonale Verlegung der Fliesen)?

☐ Ist die Höhe der Wandverfliesung ausreichend? Was ist darüber (Tapete, Putz)?

☐ Sind Revisionstüren bei Badewannen oder Duschtassen vorgesehen?

☐ Aus welchem Material sind die Trennschienen beim Materialübergang zwischen Bodenbelägen (zwischen Fliesen und Parkett oder Fliesen und Teppich)?

Parkettboden

Im Wohn- und Essbereich wird ein Parkettboden (Buche) mit Sockelleiste eingebaut.

Erläuterung: Außer der Holzart fehlen in diesem Beispiel alle wichtigen Qualitätsangaben zum Parkett. So ist etwa unklar, ob es sich um Parkett aus Massivholz oder Fertigparkett handelt. Fertigparkett hat meist nur eine Nutzschicht von wenigen Millimetern Dicke und damit eine viel geringere Lebensdauer als Massivparkett, das mehrfach abgeschliffen und neu versiegelt werden kann. Das Verlegemuster, zum Beispiel Schachbrett-, Fischgrät- oder Schiffsdielenmuster, sollte benannt sein, ebenso die Verlegeart (beispielsweise schwimmend verlegt, das heißt, nicht mit dem Untergrund fixiert). Bei einer Verklebung des Parketts sollten Angaben zum Kleber gemacht werden, etwa zur Lösungsmittelhaltigkeit. Gleiches gilt für Versiegelungsmaterialien, wenn Massivparkett nach dem Verlegen noch geschliffen und versiegelt wird. Manchmal wird Parkett auch zweimal versiegelt, mit Zwischenschliff und Endschliff. Ferner kann Parkett auch einfach nur gewachst und geölt werden, ist dann aber anfälliger für Verschmutzung. Auch die Sockelleisten sollten genau beschrieben werden mit Materialart (häufig handelt es sich nur um Kunststoff- oder beschichtete Pressspansockelleisten – vielleicht wollen Sie aber auch hier Massivholz), Form, Maßen und Befestigungsart. Und schließlich sollten die Übergänge (zum Beispiel Messingleisten) zu anderen Bodenmaterialien beschrieben sein.

Check Parkettboden:

✓	**(überprüft)**
☐	Wie hoch ist der Materialpreis des Parketts?
☐	Kann das Parkett frei ausgesucht werden, oder muss es aus einem festgelegten Bemusterungsprogramm gewählt werden?
☐	Wenn Sie das Parkett nicht aussuchen können: Um welchen Parketttyp handelt es sich (zum Beispiel Fertigparkett oder Massivparkett)?
☐	Welches Holz wird in welchen Abmessungen und Materialstärken verwendet?
☐	Bei Fertigparkett: Wie dick ist die Nutzschicht?
☐	Wie wird das Parkett verlegt (zum Beispiel Schachbrettmuster, Fischgrätmuster, Schiffsdielenmuster)?
☐	Wie wird der Untergrund vorbehandelt?
☐	Welche Verlegeart wird gewählt (zum Beispiel Nut und Feder, lose verlegt oder flächig verklebt)?
☐	Bei Klebereinsatz: Welches Klebematerial wird verwendet?
☐	Wie wird die Oberfläche endbehandelt (zum Beispiel Anzahl der Schleifgänge, Versiegelungsmaterialien und Versiegelungsart)?
☐	Welche Fußleisten werden verwendet (Materialart, Montageart, Montagemittel, Oberflächenbeschaffenheit und Farbe, Form, Maße)?
☐	Wie sind die Übergänge zu anderen Bodenbelägen ausgeführt?

Laminatboden

Laminatboden in Buchendekor im Wohnzimmer sowie in den Wohnräumen im Obergeschoss.

Erläuterung: Laminatboden ist ein Verbundwerkstoff aus Span- oder Holzfaserplatten. Die Platten sind mit Papierschichten überzogen, die in Kunstharz getränkt wurden und auf die zum Beispiel ein Holzdekor gedruckt wurde. Je höher die Qualität des Laminatbodens, desto besser ist die Abriebfestigkeit und damit die Lebensdauer. Er wird in der Regel „schwimmend" verlegt, das heißt, die Paneele werden miteinander verleimt oder lose durch Nut und Feder verbunden, aber nicht mit dem Untergrund verklebt oder anderweitig fixiert. Neben der Art und Weise, wie die Paneele miteinander verbunden werden, ist auch wichtig, welches Material zwischen Laminat und Rohboden gelegt wird, da der Schallschutz dadurch maßgeblich bestimmt wird. Eine beschädigte oder abgenutzte Dekoroberfläche lässt sich nicht wie beim Parkett durch Abschleifen wieder aufbereiten.

Auch beim Laminatboden sollten die Bodenleisten und die Anschlusspunkte an andere Bodenarten genau beschrieben werden. Laminatboden ist beim Begehen akustisch recht „laut". Alternativen können versiegelte Korkböden oder Holzdielen im einfachen „Klick"-Montage-System sein. Das kann man durchaus auch selbst verlegen.

Check Laminatboden:

✓	**(überprüft)**
☐	Wie hoch ist der Materialpreis des Laminatbodens?
☐	Können Sie sich den Laminatboden frei aussuchen, oder muss er aus einem festen Bemusterungsprogramm gewählt werden?
☐	Wenn Sie den Laminatboden nicht aussuchen können: Sind Hersteller, Typ, Material, Farbe und Größe genau beschrieben?
☐	Gibt es Angaben zur Abriebfestigkeit?
☐	Gibt es Angaben zur Verlegeart (geleimt oder Klicksystem)?
☐	Gibt es Angaben zum Dekor?
☐	Welche Fußleisten werden verwendet (Materialart, Montageart, Montagemittel, Oberflächenbeschaffenheit und Farbe, Form, Maße)?

- [ ] Wie sind die Übergänge zu anderen Bodenbelägen ausgeführt?

Teppichboden / Variante 1
Strapazierfähiger Textil-Fußboden in verschiedenen Farben nach Wahl und Bemusterung. Fußleisten als Teppich-Sockelleisten.

Teppichboden / Variante 2
Die Teppichböden werden nicht bauseits in Eigenleistung erbracht. Zur Eigenleistung gehört auch die Vorbehandlung der Flächen und das Beiarbeiten des Estrichs.

Erläuterung: Nichtssagende Formulierungen wie „strapazierfähig" müssen durch eine genaue Beschreibung ersetzt oder ergänzt werden. Entweder werden bei Vertragsschluss Hersteller und Serie festgelegt, oder es wird vereinbart, dass Sie das Material frei aussuchen können und der Fertighaushersteller, Massivhausanbieter oder Bauträger einen festgelegten Betrag beisteuert.

Alternativ hierzu kann auch vereinbart werden, dass Sie die Teppichböden selbst verlegen oder hiermit jemanden beauftragen. Wenn zur Eigenleistung das „Beiarbeiten" des Estrichs gehört, ist Vorsicht geboten. „Beiarbeiten" kann bedeuten, dass der Estrich gespachtelt oder geschliffen werden muss. Der Estrichleger sollte seine Arbeiten aber so ausführen, dass kein „Beiarbeiten" notwendig wird. Ansonsten handelt es sich um eine mangelhafte Ausführung. Die Vorbehandlung der Flächen – zum Beispiel die Grundierung – gehört jedoch zu den Leistungen des Teppichlegers.

Check Teppichboden:

✓ **(überprüft)**

- [ ] Wie hoch ist der Materialpreis des Teppichs?
- [ ] Muss der Teppich aus einem bestimmten Bemusterungsprogramm oder in einem bestimmten Geschäft ausgesucht werden?
- [ ] Wenn Sie den Teppich nicht selbst aussuchen können: Sind Hersteller, Typ, Material, Farbe und Kleber genau beschrieben?
- [ ] Ist die Eignung des Teppichs beschrieben (zum Beispiel „antistatisch" oder „geeignet für Schreibtischstühle")?
- [ ] Aus welchem Material sind die Wandabschlussleisten (Teppich, Holz, Kunststoff)?
- [ ] Wie sind die Übergänge zu anderen Bodenbelägen ausgeführt?

Malerarbeiten / Variante 1
Sämtliche Malerarbeiten einschließlich Endanstrich der Treppen und Geländer gehören nicht zum Leistungsumfang des Auftragnehmers und sind in Eigenleistung der Erwerber nach Hausübergabe zu erbringen.

Malerarbeiten / Variante 2
Erbringung aller Malerarbeiten, Tapete Raufaser weiß gestrichen einschließlich Untergrundbehandlung und Vorarbeiten (einschließlich Treppen), ausgenommen Wände und Decken im Keller.

Erläuterung: Sind sämtliche Malerarbeiten in Eigenleistung vorgesehen, kommt einiges auf Sie zu: Gerade das Streichen von Holztreppen und Geländern macht viel Arbeit. Zu klären ist auch, ob die Untersicht der Dachüberstände ebenfalls selbst gestrichen werden muss. Hier ist zusätzlich ein Gerüst notwendig. Grenzen Sie den Umfang der Malerarbeiten ein, indem Sie die Eigenleistung genauer festlegen, zum Beispiel so: „Streichen und Tapezieren aller Wand- und Deckenflächen im Innenbereich in Eigenleistung." Wenn Ihr Vertragspartner die Malerarbeiten übernimmt, sollten auch Struktur und Art der Tapete festgelegt werden. Raufaser gibt es von fein bis grob strukturiert. Außerdem sollten Qualität der Wandfarbe und Farbauswahl vereinbart werden, zum Beispiel ein bestimmtes Produkt, etwa eine schadstofffreie Farbe.

Check Malerarbeiten:

✓ **(überprüft)**

- ☐ Können die Wand- und Deckenfarben raumweise ausgesucht werden?
- ☐ Können die Tapeten raumweise frei gewählt werden?
- ☐ Kann der Hersteller von Farben und Tapeten ausgesucht werden (zum Beispiel Ökofarbe)?
- ☐ Gibt es – als Alternative zu weißer Wandfarbe – einen Mehrpreis für die Abtönung der Wandfarbe?

Hauseingang

Hauseingangstür aus tropischem Plantagenholz (Dark-Red-Meranti oder Ähnlichem), außen dunkel – auf Wunsch innen weiß lackiert, mit Glasausschnitt (Isolierverglasung), Einsteckschloss mit Profilzylinder, Briefeinwurfschlitz mit federbetätigter Klappe (innen und außen).

Erläuterung: Die Hauseingangstür und der Vorbereich gelten im Allgemeinen als Visitenkarte des Hauses. Achten Sie darauf, was Ihnen hier geboten wird. Klären Sie, ob eine Außenbeleuchtung, ein Briefkasten und eine Hausnummer zum Leistungsumfang gehören. Ein Briefeinwurfschlitz in der Haustür ist kein Briefkasten! Überlegen Sie auch hier kritisch, ob Sie wirklich Tropenholz einsetzen wollen (⇢ FSC-Siegel, Seite 223).

Check Hauseingang:

✓ **(überprüft)**

- ☐ Aus welchem Material ist das Haustürelement (Kunststoff, Holz, Aluminium)?
- ☐ Bei Holztüren: Ist das Holz FSC-zertifiziert?
- ☐ Welche Farbe hat das Haustürelement?
- ☐ Hat die Haustür eine Mehrfachverriegelung?
- ☐ Welchen Einbruchschutz hat das Türelement?
- ☐ Welche Qualität hat der Schließzylinder?
- ☐ Sind die Griffe außen und innen im Preis enthalten?
- ☐ Sind Briefkasten, Hausnummer, Beleuchtung im Preis enthalten? Wenn ja, Produkte festlegen.
- ☐ Ist ein Eingangspodest im Preis enthalten? Wenn ja, Material und Größe festlegen.
- ☐ Ist ein Vordach im Preis enthalten? Wenn ja, Material, Größe und Gestaltung festlegen.
- ☐ Gibt es eine Mustertür, die besichtigt werden kann?
- ☐ Wie groß ist die Tür?
- ☐ Wie gut ist die Wärmedämmung der Tür (U-Wert, ⇢ Seite 244 f.)?
- ☐ Bei Glasausschnitt: Größe und Glasart müssen festgelegt werden.

Terrasse

Betonwerksteinplatten auf Unterbau.

Erläuterung: Auch in diesem Beispiel fehlen viele wichtige Angaben, zum Beispiel ob bei den Fliesen und Oberböden ein Materialpreis zu vereinbaren ist. Außerdem ist zu klären, wie der Unterbau hergestellt wird, ob der Belag zum Beispiel in einem Sandbett verlegt oder eine Betonplatte vorher gegossen wird. Das ist wichtig, um beispielsweise zu wissen, wie die Terrasse entwässert wird und ob sich die Platten später noch setzen können. Achten Sie außerdem auf eine ausreichende Größe der Terrasse. Damit 4 bis 6 Personen bequem um einen Tisch sitzen können, benötigen Sie ungefähr eine Fläche von 16 bis 20 Quadratmetern. Die genaue Größe sollte Vertragsbestandteil sein.

Check Terrasse:

✓ **(überprüft)**

- ☐ Wie groß ist die Terrasse?
- ☐ Aus welchem Material ist der Terrassenbelag (Holz, Naturstein, Betonstein)?
- ☐ Wie wird die Unterkonstruktion erstellt (Betonplatte, Kiesbett, Sandbett)?
- ☐ Auf welche Weise erfolgt die Wasserabführung?
- ☐ Wenn die Bepflanzung zum Leistungsumfang gehört: Welche Pflanzen werden verwendet?
- ☐ Gehört die Fertigstellungspflege der Pflanzen zum Leistungsumfang?
- ☐ Gehören Zäune an den Grundstücksgrenzen zum Leistungsumfang?
- ☐ Gibt es einen Standort für die Mülltonnen?
- ☐ Sind Elektroleitungen und Anschlüsse für die Außenbeleuchtung vorgesehen?
- ☐ Gehören Sichtschutzwände zum Leistungsumfang?

Außenanlage

Hauszugänge in Betonpflaster, Gartenflächen mit Mutterboden abgedeckt.

Erläuterung: Die Bepflanzung der Außenflächen ist fast nie im Leistungsumfang enthalten. Zur Außenanlage gehört neben Hauszugängen und der Terrasse (wenn nicht separat beschrieben) auch das Pflastern der Garagenzufahrt, die Einfriedung um das Grundstück mit Hecke oder Zaun, ein befestigter Standort für den Müllcontainer, Elektroleitungen für die Außenbeleuchtung im Garten und am Hauszuweg, Wasseranschluss für den Garten, bei Reihen- und Doppelhäusern eventuell eine Sichtschutzwand zwischen den Terrassen. Sollte kein Keller vorgesehen sein, ist zu klären, ob ein Kellerersatzraum im Garten im Preis enthalten ist.

Check Außenanlage:

✓ **(überprüft)**

- ☐ Gehört die Befestigung des Hauszuwegs zum Leistungsumfang?
- ☐ Gehören die Zufahrt und ein Stellplatz zum Leistungsumfang?
- ☐ Aus welchem Material werden Hauszuwegs und Stellplatz erstellt?
- ☐ Wie groß sind die befestigten Flächen?

Garage

Garage als Fertiggarage, weiß mit grundiertem Stahltor, Standort gemäß Lageplan.

Erläuterung: Wenn eine Garage nicht als eigener Punkt beschrieben wird, taucht sie oft bei der Außenanlage auf. Meistens ist eine Fertiggarage im Angebot. Achten Sie darauf, dass die äußere Gestaltung der Garage zum Haus passt. Beispielsweise wirkt eine weiß gestrichene Fertiggarage neben einem rot geklinkerten Haus wie ein Fremdkörper. Auch hier sollten Hersteller, Garagentyp und Ausstattung vor Vertragsschluss festgelegt werden. Bei Garagen, die direkt an die Hauswand angrenzen, sollte beschrieben werden, wie der Wandanschluss zwischen Haus- und Garagenwand ausgeführt wird. Zunehmend wichtiger wird die Elektromobilität. Das heißt, eine elektrische Auflademöglichkeit sollte zumindest einfach nachgerüstet werden können (→ Seite 93 f.).

Check Garage:

✓ **(überprüft)**

- ☐ Wie groß ist die Garage (Länge, Breite, Höhe)?
- ☐ Passen Größe und Gestaltung der Garage zum Haus?

- ☐ Wie sind die Anschlusspunkte zwischen Haus und Garage ausgeführt?
- ☐ Hat die Garage ein Fenster (Größe, Rahmenmaterial)?
- ☐ Gibt es auf der Rückseite eine zusätzliche Tür in den Garten (Größe, Material)?
- ☐ Wie groß ist das Garagentor?
- ☐ Wird das Garagentor manuell oder elektrisch bedient?
- ☐ Welche Elektroausstattung ist vorhanden?
- ☐ Wie wird die Garage gegründet?
- ☐ Wie wird das Garagendach entwässert?

Carport
Stellplatz als Carport. Carport als Holz- oder Metallkonstruktion.

Erläuterung: Im Unterschied zur Garage versteht man unter einem Carport einen offenen PKW-Unterstellplatz mit Überdachung, der vor Schnee, Regen, herabfallenden Blättern oder kleinen Ästen oder auch vor zu starker Erwärmung des Fahrzeugs im Sommer schützen soll. Von einer einfachen Holzkonstruktion bis hin zu Edelstahlkonstruktionen mit Aluminiumverkleidung ist alles möglich, und entsprechend kann auch der Preis variieren.

Über die genauen Abmessungen, die Konstruktion, Dachform, Dachneigung und einzelnen Materialien erfährt man im Beispiel nichts. Gleiches gilt für die Gründung der Fundamente und die Entwässerung des Dachs. Unabhängig davon, ob es sich um einen Fertig-Carport eines Herstellers handelt oder eine individuelle Planung, sollten eine Konstruktions- und Materialbeschreibung sowie vermaßte Pläne vorliegen.

Check Carport:

- ✓ **(überprüft)**
- ☐ Wie groß ist der Carport (Länge, Breite, Höhe)?
- ☐ Handelt es sich um ein Fertigprodukt eines Carport-Herstellers?
- ☐ Gibt es eine zeichnerische Darstellung des Carports?
- ☐ Sind die Seitenwände offen oder geschlossen?
- ☐ Aus welchem Material ist der Carport hergestellt?
- ☐ Wie wird das Material vor Witterungseinflüssen geschützt?
- ☐ Wie ist der Carport gegründet?
- ☐ Wie wird das Dach entwässert?
- ☐ Ist eine Elektroausstattung vorhanden?

Typische Schlussbemerkungen von Baubeschreibungen

Fast alle Baubeschreibungen enthalten Schlussbemerkungen. Sehr häufig handelt es sich hierbei nicht um technische, sondern um rechtliche Festlegungen. Nicht selten stehen diese Regelungen auch im Widerspruch zu rechtlichen Regelungen im notariellen Kaufvertrag. Diese Regelungen gehen oft unter, obwohl sie in vielen Fällen nicht ungefährlich sind. Sehr typische Regelungen in solchen Schlussbemerkungen sind zum Beispiel, dass es **Änderungen zur Baubeschreibung** geben kann, sofern sie keine Nachteile verursachen und keine Wertminderung darstellen. Dieser Punkt ist nachteilig für Sie, denn dann können Leistungen praktisch beliebig noch geändert werden.

Gleiches soll häufig für Änderungen durch **behördliche Auflagen** gelten. Auch hier können für Sie Nachteile entstehen. Wenn die Baugenehmigung erteilt wurde, können normalerweise keine zusätzlichen behördlichen Auflagen mehr kommen, die die Bauplanung und die Bauausstattung betreffen. Wurde sie noch nicht erteilt, stellt sich die Frage, ob überhaupt schon ein Vertrag geschlossen werden sollte. Lassen Sie sich nicht auf derartige Änderungsklauseln ein, sondern versuchen Sie, sich konkrete Alternativen benennen zu lassen.

Außerdem werden in den Schlussbemerkungen meist Abweichungen von der **Wohnflächenberechnung** vorbehalten. Das liegt daran, dass häufig noch keine Ausführungsplanung existiert, wenn die Baubeschreibung erstellt wird. Durch Installationsschächte oder Vormauerungen können sich durchaus Abweichungen ergeben. Allerdings lässt sich der Umfang abgrenzen: Meistens wird eine Schwankung von etwa 2 Prozent der Wohnfläche nach oben oder unten vereinbart. Zur Überprüfung der veranschlagten Wohnfläche mit den tatsächlich erstellten Flächen benötigen Sie allerdings als Basis auch eine detaillierte Wohnflächenberechnung (⇢ Kapitel 9.9 ab Seite 237).

Häufig wird in den Schlussbemerkungen auch erwähnt, dass die in den Plänen dargestellte Möblierung nicht Bestandteil der Leistungen ist (also keine Möbel geliefert werden), sondern der Orientierung dient. Das ist eine unproblematische Regelung für Sie.

Weniger unproblematisch können Regelungen sein, wonach der Bauträger Ihr Objekt während der Bauphase und auch noch nach Fertigstellung und vor Übergabe als Musterobjekt für **Besichtigungen** nutzen darf. Das heißt dann, dass durch Ihr gerade fertiggestelltes Haus eventuell viele Personen laufen. Das müssen Sie natürlich nicht akzeptieren. Häufig gibt es in den Schlussbemerkungen auch Regelungen, dass zum Beispiel **Fotos** des Hauses zu **Werbezwecken** genutzt werden dürfen. Auch dem müssen Sie nicht zustimmen. Denn Sie können davon ausgehen, dass dann mit Aufnahmen von Ihrem Haus auch im Internet geworben wird.

Da die Baubeschreibung Bestandteil des Kauf- beziehungsweise Bauvertrags wird, sollten die Schlussbemerkungen, die in einigen Fällen übrigens auch Vorbemerkungen sein können, sehr viel sinnvoller folgende Dinge regeln:

- Wird eine Baugrunduntersuchung durchgeführt, und bekommen Sie das Ergebnis für Ihre Unterlagen?
- Gibt es baurechtliche Auflagen über einen einzuhaltenden Mindestschallschutz gegen Außenlärm?
- Möchten Sie einen erhöhten Schallschutz haben?
- Wenn die Hausanschlüsse zum Leistungsumfang gehören, muss das erwähnt werden. Werden alle Anschlüsse, die ausgeführt werden, auch namentlich genannt? Ist das Haus bei Übergabe also voll betriebsfähig (Gas / Fernwärme, Wasser, Abwasser, Regenwasser, Strom, Telefon, IT)?
- Wird der Wärmeschutz eines Gebäudes höherwertiger ausgeführt als die gesetzlichen Vorschriften der Energieeinsparverordnung (zum Beispiel bei einem Passivhaus)? Dann sollte das genau festgelegt sein. Wird vereinbart, dass Ihnen die Berechnungen und der Energiebedarfsausweis zur Verfügung gestellt werden?
- Zur Qualitätssicherung der Ausführung sollte ein Blower-Door-Test vereinbart werden (⇢ Seite 289 f.), und zwar mit einem festgelegten Mindestwert der Luftwechselrate, der erreicht werden muss. Wird ein solcher Test durchgeführt?
- Erhalten Sie die Protokolle der behördlichen Rohbauabnahme und der Abnahme der Heizungsanlage durch den Bezirksschornsteinfeger (soweit das für die betreffende Heizung notwendig ist) sowie die behördliche Fertigstellungsabnahme für Ihre Unterlagen?
- Werden Rauchmelder eingebaut?
- Wenn das Regenwasser auf dem Grundstück versickern soll und nicht über die Kanalisation abgeführt wird, müssen Art und Umfang der Leistung genau beschrieben werden, sofern sie im Preis enthalten ist. Wie wird das Regenwasser abgeführt? Ist diese Leistung im Preis enthalten?

Wenn Ihnen bereits Baubeschreibungen vorliegen, werden Sie dort wahrscheinlich eine ganze Reihe von Lücken und rechtlich unklaren Begriffen finden. Die

Verbraucherzentrale hat eine umfassende Muster-Baubeschreibung herausgegeben, die gut geeignet ist, um Baubeschreibungen, die Ihnen vorgelegt werden, zu überprüfen. Soweit man auf dem eigenen Grundstück schlüsselfertig selbst baut, ist diese Muster-Baubeschreibung auch eine große Hilfe, um mit dem Fertighaushersteller oder Massivhausanbieter eine vollständige Baubeschreibung aufzustellen.

Fehlende Festlegungen in Baubschreibungen können zu Kostensteigerungen führen. Um systematisch zu überprüfen, ob bei den Kosten alles berücksichtigt ist, können Sie auch die beiden nachfolgenden Ratgeber der Verbraucherzentrale einsetzen:

Beim Bauen auf eigenem Grundstück mit dem Fertighaushersteller oder Massivhausanbieter: „Kosten- und Vertragsfallen beim Bauen" (→ Seite 335).

Beim Kauf eines Bauträgerhauses: „Kosten und Vertragsfallen beim Immobilienkauf" (→ Seite 335).

9.9 Wohnflächenberechnung

Die Wohnflächenberechnung ist ein weiterer wichtiger Vertragsbestandteil. Indem der Kaufpreis ins Verhältnis zur Wohnfläche gesetzt wird, werden mitunter auch Angebote verglichen. Viele Wohnflächenangaben sind jedoch ungenau und lassen sich nicht nachvollziehen. Dies führt wiederum dazu, dass Preise nicht richtig ins Verhältnis gesetzt werden können. In Exposés von Fertighausherstellern, Massivhausanbietern und Bauträgern finden Sie häufig nur eine Aufstellung der Räume mit Quadratmeter-Angaben, manchmal auch eine Berechnung. Aber fast nie erhalten Sie zusätzlich vermaßte Pläne, mit denen Sie die Berechnung nachvollziehen können. Leider sind viele Wohnflächenberechnungen falsch, weil sie Berechnungsgrundlagen verwenden, die für Wohnflächen nicht vorgesehen sind. Außerdem werden die Berechnungsansätze der Normen und Verordnungen häufig falsch ausgelegt. Dadurch ergeben sich nicht selten größere Gesamtflächen als bei einer korrekten Berechnung. Manchmal wird auch auf gar keine Berechnungsgrundlage Bezug genommen und eine Flächenermittlung „nach eigenem Gusto" durchgeführt. Da die Wohnfläche nicht selten zur Gegenprüfung des Gesamtpreises herangezogen wird, was vor allem bei Hausangeboten ohne Grundstückskauf ja auch funktioniert, entsteht so ein falsches Bild von Preis und Leistung. Folgende Verordnungen und Normen werden häufig bei Wohnflächenberechnungen herangezogen:

- Wohnflächenverordnung (WoFlV)
- Zweite Berechnungsverordnung (II. BV)
- DIN 277
- DIN 283

Hinweis

Wenn Sie an einem Haus interessiert sind, sollten Sie sich frühzeitig die Wohnflächenberechnung schicken und überprüfen oder von einem Fachmann (→ Adressen, Seite 334) prüfen lassen. Eine korrekt ermittelte Wohnflächenberechnung kann beim Preisvergleich von Hausangeboten helfen.

Berechnung nach Wohnflächenverordnung (WoFlV)

Eine verbindliche Methode zur Berechnung der Wohnfläche gibt es derzeit nur für öffentlich geförderte Wohnungen, deren Flächen auf der Grundlage der Wohnflächenverordnung (WoFlV) ermittelt werden. Wenn Sie also für Ihren Hauskauf eine Zusage für öffentliche Fördermittel haben, benötigen Sie eine Berechnung nach der Wohnflächenverordnung.

Die WoFlV ist am 1. Januar 2004 in Kraft getreten und ersetzte die Zweite Berechnungsverordnung (II. BV), die bis dahin Grundlage für Wohnflächenberechnungen öffentlich geförderter Wohnungen war.

Die WoFlV ist Teil der „Verordnung zur Berechnung der Wohnfläche, über die Aufstellung von Betriebskosten und zur Änderung anderer Verordnungen". Die Verordnung gliedert sich in folgende Artikel:

- Artikel 1 Wohnflächenverordnung
- Artikel 2 Betriebskostenverordnung
- Artikel 3 Änderung der Zweiten Berechnungsverordnung
- Artikel 4 Änderung der Neubaumietenverordnung
- Artikel 5 Änderung der Heimmindestbauverordnung
- Artikel 5a Änderung der Wohngeldverordnung
- Artikel 6 Inkrafttreten

Artikel 1 enthält die für die Berechnung der Wohnfläche nach Wohnflächenverordnung erforderlichen Regelungen. Er untergliedert sich in 5 Paragrafen, die Sie auch im Internet unter **www.gesetze-im-internet.de** finden.

§ 1 der WoFlV bestimmt, dass bei der Berechnung der Wohnfläche nach dem Wohnbauförderungsgesetz die Vorschriften der WoFlV einzuhalten sind und dass zur Berechnung der Wohnfläche die Grundflächen zu ermitteln und auf die Wohnfläche anzurechnen sind.

Nach **§ 2 der WoFlV** gehören zur Wohnfläche die Grundflächen aller Räume innerhalb einer Wohnung, die als Wohnraum zulässig sind, außerdem die Grundflächen von Wintergärten, Schwimmbädern und ähnlichen nach allen Seiten geschlossenen Räumen sowie Balkone, Loggien, Dachgärten und Dachterrassen.

Nicht zur Wohnfläche gehören die Grundflächen von „Zubehörräumen" wie Kellerräume, Abstellräume außerhalb der Wohnung, Waschküche, Bodenräume, Trockenräume, Heizungsräume und Garagen.

Außerdem gehören Räume nicht zur Wohnfläche, wenn bestimmte Anforderungen des Bauordnungsrechts der Bundesländer (Landesbauordnungen) an Wohnräume nicht erfüllt werden, zum Beispiel bei der Raumhöhe oder bei natürlichen Belichtungsflächen. Das kann zum Beispiel ein Hobbyraum im Keller sein, der nach Bauordnungsrecht nur als Abstellraum zugelassen ist. Geschäftsräume gehören ebenfalls nicht zur Wohnfläche.

Nach **§ 3 der WoFlV** wird die Grundfläche nach den lichten Maßen zwischen den Bauteilen ermittelt. Übermessen werden dabei Tür- und Fensterumkleidungen, Sockelleisten, fest eingebaute Gegenstände wie zum Beispiel Badewannen, freiliegende Installationen, Einbaumöbel und versetzbare Raumteiler. Nicht berücksichtigt werden bei der Ermittlung der Grundflächen Schornsteine, Vormauerungen, Bekleidungen, freistehende Pfeiler und Säulen, wenn sie höher als 1,50 Meter sind und mehr als 0,1 Quadratmeter Grundfläche aufweisen (zum Beispiel größer als eine Breite von 50 Zentimetern und eine Tiefe von 20 Zentimetern). Ferner nicht Treppen mit mehr als 3 Steigungen, Türnischen sowie Fenster- und offene Wandnischen, die nicht bis zum Boden herunterreichen oder weniger als 13 Zentimeter tief sind.

Die Flächenermittlung kann auf der Grundlage von Zeichnungen erfolgen, wenn diese für ein Genehmigungsverfahren oder ähnliche Verfahren nach Bauordnungsrecht erstellt wurden oder dafür geeignet sind. Wurde abweichend von diesen Bauzeichnungen gebaut, muss die Grundfläche entweder vor Ort im fertigen Zustand ermittelt werden oder aufgrund berichtigter Bauzeichnungen.

Nach **§ 4 der WoFlV** werden die Grundflächen von Räumen mit einer lichten Höhe von mindestens 2 Metern vollständig angerechnet, Raumteile – zum Beispiel Dachschrägen – mit einer lichten Höhe von mindestens 1 Meter und weniger als 2 Metern zur Hälfte. Balkone, Loggien, Dachgärten und Terrassen sind in der Regel zu einem Viertel, höchstens jedoch zur Hälfte anzurechnen. Hier besteht ein Ermessensspielraum.

Der **§ 5 der WoFlV** schließlich beinhaltet eine Überleitungsvorschrift, wonach Wohnflächenberechnungen nach der Zweiten Berechnungsverordnung, die bis zum 31. Dezember 2003 erstellt wurden, nicht erneut nach der Wohnflächenverordnung ermittelt werden müssen, wenn nach dem 31. Dezember 2003 keine baulichen Änderungen vorgenommen wurden, die eine Neuberechnung erforderlich machen würden.

Berechnung nach der Zweiten Berechnungsverordnung (II. BV)

Die Zweite Berechnungsverordnung war bis zur Ablösung durch die Wohnflächenverordnung im Januar 2004 die gültige Verordnung für die Wohnflächenberechnung. Dennoch verwenden einige Hausanbieter immer noch diese Berechnungsmethode zur Wohnflächenberechnung. In Teil 4 der II. BV erläutern die §§ 42–44, wie die Wohnfläche zu berechnen ist. Demnach besteht die Wohnfläche aus der Grundfläche aller Räume, die zu Wohnzwecken genutzt werden und die als Wohnraum zulässig sind. Speziell Hobbyräume im Keller werden von Hausanbietern häufig in die Wohnflächenberechnung einbezogen, obwohl sie in bestimmten Fällen nach baurechtlichen Gesichtspunkten (Landesbauordnungen) nicht als Wohnfläche gelten. Lassen Sie sich in einem solchen Fall bestätigen, dass der Hobbyraum im Keller gemäß aktueller Landesbauordnungen des betreffenden Bundeslandes wirklich als Wohnfläche zulässig ist, und fragen Sie im Zweifelsfall bei der Genehmigungsbehörde nach.

Wohnräume nach den Landesbauordnungen müssen Mindestraumhöhen einhalten (2,30 Meter in Baden-Württemberg, 2,50 Meter in Berlin, alle anderen 2,40 Meter), sie müssen ausreichend natürlich belichtet und belüftet sein (in der Regel 10 Prozent der Raumgrundfläche als Fensterfläche – also 1 Quadratmeter Fenster für einen 10 Quadratmeter großen Raum) und sie müssen ausreichend beheizbar sein (in der Regel auf 20 Grad Celsius).

Werden zur Berechnung die Rohbaumaße herangezogen (zum Beispiel aus Bauantragsplänen), dann sind die errechneten Grundflächen um 3 Prozent zu kürzen, da Wandputz, der später aufgetragen wird, die Grundflächen verkleinert. Ansonsten gelten die lichten Fertigmaße von Wand zu Wand. Abzuziehen sind außerdem Pfeiler, Kamine, Säulen und Mauervorlagen, die größer als 0,1 Quadratmeter sind, ferner Treppen über 3 Steigungen. Hinzuzufügen sind Wandnischen, die tiefer als 13 Zentimeter sind, Erker und Wandschränke über 0,5 Quadratmeter sowie Bereiche unter Treppen, die höher als 2 Meter sind. Die anrechenbare Grundfläche ist abhängig von der lichten Raumhöhe. Über 2 Meter Raumhöhe wird die Grundfläche voll gerechnet, zwischen 1 und 2 Metern sowie bei Wintergärten und Schwimmbädern zur Hälfte. Nicht gerechnet wird die Grundfläche bei einer lichten Höhe unter 1 Meter. Balkone, Loggien, Dachgärten oder überdachte Freisitze werden bis zur Hälfte angerechnet. Bis zur Hälfte heißt, dass es auch weniger sein kann, zum Beispiel ein Viertel der Grundfläche. Auch hier besteht ein Ermessensspielraum.

Berechnungen nach DIN 277

Viele Anbieter berechnen die Wohnfläche auch gerne nach der DIN 277. Die in der DIN 277 festgelegte Berechnungsweise ist aber in erster Linie nur dazu gedacht, für Kostenkalkulationen einheitliche und vergleichbare Grundlagen zu schaffen. Entsprechend wird in der DIN 277 auch nicht von Wohnflächen gesprochen, sondern unter anderem von Hauptnutzflächen. Nebennutzflächen und Verkehrsflächen. Eine Berechnung der „Wohnfläche nach DIN 277“ ist demnach gar nicht möglich, weil dieser Begriff in der DIN selbst gar nicht auftaucht. Nach der DIN 277 geht man von der Brutto-Grundfläche (BGF) aus, die über die Außenmaße des Gebäudes bestimmt wird. Davon wird die Konstruktionsfläche abgezogen, die alle Wände, Stützen und dergleichen beinhaltet. Übrig bleibt die Netto-Grundfläche (NGF). Die Netto-Grundfläche unterteilt sich wiederum in Nutzfläche (NF), Funktionsfläche (FF) und Verkehrsfläche (VF). Die Nutzfläche unterteilt sich nochmals in Hauptnutzfläche und Nebennutzfläche. Mit der Wohnfläche nach der Zweiten Berechnungsverordnung vergleichbar sind die Flächen von Hauptnutzfläche, Nebennutzfläche und Verkehrsfläche. In der DIN 277 werden Flächen bis 1,5 Meter lichte Höhe und Flächen über 1,5 Meter lichte Höhe getrennt ermittelt. Im Ergebnis kann bei einer Berechnung nach DIN 277 also nur eine Aufstellung von Hauptnutzflächen, Nebennutzflächen und Verkehrsflächen herauskommen, wobei zusätzlich Kellerräume als Funktionsfläche ausgewiesen werden müssen. Die DIN 277 ist für Sie wenig aussagekräftig. Lassen Sie sich die Wohnfläche daher auf der Grundlage der aktuellen Wohnflächenverordnung berechnen.

Berechnungen nach DIN 283

Eigentlich nie taucht die DIN 283 noch in Plänen für Neubauten auf. Diese DIN sollte man in aktuellen Plänen für Nebauten auch nicht akzeptieren, denn sie wurde bereits 1983 offiziell zurückgezogen und soll keine Verwendung mehr finden.

Fazit

Kleine Unterschiede zwischen der Wohnflächenverordnung, der Zweiten Berechnungsverordnung und der DIN 277 führen dazu, dass Wohnflächenberechnungen nach unterschiedlichen Berechnungsmethoden nur bedingt verglichen werden können. Je nach Berechnungsgrundlage kann die Wohnfläche für den gleichen Grundriss unterschiedlich groß ausfallen. Um sicherzugehen, dass der Preis nicht über eine zweifelhafte Wohnflächenberechnung geschönt wird, sollten im Kaufvertrag oder in einer der Anlagen dazu die Quadratmeterzahl genau genannt werden, die Berechnungsgrundlage exakt benannt sein und Ihnen eine prüfbare Berechnung inklusive Rechenweg und vermaßten Planzeichnungen vorliegen. Wenn Sie die Förderung einer Landesbank oder der KfW-Förderbank in Anspruch nehmen wollen, müssen Sie grundsätzlich Flächenberechnungen nach der Wohnflächenverordnung vorlegen. Generell sollten Sie auf diese Berechnungsart drängen.

9.10 Energiebedarfsausweis mit energetischen Festlegungen

Die energetischen Anforderungen an neue Gebäude steigen ständig. Als Käufer oder Bauherrr sind für Sie zwei Dinge entscheidend:

1. Die gesetzlichen Anforderungen aus der Energie--einsparverordnung (EnEV) und dem Erneuerbare-Energien-Wärme-Gesetz (EEWärmeG) müssen erfüllt sein (beide Gesetze sollen noch 2019 in dem neuen „Gesetz zur Vereinheitlichung des Energieeinsparrechts von Gebäuden“, GEG, zusammengeführt werden, ⇢ Hinweis auf Seite 108 – es soll sich inhaltlich aber nichts ändern).
2. Falls Sie Förderungen in Anspruch nehmen wollen, die gekoppelt sind an energetische Zielvorgaben, wie zum Beispiel die Förderungen der KfW, müssen auch diese erfüllt sein.

Zur Einhaltung des ersten Punkts ist der Bauträger gesetzlich verpflichtet. Zur Einhaltung des zweiten Punkts müssen Sie ihn verpflichten. Wollen Sie beispielsweise bei der KfW eine Förderung für ein KfW-Effizienzhaus 55, 40 oder 40 Plus beantragen (alles Häuser mit deutlich niedrigerem Energiebedarf als gesetzlich gefordert), muss dies in der Baubeschreibung in jedem Fall vereinbart werden. Hier genügt zum Beispiel der Satz: „Das Gebäude erfüllt sämtliche Standards der Kreditanstalt für Wiederaufbau für ein KfW-Effizienzhaus 40." Dann ist der Hausanbieter verpflichtet, diesen Standard zu erreichen.

Auch der Energiebedarfsausweis sollte Ihnen gleich beim Kauf Ihres Hauses ausgehändigt werden. Der Energiebedarfsausweis muss gemäß der Energieeinsparverordnung gewisse Vorgaben einhalten. Eine Abbildung dieses Musterausweises finden Sie auf Seite 296. Eine der wichtigsten Vorgaben dabei ist, dass der Aussteller des Energiebedarfsausweises diesen unterzeichnen muss. Das heißt, Sie sollten darauf achten, dass der Ausweis von dem ausstellenden Ingenieur persönlich unterzeichnet ist und dass seine Büroadresse klar lesbar eingetragen ist. Nicht unterzeichnete Ausweise oder Ausweise, die zu weit vom gesetzlichen Muster abweichen, sollten Sie nicht akzeptieren. Machen Sie im Zweifel und im Fall eines Bauträgerkaufs den Notar auf das Problem aufmerksam und bitten Sie ihn um ordnungsgemäße Berücksichtigung gesetzlicher Vorgaben auch bei den Vertragsanlagen.

Wärmebrücken

Wärmebrücken sind Bereiche in der Außenhülle des Gebäudes, durch die im Verhältnis zur übrigen Fläche sehr viel mehr Wärme nach außen entweicht.

Es gibt 3 Arten von Wärmebrücken:

- Geometrische Wärmebrücken wie Außenecken von Gebäuden, die im Verhältnis zur Innenwandfläche einen größeren Anteil an Außenwandfläche haben. Sie sind baupraktisch nicht zu vermeiden, wenn man Gebäude mit senkrechten und waagerechten Außenwandflächen errichtet.
- Konstruktive Wärmebrücken, also Bereiche am Gebäude, die ohne zusätzliche Maßnahmen nicht so gut gedämmt werden können wie der Rest der Gebäudehülle. Beispiele hierfür sind Rollladenkästen oder der Anschluss der Fenster an die Außenwand.
- Wärmebrücken durch eine fehlerhafte Ausführung, wenn beispielsweise der Maurer beim Verklinkern der Fassade in Teilbereichen die Dämmung zwischen Klinker und tragender Wand vergisst. Das Schema unten zeigt den wachsenden prozentualen Anteil von Wärmebrücken am Energieverlust des Hauses, wenn der Wärmeverlust durch die Außenwand per Dämmung sinkt.

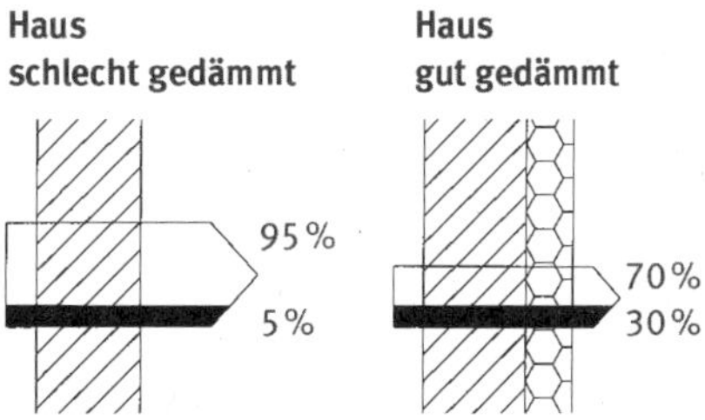

Prozentualer Anteil von Wärmebrücken an den Wärmeverlusten

Wärmebrücke 1:
Fußpunkt Innenwand im beheizten Kellerbereich
Werden einzelne Kellerräume zu Wohnzwecken genutzt, müssen die Außenwände, der Kellerboden und die Innenwände zu angrenzenden unbeheizten Kellerräumen gedämmt werden. In der Regel wird dabei vergessen, dass die Innenwände auf dem Rohboden stehen und somit eine Wärmebrücke zur Bodenplatte darstellen.

Lösung: Die unterste Steinreihe wird in einem Material mit besserem U-Wert bei gleicher Druckfestigkeit ausgeführt (zum Beispiel Porenbeton).

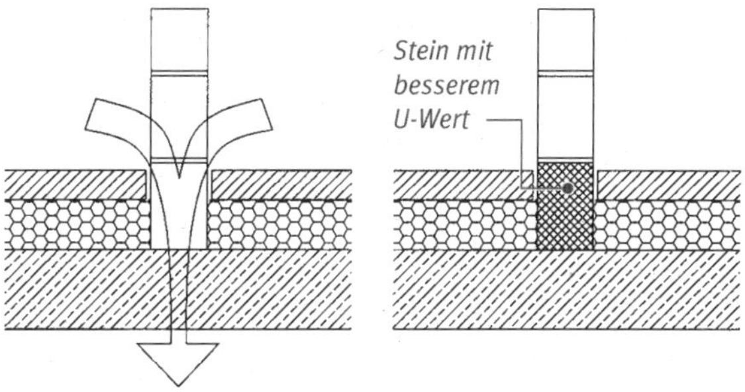

Wärmebrücke 2:
Auskragende Bauteile wie Podestplatten oder Balkone

Es passiert immer noch, dass die Podestplatte für das Eingangspodest oder die Balkonplatte direkt mit der Geschossdecke verbunden wird. Auch das ist eine ausgeprägte Wärmebrücke, die trotz zusätzlicher Maßnahmen – wie einer nachträglichen, umlaufenden Dämmung – wirksam bleibt.

Lösung: Das Podest wird mit speziellen Befestigungen wärmetechnisch von der Geschossdecke getrennt.

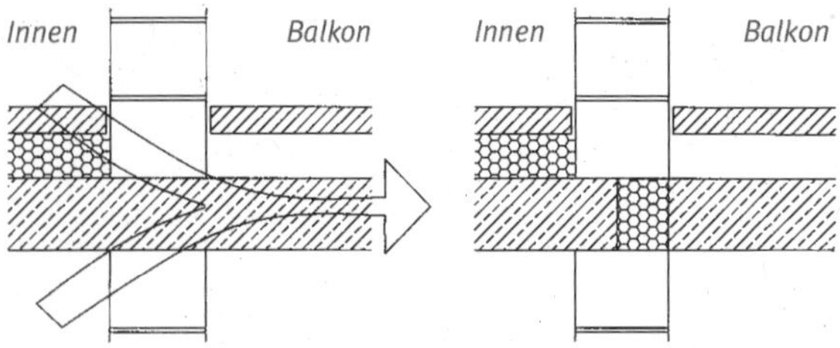

Wärmebrücke 3:
Fehlende Dämmung über dem Giebelmauerwerk

Die Dämmung des Dachs erfolgt zeitlich nach dem Eindecken der Ziegel oder Dachsteine. Dann ist aber in der Regel die Oberseite des Giebelmauerwerks nicht mehr zugänglich und bleibt ungedämmt. Manchmal wird der obere Abschluss des Giebelmauerwerks bis zur Oberkante der Sparren geführt, sodass sowieso nicht mehr gedämmt werden kann.

Lösung: Der Maurer lässt das Giebelmauerwerk etwa 15 Zentimeter niedriger als die Oberkante der Sparren. Der Dachdecker kann dann vor dem Verlegen der Unterspannbahn diesen Bereich ausreichend dämmen.

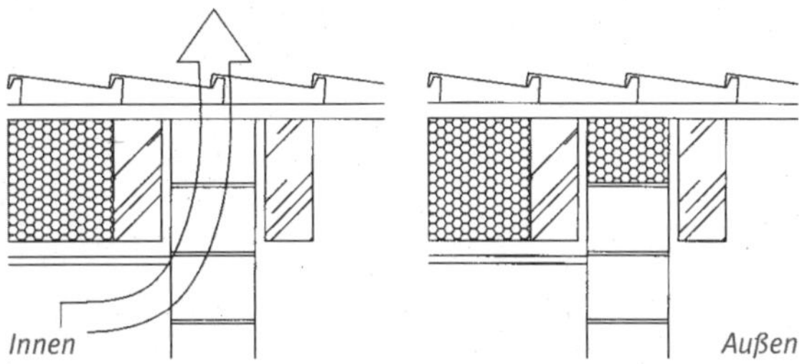

Wärmebrücke 4:
Abschluss von Innenwänden zum ungedämmten Spitzboden

Ähnlich wie beim Giebelmauerwerk entsteht eine Wärmebrücke, wenn Innenwände an der Oberseite nicht gedämmt sind und in den unbeheizten Spitzboden ragen.

Lösung: Der Maurer lässt das Mauerwerk etwa 15 Zentimeter niedriger als die Oberkante der Kehlbalken. Der Zimmermann kann dann vor dem Verlegen des Gehbelags im Spitzboden diesen Bereich ausreichend dämmen.

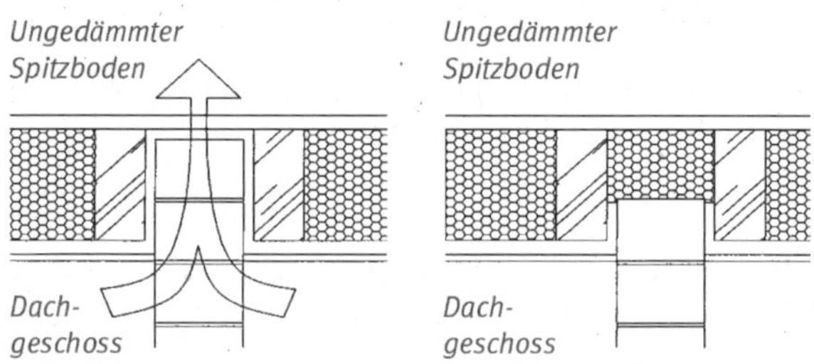

Wärmebrücke 5:
Anschluss von Fenstern und Fensterbänken

Im Bereich der Fensterlaibungen und Fensterbänke sind die Details oft so ausgeführt, dass Wärmebrücken entstehen.

Lösung: Zusätzliche Dämmung im Bereich der Fensterlaibungen und unter den Fensterbänken.

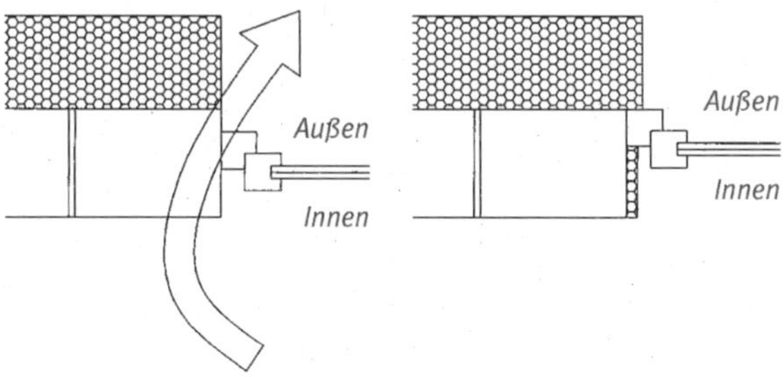

Wärmebrücke 6:
Kellertreppe steht auf dem Rohboden

Wird die Kellertreppe betoniert, steht sie in der Regel auf der Betondecke. Auch wenn später ein schwimmender Estrich als Bodenbelag aufgebracht wird, entsteht an dieser Stelle eine Wärmebrücke.

Lösung: Dämmung unter dem Auflager der Treppe anbringen.

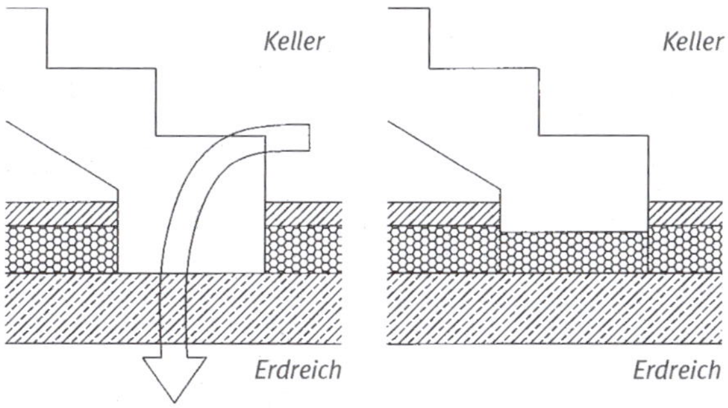

Wärmebrücke 7:
Wärmebrücke Außenwand zum ungedämmten Keller

Auch wenn die Fassade der Außenwand gedämmt wird und beim Fußbodenaufbau im Erdgeschoss ausreichend Dämmung unter dem Estrich liegt, besteht eine Wärmebrücke zum ungedämmten Keller über dem Fußpunkt des Außenmauerwerks.

Lösung: Die unterste Steinreihe wird mit einem besseren U-Wert ausgeführt, soweit es die erforderliche Druckfestigkeit zulässt.

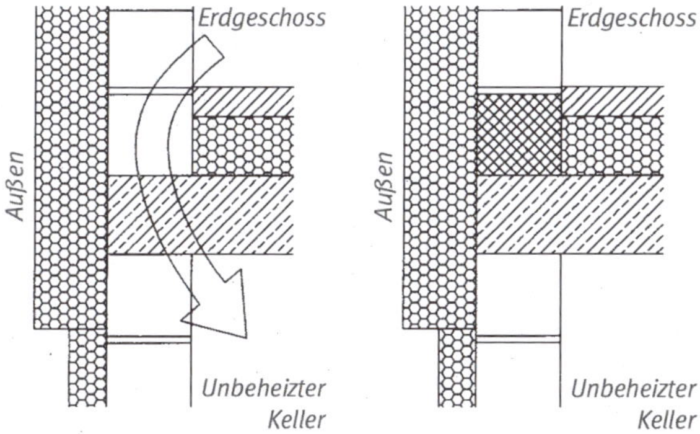

Mit der nachfolgenden Checkliste können Sie sich einen ersten Überblick über wichtige Dämmeigenschaften an wichtigen Gebäudeelementen verschaffen:

Check Dämmung / Wärmebrücken:

Wie dick ist die Dämmung der Bauteile?

Außenwand ☐ cm
Dachfläche ☐ cm
EG-Fußboden über unbeheizten Kellerräumen ☐ cm
Beheizte Räume im Keller zum Erdreich ☐ cm
Beheizte Kellerräume zu unbeheizten Räumen ☐ cm

Welchen U-Wert hat die Fensterverglasung? ☐

Dämmung des Giebelmauerwerks

Wird die Oberseite des Giebelmauerwerks wärmegedämmt? ☐ Ja ☐ Nein
Dämmmaterial ☐
Dämmstärke ☐ cm

Sind Vordächer oder Balkone thermisch getrennt? ☐ Ja ☐ Nein

Dämmung der Rollläden

Haben die Rollladenkästen eine Innendämmung? ☐ Ja ☐ Nein
Dämmmaterial ☐
Dämmstärke ☐ cm

Werden Wangen von Dachflächenfenstern gedämmt? ☐ Ja ☐ Nein

Sind die Fensterlaibungen und Fensterbänke gedämmt? ☐ Ja ☐ Nein

Energiebedarfsausweis

Liegt ein Energiebedarfsausweis vor? ☐ Ja ☐ Nein
Kann er eingesehen werden? ☐ Ja ☐ Nein
Unterschreitet der Jahres-Primärenergiebedarf die gesetzlichen Anforderungen? ☐ Ja ☐ Nein
Wenn ja, um wie viel Prozent? ☐

Neben diesen typischen Wärmebrücken ist vor allem auch der sogenannte U-Wert ein wichtiger Faktor. Er definiert – grob gesagt – die Qualität der Wärmedämmung. Dabei handelt es sich um einen Wärmedurchgangskoeffizienten, der den Wärmedurchgang durch ein Bauteil angibt. Weitergehende Erläuterungen dazu und wie er exakt ermittelt wird, finden Sie nachfolgend. U-Wert-Angaben zu Fenstern, Türen und Fassaden finden Sie häufig in Baubeschreibungen.

Die nachfolgende Tabelle gibt Ihnen einen Überblick über die vorgeschriebenen Mindest-U-Werte verschiedener Bauteile nach der Energieeinsparverordnung.

Mindest-U-Werte nach EnEV

Bauteil	Vorgeschriebener U-Wert
Außenwände	0,35
Fenster	1,3
Steildach	0,2
Steildach	0,28
Decken und Wände gegen unbeheizte Räume	0,35
Decken und Wände gegen Erdreich	0,35

Was ist der U-Wert?

Beim U-Wert (früher k-Wert) handelt es sich um den Wärmedurchgangskoeffizienten eines Bauteils, zum Beispiel einer Außenwand oder eines Dachs.

Der U-Wert gibt den Wärmedurchgang durch dieses Bauteil an. Je kleiner der U-Wert für ein Bauteil ist, desto besser ist seine Dämmung und umso geringer sind die Energieverluste. Bei der Berechnung des U-Werts werden 3 physikalische Vorgänge berücksichtigt:

- der Wärmeübergang vom beheizten Innenraum in das Außenbauteil,
- der Wärmedurchgang durch das Außenbauteil,
- der Wärmeübergang vom Außenbauteil in den kühlen Außenbereich.

Während für die Wärmeübergänge vom Innenraum in das Bauteil und vom Bauteil in den kühlen Außenbereich feste Rechengrößen angesetzt werden, hängt der Wärmedurchgang durch das Bauteil von der Wärmeleitfähigkeit und Dicke der einzelnen Schichten ab.

In der DIN 4108 „Wärmeschutz im Hochbau" sind im Teil 4 standardisierte Rechengrößen für die Wärmeleitfähigkeit einzelner Baustoffe ausgewiesen. Anhand dieser Rechengrößen und der Schichtdicke des jeweiligen Baustoffs lässt sich in einem einfachen Rechenverfahren der U-Wert eines Bauteils nach folgender Formel ermitteln:

$$U = 1/[1/_{\alpha i} + s/\lambda + 1/\alpha a]$$

Besteht ein Bauteil aus mehreren Schichten wie im folgenden Beispiel, werden die einzelnen Schichten gesondert errechnet.

Erläuterung zur Formel:

$1/_{\alpha i}$ kennzeichnet den Wärmeübergabewiderstand an der Innenseite des Bauteils und wird mit einer festen Rechengröße von 0,13 angesetzt.

$1/\alpha a$ kennzeichnet den Wärmeübergabewiderstand an der Außenseite des Bauteils und wird mit einer festen Rechengröße von 0,04 angesetzt.

s kennzeichnet die Dicke des Bauteils.

λ kennzeichnet die Wärmeleitfähigkeit des Bauteils.

Wichtiger Hinweis zur Energieeinsparverordnung (EnEV):

Die EnEV soll 2020 in das sogenannte „Gesetz zur Vereinheitlichung des Energieeinsparrechts für Gebäude" (GEG) überführt werden. In diesem sollen alle Gebäudeenergiegesetze des Bundes zusammengeführt werden. Zum Zeitpunkt der Schlussredaktion dieses Buches war das Gesetz aber noch nicht verabschiedet. Es ist jedoch absehbar, dass zukünftig nicht mehr die EnEV mit ihren Paragrafennummerierungen gilt, sondern das neue GEG. Die inhaltlichen Regelungen sollen nach aktuellem Entwurf aber praktisch 1:1 aus der EnEV übernommen werden, so dass sich für Bauherren inhaltlich nichts ändern wird. (→ auch Seite 108)

Beispiel: Ermittlung des U-Werts für eine Außenwand

Schichtaufbau (von innen nach außen):

Innenputz: 2 cm
Mauerwerk: Kalksandstein: 17,5 cm
Dämmung: WLG 0,40: 14,0 cm
Außenputz: 1,5 cm

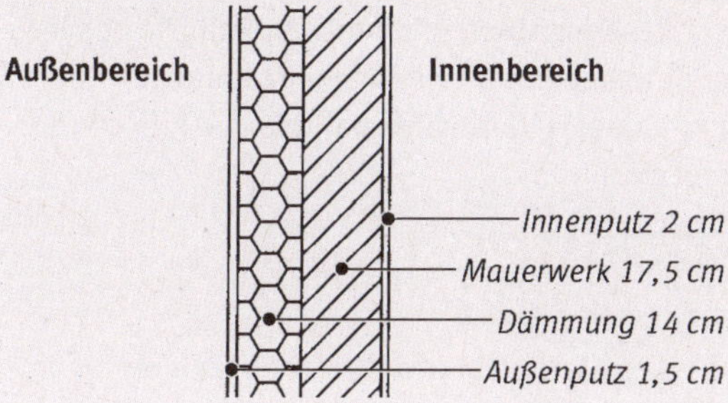

Nach DIN 4108 „Wärmeschutz im Hochbau", Teil 4 sind für die einzelnen Baustoffe dieses Beispiels folgende Rechenwerte für die Wärmeleitfähigkeit ausgewiesen:

Innenputz: **λ = 0,35 W/(m x K)**
Mauerwerk Kalksandstein: **λ = 0,99 W/(m x K)**
Dämmung WLG 0,40: **λ = 0,04 W/(m x K)**
Außenputz: **λ = 0,35 W/(m x K)**

(WLG = Wärmeleitgruppe, K = Kelvin)

U-Wert-Berechnung: Bauteil Außenwand ($U = 1/[1/_{\alpha i} + s/\lambda + 1/\alpha a]$)

Nr.	Schicht	s (in m)	λ	s/λ
1	Innenputz	0,02	0,35	0,06
+2	Kalksandsteinmauerwerk	0,175	0,99	0,18
+3	Dämmung	0,14	0,04	3,5
+4	Außenputz	0,015	0,35	0,04
Wärmedurchlasswiderstand Bauteil Σ (s/λ)				**3,78**
+ Wärmeübergangswiderstand innen 1/αi				0,13
+ Wärmeübergangswiderstand außen 1/αa				0,04
Zwischensumme				**3,95**
Ergebnis: Wärmedurchgangskoeffizient (U-Wert) = 1/[1/αi + s/λ+ 1/αa]				**0,25**

Die Außenwand hat in diesem Beispiel also einen U-Wert von 0,25, der somit unter dem maximal zulässigen U-Wert nach der EnEV liegt (→ Tabelle, Seite 244). Ein solcher Außenwandaufbau wäre nach der EnEV möglich.

Der Energiebedarfsausweis

Nach § 16 der Energieeinsparverordnung (EnEV) muss Ihnen ein Energieausweis als Energiebedarfsausweis nach dem Muster der EnEV ausgestellt werden. Am sinnvollsten ist es, wenn der Ausweis im Fall eines Bauträgerkaufs direkt Bestandteil des notariellen

Kaufvertrags wird. Weisen Sie Ihren Notar darauf hin. Der Ausweis muss Ihnen eine Aussage geben, wie viel Energie Sie voraussichtlich verbrauchen werden.

Der Energiebedarf wird angegeben in Kilowattstunden pro Quadratmeter und Jahr. Als Formel: kWh/(m² ~ a). Dieser Bedarf wird im Energiebedarfsausweis auf einem Farbbalken sichtbar gemacht. Standard bei Neubauten ist ein Energiebedarf von 30 bis 50 Kilowattstunden pro Jahr und Quadratmeter, Passivhäuser aber zum Beispiel dürfen maximal 15 Kilowattstunden verbrauchen. Mit einer klassischen Ölheizung entspräche das etwa einem Verbrauch von 1,5 Liter Öl pro Quadratmeter und Jahr.

Die Abbildung eines Gebäudeenergieausweis-Musters finden Sie auf Seite 296.

9.11 Sonderwunschvereinbarungen

Das Thema Sonderwunschvereinbarungen als zusätzliche Vertragsanlage kann man sich sparen, wenn man die Sonderwünsche von vornherein sorgfältig in die Baubeschreibung einarbeitet. Bei vielen Anbietern ist das aber gar nicht ohne Weiteres möglich, sei es, weil die Baubeschreibung als fester Katalog vorgelegt wird wie bei einigen Fertighausherstellern oder aber weil die Baubeschreibung bei einigen Bauträgern bereits als beurkundete Urkundenrolle vom Notar vorgelegt wird. In diesen Fällen kommt man oft nicht umhin, die Sonderwunschvereinbarungen extra als ergänzende Vertragsanlage aufzunehmen.

In die Sonderwunschvereinbarung sollten alle Punkte aufgenommen werden, die zusätzlich zur Bau- und Leistungsbeschreibung vereinbart wurden. Es sollten die einzelnen Preise für alle Positionen benannt werden und auch die Verrechnungspreise. Kommt also etwa ein Bauteil oder Baustoff aus der ursprünglichen Baubeschreibung nicht zum Einsatz und dafür eben ein Sonderwunschelement, sollte in der Sonderwunschvereinbarung auch angegeben werden, welcher Preisnachlass für das nicht zum Einsatz gekommene Bauteil beziehungsweise den nicht eingesetzten Baustoff gewährt wird. Sinnvollerweise immer netto und brutto als reine Materialkosten, nicht vermischt mit den Arbeitskosten.

9.12 Technische Lieferbedingungen / Technische Merkblätter

Technische Lieferbedingungen und / oder Technische Merkblätter sind sehr häufig Vertragbestandteil bei Verträgen mit Fertighausherstellern oder Massivhausanbietern. Der Hintergrund ist, dass die Hersteller kalkulierbare Verhältnisse vor Ort vorfinden wollen. Das heißt, die Hersteller machen mit diesen Anlagen Vorgaben zu den technischen Bedingungen, die das Grundstück und dessen Erreichbarkeit mitbringen müssen, genauso wie zu technischen Bedingungen, die mögliche Vorleistungen wie Bodenplattenbau, Kellerbau oder technische oder infrastrukturelle Anschlüsse des Grundstücks erbringen müssen.

Das ist für die Hersteller sehr wichtig, weil überall dort, wo es zu Schnittstellen mit anderen am Bau Beteiligten kommt, klar sein muss, wie diese Schnittstellen vorzubereiten sind. Deutlich wird dies typischerweise am Übergangsbereich zwischen Rohbaukeller und Fertighaus. Damit hier alle Maße und Übergänge exakt stimmen, sollten die technischen Merkblätter des Fertighausanbieters auch Vertragsbestandteil der Verträge mit dem Keller- beziehungsweise Bodenplattenbauer werden.

Technische Bau- und Lieferbedingungen

Im günstigsten Fall handelt es sich bei technischen Bau- und Lieferbedingungen um eine zumindest einigermaßen übersichtliche Auflistung von Punkten, die vor, während und nach der Bauleistung des Hausanbieters zu erfüllen sind. Im ungünstigsten Fall sind es mehrere kleingedruckte DIN-A4-Blätter, die dann sorgfältig durchgearbeitet werden müssen, damit keine kostenintensiven Details übersehen werden. Um Ihnen einmal ein Gefühl für solche technischen Bau-und Lieferbedingungen zu geben, ist nachfolgend ein Beispiel abgedruckt:

Technische Bau- und Lieferbedingungen

Räumung, Zufahrt, Kran
Der Bauherr hat das Grundstück baufertig vorzubereiten, eben und gerodet. Das Grundstück muss mit Schwerlastkraftwagen mit einer Gesamtlänge von bis zu 20 Metern und 40 Tonnen Gesamtlast unmittelbar anfahrbar sein.

Baustrom und Bauwasser
Baustrom und Bauwasser sind bauseits zu stellen und dürfen nicht weiter als 5 Meter von der Baugrube entfernt installiert sein.

Chemie-WC
Ein Chemie-WC ist bauseits zu stellen.

Hausanschluss
Hausanschlüsse sind bauseits zu stellen. Sie müssen zum Zeitpunkt der Aufrichtung des Hauses vollständig liegen und unter der Bodenplatte bis zum Hausanschlussraum geführt sein. Dort sind sie durch die Bodenplatte durchzuführen und dann nach Aufstellung des Hauses bis zu den herstellerseitigen Anschlusspunkten im Haus zu führen.

Einmessung
Die Einmessung des Hauses und Stellung eines Schnurgerüsts erfolgt bauseits.

Erdarbeiten
Das Erdreich muss im Bereich der Bodenplatte wieder bis an diese angeschüttet werden, sodass ein gefahrfreier Zugang vom umgebenden Erdreich auf die Bodenplatte möglich ist.

Bodenplatte
Die Bodenplatte ist exakt nach den Maßangaben der Holzhaus-Traum GmbH herzustellen und muss die statischen Anforderungen zur Aufnahme des Haustyps „Paradies" vollständig erfüllen. Die Holzhaus-Traum GmbH übernimmt keinerlei Gewährleistung für die Bodenplatte.

Schornsteinabnahme
Die Abnahme des Schornsteins durch den zuständigen Bezirksschornsteinfegermeister hat bauseits zu erfolgen.

Zusätzliche Technische Bau- und Lieferbedingungen bei Kellerbau

Keller
Bei bauseitiger Errichtung des Kellers ist die Kellerdecke gemäß Plananlage mit den darin festgelegten Maßen und der darin festgelegten Treppenaussparung zu errichten.

Der Keller muss die statischen Anforderungen zur Aufnahme des Haustyps „Paradies" der Holzhaus-Traum GmbH vollständig erfüllen. Die Holzhaus-Traum GmbH übernimmt keinerlei Gewährleistung für den Keller. Die Höhenlage des Kellers muss exakt nach den im Baugesuch festgelegten Höhenmaßen erfolgen. Der Keller muss von außen wieder angeschüttet sein, sodass ein gefahrloses Betreten der Kellerdecke vom umgebenden Erdreich aus möglich ist.

Erläuterung

Die hier als Beispiel dargelegten technischen Bau- und Lieferbedingungen lassen sehr viel offen. So sind zum Beispiel die Angaben zu Statik und Maßgenauigkeit der Bodenplatte beziehungsweise des Kellers viel zu ungenau geregelt. Wenn Sie nun selber nach einem Kelleranbieter Ausschau halten, wird dieser mit den hier gemachten Angaben relativ wenig anfangen können. Er benötigt genaue Maßangaben zum Haus und allen wichtigen Schnittstellen wie etwa Grundleitungs-, Treppen- oder Kamindurchführungen. Er benötigt auch statische Angaben darüber, welche Belastung später durch das Haus konkret auf eine Bodenplatte beziehungsweise einen Keller aufgebracht wird, das heißt, es werden konkrete Angaben benötigt, welche Bewehrung der Kellerbauer einbringen muss. Eine gute, sichere und einfache Lösung ist in solchen Fällen, dass man die Planung der Bodenplatte beziehungsweise des Kellers vor Ausführung an den Fertighaushersteller gibt und um schriftliche Freigabe der Planung bittet, damit es nicht nach dem Bau zu Diskussionen über Planungsfehler kommt. Auch sollte man den Fertighaushersteller vor Abnahme der Bodenplatte oder des Kellers mit auf die Baustelle nehmen, um mögliche Ausführungsprobleme vor der Abnahme dieser Bauteile noch zu klären, sodass sie nötigenfalls noch als Vorbehalt mit ins Abnahmeprotokoll des Keller- beziehungsweise Bodenplattenbauers aufgenommen werden können. Vor Betonierung von Keller- oder Bodenplatte muss auf alle Fälle ein Statiker die in den Plänen geforderte Bewehrung mit der vor Ort tatsächlich gelegten abgleichen.

Wie schon im Vertrag selbst wird auch bei den technischen Bau- und Lieferbedingungen der Bauherr vom Fertighausanbieter noch einmal ordentlich in die Pflicht genommen, ob es dabei nun um die Vorbereitung des Grundstücks, Anforderungen an Bodenplatte oder Keller oder auch um die Hausanschlüsse geht. Der Fertighausanbieter möchte an eine fix und fertig vorbereitete Bodenplatte oder Kellerdecke kommen und sein Haus zügig aufrichten. Das ist verständlich, wird aber so nicht immer wirklich offen kommuniziert. Schon der Begriff „Fertighaus" suggeriert ja eigentlich etwas anderes. Man sollte alle die Probleme, die aus den Schnittstellen zwischen Ihren vorbereitenden Maßnahmen und der jeweils daran anschließenden Tätigkeit des Fertighausanbieters resultieren können, nicht unterschätzen. Wenn man sich solche vorbereitenden Maßnahmen selbst doch nicht sicher zutraut, kann eine Lösung sein, auch mit diesen Leistungen den Fertighausanbieter zu beauftragen. Zumindest die Errichtung der Bodenplatte oder des Kellers könnte dann mit in dessen Leistungsumfang liegen. Auch das Einmessen des Hauses könnte bei ihm liegen, sodass es auch an diesem wichtigen Punkt nicht zu Missverständnissen oder Unklarheiten kommt und er damit auch klar für die richtige Stellung des Hauses auf dem Grundstück haftet. Viele Fertighausanbieter bieten mittlerweile die Errichtung der Bodenplatte oder des Kellers mit an, Anbieter schlüsselfertiger Massivhäuser ohnehin praktisch immer. Manche Fertighausanbieter bieten sogar Unterstützung bei der Grundstückssuche an. Ist dies der Fall, sollte man den Fertighausabieter von vornherein in die Pflicht nehmen, dass das von ihm offerierte Grundstück auch tatsächlich geeignet ist zur Aufnahme des gewünschten Haustyps. Das betrifft den Bebauungsplan und das Baurecht genauso wie die geologischen Gegebenheiten (→ Kapitel 2.3 und 2.4 ab Seite 27).

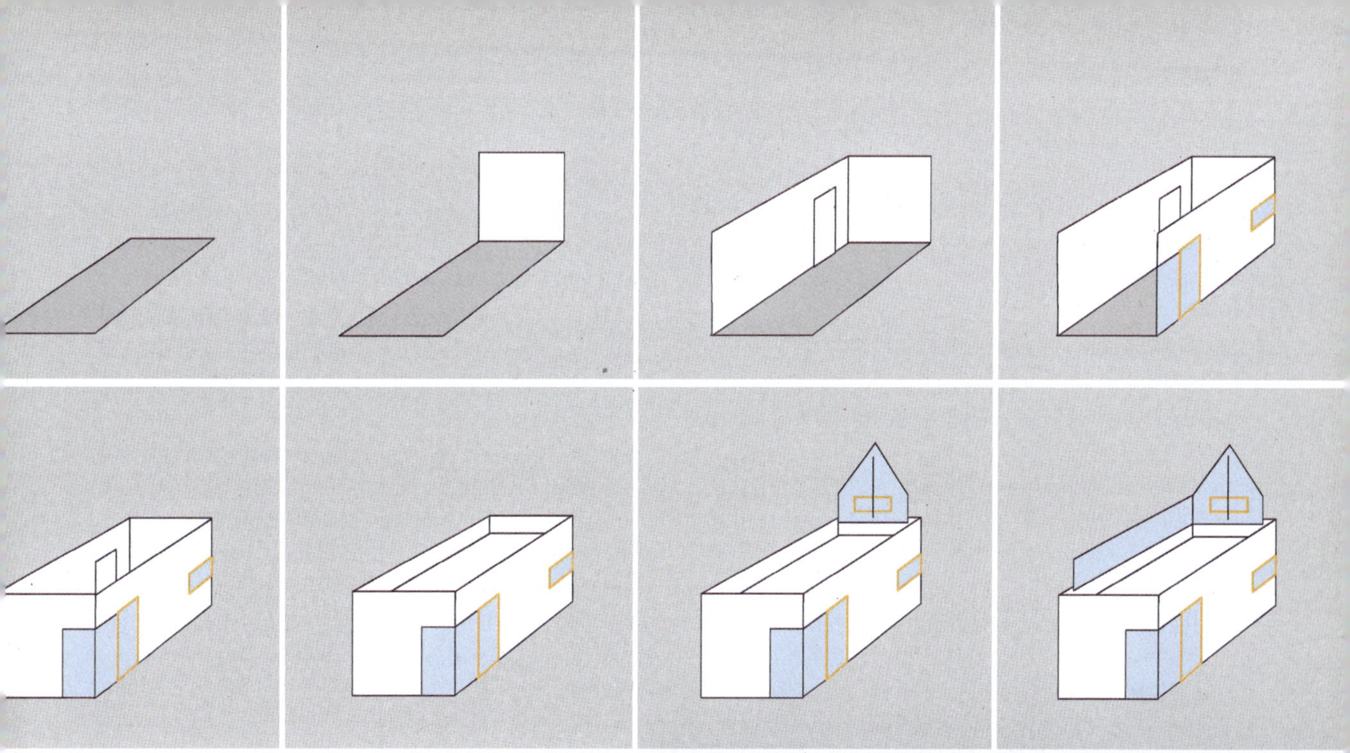

10 Angebotsvergleich und Vertragsverhandlungen

Die Erfahrung der Verbraucherzentrale zeigt, dass sich viele Menschen, die ein neues Haus kaufen oder bauen wollen, mit dem Angebotsvergleich sehr schwer tun, meist auch nur sehr wenig Erfahrung mit Vertragsverhandlungen haben und die gesetzlichen Grundlagen von zu verhandelnden Verträgen oft auch gar nicht oder nicht ausreichend kennen. Viele Verbraucher machen einfach die Augen zu und gehen mehr oder weniger blind durch die Verhandlungsphase. Das kann übel ausgehen, zumal einem auf der anderen Seite meist gewiefte Verhandlungsprofis gegenübersitzen.

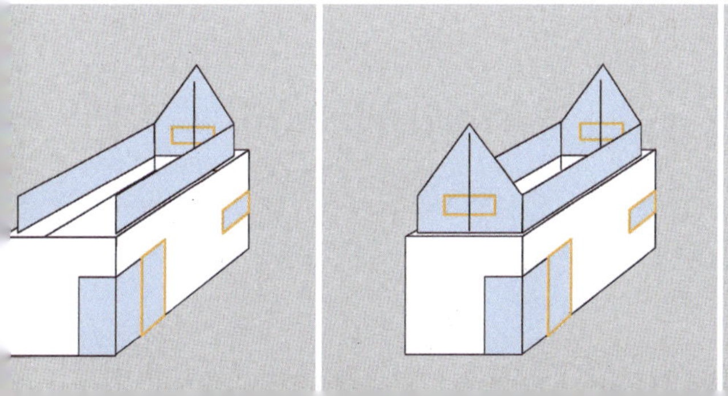

Der Weg zu einem Haus ist nie einfach. Es sei denn, Sie entdecken das perfekte gebrauchte Haus, das man Ihnen zu sehr fairen Konditionen von privat an privat ohne die vermittelnde Tätigkeit eines Maklers anbietet. Schon der Vergleich der Angebote untereinander ist eine sehr große Herausforderung. Und wenn Sie glaubten, der Hausbau mit einem Fertighaushersteller, Massivhausanbieter oder Bauträger sei preiswerter, einfacher und kostensicherer als mit einem Architekten, dann werden Sie schnell feststellen, dass das nicht automatisch so ist. Es kommt eben immer darauf an, mit wem sie planen und bauen. Das Internet ist voll von Erfahrungen mit allen möglichen Hausanbietern. Wenn Sie das Stichwort „Ärger" in Kombination mit dem von Ihnen bevorzugten Hausanbieter bei einer Internet-Suchmaschine eingeben, werden Sie möglicherweise mehr zu lesen bekommen, als Ihnen lieb ist. Um den Bau eines Fertighauses oder schlüsselfertigen Massivhauses werden Sie sich genauso intensiv kümmern mussen wie um jeden anderen Bau auch. Es ist eine Illusion zu glauben, mit einem Fertighaus oder schlüsselfertigen Massivhaus kaufe man ein fix und fertiges Sorglospaket. Ganz im Gegenteil: Sie sind stark gefordert. Wie gut der Hausbau gelingen wird, hängt vor allem auch von Ihnen und Ihren Vorbereitungen ab. Und das bedeutet zunächst eine sorgfältige Vertragsverhandlung, sodass am Ende ein Vertrag steht, der möglichst viele potenzielle Konfliktfelder klar regelt. Viele Bauherren haben vor einem Hausbau nur relativ wenig Erfahrungen mit Verträgen oder gar Vertragsverhandlungen gesammelt. Ausbildungsverträge, Arbeitsverträge, Mietverträge, Handyverträge, Autokaufverträge sind zumeist die einzigen Verträge, die man bis dato unterzeichnet hat. Über diese Verträge wird in der Regel aber nicht verhandelt. Meistens werden sie von Arbeitssuchenden, Mietern oder Kunden so unterzeichnet, wie sie ihnen vorgelegt werden. Hinzu kommt, dass man bei vielen Vertragsabschlüssen als Verbraucher durch geltendes Recht und eine umfassende Rechtsprechung relativ gut geschützt ist. Das ist im Baurecht aber ganz anders. Die hier geltenden Regelungen sind für Verbraucher in weiten Teilen völlig unzureichend und mit erheblichen Risiken behaftet, und zwar ausdrücklich trotz des 2018 neu eingeführten Verbraucherbauvertragsrechts. Obwohl es sich beim Kauf und Bau eines Hauses zumeist um die größte Einzelinvestition im Leben eines durchschnittlichen Verbrauchers handelt, ist er dabei gesetzlich nur sehr wenig geschützt. Nach wie vor wäre ein Hausanbieter berechtigt, hohe Überzahlungen zu verlangen. Kommt ein Käufer einem solchen Verlangen nach und wird der Hausanbieter kurz darauf insolvent, ist dieses Geld des Käufers fast immer unwiederbringlich verloren. Während bei Haustürgeschäften und im Internethandel viele noch so kleine Details gesetzlich geregelt sind, ist beim Hausbau nur sehr wenig geregelt, und mit einem Schlag kann deshalb die wirtschaftliche Existenz ganzer Familien vernichtet werden. Dessen müssen Sie sich bewusst sein, wenn Sie an ein solches Projekt gehen. Sie – und nur Sie – sind voll verantwortlich für das, was Sie tun und vertraglich regeln. Der Staat hilft Ihnen dabei mit seinen gesetzlichen Bestimmungen nur sehr wenig. Und nur wenige Rechtsschutzversicherungen bieten Rechtsschutz bei Streitfällen aus Bauvorhaben.

10.1 Angebotsvergleich

Ein Angebotsvergleich ist grundsätzlich wesentlich einfacher durchführbar, wenn man auf dem eigenen Grundstück baut. Denn dann haben alle Anbieter die exakt gleichen Voraussetzungen für ihre Angebote. Kauft man hingegen Haus und Grundstück zusammen ist das natürlich anders, denn schon Lage und Größe der Grundstücke unterscheiden sich ja meist. Man kann aber auch bei diesen Angeboten Vergleiche anstellen, indem man den Bodenpreis vom Hauspreis trennt. Um das richtig zu machen, muss man nur wissen, wie groß das Grundstück ist. Aber das kann man im Vorfeld ja sehr einfach abfragen.

Kaufpreisanalyse eines Bauträgerobjekts (Haus mit Grundstück)

Wenn Sie die Angemessenheit des Kaufpreises eines Bauträgerobjekts überprüfen wollen, also ein Kaufobjekt, bei dem Grundstückspreis und Hausbaupreis in einer Summe stecken, ist es das Sinnvollste, wenn Sie zunächst einmal nur den Wert des Grundstücks näher betrachten. Das geht am einfachsten, wenn Sie sich beim sogenannten Gutachterausschuss Ihrer Stadt oder Gemeinde die aktuellen Bodenrichtwerte besorgen. Städte und Gemeinden sind gesetzlich dazu verpflichtet, die Wertentwicklung von Grund und Boden zu beobachten und zu dokumentieren. In Kapitel 3 konnten Sie bereits erfahren, dass sie dazu üblicherweise einen sogenannten Gutachterausschuss bilden, meist besetzt mit Vertretern der Kommune und der regionalen Immobilienwirtschaft. Dieser Ausschuss erhält in der Regel Kopien aller in der Gemeinde oder Stadt abgeschlossenen Grundstücks- und Immobilienkaufverträge und dessen Mitglieder können sich so ein Bild über die gezahlten Preise für Grundstücke und Häuser und damit über die reale Wertentwicklung machen. Wenn Sie einer solchen Gutachterdokumentation nun einen bestimmten Bodenrichtwert entnehmen (also den Preis in Euro, der pro Quadratmeter Grundstück im betreffenden Stadtteil zu zahlen ist) und diesen mit der Größe des Grundstücks multiplizieren, das Sie kaufen wollen, dann haben Sie den realen Wert für das Grundstück errechnet. Das, was dann übrig bleibt, wäre der Anteil, den Sie für Ihr Gebäude zu zahlen hätten.

Um zu überprüfen, ob das für das Gebäude angemessen ist, können Sie anhand der reinen Wohnfläche nach der Wohnflächenverordnung (also ohne Kellerflächen) eine einfache Rechnung aufmachen: Ist die Ausstattung des Gebäudes einfach, bewegen sich Baukosten bei 1.800 bis 2.000 Euro pro Quadratmeter. Das multiplizieren Sie mit der Wohnfläche Ihres Hauses. Dann haben Sie realistische Baukosten für Ihr Haus bei einfacher Ausstattung. Eine mittlere Ausstattung bewegt sich zwischen 2.100 bis 2.500 Euro, eine hohe ab 2.800 Euro. Wenn Sie nun die beiden errechneten Summen, die für das Grundstück und für das Haus, neben die geforderte Kaufsumme stellen und die Differenz betrachten, können Sie die wahrscheinliche Gewinnspanne des Bauträgers zumindest näherungsweise erkennen. Sie können dann besser einschätzen, wie weit der Kaufpreis von den ortsüblichen Vergleichspreisen entfernt und ob er möglicherweise zu hoch ist.

Das nachfolgende Beispiel soll Ihnen das Vorgehen noch einmal verdeutlichen:

Beispiel: Einschätzung des Kaufpreises für ein Reihenhaus

Objekt:
Reihenmittelhaus, Wohngebiet am Stadtrand, ruhige Lage
Grundstücksgröße etwa 270 Quadratmeter
Wohnfläche nach Berechnung etwa 108 Quadratmeter
Keller, Erdgeschoss, Dachgeschoss ausgebaut
Laut Baubeschreibung einfache bis mittlere Ausstattung
Geforderter Kaufpreis: 376.000 Euro

Aufsplittung des Kaufpreises:
- Geschätzter Grundstückswertanteil (durchschnittlicher Quadratmeterpreis Bauland im betreffenden Wohngebiet 417 Euro / Quadratmeter): etwa 112.590 Euro
- Geschätzter Gebäudewertanteil (einfache bis mittlere Ausstattung lässt sich in diesem Beispiel für etwa 2.200 Euro / Quadratmeter Wohnfläche realisieren): etwa 237.600 Euro

Differenz zum geforderten Kaufpreis:

Grundstückswertanteil	etwa 112.590 Euro
Gebäudewertanteil	etwa 237.600 Euro
Gesamt	etwa 350.190 Euro
Geforderter Kaufpreis	421.000 Euro
Differenz	etwa 70.810 Euro

Trotzdem bleibt das Problem, dass viele Angebote überhaupt nicht vernünftig miteinander vergleichbar sind, vor allem weil die Leistungen, die man für sein Geld erhält, völlig unterschiedlich beschrieben sind. Ein Preis, der zunächst sehr günstig aussehen mag, kann sich ganz schnell als sehr ungünstig darstellen, wenn noch viele Zusatzleistungen hinzukommen, die in der Baubeschreibung bislang nicht enthalten sind. Vergleichbarkeit können Sie herstellen, indem Sie alle Baubeschreibungen nebeneinanderlegen und schauen, was in ihnen enthalten ist und was nicht. Oder Sie gehen umgekehrt heran und stellen die Leistungen, die Sie wünschen, selbst zusammen und bitten auf dieser Basis um ein Angebot. Das ist bei den meisten Fertighausherstellern und Massivhausanbietern aber gar nicht möglich, da diese meist mit langjährig erprobten Hauskonzepten arbeiten, die sie nicht für ein einzelnes Haus umarbeiten werden. Und umgekehrt können Sie natürlich nicht etwa Holzbau- oder Haustechnikwissen quasi aus dem Ärmel schütteln. Daher ist es sinnvoll, die Vergleichbarkeit auf gewisse Rahmendaten einzugrenzen; das sind energetische Standards, allgemeine Qualitätsstandards und Ausbaustandards.

Ergänzend zur Baubeschreibungs-Checkliste aus Kapitel 9.8, Seite 215 ff., kann Ihnen hierbei die nachfolgende ausführliche Checkliste helfen: Sie können sie für die jeweiligen Angebote, die Ihnen vorliegen, selber ausfüllen. Danach können Sie die ausgefüllten Checklisten nebeneinanderlegen und die Angebote auf diese Weise viel besser miteinander vergleichen.

Neben dem Angebotsvergleich hilft Ihnen diese Checkliste auch dabei, sicherzustellen, dass Sie keine wesentlichen Kostenpunkte übersehen. Denn erst wenn alle diese Leistungen auch in Ihrer Kostenplanung erfasst sind, haben Sie einen einigermaßen objektiven Kostenüberblick. Um die Kosten sicher in den Griff zu bekommen, sind aber Kostenchecks mit Hilfe der beiden Ratgeber „Kosten- und Vertragsfallen beim Bauen“ beziehungsweise „Kosten- und Vertragsfallen beim Immobilienkauf“ der Verbraucherzentrale unerlässlich (⟶ Seite 335).

Leistungsumfang des Hausangebots von (Herstellername):

Planungs- und Bauleitungsleistungen:

Entwurfsplanung	☐ Ja	☐ Nein
Baugenehmigungsplanung	☐ Ja	☐ Nein
Ausführungsplanung	☐ Ja	☐ Nein
Leistungen von Fachingenieuren	☐ Ja	☐ Nein
Bauleitung	☐ Ja	☐ Nein
Koordination sämtlicher behördlicher Abnahmen	☐ Ja	☐ Nein
Koordination sämtlicher Subunternehmer	☐ Ja	☐ Nein

Individuelle Planungsmöglichkeiten:

Entwurfsplanung	☐ Ja	☐ Nein
Individuelle Grundrissanpassungen in allen Geschossen möglich?	☐ Ja	☐ Nein
Spätere Grundrissveränderung möglich (angepasst an die Lebensumstände)?	☐ Ja	☐ Nein
Voneinander unabhängige Nutzbarkeit der Geschosse gegeben (z.B. Option Einliegerwohnung)?	☐ Ja	☐ Nein
Barrierefreiheit einfach nachrüstbar (unter anderem Hauszugang, Treppe, Bäder)?	☐ Ja	☐ Nein

Leistungsumfang des Hausangebots von (Herstellername): *(Fortsetzung)*

Grundstück:

Baugrunduntersuchung (Bodengutachten)?	☐ Ja	☐ Nein
Vermessungskosten (Grobabsteckung und Feineinmessung für Baugrube inklusive Schnurgerüst sowie abschließende Gebäudeeinmessung)?	☐ Ja	☐ Nein
Untersuchung und Sicherstellung der Anfahrbarkeit durch den Auftragnehmer?	☐ Ja	☐ Nein
Freimachung Grundstück (Büsche, Bäume und dergleichen)?	☐ Ja	☐ Nein
Baugrunduntersuchung?	☐ Ja	☐ Nein
Altlastenbeseitigung, wenn nötig?	☐ Ja	☐ Nein
Erschließung des Grundstücks mit Strom?	☐ Ja	☐ Nein
Erschließung des Grundstücks mit Gas?	☐ Ja	☐ Nein
Erschließung des Grundstücks mit Wasser?	☐ Ja	☐ Nein
Erschließung des Grundstücks mit Kabelanschluss?	☐ Ja	☐ Nein
Erschließung des Grundstücks mit Telefonanschluss?	☐ Ja	☐ Nein
Anschluss des Grundstücks an die öffentliche Kanalentwässerung?	☐ Ja	☐ Nein
Erschließung des Grundstücks mit Straßen und Wegen?	☐ Ja	☐ Nein
Erschließungsbeiträge der Stadt für den Grundstückseigentümer?	☐ Ja	☐ Nein

Baustelleneinrichtung:

Komplette Baustelleneinrichtung (Bauzaun, Kran, Kranaufstellplatz, Gerüste, Toilette und anderes mehr)?	☐ Ja	☐ Nein
Kosten für Baustrom und Bauwasseranschluss sowie -betrieb während der Bauzeit?	☐ Ja	☐ Nein

Erdarbeiten:

Aushub der Baugrube?	☐ Ja	☐ Nein
Abfahrt des überschüssigen Erdreichs?	☐ Ja	☐ Nein
Erddeponiegebühren?	☐ Ja	☐ Nein
Deponiegebühren für Sonderentsorgungen (zum Beispiel belastetes Erdreich)?	☐ Ja	☐ Nein
Bei hohem Grundwasserstand: Grundwasserabsenkung während der Kellerbauarbeiten?	☐ Ja	☐ Nein
Falls notwendig: Bodenaustausch oder Sondergründungsmaßnahmen zur Baugrundverbesserung?	☐ Ja	☐ Nein
Falls notwendig: Zusätzliche Drainagemaßnahmen an den Kelleraußenwänden?	☐ Ja	☐ Nein
Wiederverfüllen der Baugrube?	☐ Ja	☐ Nein
Andecken von Mutterboden / Humus (Rohplanie)?	☐ Ja	☐ Nein
Geländemodellierung (Feinplanie) / Stützmaßnahmen auf dem Grundstück?	☐ Ja	☐ Nein
Füllmaterial, wenn der Aushub zum Verfüllen nicht geeignet ist?	☐ Ja	☐ Nein

Hausanschlüsse:

Aushub aller notwendigen Kanäle für alle Hausanschlüsse?	☐ Ja	☐ Nein
Verlegung von Strom, Telekommunikation und gegebenenfalls Kabel-TV-Anschlüssen von Grundstücksgrenze bis Gebäude?	☐ Ja	☐ Nein
Verlegung von gegebenenfalls Gas- oder Fernwärmeleitungen von Grundstücksgrenze bis Gebäude?	☐ Ja	☐ Nein
Verlegung von Zuwasserrohren von Grundstücksgrenze bis Gebäude?	☐ Ja	☐ Nein
Verlegung von Abwasserrohren von Gebäude bis Grundstücksgrenze inklusive Bau des Kontrollschachts?	☐ Ja	☐ Nein

Leistungsumfang des Hausangebots von (Herstellername): *(Fortsetzung)*

Gebäudebodenplatte (bei Hausbau ohne Keller):

Bodenplatte als WU-Betonbodenplatte? ☐ Ja ☐ Nein
Sauberkeitsschicht, Trennlage und Kieslage unter Bodenplatte? ☐ Ja ☐ Nein
Bodenplatte unterseitig und stirnseitig gedämmt? ☐ Ja ☐ Nein

Gebäudekeller:

Keller als WU-Beton-Keller? ☐ Ja ☐ Nein
Kellerunterseite gedämmt? ☐ Ja ☐ Nein
Kelleraußenwände gedämmt? ☐ Ja ☐ Nein
Kellerinnenwände und -decken gedämmt (von unbeheizten zu beheizten Bereichen)? ☐ Ja ☐ Nein
Wohnraumhöhe nach Landesbauordnung im Keller? ☐ Ja ☐ Nein
Wandverputzung im gesamten Keller? ☐ Ja ☐ Nein
Wandoberflächenbehandlung im gesamten Keller? ☐ Ja ☐ Nein
Deckenverputzung im gesamten Keller? ☐ Ja ☐ Nein
Deckenoberflächenbehandlung im gesamten Keller? ☐ Ja ☐ Nein
Raumbeheizung im gesamten Keller? ☐ Ja ☐ Nein
Schwimmender Estrich im gesamten Keller? ☐ Ja ☐ Nein
Bodenbeläge im gesamten Keller inklusive geeigneter Dampfbremse? ☐ Ja ☐ Nein
Wasseranschlüsse im Keller (zum Beispiel Waschmaschine, WC)? ☐ Ja ☐ Nein
Genügend Elektroanschlüsse in allen Räumen und Fluren im Keller? ☐ Ja ☐ Nein
Gedämmte Kellerdecke in unbeheizten Kellerräumen? ☐ Ja ☐ Nein
Dämmung zwischen beheizten und unbeheizten Kellerbereichen? ☐ Ja ☐ Nein
Ausreichend große Kellerfenster zur Belichtung von Wohnräumen
(nach Landesbauordnungen mindestens 10 Prozent der Raumgrundfläche)
inklusive Fluchtwegeignung und Schutzmaßnahmen gegen Wassereintritt? ☐ Ja ☐ Nein
Lichtschächte mit Gitterrostauflage vor Kellerfenstern oder Absturzsicherung? ☐ Ja ☐ Nein

Gebäude:

EnEV-Standard? ☐ Ja ☐ Nein
KfW-Effizienzhaus-Standard 55? ☐ Ja ☐ Nein
KfW-Effizienzhaus-Standard 40? ☐ Ja ☐ Nein
KfW-Effizienzhaus-Standard 40 Plus? ☐ Ja ☐ Nein
Passivhaus-Standard? ☐ Ja ☐ Nein
Nachweis der Luftdichtigkeit der Gebäudehülle? ☐ Ja ☐ Nein
Zentrale Be- und Entlüftungsanlage? ☐ Ja ☐ Nein
Dezentrale Be- und Entlüftungsanlage? ☐ Ja ☐ Nein
Solarkollektoranlage und mindestens 300-Liter-Schichtenspeicher? ☐ Ja ☐ Nein
Verputzen aller Deckenuntersichten im Haus? ☐ Ja ☐ Nein
Maler- und Tapezierarbeiten im gesamten Haus? ☐ Ja ☐ Nein
In Bädern und WC Fliesenarbeiten mit raumhoher Wandverfliesung? ☐ Ja ☐ Nein
Sanitärgegenstände in freier Auswahl mit Benennung von Preisobergrenzen? ☐ Ja ☐ Nein
Handtuchhalter, WC-Papierhalter in Bad und WC? ☐ Ja ☐ Nein
Großer Spiegel bündig im Wandfliesenbett in Bad und WC? ☐ Ja ☐ Nein

Leistungsumfang des Hausangebots von (Herstellername): *(Fortsetzung)*

Genügend Elektroanschlüsse in allen Räumen und Fluren?	☐ Ja	☐ Nein
Internet-, Telefon und Kabel-TV-Anschluss in allen Wohnräumen?	☐ Ja	☐ Nein
Treppe schallentkoppelt, (bei Stahl-Holzreppen:) grundiert und gestrichen mit Vollholzstufen?	☐ Ja	☐ Nein
Bodenbeläge in den Wohnbereichen?	☐ Ja	☐ Nein
Parkettbodenbeläge in den Wohnbereichen?	☐ Ja	☐ Nein
Fensterausführung abgestimmt auf Energieeffizienzklasse?	☐ Ja	☐ Nein
Kunststoffrahmen?	☐ Ja	☐ Nein
Holzrahmen?	☐ Ja	☐ Nein
Holz-Alu-Rahmen?	☐ Ja	☐ Nein
Gesonderter Schallschutz (falls aufgrund Außenschalleintrag notwendig)?	☐ Ja	☐ Nein
Einbruchschutz (falls gewünscht beziehungsweise an bestimmten Fenstern gewünscht)?	☐ Ja	☐ Nein
Sonnenschutz (Raffstoren) an allen Fenstern der Wohngeschosse?	☐ Ja	☐ Nein
Rollläden an allen Fenstern der Wohngeschosse?	☐ Ja	☐ Nein
Außenliegender Sonnenschutz für Dachflächenfenster?	☐ Ja	☐ Nein
Klingelanlage?	☐ Ja	☐ Nein
Gegensprechanlage in allen Geschossen?	☐ Ja	☐ Nein
Sonstiges:		
Endreinigung?	☐ Ja	☐ Nein
Außenanlage:		
Bodenverbesserungen wie Düngen oder Auflockern?	☐ Ja	☐ Nein
Eingangstreppe / Eingangspodest und Vordach?	☐ Ja	☐ Nein
Außenbeleuchtung an Eingang und Terrasse?	☐ Ja	☐ Nein
Briefkasten?	☐ Ja	☐ Nein
Frostsicherer Außenwasserhahn?	☐ Ja	☐ Nein
Terrasse und Terrassenbelag inklusive Unterbau?	☐ Ja	☐ Nein
Balkon und Balkonbelag?	☐ Ja	☐ Nein
Zugangsweg zum Haus?	☐ Ja	☐ Nein
Außenbeleuchtung?	☐ Ja	☐ Nein
Garage?	☐ Ja	☐ Nein
Zäune?	☐ Ja	☐ Nein
Tore?	☐ Ja	☐ Nein
Mülltonnenstellplatz?	☐ Ja	☐ Nein
Sträucher / Rasen?	☐ Ja	☐ Nein
Zusätzlich bei gemeinsamem Haus- und Grundstückskauf:		
Zufahrten?	☐ Ja	☐ Nein
Garage (inklusive Stromanschluss – auch für E-Mobilität)?	☐ Ja	☐ Nein
Erschließungsbeiträge?	☐ Ja	☐ Nein
Einmessung Haus und Grundstück?	☐ Ja	☐ Nein

Check durch die Verbraucherzentrale

Auf Seite 151 haben Sie bereits Informationen erhalten, welche Verbraucherzentralen und anderen Institutionen Bauunterlagen prüfen. Auch für die Prüfung von Baubeschreibungen sind das die richtigen Ansprechpartner.

Zusätzlich hat die Verbraucherzentrale Spezialratgeber entwickelt, die Sie auch selber in die Lage versetzen, Lücken in der Bau- und Leistungsbeschreibung und im Vertrag gut erkennen zu können. Weitere Informationen zu den Ratgebern „Die Muster-Baubeschreibung“, „Kosten- und Vertragsfallen beim Bauen“ und „Kosten- und Vertragsfallen beim Immobilienkauf“ erhalten Sie ab Seite 335.

10.2 Verhandlungsposition

Bei Verhandlungen zu einem Hauskauf besteht fast immer eine massive Wissens-Asymmetrie zwischen den Beteiligten, und zwar nicht nur inhaltlich, sondern auch taktisch-psychologisch. Aus einem schlechten Verhandler auf Verbraucherseite wird in der Kürze der Zeit auch kein guter Verhandler. Es brauchte auch auf Verkäuferseite Übung und viele Verkaufsabschlüsse, bis hinreichend Erfahrung vorlag.

Hinzu kommt, dass auch die Verhandlungsposition sehr asymmetrisch ist, wenn Grundstück und Haus in einem Vertrag veräußert werden sollen, so wie das beim klassischen Bauträgerkauf (→ Kapitel 8) der Fall ist. Bei einer derart schlechten Verhandlungsposition kann man Sie sehr einfach in die Richtung drücken, in die man Sie drücken will. Und dann müssen Sie fast bei jedem Projekt an irgendeinem Punkt überlegen, ob Sie das mit sich machen lassen wollen oder nicht. Die meisten Menschen würden derartige Druckversuche noch nicht einmal dem eigenen Partner zugestehen, gestehen es aber reihenweise Bauträgern zu, teilweise in der fast panischen Angst, sonst keine Immobilie zu finden. Wer so an die Immobiliensuche geht, sollte sie besser sofort einstellen, bevor Schlimmeres passiert. Wer nicht mit der notwendigen Ruhe und Gelassenheit darangeht, dem helfen auch Ratgeber nicht. Der wird früher oder später zum Spielball von Maklern und Bauträgern.

Die Alternative zum Bauträgerkauf ist für alle, die nicht über ein eigenes Grundstück verfügen, der Kauf einer gebrauchten Immobilie. Um sich diese Alternative offenzuhalten und nicht einem Bauträger einfach nur hilflos ausgeliefert zu sein, ist es sehr wichtig, immer parallel und sehr breit den Markt gebrauchter Immobilien im Blick zu haben. Fokussiert man sich zu früh nur auf ein Bauträgervorhaben, ist die Verhandlungsposition üblicherweise so schlecht, dass man nicht ernsthaft von Verhandlungen sprechen kann, sondern eher von Bittstellungen gegenüber dem Bauträger. Wirksame Verhandlungen können Sie immer nur führen, wenn Sie wirksame Alternativen haben – und das ist beim Bauträgerkauf der Gebrauchtimmobilienmarkt.

Soweit Sie über ein eigenes Grundstück verfügen, haben Sie zwar schlagartig eine ganz andere Verhandlungsposition gegenüber Hausanbietern, die auf diesem Grundstück bauen wollen. Sie werden aber sehr schnell feststellen, dass vor allem große Anbieter, und auch viele kleine, sehr gelassen damit umgehen. Schon die Unzuverlässigkeit bei ganz einfachen Dingen wie vereinbarten Rückrufen oder Rückmeldungen wird Sie vielfach frustrieren. Große Unternehmen, die bis zu 800 Häuser im Jahr bauen, würden mit Ihnen rund ein Zehntel eines Prozents der Jahreseinnahmen machen – also faktisch nichts. Ob man Sie nun als Kunde gewinnt oder nicht, ist für ein solches Unternehmen letztlich völlig egal. Aber auch ein Unternehmer, der nur 10 Häuser im Jahr baut, wird sich von Ihnen nicht mal eben vom Weg abbringen lassen. Im Zweifel baut er dann halt ein Haus weniger – oder er baut es sehr wohl, nur mit jemand anderem. Denn der Markt ist aktuell ein Verkäufermarkt, kein Käufermarkt. Das liegt vor allem an den niedrigen Zinsen und zusätzlichen Beschleunigern wie dem Baukindergeld, das jeder nutzen will. Selbst mit Grundstück im Rücken wird es also nicht einfach, davon können Sie ausgehen. Nur sollte man deswegen nicht auf eine klare Haltung verzichten und trotz allem mit Gelassenheit und Ausdauer das Unternehmen suchen, das bereit ist, mit Ihnen einen fairen Weg zu gehen. Und Sie können davon ausgehen, dass allein das ein bis zwei Jahre dauern kann.

10.3 Verhandlungsteilnehmer

Je nachdem, ob Sie ein Bauträgerobjekt kaufen oder auf eigenem Grundstück bauen wollen, werden Sie es mit unterschiedlichen Ansprechpartnern zu tun bekommen.

Beim Bauen mit dem Bauträger haben Sie es normalerweise mit **Vertriebsmitarbeitern** des Bauträgers zu tun oder aber mit einem beauftragten **Makler**.

Bei beauftragten Maklern ist immer große Vorsicht geboten, denn nach der laufenden Rechtsprechung werden Makler regelmäßig von den verschiedensten Haftungsfragen im Zusammenhang mit Auskünften zu Immobilien freigesprochen. Hinzu kommt, dass Makler in keiner Form irgendeine rechtliche oder technische Qualifikation benötigen. Ein Makler benötigt nicht einmal einen Schulabschluss, um seinen Beruf ausüben zu können. Eine einfache Gewerbeanmeldung und ein sauberes polizeiliches Führungszeugnis genügen dafür. Eine solche Qualifikation reicht aber natürlich nicht im Ansatz aus für eine belastbare Beratung im Vorfeld eines Immobilienkaufs. Schön also für den Makler, wenn er an Ihrem Immobilienerwerb kräftig mitverdient, für die Gespräche im Vorfeld sollten Sie allerdings klarstellen, dass Sie einen direkten Gesprächspartner des Bauträgers wünschen. Möchte dieser das nicht, können Sie die Gespräche direkt beenden. Denn das zeigt Ihnen sofort das extrem geringe Interesse des Bauträgers an Ihnen als Kunden. Ausreden wie die, der Bauträger habe keine Vertriebsabteilung, sind vollkommen uninteressant. Sie wollen ja keine Vertriebsauskünfte oder Maklerauskünfte, sondern belastbare rechtliche und technische Auskünfte qualifizierter Fachleute. Wenn Sie die nicht erhalten, können Sie gar nicht qualifiziert verhandeln.

Auch **Bauträger** benötigen grundsätzlich keinerlei fachliche Qualifikation, um am Markt tätig zu werden. Die Voraussetzungen sind die gleichen wie bei Maklern, ob Sie es glauben oder nicht: Weder Schulabschluss noch Ausbildung ist notwendig. Das heißt erstens, der Gesetzgeber lässt Sie auch hier völlig allein, und es heißt zweitens, es ist an Ihnen, früh herauszufinden, ob Ihr Ansprechpartner beim Bauträger die notwendigen fachlichen Qualifikationen mitbringt, um rechtliche und technische Sachverhalte mit ihm belastbar besprechen und ihm eine versierte, technische Bauüberwachung zutrauen zu können.

Bauen Sie auf eigenem Grundstück schlüsselfertig, haben Sie es eher selten mit Maklern zu tun, dafür mit einem bunten Strauß anderer möglicher Gesprächspartner:

Bei einem Holzhaus aus regionaler Produktion kann das der **Geschäftsinhaber** selber sein, zum Beispiel ein Zimmermann mit noch überschaubarer Betriebsgröße und Subunternehmen für ergänzende Gewerke wie Rohbau, Elektro, Sanitär, Heizung. Das sind oft handfeste Leute mit beiden Beinen auf der Erde, die zwischen 5 und 10 Häusern im Jahr bauen.

Bei einem schlüsselfertigen Massivhaus aus der eigenen Region kann das ebenfalls ein **Geschäftsinhaber** sein, etwa ein Maurermeister mit kleiner Bauunternehmung, der federführend den Rohbau erstellt und den Ausbau mit Subunternehmern bewerkstelligt. Im Aufreten sind es ebenfalls meist handfeste Leute, manchmal etwas robuster als Zimmerleute, denen die Tradition des Berufsstandes oft auch eine gewisse Gelassenheit mitgibt.

Ist der Betrieb etwas größer, kann es sein, dass es ein Büroteam mit einem Mitarbeiter gibt, der sich vorrangig um den Verkauf kümmert. Oft ist das dann eine Kombination aus **Teilzeit-Verkäufer** und Planer.

Vollzeit-Verkäufer, die nur verkaufen, erlebt man eigentlich erst ab einer gewissen Betriebsgröße, weil sie sich dann erst für einen Betrieb rechnen. Wenn sie Vollzeit ausgelastet werden können, kann der Betrieb sie fest anstellen. Sie sind meist sehr eloquent im Auftreten und sehr oft auch in Marketing und Vertrieb professionell geschult.

Es gibt Hausanbieter, die alternativ zu eigenen Verkäufern oder ergänzend dazu mit freien Vertrieblern zusammenarbeiten. Diese sind im Grund **freie Handelsvertreter**, die Provisions-Verträge mit Hausanbietern haben und üblicherweise pro verkauftem Haus eine Provision erhalten. Das ist für Hausanbieter deswegen interessant, weil sie dann nur zahlen müssen, wenn es auch zu einem erfolgreichen Vertragsabschluss kam. Für den Handelsvertreter heißt das allerdings zusätzlichen Druck, Abschlüsse zu machen. Und für den Kunden bedeutet dies, dass der erzeugte Druck, einen Vertrag unterzeichnen zu sollen, nochmals zunehmen kann.

Ein weiteres Modell am Markt ist das des **Franchise-Nehmers**. Franchise-Systeme kennen Sie aus anderen Wirtschaftsbereichen, etwa Fast-Food-Ketten. Bei Franchise-Systemen erhält der Franchise-Nehmer vom Franchise-Geber üblicherweise einen geschützten Bezirk, in dem dann keine weiteren Franchise-Verträge vergeben werden. Außerdem erhält der Franchise-Nehmer Unterstützung beim Geschäftsaufbau und bei der Geschäftsführung, mit Firmenname, Firmenlogo, Werbematerial, Musterverträgen, internen Schulungen und so weiter. Dafür muss er dann einen Teil seiner Einnahmen auch langfristig an den Franchise-Geber abführen. Dieses Modell ist im Bauwesen jedoch hochproblematisch. Denn viele Franchise-Nehmer sind nicht vom Fach. Teilweise werden sie in Schnellkursen von wenigen Wochen dann vom Versicherungskaufmann zum „Baufachman" ausgebildet. Das kann nicht gutgehen, und das geht auch oft nicht gut. Das Problem für Verbraucher dabei ist: Nicht der Franchise-Geber wird Vertragspartner des Verbrauchers, sondern der örtliche Franchise-Nehmer wird Vertragspartner. Dieser verfügt aber in aller Regel nicht über eigene Baukapazitäten, sondern kauft seinerseits alle Leistungen bei regionalen oder überregionalen Handwerkern ein. Das heißt: Man sieht als Kunde zwar einen schönen Katalog mit schönen Häusern, aber das gekaufte Haus wird gegebenenfalls nicht von einem eingespielten Handwerkerteam errichtet, sondern von immer wieder neu zu suchenden Subunternehmern des örtlichen Franchsise-Nehmers. Das ist für vernünftiges, qualitätvolles Bauen keine sinnvolle Lösung. Denn es stellt sich dann ja bereits die Frage, wer den Bauvorgang überhaupt wirklich fachmännisch überwacht beziehungsweise überhaupt überwachen kann und fachmännisch steuert.

Wieder eine andere Vertriebsvariante sind **Tochtergesellschaften**. Eine Tochtergesellschaft kann etwa die deutsche Niederlassung eines im Ausland angesiedelten Unternehmens sein. Man schließt dann den Vertrag mit der deutschen Tochtergesellschaft. Aber auch eine deutsche Gesellschaft kann in Deutschland eine Tochtergesellschaft gegründet haben, etwa aus organisatorischen Gründen oder aus Haftungsgründen.

Sie merken, Sie können auf alle möglichen Personen und Konstellationen treffen bei Verhandlungen zum Kauf eines Fertighauses oder schlüsselfertigen Massivhauses. Das heißt, auch das müssen Sie von

Anfang an beachten: Wer sitzt Ihnen überhaupt gegenüber? Sitzt Ihnen ein Geschäftsinhaber gegenüber, der tatsächlich volle Entscheidungsfreiheit hat und später auch tatsächlich Ihr Vertragspartner wird, oder ein angestellter Verkäufer mit sehr eingeschränkter Verhandlungsvollmacht oder gar ein Handelsvertreter, der vom Bauen eigentlich keine Ahnung hat, sondern einfach versucht, eine möglichst hohe Schlagzahl von Vertragsabschlüssen hinzubekommen?

Und auf der anderen Seite sitzen Sie, mutmaßlich auch nicht vom Fach, es sei denn, es ist Ihr beruflicher Hintergrund. Sie merken es selbst: Das sind keine optimalen Bedingungen zur Aushandlung guter Verträge.

Voraussetzung, um einen guten Vertrag auszuhandeln wäre ja, mindestens auf der eigenen Seite eine rechtlich versierte Person und eine technisch versierte Person in den Verhandlungen bei sich zu haben, also etwa einen Anwalt und einen Ingenieur, sowie auf der Gegenseite eine Person ebenfalls mit Fachkenntnis und mit tatsächlicher Verhandlungsvollmacht. Praktisch aber finden Gespräche nie in einem solchen Rahmen statt. Und das hat von Verbraucherseite fast immer zwei einfache Gründe:

1. Kostengründe:
Ruft ein Anwalt einen Stundensatz von 250 Euro netto auf und eine Verhandlung erstreckt sich verteilt über mehrere Tage insgesamt vielleicht auf 20 Stunden, mit Vor- und Nachbereitungen, sind das 5.000 Euro netto, also fast 6.000 Euro brutto.. Scheitern die Verhandlungen dann, ist das Geld weg. Das Gleiche gilt für den Ingenieur, auch wenn Ingenieure üblicherweise mit deutlich bescheideneren Honoraren antreten als Anwälte, oft nur mit der Hälfte des Stundensatzes von Anwälten.

2. Personalgründe:
Solche Dienstleistungen gibt es nicht fertig im Paket, das heißt, man weiß gar nicht, wohin man sich wenden sollte, um solche Personen zu finden.

Eine Option kann dann auch sein, Mitglied in einem Schutzbund zu werden. Der Bauherrenschutzbund, der Verein privater Bauherren und der Verband Wohnen im Eigentum sind zum Beispiel solche Schutzbünde. Sie haben üblicherweise in verschiedenen Regionen Deutschlands auch Vertrauensanwälte. Allerdings kostet die Mitgliedschaft Geld, weshalb man sich die Bedingungen im Detail zunächst einmal im Internet ansehen sollte. Und: Auch in diesen Schutzbünden sind Anwaltsrechnungen über Erstberatungen hinaus meist selbst zu tragen. Bei Vertragsverhandlungen kann es allerdings schon helfen, zumindest darauf hinzuweisen, dass man Mitglied in einem Schutzbund ist und vor Vertragsunterzeichnung alle Vertragsunterlagen in jedem Fall dort noch prüfen lassen wird. Dann können Sie zunächst schauen, wie weit voran Sie selbst kommen, und das Ergebnis der Verhandlungen final effizient prüfen lassen. Nachfolgend finden Sie die Internetadressen der 3 aktuell in Deutschland größeren Schutzbünde:

www.bsb-ev.de
www.vpb.de
www.wohnen-im-eigentum.de

10.4 Verhandlungsinhalte

Verhandlungsinhalte – und damit also Vertragsinhalte – beim Bauen beziehen sich immer auf 3 Punkte:

- Lieferungen und Leistungen
- Kosten und Zahlungen
- Rechte und Pflichten

Diese Inhalte müssen immer verhandelt werden. Werden diese Inhalte nicht vernünftig und verbraucherschützend verhandelt, kommt es fast unweigerlich zu erheblichen Risiken für Verbraucher, die je nach Verlauf der Baustelle dann kleinere oder auch größere Auswirkungen haben können bis hin zum kompletten Stillstand der Baustelle bei halbfertigem Haus.

Trotz der hohen Risiken beim Kauf eines schlüsselfertigen Hauses kaufen viele Menschen Einbauküchen mit deutlich größerer Sorgfalt als ganze Fertighäuser. Das liegt daran, dass sie Anforderungen und Gestaltung von Einbauküchen durchschauen. Sie wissen, dass es billige und hochwertige Küchen gibt, sie wissen, dass das unter anderem mit den verwendeten Materialien und eingesetzten Geräten zu tun hat. Es ist ein Unterschied, ob eine Küche aus Pressspan besteht oder aus Massivholz. Und es ist ein Unterschied, mit welchen Geräten sie ausgestattet ist, ob Kühlschrank, Herd, Ofen oder Geschirrspüler von einem renommierten Markenhersteller kommen, der für seine hohe Qualität bekannt ist, oder nicht. Und natürlich bespricht man diese Ausstattung im Detail, bevor man einen Kaufvertrag unterzeichnet. Auch die Maße werden natürlich im Detail besprochen, das Problem von Elektroanschlüssen wird erörtert. Den genauen Liefertermin will man selbstverständlich ebenso wissen wie die Details der Zahlungsabwicklung. Bei einem Hauskauf hingegen wird vielfach einfach ein vorgelegter Vertrag unterzeichnet, ohne dass wesentliche Bau- und Abwicklungsdetails sauber und differenziert durchgesprochen sind. Weder ist die genaue Hausausstattung zu diesem Zeitpunkt geregelt, noch gibt es einen vereinbarten Liefer- oder Fertigstellungstermin oder gar einen belastbaren Zahlungsplan. Ob ein Haus überhaupt auf einem Grundstück errichtet werden kann, ist nicht selten ebenso ungeklärt wie die Frage, ob der Bebauungsplan die gewünschte Bauweise überhaupt zulässt und welche vorbereitenden Maßnahmen der Bauherr selber organisieren und zusätzlich finanzieren muss. Der Unterschied ist, dass die Investition in eine Einbauküche selbst bei einem vollständigen Fehlschlag in den meisten Fällen noch zu verkraften wäre. Ein Fehlschlag bei einem Hauskauf mit plötzlich auftauchenden hohen zusätzlichen Kosten und Rechtsrisiken hingegen ist für die meisten Verbraucher finanziell nicht zu verkraften. Und man sollte auch die psychischen Belastungen nicht unterschätzen, die aus einem Hausbau resultieren können.

Das Leben ist heute in vielen Bereichen sehr geordnet. Vieles wird einem abgenommen oder ist im Zweifel relativ klar geregelt: Von der Anzahl der Urlaubstage eines Angestellten bis zur Krankentagegeldversicherung. Auf einer Baustelle, auf der Sie Bauherr sind, wird Ihnen gar nichts abgenommen. Sind Sie der Situation nicht gewachsen, ist das Ihr Problem. Wenn Sie das Bauvertragsrecht dann nicht kennen oder DIN-Normen oder was auch immer, wird das niemanden interessieren. Überträgt sich der Stress einer Baustelle dann auf eine Familie, kann das sehr gefährlich werden. Denn die Wahrscheinlichkeit, dass eine Familie zuvor gemeinsam schon einmal mit einer Risikoinvestition in sechsstelliger Höhe konfrontiert war und Konflikte und ernste Auseinandersetzungen mit Profis auf der anderen Seite auf diesem Risikoniveau aushalten musste, ist eher gering. Sie werden mit einer gewissen Wahrscheinlichkeit in neue Dimensionen vorstoßen. Prüfen Sie sich gründlich selbst, ob Sie sich das wirklich zutrauen. Es gibt viele Bauherren, die nach einem Hausbau sagen, dass sie ihn nicht unternommen hätten, wenn ihnen vorher klar gewesen wäre, was auf sie zukommt. Und leider zeigt sich auch, dass nicht alle Ehen den durch eine möglicherweise sehr herausfordernde Baustelle ausgelösten Stress überstehen.

Sind Sie also ein durchaus harmoniebedürftiger Mensch, der Konflikte und Auseinandersetzungen eher scheut, sollten Sie sich die Entscheidung für einen Hausbau gut überlegen. Denn Sie werden bereits bei den Vertragsverhandlungen eine Ahnung davon bekommen, was auf Sie zukommt. Bei Vertragsverhandlungen zum Kauf eines Fertighauses oder eines schlüsselfertigen Massivhauses oder auch Bauträgerhauses sitzen Ihnen in aller Regel ausgewiesene Verkaufsprofis gegenüber, die schon viele Häuser verkauft haben. Diese Profis werden sehr schnell spüren, welcher Menschentyp Sie sind und wie man darauf eingehen kann. Ängstlichen Menschen begegnet man gerne mit Sicherheitsversprechen, zögerlichen mit befristeten Topangeboten und kostenbewussten mit Qualitätserzählungen. Manche Unternehmen haben eigene Verkäufer, andere freie Verkäufer, fast nie aber hat ein Verkäufer auch das Recht, Verträge verbindlich abzuschließen. Und damit hat er natürlich auch nicht das Recht zu verbindlichen Zusagen. Ferner sind Verkäufer meist keine Bautechniker oder gar Ingenieure, mit denen Sie Ausstattungsdetails technisch versiert besprechen können. Ein häufiger Satz ist daher: *„Das können wir dann nach Vertragsabschluss noch mit unserem Architekten klären."* Außerdem werden Sie gegebenenfalls ebenso hören, *„Das müssen wir erst einmal mit der Geschäftsführung besprechen"*. Typische Verkäuferformulierungen samt Erläuterungen dazu finden Sie nachfolgend. Sie werden in den Verkaufsgesprächen schnell feststellen, dass Sie immer einmal wieder bestimmte Formulierungen aus dem Weg räumen müssen, um wieder zur sachlichen Klärung eines Punkts zurückzukommen. Viele Argumente sind entweder Beruhigungspillen oder Argumente zur kurzfristigen Verunsicherung, um Sie von weiteren Forderungen abzuhalten.

Verkäuferformulierung / Erläuterungen

„Wenn wir das bei jedem machen würden, kämen wir gar nicht mehr zum Hausbau..."

Gerne genommenes Argument, wenn es zum Beispiel darum geht, die Bemusterung des Hauses vor Vertragsabschluss durchzuführen, oder auch, wenn der Vorberatungsaufwand steigt, weil Sie viele Detailfragen haben. Aber ohne Beratung gibt es nun einmal keinen Hausverkauf. Wem das zu viel Aufwand ist, der muss sich gegebenenfalls überlegen, ein weniger beratungsintensives Produkt zu verkaufen als ausgerechnet ein Haus.

„Sie sind der Erste, der das so will...."

Beliebte Aussage, wenn der Kunde einen Punkt einmal ganz genau klären will. Sie können aber darauf vertrauen, dass Sie nicht der erste Interessent sind, der genauer nachfragt. Und selbst, wenn es so wäre, müsste das nicht schlecht sein. Hätte nicht irgendwann irgendein erster Homo sapiens die Idee gehabt, seine Höhle zu verlassen und ein Haus zu bauen, gäbe es heute wohl nicht einmal Fertighaushersteller oder Anbieter schlüsselfertiger Massivhäuser.

„Damit hatten wir noch nie Probleme..."

Gerne erwähnt im Zusammenhang mit vertraglichen Regelungen oder Regelungen in der Baubeschreibung, die zum Nachteil des Kunden ausfallen. Klar, dass das Unternehmen damit noch nie Probleme hatte, es trifft im Zweifel ja auch den Kunden...

„Wenn Sie so viele Bedenken haben, mit uns zu bauen, sollten Sie sich vielleicht doch noch einmal überlegen, ob Sie wirklich mit uns bauen wollen..."

Eine Formulierung, die sich dann gut einsetzen lässt, wenn die Verhandlung mit dem Kunden schon relativ weit gediehen ist und man dem Kunden gefühlig erzählen will, dass das Vertrauen des Unternehmens in den Kunden ja da ist, das Vertrauen umgekehrt aber offenbar wohl leider nicht. Der Kunde bringt hier also offensichtlich nun auch noch ein gefühliges Defizit mit. Es geht beim Bauen aber nicht um Gefühle oder Vertrauen, sondern es geht um den richtigen Vertrag mit den richtigen Inhalten und viel Kontrolle.

„Zum Bauen gehört auch Vertrauen..."

Zum Bauen gehören vor allem die richtigen Vertragsinhalte und eine gründliche Baustellenkontrolle. Baupartner sind weder Liebende noch Freunde, sondern sie sind in der Regel ganz schlicht Vertragspartner, nicht mehr und nicht weniger.

„Das garantiere ich Ihnen..."

Garantien des Unternehmens werden nur rechtsverbindlich, wenn sie schriftlich im Vertrag fixiert sind, den ein dazu Bevollmächtigter des Unternehmens unterzeichnet. Eine mündliche Garantie eines dazu meist gar nicht befugten Verkäufers nützt Ihnen herzlich wenig.

„Unser erstes Ziel sind zufriedene Kunden..."

Das erste Ziel eines jeden Unternehmens sind schwarze Zahlen, seien Sie sicher.

„Das kann ich so nicht entscheiden, das müsste ich erst einmal mit der Verkaufsleitung / Geschäftsführung besprechen..."

Das kann so sein, das muss aber nicht so sein. Dahinter kann auch Verhandlungstaktik stecken, um den „Schwarzen Peter" von Ihrem direkten Gesprächspartner zu nehmen, hin zu einer anonymeren Ebene. Ihr Gesprächspartner kann sich dann präsentieren als derjenige, der sich für Sie ja wirklich einsetzt, aber damit leider „oben" nicht durchdringt.

„Das können wir dann alles nach der Vertragsunterzeichnung klären..."

Was in welchem Rahmen nach einer Vertragsunterzeichnung noch geklärt wird, darf doch stark hinterfragt werden, vor allem, was dann überhaupt noch kostenneutral geklärt werden kann und wird. Der Vertrag ist das zentrale Dokument, vor dessen Unterzeichnung möglichst alles geklärt und geregelt werden sollte. Auch die vollständigen Kosten sollten klar sein. Auf einen solchen Satz eines Verkäufers, der meist ja auch gar keine Entscheidungsvollmachten des Unternehmens hat, sollten Sie sich keinesfalls verlassen.

„Wir verkaufen unsere Häuser natürlich nicht jedem. Wir müssen auch unsererseits spüren, dass der Kunde zu uns passt..."

Eine unter Verkäufern immer wieder gern bemühte Aussage, die gleich auch noch den Anschein von Exklusivität in sich trägt. Die Wirklichkeit sieht anders aus: Man möchte natürlich am liebsten die pflegeleichten Kunden, die kritischen Kunden eher nicht.

„Wir bauen nur mit hochwertigen Produkten..."

Ob die Produkte „hochwertig" sind oder nicht, lässt sich üblicherweise erst nach kritischer Durchsicht der Baubeschreibung seriös sagen. Verkäufer sind allerdings selten Bautechniker oder Ingenieure, und Ihre Bauprodukt- und Baustoffkenntnis ist zumeist eher gering. Klar ist: Je geringer der Wareneinsatz ist, umso höher ist die Gewinnmarge des Herstellers.

Sie sollten sich vor Vertragsverhandlungen nicht der Illusion hingeben, dass man Sie für besonders wichtig erachtet, nur weil Sie sich für ein Haus interessieren und bereit sind, dafür vielleicht mehrere Hunderttausend Euro auszugeben. Es ist bei allen Kunden ein langer Weg von der Interessensbekundung bis zur Vertragsunterzeichnung. Verkäufer sehen viele Interessenten, die dann schließlich doch nicht kaufen. Häufig genug platzt ein Geschäft auch im letzten Moment noch aus ganz anderen Gründen, zum Beispiel weil die Finanzierung des Kunden nicht klappt oder er das Wunsch-Grundstück doch nicht erhält oder er überraschend den Arbeitsplatz wechselt und samt Familie in eine andere Stadt zieht. Hinzu kommt, dass einige Hersteller mehrere Hundert Häuser im Jahr errichten. Da sind Sie ein Kunde unter vielen. Es kann Ihnen daher gerade auch bei Herstellern mit einer hohen Absatzzahl an Häusern leicht passieren, dass diese möglicherweise nicht einmal auf eine einzige Ihrer Forderungen eingehen. Dann müssen Sie sich allerdings umgekehrt die Frage stellen, ob Sie Bittsteller sind oder Bauherr und ob ein solches Unternehmen wirklich der richtige Partner für Sie ist. In manchen Unternehmen herrscht auch die Devise: *„Wer uns jetzt schon Ärger macht, wird uns später auf der Baustelle erst recht Ärger machen."* Und man wird im Zweifel lieber auf Sie als Kunden verzichten.

10.5 Verhandlungsvorgehen

Wenn Sie ein Haus gesehen haben, das für Sie in die engere Wahl kommt, ist es das Sinnvollste, dass man sich neben den potenziellen Kosten relativ zügig den Vertrag ansieht. Denn es ist wenig effizient, wenn man stundenlang über mögliche Ausstattungsvarianten spricht, ohne dass man überhaupt weiß, ob man vertraglich zusammenfinden wird. Das Einfachste ist, man kommuniziert das auch und lässt sich möglichst früh einen Mustervertrag aushändigen, um diesen durchsehen zu können. Dazu muss im Vertrag noch keine exakte Kaufsumme eingetragen sein, und es müssen auch noch nicht alle Vertragsanlagen fertig vorliegen. Es geht zunächst nur darum, dass man die wesentlichen vertraglichen Regelungen, die sich das Unternehmen vorstellt, frühzeitig überprüfen und sehen kann, ob das Unternehmen mit sich reden lässt. Die einfachste Form einer Vertragsverhandlung ist die schriftliche. Dabei sendet einfach ein Vertragspartner einen Vertragsvorschlag als offenes EDV-Dokument. Der Empfänger kann in diesen Text schriftlich seine konkreten Änderungswünsche eintragen, diese markieren und das Dokument zurücksenden. Über den wechselseitigen Austausch des Dokuments kann auf diese Weise schließlich ein Vertrag entstehen, den beide Seiten mittragen können. Am Ende kann final noch einmal ein Anwalt mit einem festgelegten Zeitbudget von 2 bis 3 Stunden darübersehen.

Wenn Sie einem Unternehmen aber vorschlagen, Ihnen einfach einen Kaufvertragsentwurf zuzusenden, werden Sie schnell feststellen, dass nicht alle Unternehmen das gerne tun. Manche möchten einen Vertrag überhaupt erst dann losschicken, wenn sie relativ sicher sind, dass der Kunde anbeißt. Andere möchten den Vertrag lieber zu einem vertraulichen Gespräch mitbringen und ihn begleitend erläutern, um im besten Fall danach auch gleich die Unterschrift zu erhalten. Alles das hilft Ihnen aber letztlich wenig. Am sinnvollsten ist und bleibt es, Sie können sich den Vertragsentwurf möglichst früh in Ruhe durchsehen, um dann Nachbesserungsvorschläge einzubringen. Reagiert das Unternehmen darauf schon früh ablehnend, können Sie sich weitere Verhandlungen möglicherweise relativ bald sparen und mit Ihrer Haussuche an anderer Stelle fortfahren.

10.6 Verhandlungsbegleitung

Wenn man sich eine Verhandlung mit den Profis eines Hausanbieters nicht zutraut, kann man sich natürlich auch zu Verhandlungen begleiten lassen. In der Regel ist es aber zunächst ausreichend, dass die vom Hausanbieter vorgelegten Dokumente wie Kaufvertrag und Baubeschreibung geprüft werden, etwa durch einen Anwalt und Ingenieur im Hintergrund. Denn diese Dokumente bilden ja später die Grundlage für das Bauvorhaben. Sinnvoll kann es sein, nach intensiver Prüfung mit den Dokumenten und gebündelten konkreten Nachbesserungswünschen technischer und rechtlicher Art auf den Hausanbieter zuzugehen. Dann verhandelt man nicht mühsam um jedes Detail einzeln, sondern legt einmal geschlossen alle Nachbesserungsvorschläge vor. Diese Nachbesserungsvorschläge kann man – wie erwähnt – auch als schriftlichen Vorschlag übermitteln. Das vermeidet im Zweifel auch stundenlanges Gefeilsche. Und eine langwierige, vollständige Verhandlungsbegleitung – etwa durch einen Anwalt auf Stundensatzbasis – wäre auch viel zu teuer.

10.7 Sonderfall – Notarielle Beurkundung eines Bauträgerkaufvertrags

Wenn Sie Haus und Grundstück gemeinsam kaufen, also einen klassischen Kauf vom Bauträger eingehen, muss dieses Rechtsgeschäft zwar nicht zwingend vom Notar beurkundet werden, nur dann ist es allerdings rechtlich bindend. Sie könnten alternativ zusammen mit dem Bauträger direkt zum Grundbuchamt fahren und gemeinsam um Grundbuchumschreibung bitten, dann benötigen Sie gar keinen Notar. Das wird aber natürlich kein Bauträger machen. Denn gerade die Grundbuchumschreibung erfolgt bei Bauträgerverträgen ja erst ganz am Ende des gesamten Bau- und Abnahmeverfahrens. Richten Sie sich also darauf ein, dass Sie bei einem gemeinsamen Kauf von Haus und Grundstück vor dem Notar landen werden.

Wenn Sie ein Bauträgerobjekt in einer beliebten Stadt oder Region erwerben möchten und mit einer solchen Fülle von Änderungswünschen, wie sie in den Beispielen im Buch aufgezeigt wurden, zu Ihrem Bauträger gehen, kann es Ihnen passieren, dass dieser nur noch wenig Interesse hat, sein Objekt an Sie zu verkaufen. Er wird möglicherweise sehr schnell genug andere Interessenten finden, die ihm das Objekt ohne Weiteres im Rahmen der vorgelegten Unterlagen abkaufen. Das bedeutet für ihn einen deutlich geringeren Arbeitsaufwand, unkompliziertere Arbeitsabläufe und gegebenenfalls geringere Risiken. Daher ist es sinnvoll, in der richtigen Reihenfolge mit den richtigen Personen zu sprechen.

Bevor Sie im Detail eine technische Baubeschreibung mit einem Bauträger durchgehen, ist es sinnvoll, zunächst zu klären, ob er sich auf bestimmte Vertragsänderungen überhaupt einlässt. Da er dies von sich aus nur selten tun wird, gibt es hier eine relativ einfache Lösung: Sie sollten den Bauträger anrufen und ihm kurz mitteilen, dass Sie noch eine Reihe von Fragen zum **Kaufvertragsentwurf des Notars** haben, die Sie zunächst unmittelbar und direkt mit dem Notar besprechen möchten, und dass Sie daher einen **Gesprächstermin beim Notar** ausmachen werden. Vor allem Makler sind in einem solchen Fall häufig sehr darauf bedacht dabeizusein. Sie können aber klar sagen, dass das nicht notwendig ist, Sie zunächst allein mit dem Notar reden möchten und den Bauträger oder Makler umgehend über das Gespräch informieren.

Während sich ein Bauträger seine Kunden beliebig aussuchen kann, kann ein **Notar – als neutrale Amtsperson –** nicht einfach das Beurkundungsgesetz nicht beachten. Das heißt: Insbesondere die Ausgewogenheit des Vertragswerks muss gegeben sein. Daraus folgt, dass es Nachbesserungsbedarf geben kann, den auch der Notar als durchaus gerechtfertigt ansehen müsste, wenn er einen ausgewogenen Vertrag zum Ziel hat, was er immer haben sollte. Er wird Ihnen also sehr wahrscheinlich deutlich eher als der Bauträger Nachbesserungen zugestehen und diese dann wiederum dem Bauträger vorlegen. Der Bauträger kann Sie als Käufer zwar auch ablehnen, weil Sie ausgeglichene Vertragsinhalte haben wollen, für die der Notar keine Probleme sieht. Er steht dabei dann aber durchaus unter einer gewissen Beobachtung des Notars, da der Notar auch Sie zu diesem Zeitpunkt persönlich kennt. Handelt es sich nun bei den von Ihnen vorgetragenen Änderungsbitten um absolut legitime Anliegen und sieht der Notar darin keine Probleme, kann der Bauträger oder auch Makler dem Notar nicht einfach in die Feder greifen. Er kann zwar die Änderungen ablehnen und sich weigern, den überarbeiteten Vertrag zu unterzeichnen. Es stellt sich dann allerdings die Frage, wie der Notar dazu steht. Wenn der dann nur die Schultern zuckt und parallel weiter unausgewogene Verträge entwirft und verbreitet, ohne den Willen der Kaufinteressenten zu berücksichtigen und sie über die Konsequenzen aufzuklären, wie er dies tun müsste, handelt er nicht mehr wirklich nach dem Geist des Beurkundungsgesetzes. Er wird im Zweifel auch einem Bauträger, mit dem er schon lange zusammenarbeitet, sagen müssen, dass dieser sich an dem einen oder anderen Vertragspunkt bewegen muss. Daher ist für Sie das Vorgehen meist vorteilhafter, Änderungswünsche am Vertrag über den Notar einzubringen, statt sofort in direkte Vertragsverhandlungen mit dem Bauträger einzusteigen. Sie sollten für den Gesprächstermin mit dem Notar gut vorbereitet sein. Wichtig ist, dass Sie den Kaufvertrag gut kennen und auch das Werkvertragsrecht des BGB (§§ 631 – 651) gut durchgelesen haben. Sie finden es im Internet-Gesetzesportal der Bundesregierung unter **www.gesetze-im-internet.de.**

Manchmal lehnen Notare es ab, Käufer zum Vertragsentwurf zu hören, sondern verweisen darauf, dass man sich schon zunächst mit dem Bauträger einigen müsste. Diesen Notaren können Sie klar entgegenhalten, dass sie nach **§ 17 des Beurkundungsgesetzes** verpflichtet sind, auch Ihren Willen zu „erforschen" und dass der betreffende Notar dies gegenüber der Gegenseite ja offensichtlich auch schon getan hat. Der Notar ist eine neutrale Amtsperson. Bestehen Sie selbstbewusst darauf, dass er sich klipp und klar an diese Rolle und an das Beurkundungsgesetz hält. Eine Gesprächsabsage des Notars kommt angesichts dieser Sachlage überhaupt nicht infrage. Bleibt der Notar bei seinem Standpunkt, muss nötigenfalls die Notarkammer des betreffenden Bundeslandes eingeschaltet werden, damit Sie zu Ihrem Recht kommen. Auch die Notarkammern der Länder unterliegen der Aufsicht (durch die Bundesländer). Das heißt, ein Brief an eine Landesnotarkammer kann selbstverständlich immer auch unter „cc." an das aufsichtsführende Landesministerium gehen, üblicherweise das Landes-Justizministerium. Nehmen Sie Rechte, die Sie haben, selbstbewusst wahr.

Sinnvoll ist, wenn Sie zum Gespräch mit dem Notar auch eine durchgearbeitete Kopie des Kaufvertrags mitbringen und alle Fragen dazu notiert haben. Es ist folglich sinnvoll, dass der Notar in einem nächsten Schritt den Vertrag überarbeitet und diese überarbeitete Version auch dem Bauträger zur Durchsicht vorlegt, sodass man abstimmen kann, ob die gefundenen Formulierungen von beiden Seiten getragen werden. Ist dies nicht der Fall, muss gefragt werden, welche Änderungen die Gegenseite partout nicht mittragen kann und warum. Es wird dann Punkte geben, wo Sie wiederum möglicherweise kompromissbereit sind, und es wird Punkte geben, wo Sie möglicherweise nicht mehr kompromissbereit sind. Kommt es dann nicht zu einer Einigung, sind die Verhandlungen in der Regel gescheitert.

Nehmen wir an, Sie können sich mit dem Bauträger auf Formulierungsvorschläge des Notars einigen, dann ist der nächste Punkt, dass man sich die **technischen Vertragsanlagen** ansieht, also die Baupläne, die Baubeschreibung und den Zahlungsplan. Wobei der MaBV-Zahlungsplan von praktisch allen Notaren direkt mit in den Kaufvertrag selbst aufgenommen wird. Wichtige Hinweise dazu, wie **MaBV-Zahlungspläne** deutlich sicherer gestaltet werden können, haben Sie bereits in Kapitel 8.5 erfahren (⇢ Seite 167 ff.). Bei den Gesprächen zur **Baubeschreibung** kann ein sinnvolles Mittel sein, die Muster-Baubeschreibung der Verbraucherzentrale einzusetzen. Man kann eine solche dann auch einmal mitnehmen zu einem Termin beim Bauträger und das Thema offen ansprechen. Denn auf der einen Seite empfehlen die Verbraucherzentralen detaillierte Regelungen, und auf der anderen Seite liegt vielleicht nur eine sehr lückenhafte Baubeschreibung des Bauträgers vor. Schon allein die Tatsache, dass Sie sich in eine solche Muster-Baubeschreibung einmal hineingelesen haben, wird dazu führen, dass Ihnen der Bauträger nicht mehr einfach irgendetwas erzählen wird. Ihm ist dann klar, dass Sie sich erhebliches Wissen angeeignet haben. Dies kann – muss aber nicht – die Basis dafür sein, dass man gemeinsam nach sachlichen Lösungen sucht.

Auch bei den Gesprächen zur Baubeschreibung ist es sinnvoll, dass Sie gut vorbereitet sind und markiert haben, wo aus Ihrer Sicht Nachbesserungsbedarf besteht. Häufig ist es bei Baubeschreibungen (⇢ Kapitel 9.7 und 9.8 ab Seite 206) auch so, dass ganz am Ende noch einmal zahlreiche Vorbehalte zu Mängeln, Baustoffen, Ausführungsweisen und anderem mehr aufgelistet werden. Solche Vorbehalte gehören – wenn überhaupt – in den Vertrag. Auch solche Vorbehalte müssen dem Notar zur Prüfung vorgelegt werden (→ Kapitel 8.6 ab Seite 171 sowie Seite 235 f.).

Wenn Sie Grundstückskauf und Hausbau in zwei separaten Verträgen vereinbaren, hat der Notar mit dem Vertrag zum Hausbau üblicherweise nichts mehr zu tun, es sei denn, der Vertrag ist im Grundstückskaufvertrag mit enthalten. In diesem Fall sollten Sie den Notar voll in die Verantwortung nehmen. Denn in diesem Fall macht er den Bauvertrag ja zu einem Teil oder zur Anlage des Grundstückskaufvertrags. Dann soll er Sie auch umfassend zu den Inhalten und Problemen eines solchen Vertrags und einer solchen Vertragskonstruktion beraten und Ihnen auch Alternativen vorschlagen wie den klassischen Bauträgervertrag auf Basis der MaBV. Viele Fachanwälte für Bau- und Architektenrecht beziehungsweise Anwälte mit entsprechendem Tätigkeitsschwerpunkt sind wenig angetan von den Baurechtskenntnissen von Notaren. Daher sollte auch ein notariell entworfener Kaufvertrag eines Notars im Idealfall unabhängig überprüft werden.
Das tun auch einige Verbraucherzentralen seit vielen Jahren und stellen dabei teils erhebliche Verbraucherbenachteiligungen in den Vertragsentwürfen fest. Für einen tatsächlich vollkommen separaten Bauvertrag, der nicht Teil des Grundstückskaufvertrags ist, ist keine notarielle Beurkundung notwendig. Dann müssen Sie die Vertragsverhandlungen ohne Notar führen. Das Problem ist bei solchen Bauverträgen allerdings: Meist wird bereits im Grundstückskaufvertrag festgeschrieben, dass Sie mit einem bestimmten Bauträger das Grundstück bebauen müssen. Tun Sie das nicht und wollen es anders bebauen, sind häufig Geldbeträge fällig, damit Sie aus dem Vertrag kommen. Außerdem können Sie meist nicht ohne Weiteres die Entwurfspläne verwenden. In einem solchen Fall ist es notwendig, dass Sie den notariellen Kaufvertrag und den davon separierten Bauvertrag zeitgleich parallel verhandeln und die Unterzeichnung des einen von der Unterzeichnung des anderen abhängig machen, wie dies in Kapitel 2 bereits angedeutet wurde. Sie sorgen so dafür, dass beide Verträge, sowohl der Vertrag zum Grundstückskauf als auch der Vertrag zum Hausbau, möglichst optimal aufeinander abgestimmt sind. So darf es zum Beispiel ganz konkret im Bauvertrag keine Vorbehalte zur Bebaubarkeit oder Nicht-Bebaubarkeit des Grundstücks mehr geben, sondern der Hausanbieter muss klar zusichern, dass das im Bauvertrag und in der Baubeschreibung definierte Haus auf dem von ihm veräußerten Grundstück auch ohne Mehrkosten so baubar ist, insbesondere bezüglich der baurechtlichen Genehmigungsfähigkeit und der bautechnischen Konstruktion. Außerdem muss der Hausanbieter zusichern, dass er alle zusätzlich zu erwartenden Kosten transparent benannt hat, das gilt vor allem für Anschluss- und Erschließungskosten an das öffentliche Netz. Das heißt: Das Haus muss durch den Hausanbieter vollständig betriebsbereit geliefert werden, mit allen Anschlüssen (Wasser, Abwasser, Strom, Telekom, Gas / Fernwärme).

Das Gleiche gilt für die Baustelle beziehungsweise die Baustelleneinrichtung (zum Beispiel Baustrom, Bauwasser, Bau-WC, Baustraße, Lagerplätze, Kranstandplatz und so weiter). Sonst laufen Sie Gefahr, permanent hohe Rechnungen für Zusatzkosten im Briefkasten zu haben, die nicht geregelt sind, und im schlimmsten Fall sogar ein Grundstück gekauft zu haben, auf dem das versprochene Haus gar nicht baubar ist. Wenn Grundstück und Haus in zwei Verträgen gekauft werden sollen, die zeitnah hintereinander unterzeichnet werden, handelt es sich in vielen Fällen um ein sogenanntes **„verbundenes Geschäft“**, wie bereits in Kapitel 8.3 erwähnt (→ Seite 157 ff.). Davor kann auch der Notar nicht die Augen verschließen. Sie können den Notar, der den Grundstückskaufvertrag abwickelt, auffordern, Sie eindeutig zu den Risiken und Problemen aufzuklären und Ihnen gegebenenfalls einen anderen vertraglichen Lösungsvorschlag zu unterbreiten – also zum Beispiel Kauf von Grundstück und Haus in einem einzigen Vertrag als Bauträgervertrag auf MaBV-Basis. Ist dies nicht durchsetzbar, sollten Sie auf die weiter oben dargelegten Sachverhalte der Kostentransparenz und der betriebsfertigen Herstellung von Baustelle und

Haus großen Wert legen. Erst wenn das alles im Bauvertrag geregelt ist, sollten Sie überhaupt einen Termin für die notarielle Beurkundung auch des Kaufvertrags für das Grundstück ausmachen.

Grundsätzlich gilt: Ein Bauvertrag wird niemals unterzeichnet, bevor nicht ein Kaufvertrag für ein Grundstück geschlossen ist. Sonst kann es Ihnen passieren, dass Sie hohe Rücktrittsgebühren vom Bauvertrag zahlen müssen, wenn der Grundstückskauf doch nicht zustande kommt. Beides kann allerhöchstens zeitgleich unterzeichnet werden. Vor dem notariellen Kauf des Grundstücks muss eine exakte Baubeschreibung vorliegen. Wenn Grundstück und Haus nicht in einem Vertrag erworben werden, ist die Baubeschreibung nicht mehr Bestandteil des notariellen Kaufvertrags für das Grundstück, sondern üblicherweise Bestandteil des Bauvertrags. Egal, bei welchem Vertrag die Baubeschreibung Bestandteil ist, sie muss vollständig und detailliert sein, um überraschende Mehrkosten ausschließen zu können.

Bezüglich Ihrer Finanzierung ist es wichtig, dass Sie für die voraussichtlich anfallenden Kosten eine schriftliche Finanzierungszusicherung Ihrer Bank haben. Denn sonst kann es Ihnen passieren, dass Sie vor einem Notar einen Kaufvertrag für ein Kaufobjekt unterzeichnen, für das Sie unter Umständen zeitnah höhere Summen überweisen müssen, ohne dass Sie dafür aber eine zugesicherte Baufinanzierung hätten. Daher geht man in folgenden Schritten vor:

- Zunächst werden Vertrag und Baubeschreibung auf inhaltliche Vollständigkeit und damit auch auf Kostenvollständigkeit überprüft.
- Danach verhandelt man mit Banken zur Baufinanzierung, ohne schon einen Finanzierungsvertrag zu unterschreiben. Ziel ist zunächst nur die schriftliche Finanzierungszusage der Bank zu den ausgehandelten Konditionen.
- Daran anschließend folgt der Beurkundungstermin beim Notar.
- Und dann schließt man den Finanzierungsvertrag ab.

Würde man es anders handhaben, könnte es Ihnen passieren, dass während des Beurkundungstermins beim Notar plötzlich doch noch Probleme auftreten und entweder Sie oder der Bauträger die Unterschrift verweigern beziehungsweise verweigert. Dann hätten Sie einen Finanzierungsvertrag mit einer Bank abgeschlossen, den Sie überhaupt nicht bräuchten und der Sie in erhebliche finanzielle Schwierigkeiten bringen könnte.

Der **Beurkundungstermin** beim Notar läuft nach den Vorgaben des Beurkundungsgesetzes ab. Beide Vertragsparteien treffen sich beim Notar. Dieser liest den gesamten Vertragstext beiden Seiten noch einmal vor. Sie können auch währenddessen jederzeit den Notar unterbrechen und um Erklärungen bitten. Es ist allerdings deutlich sinnvoller, wenn der Vertragstext bereits im erwähnten Vorgespräch sorgfältig durchgegangen und besprochen und nötigenfalls überarbeitet wurde. Im Beurkundungstermin selbst herrscht in aller Regel doch ein gewisser finaler Druck. Sie sollten sich davon aber generell nicht beeindrucken lassen und ganz entspannt zum Beurkundungstermin gehen. Diesen Termin können Sie nötigenfalls auch jederzeit abbrechen und das gesamte Vorhaben auch dann noch beenden. Gekauft haben Sie erst, wenn der Kaufvertrag von der anderen Vertragspartei, vom Notar und von Ihnen unterzeichnet ist. Nicht früher und nicht später. Die Vertragsanlagen zum Kaufvertrag werden im Beurkundungstermin in den meisten Fällen nicht mehr mit vorgelesen. Das setzt gemäß § 13a des Beurkundungsgesetzes allerdings voraus, dass die Vertragsanlagen bereits beurkundet und den Beteiligten bekannt sind, also etwa die Baubeschreibung. Meist verzichten beide Seiten darauf, was in Ordnung ist, wenn man diese Vertragsbestandteile zuvor gründlich durchgearbeitet hat.

Mit der Unterschrift unter den Kaufvertrag von Verkäufer, Käufer und Notar ist der Kaufvertrag abgeschlossen. Nachdem Sie mit dem Beurkundungstermin beim Notar nun einen weiteren großen Schritt gemacht haben, ist der nächste Schritt die bauliche Umsetzung des Hauses, das Sie mit dem oder getrennt vom Grundstück erworben haben. Dazu erfahren Sie mehr in Kapitel 11.

10.8 Scheitern von Verhandlungen

Im Zug von Verhandlungen sollten Sie sich von vornherein immer auch auf deren mögliches Scheitern einstellen. Es kann sein, dass ausgerechnet bei dem von Ihnen stark bevorzugten Haus der Vertrag gravierende Rechtsnachteile aufweist, über die das Unternehmen nicht verhandeln möchte. Das Scheitern von Vertragsverhandlungen gehört beim Verhandeln aber zum täglichen Geschäft. Man sollte sich mit diesem Scheitern daher auch nicht lange aufhalten, sondern zügig die nächsten Optionen ansehen. Vertragsverhandlungen sind immer erst dann gescheitert, wenn man sie für gescheitert erklärt. Es ist also nicht besonders klug, einem Hausanbieter eine E-Mail zu senden mit einem Inhalt wie *„Dann eben nicht!"* oder Ähnliches. Wenn Ihnen der Hausanbieter mitteilt, dass er für die von Ihnen vorgeschlagenen Vertragsänderungen keine Möglichkeit sieht, kann man ihm das Heft des Handelns elegant überlassen. Man meldet sich dann gegebenenfalls zunächst einmal gar nicht mehr und wartet einfach ab, ob sich der Hausanbieter seinerseits noch einmal meldet. Parallel kann man die Zeit zur Suche nach Alternativen nutzen. Ganz schlecht ist es, markige Abschiedsworte beim Hausanbieter zu hinterlassen und sich dann im Zweifel ein halbes Jahr später doch noch einmal dort zu melden, weil man auch an anderer Stelle nicht weitergekommen ist. Denn exakt das kann sich dieser Hausanbieter dann zusammenreimen und kennt somit Ihre schwache Verhandlungsposition.

10.9 Alternativen

Wenige Alternativen haben Sie, wenn Ihnen das Grundstück, auf dem Sie bauen wollen, nicht gehört. Denn Sie können dann ja nicht einfach einen anderen Generalunternehmer für Ihren Hausbau engagieren. Die einzige Alternative, die Sie dann noch haben, ist der Markt der gebrauchten Häuser. Das ist aber eine stark unterschätzte und in Wahrheit gute Alternative. Denn diese Alternative entbindet Sie von zahlreichen Risiken, die Sie beim Hauskauf vom Bauträger haben. Die Verbraucherzentrale hat für diesen Weg zu Wohneigentum zu gelangen, einen ganz speziellen Ratgeber entwickelt: „Kauf eines gebrauchten Hauses" (**www.ratgeber-verbraucherzentrale.de**). In diesem Ratgeber finden Sie alle wichtigen Informationen für diesen Weg zur eigenen Immobilie. Auch dieser Weg ist nicht einfach, für die allermeisten Verbraucher aber der mit Abstand einfachste und sicherste, wenn er gründlich vorbereitet und beschritten wird.

Gehört Ihnen das Grundstück hingegen selbst, haben Sie natürlich auch noch andere Alternativen. Auch hier ist dann – trotzdem – die erste Alternative ebenfalls ein gebrauchtes Haus. Das heißt aber dann auch in diesem Fall, dass Sie sich erst einmal auf die Suche nach einem solchen Haus machen müssen, und das heißt dann letztlich auch, dass Sie gegebenenfalls Ihr Grundstück aufgeben müssten, nach dem Sie vielleicht auch lange gesucht hatten.

Die zweite Alternative ist, mit einem Architekten zu bauen. Davor schrecken allerdings viele Menschen zurück, da sie bei diesem Weg vor allem die Kostensicherheit vermissen. Die Kostensicherheit beim schlüsselfertigen Bauen ist allerdings auch immer sehr relativ, wenn man nicht alle Vertragsunterlagen sehr sorgsam überprüft. Ein weiteres gewichtiges Argument, welches sehr häufig gegen das Bauen mit einem Architekten angeführt wird, sind die hohen Honorarkosten. Das ist nicht von der Hand zu weisen. Sie können davon ausgehen, dass ein Architekt, wenn er alle Phasen des Planen und Bauens des Hauses betreute, bislang etwa 13 bis 15 Prozent der Nettobausumme des Hauses als Honorar erhielt. Bei einem Haus mit Nettobaukosten von 280.000 Euro waren das mindestens 36.400 Euro netto. Sein Honorar wurde über viele Jahrzehnte durch den Gesetzgeber geschützt, der in der „Honorarordnung für Architekten und Ingenieure“ (HOAI) die Honorare für Architekten wie in einem staatlich organisierten Preiskartell festschrieb. Das war sehr zum Nachteil von Verbrauchern. Die Europäische Kommission hatte die Bundesregierung 2016 aufgefordert, dieses staatliche Preiskartell zu beenden. Die Bundesregierung weigerte sich und die Europäische Kommisson klagte vor dem Europäischen Gerichtshof. Dieser kippte am 04.07.2019 zentrale HOAI-Vorgaben (AZ C-377/17 – siehe hierzu auch die Hinweise auf Seite 37 f.). Sie können seither mit einem Architekten völlig frei das Honorar vereinbaren. Es mag sein, dass sich ein Architekt auch weiterhin an der HOAI orientieren möchte, aber ein Rechtsanspruch darauf existiert seit dem Urteil des EuGH nicht mehr. Unabhängig von der Honorarvereinbarung mit dem Architekten bleibt es aber dabei: Anders als bei allen anderen Baumodellen ist ein Architekt Ihr unabhängiger Sachwalter. So haben Architekten beispielsweise auch eine Schutzpflicht gegenüber dem Vermögen der Bauherren. Wird diese grob verletzt, haftet der Architekt dafür. Und bezüglich der Baukosten können Sie Ihrem Architekten natürlich sehr klare Vorgaben machen. Wenn Sie ihm von vornherein in den Vertrag setzen, dass Ihr Haus zum Beispiel nicht mehr als 320.000 Euro brutto kosten darf inklusive sämtlicher Nebenleistungen und auch inklusive seines Honorars, dann hat er früh Klarheit über die maximalen Kosten, die dann so auch im Architektenvertrag fixiert sind.

Vielen Menschen scheint es zu kompliziert zu sein, einen Architekten zu suchen und zu finden, der ein geeignetes Haus planen kann. Da ist es schon viel einfacher, mit ein paar Mausklicks im Internet ein paar Hausanbieter anzusehen. Man kann mittlerweile ganze Häuser auch online kaufen. Aber wer das ernsthaft wirklich tut, hat den Anschluss an die Wirklichkeit des Bauens verloren – oder nie gefunden – und muss dann eben auch mit allen potenziellen Konsequenzen und Risiken daraus leben.

Architekten in Ihrer Umgebung finden Sie eigentlich sehr einfach, zum Beispiel indem Sie in den „Gelben Seiten“ Ihrer Kommune oder Ihres Landkreises unter dem Stichwort „Architekten“ nachsehen oder online unter **www.gelbeseiten.de** oder einem anderen Telefonverzeichnis. Manchmal gibt es von dort direkte Links zu den Architekturbüros, manchmal auch nicht. In letzterem Fall können Sie aber auch den Namen des Architekturbüros einfach bei einer Internetsuchmaschine eingeben, kombiniert mit dem Ort, in dem das Büro ansässig ist, und finden dann meist die Internetseite des Büros schnell. Sie können sich in der Folge auf den Internetseiten umschauen, ob das jeweilige Büro auch Einfamilienhäuser gebaut hat und baut. Suchen Sie sich einfach eine beliebige Anzahl entsprechender Büros heraus, die Sie mit einem einfachen Brief anschreiben können. Musterbriefe finden Sie auf Seite 270 und 271.

Nicht von jedem Büro werden Sie Antwort erhalten, aber einige Büros werden sich sicher melden. Sie können sich in der Folge dann in Ruhe Architektenhäuser in Ihrer Umgebung ansehen und auch die Architekten selber kennenlernen. Ist ein Architektenhaus intelligent geplant, muss es nicht teurer sein als ein Fertighaus oder schlüsselfertiges Massivhaus, und Sie haben dann von Beginn an einen unabhängigen Fachmann als Sachwalter an Ihrer Seite. Ein erfahrener und kostenbewusster Architekt, der seine Region und seine Handwerker gut kennt, kann daher durchaus eine Alternative zum Fertighaushersteller oder Massivhausanbieter sein, nicht zuletzt dann, wenn Sie auch nach regionaler Baukultur suchen. Diese nämlich werden Sie bei Fertighausherstellern oder Massivhausanbietern nicht ohne Weiteres bekommen. Viele Kataloghäuser folgen eher einem nicht allzu hinterfragten Massengeschmack und weniger einer regionalen Baukultur.

Familie Mustermann
Musterstrasse 1
12345 Musterstadt

Architektenbüro
Baumann
Baustrasse 1
23456 Bauhausen

Musterstadt, den

Sehr geehrter Herr Baumann,

wir würden gerne in Bauhausen ein Einfamilienhaus errichten. Unser Gesamtbudget beträgt etwa 280.000 Euro brutto inklusive sämtlicher Nebenkosten (auch inklusive Architektenhonorar). Nur das Grundstück selbst (allerdings noch ohne Erschließung) fällt nicht in dieses Budget. Das Grundstück haben wir bereits erworben.

Wir hatten zunächst an den Bau eines Fertighauses gedacht, können uns aber auch ein individuelles Haus vorstellen, das einerseits unsere Bedürfnisse und andererseits auch die Baukultur unserer Region aufgreift. Wir möchten unser Haus gerne in Massivbauweise errichten / Wir möchten unser Haus gerne in in Holzbauweise errichten. / Wir sind noch unentschlossen, ob wir unser Haus in Massiv- oder in Holzbauweise errichten wollen.

Aus diesem Grund möchten wir bei Ihnen anfragen, ob Sie hier in der Region bereits Einfamilienhäuser im oben genannten Preissegment von etwa 280.000 Euro brutto inklusive Nebenleistungen und Honoraren gebaut haben, die wir uns einmal ansehen könnten. Über die Zusendung einer kleinen Liste mit Angabe der Bauherren würden wir uns sehr freuen. Nach einer Besichtigung der Objekte würden wir gegebenenfalls gern wieder auf Sie zukommen.

Mit freundlichen Grüßen
Familie Mustermann

Familie Mustermann
Musterstrasse 1
12345 Musterstadt

Architektenbüro
Baumann
Baustrasse 1
23456 Bauhausen

Musterstadt, den

Sehr geehrter Herr Baumann,

wir würden gerne in Bauhausen ein Einfamilienhaus errichten. Unser Gesamtbudget beträgt etwa 280.000 Euro brutto inklusive sämtlicher Nebenkosten (auch inklusive Architektenhonorar). Nur das Grundstück selbst (allerdings noch ohne Erschließung) fällt nicht in dieses Budget. Das Grundstück haben wir bereits erworben.

Wir hatten zunächst an den Bau eines Fertighauses gedacht, können uns aber auch ein individuell geplantes Haus vorstellen, das einerseits unsere Bedürfnisse und andererseits auch die Baukultur unserer Region aufgreift. Wir würden hierbei gerne vorlaufend mit einem Architekten einen individuellen Entwurf erarbeiten und eine detaillierte Baubeschreibung erstellen, um mit beiden dann bei regionalen Massivhausanbietern / Holzhausanbietern Angebotsanfragen für eine schlüsselfertige Errichtung zu stellen.

Aus diesem Grund möchten wir bei Ihnen anfragen, ob Sie hier in der Region bereits Einfamilienhäuser im oben genannten Preissegment von etwa 280.000 Euro brutto inklusive Nebenleistungen und Honoraren geplant haben, vielleicht auch schon in Kombination mit einem Schlüsselfertigbauanbieter, die wir uns einmal ansehen könnten. Über die Zusendung einer kleinen Liste mit Angabe der Bauherren würden wir uns sehr freuen. Nach einer Besichtigung der Objekte würden wir gegebenenfalls gern wieder auf Sie zukommen.

Mit freundlichen Grüßen
Familie Mustermann

Es ist eine große Herausforderung, Vergangenheit und Gegenwart des Bauens in einer Region überzeugend zusammenzubringen (⇢ Seite 68 ff.). Es gibt Architekten, die beispielsweise mit regionalen Holzhausanbietern zusammenarbeiten und auf diese Weise hohe Vorfertigung und regionale Baukultur durchaus miteinander in Verbindung bringen können.

Falls Sie mit einem Architekten bauen wollen, ist es daher sinnvoll, diese Entwicklung genau im Auge zu behalten. Außerdem empfiehlt sich für Sie dann der Ratgeber „Bauen!“ der Verbraucherzentrale, in dem im Schwerpunkt das individuelle Bauen auf eigenem Grundstück behandelt wird, sowie ergänzend der Ratgeber „Kosten- und Vertragsfallen beim Bauen“, in dem ebenfalls das individuelle Bauen mit dem Architekten besondere Berücksichtigung findet und die bis zum 04.07.2019 geltenden Honorarsätze der HOAI detailliert und mit Beispielrechung dargelegt werden (⇢ Seite 335). Falls sich ein Architekt daran weiterhin orientieren will, kennen Sie die Honorsätze und weitere wichtige Regelungspunkte für Architektenverträge dann sehr genau.

Eine weitere Option ist es, ein Haus zunächst individuell mit einem Architekten zu planen und es dann schlüsselfertig ausführen zu lassen. Der Architekt kann bei diesem Modell alle Leistungen des Entwurfs oder sogar bis einschließlich Bauantrag erbringen und dann zu seiner Planung noch eine detaillierte Baubeschreibung erstellen. Mit diesen Unterlagen kann man gezielt nach geeigneten Schlüsselfertigbauanbietern zur Umsetzung Ausschau halten, ob Holz- oder Massivbau.

Die Kombination aus individueller Planung und sich daran anschließender schlüsselfertiger Errichtung ist für viele Architekten nach wie vor eher ungewohnt, auch weil sie dann auf einen erheblichen Teil Ihres Honorars verzichten müssen. Es gibt aber auch Architekten, die solche Verfahren von sich aus praktizieren, weil es ihr gesamtes Arbeiten deutlich effizienter machen kann. Sie können sich dann voll auf die Planungsphase konzentrieren und die gesamte Bauphase geordnet abgeben. Vor allem dann, wenn Architekten gute Erfahrungen mit der schlüsselfertigen Bauausführung regionaler Unternehmen gemacht haben, ist das interessant. Denn dann können sie Ihnen auch bei der regionalen Unternehmenssuche helfen.

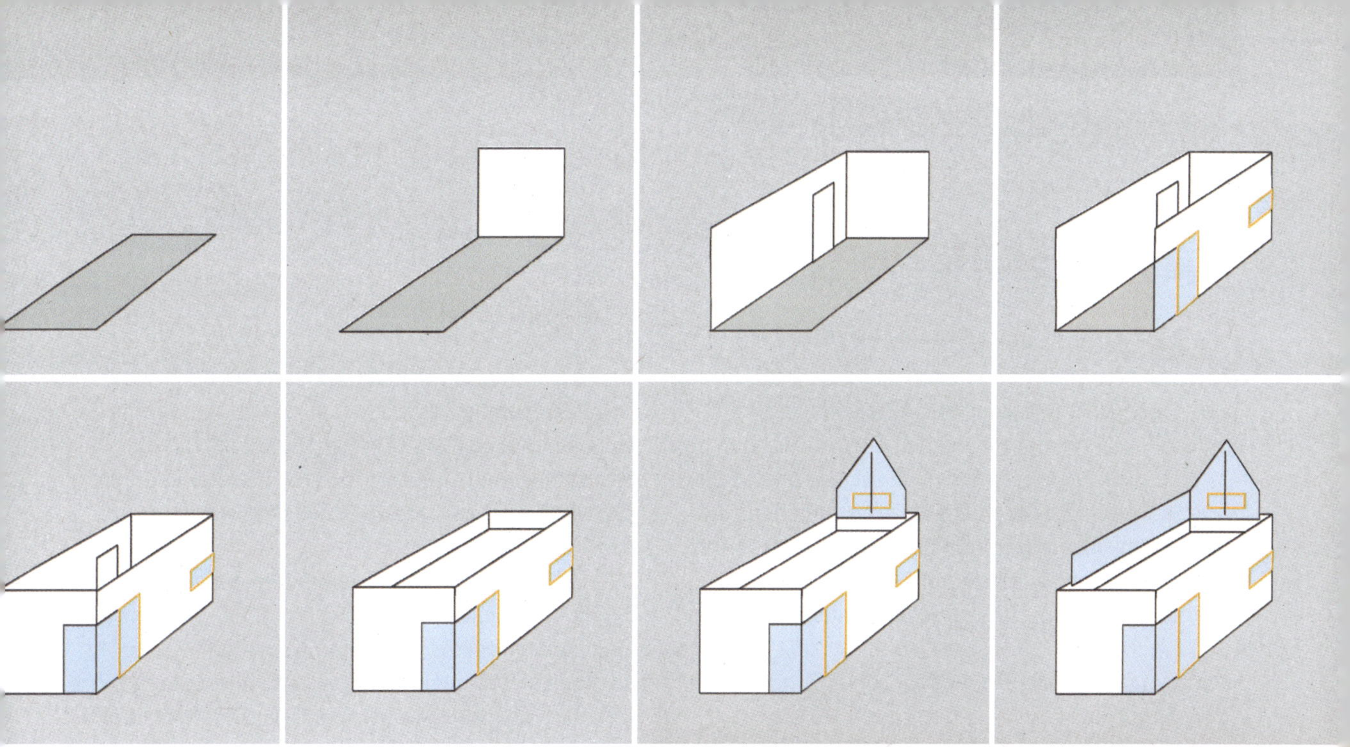

11 Baudurchführung

Wenn der Kellerbau separat vom übrigen Hausbau erfolgt, hat mit ihm die Bauphase vorlaufend schon begonnen.

Wenn kein Keller gebaut wird oder Haus und Keller gemeinsam aus einer Hand gebaut werden, beginnt die Bauphase erst jetzt.

Bevor es losgeht mit dem Bauen, sollte zunächst immer ein Versicherungs-Check stehen. Denn ohne wichtige Versicherungen geraten Sie in nicht beherrschbare Lebenssituationen, wenn etwas passiert.

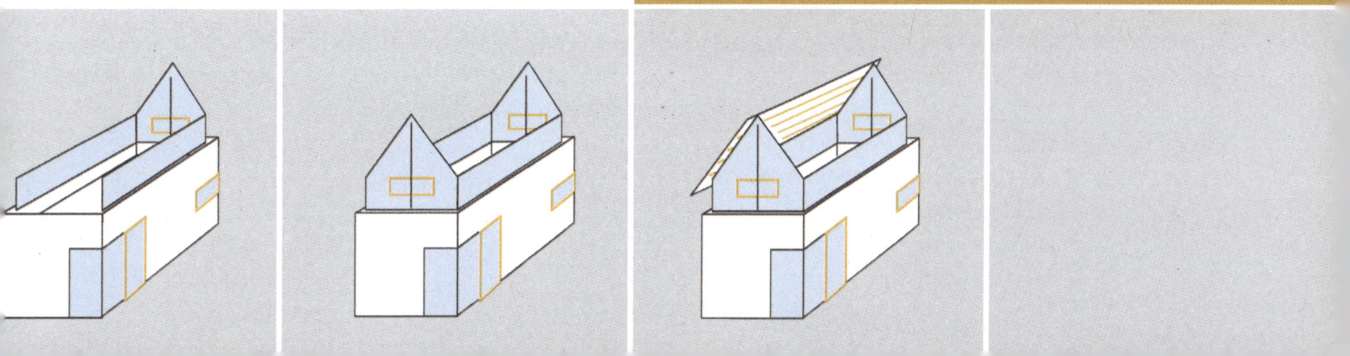

11.1 Versicherungen

Versicherungen während der Bauzeit

Bevor die heiße Bauphase beginnt (also auch schon der Kellerbau, falls Sie diesen individuell planen und bauen), sollten Sie für ausreichenden Versicherungsschutz sorgen. Nicht nur das fertige Gebäude sollte versichert werden, sondern auch das Objekt in der Bauphase. Dazu gehören zwingend die folgenden 4 Versicherungen:

- die Feuerrohbauversicherung,
- die Bauleistungsversicherung,
- die Bauherrenhaftpflichtversicherung sowie
- die verbundene Wohngebäudeversicherung.

Die Feuerrohbauversicherung

Die Feuerrohbauversicherung schützt Sie ab Baubeginn gegen eventuelle Brandschäden und ist bei vielen Versicherern beitragsfrei, unter der Voraussetzung, dass von Baubeginn an auch eine verbundene Wohngebäudeversicherung abgeschlossen wird. Da Sie diese später ohnehin benötigen, kann sich das lohnen.

Die Bauleistungsversicherung

Die Bauleistungsversicherung deckt die Sachhaftungsrisiken aller am Bau Beteiligten ab. Der Beitrag wird deshalb üblicherweise auch auf alle Beteiligten umgelegt. Die Versicherung tritt für jeden Sachschaden ein, der durch ein unvorhergesehenes Ereignis verursacht wurde, unabhängig davon, wer den Schaden zu vertreten hat. Hierzu gehören beispielsweise Schäden durch Vandalismus oder unvorhersehbare Witterungseinflüsse.

Die Bauherrenhaftpflichtversicherung

Die Bauherrenhaftpflichtversicherung schützt Sie vor Schadensersatzforderungen, die durch Personen- oder Sachschäden Ihres Bauvorhabens entstanden sind.

Die verbundene Wohngebäudeversicherung

Die verbundene Wohngebäudeversicherung schützt Sie vor finanziellen Schäden durch Brand, Blitzschlag, Explosion, Sturm, Hagel nach Erstellung des Hauses und Bezugsfertigkeit. Die Absicherung gegen Feuer von Beginn an ist mitunter Voraussetzung für die Gewährung eines Darlehens durch eine Bank. Auch Elementarschäden (zum Beispiel durch Überschwemmungen, Lawinen oder Erdbeben) können gegen Aufpreis mitversichert werden. Es ist leider nicht möglich, einzelne Versicherer zu nennen, bei denen man konkret abschließen kann. Wichtig ist, dass Sie dieses Problem nicht vergessen. Sie sollten sich einen Überblick verschaffen, nötigenfalls auch über Vergleichsportale im Internet, und dann gemäß Ihren individuellen Bedürfnissen eine Absicherung vornehmen. Dabei hilft Ihnen auch der Ratgeber: „Richtig versichert“, der Verbraucherzentrale **(www.ratgeber-verbraucherzentrale.de)** und auch ein Blick auf die Seite des Bundes der Versicherten: **www.bundderversicherten.de**.

Sofern Sie Eigenleistungen vornehmen und dabei Helfer einsetzen, sind Sie verpflichtet, diese bei der Berufsgenossenschaft der Bauwirtschaft anzumelden. Ihre Helfer sind dann bei Unfällen versichert. Die Berufsgenossenschaft der Bauwirtschaft hat unter **www.bgbau.de** Informationen erstellt, die private Bauherren abrufen können. Werden Sie auch selbst tätig oder Mitglieder Ihrer Familie, sollten Sie auch eine Unfallversicherung abschließen.

Selbst wenn Sie das alles beachtet haben, drohen weitere Risiken: Der Hauptverdiener könnte seinen Arbeitsplatz oder gar sein Leben verlieren. In einem solchen Fall käme es dann unweigerlich und sehr schnell zu Finanzierungsproblemen, wenn diese nicht über **Versicherungen** abgedeckt wären. Dazu gehören eine **Berufsunfähigkeitsversicherung** und eine **Risikolebensversicherung**. Auch diese beiden Versicherungen sollten spätestens dann abgeschlossen werden, wenn man einen Finanzierungsvertrag unterzeichnet. Eine Risikolebensversicherung ist übrigens nicht zu verwechseln mit einer Lebensversicherung. Sie ist deutlich günstiger zu haben und kennt nicht das teilweise teure Ansparmodell der Lebensversicherung. Sie ist eine reine Risikoversicherung für den Risikofall und keine Ansparversicherung. Alle Informationen zur richtigen Versicherung erfahren Sie in dem Ratgeber „Richtig versichert" der Verbraucherzentrale. Zum Versicherungsschutz gibt es außerdem die Möglichkeit, sich bei der Verbraucherzentrale beraten zu lassen. Ferner können Sie auch einen Versicherungsberater einschalten. Versicherungsberater sind nicht zu verwechseln mit Versicherungsmaklern oder Versicherungsvertretern. Die beiden Letzteren kassieren für ihre Tätigkeit meist eine Provision von der Versicherung, die sie vermittelt haben. Das fördert nicht unbedingt die Unabhängigkeit und Neutralität der Beratung. Versicherungsberater hingegen benötigen eine Erlaubnis und Registrierung der regional zuständigen Industrie- und Handelskammer (IHK) und werden von Ihnen für ihre Beratungsleistung bezahlt. Unter **www.vermittlerregister.info** lässt sich feststellen, ob ein Versicherungsberater auch wirklich als solcher registriert ist. Den Bundesverband der Versicherungsberater erreicht man unter **www.bvvb.de**. Und den Bund der Versicherten, eine Verbraucherschutzorganisation von Versicherten, die teilweise auch Versicherungsverträge für ihre Mitglieder aushandelt, erreicht man unter **www.bundderversicherten.de**.

11.2 Bauablauf und Bauüberwachung

Das Baugesuch

Da die Planungsunterlagen einzelner Haustypen von Fertighausherstellern und Anbietern schlüsselfertiger Massivhäuser in der Regel bereits fertig in der Schublade liegen und dadurch ja auch Bestandteil des Vertrags mit Ihnen werden können, ist das Baugesuch durch den Fertighausanbieter oft nur ein formaler Akt. Wichtig dabei ist aber zu klären, ob der Hausanbieter die Baugesuchseingabe auch komplett abwickelt, also neben den Planzeichnungen und Berechnungen für das Gebäude (vor allem Statik und Energiebedarf) auch einen amtlichen Lageplan durch einen öffentlich bestellten Vermessungsingenieur erstellen lässt, die kompletten Unterlagen mit Ihrer Unterschrift bei der Behörde einreicht und alle auftauchenden Fragen und Probleme während der behördlichen Prüfung der Unterlagen klärt. Darüber hinaus müssen Sie klären, ob im Baugesuch des Hauses auch die Baugesuchseingabe für einen eventuellen Keller mit enthalten ist. Sollte das nicht der Fall sein, müsste diese umgehend organisiert werden.

Soweit Sie ein Haus samt Grundstück kaufen, also einen klassischen Bauträgerkauf nach der Makler- und Bauträgerverordnung vornehmen, ist die gesamte Baugesuchsabwicklung praktisch immer im Angebot enthalten. Denn Sie sind in diesem Fall ja nicht Bauherr, sondern nur Käufer, und der Bauträger ist der Bauherr, muss sich also in jedem Fall um diesen ganzen Vorgang kümmern. Manchmal sind allerdings die Kosten des Bauantrags nicht Teil der Vertragsleistung. Das sollten Sie in der Bau- und Leistungsbeschreibung überprüfen.

Der Bauablauf im Überblick

Mit dem Bauablauf kommt viel Neues auf Sie zu, das für die meisten der anderen Beteiligten Routine ist. Daher ist es unabdingbar, dass Sie sich vor Beginn der Bauphase mindestens mit dem Grundgerüst des Bauablaufs (Arbeitsschritte und Gewerke) vertraut machen. Auch hier ist wieder zu unterscheiden zwischen den unterschiedlichen Vorgängen, je nachdem, ob man als Bauherr auf eigenem Grundstück baut oder als Käufer Haus und Grundstück gemeinsam kauft.

Nachdem Ihr Baugesuch von den kommunalen Behörden positiv beschieden wurde, händigt Ihnen die zuständige Kommune den sogenannten „Roten Punkt" beziehungsweise „Grünen Punkt" aus, ein rotes beziehungsweise grünes Signet, zumeist auf einem DIN-A4-Blatt aufgedruckt, das Sie gut sichtbar an Ihrem Bauplatz aushängen müssen und das Ihre Bauberechtigung dokumentiert. Je nachdem, ob Sie ein klassisches Holzfertighaus, ein schlüsselfertiges Massivhaus oder ein Bausatz- oder Selbstbau-Haus bauen, ist der Bauablauf unterschiedlich. Charakteristisch für den Fertigbau ist der hohe Vorfertigungsgrad von Bauelementen bereits im Werk. Fenster und Türen sind beispielsweise in Wandelementen schon ebenso enthalten wie die Elektroinstallation. Bei der Errichtung eines Bausatzhauses folgt der Bauablauf dagegen dem üblichen Gewerkeablauf.

Das vorliegende Kapitel stellt die unterschiedlichen Varianten des Ablaufs bei der Errichtung von Fertighäusern und schlüsselfertigen Massivhäusern vor und zeigt darüber hinaus den üblichen, gewerkebezogenen Ablauf bei der Errichtung eines Selbstbau-Hauses.

Baustelleneinrichtung

Als Erstes erfolgt die Baustelleneinrichtung. Es werden Lagerplätze für das Baumaterial festgelegt, Bauzäune werden aufgestellt, Baustrom und Bauwasser werden installiert, Bauwagen und WC-Häuschen werden abgestellt. Ein Kran wird gegebenenfalls aufgestellt, wenn benötigte Laufrichtung und Schwenkkreis feststehen.

Grobabsteckung und Erdarbeiten

Als Nächstes erfolgt die Grobabsteckung mit Pflöcken, welche grob die Lage des Hauses auf dem Grundstück kennzeichnet. Dann wird mit dem Aushub und der Sicherung der Baugrube begonnen. Nicht immer kann überschüssiges Erdmateriall auf dem Bauplatz wiederverwendet werden. Dieses muss dann zu einer Erddeponie verbracht werden.

Schnurgerüst und Fundamentarbeiten

In der Baugrube wird das Schnurgerüst erstellt. Darunter versteht man die Markierung der Gebäudeecken mit 3 vertikal in den Boden getriebenen Holzpflöcken, die durch 2 horizontal angenagelte Bretter verbunden werden. Ein solcher Schnurbock steht jeweils an einer Gebäudeecke. Zwischen die Schnurböcke werden dann Schnüre gespannt, die die Hausaußenkanten markieren. Darauf folgen die Fundamentarbeiten. Hier wird in der Regel zunächst die Grundleitung gelegt, dann wird eine Kiesschüttung in die Grube eingebracht, es werden Folien, mitunter auch Dämmung gelegt, und die Bodenplatte wird gegossen. Bei Reihenhäusern ist wichtig, dass sie für einen guten Schallschutz vollständig voneinander getrennt sein müssen, von oben bis unten, wie geschnittene Brotscheiben. Das heißt, sie haben auch eigene Bodenplatten, getrennt von den angrenzenden der Nachbarhäuser.

Kellerbau beziehungsweise Bodenplatte

Der erste Arbeitsschritt besteht darin, auf dem Grundstück eine tragfähige Fläche zu schaffen, auf die später das Gebäude gestellt werden kann. Dies erfolgt entweder durch die Errichtung eines Kellers oder lediglich einer Bodenplatte. Dabei werden auch alle notwendigen Anschlussleitungen für Wasser, Strom, Telefon, Kabel-TV, eventuell Gas und Abwasser vorbereitet, damit sie an den für das Haus notwendigen Stellen zur Verfügung stehen.

Anschließend folgen die Fundamentarbeiten. Hier wird in der Regel zunächst die Grundleitung gelegt, dann wird eine Kiesschüttung in die Grube eingebracht, es werden Folien, mitunter auch Dämmung gelegt, und dann wird die Bodenplatte selbst gegossen. Auf der Bodenplatte beginnt der Maurer mit seinen Arbeiten, wenn ein gemauerter Keller erstellt wird. Er setzt zunächst nur eine Steinschicht in der gewünschten Wandanordnung des Grundrisses auf die Bodenplatte, um notfalls noch Korrekturen vornehmen zu können und um die Horizontalsperren (meist Dichtungsbahnen) auf diese erste Steinschicht aufbringen zu können. Anschließend mauert er gleichmäßig bis zur Kellerdecke auf. Danach wird die Kellerdecke betoniert. Ist diese fertig, beginnt er mit der Aufmauerung des nächsten Geschosses, oder aber es erfolgt an exakt diesem Punkt, nämlich der fertiggestellten Kellerdecke, die Übergabe an den Fertighausanbieter, der auf diese Decke nun sein Fertighaus setzt. Wird ein Betonkeller gebaut, erfolgen statt des Mauerns die Verschalung und Betonierung. Wenn Sie sich für einen Fertigkeller entschieden haben, werden nach dem Betonieren der Bodenplatte die bereits im Werk vorgefertigten Wand- und Deckenelemente gesetzt und danach mittels Ortbeton zu einem massiven Bauteil miteinander verbunden. Ist der Keller so weit fertig erstellt und ist es kein WU-Betonkeller, kann er von außen bereits gegen Feuchtigkeit und eindringendes Wasser abgedichtet werden, wozu unter anderem ein spezieller Bitumenanstrich erfolgt. Sind diese Schutzhaut mit allen Schichten fertiggestellt und gut abgetrocknet sowie Drainageplatten und Schutzbahn vor die Kelleraußenwände gestellt, kann die umlaufende Grube wieder verfüllt werden, direkt am Haus zumeist mit einer Kiesfüllung. Zuvor wird auf Höhe der Fundamentsohle beziehungsweise Bodenplatte kellerumlaufend noch ein sogenanntes Drainagerohr eingelegt, welches das in den Boden von oben einsickernde Wasser schneller in ein kiesgefülltes Sickerloch oder in den Kanalschacht abführt.

Vor dem Kellerbau und während dessen erfolgt die Verlegung der eingangs erwähnten Hausanschlüsse. Das Fehlen einer Abwasserleitung lässt sich nach dem Betonieren der Bodenplatte nicht mehr korrigieren.

Das Aufstellen eines Fertighauses

Ist die Bodenplatte beziehungsweise der Keller fertiggestellt, besteht der nächste Arbeitsschritt darin, das Fertighaus zu montieren. Hier gibt es deutliche Unterschiede zwischen den einzelnen Konstruktionsweisen.

Das Fertighaus in Holzrahmenbauweise

Bei dieser Konstruktionsweise werden bereits im Werk sämtliche Wandelemente vorgefertigt und auf der Baustelle nur noch zusammenmontiert. Das geschieht geschossweise, wobei jeweils die Holzgeschossdecken als Arbeitsbühne für das nächste Geschoss dienen. In der Regel geht das sehr schnell. Eingespielte Teams von Fertighausanbietern schaffen die Aufstellung eines Hauses ab Oberkante Keller beziehungsweise Bodenplatte innerhalb von 1 bis 2 Tagen. Auch die Fenster und die Haustür sind meist schon in die Wandelemente eingebaut. Es folgt am nächsten Tag oft nur noch die Dacheindeckung, und das Haus ist komplett wettergeschützt. Je nach vertraglich vereinbarter Ausbaustufe erfolgt dann entweder die Übergabe an den Eigentümer, oder der Innenausbau beginnt. Dieser dauert bei schlüsselfertiger Erstellung in der Regel weitere 10 bis 12 Wochen.

Das Fertighaus in Holzskelettbauweise

Hier wird zuerst das Holzskelett gestellt und dieses dann mit Wand oder Fensterelementen ausgefacht. Es kann aber auch eine Vorfertigung der Skelettbauteile schon im Werk erfolgt sein, sodass auf der Baustelle eine zügige Montage möglich ist. Der Aufbau bis zur Regendichtheit dauert je nach Hausgröße ein bis zwei Wochen. Danach beginnt auch hier der konventionelle Ausbau je nach vertraglich vereinbarter Ausbaustufe mit einer Dauer von etwa 12 Wochen bei schlüsselfertiger Erstellung.

Das Fertighaus in Blockbauweise

Beim Blockhaus werden die Wandelemente nicht vorgefertigt, sondern zugeschnittene und nummerierte Stämme auf die Baustelle gebracht. Innerhalb von etwa 2 Wochen werden diese dann zusammengefügt, bis schließlich das Gebäude errichtet und wettergeschützt ist. Danach beginnt je nach vertraglich vereinbarter Ausbaustufe der konventionelle Ausbau mit einer Dauer von etwa 12 Wochen bei schlüsselfertiger Erstellung.

Das Errichten eines schlüsselfertigen Massivhauses

Bei der Errichtung eines schlüsselfertigen Massivhauses beginnt der Maurer auf der Kellerbodenplatte mit seinen Arbeiten, soweit ein gemauerter Keller geplant ist, ansonsten wird betoniert beziehungsweise werden Betonfertigteile gesetzt. Der Maurer setzt zunächst nur eine Steinschicht in der gewünschten Wandanordnung des Grundrisses auf die Bodenplatte, um notfalls Korrekturen vornehmen zu können und um die Horizontalsperren (meist Dichtungsbahnen wie zum Beispiel Dachbahnen) auf diese erste Steinschicht aufbringen zu können. Anschließend mauert er gleichmäßig bis zur Kellerdecke auf. Danach wird die Kellerdecke betoniert. Ist diese fertig, beginnt der Maurer mit der Aufmauerung des nächsten Geschosses.

Da der Massivhausanbieter in der Regel auch die Bodenplatte beziehungsweise den Keller erstellt, kommt es hier fast nie zu einem Unternehmerwechsel auf der Baustelle. Massivhausanbieter arbeiten manchmal mit vorgefertigten Wand- und Deckenelementen, die auf der Baustelle zusammengefügt werden. Je nach Hersteller kann es sogar sein, dass nicht nur einzelne Wandelemente geliefert werden, sondern komplett vorgefertigte Gebäudeelemente, in denen Fenster, Türen und Wandfliesen bis hin zu kompletten Bädern und Küchen fertig montiert sind. Die Außenhülle ist bei Massivhausherstellern, die mit Wandelementen arbeiten, nach 1 bis 2 Tagen regendicht. Bei klassischer Aufmauerung können Sie bei einem üblichen Einfamilienhaus pro Geschoss mit einem Zeitbedarf von etwa 1 Woche rechnen. Danach wird je nach vereinbarter Ausbaustufe das Gebäude übergeben, oder der schlüsselfertige Ausbau beginnt. Durch das Zusammensetzen komplett vorgefertigter Gebäudeelemente lässt sich die Ausbauzeit nochmals erheblich reduzieren. Der Innenausbau folgt bei allen Konstruktionsweisen in der Regel der üblichen Gewerkeabfolge am Bau, die am Beispiel des Selbstbau-Hauses in Massivbauweise weiter unten beschrieben wird.

Zimmerer- und Holzbauarbeiten

Hat der Rohbauer das letzte Geschoss so weit aufgemauert, dass Giebelwände und Kniestockwände (die meist nur halbhohen Wände am Anschluss von aufgehender Hauswand und Dachschräge) stehen, kann der Zimmermann seinen Dachstuhl setzen. Ist dieser gesetzt, gilt der Rohbau als abgeschlossen.

Das ist der Zeitpunkt, zu dem bei vielen Bauvorhaben das sogenannte Richtfest gefeiert wird, da ein wichtiger Meilenstein erreicht ist.

Tatsächlich ist aber ein noch wichtigerer Meilenstein die Schließung des Rohbaus. Dazu ist es notwendig, dass auch das Dach gedeckt und somit geschlossen ist. Das macht meist nicht der Zimmermann, sondern der Dachdecker.

Dachdeckerarbeiten

Gleichzeitig rücken nun mehrere Gewerke an. Unter ihnen ist der Dachdecker, der den Dachstuhl eindeckt mit der sogenannten Unterspannbahn, Lattung und Konterlattung, auf die die Ziegel gelegt werden. Dies ist ein sehr wichtiges Etappenziel, das erfahrene Bauleiter nach Möglichkeit vor dem Winter erreicht haben wollen, denn nun ist der Korpus Ihres Hauses gegen Regen, Wind und Schnee relativ gut geschützt, und der Innenausbau kann starten.

Die am häufigsten eingesetzte Dachdeckung ist nach wie vor der Dachziegel, entweder aus Ton oder Beton. Tonziegel sind teurer aber auch langlebiger. Sie vergrauen auch weniger schnell. Als moderne Flachziegel können sie einem Dach die Schwere nehmen und sehr leicht wirken. Das einfach zu handhabende Element des Dachziegels hat den großen Vorteil, dass man damit Dächer sehr flexibel decken kann.

Regional unterschiedlich können Dachdeckungen auch aus Reet, Schiefer oder Holzschindeln sein. Solche Sondermaterialien sind üblicherweise aber deutlich teurer und auch nicht mehr jeder Dachdecker beherrscht die Arbeit mit ihnen, die Erfahrung und auch besondere Sorgfalt erfordert.

Dachunterdämmung

Wenn das Dach von oben dicht ist, kann es von unten gedämmt werden. Dazu wird normalerweise zwischen den Sparren eine Dämmung eingebracht, die dann noch mit einer Dampfbremsfolie geschützt werden muss, bevor sie üblicherweise mit Gipskartonplatten verkleidet wird. Ein verbreitetes und großes Problem auf Baustellen ist es, wenn die Dachunterdämmung eingebaut und dann der Estrich vergossen wird, bevor die Dachunterdämmung mit Folie gut geschützt ist. Der Estrich trocknet dann aus und entlässt bei diesem Prozess große Mengen Feuchtigkeit ins Haus. Diese Feuchtigkeit wird von der Dämmung aufgenommen und führt oft prompt zu massiver Schimmelbildung im Dachstuhl. Gute Bauleiter lassen niemals Estriche gießen, bevor nicht die Dämmung unter Dach vollständg unter einer Dampfbremsfolie geschützt ist. Bei Bauweisen, die keine Dampfbremsfolie benötigen – das ist im modernen Holzbau auch möglich, wenn der Wandaufbau entsprechend sorgfältig bauphysikalisch durchgerechnet wurde – , sollte die Dämmung bauphysikalisch sicher eingebaut sein, bevor der Estrich kommt. Das ist auch deswegen sinnvoll, weil es sonst an kalten Tagen passieren kann, dass die Estrichfeuchtigkeit ins noch ungedämmte Dach aufsteigt, dort erkaltet und sich in Form von Wasser am Dachholz niederschlägt – und auch das zu Schimmel führt.

Spengler- beziehungsweise Klempner- beziehungsweise Blechnerarbeiten

Der Spengler beziehungsweise Klempner beziehungsweise Blechner ist zeitgleich mit den Dachdeckern vor Ort und fertigt zunächst sämtliche Dichtungsarbeiten am Dach an, soweit diese nicht bereits schon vom Dachdecker selbst übernommen wurden. Er montiert die Regenrinnen und Fallrohre. Er stellt zum Beispiel Übergänge von Dachgauben zur Dachfläche her und dichtet die Kaminanschlüsse ein.

Der Bauablauf beim Selbstbau-Haus in Massivbauweise

Nach den selbst ausgeführten Rohbauarbeiten des Kellers folgt das Aufmauern des Erdgeschosses und des Dachgeschosses. Hier wird zunächst jeweils nur eine Steinschicht in der gewünschten Wandanordnung des Grundrisses auf die Betondecken gesetzt, um notfalls noch Korrekturen vornehmen zu können und um die Horizontalsperren (meist Dichtungsbahnen wie zum Beispiel Dachbahnen) auf diese erste Steinschicht aufbringen zu können. Anschließend wird gleichmäßig bis zur geplanten Decke aufgemauert.

Die Erdgeschossdecke wird in der Regel betoniert, die Decke über dem Dachgeschoss manchmal zusammen mit dem Dachstuhl in Holz ausgeführt. Ist im Rohbau das letzte Geschoss so weit aufgemauert, dass Giebelwände und Kniestockwände stehen, kann der Dachstuhl gesetzt werden. Ist dieser gesetzt, gilt der Rohbau als abgeschlossen, und Sie können Richtfest feiern.

Nach dem Richtfest wird der Dachstuhl eingedeckt. Dies ist ein wichtiges Etappenziel: Ab jetzt ist Ihr Rohbau gegen Regen und Schnee gut geschützt. Von einem geschlossenen Rohbau spricht man aber erst, wenn auch die Fenster und Türen sitzen.

Treppenbau

Der Treppenbau kann Teil des Rohbaus sein, oder die Treppe ist Teil des Innenausbaus. Als Rohbauelement wird sie direkt mit dem Rohbau gebaut, entweder aus Ortbeton vor Ort gegossen, meist aber als Beton-Fertigtreppe in den Rohbau eingesetzt. Handelt es sich nicht um eine Rohbautreppe, sondern um eine Ausbautreppe als Holz- oder Holz-Stahl-Treppe, wird entweder zunächst eine vollständige, provisorische Holztreppe mit Bauholzstufen eingebaut oder, im Fall einer Holz-Stahl-Treppe, wird das Stahlgerüst früh gestellt, aber ebenfalls noch mit Bauholzsstufen belegt, um die eigentlichen Stufen, die final gesetzt werden, zu schützen.

Fenster und Türen

Als Nächstes können die Fenster eingesetzt und es kann eine provisorische Eingangstür eingebaut werden, eine sogenannte Bautür. Der Rohbau ist jetzt vor unliebsamem Zutritt geschützt, und es kann mit dem Innenausbau begonnen werden. Parallel dazu werden die notwendigen Spengler- / Klempner- / Blechnerarbeiten wie zum Beispiel das Herstellen der Übergänge von Dachgauben zur Dachfläche, das Eindichten der Kaminanschlüsse – falls Kamine vorhanden sind – und anderes mehr erstellt.

Vor dem Rollladenbauer kommt der Schreiner beziehungsweise Fensterbauer und setzt Außenfenster und -türen, die schließlich eingedichtet werden.

Rollladen- oder Raffstorenarbeiten

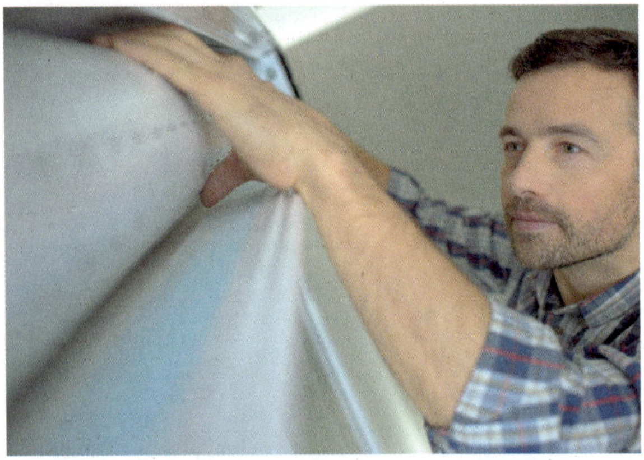

In die beim Rohbau bereits montierten Rollladen- oder Raffstorenkästen können nun die Rollläden oder Raffstoren eingesetzt werden. Von innen werden dann die Gurtrollen und -bänder oder Kurbelstangen montiert, bei Raffstoren mitunter auch die Elektromotoren.

Heizungsinstallation

Der Heizungsbauer beginnt mit der Rohrverlegung der Heizungsleitungen. Steig- und Fallstränge der Vor- und Rückläufe von der Heizzentrale zu den Heizkörpern sowie die Kopplung der Heizzentrale an die interne Brennstoffversorgung, zum Beispiel über einen Öltank (aus ökologischen Gründen immer seltener), einen Pelletstank oder an die externe Versorgung über Gasleitungen werden vorgenommen. Bei der Installation von Fernwärme oder Wärmepumpen entfällt beides, da diese keinen Brennstoff im Haus benötigen.

Sanitärinstallation

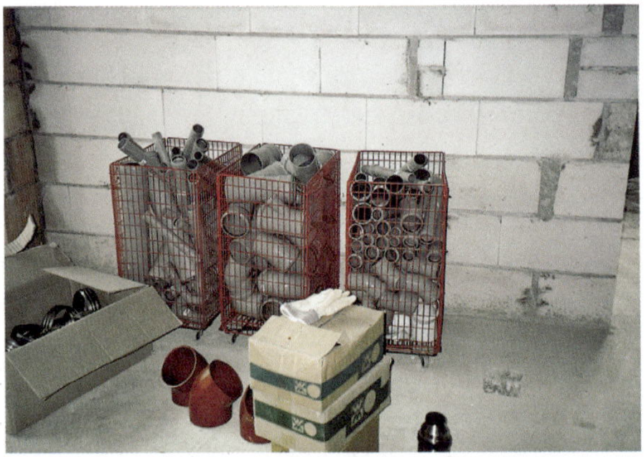

Parallel zu den Heizungsinstallateuren montiert der Sanitärinstallateur das Leitungssystem für Zu- und Abwasser sowie in enger Absprache mit dem Heizungsbauer die speziellen Vorrichtungen und Führungen für die Bereitstellung von Warmwasser (Rohinstallation). Oft werden die Gewerke Heizung und Sanitär an dieselbe Firma vergeben, die dann auch die Installation der Solarkollektoren übernimmt. Bei einem Fertighaus sind große Teile der Sanitärinstallation, vor allem die Inwandführungen, oft bereits bei Anlieferung der Hauselemente installiert.

Elektroinstallation

Auch der Elektriker beginnt jetzt und versieht das Haus mit einer Vielzahl von Kabelführungen – von den einzelnen Zimmern zu Verteilern und von dort an eine zentrale Zählerstelle, häufig im Hausanschlussraum. Bei einem Fertighaus ist die gesamte Elektrik allerdings meist bei Anlieferung der Hauselemente montiert.

Schlosserarbeiten

In dieser Zeit können auch Schlosserarbeiten wie zum Beisiel die Geländermontage, Anbringen der Vordächer und anderes ausgeführt werden, soweit diese im Lieferumfang des Hauses miteingeschlossen sind.

Putzer- beziehungsweise Gipserarbeiten

Wenn Heizungs-, Sanitär- und Elektroinstallation montiert sind, kommt der Putzer oder Gipser und verputzt sämtliche Innenwände des Hauses sowie die Raumdecken. Er erstellt in der Regel auch Trockenbauwände und Dachschrägenverkleidungen. Bei Fertighäusern kommen viele Elemente allerdings bereits verputzt auf die Baustelle.

Fassadenarbeiten

Je nach Jahreszeit und abhängig von der Wetterlage kann zu diesem Zeitpunkt die Außenfassade fertiggestellt werden: entweder in Form von Dämmarbeiten und anschließender Verputzung oder Holzverschalung oder auch als Klinkerfassade. Bei Fertighäusern kommen die Hausfassaden oft schon verputzt oder mit fertiger Holzaußenverkleidung auf die Baustelle.

Estricharbeiten

Nach Trocknung der Putze wird der Estrich eingebracht. Meistens ist das ein schwimmender Estrich: Auf dem Rohboden liegt zunächst eine Trittschall-Dämmschicht und darauf wird dann die Estrichschicht aufgebracht, meist entweder als Anhydrit- oder als Zementestrich ausgeführt. Der direkte Kontakt des Estrichs mit den Wänden wird durch kleine raumumlaufende Randstreifen verhindert. Bei Heizestrichen werden in der Dämmlage auch sogenannte Heizschleifen, also die Kunststoffrohre verlegt, die später das Heizwasser führen.

Malerarbeiten

Ist der Estrich gut ausgetrocknet, kann mit den Malerarbeiten an allen Innenwänden und -decken begonnen werden. Das hat den Vorteil, dass man auf dem Estrich relativ robust Leitern und Eimer stellen kann und auch Farbreste nicht gleich einen fertigen Oberboden beschädigen. Ist der Maler auch für die Streichung der Außenfassade engagiert, kann auch das gleich miterledigt werden. Viele Außenputze sind aber längst durchgefärbt, sodass nach dem Verputzen dort keine Malerarbeiten mehr erfolgen müssen. Ist der Maler fertig, kommen nochmals der Heizungsinstallateur und Elektriker und installieren endgültig die Heizkörper sowie die Schalter und Steckdosen.

Bodenbelagarbeiten

Sind die Malerarbeiten abgeschlossen, kann auch mit dem Verlegen von Parkett oder Teppichboden begonnen werden.

Wenn gar kein Bodenblag auf den Estrich gelegt werden soll, gibt es die Option, den Estrich zu schleifen, ihn mit einem Schutzanstrich zu versehen und direkt als Boden zu nutzen oder einen sogenannten Pandomo-Boden oder Ähnliches zu verlegen. Das schafft den Eindruck eines durchgängigen Steinfußbodens aus einer Platte. Solche einfachen, robusten Ausführungen werden zwar immer beliebter, aber nur wenige Hausanbieter bieten sie als Standard mit an.

Fliesenarbeiten

In den Bädern und in der Küche werden zu diesem Zeitpunkt oder sogar schon vorher Böden und Wände gefliest. Nach Abschluss der Fliesenarbeiten kommt dann nochmals der Sanitärinstallateur und setzt die Sanitärgegenstände wie Waschbecken und WCs (Fertigmontage).

Montage der Haustür

Nach den Fliesenarbeiten sind die meisten Arbeiten fertiggestellt, die Schmutz erzeugen oder schweres Gerät erforderlich machen, das beim Betreten des Hauses Schäden an der Haustür verursachen kann. Dies ist daher der richtige Zeitpunkt fur den Austausch der provisorischen Bautür gegen die richtige Haustür.

Montage der Treppenstufen / der Treppe

Bei Stahl-Holz-Treppen werden erst jetzt die finalen Stufen gesetzt. Bei reinen Holztreppen wird erst jetzt die Bautreppe durch die finale Holztreppe ersetzt.

Innentüren

Sind die Fliesenarbeiten beziehungsweise Parkettarbeiten ausgeführt, folgt der Einbau der Innentüren.

Montage der Sanitärgegenstände

Sind die Böden und Wände in den Bädern gefliest, folgt die Montage der Sanitärgegenstände wie Waschbecken, WCs und dergleichen.

Montage von Heizkörpern, Schaltern und Steckdosen

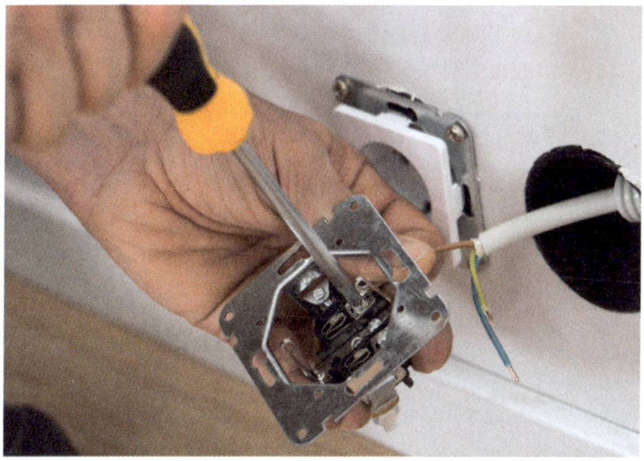

Nach den Malerarbeiten können die Heizkörper endgültig montiert werden. Außerdem werden die Schalter und Steckdosen gesetzt.

Gebäudereinigung

Ihr Haus ist nun bezugsfertig, und die Abnahme kann erfolgen. Vorher sollte jedoch eine Endreinigung des Hauses durchgeführt werden, damit mögliche Schäden und Mängel nicht von Schmutz verdeckt werden.

Beispiel: Nur wenn die Fensterscheiben gründlich gereinigt wurden, lässt sich anschließend feststellen, ob sie frei von Kratzern sind.

Außenanlagen

Gehören die Außenanlagen zum Leistungsumfang des Hausanbieters oder Bauträgers, werden diese in der Regel dann angelegt, wenn es die Jahreszeit erlaubt und das Gebäude so weit fertiggestellt ist, dass an der Außenanlage keine Schäden mehr durch Handwerker zu erwarten sind. Es ist jedoch auf jeden Fall sinnvoll, wenn der Hauszugang vor dem Einzug hergestellt ist, damit Sie nicht ständig Schmutz ins neue Haus bringen.

Die Bauabwicklung

Ein guter Bauvertrag mit guten Vertragsanlagen ist die Grundlage für eine ebenfalls gute Baudurchführung, aber er ist keinesfalls eine Garantie dafür. Daher muss auch die Baudurchführung selbst gut überwacht werden. Ein grundlegender Unterschied dabei ist, ob Sie ein Fertighaus bauen oder ein schlüsselfertiges Massivhaus. Bei einem hohen Vorfertigungsgrad eines Fertighauses steigt die Bauqualität tendenziell. Denn die maschinellen Fertigungsschritte in einer Halle sind üblicherweise besser durchzuführen als die klassische Massivbauweise vor Ort, bei der mehrere Gewerke bei jedem Wind und Wetter koordiniert werden müssen. Das heißt, der örtliche Kontrollaufwand sinkt üblicherweise mit dem Grad der Vorfertigung. Wenn beim Fertighaushersteller bereits die Wasser- und Elektroinstallation in die Wände eingebaut werden, sowie Fenster und Rollläden oder Raffstoren und auch die Außendämmung montiert sind, steigt die Wahrscheinlichkeit, dass dies ordentlich durchgeführt wurde. Wird bei einem schlüsselfertigen Massivhaus hingegen zunächst durch einen Subunternehmer der Rohbau erstellt und dann durch einen anderen Subunternehmer die Wasserinstallation, taucht bereits die Frage auf, ob die Anschlüsse richtig durch den Rohbau geführt sind, schallentkoppelt montiert und auch gedämmt wurden.

Der Kontrollaufwand beim Bau von schlüsselfertigen Massivhäusern ist üblicherweise höher als der beim Bau von Fertighäusern. Fertighausanbieter arbeiten relativ selten mit Subunternehmen. Denn Subunternehmer im Bereich Holz-Fertigbau, die selbstständig einen hohen Vorfertigungsgrad nach exakter Vorgabe der eigentlichen Hersteller umsetzen können, gibt es am Markt praktisch nicht. Gerade dieses Know-how ist auch der Marktvorsprung der Fertighaushersteller, der über viele Jahre erarbeitet wurde. Das verhält sich bei den Anbietern von schlüsselfertigen Massivhäusern ganz anders. Hier findet man sogar Franchise-Nehmer am Markt (⟶ Kapitel 10). Das heißt, es gibt zwar irgendeinen Markennamen, unter dem das Produkt Haus angeboten wird, der Hausbauvertrag wird später aber mit einem regionalen Franchise-Nehmer geschlossen. Der Franchise-Nehmer ist jedoch mitunter gar kein ausgebildeter Bautechniker, Bauingenieur oder Architekt. Es kann sein, dass er nur eine kurze Bauschulung genossen hat. Dieser lokale Franchise-Nehmer sucht sich dann wiederum einen Pool regionaler Handwerker zusammen, die er mit dem Hausbau beauftragt. Eine gut strukturierte und ordentlich geführte Baustelle wird so jedoch kaum entstehen. Denn es fragt sich natürlich, wer eigentlich die fachlich-professionelle Bauüberwachung übernimmt. Daher gilt grundsätzlich: Wer ein Haus anbietet, sollte Kenntnis vom Hausbau haben oder Fachleute beschäftigen, die eine ordnungsgemäße Bauausführung auch wirksam überwachen können in Kenntnis von DIN-Normen und Allgemein Anerkannten Regeln der Technik. Daher: Augen auf, wenn Sie einen Vertrag schließen sollen mit einem Vertragspartner, der die Bauleistungen nicht selbst erbringt!

Baubegleitende Kontrolle

Bei schlüsselfertigen Massivhäusern ist aufgrund teilweise doch sehr zweifelhafter Baustellenüberwachung durch die Anbieter eine baubegleitende Vor-Ort-Kontrolle durch einen Fachmann eigentlich unerlässlich. Diese kann zum Beispiel von einem Sachverständigen durchgeführt werden. Hier ist zu unterscheiden zwischen öffentlich bestellten und vereidigten (öbv) Sachverständigen und Sachverständigen ohne öffentliche Bestellung und Vereidigung. An die öffentlich bestellten und vereidigten Sachverständigen werden zwar gemeinhin die höchsten Anforderungen gestellt, aber auch unter diesen Fachleuten gibt es eine schwankende Qualität.

Der Begriff „Sachverständiger" ist nicht geschützt, letztlich kann sich jeder so nennen. Eine Grundvoraussetzung muss deshalb sein, dass Ihr Sachverständiger ausgebildeter Bauingenieur oder Architekt ist und Bauerfahrung oder Bauleitungserfahrung vorweisen kann. Einige Bauingenieure und Architekten haben sich sogar schon auf die baubegleitende Qualitätskontrolle spezialisiert, andere wiederum bieten diese überhaupt nicht an. Daher ist das Einfachste, man nimmt sich die „Gelben Seiten" oder ein anderes Telefonverzeichnis der Kommune oder des Landkreises heraus, in dem man bauen will, und sieht dort unter dem Stichwort „Sachverständige Bau / Bausachverständige / Sachverständige für Schäden an Gebäuden" nach oder alternativ unter **www.gelbeseiten.de**. Die dort Genannten kann man dann durchtelefonieren und bei ihnen nachfragen, ob sie eine baubegleitende Qualitätskontrolle anbieten und durchführen würden. Gehen Sie davon aus, dass Sie beim Bau eines schlüsselfertigen Massivhauses zumindest vor jeder größeren Zahlungsrate, die Sie überweisen, eine technische Kontrolle auf der Baustelle haben sollten, ob alle zugesagten Leistungen auch mangelfrei erbracht wurden. Haben Sie 10 größere Zahlungsraten vereinbart, würde das bedeuten, dass Sie etwa 10 Termine auf der Baustelle haben werden. Manchmal kann es klug sein, noch 2, 3 weitere Kontrolltermine zwischen die Fertigstellungstermine zu legen, um auch zu sehen, wie es an später verdeckten oder zugebauten Stellen aussieht, also entweder wie der Bodenplattenunterbau hergerichtet oder der Estrichunterbau verlegt oder die Dachdämmung samt Dampfbremse montiert ist. Rechnen Sie bei einem Sachverständigen mit einem Stundensatz von etwa 80 bis 150 Euro netto; bei 10 einstündigen Terminen müssten Sie also etwa 800 bis 1.500 Euro netto zusätzlich einplanen. Hinzu kommen eventuell noch Anfahrt- und zusätzliche Kosten, falls zum Beispiel eine schriftliche Stellungnahme notwendig wird. Wenn Sie das aber mit der Gesamtsumme vergleichen, die Sie investieren, ist das noch ein relativ kleiner Betrag. Verzichten Sie jedoch darauf, kann es Ihnen passieren, dass Sie Baumängel, aus denen Bauschäden erwachsen können, möglicherweise gar nicht erkennen und zwangsläufig nicht rechtzeitig gegensteuern können und dadurch weiter gegebenenfalls auch Ihr Recht auf ordnungsgemäß durchzuführende Nachbesserungen verlieren. Es ist wie mit der gründlichen Bauvorbereitung: Wer dabei spart, hat zwar am Ende möglicherweise das Geld für die Prüfung der Baubeschreibung und des Kauf- und / oder Bauvertrags tatsächlich gespart, aber es kann passieren, dass man mit einem unvollständigen und ungünstigen Vertrag und einer sehr lückenhaften Baubeschreibung in das Bauvorhaben startet, und zwar mit allen finanziellen, rechtlichen und technischen Risiken, die daran hängen.

Die Baustellenkontrolle beim Bauen mit dem Fertighausanbieter konzentriert sich meist auf den Keller- oder Bodenplattenbau und dann den Hausausbau. Aufgrund der hohen Vorfertigung sind hier daher zumeist weniger Termine notwendig. Jedoch kann man sich mit den Kontrollterminen auch im Fertigbau zumindest an den größeren Zahlungsraten orientieren.

Wie bereits erwähnt, gibt es spezielle Bauherrenschutzvereinigungen, die freilich ebenso für ihre Arbeit bezahlt werden wollen und zudem einen Mitgliedsbeitrag erheben. Dabei müssen diese Verbände keineswegs das günstigste regionale Angebot haben. Am einfachsten sehen Sie sich das einmal in Ruhe im Internet an (⇢ Seite 259). Entscheidend ist und bleibt letztlich, dass Sie einerseits eine fachlich qualifizierte Person aus der Region finden und andererseits mit dieser Person auch menschlich gut auskommen. Denn sie wird zu Ihrer eigentlichen Vertrauensperson während der Bauphase. Erleben Sie diese für Sie wichtige Person dann als unhöflich oder kurz angebunden oder erklärungsunwillig, wird daraus schnell ein schwieriges Verhältnis. Deshalb sollten Sie keine Sachverständigen beauftragen, von denen Sie sich nicht zuvor persönlich ein Bild gemacht haben. Sinnvoll ist es, einen Sachverständigen mit einer klar gedeckelten Anzahl an Stunden zu beauftragen, sodass man seine Gesamtkosten von Anfang an genau kennt. Benötigt man dann doch mehr Stunden, kann man diese immer noch beauftragen.

Qualitätssicherung während des Bauablaufs

Die Baubeschreibung und die Baupläne sind nur die theoretische Grundlage des Bauwerks, das in der Praxis umgesetzt werden soll. Umfangreiche Untersuchungen, unter anderen des Bauherrenschutzbundes, haben ergeben, dass die Bauqualität sehr häufig von der zugesagten Qualität in Baubeschreibungen und Plänen abweicht. Das gilt vor allem für zugesagte energetische Qualitäten. Es gilt aber auch für andere Punkte, wie zum Beispiel die Kellerqualität. Daher ist es nicht sinnvoll, sich auf Baubeschreibung und Pläne einfach zu verlassen, sondern zumindest eine eigene Fotodokumentation des Baufortschritts vor Ort vorzunehmen und bei Zweifeln auch Fachleute einzuschalten. Die Verbraucherzentrale bietet außerdem einen speziellen Check-Titel mit Hunderten von Prüfpunkten zur Baustellenkontrolle an, mit dem man auch als Laie vieles einer ersten Überprüfung unterziehen kann: Im Ratgeber „Bauen!" der Verbraucherzentrale finden Sie über 500 Checkpunkte für alle Gewerke und außerdem zahlreiche Informationen und Hinweise rund um die Vorbereitung, Durchführung und den Abschluss der Bauphase (→ Seite 335).

Qualitätskontrolle in der Bauphase

In der Bauphase haben Sie, je nachdem, ob Sie auf eigenem Grundstück bauen oder nicht, unterschiedlich große Kontrollmöglichkeiten bei den ausgeführten Arbeiten. Beim Kauf eines Bauträgerobjekts haben Sie oder hat eine von Ihnen beauftragte Fachperson beispielsweise nicht automatisch Zugang zur Baustelle, um Arbeiten zu kontrollieren. Diesen müssen Sie sich vertraglich aber auf alle Fälle zusichern lassen. Es kann auch sein, dass Ihnen der Zugang zwar gestattet wird, aber unter Vorbehalt. So kann es sein, dass Ihnen der Bauträger ein Betreten der Baustelle nur unter Aufsicht gestattet. Auch solche Regelungen sind zweifelhaft und sollten nicht akzeptiert werden.

Als Erwerber eines Bauträgerobjekts sind Sie auf der Baustelle gegenüber den Handwerkern nicht weisungsbefugt und sollten dies auch tunlichst vermeiden, da Anweisungen jeglicher Art auch mit Fehlanweisungen und daraus resultierenden Mängeln und Kosten verbunden sein können. Eine Begehung der Baustelle sollte Ihnen selbstverständlich auch mit einem externen Fachmann wie einem unabhängigen Architekten oder Ingenieur gewährt werden, damit die Ausführungsqualität auch fachlich beurteilt werden kann. Sehen Sie qualitative Mängel, sollten Sie dem Bauträger die Mängel schriftlich mitteilen. Sie können in einem solchen Schreiben auch um Beseitigung der Mängel bis zur nächsten Ratenzahlung bitten. Diese Ratenzahlungen sind es, die Ihnen die Möglichkeit geben, Teilbeträge für noch nicht beseitigte Mängel zurückzuhalten.

Tipp

Lassen Sie sich beim Hauskauf vom Bauträger das freie Betreten der Baustelle zu jeder Zeit vertraglich zusichern. Nur so erhalten Sie einen Überblick über die Qualität der Arbeitsausführung des Bauträgers.

Anders verhält es sich beim Bauen auf eigenem Grundstück. Hier sind Sie Bauherr und damit gegenüber dem Generalübernehmer oder -unternehmer weisungsbefugt. Der Baustellenzutritt kann Ihnen nicht verwehrt werden, soweit Sie Ihr Hausrecht nicht vertraglich abgetreten haben, wovon dringend abzuraten ist. Andererseits muss Ihnen klar sein, dass Sie beim Bauen auf dem eigenen Grundstück den Behörden gegenüber letztlich für die Sicherheit auf und um die Baustelle herum verantwortlich sind, auch wenn Sie diese Verantwortung vertraglich an den Generalübernehmer oder -unternehmer weitergeben.

Unabhängig davon, ob Sie mit dem Bauträger auf dessen Grundstück bauen oder mit dem Generalübernehmer oder -unternehmer auf Ihrem eigenen Grundstück – eine gute und sorgfältige Überwachung der Ausführungsqualität der Arbeiten ist sehr wichtig. Was in der Bauphase verpfuscht wird, ist später – wenn überhaupt – meist nur unter hohem Aufwand wieder herstellbar.

Beispiel einer Qualitätskontrolle: Überprüfung der Luftdichtigkeit der Gebäudehülle mit Hilfe eines Blower-Door-Tests

Durch Undichtigkeiten in der Gebäudehülle, zum Beispiel offene Bauteilfugen, können erhebliche Mengen an warmer Innenluft in die Außenbauteile eindringen. Die Luft kühlt sich im Bauteil ab und in der Folge kann es zu Kondensatbildungen und Durchfeuchtung des Bauteils kommen. Die Durchfeuchtung führt neben einem Bauschaden zum Teilversagen oder Versagen der Dämmschicht und erhöht den Wärmeverlust des Gebäudes. Beispiel: Ein kleiner Riss von 1 Millimeter Breite und 1 Meter Länge in der Windabdichtung kann den U-Wert durch die entstehende Luftzirkulation in diesem Bereich auf 20 Prozent und weniger der eigentlichen Wirksamkeit reduzieren. Außerdem kann, je nachdem, um welchen Raum es sich handelt, innerhalb eines Tages bis zu 1 Liter Wasser aus der Raumluft in die Dämmschicht kondensieren. Dies führt in kurzer Zeit zur Durchfeuchtung der Dämmschicht. Daher sind eine sorgfältige Planung und Ausführung der Gebäudeanschlüsse besonders wichtig, denn nur eine luftdichte Bauweise vermeidet Feuchteschäden. Im Übrigen ist die winddichte Ausführung seit Jahren Stand der Technik und sollte eigentlich längst selbstverständlich sein. Speziell bei Holzbauweisen und im Dachgeschoss von Massivbauten ergeben sich konstruktionsbedingt sehr viele Bauteilfugen, die mit Gipskartonplatten, Holzwerkstoffplatten und Folien abgedichtet werden müssen. Hier ist eine besonders sorgsame Ausführung wichtig. Auf der Baustelle wird sogenannter „Bauschaum“ oft als Notlösung für alle möglichen Abdichtungs- und Befestigungsprobleme eingesetzt. Dabei werden im „Bauschaum“ Eigenschaften vermutet, die das Material nicht besitzt. Es ist nahezu unmöglich, eine Fuge nur mit Bauschaum winddicht zu bekommen, auch wenn es auf den ersten Blick so aussieht. Bei Fensteranschlüssen an die Außenwand sollte deshalb grundsätzlich von außen ein Dichtungsband mit eingebaut werden. Auch an der Innenseite des Fensteranschlusses sind zusätzliche Maßnahmen zur Winddichtigkeit notwendig wie zum Beispiel spezielle Putzanschlussprofile aus Kunststoff. Sie können beim Fenstereinbau auch einfach eine sogenannte RAL-Montage vereinbaren. Das ist eine qualitativ höherwertige Montage als üblich. Anbieter von Dachfenstern haben mittlerweile Schürzen im Zubehör, mit denen die Anschlüsse an das Dach winddicht eingekleidet werden können.

Folientür mit integriertem Ventilator für einen Blower-Door-Test

Bei der Montage von Einbauleuchten in abgehängten Decken im Dachgeschoss kommt es mitunter zu Beschädigungen der Dampfsperre, sodass Raumluftfeuchte in die Dämmung eindringen und kondensieren kann. Auch hier entstehen große Schäden, wenn es sich zum Beispiel um Einbaulichtspots in der Badezimmerdecke handelt, da die Luftfeuchtigkeit in Bädern besonders hoch ist. Undichtigkeiten in der Gebäudehülle treten häufig an folgenden Stellen auf:

- Stöße der Dampfbremse im Dachgeschoss,
- Anschlüsse der Dampfbremse an Wandflächen,
- Durchdringungen der Dampfbremse zum Beispiel durch Leitungsrohre und Elektroleitungen,
- Anschlüsse der Dampfbremse an Dachflächenfenster,
- unverputzte Kaminzüge,
- Trocknungsrisse in Holzstützen der Dachkonstruktion,
- Revisionsklappen der Rollläden
- unverputzte Wandflächen,
- Steckdosen und Schalter in der Außenwand,
- untere Anschlüsse von Außentüren,
- Oberseiten von Hochlochziegeln an Fensterbrüstungen,

- Fensteranschlüsse an seitlichen Laibungen,
- fehlende Dichtungsbänder an Türen zwischen beheizten und unbeheizten Räumen.

Die Ausführungsplanung, auch Werkplanung genannt, also jene Planung im Maßstab 1 : 50, die die Bauarbeiter auf der Baustelle benötigen, um das Haus zu errichten, sollte detaillierte Angaben zu diesen Punkten enthalten, damit die Handwerker diese entsprechend ausführen können.

Die Dichtigkeit der Gebäudehülle kann sehr gut mit einem Blower-Door-Test überprüft werden. Dabei wird über ein in einer provisorischen Haus-(Folien-) Tür eingebautes Gebläse ein künstlicher Über- beziehungsweise Unterdruck im Haus erzeugt. Bei geschlossenen Fenstern und geschlossener Haustür wird die Luftmenge gemessen, die innerhalb einer Stunde durch ungewollte Öffnungen nachströmt beziehungsweise bei Überdruck im Haus durch Leckagen entweicht. Ein guter Wert ist bei Einfamilienhäusern das 1- bis 1,5-fache Luftvolumen des Innenraums pro Stunde. Schlechte Werte liegen bei bis zu einem 6- bis 12-fachen Luftvolumen, was in der Gesamtheit einem permanent offenen kleinen Fenster entspricht. Der Nachteil des Blower-Door-Tests liegt darin, dass in der Regel nach vollständiger Fertigstellung getestet wird, also zu einem Zeitpunkt, zu dem die Leckage-Ursachen nur noch mit großem Aufwand beseitigt werden können. Eine zusätzliche Variante des Blower-Door-Tests ist daher eine Überprüfung, bei der lediglich ein Unterdruck erzeugt, aber keine Messung der Luftwechselrate vorgenommen wird. Nur die Gebäudehülle wird nach Lecks abgesucht. Ein guter Zeitpunkt dafür ist zum Beispiel nach der Montage der Folie im Dachgeschoss und vor der Montage der Gipskartonplatten. Die Unterkonstruktion für die Gipskartonplatten sollte ebenfalls montiert sein, damit durch den erzeugten Unterdruck die Folie nicht abreißen kann. Da Fachleuten die Orte potenzieller Lecks bekannt sind, können diese Stellen gezielt untersucht werden.

Luftdichtheit ist auch eine Voraussetzung für den Betrieb von Lüftungsanlagen, weil nur so die Luftströmung gezielt verläuft und unkontrollierte Zuluftströmungen in einzelne Räume vermieden werden.

Luftdichtigkeit

Werden Detailpläne zu folgenden Punkten erstellt?

Anschluss von Fenster an Außenwand	☐ Ja	☐ Nein
Anschluss von Leitungsdurchführungen im Dach	☐ Ja	☐ Nein
Winddichter Anschluss der Zwischendeckenluke bei unbeheiztem Spitzboden	☐ Ja	☐ Nein
Anschluss der Eingangstür an Außenwand und Boden	☐ Ja	☐ Nein
Wird ein Blower-Door-Test durchgeführt?	☐ Ja	☐ Nein

11.3 Abschlagszahlungen

Baukontrolle vor Ratenzahlung

Beim Kauf eines Bauträgerobjekts ist es empfehlenswert, bereits im Kaufvertrag ausdrücklich zu vereinbaren, dass Sie oder ein Vertreter jederzeit die Baustelle betreten können, um den Stand der Arbeiten zu besichtigen. Sie können außerdem in den Vertrag mit aufnehmen, dass vor Bezahlung von vereinbarten Ratenzahlungen die Fertigstellung der jeweiligen Leistungen in einer gemeinsamen technischen Begehung festgestellt wird und es Ihnen freigestellt ist, hierfür externe Fachleute hinzuzuziehen. Beim Bauen mit dem Generalübernehmer oder -unternehmer können Sie ebenfalls eine gemeinsame technische Begehung vor Ratenzahlung vereinbaren – aber aus den auf Seite 298 erwähnten Gründen auch in diesem Fall keinesfalls Abnahmen. Festgestellte Mängel sollten Sie möglichst genau dokumentieren (Fotos). Es kann sinnvoll sein, diese Baukontrollen durch einen Fachmann durchführen und sich von ihm die ordnungsgemäße Ausführung bestätigen zu lassen.

Bauen Sie auf eigenem Grundstück, dürfen Sie auf keinen Fall Ihr Hausrecht vertraglich an den Unternehmer abtreten. Denn dann könnten Sie ohne dessen Einwilligung Ihr eigenes Grundstück zur Kontrolle nicht mehr betreten.

Was tun bei mangelhafter Ausführung vor Abnahme?

Der Unternehmer hat gemäß § 632a BGB einen Anspruch auf Abschlagszahlungen. Diese können wegen unwesentlicher Mängel nicht verweigert werden. Allerdings haben Sie nach § 632a Absatz 1 in Verbindung mit § 641 Absatz 3 BGB einen Anspruch auf einen Geldeinbehalt – üblicherweise in Höhe des Zweifachen des zur Beseitigung des Mangels notwendigen Betrags. Sie müssen also nicht die volle Rate überweisen, sondern können einen Teileinbehalt machen, wenn ein Mangel vorliegt. Hier sollten Sie gegebenenfalls vor Bezahlung eines Abschlags und je nach Größenordnung des Mangels einen Sachverständigen und Anwalt hinzuziehen.

Was tun bei mangelhafter Ausführung bei Abnahme?

§ 633 Abs. 1 des BGB verpflichtet den Unternehmer, sein Werk so herzustellen, dass es frei von Sach- und Rechtsmängeln ist. Zeigen sich bei der später erfolgenden Abnahme der Arbeiten Mängel, bestehen für den Besteller des Werks (also für Sie als Auftraggeber) nach dem BGB mehrere Möglichkeiten, dem Unternehmer entgegenzutreten:

- Zunächst einmal können Sie die Abnahme ganz verweigern. § 640 BGB Absatz 2, besagt unter anderem, Zitat:

„Als abgenommen gilt ein Werk auch, wenn der Unternehmer dem Besteller nach Fertigstellung des Werks eine angemessene Frist zur Abnahme gesetzt hat und der Besteller die Abnahme nicht innerhalb dieser Frist unter Angabe mindestens eines Mangels verweigert hat."

Das heißt, dass Sie eine Abnahme verweigern können, wenn Sie innerhalb einer Ihnen vom Unternehmer zur Abnahme gesetzten Frist reagieren und die Abnahme verweigern, unter Angabe mindestens eines Mangels. Das sollten Sie dann aber immer schriftlich tun. Und schriftlich heißt nicht per E-Mail, sondern per Brief – und zwar als Einschreiben.

- Sie können die Abnahme auch durchführen und bei Mängeln Nacherfüllung nach § 635 BGB verlangen. Dazu müssen Sie dem Unternehmer eine Frist setzen. Das sollte grundsätzlich schriftlich geschehen.
- Sie können nach erfolglosem Ablauf dieser Frist gemäß § 637 BGB eine Selbstvornahme durchführen und Ersatz der erforderlichen Aufwendungen verlangen.
- Stattdessen können Sie aber auch nach erfolglosem Ablauf der Frist zur Mängelbeseitigung nach den §§ 636, 323 und 326 Absatz 5 BGB auch vom Vertrag zurücktreten (setzt aber bei Bauträgervorhaben, mit Grundstücks- und Hauskauf gemeinsam, voraus, dass der Notar dieses Recht im Kaufvertrag nicht ausgeschlossen hat, was jedoch sehr häufig geschieht) oder stattdessen nach § 638 die Vergütung mindern. Darüber hinaus können Sie nach §§ 280, 281, 283 und 311a BGB Schadensersatz oder nach § 284 BGB Ersatz vergeblicher Aufwendungen verlangen.

Nacherfüllung nach § 635 BGB

Damit ist die Beseitigung des Mangels gemeint, die entweder darin bestehen kann, dass der Unternehmer nachbessert oder die Leistung neu erstellt.
Beispiel für eine Nachbesserung: Eine einzelne beschädigte Fliese wird ausgetauscht.

Beispiel für eine Neuerstellung: Abbruch einer Wand, weil diese an der falschen Stelle steht, und Neuerrichtung an der richtigen Stelle.

Selbstvornahme nach § 637 BGB

Wird der Mangel nach Aufforderung nicht innerhalb einer angemessenen Frist beseitigt, besteht die Möglichkeit, den Mangel selbst zu beseitigen und Ersatz der erforderlichen Aufwendungen zu verlangen. Dieses Vorgehen sollte nur im Einzelfall nach vorheriger Absprache mit einem Anwalt gewählt werden.

Rücktritt vom Vertrag

Ist ein Mangel so gravierend, dass er nicht mehr beseitigt werden kann, oder ist die Beseitigung für den Unternehmer unzumutbar, kann ein Rücktritt vom Vertrag in Frage kommen – verbunden mit entsprechenden Schadensersatzforderungen an den Unternehmer. Auch für diesen Fall werden Sie zur Sicherung Ihrer Ansprüche anwaltliche Hilfe benötigen, um sich daraus möglicherweise für Sie ergebende Nachteile von vornherein abzuwehren.

11.4 Mängel

Mängel, Streit, Zahlungseinbehalte während der Bauphase

Baustellen laufen entweder dann reibungslos, wenn tatsächlich keine Baumängel auftreten, oder aber im ungünstigen Fall, wenn entstandene Baumängel gar nicht erkannt werden.

Die meisten Bauherren haben nicht die Qualifikation, Mängel tatsächlich zu erkennen. Ob zum Beispiel eine Trinkwasseranlage korrekt installiert wurde, mit allen notwendigen Sicherheitseinrichtungen, Ventilen, Filtern und Dämmungen, kann ein Laie nicht beurteilen. Selbst ein Architekt muss hier sehr bald einen Fachingenieur hinzuziehen, damit die Installation auf ihre Richtigkeit überprüft werden kann. Manche Bauherren wollen Mängel jedoch auch einfach nicht sehen. Selbst wenn solche Mängel allzu augenfällig sind, förmlich ins Auge stechen, lassen sich viele Bauherren mit wenigen Sprüchen relativ einfach beruhigen, anstatt dass sie der jeweiligen Sache sorgsam nachgehen. Auseinandersetzungen auf dem Bau kosten nämlich viel Kraft. Das kommt oft daher, dass nicht sachlich argumentiert wird, sondern sehr schnell emotional. Selbst wenn Sie sachlich bleiben, muss das nicht heißen, dass sich auch die Gegenseite sachlich verhält. Ein rüder und brüsker Umgangston scheint bei manchen Unternehmen, gerade aus dem Bereich Bauträger und schlüsselfertiger Massivbau, fast schon zur Strategie zu gehören, um Kunden einzuschüchtern. Ihr entscheidendes Werkzeug auf der Baustelle ist daher die Möglichkeit, die Beseitigung eines Mangels in angemessener Frist zu verlangen, dazu nötigenfalls auch mehrfach aufzufordern und dann eine sogenannte Selbstvornahme auf Kosten des Unternehmers anzukündigen, wenn der Mangel auch nach der Abnahme immer noch nicht beseitigt ist. Die üblichen Schritte im Zusammenhang mit dem Auftreten eines Mangels während der Bauphase und vor Abnahme sind:

- Der Hausanbieter wird schriftlich auf einen Mangel aufmerksam gemacht und zur Mangelbeseitigung aufgefordert.
- Haufig bestreitet der Hausanbieter zunächst das Bestehen eines Mangels.
- Dann muss er schriftlich aufgefordert werden, die Mangelfreiheit unter Angabe oder Vorlage der dies betreffenden DIN-Normen und der Allgemein Anerkannten Regeln der Technik nachvollziehbar darzulegen. Die Beweislast liegt vor der Abnahme

grundsätzlich beim Hausanbieter, der das Haus baut.

- Kommt der Hausanbieter dem nicht oder nur unzureichend nach, erhält er die erneute Aufforderung zur Mangelbeseitigung innerhalb angemessener Frist. Dazu erhält er auch die Mitteilung, dass bei erneutem, fruchtlosem Verstreichen der Frist ein anderes Unternehmen auf seine Kosten mit der Mangelbeseitigung beauftragt wird.
- Reagiert er weiterhin nicht, kommt es zu einem Geldeinbehalt (gemäß BGB § 641 Absatz 3 des doppelten Betrages dessen, der zur Beseitigung des Mangels notwendig ist).

Bei Fertighäusern mit hohem Vorfertigungsgrad ist das Nachbessern durch ein externes Unternehmen allerdings gar nicht so einfach. Jedoch sind Mängel bei Häusern mit hohem Vorfertigungsgrad wie erwähnt auch deutlich seltener als bei schlüsselfertigen Massivhäusern.

Schriftverkehr auf Baustellen sollte nach Möglichkeit früh unter Mitwirkung eines Fachanwalts für Bau- und Architektenrecht oder eines Rechtsanwalts mit entsprechendem Tätigkeitsschwerpunkt erfolgen. Solche Schreiben müssen nicht gleich vom Anwalt selbst kommen. Das ist teuer und lässt angespannte Situationen manchmal sogar erst richtig eskalieren, wenn dann auch die Gegenseite über einen Anwalt antwortet. Besser ist fast immer, der Anwalt hält sich zunächst im Hintergrund, bekommt aber vorab alle Briefentwürfe zur Korrekturdurchsicht vorgelegt. Dann kann er frühzeitig mitsteuern und Formulierungen ändern oder mit aufnehmen lassen, die möglicherweise später einmal wichtig werden könnten. Viele Bauherren verrennen sich in endlosen Diskussionen und Telefonaten mit Bauleitern oder Unternehmern, obwohl sie vor einer Abnahme nicht einmal die Beweislast zum Nachweis eines Mangels tragen. Und sie lassen sich anschließend dann auch allzu oft und allzu schnell durch harsche und brüske Schreiben von Prokuristen oder Geschäftsführern beeindrucken, die unter Umständen auch noch mit rechtlichen Schritten drohen. Das ist alles wenig zielführend. Der zielorientierteste Weg im Fall von Mängeln ist der, sich die Mangelfreiheit dezidiert darlegen zu lassen, diese Darlegung dem eigenen, unabhängigen Baubegleiter oder Sachverständigen zur Gegenprüfung vorzulegen und – falls notwendig – dem Hausanbieter zu widersprechen, Geldeinbehalt vorzunehmen und Selbstvornahme anzukündigen. Je klarer, strukturierter und konsequenter Ihr Vorgehen ist, umso eher wird auch die Gegenseite merken, dass Sie etwas vom Vorgehen bei Mängeln verstehen und Ihr Recht nötigenfalls in Anspruch nehmen werden. Umso eher wird man Sie und Ihre Mangelanzeige auch ernst nehmen. Gehen Sie emotional eskalierenden Situationen auf Baustellen nach Möglichkeit aus dem Weg. Oft erreichen Sie mit einem sachlichen, klaren Briefwechsel, der durch einen Anwalt vorsorglich gegengeprüft wird, schneller mehr. Natürlich ist das umständlicher und aufwendiger, aber das sollte es Ihnen wert sein.

Übrigens: Vorsicht mit E-Mails! E-Mails sind kein rechtsgeschäftlicher Schriftverkehr. Viele Verbraucher wissen auch nicht mehr, wie man einen formal gerichtsfesten rechtsgeschäftlichen Schriftverkehr führt. Dieses Wissen ist im Zug der Digitalisierung weitgehend verlorengegangen. Fast alle Bauherren führen heute einen mehr oder weniger umfangreichen E-Mail-Wechsel mit dem Hausanbieter, oft sogar zum eigenen Schaden, und setzen dieses Werkzeug dann auch im Mangelfall und anderen Situation ein, in denen aber klassischer, rechtsgeschäftlicher Schriftverkehr erforderlich wäre. Eine Mängelruge, die per E-Mail ausgesprochen wurde, kann schon aus formalen Gründen unwirksam sein. Es sollte grundsätzlich der klassische Briefweg gewählt werden, und zwar in Form von Einwurf-Einschreiben, um nicht schon an formalen Vorgaben der deutschen Rechtsprechung zu scheitern.

Mängel werden von Unternehmen sehr oft sofort bestritten, nicht selten hochemotional. Nicht alle Unternehmen können mit sachlicher Kritik umgehen und die Fehlerkultur ist in vielen Unternehmen sehr schlecht. Gäbe es in der Luftfahrt eine ähnlich schlechte Fehlerkultur wie im Bauwesen, wären Abstürze an der Tagesordnung. Um Sie schon einmal daran zu gewöhnen, was Sie zu hören bekommen werden, finden Sie nachfolgend einige typische Formulierungen, die gerne benutzt werden, um selbst vorsichtige Nachfragen von Laien auf der Baustelle möglichst rasch abzuwehren.

Typische Bauleiter-Formulierungen samt Erläuterungen

„Das ist alles zulässig und nach DIN…“

Ob etwas korrekt nach DIN ausgeführt ist oder nicht, sagt einem am ehesten die jeweilige DIN-Norm selbst. Daher wäre bei einer solchen Aussage immer die einfachste Antwort, dass Ihnen die DIN-Normen, nach denen gearbeitet wurde, mit der jeweils darin enthaltenen Detailregelung einfach konkret anzugeben sind. DIN-Normen sind mittlerweile leider ein großes Geschäft geworden, und selbst wenige Seiten Papier werden nur zu völlig überteuerten Preisen angeboten. Daher ist es gut, dass die Beweislast vor der Abnahme beim Bauunternehmen liegt. Von diesem fordern Sie dann den Nachweis der DIN-Konformität unter Angabe der aktuell gültigen DIN-Norm und der dortigen Detailregelung. Diese konkrete Angabe kann Ihr unabhängiger Sachverständiger dann wiederum gegenprüfen.

„Das ist kein Mangel…“

Ob ein Sachverhalt einen Mangel darstellt oder nicht, hängt von mehreren Faktoren ab. Ein Baumangel muss nicht zwingend einen Bauschaden nach sich ziehen. Ein Baumangel kann zum Beispiel bereits bestehen, wenn im Bad andere als die vereinbarten Fliesen gelegt wurden. Bis zur Abnahme liegt der Nachweis, dass kein Baumangel vorliegt, beim Bauunternehmen. Der Satz, *„Das ist kein Mangel…“*, reicht dafür nicht aus, sondern dann muss ein exakter Nachweis anhand von Herstellerangaben, DIN-Normen und der Allgemein Anerkannten Regeln der Technik vorgelegt werden, dass kein Mangel vorliegt.

„Was soll denn daran nicht in Ordnung sein?“

Die Frage müssen Sie gar nicht beantworten. Es ist nicht Ihre Aufgabe, Darlegungen für eine ordnungsgemäße Bauausführung zu geben, sondern das Unternehmen muss Ihnen die Freiheit von Baumängeln nachweisen, nötigenfalls durch Vorlage und Abgleich mit den gültigen DIN-Normen und den Allgemein Anerkannten Regeln der Technik.

„Damit hatten wir noch nie Probleme…“

Das mag sein oder nicht. Vielleicht ist das Problem auch einfach nur nie zuvor gesehen worden. Das spielt aber auch alles gar keine Rolle. Wenn Ihnen eine Bauausführung nicht mangelfrei erscheint, muss der Unternehmer den Beweis der Mangelfreiheit antreten.

„Da wären Sie aber der Erste, bei dem das so ausgeführt wird…“

Auch das mag sein. Vielleicht sind Sie dann sogar der Erste, bei dem es korrekt ausgeführt wird. Das alles spielt gar keine Rolle, denn auch hier gilt: Erscheint Ihnen eine Bauausführung nicht mangelfrei, muss der Unternehmer den Nachweis der Mangelfreiheit erbringen.

„Das können Sie gar nicht anders machen…“

Fast alles kann man auch anders machen. Grundsätzlich muss nach der vertraglich vereinbarten Baubeschreibung und den vereinbarten Plänen gebaut werden. Daher ist es auch so wichtig, dass Sie auch die Pläne vor Baubeginn erhalten.

„Ich bin jetzt seit 20 Jahren auf dem Bau, und glauben Sie mir…“

Es ist nicht so relevant, wie lange eine Person auf dem Bau tätig ist. Viel wichtiger ist, dass sie offen ist, Probleme und gegebenenfalls Fehler anzuerkennen, und bereit ist, aus diesen zu lernen. Man kann auch 20 Jahre lang etwas falsch machen oder eventuell neuere Technikentwicklungen nicht mitbekommen haben.

Die Mängelbeseitigung in der Bauphase

Der große Vorteil beim Bauen mit dem Fertighaushersteller oder Massivhausanbieter oder auch Bauträger ist, dass Sie nur einen Ansprechpartner für die Mängelbeseitigung haben. Während Sie beim Planen und Bauen mit dem Architekten eine ganze Reihe verschiedener Handwerker und Unternehmen auf der Baustelle haben, mit den entsprechenden Arbeits- und Haftungsschnittpunkten, ist dies beim Bauen mit dem Fertighaushersteller, Massivhausanbieter oder Bauträger größtenteils nicht der Fall. Die einzige Schnittstelle mit möglichen Problemen entsteht vorrangig beim Fertighausbau dann, wenn Keller und Haus von unterschiedlichen Herstellern geliefert werden. In diesem Zusammenhang sind die Kellerbeauftragung und die Kellerabnahme (⇢ Kapitel 3) sehr wichtig und sollten kritisch und sorgfältig vorgenommen werden. Ein Nachteil beim Bauen mit dem Fertighaushersteller, Massivhausanbieter oder Bauträger liegt darin, dass der Bauleiter immer zunächst im Auftrag des Unternehmens handelt. Es kann also passieren, dass das Unternehmen Bauprobleme vor Ihnen verheimlicht. Grundsätzlich bleibt Ihnen während der Bauphase nur wenig Zeit, Mängel direkt zu erkennen und sofort einzugreifen. Vor allem bei klassischen Fertighäusern müssen Sie davon ausgehen, dass die Außenhülle binnen weniger Tage steht und Sie daher kaum Zeit haben, entsprechend einzugreifen, falls Sie Mängel sehen. Zudem ist es für Sie als Laie schwierig, eine Mangelbeseitigung einzufordern, ohne den formal richtigen Weg zu kennen. Aber wenn frühzeitig ein Bausachverständiger hinzugezogen werden konnte, kann er schnell und flexibel reagieren.

Vor allem Fertighaushersteller reagieren mitunter empfindlich auf extern prüfende Sachverständige. Der Grund ist manchmal nachvollziehbar: Ein langjährig tätiges Fertighausunternehmen kann mehr Holzbau-Know-how haben als mancher Sachverständiger, der im Schwerpunkt im Massivbau unterwegs ist. Daher sollte ein Sachverständiger auf einer Fertighausbaustelle zumindest auch Holzbauerfahrung mitbringen.

In jedem Fall sind 2 Dinge ganz entscheidend, die Sie auch als Laie einfach erstellen können: Eine möglichst lückenlose Fotodokumentation und ein Bautagebuch, mit dem Sie jeden Ihrer Besuche auf der Baustelle dokumentieren. Genau wie im Fall des Kellerbaus stellen Sie ein solches Bautagebuch am besten aus vorgefertigten Blättern her, damit Ihre Eintragungen sofort die richtige Ordnung haben und Sie keine wesentlichen Punkte vergessen (⇢ Seite 54). Da im Streitfall vor Gericht gehefteten Bautagebüchern nicht die Beweiskraft zukommt wie gebundenen, können Sie kopierte Bautagebuchblatter in einem Copy-Shop natürlich auch gleich binden lassen, bevor Sie diese ausfüllen. Ihre Bautagebucheintragungen beim Hausbau wie auch beim Kellerbau sollten mindestens folgende Eintragungen enthalten:

- Datum, Uhrzeit und laufende Nummer des Berichts
- Wie ist das Wetter, die Temperatur?
- Welche Firmen sind mit wie viel Mann anwesend?
- Wie ist der Stand der Arbeiten?
- Notizen zu Anordnungen, Besprechungen, Vorkommnissen
- Welche Fotos wurden gemacht?

11.5 Aushändigung des Energieausweises und weiterer Unterlagen nach Fertigstellung

Aushändigung des Energieausweises und weiterer Unterlagen nach Fertigstellung

Nach dem Gesetz (bislang Energieeinsparverordnung, zukünftig Gebäudeenergiegesetz) muss Ihnen der Energieausweis erst jetzt, nämlich unmittelbar nach Fertigstellung des Gebäudes, ausgehändigt werden, Zitat § 16 Absatz 1 EnEV:

„Wird ein Gebäude errichtet, hat der Bauherr sicherzustellen, dass ihm, wenn er zugleich Eigentümer des Gebäudes ist, oder dem Eigentümer des Gebäudes ein Energieausweis nach dem Muster der Anlage 6 oder 7 unter Zugrundelegung der energetischen Eigenschaften des fertig gestellten Gebäudes ausgestellt und der Energieausweis oder eine Kopie hiervon übergeben wird. Die Ausstellung und die Übergabe müssen unverzüglich nach Fertigstellung des Gebäudes erfolgen. (...)“

Das heißt, erst jetzt, nach Beendigung des Bauablaufs, kämen Sie nach dem Gesetz in den Besitz des Energieausweises für Ihr Gebäude. Das ist natürlich viel zu spät, denn er sollte Ihnen nicht erst jetzt, sondern – als gerechneter Energiebedarfsausweis – auf

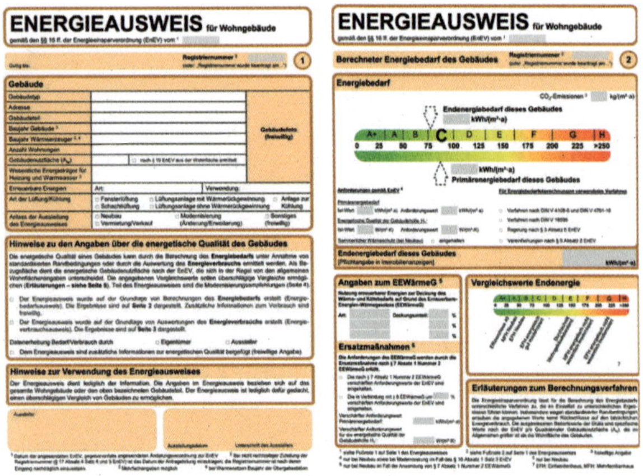

alle Fälle bereits mit Fertigstellung der Planung ausgehändigt werden. Denn zu diesem Zeitpunkt ist das technisch bereits möglich. Im Übrigen können auch Baurechtsbehörden oder Förderbanken, wie die KfW-Bank, den Ausweis durchaus früher zur Einsichtnahme verlangen. Und: Sie sollten immer auf einem Original mit der Original-Unterschrift des ausstellenden Verfassers bestehen. Eine Kopie, die nach dem Gesetz noch nicht einmal beglaubigt sein muss, reicht Ihnen nicht, um die Rechtswirksamkeit der Ausweisangaben und der Verfasserunterschrift sicherzustellen.

Die Herausgabe von Bauunterlagen allgemein ist in § 650n des BGB geregelt, wie schon in Kapitel 9.5 dargelegt wurde. Im Gesetz wird differenziert zwischen Planungsunterlagen, die vor Beginn der Ausführung herauszugeben sind, und allen übrigen, die spätestens mit der Fertigstellung des Bauwerks herauszugeben sind. Leider hat der Gesetzgeber aber eingeschränkt, dass es nur um solche Unterlagen geht, die ein Verbraucher, Zitat: *„benötigt, um gegenüber Behörden den Nachweis führen zu können, dass die Leistung unter Einhaltung der einschlägigen öffentlich-rechtlichen Vorschriften ausgeführt worden ist.“* (⇢ auch Seite 200). Viele Unterlagen, wie etwa Detail-, Elektro- oder Bewehrungspläne müssen dazu aber gar nicht gehören. Das ist der Grund, warum in Kapitel 9.5 empfohlen wird, von Anfang an vertraglich zu vereinbaren, dass sämtliche Pläne und Dokumente zum Bauwerk zu übergeben sind, und zwar sobald sie angefertigt sind – und nicht erst jetzt, wenn das Bauwerk fertiggestellt ist.

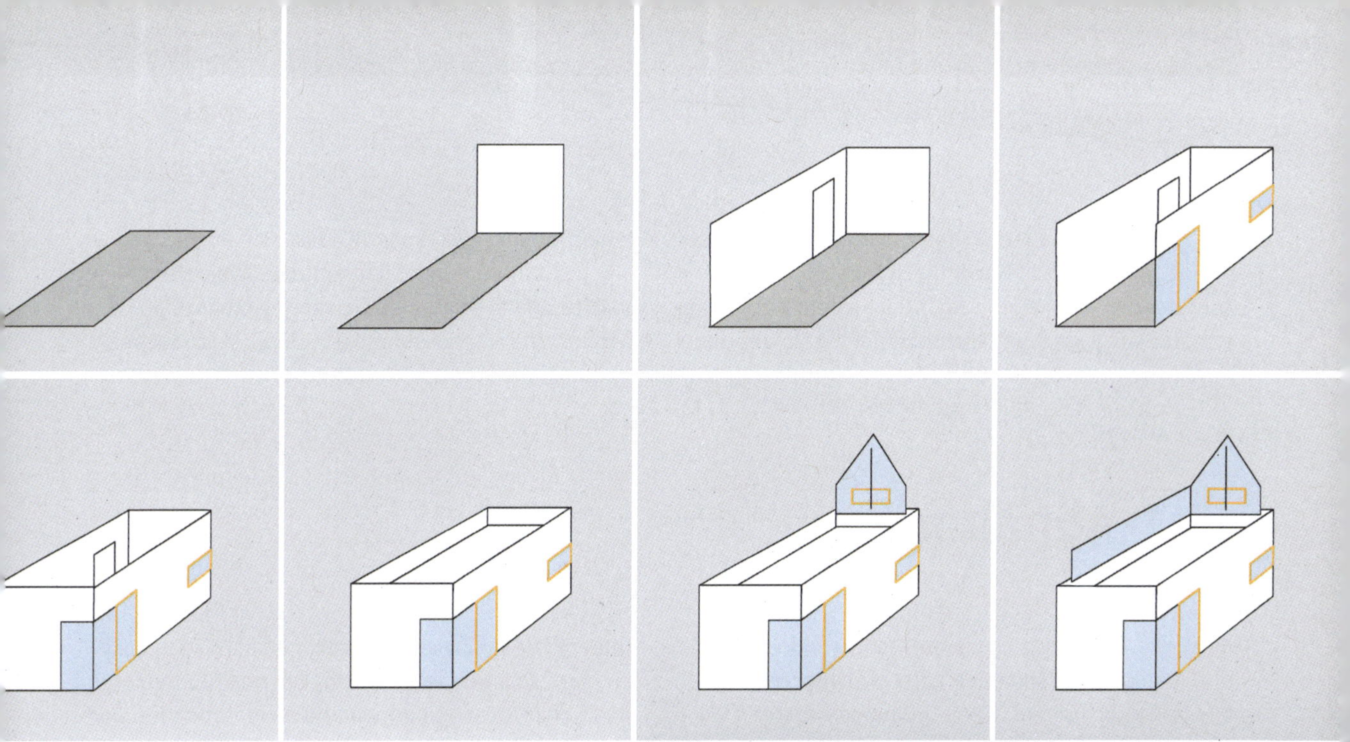

12 Abnahme und Gewährleistung

Nach der Fertigstellung des Gebäudes folgt die sogenannte Abnahme des Hauses. Gegenüber dem klassischen Hausbau mit dem Architekten ist dies bei einem Fertighaus oder schlüsselfertigen Massivhaus – vom Generalunternehmer oder Bauträger – ein umfangreicher Schritt, denn es werden alle ausgeführten Leistungen auf einmal abgenommen.

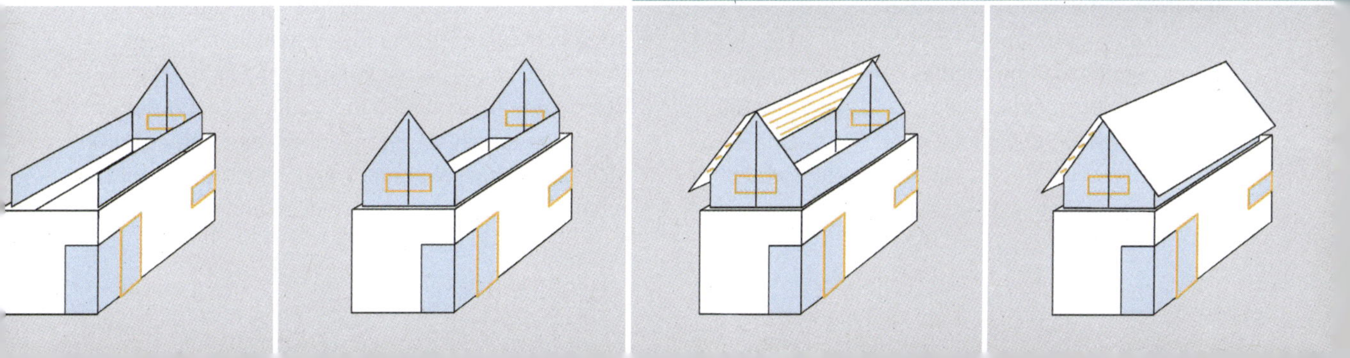

Der Vorteil einer Abnahme des gesamten Hauses liegt in einer einheitlichen Gewährleistungszeit für alle auftretenden Mängel. Der Nachteil besteht darin, dass einzelne wichtige Arbeitsschritte nicht mehr geprüft werden können. Ob die Dampfbremse zum Beispiel fehlerfrei ausgeführt wurde, lässt sich am fertigen Objekt nicht mehr durch Sichtkontrolle feststellen. Innerhalb der dann folgenden Gewährleistungszeit besteht jedoch eine Nachbesserungsrecht für Verbraucher, wenn solche verdeckten Mängel erkennbar werden.

12.1 Abnahme

Bevor Sie in Ihr Haus einziehen, sollten in jedem Fall die Abnahme und Hausübergabe erfolgen. Möglichst alle vertraglich vereinbarten Leistungen sollten zu diesem Zeitpunkt fertiggestellt sein.

Wie bereits erwähnt gibt es unterschiedliche Abnahmeformen. Vereinbaren Sie unbedingt eine förmliche Abnahme. Nur diese stellt sicher, dass Sie in einem Termin vor Ort bei einer Begehung mit dem Fertighausanbieter, Generalunternehmer oder Bauträger das Objekt besichtigen und diese Abnahme protokollieren. Achten Sie darauf, dass bei der schlüsselfertigen Erstellung eines Gebäudes durch einen einzigen Vertragspartner auch nur eine einzige Abnahme nach Fertigstellung der Arbeiten erfolgt. Mit dieser Vorgehensweise erhalten Sie eine einheitliche Gewährleistungszeit für das gesamte Gebäude. Keinesfalls sollten Zwischenabnahmen von Bauleistungen durchgeführt werden. Das führt nämlich dazu, dass die abgenommenen Gebäudeteile dann auch jeweils in Ihre Verantwortung übergehen. Außerdem haben Sie am Ende zwar ein Gebäude, aber für viele Gebäudeteile unterschiedliche Gewährleistungszeiten, und zwar egal ob Sie Grundstück und Haus separat kaufen oder nicht. Denn die Gewährleistungszeit beginnt mit der Abnahme eines Bauteils zu laufen.

Die einzige Ausnahme kann es dann geben, wenn Keller und Haus getrennt voneinander gekauft und gebaut werden. Dann erfolgt die Kellerabnahme üblicherweise bevor das Haus darauf erstellt wird (→ Kapitel 3.7 ab Seite 55).

Statt offizieller Zwischenabnahmen kann man auch einfach „technische Begehungen" durchführen – und das Ganze auch so nennen und nicht Abnahme. Dann gibt es kein Abnahmeprotokoll, sondern höchstens ein Protokoll einer technischen Begehung. Das ist etwas anderes als eine Abnahme, und damit haben Sie auch keine Abnahme getätigt, sondern nur eine protokollierte Baustellenbegehung, zum Beispiel zur Überprüfung des Baufortschritts oder der Bauqualität.

Gemäß § 640 Absatz 1 BGB kann eine Abnahme wegen unwesentlicher Mängel nicht verweigert werden, Zitat:

„Der Besteller ist verpflichtet, das vertragsmäßig hergestellte Werk abzunehmen, sofern nicht nach der Beschaffenheit des Werkes die Abnahme ausgeschlossen ist. Wegen unwesentlicher Mängel kann die Abnahme nicht verweigert werden."

Erscheinen Sie zu einem solchen Abnahmetermin nicht, kann der Unternehmer nicht einfach allein das Gebäude abnehmen. Denn es gilt grundsätzlich: Sie nehmen das Gebäude von ihm ab, nicht umgekehrt. Das heißt, Sie können eine Abnahme auch allein, ohne den Unternehmer, durchführen, er umgekehrt aber nicht ohne Sie. Er müsste bei einer Abnahme theoretisch auch gar nicht anwesend sein. Das will er aber in der Regel, um Einfluss auf den Inhalt des Abnahmeprotokolls zu nehmen. Der Unternehmer kann sich jedoch auch wehren, wenn Sie einfach nicht zu einer Abnahme erscheinen wollen und kann Ihnen eine Frist zur Abnahme setzen. Verstreicht diese Frist dann einfach, ohne dass Sie sich gerührt haben, gilt das Gebäude als abgenommen.Geregelt ist das in § 640 Absatz 2 BGB, den Sie bereits aus Kapitel 11 kennen, Zitat:

„Als abgenommen gilt ein Werk auch, wenn der Unternehmer dem Besteller nach Fertigstellung des Werks eine angemessene Frist zur Abnahme gesetzt hat und der Besteller die Abnahme nicht innerhalb dieser Frist unter Angabe mindestens eines Mangels verweigert hat. Ist der Besteller ein Verbraucher, so treten die Rechtsfolgen des Satzes 1 nur dann ein, wenn der Unternehmer den Besteller zusammen mit der Aufforderung zur Abnahme auf die Folgen einer nicht erklärten oder ohne Angabe von Mängeln verweigerten Abnahme hingewiesen hat; der Hinweis muss in Textform erfolgen."

Falls Sie eine Abnahme begründet verweigern, hat der Unternehmer das Anrecht auf eine sogenannte Zustandsfeststellung nach § 650g Absatz 1 BGB, Zitat:

„Verweigert der Besteller die Abnahme unter Angabe von Mängeln, hat er auf Verlangen des Unternehmers an einer gemeinsamen Feststellung des Zustands des Werks mitzuwirken. Die gemeinsame Zustandsfeststellung soll mit der Angabe des Tages der Anfertigung versehen werden und ist von beiden Vertragsparteien zu unterschreiben."

Und auch wenn Sie einer solchen unbegründet und selbstverschuldet fernbleiben, kann das Folgen haben, dann nämlich kann der Unternehmer, nach § 650g Absatz 2 BGB eigenständig und ohne Sie eine solche Zustandsfeststellung vornehmen, Zitat:

„Bleibt der Besteller einem vereinbarten oder einem von dem Unternehmer innerhalb einer angemessenen Frist bestimmten Termin zur Zustandsfeststellung fern, so kann der Unternehmer die Zustandsfeststellung auch einseitig vornehmen. Dies gilt nicht, wenn der Besteller infolge eines Umstands fernbleibt, den er nicht zu vertreten hat und den er dem Unternehmer unverzüglich mitgeteilt hat. Der Unternehmer hat die einseitige Zustandsfeststellung mit der Angabe des Tages der Anfertigung zu versehen und sie zu unterschreiben sowie dem Besteller eine Abschrift der einseitigen Zustandsfeststellung zur Verfügung zu stellen."

Was müssen Sie bei der Abnahme beachten?

Die Abnahme einer Bauleistung bedeutet, dass Sie die erbrachte Bauleistung entgegennehmen und als im Wesentlichen vertragsgemäß erbracht anerkennen. Die Abnahme ist ein bedeutender Schritt im Rechtsverhältnis zwischen Auftragnehmer und Auftraggeber. Sie hat folgende Auswirkungen:

- Die Gewährleistungszeit beginnt.
- Der Anspruch auf Mängelbeseitigung bestehender sichtbarer Mängel besteht nur, wenn ein schriftlicher Vorbehalt im Protokoll gemacht wurde.
- Vereinbarte Vertragsstrafen können nur bei schriftlichem Vorbehalt dazu und zur genauen Höhe des Einbehalts im Protokoll geltend gemacht werden.
- Die Beweislast für Mängel kehrt sich mit der Abnahme um und liegt nach der Abnahme beim Auftraggeber, also bei Ihnen (nicht mehr der Unternehmer muss Ihnen nachweisen, dass kein Mangel vorliegt, sondern Sie ihm, dass ein Mangel vorliegt).
- Der Gefahrenübergang für Beschädigungen am Gebäude auf den Erwerber beziehungsweise Auftraggeber tritt ein (Sie tragen die Risiken aus Gefahren, die vom Gebäude ausgehen oder auf es einwirken – zum Beispiel ein herunterfallender Dachziegel, der einen Passanten treffen, oder ein Blitzschlag, der das Gebäude treffen kann).

Bei der förmlichen Abnahme wird die Leistung des Bauträgers, Generalübernehmers oder -unternehmers im Rahmen einer gemeinsamen Begehung begutachtet und von Ihnen anerkannt. Dabei wird ein Abnahmeprotokoll erstellt.

Tipp

Machen Sie sich einige Tage vor der Abnahme in Ruhe ein eigenes Bild, indem Sie allein oder in Begleitung eines unabhängigen Fachmanns durch das Haus gehen. So können Sie sich bereits Notizen für die Abnahme machen. Sie können dabei sogar ein komplettes Probeprotokoll schreiben, das Sie als Gedankenstütze zum Abnahmetermin mitnehmen können. Sie können zur Überprüfung die Checklisten in diesem Buch ab Seite 307 einsetzen. Sie helfen Ihnen, strukturiert alles durchzugehen.

Erst im Abnahmetermin alle möglichen Ausführungsfehler zu prüfen, ist selbst für einen Fachmann schwer, weil es ein sehr umfangreiches Unterfangen ist. Es ist empfehlenswert, auch die Abnahme in Begleitung eines Fachmanns durchzuführen (→ Adressen, Seite 334).

Wenn Sie nicht die Möglichkeit haben, vorab durch das Haus zu gehen, sollten Sie sich zumindest für die Abnahme ausreichend Zeit nehmen. Eine sorgfältige Begehung kann Stunden in Anspruch nehmen. Lassen Sie sich nicht zu einer schnellen Abnahme drängen.

Wenn Sie sich bedrängt fühlen und der Unternehmer die Abnahme so schnell wie möglich hinter sich bringen möchte, ist Vorsicht geboten. In einem solchen Fall sollten Sie anbieten, den Termin abzubrechen und einen neuen Termin mit mehr Zeit zu vereinbaren. Dies ist problemlos möglich. Meistens hilft das, um Ruhe zu bekommen, es sei denn, der Unternehmer hat es wirklich eilig. Aber auch in diesem Fall können Sie natürlich eine Verschiebung anbieten. Es ist wichtig, dass Sie zum Abnahmetermin den Kaufvertrag und die Baubeschreibung mit allen zusätzlichen Vereinbarungen zur Ausstattung dabeihaben, damit neben der Qualitätsprüfung der erbrachten Leistung die folgenden Punkte kontrolliert werden können:

- Sind die vereinbarten Fristen eingehalten worden?
- Wurden die vereinbarten Materialien verwendet?
- Gibt es Mängel in der Ausführung?
- Wurde die Leistung vollständig erbracht?
- Wurden zusätzlich vereinbarte Leistungen erbracht?
- Wurden die vertraglich vereinbarten Dokumente (zum Beispiel Betriebsanleitungen) und Sachmittel (zum Beispiel Türschlüssel) übergeben?
- Wurden sämtliche zusätzlichen Vertragsbedingungen erfüllt (zum Beispiel Durchführung eines Blower-Door-Tests)?

Wesentlicher Bestandteil einer förmlichen Abnahme ist das Abnahmeprotokoll, das von allen Beteiligten unterzeichnet wird und das jeder als Durchschlag erhält. Falls Sie zum Beispiel wegen Fristüberschreitungen des Unternehmers einen Anspruch auf Zahlung einer Vertragsstrafe haben, müssen dies und der Betrag im Protokoll vorbehalten werden. Sie verlieren sonst Ihren Anspruch hierauf. Das Gleiche gilt für alle zum Zeitpunkt der Abnahme sichtbaren Mängel. Stehen diese nicht im Protokoll, verlieren Sie möglicherweise den Anspruch auf deren kostenfreie Behebung. Bereiche, die nicht besichtigt werden können, sollten im Protokoll benannt und von der Abnahme ausgeklammert werden. Es empfiehlt sich, die Abnahme bei Tageslicht vorzunehmen. Gehen Sie Raum für Raum sorgfältig durch. Es bietet sich an, eine Reihenfolge festzulegen, zum Beispiel vom Keller zum Dach oder umgekehrt und vom jeweiligen Flur aus im Uhrzeigersinn durch alle Räume.

Vollständiges Abnahmeprotokoll
Ein solches enthält:

- Bezeichnung des Objekts mit Adresse
- Datum, Ort, Namen der Teilnehmer
- Anschrift von Unternehmer und Erwerber
- Beginn und Ende der Abnahme
- Datum des Kaufvertrags
- Baubeginn, Fertigstellung der Leistung
- Vereinbarter Fertigstellungstermin
- Gegebenenfalls genaue Terminüberschreitung
- Vorbehalt vereinbarter Vertragsstrafe, sofern vereinbart
- Übergabe von Unterlagen (zum Beispiel Pläne, Berechnungen, Betriebsanleitungen), Schlüsseln
- Auflistung festgestellter Mängel und Schäden (genau beschreiben, gegebenenfalls Foto machen)

- Bei Mängeln: Höhe des Einbehalts bis zur Mängelbeseitigung
- Bei Mängeln: Frist zur Beseitigung der Mängel
- Termin für Fertigstellung eventueller Restarbeiten
- Erklärung der Abnahme oder Verweigerung der Abnahme
- Gewährleistungsdauer
- Unterschriften aller Beteiligten

Richtiges Verhalten bei Mängeln

Bedenkt man das hohe Maß an Handarbeit beim Bauen, ist es eigentlich nicht ungewöhnlich, wenn es hin und wieder zu mangelhaft ausgeführten Arbeiten kommt. Nach dem BGB liegt ein Mangel dann vor, wenn das Werk von der vereinbarten Beschaffenheit abweicht. Gibt es keine Vereinbarung über eine bestimmte Beschaffenheit, bedeutet eine Abweichung von dem, was erwartet werden kann und was bei Werken gleicher Art üblich ist, einen Mangel. Außerdem liegt dann ein Mangel vor, wenn ein anderes als das bestellte Werk geliefert oder dieses in zu geringer Menge hergestellt wurde (§ 633 BGB).

Beispiel: Das Fehlen einer vereinbarten Beschaffenheit liegt dann vor, wenn vertraglich die Verlegung einer bestimmten Fliese vereinbart wurde und der Fliesenleger eine andere Fliese verlegt hat. Selbst wenn die Arbeit einwandfrei ausgeführt wurde, ist die Leistung mangelhaft.

Nicht immer besteht Einigkeit darüber, ob es sich um eine mangelhafte Leistung handelt oder nicht. Bei handwerklichen Ausführungsfehlern kann ein Blick in die entsprechenden DIN-Normen manchmal helfen. Denn selbst wenn DIN-Normen vertraglich nicht ausdrücklich vereinbart sind, geben sie doch oft Hinweise auf Allgemein Anerkannte Regeln der Technik. Diese sind aber bedauerlicherweise nur zu sehr hohen Preisen zu erwerben. Außerdem ist es als Laie nicht ganz einfach, sich durchzufinden.

Hier hilft nur, den Spieß umzudrehen, denn für Sie von Vorteil ist die Regel, dass vor Abnahme der Fertighaushersteller, Massivhauanbieter oder Bauträger Ihnen beweisen muss, dass es sich bei der Beanstandung nicht um einen Mangel handelt. Nach der Abnahme kehrt sich die Beweislast um. Dann müssen Sie beweisen, dass die Leistung mangelhaft ist. Kommt es während einer Abnahme nicht zu einer Einigung darüber, ob eine bestimmte Leistung mangelhaft ist oder nicht, sollten Sie diesen Sachverhalt ins Abnahmeprotokoll aufnehmen und die Klärung inklusive Beschaffung der notwendigen und aktuellen DIN-Normen dem Unternehmer auferlegen. Er sollte sich dazu im Protokoll verbindlich verpflichten, unabhängig von der Beweislastumkehr. Danach können Sie mit der Abnahme fortfahren.

Nicht jeder kleine Kratzer und jede kleine Unebenheit stellt gleich einen Mangel dar. Es gibt gewisse Toleranzen beim Bauen, die Sie als Erwerber hinnehmen müssen, denn schließlich ist alles Handarbeit, und die erbrachte Leistung sollte mit dem Augenmaß begutachtet werden, mit dem Sie später im täglichen Gebrauch durch das Haus gehen. Ob es sich um einen Mangel oder eine hinzunehmende Unregelmäßigkeit handelt, kann neben der Prüfung, ob die Leistungen nach den gültigen DIN-Normen und den Allgemein Anerkannten Regeln der Technik durchgeführt wurden, auch an der Bedeutung für die Gebrauchstauglichkeit gemessen werden oder am Grad der Beeinträchtigung der Funktionsfähigkeit. Die Bandbreite liegt damit zwischen einer Bagatelle, die nicht einmal den Einbehalt von Geld erlaubt, und einem Mangel, der unverzüglich eine Nachbesserung erforderlich macht. Eine undichte Rohrleitung ist sicherlich ein erheblicher Mangel, der unverzüglich beseitigt werden muss, ein kleiner Kratzer in der Glasscheibe, den man im Abstand von 50 Zentimetern schon nicht mehr sehen kann, eher eine Bagatelle, wegen der man die Scheibe nicht unbedingt auswechseln wird. Lassen Sie also bei der Abnahme die Lupe zu Hause, und achten Sie auf die wirklich wichtigen Punkte. Und sollte der Fertighaushersteller, Massivhausanbieter oder Bauträger argumentieren, dass ein strittiger Mangel im Toleranzbereich liegt, so muss er Ihnen vor der Abnahme den Nachweis dafür erbringen. Wenn Sie Zweifel an den Nachweisvorlagen des Bauträgers haben, dass es sich nicht um einen Mangel handelt, ist es sinnvoll, Fachleute (→ Adressen Seite 334) einzuschalten, die die Nachweise genauer ansehen. Die Nachweise, dass es sich bei einem Mangel nicht um einen solchen handelt, sollte der Unternehmer grundsätzlich schriftlich und unter Nachweis auf Normen und Allgemein Anerkannte Regeln der Technik erbringen. Ein paar flotte mündliche Sätze, dass das schon alles so in Ordnung sei, den DIN-Normen und den Allgemein Anerkannten Regeln der Technik entspreche, reichen selbstverständlich nicht aus. Auch kein blumiges Briefchen. Es zählen belastbare und überprüfbare Fakten.

Es empfiehlt sich, bereits bei der Abnahme zu vereinbaren, wie viel Geld bis zur Beseitigung der Mängel einbehalten wird, da alle Beteiligten anwesend sind. Die Höhe des Einbehalts sollte etwa das Zweifache der Kosten betragen, die zur Beseitigung der Mängel oder Schäden notwendig sind (§ 641 Abs. 3 BGB).
Ist der Betrag zu gering, kann es passieren, dass Ihr Vertragspartner lieber auf das Geld verzichtet, um sich die Arbeit zu sparen. Sie haben dann den Ärger und den Aufwand, um die Dinge in Ordnung bringen zu lassen.

Beispielformulierung eines Mangelvorbehalts im Abnahmeprotokoll
„Folgende Leistung wird als mangelhaft beanstandet: (Beschreibung des Mangels). Der Auftragnehmer widerspricht mit folgender Begründung: (Stellungnahme des Fertighausherstellers, Massivhausanbieters oder Bauträgers). Der Auftragnehmer wird innerhalb von 5 Werktagen einen schriftlichen Nachweis der Mängelfreiheit erbringen und die dafür notwendigen und aktuellen DIN-Normen beschaffen und vorlegen. Der Mangel gilt so lange als vorbehalten, bis der Sachverhalt abschließend geklärt ist. Bis zur Klärung wird folgender Geldbetrag vom Auftraggeber einbehalten: (zweifache Summe der Kosten für die Mängelbeseitigung)."

Kommt es wegen Mängeln zu Streit, kann es sinnvoll sein, die Abnahme ganz abzubrechen und unter Einschaltung eines Sachverständigen und gegebenenfalls Ihres Anwalts neu anzusetzen.

Der Abbruch einer Abnahme ist möglich, wenn zum Beispiel direkt ein Folgetermin für eine Wiederholung der Abnahme vereinbart wird.

Typische sichtbare Mängel

Auf verdeckte Mängel, also Mängel, die bei der Abnahme nicht sichtbar sind, besteht generell eine 5-jährige Gewährleistungsfrist nach dem BGB (beziehungsweise eine 4-jährige Gewährleistungszeit nach VOB, die aus den schon erwähnten Gründen momentan für Verbraucher aber kritisch zu betrachten ist).

Wichtig für die Abnahme sind jedoch die sichtbaren beziehungsweise bekannten Mängel am Haus, denn wenn diese nicht im Abnahmeprotokoll schriftlich festgehalten werden, kann es Ihnen passieren, dass Sie für diesen Mangel den Anspruch auf eine kostenfreie Nachbesserung verlieren.

Es ist durchaus möglich, dass Sie bei der Begehung 20 und mehr Punkte finden, die nachgebessert werden müssen. Wenn es sich durchweg um Kleinigkeiten handelt, ist das nicht so schlimm. Wenn Sie aber das Gefühl haben, dass am Objekt einiges im Argen liegt und der Fertighaushersteller, Massivhausanbieter oder Bauträger sich uneinsichtig zeigt, brechen Sie den Termin besser ab, vereinbaren Sie einen neuen Termin und wiederholen die Abnahme gemeinsam mit einem Sachverständigen.

Tipp

Wenn Sie einen Mangel finden, überlegen Sie, ob Sie diesen Punkt auch in den vorherigen Räumen kontrolliert haben. Gehen Sie im Zweifelsfall noch einmal zurück und prüfen Sie es.

Anhand der Baubeschreibung müssen Sie kontrollieren, ob die beschriebenen und vereinbarten Leistungen ordnungsgemäß erbracht wurden: Wurde zum Beispiel jeweils das richtige Material oder Bauteil in der richtigen Farbe verwendet, und zwar von jeweils dem Hersteller, der in der Baubeschreibung festgelegt wurde (siehe dazu auch Cheklisten in Kapitel 9.8 ab Seite 215)? Darüber hinaus gibt es eine Reihe von typischen Fehlern und Mängeln, die sehr häufig zu finden sind. Sehen Sie hier genau hin. Sollten Mängel vorliegen, nehmen Sie auch diese ins Abnahmeprotokoll auf, und benennen Sie die Höhe des Geldeinbehalts, den Sie machen, bis der Mangel beseitigt ist.

Innentüren

Innentüren sind häufig nicht richtig justiert. Die Folge ist, dass die Tür entweder nach dem Öffnen von selbst wieder zuschlägt oder sich von selbst öffnet, wenn man sie nur anlehnt. Achten Sie darauf, dass die Tür nicht am Boden streift und der Türspalt zwischen Boden und Tür nicht zu groß ist. Üblich ist etwa 1 Zentimeter Luft. Prüfen Sie die Oberfläche und die Kanten auf Beschädigungen. Kontrollieren Sie auch, ob die Türen beim Schließen am Rahmen streifen und ob sie sich abschließen lassen.

Fenster

Auch Fenster sind oft nicht richtig justiert und fallen von selbst wieder zu, wenn man sie loslässt. Achten Sie auf Kratzer im Glas. Rahmen und Verglasung müssen frei von Farbresten sein. Ist das Fenster so schmutzig, dass es nicht auf Kratzer hin kontrolliert werden kann, muss dieser Umstand im Protokoll festgehalten werden.

Beispiel: *„Das Fensterglas konnte wegen Verschmutzung nicht auf Fehler geprüft werden. Schäden an der Verglasung werden vorbehalten."*

Prüfen Sie die Gängigkeit jedes einzelnen Fensterflügels, achten Sie darauf, dass der Anschluss zwischen Rahmen und Fensterbank sowie den Laibungen innen und außen verfugt ist. Kontrollieren Sie außerdem, ob die Fensterflügel in die richtige Richtung aufschlagen.

Rollläden / Raffstoren

Nicht immer lassen sich Rollläden komplett öffnen und schließen, sie haken oder bleiben sogar hängen. Das Rollladenband muss senkrecht vom Kasten zum Gurtwickler geführt werden. Ist es schief, wird das Band durch die Fehlbelastung frühzeitig zerstört.

Elektrisch betriebene Rolläden oder Raffstoren sollten bei offenem Fenster vollständig herunter- und wieder heraufgefahren werden, sodass man auch deren Lauf besser hört.

Sanitärgegenstände

Der Boden der Dusche und der Badewanne sollte genau untersucht werden. Manchmal gibt es hier Kratzer, weil der Installateur oder der Fliesenleger den Boden vor Beginn seiner Arbeiten nicht sorgfältig abgedeckt hat. Auch das Waschbecken ist auf der Innenseite manchmal beschädigt.

Sanitärinstallation

Prüfen Sie Zu- und Abwasserinstallation. Also alle Wasserhähne aufdrehen, auch einen möglichen Duschkopf testen! Genauso muss der Wasserabfluss überall getestet werden. Also die WC-Spülung bedienen! Prüfen Sie, ob alle Ventile im Hausanschlussraum klar beschriftet sind.

Elektroinstallation

Kaum zu glauben, aber nicht immer funktionieren alle Steckdosen und Schalter. Die Abnahme ist der richtige Zeitpunkt, dies zu prüfen. Nehmen Sie hierzu einen Strompüfer zur Hand. Aber seien Sie vorsichtig und achten Sie darauf, nicht direkt mit Strom in Berührung zu kommen.

Heizungsinstallation und Warmwasserbereitung

An den Heizkörperflächen finden sich oftmals Lackschäden oder Beschädigungen der Abdeckungen. Die Heizung sollte bei der Abnahme in Betrieb sein, damit Sie prüfen können, ob die Heizkörper warm werden. Prüfen Sie außerdem, wie lange es dauert, bis warmes Wasser aus den Hähnen kommt.

Fliesen

Fliesen haben oftmals kleine Risse oder Abplatzungen an den Kanten. Bei Abmauerungen im Dusch- und Wannenbereich ist darauf zu achten, dass das Gefälle von der Wand wegführt, sonst steht ständig Wasser an der Wand. Nicht immer decken die Rosetten der Sanitärgegenstände die Aussparung ab, die der Fliesenleger in die Fliesen gebrochen hat. Prüfen Sie, ob alle Ecken und Wand-Boden-Übergänge sowie die Anschlüsse der Sanitärgegenstände an den Fliesen dauerelastisch verfugt sind.

Parkettböden

Parkettböden haben mitunter ein unebenes Schliffbild, das Sie gut im Gegenlicht sehen können. Es kommt manchmal auch zu Beulungen oder gar Rissbildungen, zum Beispiel weil der Parkettleger unmittelbar nach dem Verlegen des Parketts die Heizung viel zu hoch gedreht hat und die hohe Raumtemperatur das Parkett zu schnell trocknen ließ. Häufig ist auch der Abstand des Parketts zur Wand zu gering gewählt, sodass keine ausreichende Bewegungsfuge bleibt. Vor allem im Fußpunktbereich von Türzargen lässt sich dies gut erkennen. Hier muss zwischen Parkettboden und Türzarge zum Beispiel ein ausreichend dimensionierter Korkstreifen liegen, wenn die Türzarge nicht auf dem Parkett steht, sondern tiefer, auf Parkettebene. Nicht selten kommt es vor, dass die umlaufende Bodenleiste sowohl an der Wand als auch am Parkett selbst montiert ist. Auch dies ist ungünstig, weil der Parkettboden nicht fest mit angrenzenden Wänden verbunden sein sollte. Er muss sich frei bewegen können.

Wandflächen

Achten Sie darauf, ob sich Tapeten an Stößen oder Ecken von der Wand lösen oder größere Luftblasen hinter der Tapete sind. Diese Bereiche finden Sie, indem Sie mit einer Lampe parallel zur Wand ein Streiflicht erzeugen. Nicht immer sind die Wände vollflächig gestrichen, und es gibt unschöne Fehlstellen. Diese Bereiche kann man in der Regel nur bei Tageslicht erkennen.

Außenbereich

Bei sichtbaren und gestrichenen Sparren ist der Anstrich nicht immer vollständig. Prüfen Sie, ob alle sichtbaren Dachhölzer, vor allem auch außen, rundum sorgfältig gestrichen wurden. Die Überstände von Außenfensterbänken, Blechverwahrungen zum Beispiel am Garagendach und Abdeckungen von Mauern haben nicht immer eine ausreichende Tropfkante (etwa 2 Zentimeter Überstand), sodass ablaufendes Wasser die Wand verschmutzt. Bei Plattenbelägen im Außenbereich kommt es vor, dass einzelne Platten beim Betreten wackeln.

12.2 Gewährleistung

Was bedeutet Gewährleistungszeit?

Den Begriff „Gewährleistung“ gibt es eigentlich seit 2003 nicht mehr im Werkvertragsrecht des BGB. Im Kern geht es hierbei um den befristeten Anspruch auf Mängelbeseitigung. Der Begriff „Gewährleistung“ und auch „Gewährleistungszeit“ ist in der Praxis aber so verbreitet, dass er hier genutzt wird.

Nachdem die Abnahme des Gebäudes durchgeführt wurde, beginnt die häufig sogenannte Gewährleistungszeit. Darunter versteht man den Zeitraum nach der Abnahme, in dem der Fertighaushersteller, Massivhausanbieter oder Bauträger dann auftretende Mängel kostenfrei beseitigen muss, falls er die Mängel als solche anerkennt. Zur Mängelbeseitigung gehört nicht nur die Behebung des Mangels selbst, sondern dazu gehören auch alle damit verbundenen notwendigen Vor- und Nacharbeiten.

Beispiel: Die Kaltwasserzuführung zum Bad im Obergeschoss wird ein halbes Jahr nach der Abnahme unterhalb des Estrichs undicht. Die Bewohner stellen dies fest, weil im Sockelbereich der Innenwände die Tapete feucht wird und sich ablöst. Zunächst muss das Leck seitens des Unternehmers gesucht werden. Dann wird der Oberbelag in diesem Bereich entfernt und der Estrich geöffnet. Das Leck in der Zuführungsleitung kann dann abgedichtet und der Estrich wieder geschlossen werden. Danach wird der gesamte Estrich im Obergeschoss mit Trocknungsmaschinen 1 bis 2 Wochen getrocknet. Wenn durch Messungen sichergestellt ist, dass die Feuchtigkeit unterhalb des Estrichs und in den angrenzenden Wänden beseitigt ist, wird der Oberbelag wieder aufgebracht. Abschließend wird tapeziert und gestrichen. Sämtliche mit dieser Mängelbeseitigung verbundenen Kosten müssen vom Unternehmer getragen werden.

Die Gewährleistungszeit hängt von der Vertragsform ab. Bei Bauträgerkaufverträgen gelten üblicherweise die Regelungen des BGB und damit eine Gewährleistungszeit von 5 Jahren, gerechnet vom Tag der Abnahme. Wurde bei Verträgen mit Fertighausherstellern oder Massivhausanbieteren das BGB vereinbart, endet die Gewährleistungszeit ebenfalls 5 Jahre nach erfolgter Abnahme. Wurde die Vergabe- und Vertragsordnung (VOB) vereinbart, mit dem bereits aufgezeigten Risiko für Verbraucher, endet die Gewährleistungszeit nach 4 Jahren. Inwieweit diese Reduzierung der Gewährleistungszeit durch die VOB gegenüber Verbrauchern zulässig ist, muss gerichtlich allerdings noch geklärt werden.

Mängel im Gewährleistungszeitraum

Ihre Rechte und die Vorgehensweise bei Mängeln sind je nach abgeschlossener Vertragsform, also BGB-Vertrag oder VOB-Vertrag, unterschiedlich.

Bei Verträgen nach dem BGB haben Sie folgende Rechte:

- Nacherfüllung (§ 635 BGB)
- Selbstvornahme und Aufwendungsersatzanspruch (§ 637 BGB)
- Vergütungsminderung (§ 638 BGB)
- Rücktritt vom Vertrag (§ 636, § 323 und § 326 Absatz 5 BGB)
- Schadensersatz bei Verschulden (§§ 636, 280, 281, 283, 311a BGB)

Bei Verträgen nach der VOB haben Sie folgende Rechte:

- Mangelbeseitigung nach Abnahme (§ 13 Nr. 5 VOB / B)
- Ersatzvornahme (§ 13 Nr. 5 VOB / B)
- Minderung (§ 13 Nr. 6 VOB / B)
- Schadensersatzanspruch (§ 13 Nr. 7 VOB / B)

Tritt ein Mangel nach der Abnahme auf, müssen Sie dem Unternehmer nachweisen, dass er ihn verursacht hat. Ihre Vorgehensweise im Fall eines auftretenden Mangels sollte von Beginn an formal korrekt sein, da Sie sonst Gewährleistungsansprüche verlieren können.

Der übliche Verfahrensablauf im Fall eines Mangels besteht darin, den Fertighaushersteller, Massivhausanbieter oder Bauträger zunächst schriftlich über den Mangel zu informieren und ihm eine angemessene Frist zur Mangelbeseitigung zu setzen. Die Frist muss je nach Mangel so bemessen sein, dass zum Beispiel eine Ersatzteilbeschaffung möglich ist oder eine ausreichende Reparaturzeit zur Verfügung steht. In der Regel kommt es nach der schriftlichen Information zu einem gemeinsamen Ortstermin, bei dem der Unternehmer Stellung zum Mangel nimmt und einer Mangelbeseitigung entweder zustimmt oder diese ablehnt. Ideal ist ein Protokoll dieses Ortstermins, in dem der Unternehmer der Mangelbeseitigung im Rahmen seiner Gewährleistungspflicht zustimmt und bereits ein verbindlicher Termin hierfür vereinbart wird. Lässt der Unternehmer die Frist zur Mangelbeseitigung verstreichen, sollte ihm eine Nachfrist gesetzt werden, verbunden mit der Ankündigung, nach Ablauf dieser Frist ein anderes Unternehmen auf seine Kosten mit der Beseitigung des Mangels zu beauftragen. Schwierig wird es, wenn der Unternehmer den Mangel nicht anerkennt oder erst gar nicht auf die Mangelanzeige reagiert. Lassen Sie in diesem Fall den Mangel von einem anderen Unternehmen beseitigen und weigert sich der Fertighaushersteller, Massivhausanbieter oder Bauträger, diese Kosten zu tragen, müssen Sie eine gerichtliche Klärung herbeiführen. Das Beweismittel, also den Mangel selbst, hätten Sie in dem beschriebenen Fall jedoch schon beseitigt. Daher bleibt Ihnen meist nichts anderes übrig, als ein selbstständiges Beweisverfahren (früher selbstständiges Beweissicherungsverfahren) einzuleiten, bevor Sie den Mangel beseitigen lassen. Solche Beweissicherungen können jedoch eine gewisse Zeit in Anspruch nehmen. Denn das selbstständige Beweisverfahren wird über das zuständige Gericht beantragt, das dann einen Sachverständigen mit dieser unabhängigen, gerichtlichen Beweissicherung beauftragt.

Tauchen Mängel erst gegen Ende der Gewährleistungszeit auf, kann es zeitlich eng werden. Der Grund: Bei BGB-Verträgen wird die Gewährleistungszeit nur unterbrochen beziehungsweise gehemmt, wenn der Unternehmer den Mangel anerkennt oder durch Sie ein selbstständiges Beweisverfahren eingeleitet wird.

Eine Unterbrechung der Gewährleistung bewirkt rechtlich einen Neubeginn der vertraglich vereinbarten Gewährleistung. Bei einer Hemmung hingegen wird der Gewährleistungszeitraum nur um den Zeitraum der Hemmung verlängert. Eine Hemmung hat also eher die Wirkung einer zeitlichen Aussetzung der Gewährleistungszeit. Natürlich können Sie auch mit einer Klageerhebung die Hemmungswirkung erreichen.

Aber Vorsicht mit allzu schnellen Klagen im Baubereich! Nur wenige Rechtsschutzversicherungen tragen diese Kosten und Risiken. Die Verfahren sind häufig lang und teuer aufgrund eines meist eher hohen Streitwerts und der Sachverständigenkosten. Es kann daher zunächst sinnvoller sein, noch einen außergerichtlichen Einigungsversuch zu unternehmen, unterstützt durch einen Fachanwalt für Bau- und Architektenrecht oder einen Anwalt mit entsprechendem Tätigkeitsschwerpunkt.

Gelingt es dem Unternehmer, eine Anerkenntnis des Mangels bis zum Ende der Gewährleistungszeit hinauszuzögern und haben Sie kein selbstständiges Beweisverfahren oder andere Schritte zur Hemmung der Verjährung eingeleitet, muss er den Mangel nicht mehr kostenfrei nachbessern.

Anders bei VOB-Verträgen: Hier genügt bereits die schriftliche Mängelrüge (am besten per Einschreiben-Rückschein), um die Gewährleistungszeit zu unterbrechen, bis geklärt ist, ob ein Mangelbeseitigungsanspruch besteht.

Die Sicherstellung Ihrer Gewährleistungsansprüche kann also sehr schnell kompliziert werden und fundierte Rechtskenntnisse erfordern. Es ist daher zu empfehlen, einen Anwalt einzuschalten, wenn sich erste Probleme abzeichnen, also der Unternehmer zum Beispiel nicht auf Ihre Aufforderung zur Mängelbeseitigung reagiert oder diese ablehnt.

Gegen Ende der Gewährleistungszeit sollten Sie sich möglicherweise sogar zunächst mit einem Anwalt besprechen, bevor Sie an den Unternehmer herantreten, um keine Zeit zu verlieren.

Mängel nach Ablauf der Gewährleistungszeit

Stellen Sie einen Mangel erst nach Ablauf der Gewährleistungszeit fest, bleiben Sie in der Regel auf den Kosten sitzen. Der Unternehmer muss den Mangel nicht mehr kostenfrei beseitigen. Einzige Ausnahme: Sie können dem Unternehmer Arglist nachweisen. Dies ist zum Beispiel dann der Fall, wenn er Kenntnis vom Mangel hatte und er diesen Ihnen gegenüber verschwiegen hat.

Beispiel: Kurz vor dem Betonieren der Balkonplatte stellt der Unternehmer fest, dass die Abstandshalter der unteren Bewehrung fehlen und die Eisen direkt auf der Schalung liegen. Er lässt trotzdem betonieren, sodass die Betonüberdeckung der unteren Bewehrungsmatten nur wenige Millimeter beträgt. 6 Jahre nach Abnahme des Gebäudes kommt es zu Rissen in der Balkonuntersicht und in der Folge zu Abplatzungen des Betons, sodass die Bewehrungseisen sichtbar werden. Der Schaden tritt damit nach Ablauf der Gewährleistungszeit ein. Können Sie nun beweisen, dass der Unternehmer Kenntnis von der fehlerhaften Verlegung der Bewehrungseisen hatte, haben Sie gute Chancen, die Kosten für die Sanierung erstattet zu bekommen.

Sie sehen an diesem Beispiel aber auch, wie schwer ein solcher Nachweis sein kann. Trotzdem: Bei größeren Schäden sollte auf jeden Fall ein Fachmann zu Rate gezogen werden, der begutachtet, ob das Schadensbild Rückschlüsse auf eine Arglist des Unternehmers oder mangelhafte Baustellenorganisation zulässt.

Arglist kann unter Umständen auch dann anzunehmen sein, wenn der Unternehmer seinen Betrieb so einrichtet, dass eine laufende Kontrolle der Leistung nicht stattfindet, sodass er sich dadurch unwissend hält.

12.3 Checklisten für die Abnahme

Die Checklisten in diesem Kapitel enthalten die Punkte, die bei einer Abnahme zu kontrollieren sind. Bei der Abnahme geht es nicht darum, rasch durchs Haus zu laufen und zu sehen, ob einem dabei etwas auffällt. Es geht um sorgfältige Überprüfung der gelieferten Werkleistung, um mögliche Mängelbeseitigungen und gegebenenfalls Geldeinbehalte. Deshalb sollten Sie sich beim Durchsehen der Checklisten ganz ehrlich die Frage stellen: Reicht mein fachliches Wissen aus, um die Mängelfreiheit aller Bereiche und Gewerke beurteilen zu können? Wenn Sie nach dem Lesen der Checklisten daran Zweifel haben, brauchen Sie einen erfahrenen Fachmann, der Ihnen bei der Abnahme zur Seite steht und alle Punkte für Sie prüft. Ein erfahrener Bauleiter, Architekt oder Sachverständiger kann Ihnen bei der Abnahme eine wertvolle Hilfe sein; unter anderem bei der Industrie- und Handelskammer (IHK) erhalten Sie eine Liste von vereidigten Sachverständigen, zum Beispiel für Schäden an Gebäuden, falls sich im Vorfeld bereits Schwierigkeiten abzeichnen. Diese Liste gibt es unter **www.svv.ihk.de** auch im Internet. Auch der Bauherrenschutzbund und der Verband privater Bauherren sowie teilweise der Verein Wohnen im Eigentum bieten eine Begleitung bei der Abnahme an. Bestehen bei Ihnen Zweifel am Sachverständigen, kann es sinnvoll sein, sich Referenzen der bisherigen Tätigkeit geben zu lassen, aus denen die Erfahrung des Sachverständigen hervorgeht. Treffen Sie vorher möglichst klare Honorarvereinbarungen, zum Beispiel zu einem Stundenhonorar oder Pauschalpreis.

Die nachfolgenden Checklisten helfen Ihnen bei der Übersicht, ob alle Stichpunkte kontrolliert wurden, indem Sie die einzelnen Punkte raumweise abhaken. Zudem können Sie diese Checklisten ergänzend einem externen Fachmann mitgeben, wenn Sie ihm die fachliche Beurteilung der Leistung überlassen.

Durch den raum- und geschossweisen Aufbau der Checklisten müssen Sie nicht ständig blättern und behalten den Überblick über die zu prüfenden Punkte. Die Prüfpunkte sind bewusst stichwortartig gehalten, damit sie übersichtlich bleiben. Ausgewählt wurden Prüfpunkte, bei denen häufig Mängel gefunden werden. Punkte, die Sie überprüft haben, haken Sie einfach ab. Wenn Sie Grundrisspläne dabeihaben, achten Sie auf Übereinstimmung zwischen den dort eingetragenen Raumbezeichnungen und den in den Prüflisten verwendeten Begriffen.

Checkliste für die Hausabnahme – Innen

Innenbereich – Keller	Räume:	z.B. Flur						
01 Kelleraußentür								
	Musterübereinstimmung Baubeschreibung	☐	☐	☐	☐	☐	☐	☐	☐
	Schwenkradius	☐	☐	☐	☐	☐	☐	☐	☐
	Öffnungsrichtung	☐	☐	☐	☐	☐	☐	☐	☐
	Türhöhe / Türbreite	☐	☐	☐	☐	☐	☐	☐	☐
	Schließmechanismus / Schlüssel	☐	☐	☐	☐	☐	☐	☐	☐
	Beschläge	☐	☐	☐	☐	☐	☐	☐	☐
	Wetterschenkel	☐	☐	☐	☐	☐	☐	☐	☐
	Dichtes Schließen / Türfalzdichtungen	☐	☐	☐	☐	☐	☐	☐	☐
	Türblattoberfläche	☐	☐	☐	☐	☐	☐	☐	☐
	Zargenoberfläche / Zargen-Wand-Anschluss	☐	☐	☐	☐	☐	☐	☐	☐
	Türbänder / Befestigung	☐	☐	☐	☐	☐	☐	☐	☐
	Lotrechter Einbau	☐	☐	☐	☐	☐	☐	☐	☐
02 Innentüren								
	Musterübereinstimmung Baubeschreibung	☐	☐	☐	☐	☐	☐	☐	☐
	Schwenkradius	☐	☐	☐	☐	☐	☐	☐	☐
	Öffnungsrichtung	☐	☐	☐	☐	☐	☐	☐	☐
	Türhöhe / Türbreite	☐	☐	☐	☐	☐	☐	☐	☐
	Schließmechanismus / Schlüssel	☐	☐	☐	☐	☐	☐	☐	☐
	Beschläge	☐	☐	☐	☐	☐	☐	☐	☐
	Dichtes Schließen / Türfalzdichtungen	☐	☐	☐	☐	☐	☐	☐	☐
	Türblattoberfläche	☐	☐	☐	☐	☐	☐	☐	☐
	Zargenoberfläche / Zargen-Wand-Anschluss	☐	☐	☐	☐	☐	☐	☐	☐
	Türbänder / Befestigung	☐	☐	☐	☐	☐	☐	☐	☐
	Lotrechter Einbau	☐	☐	☐	☐	☐	☐	☐	☐
03 Fenster								
	Musterübereinstimmung Baubeschreibung	☐	☐	☐	☐	☐	☐	☐	☐
	Schwenkradius	☐	☐	☐	☐	☐	☐	☐	☐
	Öffnungsrichtung	☐	☐	☐	☐	☐	☐	☐	☐
	Schließmechanismus	☐	☐	☐	☐	☐	☐	☐	☐
	Beschläge	☐	☐	☐	☐	☐	☐	☐	☐
	Dichtes Schließen	☐	☐	☐	☐	☐	☐	☐	☐
	Glasoberfläche	☐	☐	☐	☐	☐	☐	☐	☐
	Befestigung	☐	☐	☐	☐	☐	☐	☐	☐
	Wandanschluss	☐	☐	☐	☐	☐	☐	☐	☐
	Lotrechter Einbau	☐	☐	☐	☐	☐	☐	☐	☐

Checkliste für die Hausabnahme – Innen

Innenbereich – Keller	Räume:	z.B. Flur							
04 Fensterbänke									
	Oberfläche (Kratzer, Risse, Sprünge)	☐	☐	☐	☐	☐	☐	☐	☐
	Waagerechter Einbau	☐	☐	☐	☐	☐	☐	☐	☐
	Wandanschluss	☐	☐	☐	☐	☐	☐	☐	☐
05 Rollläden									
	Gangbarkeit	☐	☐	☐	☐	☐	☐	☐	☐
	Rollladenband lotrecht	☐	☐	☐	☐	☐	☐	☐	☐
	Verschmutzung	☐	☐	☐	☐	☐	☐	☐	☐
	Verdunkelung	☐	☐	☐	☐	☐	☐	☐	☐
	Befestigung Rollladenklappe	☐	☐	☐	☐	☐	☐	☐	☐
06 Wandflächen									
Tapeten	Ebenheit	☐	☐	☐	☐	☐	☐	☐	☐
	Anstrich	☐	☐	☐	☐	☐	☐	☐	☐
	Nähte bei Tapeten, Anschlüsse, Stöße	☐	☐	☐	☐	☐	☐	☐	☐
Putz	Oberflächenstruktur	☐	☐	☐	☐	☐	☐	☐	☐
	Gleichmäßigkeit	☐	☐	☐	☐	☐	☐	☐	☐
	Ebenheit	☐	☐	☐	☐	☐	☐	☐	☐
	Anstrich, Anschlüsse	☐	☐	☐	☐	☐	☐	☐	☐
Wandfliesen	Musterübereinstimmung Baubeschreibung	☐	☐	☐	☐	☐	☐	☐	☐
	Ebenheit	☐	☐	☐	☐	☐	☐	☐	☐
	Fugenbreite / Fugenverlauf	☐	☐	☐	☐	☐	☐	☐	☐
	Sprünge	☐	☐	☐	☐	☐	☐	☐	☐
	Durchstoßpunkte Sanitärinstallation	☐	☐	☐	☐	☐	☐	☐	☐
	Bordüren	☐	☐	☐	☐	☐	☐	☐	☐
	Ablagen mit Gefälle zum Raum	☐	☐	☐	☐	☐	☐	☐	☐
	Übergänge zu Anschlussbauteilen (Tür etc.)	☐	☐	☐	☐	☐	☐	☐	☐
	Befestigungen (Klopftest)	☐	☐	☐	☐	☐	☐	☐	☐
Vorwand-installation	Befestigung	☐	☐	☐	☐	☐	☐	☐	☐
	Übergänge zu Anschlusswänden	☐	☐	☐	☐	☐	☐	☐	☐
	Revisionsöffnungen	☐	☐	☐	☐	☐	☐	☐	☐
Sockelleisten	Waagerechter Einbau	☐	☐	☐	☐	☐	☐	☐	☐
	Oberfläche	☐	☐	☐	☐	☐	☐	☐	☐
	Wand- / Bodenanschluss	☐	☐	☐	☐	☐	☐	☐	☐
	Stöße	☐	☐	☐	☐	☐	☐	☐	☐

Checkliste für die Hausabnahme – Innen

Innenbereich – Keller		Räume: z.B. Flur							
07 Deckenuntersichten									
Tapeten	Ebenheit	☐	☐	☐	☐	☐	☐	☐	☐
	Anstrich	☐	☐	☐	☐	☐	☐	☐	☐
	Nähte bei Tapeten, Anschlüsse, Stöße	☐	☐	☐	☐	☐	☐	☐	☐
	Deckenauslässe (Elektro)	☐	☐	☐	☐	☐	☐	☐	☐
Putz/Wärmedämmung	Oberflächenstruktur	☐	☐	☐	☐	☐	☐	☐	☐
	Gleichmäßigkeit	☐	☐	☐	☐	☐	☐	☐	☐
	Ebenheit	☐	☐	☐	☐	☐	☐	☐	☐
	Anstrich, Anschlüsse	☐	☐	☐	☐	☐	☐	☐	☐
	Deckenauslässe (Elektro)	☐	☐	☐	☐	☐	☐	☐	☐
08 Bodenbeläge									
Teppich bzw. Linoleum	Musterübereinstimmung Baubeschreibung	☐	☐	☐	☐	☐	☐	☐	☐
	Ebenheit	☐	☐	☐	☐	☐	☐	☐	☐
	Schadenfreiheit	☐	☐	☐	☐	☐	☐	☐	☐
	Fußleisten	☐	☐	☐	☐	☐	☐	☐	☐
Bodenfliesen	Musterübereinstimmung Baubeschreibung	☐	☐	☐	☐	☐	☐	☐	☐
	Ebenheit	☐	☐	☐	☐	☐	☐	☐	☐
	Fugenbreite / Fugenverlauf	☐	☐	☐	☐	☐	☐	☐	☐
	Beschädigungen	☐	☐	☐	☐	☐	☐	☐	☐
	Durchstoßpunkte Sanitärinstallation	☐	☐	☐	☐	☐	☐	☐	☐
	Falls vorhanden: Bodenabläufe	☐	☐	☐	☐	☐	☐	☐	☐
	Messingabschlussleisten/Übergänge	☐	☐	☐	☐	☐	☐	☐	☐
09 Elektroinstallation									
	Schalter, Anzahl und Lage	☐	☐	☐	☐	☐	☐	☐	☐
	Steckdosen, Anzahl und Lage	☐	☐	☐	☐	☐	☐	☐	☐
	Schalterprogramm	☐	☐	☐	☐	☐	☐	☐	☐
	Funktionsfähigkeit	☐	☐	☐	☐	☐	☐	☐	☐
	Lichtauslässe, Anzahl und Lage	☐	☐	☐	☐	☐	☐	☐	☐
	Herdanschluss	☐	☐	☐	☐	☐	☐	☐	☐
	Zugerscheinung an Steckdosen	☐	☐	☐	☐	☐	☐	☐	☐
10 Heizungsinstallation									
	Heizkörper / Dichtigkeit	☐	☐	☐	☐	☐	☐	☐	☐
	Heizkörper / Oberfläche	☐	☐	☐	☐	☐	☐	☐	☐
	Abnahme Schornsteinfeger	☐	☐	☐	☐	☐	☐	☐	☐
	Falls vorhanden: Entlüftung	☐	☐	☐	☐	☐	☐	☐	☐

Checkliste für die Hausabnahme – Innen

Innenbereich – Keller	Räume:	z.B. Flur							
10 Heizungsinstallation									
	Befestigung	☐	☐	☐	☐	☐	☐	☐	☐
	Heizkörper, Lage, Anzahl, Größe	☐	☐	☐	☐	☐	☐	☐	☐
	Funktionsfähigkeit / Dosierung / Thermostat	☐	☐	☐	☐	☐	☐	☐	☐
11 Sanitärinstallation									
	Armaturen, Musterübereinstimmung	☐	☐	☐	☐	☐	☐	☐	☐
	Objekte, Musterübereinstimmung	☐	☐	☐	☐	☐	☐	☐	☐
	Befestigung	☐	☐	☐	☐	☐	☐	☐	☐
	Einbauhöhe	☐	☐	☐	☐	☐	☐	☐	☐
	Silikondichtungen	☐	☐	☐	☐	☐	☐	☐	☐
	Funktionsfähigkeit	☐	☐	☐	☐	☐	☐	☐	☐
	Waagerechte Montage	☐	☐	☐	☐	☐	☐	☐	☐
	Duschtrennwände	☐	☐	☐	☐	☐	☐	☐	☐
	Bad- / WC-Accessoires vollständig?	☐	☐	☐	☐	☐	☐	☐	☐
12 Treppen									
	Musterübereinstimmung	☐	☐	☐	☐	☐	☐	☐	☐
	Identische Antrittshöhen	☐	☐	☐	☐	☐	☐	☐	☐
	Befestigung Geländer	☐	☐	☐	☐	☐	☐	☐	☐
	Geländerhöhen	☐	☐	☐	☐	☐	☐	☐	☐
	Handläufe, Befestigung	☐	☐	☐	☐	☐	☐	☐	☐
	Handläufe, Oberfläche	☐	☐	☐	☐	☐	☐	☐	☐
	Kopfhöhen	☐	☐	☐	☐	☐	☐	☐	☐
13 Heizungsanlage									
Heizungsraum	Raumbelüftung (Zuluft / Abluft)	☐	☐	☐	☐	☐	☐	☐	☐
	Heizungsraumtür / Feuerschutz notwendig?	☐	☐	☐	☐	☐	☐	☐	☐
Kamin	Abnahme Schornsteinfeger	☐	☐	☐	☐	☐	☐	☐	☐
	Wandanschluss / Montage	☐	☐	☐	☐	☐	☐	☐	☐
	Funktionsfähigkeit	☐	☐	☐	☐	☐	☐	☐	☐
	Zuluft	☐	☐	☐	☐	☐	☐	☐	☐
	Rauchabzug, Anschluss an Brenner	☐	☐	☐	☐	☐	☐	☐	☐
Brenner	Funktionsfähigkeit	☐	☐	☐	☐	☐	☐	☐	☐
	Laufruhe	☐	☐	☐	☐	☐	☐	☐	☐
	Steuerung / Regulierung	☐	☐	☐	☐	☐	☐	☐	☐
	Montage / Befestigung	☐	☐	☐	☐	☐	☐	☐	☐

Checkliste für die Hausabnahme – Innen

Innenbereich – Keller		Räume: z.B. Flur							
13 Heizungsanlage									
Kessel	Funktionsfähigkeit	☐	☐	☐	☐	☐	☐	☐	☐
	Laufruhe	☐	☐	☐	☐	☐	☐	☐	☐
	Steuerung / Regulierung	☐	☐	☐	☐	☐	☐	☐	☐
	Montage / Befestigung	☐	☐	☐	☐	☐	☐	☐	☐
Pumpen	Funktionsfähigkeit	☐	☐	☐	☐	☐	☐	☐	☐
	Laufruhe	☐	☐	☐	☐	☐	☐	☐	☐
	Steuerung / Regulierung	☐	☐	☐	☐	☐	☐	☐	☐
	Montage / Befestigung	☐	☐	☐	☐	☐	☐	☐	☐
Rohre / Ventile	Funktionsfähigkeit	☐	☐	☐	☐	☐	☐	☐	☐
	Dichtigkeit	☐	☐	☐	☐	☐	☐	☐	☐
	Wärmedämmung nach EnEV	☐	☐	☐	☐	☐	☐	☐	☐
	Schallisolierung der Befestigungen	☐	☐	☐	☐	☐	☐	☐	☐
	Montage / Befestigung	☐	☐	☐	☐	☐	☐	☐	☐
Ausdehnungsgefäß	Funktionsfähigkeit	☐	☐	☐	☐	☐	☐	☐	☐
	Dichtigkeit	☐	☐	☐	☐	☐	☐	☐	☐
	Sicherheitsventile	☐	☐	☐	☐	☐	☐	☐	☐
	Montage / Befestigung	☐	☐	☐	☐	☐	☐	☐	☐
Evtl. Öltank	Dichtigkeit	☐	☐	☐	☐	☐	☐	☐	☐
	Funktionsfähigkeit Öluhr	☐	☐	☐	☐	☐	☐	☐	☐
	Zulauf	☐	☐	☐	☐	☐	☐	☐	☐
	Ablauf	☐	☐	☐	☐	☐	☐	☐	☐
	Überlauf	☐	☐	☐	☐	☐	☐	☐	☐
	Montage / Befestigung	☐	☐	☐	☐	☐	☐	☐	☐
Evtl. Gasheiztherme	Funktionsfähigkeit	☐	☐	☐	☐	☐	☐	☐	☐
	Laufruhe	☐	☐	☐	☐	☐	☐	☐	☐
	Steuerung / Regulierung	☐	☐	☐	☐	☐	☐	☐	☐
	Montage / Befestigung	☐	☐	☐	☐	☐	☐	☐	☐
Evtl. Fernwärmeübergabestation	Funktionsfähigkeit	☐	☐	☐	☐	☐	☐	☐	☐
	Laufruhe	☐	☐	☐	☐	☐	☐	☐	☐
	Steuerung / Regulierung	☐	☐	☐	☐	☐	☐	☐	☐
	Montage / Befestigung	☐	☐	☐	☐	☐	☐	☐	☐

Checkliste für die Hausabnahme – Innen

Innenbereich – Keller		Räume: z.B. Flur							
14 Hausanschluss									
Wasser-anschluss	Zulauf	☐	☐	☐	☐	☐	☐	☐	☐
	Wanddurchstoßpunkte	☐	☐	☐	☐	☐	☐	☐	☐
	Zähleruhren (Stadtwerke)	☐	☐	☐	☐	☐	☐	☐	☐
	Dichtigkeit	☐	☐	☐	☐	☐	☐	☐	☐
	Ventile / Funktionsfähigkeit	☐	☐	☐	☐	☐	☐	☐	☐
	Montage / Befestigung	☐	☐	☐	☐	☐	☐	☐	☐
Elektro-anschluss	Zuführung	☐	☐	☐	☐	☐	☐	☐	☐
	Wanddurchstoßpunkte	☐	☐	☐	☐	☐	☐	☐	☐
	Zähleruhren (Stadtwerke)	☐	☐	☐	☐	☐	☐	☐	☐
	Isolierungen	☐	☐	☐	☐	☐	☐	☐	☐
	Sicherungen / Funktionsfähigkeit	☐	☐	☐	☐	☐	☐	☐	☐
	Montage / Befestigung	☐	☐	☐	☐	☐	☐	☐	☐
Gas-anschluss	Zustrom	☐	☐	☐	☐	☐	☐	☐	☐
	Wanddurchstoßpunkte	☐	☐	☐	☐	☐	☐	☐	☐
	Zähleruhren (Stadtwerke)	☐	☐	☐	☐	☐	☐	☐	☐
	Dichtigkeit	☐	☐	☐	☐	☐	☐	☐	☐
	Ventile / Funktionsfähigkeit	☐	☐	☐	☐	☐	☐	☐	☐
	Montage / Befestigung	☐	☐	☐	☐	☐	☐	☐	☐
Fernwärme-anschluss	Zustrom	☐	☐	☐	☐	☐	☐	☐	☐
	Wanddurchstoßpunkte	☐	☐	☐	☐	☐	☐	☐	☐
	Zähleruhren (Stadtwerke)	☐	☐	☐	☐	☐	☐	☐	☐
	Dichtigkeit	☐	☐	☐	☐	☐	☐	☐	☐
	Ventile / Funktionsfähigkeit	☐	☐	☐	☐	☐	☐	☐	☐
	Montage / Befestigung	☐	☐	☐	☐	☐	☐	☐	☐

Checkliste für die Hausabnahme – Innen

Innenbereich – EG und OG	Räume:	z.B. Flur							
01 Haustür									
	Musterübereinstimmung Baubeschreibung	☐	☐	☐	☐	☐	☐	☐	☐
	Schwenkradius	☐	☐	☐	☐	☐	☐	☐	☐
	Öffnungsrichtung	☐	☐	☐	☐	☐	☐	☐	☐
	Türhöhe / Türbreite	☐	☐	☐	☐	☐	☐	☐	☐
	Schließmechanismus / Schlüssel	☐	☐	☐	☐	☐	☐	☐	☐
	Beschläge	☐	☐	☐	☐	☐	☐	☐	☐
	Wetterschenkel	☐	☐	☐	☐	☐	☐	☐	☐
	Dichtes Schließen / Türfalzdichtungen	☐	☐	☐	☐	☐	☐	☐	☐
	Türblattoberfläche	☐	☐	☐	☐	☐	☐	☐	☐
	Zargenoberfläche / Zargen-Wand-Anschluss	☐	☐	☐	☐	☐	☐	☐	☐
	Türbänder / Befestigung	☐	☐	☐	☐	☐	☐	☐	☐
	Lotrechter Einbau	☐	☐	☐	☐	☐	☐	☐	☐
02 Innentüren									
	Musterübereinstimmung Baubeschreibung	☐	☐	☐	☐	☐	☐	☐	☐
	Schwenkradius / Öffnungsrichtung	☐	☐	☐	☐	☐	☐	☐	☐
	Türhöhe / Türbreite	☐	☐	☐	☐	☐	☐	☐	☐
	Schließmechanismus / Schlüssel	☐	☐	☐	☐	☐	☐	☐	☐
	Beschläge	☐	☐	☐	☐	☐	☐	☐	☐
	Dichtes Schließen / Türfalzdichtungen	☐	☐	☐	☐	☐	☐	☐	☐
	Türblattoberfläche	☐	☐	☐	☐	☐	☐	☐	☐
	Zargenoberfläche / Zargen-Wand-Anschluss	☐	☐	☐	☐	☐	☐	☐	☐
	Türbänder / Befestigung	☐	☐	☐	☐	☐	☐	☐	☐
	Lotrechter Einbau	☐	☐	☐	☐	☐	☐	☐	☐
03 Fenster, Fenstertüren									
Auch von außen prüfen!	Schwenkradius und Öffnungsrichtung	☐	☐	☐	☐	☐	☐	☐	☐
	Schließmechanismus, Beschläge	☐	☐	☐	☐	☐	☐	☐	☐
	Dichtes Schließen	☐	☐	☐	☐	☐	☐	☐	☐
	Glasoberfläche	☐	☐	☐	☐	☐	☐	☐	☐
	Befestigung, lotrechter Einbau	☐	☐	☐	☐	☐	☐	☐	☐
	Wandanschluss innen und außen	☐	☐	☐	☐	☐	☐	☐	☐
	Anschluss Rollladenschienen, Kasten	☐	☐	☐	☐	☐	☐	☐	☐
	Bei Holzfenstern: Anstrich, Haftung, Farbton	☐	☐	☐	☐	☐	☐	☐	☐
04 Fensterbänke									
	Oberfläche (Kratzer, Risse, Sprünge)	☐	☐	☐	☐	☐	☐	☐	☐
	Waagerechter Einbau	☐	☐	☐	☐	☐	☐	☐	☐
	Wandanschluss	☐	☐	☐	☐	☐	☐	☐	☐

Checkliste für die Hausabnahme – Innen

Innenbereich – EG und OG	Räume:	z.B. Flur						
05 Rollläden								
Auch von außen prüfen!	Gangbarkeit	☐	☐	☐	☐	☐	☐	☐	☐
	Rollladenband lotrecht	☐	☐	☐	☐	☐	☐	☐	☐
	Verschmutzung	☐	☐	☐	☐	☐	☐	☐	☐
	Verdunkelung	☐	☐	☐	☐	☐	☐	☐	☐
	Befestigung Rollladenklappe	☐	☐	☐	☐	☐	☐	☐	☐
06 Wandflächen								
Tapeten	Ebenheit	☐	☐	☐	☐	☐	☐	☐	☐
	Anstrich	☐	☐	☐	☐	☐	☐	☐	☐
	Nähte bei Tapeten, Anschlüsse, Stöße	☐	☐	☐	☐	☐	☐	☐	☐
Putz	Oberflächenstruktur	☐	☐	☐	☐	☐	☐	☐	☐
	Gleichmäßigkeit	☐	☐	☐	☐	☐	☐	☐	☐
	Ebenheit	☐	☐	☐	☐	☐	☐	☐	☐
	Anstrich, Anschlüsse	☐	☐	☐	☐	☐	☐	☐	☐
Wandfliesen	Musterübereinstimmung Baubeschreibung	☐	☐	☐	☐	☐	☐	☐	☐
	Ebenheit	☐	☐	☐	☐	☐	☐	☐	☐
	Fugenbreite / Fugenverlauf	☐	☐	☐	☐	☐	☐	☐	☐
	Sprünge	☐	☐	☐	☐	☐	☐	☐	☐
	Durchstoßpunkte Sanitärinstallation	☐	☐	☐	☐	☐	☐	☐	☐
	Bordüren	☐	☐	☐	☐	☐	☐	☐	☐
	Ablagen mit Gefälle zum Raum	☐	☐	☐	☐	☐	☐	☐	☐
	Übergänge zu Anschlussbauteilen (Tür etc.)	☐	☐	☐	☐	☐	☐	☐	☐
	Haftung am Untergrund (Klopftest)	☐	☐	☐	☐	☐	☐	☐	☐
Vorwand-installation	Befestigung	☐	☐	☐	☐	☐	☐	☐	☐
	Übergänge zu Anschlusswänden	☐	☐	☐	☐	☐	☐	☐	☐
	Revisionsöffnungen	☐	☐	☐	☐	☐	☐	☐	☐
Sockelleisten	Waagerechter Einbau	☐	☐	☐	☐	☐	☐	☐	☐
	Oberfläche	☐	☐	☐	☐	☐	☐	☐	☐
	Wand- / Bodenanschluss	☐	☐	☐	☐	☐	☐	☐	☐
	Stöße	☐	☐	☐	☐	☐	☐	☐	☐
07 Deckenuntersichten								
Tapeten	Ebenheit	☐	☐	☐	☐	☐	☐	☐	☐
	Anstrich	☐	☐	☐	☐	☐	☐	☐	☐
	Nähte bei Tapeten, Anschlüsse, Stöße	☐	☐	☐	☐	☐	☐	☐	☐
	Deckenauslässe (Elektro)	☐	☐	☐	☐	☐	☐	☐	☐
Putz	Oberflächenstruktur	☐	☐	☐	☐	☐	☐	☐	☐
	Gleichmäßigkeit	☐	☐	☐	☐	☐	☐	☐	☐

Checkliste für die Hausabnahme – Innen

Innenbereich – EG und OG		Räume:	z.B. Flur							
07 Deckenuntersichten										
Putz	Ebenheit		☐	☐	☐	☐	☐	☐	☐	☐
	Anstrich, Anschlüsse		☐	☐	☐	☐	☐	☐	☐	☐
	Deckenauslässe (Elektro)		☐	☐	☐	☐	☐	☐	☐	☐
Holz	Musterübereinstimmung		☐	☐	☐	☐	☐	☐	☐	☐
	Montagelaufrichtung		☐	☐	☐	☐	☐	☐	☐	☐
	Stöße		☐	☐	☐	☐	☐	☐	☐	☐
	Randabschluss		☐	☐	☐	☐	☐	☐	☐	☐
	Randleisten		☐	☐	☐	☐	☐	☐	☐	☐
	Befestigung		☐	☐	☐	☐	☐	☐	☐	☐
	Deckenauslässe (Elektro)		☐	☐	☐	☐	☐	☐	☐	☐
08 Bodenbeläge										
Teppich bzw. Linoleum	Musterübereinstimmung Baubeschreibung		☐	☐	☐	☐	☐	☐	☐	☐
	Ebenheit		☐	☐	☐	☐	☐	☐	☐	☐
	Schadenfreiheit		☐	☐	☐	☐	☐	☐	☐	☐
	Fußleisten		☐	☐	☐	☐	☐	☐	☐	☐
Bodenfliesen	Musterübereinstimmung Baubeschreibung		☐	☐	☐	☐	☐	☐	☐	☐
	Ebenheit		☐	☐	☐	☐	☐	☐	☐	☐
	Fugenbreite / Fugenverlauf		☐	☐	☐	☐	☐	☐	☐	☐
	Beschädigungen		☐	☐	☐	☐	☐	☐	☐	☐
	Durchstoßpunkte Sanitärinstallation		☐	☐	☐	☐	☐	☐	☐	☐
	Falls vorhanden: Bodenabläufe		☐	☐	☐	☐	☐	☐	☐	☐
	Messingabschlussleisten		☐	☐	☐	☐	☐	☐	☐	☐
Parkett	Ebenheit / Schliffbild		☐	☐	☐	☐	☐	☐	☐	☐
	Verlegemuster / Verlegerichtung		☐	☐	☐	☐	☐	☐	☐	☐
	Riss- oder Fugenbildung		☐	☐	☐	☐	☐	☐	☐	☐
	Randabstände zur Wand		☐	☐	☐	☐	☐	☐	☐	☐
	Eingelegte Korkstreifen		☐	☐	☐	☐	☐	☐	☐	☐
	Messingabschlussleisten / Übergänge		☐	☐	☐	☐	☐	☐	☐	☐
	Befestigung		☐	☐	☐	☐	☐	☐	☐	☐
09 Elektroinstallation										
	Schalter, Anzahl und Lage		☐	☐	☐	☐	☐	☐	☐	☐
	Steckdosen, Anzahl und Lage		☐	☐	☐	☐	☐	☐	☐	☐
	Schalterprogramm		☐	☐	☐	☐	☐	☐	☐	☐
	Funktionsfähigkeit		☐	☐	☐	☐	☐	☐	☐	☐
	Lichtauslässe, Anzahl und Lage		☐	☐	☐	☐	☐	☐	☐	☐

Checkliste für die Hausabnahme – Innen

Innenbereich – EG und OG	Räume:	z.B. Flur						
09 Elektroinstallation								
	Herdanschluss	☐	☐	☐	☐	☐	☐	☐	☐
	Zugerscheinung an Steckdosen	☐	☐	☐	☐	☐	☐	☐	☐
10 Heizungsinstallation								
	Heizkörper, Dichtigkeit	☐	☐	☐	☐	☐	☐	☐	☐
	Heizkörper, Oberfläche	☐	☐	☐	☐	☐	☐	☐	☐
	Funktionsfähigkeit / Dosierung / Thermostat	☐	☐	☐	☐	☐	☐	☐	☐
	Falls vorhanden: Entlüftung	☐	☐	☐	☐	☐	☐	☐	☐
	Befestigung	☐	☐	☐	☐	☐	☐	☐	☐
	Heizkörper, Lage, Anzahl, Größe	☐	☐	☐	☐	☐	☐	☐	☐
11 Sanitärinstallation								
	Armaturen, Objekte gemäß Muster	☐	☐	☐	☐	☐	☐	☐	☐
	Befestigung	☐	☐	☐	☐	☐	☐	☐	☐
	Einbauhöhe	☐	☐	☐	☐	☐	☐	☐	☐
	Silikondichtungen	☐	☐	☐	☐	☐	☐	☐	☐
	Funktionsfähigkeit	☐	☐	☐	☐	☐	☐	☐	☐
	Waagerechte Montage	☐	☐	☐	☐	☐	☐	☐	☐
	Duschtrennwände	☐	☐	☐	☐	☐	☐	☐	☐
	Bad- / WC-Accessoires vollständig?	☐	☐	☐	☐	☐	☐	☐	☐
12 Treppen								
	Musterübereinstimmung	☐	☐	☐	☐	☐	☐	☐	☐
	Identische Antrittshöhen	☐	☐	☐	☐	☐	☐	☐	☐
	Befestigung Geländer, Geländerhöhen	☐	☐	☐	☐	☐	☐	☐	☐
	Geländerhöhen	☐	☐	☐	☐	☐	☐	☐	☐
	Handläufe, Befestigung	☐	☐	☐	☐	☐	☐	☐	☐
	Handläufe, Oberfläche	☐	☐	☐	☐	☐	☐	☐	☐
	Kopfhöhen	☐	☐	☐	☐	☐	☐	☐	☐
13 Kamine / Öfen								
	Musterübereinstimmung	☐	☐	☐	☐	☐	☐	☐	☐
	Wandanschluss / Montage	☐	☐	☐	☐	☐	☐	☐	☐
	Funktionsfähigkeit	☐	☐	☐	☐	☐	☐	☐	☐
	Zuluft und Rauchabzug	☐	☐	☐	☐	☐	☐	☐	☐
	Steuerung / Regulierung	☐	☐	☐	☐	☐	☐	☐	☐

Checkliste für die Hausabnahme – Innen

Innenbereich – EG und OG	Räume: z.B. Flur							
14 Terrassentür								
Musterübereinstimmung	☐	☐	☐	☐	☐	☐	☐	☐
Schwenkradius und Öffnungsrichtung	☐	☐	☐	☐	☐	☐	☐	☐
Glasoberfläche	☐	☐	☐	☐	☐	☐	☐	☐
Türhöhe / Türbreite	☐	☐	☐	☐	☐	☐	☐	☐
Schließmechanismus / Schlüssel	☐	☐	☐	☐	☐	☐	☐	☐
Beschläge und Wetterschenkel	☐	☐	☐	☐	☐	☐	☐	☐
Dichtes Schließen / Türfalzdichtungen	☐	☐	☐	☐	☐	☐	☐	☐
Zargenoberfläche / Zargen-Wand-Anschluss	☐	☐	☐	☐	☐	☐	☐	☐
Türbänder / Befestigung	☐	☐	☐	☐	☐	☐	☐	☐
Lotrechter Einbau	☐	☐	☐	☐	☐	☐	☐	☐

Checkliste für die Hausabnahme – Innen

Innenbereich – Dachgeschoss	Räume: z.B. Flur							
01 Innentüren								
Musterübereinstimmung Baubeschreibung	☐	☐	☐	☐	☐	☐	☐	☐
Schwenkradius	☐	☐	☐	☐	☐	☐	☐	☐
Öffnungsrichtung	☐	☐	☐	☐	☐	☐	☐	☐
Türhöhe / Türbreite	☐	☐	☐	☐	☐	☐	☐	☐
Schließmechanismus / Schlüssel	☐	☐	☐	☐	☐	☐	☐	☐
Beschläge	☐	☐	☐	☐	☐	☐	☐	☐
Dichtes Schließen / Türfalzdichtungen	☐	☐	☐	☐	☐	☐	☐	☐
Türblattoberfläche	☐	☐	☐	☐	☐	☐	☐	☐
Zargenoberfläche / Zargen-Wand-Anschluss	☐	☐	☐	☐	☐	☐	☐	☐
Türbänder / Befestigung	☐	☐	☐	☐	☐	☐	☐	☐
Lotrechter Einbau	☐	☐	☐	☐	☐	☐	☐	☐
02 Balkonaußentüren								
Musterübereinstimmung	☐	☐	☐	☐	☐	☐	☐	☐
Schwenkradius	☐	☐	☐	☐	☐	☐	☐	☐
Öffnungsrichtung	☐	☐	☐	☐	☐	☐	☐	☐
Türhöhe / Türbreite	☐	☐	☐	☐	☐	☐	☐	☐

Checkliste für die Hausabnahme – Innen

Innenbereich – Dachgeschoss	Räume:	z.B. Flur						
02 Balkonaußentüren								
	Schließmechanismus / Schlüssel	☐	☐	☐	☐	☐	☐	☐	☐
	Beschläge	☐	☐	☐	☐	☐	☐	☐	☐
	Wetterschenkel	☐	☐	☐	☐	☐	☐	☐	☐
	Dichtes Schließen / Türfalzdichtungen	☐	☐	☐	☐	☐	☐	☐	☐
	Türblattoberfläche	☐	☐	☐	☐	☐	☐	☐	☐
	Zargenoberfläche / Zargen-Wand-Anschluss	☐	☐	☐	☐	☐	☐	☐	☐
	Türbänder / Befestigung	☐	☐	☐	☐	☐	☐	☐	☐
	Lotrechter Einbau	☐	☐	☐	☐	☐	☐	☐	☐
03 Fenster								
Auch von	Schwenkradius und Öffnungsrichtung	☐	☐	☐	☐	☐	☐	☐	☐
außen prüfen!	Schließmechanismus, Beschläge	☐	☐	☐	☐	☐	☐	☐	☐
	Dichtes Schließen	☐	☐	☐	☐	☐	☐	☐	☐
	Glasoberfläche	☐	☐	☐	☐	☐	☐	☐	☐
	Befestigung	☐	☐	☐	☐	☐	☐	☐	☐
	Lotrechter Einbau	☐	☐	☐	☐	☐	☐	☐	☐
	Wandanschluss innen und außen	☐	☐	☐	☐	☐	☐	☐	☐
	Anschluss Rollladenschienen, Kasten	☐	☐	☐	☐	☐	☐	☐	☐
	Bei Holzfenstern: Anstrich, Haftung, Farbton	☐	☐	☐	☐	☐	☐	☐	☐
04 Fensterbänke								
	Oberfläche (Kratzer, Risse, Sprünge)	☐	☐	☐	☐	☐	☐	☐	☐
	Waagerechter Einbau	☐	☐	☐	☐	☐	☐	☐	☐
	Wandanschluss	☐	☐	☐	☐	☐	☐	☐	☐
05 Rollläden								
Auch von	Gangbarkeit	☐	☐	☐	☐	☐	☐	☐	☐
außen prüfen!	Rollladenband lotrecht	☐	☐	☐	☐	☐	☐	☐	☐
	Verschmutzung	☐	☐	☐	☐	☐	☐	☐	☐
	Verdunkelung	☐	☐	☐	☐	☐	☐	☐	☐
	Befestigung Rollladenklappe	☐	☐	☐	☐	☐	☐	☐	☐
06 Wandflächen								
Tapeten	Ebenheit	☐	☐	☐	☐	☐	☐	☐	☐
	Anstrich	☐	☐	☐	☐	☐	☐	☐	☐
	Nähte bei Tapeten, Anschlüsse, Stöße	☐	☐	☐	☐	☐	☐	☐	☐
Putz	Oberflächenstruktur	☐	☐	☐	☐	☐	☐	☐	☐
	Gleichmäßigkeit	☐	☐	☐	☐	☐	☐	☐	☐
	Ebenheit	☐	☐	☐	☐	☐	☐	☐	☐
	Anstrich, Anschlüsse	☐	☐	☐	☐	☐	☐	☐	☐

Checkliste für die Hausabnahme – Innen

Innenbereich – Dachgeschoss	Räume:	z.B. Flur							
06 Wandflächen									
Wandfliesen	Musterübereinstimmung Baubeschreibung	☐	☐	☐	☐	☐	☐	☐	☐
	Ebenheit	☐	☐	☐	☐	☐	☐	☐	☐
	Fugenbreite / Fugenverlauf	☐	☐	☐	☐	☐	☐	☐	☐
	Sprünge	☐	☐	☐	☐	☐	☐	☐	☐
	Durchstoßpunkte Sanitärinstallation	☐	☐	☐	☐	☐	☐	☐	☐
	Bordüren	☐	☐	☐	☐	☐	☐	☐	☐
	Ablagen mit Gefälle zum Raum	☐	☐	☐	☐	☐	☐	☐	☐
	Übergänge zu Anschlussbauteilen (Tür etc.)	☐	☐	☐	☐	☐	☐	☐	☐
	Befestigungen (Klopftest)	☐	☐	☐	☐	☐	☐	☐	☐
Vorwand-installation	Befestigung	☐	☐	☐	☐	☐	☐	☐	☐
	Übergänge zu Anschlusswänden	☐	☐	☐	☐	☐	☐	☐	☐
	Revisionsöffnungen	☐	☐	☐	☐	☐	☐	☐	☐
Sockelleisten	Waagerechter Einbau	☐	☐	☐	☐	☐	☐	☐	☐
	Oberfläche	☐	☐	☐	☐	☐	☐	☐	☐
	Wand- / Bodenanschluss	☐	☐	☐	☐	☐	☐	☐	☐
	Stöße	☐	☐	☐	☐	☐	☐	☐	☐
07 Deckenuntersichten									
Tapeten	Ebenheit	☐	☐	☐	☐	☐	☐	☐	☐
	Anstrich	☐	☐	☐	☐	☐	☐	☐	☐
	Nähte bei Tapeten, Anschlüsse, Stöße	☐	☐	☐	☐	☐	☐	☐	☐
Putz	Oberflächenstruktur	☐	☐	☐	☐	☐	☐	☐	☐
	Gleichmäßigkeit	☐	☐	☐	☐	☐	☐	☐	☐
	Ebenheit	☐	☐	☐	☐	☐	☐	☐	☐
	Anstrich, Anschlüsse	☐	☐	☐	☐	☐	☐	☐	☐
	Deckeneinlässe (Elektro)	☐	☐	☐	☐	☐	☐	☐	☐
Holz	Musterübereinstimmung	☐	☐	☐	☐	☐	☐	☐	☐
	Montagelaufrichtung	☐	☐	☐	☐	☐	☐	☐	☐
	Stöße	☐	☐	☐	☐	☐	☐	☐	☐
	Randabschluss	☐	☐	☐	☐	☐	☐	☐	☐
	Randleisten	☐	☐	☐	☐	☐	☐	☐	☐
	Befestigung	☐	☐	☐	☐	☐	☐	☐	☐
	Deckenauslässe (Elektro)	☐	☐	☐	☐	☐	☐	☐	☐

Checkliste für die Hausabnahme – Innen

Innenbereich – Dachgeschoss	Räume:	z.B. Flur							
08 Bodenbeläge									
Teppich bzw. Linoleum	Musterübereinstimmung Baubeschreibung	☐	☐	☐	☐	☐	☐	☐	☐
	Ebenheit	☐	☐	☐	☐	☐	☐	☐	☐
	Schadenfreiheit	☐	☐	☐	☐	☐	☐	☐	☐
	Fußleisten	☐	☐	☐	☐	☐	☐	☐	☐
Bodenfliesen	Musterübereinstimmung Baubeschreibung	☐	☐	☐	☐	☐	☐	☐	☐
	Ebenheit	☐	☐	☐	☐	☐	☐	☐	☐
	Fugenbreite / Fugenverlauf	☐	☐	☐	☐	☐	☐	☐	☐
	Beschädigungen	☐	☐	☐	☐	☐	☐	☐	☐
	Durchstoßpunkte Sanitärinstallation	☐	☐	☐	☐	☐	☐	☐	☐
	Falls vorhanden: Bodenabläufe	☐	☐	☐	☐	☐	☐	☐	☐
	Messingabschlussleisten	☐	☐	☐	☐	☐	☐	☐	☐
Parkett	Ebenheit / Schliffbild	☐	☐	☐	☐	☐	☐	☐	☐
	Verlegemuster / Verlegerichtung	☐	☐	☐	☐	☐	☐	☐	☐
	Riss- oder Fugenbildung	☐	☐	☐	☐	☐	☐	☐	☐
	Randabstände zur Wand	☐	☐	☐	☐	☐	☐	☐	☐
	Eingelegte Korkstreifen	☐	☐	☐	☐	☐	☐	☐	☐
	Messingabschlussleisten / Übergänge	☐	☐	☐	☐	☐	☐	☐	☐
	Befestigung	☐	☐	☐	☐	☐	☐	☐	☐
09 Elektroinstallation									
	Schalter, Anzahl und Lage	☐	☐	☐	☐	☐	☐	☐	☐
	Steckdosen, Anzahl und Lage	☐	☐	☐	☐	☐	☐	☐	☐
	Schalterprogramm	☐	☐	☐	☐	☐	☐	☐	☐
	Funktionsfähigkeit	☐	☐	☐	☐	☐	☐	☐	☐
	Lichtauslässe, Anzahl und Lage	☐	☐	☐	☐	☐	☐	☐	☐
	Herdanschluss	☐	☐	☐	☐	☐	☐	☐	☐
	Zugerscheinung an Steckdosen	☐	☐	☐	☐	☐	☐	☐	☐
10 Heizungsinstallation									
	Heizkörper, Dichtigkeit	☐	☐	☐	☐	☐	☐	☐	☐
	Heizkörper, Oberfläche	☐	☐	☐	☐	☐	☐	☐	☐
	Funktionsfähigkeit / Dosierung / Thermostat	☐	☐	☐	☐	☐	☐	☐	☐
	Falls vorhanden: Entlüftung	☐	☐	☐	☐	☐	☐	☐	☐
	Befestigung	☐	☐	☐	☐	☐	☐	☐	☐
	Heizkörper, Lage, Anzahl, Größe	☐	☐	☐	☐	☐	☐	☐	☐
	Standrost am Kamin	☐	☐	☐	☐	☐	☐	☐	☐

Checkliste für die Hausabnahme – Innen

Innenbereich – Dachgeschoss	Räume:	z.B. Flur						
11 Sanitärinstallation								
	Armaturen, Musterübereinstimmung	☐	☐	☐	☐	☐	☐	☐	☐
	Objekte, Musterübereinstimmung	☐	☐	☐	☐	☐	☐	☐	☐
	Befestigung	☐	☐	☐	☐	☐	☐	☐	☐
	Einbauhöhe	☐	☐	☐	☐	☐	☐	☐	☐
	Silikondichtungen	☐	☐	☐	☐	☐	☐	☐	☐
	Funktionsfähigkeit	☐	☐	☐	☐	☐	☐	☐	☐
	Waagerechte Montage	☐	☐	☐	☐	☐	☐	☐	☐
	Duschtrennwände	☐	☐	☐	☐	☐	☐	☐	☐
	Bad- / WC-Accessoires vollständig?	☐	☐	☐	☐	☐	☐	☐	☐
12 Treppen								
	Musterübereinstimmung	☐	☐	☐	☐	☐	☐	☐	☐
	Identische Antrittshöhen	☐	☐	☐	☐	☐	☐	☐	☐
	Befestigung Geländer	☐	☐	☐	☐	☐	☐	☐	☐
	Geländerhöhen	☐	☐	☐	☐	☐	☐	☐	☐
	Handläufe, Befestigung	☐	☐	☐	☐	☐	☐	☐	☐
	Handläufe, Oberfläche	☐	☐	☐	☐	☐	☐	☐	☐
	Kopfhöhen	☐	☐	☐	☐	☐	☐	☐	☐
	Einschubtreppe, Funktion	☐	☐	☐	☐	☐	☐	☐	☐
	Einschubtreppe, Musterübereinstimmung	☐	☐	☐	☐	☐	☐	☐	☐
13 Dachfenster								
	Wandanschlüsse	☐	☐	☐	☐	☐	☐	☐	☐
	Funktionsfähigkeit	☐	☐	☐	☐	☐	☐	☐	☐
	Musterübereinstimmung	☐	☐	☐	☐	☐	☐	☐	☐
	Feststellen zum Putzen möglich	☐	☐	☐	☐	☐	☐	☐	☐
	Höher als umgebende Dachfläche montiert	☐	☐	☐	☐	☐	☐	☐	☐
	Falzdichtung des Fensters	☐	☐	☐	☐	☐	☐	☐	☐

Checkliste für die Hausabnahme – Außen

Außenbereich – Fassade	Fassade:	z.B. Ost						
01 Drainage								
	Evtl. Kiesstreifen	☐	☐	☐	☐	☐	☐	☐	☐
	Übergang zu Haussockel	☐	☐	☐	☐	☐	☐	☐	☐
	Übergang zu Grundstück / Einfassung	☐	☐	☐	☐	☐	☐	☐	☐
	Anschüttung an Kellerlichtschächte	☐	☐	☐	☐	☐	☐	☐	☐
02 Lichtschächte								
Gitterroste	Korrosion	☐	☐	☐	☐	☐	☐	☐	☐
	Montage / Befestigung	☐	☐	☐	☐	☐	☐	☐	☐
	Öffenbarkeit / Einbruchsicherung	☐	☐	☐	☐	☐	☐	☐	☐
Kunststoff-schacht	Oberfläche	☐	☐	☐	☐	☐	☐	☐	☐
	Anarbeitung an Hauswand / Dichtigkeit	☐	☐	☐	☐	☐	☐	☐	☐
	Wasserabführung	☐	☐	☐	☐	☐	☐	☐	☐
	Zugänglichkeit	☐	☐	☐	☐	☐	☐	☐	☐
	Lotrechter Einbau	☐	☐	☐	☐	☐	☐	☐	☐
	Musterübereinstimmung	☐	☐	☐	☐	☐	☐	☐	☐
Betonschacht	Oberfläche	☐	☐	☐	☐	☐	☐	☐	☐
	Anarbeitung an Hauswand / Dichtigkeit	☐	☐	☐	☐	☐	☐	☐	☐
	Wasserabführung	☐	☐	☐	☐	☐	☐	☐	☐
	Zugänglichkeit	☐	☐	☐	☐	☐	☐	☐	☐
	Lotrechter Einbau	☐	☐	☐	☐	☐	☐	☐	☐
	Musterübereinstimmung	☐	☐	☐	☐	☐	☐	☐	☐
03 Sockel								
Beton	Oberfläche	☐	☐	☐	☐	☐	☐	☐	☐
	Ebenheit	☐	☐	☐	☐	☐	☐	☐	☐
	Gleichmäßigkeit	☐	☐	☐	☐	☐	☐	☐	☐
	Eckausführungen	☐	☐	☐	☐	☐	☐	☐	☐
	Übergang Sockelfußpunkt	☐	☐	☐	☐	☐	☐	☐	☐
	Übergang zu Hausfassade	☐	☐	☐	☐	☐	☐	☐	☐
Putz/Wärme-dämmung	Anarbeitung an Lichtschächte, Fenster, Tür	☐	☐	☐	☐	☐	☐	☐	☐
	Putzmusterung	☐	☐	☐	☐	☐	☐	☐	☐
	Ebenheit	☐	☐	☐	☐	☐	☐	☐	☐
	Gleichmäßigkeit	☐	☐	☐	☐	☐	☐	☐	☐
	Eckausführungen / Putzleisten	☐	☐	☐	☐	☐	☐	☐	☐
	Putz Übergang Sockelfußpunkt / Sockel gedämmt	☐	☐	☐	☐	☐	☐	☐	☐
	Putz Übergang zu Hausfassade	☐	☐	☐	☐	☐	☐	☐	☐
	Anarbeitung an Lichtschächte, Fenster, Tür	☐	☐	☐	☐	☐	☐	☐	☐
	Putzhaftung (Klopftest)	☐	☐	☐	☐	☐	☐	☐	☐

Checkliste für die Hausabnahme – Außen

Außenbereich – Fassade		Fassade: z.B. Ost							
03 Sockel									
Klinker / Plättchen	Sprünge	☐	☐	☐	☐	☐	☐	☐	☐
	Ebenheit	☐	☐	☐	☐	☐	☐	☐	☐
	Fugenbreite / Fugenverlauf	☐	☐	☐	☐	☐	☐	☐	☐
	Eckausführungen	☐	☐	☐	☐	☐	☐	☐	☐
	Übergang Sockelfußpunkt	☐	☐	☐	☐	☐	☐	☐	☐
	Übergang zu Hausfassade	☐	☐	☐	☐	☐	☐	☐	☐
	Anarbeitung an Lichtschächte, Fenster, Tür	☐	☐	☐	☐	☐	☐	☐	☐
	Montage / Befestigung (Klopftest)	☐	☐	☐	☐	☐	☐	☐	☐
04 Fassade									
Klinker	Bei Hinterlüftung: Lüftungsschlitze	☐	☐	☐	☐	☐	☐	☐	☐
	Risse / Sprünge	☐	☐	☐	☐	☐	☐	☐	☐
	Ebenheit	☐	☐	☐	☐	☐	☐	☐	☐
	Fugenbreite / Fugenverlauf	☐	☐	☐	☐	☐	☐	☐	☐
	Eckausführungen	☐	☐	☐	☐	☐	☐	☐	☐
	Anarbeitung an First und Ortgang	☐	☐	☐	☐	☐	☐	☐	☐
	Anarbeitung an Fenster und Türen	☐	☐	☐	☐	☐	☐	☐	☐
	Montage / Befestigung	☐	☐	☐	☐	☐	☐	☐	☐
	Fensterstürze gemäß Muster?	☐	☐	☐	☐	☐	☐	☐	☐
	Farbton	☐	☐	☐	☐	☐	☐	☐	☐
Putz/Wärmedämmverbundsystem	Absolute Dichtigkeit an Anschlusspunkten	☐	☐	☐	☐	☐	☐	☐	☐
	Absolute Dicht. des Wärmedämmverbundsystems	☐	☐	☐	☐	☐	☐	☐	☐
	Ebenheit	☐	☐	☐	☐	☐	☐	☐	☐
	Risse / Materialübergänge	☐	☐	☐	☐	☐	☐	☐	☐
	Gleichmäßigkeit / Putzstärke	☐	☐	☐	☐	☐	☐	☐	☐
	Eckausführungen / Putzleisten	☐	☐	☐	☐	☐	☐	☐	☐
	Anarbeitung an First und Ortgang	☐	☐	☐	☐	☐	☐	☐	☐
	Anarbeitung an Fenster und Türen	☐	☐	☐	☐	☐	☐	☐	☐
	Putzhaftung	☐	☐	☐	☐	☐	☐	☐	☐
	Farbton	☐	☐	☐	☐	☐	☐	☐	☐
Holz	Absolute Dichtigkeit am Sockelanschluss	☐	☐	☐	☐	☐	☐	☐	☐
	Aber: Verschalung zur Hinterlüftung offen	☐	☐	☐	☐	☐	☐	☐	☐
	Gitterschutz am Lufteintritt	☐	☐	☐	☐	☐	☐	☐	☐
	Ablaufblech mit Tropfkante unter Lufteintritt	☐	☐	☐	☐	☐	☐	☐	☐
	Verschalungsmuster	☐	☐	☐	☐	☐	☐	☐	☐
	Lattenstöße	☐	☐	☐	☐	☐	☐	☐	☐
	Eckausführungen	☐	☐	☐	☐	☐	☐	☐	☐

Checkliste für die Hausabnahme – Außen

Außenbereich – Fassade		Fassade: z.B. Ost							
04 Fassade									
Holz	Anarbeitung an First und Ortgang	☐	☐	☐	☐	☐	☐	☐	☐
	Anarbeitung an Fenster und Türen	☐	☐	☐	☐	☐	☐	☐	☐
	Montage / Befestigung	☐	☐	☐	☐	☐	☐	☐	☐
	Farbton	☐	☐	☐	☐	☐	☐	☐	☐
05 Fensterbänke									
	Oberfläche (Kratzer, Sprünge, Risse)	☐	☐	☐	☐	☐	☐	☐	☐
	Waagerechter Einbau	☐	☐	☐	☐	☐	☐	☐	☐
	Gefälle vom Haus weg	☐	☐	☐	☐	☐	☐	☐	☐
	Fassadenanschluss	☐	☐	☐	☐	☐	☐	☐	☐
	Rollladenschienenanschluss	☐	☐	☐	☐	☐	☐	☐	☐
	Seitliche Einfassung	☐	☐	☐	☐	☐	☐	☐	☐
	Ausreichender Überstand zur Fassade	☐	☐	☐	☐	☐	☐	☐	☐
	Tropfkante an Vorderseite	☐	☐	☐	☐	☐	☐	☐	☐
06 Rollläden									
	Vollständiges Aufrollen im Kasten	☐	☐	☐	☐	☐	☐	☐	☐
	Mit Stoppern versehen?	☐	☐	☐	☐	☐	☐	☐	☐
	Alle Lamellen waagerecht?	☐	☐	☐	☐	☐	☐	☐	☐
	Farbton	☐	☐	☐	☐	☐	☐	☐	☐
	Rollladenschienen lotrecht?	☐	☐	☐	☐	☐	☐	☐	☐
	Anarbeitung Rollladenschienen oben/unten	☐	☐	☐	☐	☐	☐	☐	☐
07 Außentreppen									
Treppen	Musterübereinstimmung	☐	☐	☐	☐	☐	☐	☐	☐
	Identische Antrittshöhen	☐	☐	☐	☐	☐	☐	☐	☐
	Ebenheit	☐	☐	☐	☐	☐	☐	☐	☐
	Kopfhöhen	☐	☐	☐	☐	☐	☐	☐	☐
	Entwässerung / Bodenabläufe	☐	☐	☐	☐	☐	☐	☐	☐
	Anschlüsse Fassade, Sockel, Terrasse	☐	☐	☐	☐	☐	☐	☐	☐
	Bei Kellertreppen: Umfassungsmauern	☐	☐	☐	☐	☐	☐	☐	☐
	Übergänge Bodenbeläge	☐	☐	☐	☐	☐	☐	☐	☐
	Eingelegte Gitterroste	☐	☐	☐	☐	☐	☐	☐	☐
Geländer	Korrosion Geländer	☐	☐	☐	☐	☐	☐	☐	☐
	Befestigung Geländer	☐	☐	☐	☐	☐	☐	☐	☐
	Geländerhöhen	☐	☐	☐	☐	☐	☐	☐	☐
	Handläufe, Befestigung	☐	☐	☐	☐	☐	☐	☐	☐
	Handläufe, Oberfläche	☐	☐	☐	☐	☐	☐	☐	☐

Checkliste für die Hausabnahme – Außen

Außenbereich – Fassade	Fassade:	z.B. Ost						
07 Außentreppen								
Geflieste Treppen	Verlegemuster / Verlegerichtung	☐	☐	☐	☐	☐	☐	☐	☐
	Fugenausbildung und Verlauf	☐	☐	☐	☐	☐	☐	☐	☐
	Randsockel	☐	☐	☐	☐	☐	☐	☐	☐
	Riffelungen gegen Rutschgefahr	☐	☐	☐	☐	☐	☐	☐	☐
	Anarbeitungen an Bodenabläufe, Gitterroste	☐	☐	☐	☐	☐	☐	☐	☐
	Farbton / Fliesenqualität	☐	☐	☐	☐	☐	☐	☐	☐
	Montage / Befestigung (Klopftest)	☐	☐	☐	☐	☐	☐	☐	☐
08 Terrassen									
Terrassen	Ebenheit / leichtes Gefälle vom Haus weg	☐	☐	☐	☐	☐	☐	☐	☐
	Entwässerung / Bodenabläufe	☐	☐	☐	☐	☐	☐	☐	☐
	Anschlüsse Fassade, Sockel, Treppen	☐	☐	☐	☐	☐	☐	☐	☐
	Übergänge Bodenbeläge	☐	☐	☐	☐	☐	☐	☐	☐
	Anmodellierung Erdreich	☐	☐	☐	☐	☐	☐	☐	☐
	Eingelegte Gitterroste	☐	☐	☐	☐	☐	☐	☐	☐
Geländer	Befestigung Geländer	☐	☐	☐	☐	☐	☐	☐	☐
	Korrosion Geländer	☐	☐	☐	☐	☐	☐	☐	☐
	Geländerhöhen	☐	☐	☐	☐	☐	☐	☐	☐
	Handläufe, Befestigung	☐	☐	☐	☐	☐	☐	☐	☐
	Handläufe, Oberfläche	☐	☐	☐	☐	☐	☐	☐	☐
Geflieste Terrassen	Verlegemuster / Verlegerichtung	☐	☐	☐	☐	☐	☐	☐	☐
	Fugenausbildung und Verlauf	☐	☐	☐	☐	☐	☐	☐	☐
	Randsockel	☐	☐	☐	☐	☐	☐	☐	☐
	Riffelungen gegen Rutschgefahr	☐	☐	☐	☐	☐	☐	☐	☐
	Anarbeitungen an Bodenabläufe, Gitterroste	☐	☐	☐	☐	☐	☐	☐	☐
	Farbton / Fliesenqualität	☐	☐	☐	☐	☐	☐	☐	☐
	Montage / Befestigung (Klopftest)	☐	☐	☐	☐	☐	☐	☐	☐
Holzbohlen-terrasse	Bohlenstärke	☐	☐	☐	☐	☐	☐	☐	☐
	Bohlenmontage / Befestigung	☐	☐	☐	☐	☐	☐	☐	☐
	Bohlenhinterlüftung	☐	☐	☐	☐	☐	☐	☐	☐
	Bohlenverlegerichtung	☐	☐	☐	☐	☐	☐	☐	☐
	Ebenheit	☐	☐	☐	☐	☐	☐	☐	☐
	Holzschutzbehandlung	☐	☐	☐	☐	☐	☐	☐	☐
09 Balkone									
Balkone	Ebenheit / leichtes Gefälle vom Haus weg	☐	☐	☐	☐	☐	☐	☐	☐
	Entwässerung / Bodenabläufe	☐	☐	☐	☐	☐	☐	☐	☐

Checkliste für die Hausabnahme – Außen

Außenbereich – Fassade	Fassade:	z.B. Ost						
09 Balkone								
Balkone	Anschlüsse Fassade	☐	☐	☐	☐	☐	☐	☐	☐
	Übergänge Bodenbeläge	☐	☐	☐	☐	☐	☐	☐	☐
	Eingelegte Gitterroste	☐	☐	☐	☐	☐	☐	☐	☐
Geländer	Befestigung Geländer	☐	☐	☐	☐	☐	☐	☐	☐
	Korrosion Geländer	☐	☐	☐	☐	☐	☐	☐	☐
	Verzinkungen / Farbanstriche	☐	☐	☐	☐	☐	☐	☐	☐
	Geländerhöhen	☐	☐	☐	☐	☐	☐	☐	☐
	Handläufe, Befestigung	☐	☐	☐	☐	☐	☐	☐	☐
	Handläufe, Oberfläche	☐	☐	☐	☐	☐	☐	☐	☐
Geflieste Balkone	Verlegemuster / Verlegerichtung	☐	☐	☐	☐	☐	☐	☐	☐
	Fugenausbildung und Verlauf	☐	☐	☐	☐	☐	☐	☐	☐
	Randsockel	☐	☐	☐	☐	☐	☐	☐	☐
	Riffelungen gegen Rutschgefahr	☐	☐	☐	☐	☐	☐	☐	☐
	Anarbeitungen an Bodenabläufe, Gitterroste	☐	☐	☐	☐	☐	☐	☐	☐
	Farbton / Fliesenqualität	☐	☐	☐	☐	☐	☐	☐	☐
	Montage / Befestigung (Klopftest)	☐	☐	☐	☐	☐	☐	☐	☐
Holzbohlen-balkone	Bohlenstärke	☐	☐	☐	☐	☐	☐	☐	☐
	Bohlenmontage / Befestigung	☐	☐	☐	☐	☐	☐	☐	☐
	Bohlenhinterlüftung	☐	☐	☐	☐	☐	☐	☐	☐
	Bohlenverlegerichtung	☐	☐	☐	☐	☐	☐	☐	☐
	Ebenheit	☐	☐	☐	☐	☐	☐	☐	☐
	Holzschutzbehandlung	☐	☐	☐	☐	☐	☐	☐	☐
10 Rinnen / Fallrohre								
	Leichter Gefälleverlauf der Traufrinnen	☐	☐	☐	☐	☐	☐	☐	☐
	Lotrechter Verlauf der Fallrohre	☐	☐	☐	☐	☐	☐	☐	☐
	Metall: Korrosion / Abplatzungen	☐	☐	☐	☐	☐	☐	☐	☐
	Kunststoff: Risse / Sprünge	☐	☐	☐	☐	☐	☐	☐	☐
	Montage / Befestigung (Rütteltest)	☐	☐	☐	☐	☐	☐	☐	☐
	Dehnungsausgleich der Rinnen	☐	☐	☐	☐	☐	☐	☐	☐
	Unterspannbahn / Traufblech bis in Rinne	☐	☐	☐	☐	☐	☐	☐	☐
	Montagepunkte der Rohre an Fassade	☐	☐	☐	☐	☐	☐	☐	☐
	Gute Abdichtung Montagepunkte	☐	☐	☐	☐	☐	☐	☐	☐
	Anschluss Rohre an Sockelfallrohr	☐	☐	☐	☐	☐	☐	☐	☐
	Schutz Sockelfallrohr gegen Rammung	☐	☐	☐	☐	☐	☐	☐	☐
	Rinnenvorderkante tiefer als Rückkante	☐	☐	☐	☐	☐	☐	☐	☐
	Durchgängig nur ein Metall verwandt	☐	☐	☐	☐	☐	☐	☐	☐

Checkliste für die Hausabnahme – Außen

Außenbereich – Fassade	Fassade:	z.B. Ost							
11 Steildach									
Traufkante	Falls vorhanden: Traufverschalung	☐	☐	☐	☐	☐	☐	☐	☐
	Dichtigkeit aller Anschlusspunkte	☐	☐	☐	☐	☐	☐	☐	☐
	Montage / Befestigung Traufverschalung	☐	☐	☐	☐	☐	☐	☐	☐
	Falls sichtbar: Sparrenenden (Sitz, Risse)	☐	☐	☐	☐	☐	☐	☐	☐
	Auskleidung Sparrenzwischenräume	☐	☐	☐	☐	☐	☐	☐	☐
	Montage / Befestigung Sparrenenden	☐	☐	☐	☐	☐	☐	☐	☐
	Bei hinterlüftetem Dach: Lufteintrittsöffnung	☐	☐	☐	☐	☐	☐	☐	☐
	Unterspannbahn	☐	☐	☐	☐	☐	☐	☐	☐
	Traufblech (Montage, Sitz, Korrosion)	☐	☐	☐	☐	☐	☐	☐	☐
	Dachüberstand wie geplant? (Messen!)	☐	☐	☐	☐	☐	☐	☐	☐
	Anarbeitung Hausfassade an Traufe	☐	☐	☐	☐	☐	☐	☐	☐
	Schneefanggitter (Montage, Sitz, Korrosion)	☐	☐	☐	☐	☐	☐	☐	☐
Ortgang	Falls vorhanden: Ortgangblech	☐	☐	☐	☐	☐	☐	☐	☐
	Dichtigkeit aller Anschlusspunkte	☐	☐	☐	☐	☐	☐	☐	☐
	Zustand Ortgangziegel	☐	☐	☐	☐	☐	☐	☐	☐
	Montage / Befestigung Pfettenköpfe	☐	☐	☐	☐	☐	☐	☐	☐
	Falls sichtbar: Pfettenköpfe (Sitz, Risse)	☐	☐	☐	☐	☐	☐	☐	☐
	Anarbeitung Hausfassade an Pfettenköpfe	☐	☐	☐	☐	☐	☐	☐	☐
	Dachüberstand wie geplant? (Messen!)	☐	☐	☐	☐	☐	☐	☐	☐
	Anarbeitung Hausfassade an Ortgang	☐	☐	☐	☐	☐	☐	☐	☐
First	Geradliniger Verlauf? (Kein Durchhängen)	☐	☐	☐	☐	☐	☐	☐	☐
	Bei Ziegeldeckung: Firstziegelbefestigung	☐	☐	☐	☐	☐	☐	☐	☐
	Blitzschutz montiert an höchstem Punkt?	☐	☐	☐	☐	☐	☐	☐	☐
	Bei Blechdeckung: kein Stoßpunkt am First	☐	☐	☐	☐	☐	☐	☐	☐
Dach-deckung	Musterübereinstimmung	☐	☐	☐	☐	☐	☐	☐	☐
	Gleichmäßige Verlegung	☐	☐	☐	☐	☐	☐	☐	☐
	Saubere Abschlüsse, kein Flickwerk	☐	☐	☐	☐	☐	☐	☐	☐
	Fester Sitz der Ziegel	☐	☐	☐	☐	☐	☐	☐	☐
	Trittstufen für Schornsteinfeger	☐	☐	☐	☐	☐	☐	☐	☐
	Zusätzliche Ziegel für Reparatur vorhanden	☐	☐	☐	☐	☐	☐	☐	☐
Entlüftungen	Rundum dichte Einbindung	☐	☐	☐	☐	☐	☐	☐	☐
	Rohroberfläche (Kratzer, Risse)	☐	☐	☐	☐	☐	☐	☐	☐
	Korrosion	☐	☐	☐	☐	☐	☐	☐	☐
	Durchgängig ein Metall verwandt	☐	☐	☐	☐	☐	☐	☐	☐
	Hutschutz auf dem Rohrkopf	☐	☐	☐	☐	☐	☐	☐	☐
	Montage stabil	☐	☐	☐	☐	☐	☐	☐	☐

Checkliste für die Hausabnahme – Außen

Außenbereich – Fassade		Fassade: z.B. Ost							
11 Steildach									
Schornstein	Anarbeitung an Dachfläche	☐	☐	☐	☐	☐	☐	☐	☐
	Bei Mauerung: Fugenstärke und -verlauf	☐	☐	☐	☐	☐	☐	☐	☐
	Bei hohen Schornsteinen: Sicherungsanker	☐	☐	☐	☐	☐	☐	☐	☐
	Falls vorhanden: Schutzdach Schornstein	☐	☐	☐	☐	☐	☐	☐	☐
	Lotrechter Verlauf	☐	☐	☐	☐	☐	☐	☐	☐
12 Flachdach									
Attika	Oberfläche (Kratzer, Risse)	☐	☐	☐	☐	☐	☐	☐	☐
	Korrosion	☐	☐	☐	☐	☐	☐	☐	☐
	Durchgängig ein Metall verwandt	☐	☐	☐	☐	☐	☐	☐	☐
	Blechverkleidung mit Abstand zu Hauswand	☐	☐	☐	☐	☐	☐	☐	☐
	Verkleidung außen mit Tropfkante	☐	☐	☐	☐	☐	☐	☐	☐
	Verkleidung mit Gefälle zum Flachdach	☐	☐	☐	☐	☐	☐	☐	☐
	Dichter Anschluss an Dachbahnen innen	☐	☐	☐	☐	☐	☐	☐	☐
	Vorstoß- u. Abdeckblech fest ineinander	☐	☐	☐	☐	☐	☐	☐	☐
	Montage stabil gegen Wind etc.	☐	☐	☐	☐	☐	☐	☐	☐
	Ecken und Kanten dicht u. überlappt	☐	☐	☐	☐	☐	☐	☐	☐
	Stöße dicht	☐	☐	☐	☐	☐	☐	☐	☐
	Attikahöhe innen ausreichend (15–20 cm)	☐	☐	☐	☐	☐	☐	☐	☐
	Durchstoßpunkte Rinnen absolut dicht	☐	☐	☐	☐	☐	☐	☐	☐
Dachbelag	Kiesschüttung Kieselmaterial	☐	☐	☐	☐	☐	☐	☐	☐
	Kiesschüttung Kieselgröße	☐	☐	☐	☐	☐	☐	☐	☐
	Kiesschüttung Höhe	☐	☐	☐	☐	☐	☐	☐	☐
	Kiesschüttung gleichmäßige Verteilung	☐	☐	☐	☐	☐	☐	☐	☐
	Bei Substratschüttung Kornsubstanz	☐	☐	☐	☐	☐	☐	☐	☐
	Bei Substratschüttung Korngröße	☐	☐	☐	☐	☐	☐	☐	☐
	Bei Substratschüttung Höhe	☐	☐	☐	☐	☐	☐	☐	☐
	Bei Substratschüttung gleichmäßige Verteilung	☐	☐	☐	☐	☐	☐	☐	☐
	Substratsubstanz	☐	☐	☐	☐	☐	☐	☐	☐
Dacheinläufe	Rundum dichte Einbindung	☐	☐	☐	☐	☐	☐	☐	☐
	Frei von Schmutz	☐	☐	☐	☐	☐	☐	☐	☐
	Ohne Beschädigungen	☐	☐	☐	☐	☐	☐	☐	☐
	Montage stabil	☐	☐	☐	☐	☐	☐	☐	☐
	Gefälleausbildung rundum	☐	☐	☐	☐	☐	☐	☐	☐
Entlüftungen	Rundum dichte Einbindung	☐	☐	☐	☐	☐	☐	☐	☐
	Rohroberfläche (Kratzer, Risse)	☐	☐	☐	☐	☐	☐	☐	☐
	Korrosion	☐	☐	☐	☐	☐	☐	☐	☐

Checkliste für die Hausabnahme – Außen

Außenbereich – Fassade		Fassade:	z.B. Ost						
12 Flachdach									
Entlüftungen	Durchgängig ein Metall verwandt		☐	☐	☐	☐	☐	☐	☐	☐
	Hutschutz auf dem Rohrkopf		☐	☐	☐	☐	☐	☐	☐	☐
	Montage stabil		☐	☐	☐	☐	☐	☐	☐	☐
Schornstein	Anarbeitung an Dachfläche		☐	☐	☐	☐	☐	☐	☐	☐
	Bei Mauerung: Fugenstärke und -verlauf		☐	☐	☐	☐	☐	☐	☐	☐
	Bei hohen Schornsteinen: Sicherungsanker		☐	☐	☐	☐	☐	☐	☐	☐
	Falls vorhanden: Schutzdach Schornstein		☐	☐	☐	☐	☐	☐	☐	☐
	Lotrechter Verlauf		☐	☐	☐	☐	☐	☐	☐	☐
	Evtl. Kamindurchmesser		☐	☐	☐	☐	☐	☐	☐	☐
Oberlichter	Rundum dichte Einbindung		☐	☐	☐	☐	☐	☐	☐	☐
	Höher als umgebende Dachfläche montiert		☐	☐	☐	☐	☐	☐	☐	☐
	Öffnungsmechanismus		☐	☐	☐	☐	☐	☐	☐	☐
	Oberfläche (Kratzer)		☐	☐	☐	☐	☐	☐	☐	☐
	Glaseinfassung		☐	☐	☐	☐	☐	☐	☐	☐
	Falzdichtung bei beweglichem Oberlicht		☐	☐	☐	☐	☐	☐	☐	☐
	Feststellungsmechanismus		☐	☐	☐	☐	☐	☐	☐	☐
Dach-terrassen	Keine Durchstoßpunkte durch Dachhaut		☐	☐	☐	☐	☐	☐	☐	☐
	Dachhaut an allen Anschlusspunkten dicht		☐	☐	☐	☐	☐	☐	☐	☐
	Boden mit Gefälle mit Wasserabläufen		☐	☐	☐	☐	☐	☐	☐	☐
	Notablauf		☐	☐	☐	☐	☐	☐	☐	☐
	Dachterrassenbelag Musterübereinstimmung		☐	☐	☐	☐	☐	☐	☐	☐
	Dachterrassenbelag (Sprünge, Korrosion)		☐	☐	☐	☐	☐	☐	☐	☐
	Geländermontage nicht durch Dachhaut		☐	☐	☐	☐	☐	☐	☐	☐
	Geländermontage stabil		☐	☐	☐	☐	☐	☐	☐	☐
	Geländer, Korrosion		☐	☐	☐	☐	☐	☐	☐	☐

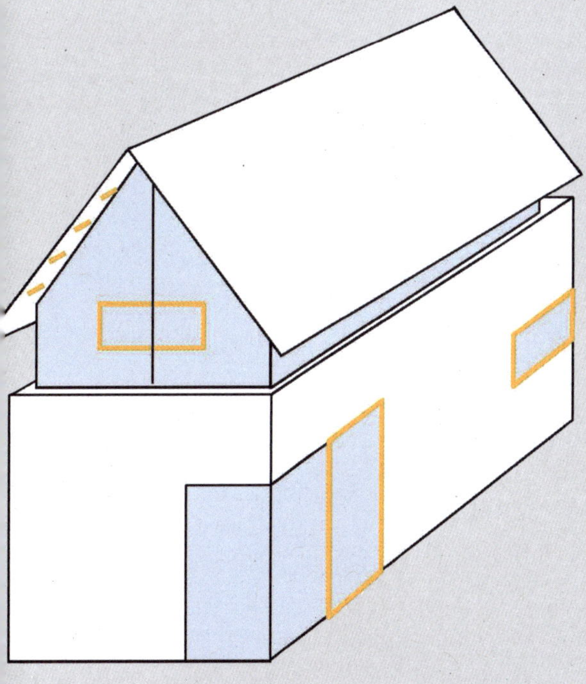

13 Anhang

Im Anhang finden Sie ein umfangreiches Stichwortverzeichnis, Adressen zur Bauberatung und die Kontakte der Verbraucherzentralen. Ferner erhalten Sie Hinweise zu ergänzenden Ratgebern der Verbraucherzentrale.

Stichwortverzeichnis

Adressen

Bauberatung und -information

Bauherren-Schutzbund e.V.
Tel. 0 30/400 339 500
office@bsb-ev.de
www.bsb-ev.de

Institut Bauen und Wohnen
Tel. 07 61/15 62 400
info@institut-bauen-und-wohnen.de
www.institut-bauen-und-wohnen.de

Verband privater Bauherren e.V.
Tel. 0 30/27 89 01-0
info@vpb.de
www.vpb.de

Wohnen im Eigentum. Die Wohneigentümer e.V.
Tel. 02 28/30 41 26 70
info@wohnen-im-eigentum.de
www.wohnen-im-eigentum.de

Verbraucherzentralen

Verbraucherzentrale Baden-Württemberg e.V.
Tel. 07 11/66 91-10
www.verbraucherzentrale-bawue.de

Verbraucherzentrale Bayern e.V.
Tel. 0 89/5 52 79 4-0
www.verbraucherzentrale-bayern.de

Verbraucherzentrale Berlin e.V.
Tel. 0 30/2 14 85-0
www.verbraucherzentrale-berlin.de

Verbraucherzentrale Brandenburg e.V.
Tel. 03 31/2 98 71-0
www.verbraucherzentrale-brandenburg.de

Verbraucherzentrale Bremen e.V.
Tel. 04 21/1 60 77-7
www.verbraucherzentrale-bremen.de

Verbraucherzentrale Hamburg e.V.
Tel. 0 40/2 48 32-0
www.vzhh.de

Verbraucherzentrale Hessen e.V.
Tel. 0 69/97 20 10-900
www.verbraucherzentrale-hessen.de

Verbraucherzentrale in Mecklenburg-Vorpommern e.V.
Tel. 03 81/208 70 50
www.verbraucherzentrale-mv.eu

Verbraucherzentrale Niedersachsen e.V.
Tel. 05 11/9 11 96-0
www.verbraucherzentrale-niedersachsen.de

Verbraucherzentrale Nordrhein-Westfalen e.V.
Tel. 02 11/38 09-0
www.verbraucherzentrale.nrw

Verbraucherzentrale Rheinland-Pfalz e.V.
Tel. 0 61 31/28 48-0
www.verbraucherzentrale-rlp.de

Verbraucherzentrale des Saarlandes e.V.
Tel. 06 81/5 00 89-0
www.verbraucherzentrale-saarland.de

Verbraucherzentrale Sachsen e.V.
Tel. 03 41/69 62 90
www.verbraucherzentrale-sachsen.de

Verbraucherzentrale Sachsen-Anhalt e.V.
Tel. 03 45/2 98 03-29
www.verbraucherzentrale-sachsen-anhalt.de

Verbraucherzentrale Schleswig-Holstein e.V.
Tel. 04 31/5 90 99-0
www.verbraucherzentrale.sh

Verbraucherzentrale Thüringen e.V.
Tel. 03 61/5 55 14-0
www.vzth.de

Verbraucherzentrale Bundesverband e. V.
Tel. 0 30/2 58 00-0
www.vzbv.de

Kosten- und Vertragsfallen finden und ausschalten
Fast jeder, der bauen will, hat ein mulmiges Gefühl beim Thema Kosten. Zu viel hat man schon gehört von Kostensteigerungen auf Baustellen. Und nur selten im Leben schließt man so weitreichende Verträge wie beim Bauen. Beides zusammen birgt hohe Risiken: Kosten- und Vertragsfallen können für ganz erhebliche Schwierigkeiten sorgen oder sogar das gesamte Bauprojekt gefährden. Dieser Ratgeber richtet sich an alle Bauherren, die ein Fertighaus kaufen, ein schlüsselfertiges Massivhaus bauen oder mit einem Architekten planen. Über 160 Checkblätter helfen, gezielt teure Kosten- und Vertragsfallen beim Bauen auszuschalten.

1. Auflage 2019 | 352 Seiten | 20 x 25 cm | Hardcover |
978-3-86336-097-9 | 34,90 Euro

Pflichtlektüre für alle Immobilienkäufer
Der Ratgeber bündelt die Beratungskompetenz der Verbraucherzentralen rund um das Thema Kosten- und Vertragsfallen beim Immobilienkauf – egal ob Sie ein Haus oder eine Wohnung kaufen möchten, ob neu oder gebraucht. Über 120 Checkblätter helfen, alle wichtigen Kostenrisiken und die typischen Vertragsfallen auszuschalten. Wir zeigen, wo die Kosten steigen können, nennen realistische Beträge und schlagen Alternativen vor.

3. Auflage 2020 | 272 Seiten | 16,5 x 22 cm | Klappenbroschur |
978-3-86336-118-1 | 24,90 Euro

Das Standardwerk für Bauherren
Die große Kunst des Bauens besteht darin, die Risiken frühzeitig zu erkennen und mit diesem Wissen den Bauvorgang so zu strukturieren und vorzubereiten, dass er sicher und qualitätsvoll im Kosten- und Zeitrahmen ablaufen kann. Dieses Buch soll Ihnen eine Hilfe dabei sein, dies erfolgreich zu meistern. Es steckt voller Praxisbeispiele und Praxistipps und kommt direkt aus der Verbraucherberatung und der Begleitung von Verbrauchern in ihrem Bauvorhaben – von der Finanzierung über den gesamten Planungs- und Bauprozess bis zur Fertigstellung und Abnahme. Mit umfangreichen und detaillierten Checklisten.

2. Auflage 201 | 384 Seiten | 20 x 25 cm | Hardcover |
978-3-86336-117-4 | 34,90 Euro

Mehr Informationen und Leseproben:
www.ratgeber-verbraucherzentrale.de

Bildnachweise (Fotos und Zeichnungen)

Peter Burk, Freiburg: Seite 4 (rechts), Seite 5 (links und rechts), Seite 9, Seite 17, Seite 26, Seite 28 (links und rechts), Seite 31, Seite 53 (links und rechts), Seite 54, Seite 56, Seite 59, Seite 61 (links und rechts), Seite 62, Seite 64, Seite 65 (links und rechts), Seite 66, Seite 67 (links oben, rechts oben, rechts unten), Seite 71, Seite 77, Seite 85, Seite 109, Seite 153, Seite 193, Seite 241 (rechts oben und rechts unten), Seite 242 (links oben, rechts oben, links unten, rechts unten), Seite 243 (links oben, links unten), Seite 245, Seite 249, Seite 273, Seite 276 (links und rechts), Seite 277 (links), Seite 282 (rechts oben, links unten, rechts unten), Seite 283 (links oben, links unten und rechts unten), Seite 285 (links oben), Seite 288, Seite 289, Seite 297

AdobeStock: Seite 13: © grafikplusfoto; Seite 15: © rido; Seite 33: © stockWERK; Seite 79: © Moreno Soppelsa; Seite 163: © KB3; Seite 277 (unten rechts): © Franz Pfluegl, Seite 278: © myfoto7; Seite 279 (oben links) © schulzie; Seite 279 (oben rechts): © sivivolk; Seite 280 (oben links): © LianeM; Seite 280 (unten und oben rechts): © Ingo Bartussek; Seite 281 (unten links): © detailfoto; Seite 281 (Mitte rechts): © srki66; Seite 282 (oben links): © mitifoto; Seite 283 (oben rechts): © akf; Seite 284 (oben links): © VRD; Seite 284 (unten links): © auremar; Seite 284 (Mitte rechts): © sonee101; Seite 285 (unten links): © U. J. Alexander; Seite 285 (oben rechts): © Andrey Popov; Seite 285 (unten rechts): © Wellnhofer Designs

Noichl & Blüml, Oberstdorf: Seite 69

EnergieAgentur.NRW: Seite 99

Horst Lünser, Berlin: Seite 101

Umschlagfoto: dpa Picture-Alliance: © picture alliance/ chromorange

---

1. Auflage, Januar 2020

ISBN 978-3-86336-127-3
Printed in Germany

Impressum

Herausgeber
Verbraucherzentrale
Nordrhein-Westfalen e. V.
Mintropstraße 27, 40215 Düsseldorf
Telefon: 02 11/38 09-555
Telefax: 02 11/38 09-235
ratgeber@verbraucherzentrale.nrw
www.verbraucherzentrale.nrw

Mitherausgeber
Verbraucherzentrale Hamburg e.V.

Autor
Dipl.-Ing. Peter Burk
Institut Bauen und Wohnen, Freiburg
www.institut-bauen-und-wohnen.de

Lektorat
Dr. Diethelm Krull, Berlin

Fachliche Betreuung
RA Claus Mundorf, Erkrath

Koordination
Frank Wolsiffer

Layout und Satz
Petra Soeltzer Kommunikationsdesign, Düsseldorf
www.petrasoeltzer.de

Umschlaggestaltung
Ute Lübbeke, Köln
www.LNT-design.de

Druck
Himmer GmbH, Augsburg

Gedruckt auf 100 Prozent Recyclingpapier
Redaktionsschluss: November 2019